# Fusion 360 한글판 기본편

# with 3DPrinter

피젯스피너, LED명패, 만능연필꽂이 만들기

2021년 10월 01일 1판 1쇄 발행

저 자 이건호
발 행 자 정지숙
마 케 팅 김용환

발 행 처 (주)잇플ITPLE
주 소 서울 동대문구 답십리로 264 성신빌딩 2층
전 화 0502.600.4925
팩 스 0502.600.4924
홈페이지 www.itpleinfo.com
이 메 일 itpleinfo@naver.com
카 페 http://cafe.naver.com/arduinofun



ISBN 979-11-91198-10-2 13500

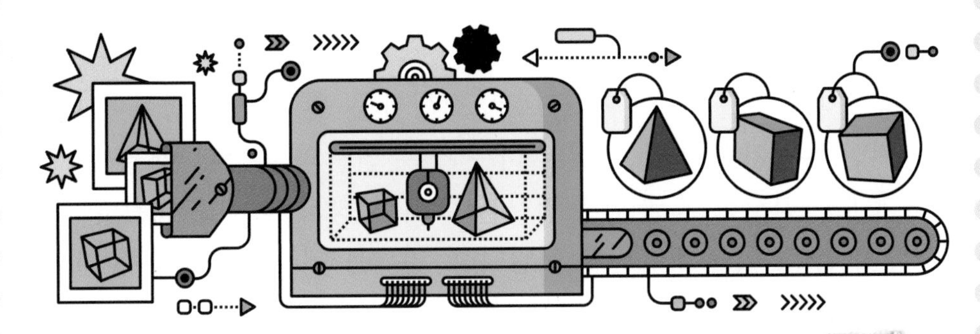

기본편

# Fusion 360 한글판 with 3DPrinter

# 머리말

어렸을 적 종이비행기를 접고, 찰흙으로 조형물을 만들었던 경험이 다들 있을 것입니다. 어쩌면 무언가를 만들고 싶어 하는 것은 인간의 본능이 아닐까요? 문자가 없던 고대시대에도 인간은 동굴에 무언가를 그리며 창작 활동을 해왔습니다. 창작 활동은 인류만이 할 수 있는 고유한 능력입니다. 인류는 이러한 활동을 통해 창의성을 발휘하고 융합적인 사고를 하며 더 나아가 자아실현을 하게 됩니다.

그러면 단순한 창작 활동을 넘어서 조금 더 쓸 만한(?) 무언가를 개인이 만들 수 있을까요? 예전까지만 해도 개인이 수준 높은 무언가를 만드는 것은 쉬운 일이 아니었습니다. 외형을 만들기 위해서는 금형을 제작해 주물을 찍어내야 하며 전문가들이 사용하는 프로그래밍 언어를 알아야만 각종 부품을 원하는 대로 작동시킬 수 있었습니다. 금형 제작에는 수천만 원이 들며 전기 회로와 프로그래밍 언어를 다루는 것은 일부의 사람만이 가능한 것으로 여겨졌습니다.

그러나 3D프린터와 아두이노의 대중화는 일반인들에게 적은 노력과 수고로 원하는 것을 손쉽게 만들 수 있게 해줬고 개인의 창의성을 무한하게 발휘할 수 있게 해주었습니다. 즉, 3D프린터와 아두이노만 있으면 우리의 독특한 아이디어를 실제 사물로 만들어 낼 수 있게 된 것입니다.

저는 무작정 생각나는 아이디어를 바탕으로 직접 만들기 시작했습니다. 간단히 만들 수 있는 무드등부터 고려할 요소가 많은 자동 손 세정제, 아이언맨 헬멧까지……. 3D모델링과 코딩 이외에도 해결해야 할 문제들이 많이 발생했고, 아이디어를 현실로 만드는 과정은 생각보다 녹록하지가 않았지만, 그 과정에서 얻을 수 있는 것은 생각보다 많았습니다. 보통 제작자들이 고민하는 제품 디자인, 필요한 부품들을 다루는 것은 일부의 사람만이 가능한 것으로 여겨졌습니다. 사용자의 편의성 등의 융합적인 사고 과정을 저도 모르는 사이 체득하고 있었습니다. 그렇게 만든 결과물은 제가 생각했던 것 이상으로 반응이 좋아 메이커로서의 자신감을 키울 수 있었습니다.

이 책은 제가 겪었던 메이킹 과정을 여러분들이 경험해 볼 수 있도록 하자는 마음으로 출간된 책입니다. 그래서 이 책이 지향하는 것은 정해진 작품을 단순히 따라 만드는 것이 아니라 나만의 아이디어로 원하는 것을 직접 만들어 내는 것입니다. 아두이노, LED, 각종 모터와 센서 등 여러 부품을 이용하여 여러분의 아이디어를 현실로 만들어 내는 것입니다.

하지만 아무 기초 없이 무언가를 만들어 낸다는 것은 굉장히 어려운 일일 것입니다. 그래서 책에 제시된 예제를 따라 하면서 3D 모델링과 아두이노 코딩에 대한 기초를 익히고 그것들을 바탕으로 새로운 무언가를 만드는 것이 이 책의 목표입니다. 책에 있는 내용은 정답이 아니라 하나의 가이드라인입니다. 따라서 여러분은 이 책을 읽고 창의적인 아이디어를 반영하여 더 멋진 작품을 만들 수 있습니다.

3D프린터와 아두이노의 융합 작품인 리쏘페인 무드등, 자동 손 세정제 등의 예시 작품을 제시하고 있으며, 여러분의 의도대로 쉽게 바꿀 수 있도록 노력하였습니다. 예를 들어 스마트 폰으로 조종하는 무드등의 갓으로 저자는 3D프린팅을 이용한 리쏘페인을 사용하였으나, 다이소 상점에서 판매하는 것을 이용할 수도 있습니다. 또는 한지나 여러 재료를 이용하여 얼마든지 다르게 제작하는 것이 가능합니다.

저자는 메이킹(Making)에서 그냥 똑같이 따라 하는 것은 바람직하지 않다고 생각합니다. 어느 정도 개념과 원리를 이해하고 여러분의 생각을 최대한 반영하여 여러분만의 작품을 만드시길 바랍니다. 그 과정에서 이 책에서 강조하고 있는 문제해결력과 창의적 사고, 융합적인 사고를 자연스럽게 기를 수 있을 것입니다.

이 책이 나오기까지 임신 중의 힘든 몸으로도 집필에 대한 지지를 아끼지 않았던 아내와 우리 부부를 이 세상에 존재하게 해주신 부모님께 무한한 감사를 드리며 그 와중에 예쁘게 태어난 사랑스러운 딸, 예린이에게 이 책을 바치고 싶습니다.

차 례

기본편

Fusion 360 한글판
with 3DPrinter

# Chapter 1

# 3D프린팅의 개념 및 과정

1. 3D프린터란?
2. 3D프린터의 역사
3. 3D프린터의 종류
4. 3D프린팅 과정
5. 3D프린팅의 활용 및 전망
6. 안전한 3D프린팅을 위한 주의 사항

# 01 3D프린터란?

3D프린터는 3차원 컴퓨터 파일을 입력하여 입체적인 물체를 만들 수 있는 장치를 말합니다. 아무것도 없는 바닥에서부터 한 층 한 층 쌓아 올려 3D 물체를 만드는 것입니다.

3D프린터는 종류가 다양하지만, 재료를 한 층씩 쌓아 올려 제작하는 것은 모두 같습니다.

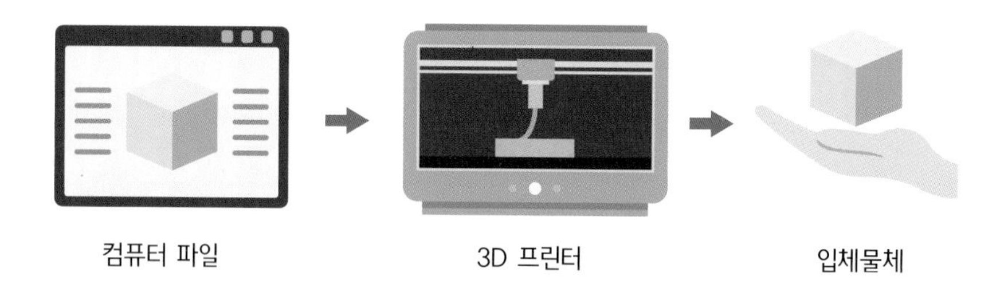


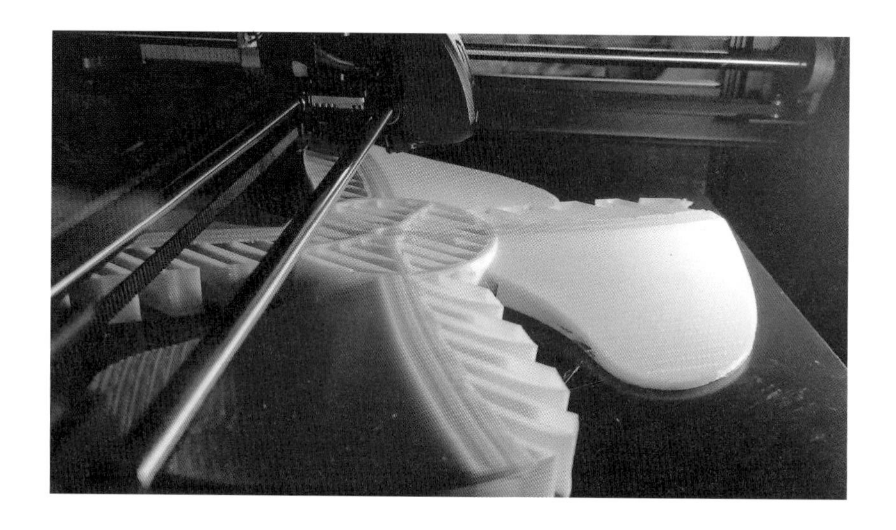

# 02 3D프린터의 역사

3D프린터는 언제 개발되었을까요?

최근에 3D프린터가 주목받고 있어서 근래에 개발되었다고 생각하는 분들이 많으나 3D프린터는 1980년대에 만들어졌습니다.

3D시스템즈의 척헐(Chuck Hull)이 세계 최초의 3D프린터를 만들었습니다.

회사에서는 제품을 만들기 전에 시제품을 먼저 만들어 문제점을 찾아 이를 개선합니다.

시제품을 만들기 위해서는 금형을 제작해야 하는데 이때, 큰 비용과 시간이 필요합니다. 하지만 3D프린터는 금형을 제작하지 않고도 시제품을 만들 수 있기에 비용을 줄이면서도 빠르게 시제품을 제작할 수 있습니다.

과거에 개발된 3D프린터가 최근에 와서야 일반인들에게 보급된 이유는 3D프린터 특허권이 최근에서야 만료됐기 때문입니다.

최근에는 많은 업체에서 3D프린터를 개발함으로써 가격이 많이 저렴해졌고 대중화되고 있습니다.

〈척 헐 (3D 프린팅 최초 발명가)〉

# 03 3D프린터의 종류

3D프린터는 소재와 적층 방식에 따라 크게 FDM, SLA, SLS 등으로 분류할 수 있습니다.

## 1. FDM(Fused Deposition Modeling) 3D프린터

가장 저렴하여서 대중화된 3D프린터로 플라스틱 실타래인 필라멘트를 재료로 사용합니다. 플라스틱을 고온으로 녹여 한 층, 한 층 쌓아 올려 입체를 만듭니다. 다른 3D프린터에 비해 해상도가 떨어지는 편입니다.

〈FDM 3D프린터〉

## 2. SLA(Stereo Lithography Apparatus) 3D프린터

레진이라는 일종의 액체 플라스틱을 재료로 사용합니다. 레진을 굳게 하는 UV레이저를 선을 따라가며 비춰줌으로써 입체를 만듭니다. 바닥에서부터 특정 부분을 굳게 하면서 점차 윗부분을 완성해 나갑니다.

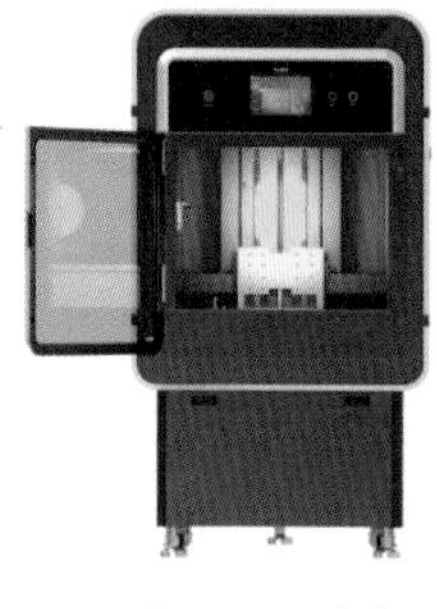

〈SLA 3D프린터〉

〈SLA 3D프린터 출력물〉

### DLP(Digital Light Processing) 3D프린터

SLA 3D프린터의 한 종류로 보는 경우가 많습니다. 둘 다 레진을 굳히는 것은 마찬가지지만 광원에 차이가 있습니다. SLA는 레이저를 사용하고 DLP는 프로젝터를 사용합니다. 우리가 흔히 보는 빔프로젝터를 생각하면 좋습니다. SLA는 선을 따라가며 레이저를 조사하고 DLP는 한 층 전체를 한 번에 경화시킵니다. 따라서 DLP가 출력 속도가 빠릅니다.

광원의 차이로 인해 SLA는 부드럽게 DLP는 픽셀로 표현이 됩니다. 벡터 방식인 일러스트레이터와 픽셀의 조합으로 표현되는 포토샵을 비교하면 이해가 쉽습니다.

〈DLP 3D프린터〉

〈DLP 3D프린터 출력물〉

## 3. SLS(Selective Laser Sintering) 3D프린터

분말을 재료로 사용합니다. 레이저로 특정 부분만을 조사하여 굳게 합니다. 최종적으로 분말 더미 속에서 출력물을 꺼내야 하며 출력물에 붙어 있는 분말을 잘 제거해 줘야 합니다. 소결되지 않은 분말이 지지대 역할을 해줍니다. 분말을 사용하기 때문에 금속 등의 다양한 재료를 사용할 수 있고 정밀도도 높은 편이나 장비가 고가입니다.

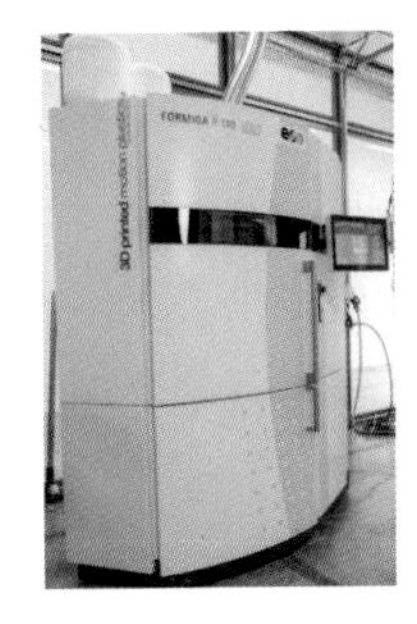

〈SLS 3D프린터〉

〈SLS 3D프린터 출력물〉

# 04 3D프린팅 과정

3D프린팅의 과정은 5단계로 진행됩니다. 초보자들은 씽기버스 등의 STL 공유 사이트를 이용하기도 하지만 나만의 특정 형상을 얻기 위해서는 3D모델링의 과정을 거쳐야 합니다. 또, 출력물의 완성도를 높이기 위해 후처리 과정도 필요합니다. 5개의 과정을 하나씩 살펴 보겠습니다.

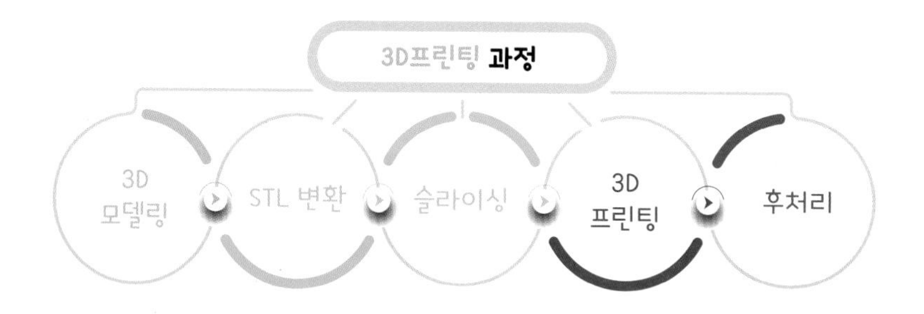


## 1. 3D모델링

3D모델링은 컴퓨터를 이용해 형상을 3차원으로 디자인하는 과정입니다. 모든 단계가 다 중요하겠지만 이 중 3D모델링 단계가 가장 창의성을 요구하는 과정입니다. 3D모델링은 아이디어를 구체화하는 과정이기 때문입니다. 따라서 프로그램을 더 능숙하게 다룬다고 해서 더 좋은 작품을 디자인하는 것은 아닙니다. 나만의 아이디어가 있어야만 남들과 차별화된 작품을 만들 수 있습니다.

모델링 프로그램은 굉장히 다양합니다. 우선 초급자용과 전문가용으로 구분할 수 있습니다. 초급자용이 더 배우기 쉽지만 복잡한 형상은 더 여러 과정을 거쳐야 하기 때문에 더 많은 시간이 걸릴 수 있습니다. 틴커캐드, 123D design, 스케치업 등은 취미용이나 초급자용으로 분류할 수 있고, 퓨전360, 3Ds Max, 마야, 지브러시, 인벤터, NX, 카티아, 크레오 등은 전문성을 갖춘 프로그램으로 볼 수 있습니다. 이런 분류는 주관적이기 때문에 누가 분류하느냐에 따라 차이가 있을 수 있습니다.

〈스케치 업〉

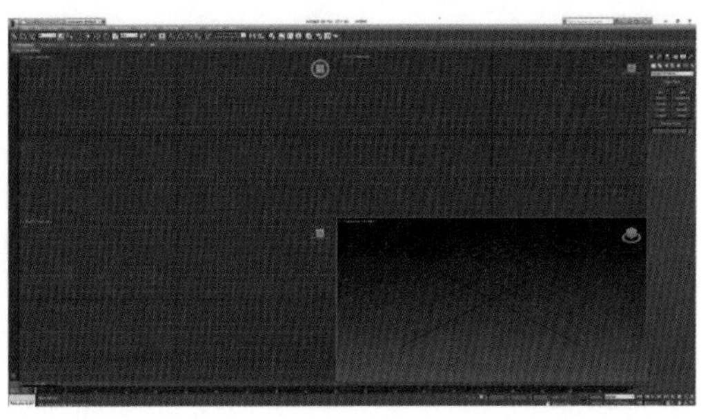

〈3Ds Max〉

또 다른 분류는 폴리곤과 넙스로 나누는 것입니다. 가장 일반적으로 사용되는 분류 방식입니다. 폴리곤 방식은 어떤 형상이든 삼각형으로 입체를 표현하는 모델링 방식입니다. 이때의 삼각형을 폴리곤(Polygon) 또는 메쉬(Mesh)라고 합니다. 폴리곤이 많을수록 더 부드럽게 모델링이 되지만 용량이 기하급수적으로 늘어납니다.

이 폴리곤 모델링은 외곽만 존재하고 안에는 비어있는 방식입니다. 입체형상을 만드는 것이 목적이기 때문에 정확한 치수를 표현하는 것이 어렵습니다. 주로 3D영상이나 게임, 제품 디자인 등에 활용됩니다. 폴리곤 방식의 3D모델링 프로그램으로는 스케치업, 3Ds Max, 마야 등이 있습니다.

넙스 방식은 내부가 꽉 찬 모델링 방식으로 정확한 치수에 의해서 표현하기 때문에 주로 제품 설계에 많이 사용됩니다. 넙스 방식의 3D모델링 프로그램으로는 카티아, NX, 크레오, 인벤터, 라이노, 퓨전360 등이 있습니다.

**궁금해요? 어떤 프로그램이 좋은 건가요?**

3D모델링 프로그램은 종류가 아주 많습니다. 그런데 어떤 것이 더 좋은 프로그램이라고 쉽게 단정 짓기는 어렵습니다. 프로그램마다 장단점이 있기 때문입니다. 각각의 프로그램이 특정 용도에 특화되어 있으므로 목적에 맞게 프로그램을 선택하면 됩니다.

3D프린팅을 목적으로 사용한다면 정확한 치수에 의한 설계가 필요하므로 넙스 방식의 모델링 프로그램을 선택하는 것이 좋습니다. 3D모델링 프로그램은 종류가 많지만, 기초 원리는 비슷한 경우가 많습니다. 따라서 한 프로그램을 잘 익히면 새로운 프로그램을 배우는 것도 수월해집니다.

## 2. STL(Stereo Lithography) 변환

STL은 3D시스템즈가 개발한 Stereo Lithography CAD 파일 포맷으로 3D프린터에서 출력할 수 있는 파일 형태라고 생각하면 됩니다.

STL은 앞서 설명한 폴리곤 모델링 방식처럼 표면을 삼각형화 시켜서 저장합니다. 더 많은 삼각형을 사용할수록 원래의 형태처럼 부드러워지지만, 더 많은 용량을 요구합니다.

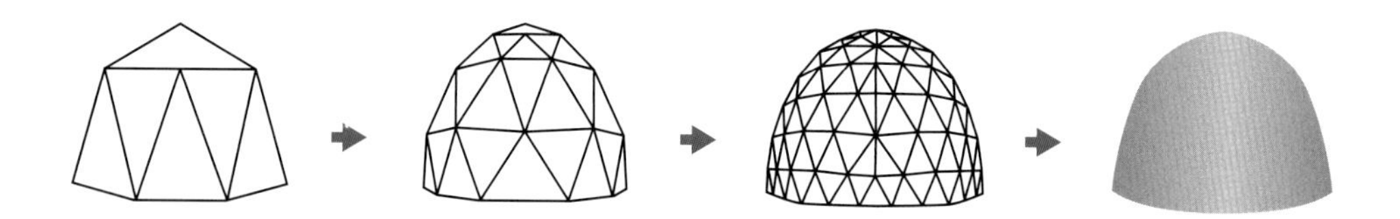

3D프린터로 출력하기 위해서는 3D모델링 프로그램에서 STL파일로 내보내기를 해야 하는데 이 과정은 대체로 간단합니다.

STL 파일은 대부분의 모델링 프로그램에서 열 수 있을 정도로 호환성이 높다는 것이 장점이지만 수정하기가 어렵다는 것이 단점입니다.

모델링 파일과 STL파일은 한글 hwp 파일과 PDF 파일에 견주어 비교해보면 이해가 쉽습니다.

| | 수정 편의성 | 여러 프로그램에서의 호환성 |
|---|---|---|
| 3D모델링 파일<br>(한글 파일) | ↑ | ↓ |
| STL 파일<br>(PDF 파일) | ↓ | ↑ |

## 3. 슬라이싱(Slicing)

STL파일이 있어도 바로 출력을 할 수는 없습니다. 슬라이싱이라는 과정을 한 번 더 거쳐야 합니다. STL파일은 3D형상의 표면 정보만 갖고 있으므로 이것을 한 층, 한 층 잘라서 층별 정보를 만들어야 합니다. 이렇게 식빵을 자르듯이 나누는 것을 슬라이싱이라 하고 그런 역할을 하는 프로그램을 슬라이서(Slicer)라고 합니다. 슬라이서는 3D프린터를 작동시킬 명령어의 집합인 G-code를 생성합니다.

슬라이서 프로그램은 많은 종류가 있는데 가장 많이 사용하는 슬라이서는 얼티메이커라는 프린터 제조사에서 만든 CURA라는 무료 프로그램입니다. 이 외에도 Slic3r, Skeinforge, Repitier, Kislicer, Simplify3D 등이 있으며 3D프린터 제조사에서 자체프로그램을 제공하기도 합니다. 슬라이서는 세부 기능에 차이가 있더라도 기본적인 원리는 비슷하기 때문에 본 도서에서는 가장 대중적으로 사용되는 CURA를 바탕으로 설명하도록 하겠습니다.

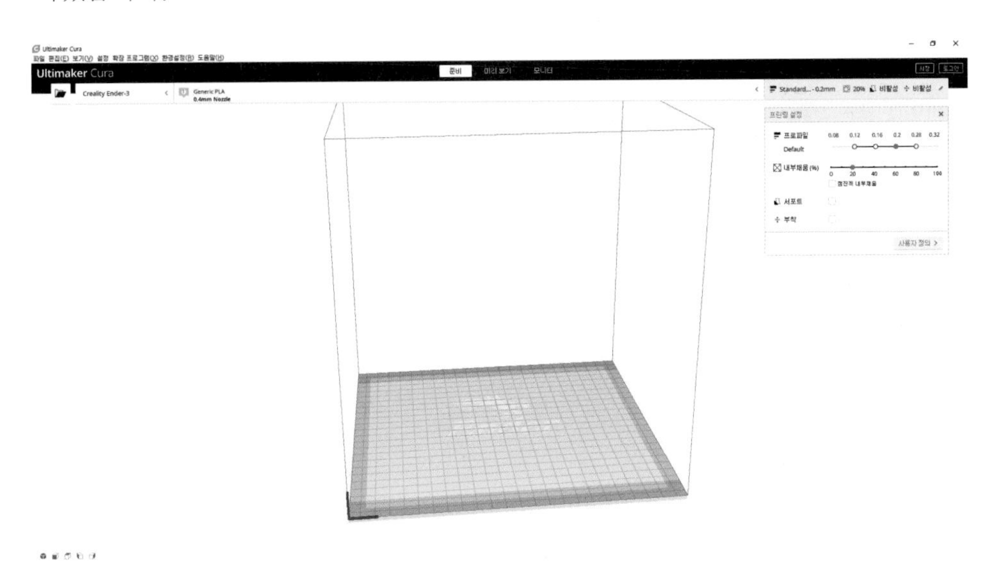


〈CURA 프로그램의 작업 화면〉

3D프린터는 슬라이싱 파일 즉 G-CODE파일의 명령에 따라서만 움직이기 때문에 슬라이싱은 출력품질을 결정하는 가장 핵심적인 요인입니다.

프린터가 아무리 좋더라도 슬라이싱이 잘못됐다면 좋은 품질을 기대할 수 없습니다. 반대로 좋지 않은 프린터라도 슬라이싱을 잘하면 좋은 출력물을 얻을 수도 있습니다.

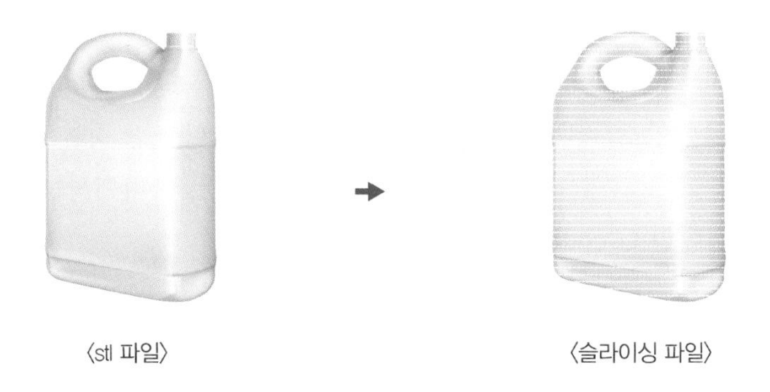

〈stl 파일〉 〈슬라이싱 파일〉

**궁금해요? 슬라이싱의 모든 원리를 알아야 하나요?**

슬라이싱 프로그램을 열어보면 너무 많은 설정이 있어서 초보자에게는 어렵게 느껴지는 경우가 많습니다. 처음부터 이 원리 모두를 알려고 하면 복잡하고 어려워서 3D프린팅을 부담스럽게 여기게 됩니다. 원하는 출력물을 하나, 둘 출력해보면서 케이스에 따른 설정 방법을 차츰 익히기를 권장합니다.

## 4. 3D프린팅(3D Printing)

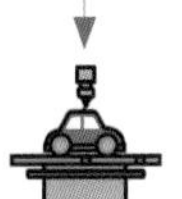



G-CODE파일을 3D프린터에 입력하면 3D프린터가 알아서 입체물체를 만듭니다. 이때 3D프린터의 움직임은 앞서 만들었던 G-CODE파일의 명령이기 때문에 G-CODE변환 시 필라멘트의 종류나 가열 온도 등 여러 출력 옵션을 고려해야 합니다.

3D프린터를 작동시키기 전에 베드 레벨링을 통해 출력 오차가 생기지 않도록 해야 하는데 이 레벨링을 자동으로 해주는 기능을 오토 레벨링이라고 합니다.

〈3D프린터가 작동되는 모습〉

**궁금해요? 베드 레벨링은 무엇인가요?**

3D프린터는 바닥에서 한층 한층 쌓아 올리므로 베드의 평탄도가 중요합니다. 바닥의 높이가 일정해야 쌓아 올리는데 오류가 발생하지 않기 때문입니다.

이 베드의 높이를 균일하게 만드는 것을 베드 레벨링이라고 합니다. 수동으로 베드 레벨링을 하는 프린터를 보면 베드의 네 귀퉁이 아래에 높이를 조절할 수 있는 나사가 있습니다. 이를 수동으로 조절하여 베드의 높이를 맞추는 것입니다.

최근에는 높이를 자동으로 조절해주는 오토레벨링 방식이 점차 대중화되고 있습니다.

## 5. 후처리

3D프린팅 된 물체의 서포트를 제거하거나 표면 정리, 채색 등 출력물의 상품성을 높이기 위한 모든 과정을 후처리라고 합니다.

**궁금해요? 3D프린터에서 지지대(서포트)는 왜 필요한가요?**

3D프린터는 바닥에서부터 한 층씩 쌓아 올리기 때문에 하단에 지지할 수 있는 무언가가 있어야 합니다.

형상을 만들 때 밑에 쪽에 아무것도 없는 부분이 있다면 그 부분에 임시로 형상을 떠받칠 수 있는 지지대(서포트)를 만들어야 합니다.

**궁금해요? 3D프린팅을 위해서는 위의 5과정을 모두 해야 하나요?**

꼭 5개의 과정을 모두 거쳐야 하는 것은 아닙니다. 다른 사람이 만든 것을 써도 되기 때문에 3D모델링을 할 줄 몰라도 출력을 할 수가 있습니다! 씽기버스라는 사이트에 가보면 전 세계 사람들이 올려둔 STL파일을 무료로 다운 받을 수 있습니다.(씽기버스 : www.thingiverse.com)

따라서 3D프린팅의 5과정 중 슬라이싱과 3D프린팅 이 두 개의 과정만 하면 출력물을 얻을 수 있습니다.

처음부터 3D모델링에 대한 학습 부담으로 3D프린팅 입문을 꺼리는 경우가 많은데 이때는 다른 사람들이 올려놓은 파일을 슬라이싱해서 출력하는 것으로 가볍게 3D프린팅을 시작할 수 있습니다.

궁금해요? 3D프린터 출력물을 예쁘게 채색하고 싶은데 어떻게 해야 하나요?

3D프린터 출력물은 여러 가지 방법으로 채색할 수 있습니다.

저는 보통 락카나 아크릴 물감을 사용합니다. 락카는 넓은 면적을 칠할 때 좋으나 면에 균일하게 도포하는 것이 어렵습니다. 이런 문제를 해결하기 위해 에어브러쉬를 사용하기도 합니다.

아크릴 물감은 색을 혼합할 수 있어서 다양한 색상을 사용할 수 있습니다. 물기가 거의 없는 상태로 굳기 전에 사용해야 합니다.

3D프린터 출력물은 적층 방식으로 제작되기 때문에 자세히 보면 층으로 인한 결이 보입니다. 따라서 완성도 높은 출력물을 원한다면 사포질을 해서 표면을 부드럽게 해줘야 합니다. 사포는 거친 것부터 시작해서 점차 고운 것으로 바꿔가며 사용해야 합니다. 사포질의 중간 중간에 서페이서를 뿌려주면 표면을 정리하는 데 도움이 됩니다.

# 05 3D프린팅의 활용 및 전망

3D프린터는 사용되지 않는 곳을 찾기가 더 힘들 정도로 거의 모든 분야에서 활용되고 있습니다. 최근 중국산 저가 3D프린터의 품질이 급격히 발전했습니다. 고가 3D프린터와 비교했을 때도 기능상 큰 손색이 없을 정도입니다. 품질 향상과 가격하락으로 3D프린터는 더욱더 대중화될 것으로 생각됩니다.

우리가 어떤 물건을 만들 때 제작 방법은 다양합니다. 대량으로 판매하는 경우에는 금형을 만들어서 찍어내는 방식으로 제작을 합니다. 그러면 3D프린터도 대량 생산을 할 때 사용될 수 있을까요? 물론 사용할 수는 있지만, 금형으로 찍어내는 것보다 많은 시간이 소비되기 때문에 그렇게 효율적인 방법은 아닙니다.

3D프린터는 금형을 만들기에는 소량일 때, 소비자의 각기 다른 요구에 맞춰 다양한 물건을 만들 때, 적합한 제작방식입니다.

## 1. 산업용

예전에는 시제품을 만드는 데 주로 쓰였다면 최근에는 훨씬 더 다양한 분야에서 사용되고 있습니다. 자동차, 항공기, 각종 기계 부속품 제작 등 다양한 분야에서 용도에 맞는 재질로 만들어 사용되고 있습니다.

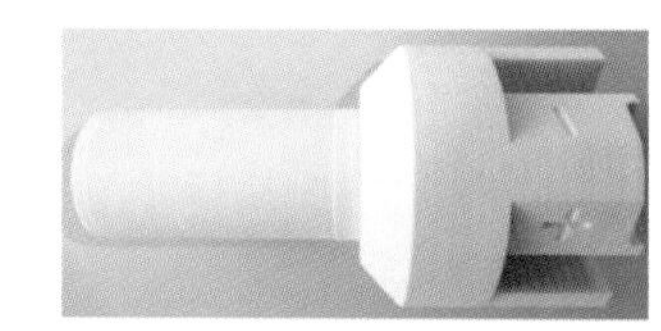
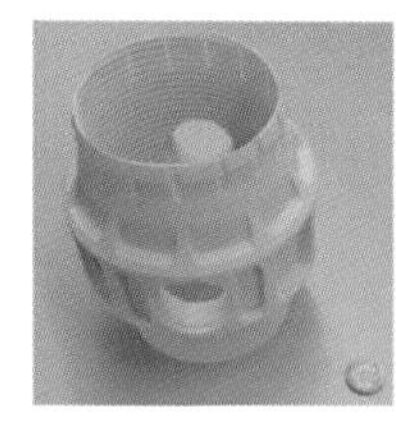
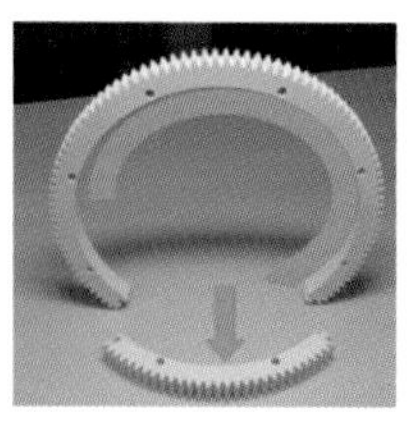

〈산업용으로 3D프린팅 출력물이 사용됨〉

## 2. 음식

3D프린터로 음식을 만드는 것은 이미 가능합니다. 피자, 초콜릿, 파스타, 쿠키 등 점성이 있는 재료들은 대체로 출력이 가능합니다. 도면만 있다면 독특한 모양의 음식을 자동으로 만들 수 있습니다. 필자도 빨리 대중화되기를 기대하고 있는 분야입니다.

〈3D프린터로 출력한 초콜릿〉

## 3. 건축

3D프린터로 건축물을 만드는 일은 이미 오래전에 뉴스에서 접했던 일입니다. 초대형 3D 프린터로 거대한 집을 바닥부터 쌓아 올리는 것입니다. 일반 3D프린터의 적층 원리와 유사하지만 건축용 재료를 사용한다는 것에 차이가 있습니다. 이 기술은 중국에서 가장 먼저 시도되었는데, 한 업체는 가로×세로×높이가 32×6×7m인 건축물을 24시간 안에 10채 이상 지을 수 있다고 합니다.

## 4. 의료

의료 분야에서 3D프린터가 각광받는 이유는 환자 한 명 한 명에게 딱 맞는 의료용품을 만들기 쉽기 때문입니다. 환자마다 신체적 차이가 있는 뚜렷한 분야는 3D프린터로의 제작이 적합합니다. 인공 관절, 치아 보철물, 의족 · 의수, 보청기 등에 많이 활용되고 있습니다.

## 5. 전망

3D프린터의 활용 분야는 하루가 다르게 새로 생겨나고 있습니다. 우주 정거장에 3D프린터를 가져가 그곳에서 필요한 것을 뽑는 것을 보면 아이디어만 있다면 활용 분야는 무궁무진하다고 볼 수 있습니다.

3D프린터가 새로운 쇼핑방식을 만들 것이라는 의견도 있습니다. 현재는 두 가지 쇼핑방식이 사용되고 있습니다. 하나는 직접 판매처에 가서 구매하는 것이고, 또 다른 하나는 인터넷에서 구매하면 배송이 오는 방식입니다. 새로운 쇼핑방식은 인터넷에서 원하는 상품을 사면 집에 있는 3D프린터로 바로 출력할 수 있는 형태입니다. 3D프린터의 해상도만 개선된다면 불가능한 일도 아닙니다.

그러나 현재 3D프린터는 일반 프린터만큼 대중화되지는 못했습니다. 아직은 가격이 높게 형성돼 있으며 사용자의 손이 많이 가기 때문입니다. 또한, 출력물의 정교함이 떨어져 상품성이 낮은 경우가 많습니다. 하지만 이런 문제는 점차 개선될 것으로 보입니다. 예를 들면 3D프린터의 중요한 과정 중 하나인 슬라이싱이 현재는 사용자가 하나하나 조건에 맞게 설정해야 하지만 언젠가 자동화되어 입체의 특성에 따라 알아서 G-CODE파일로 변환된다면 사용자의 수고를 덜어줄 수 있을 것입니다.

3D프린터가 대중화되면 일반인들도 자기가 원하는 것을 직접 제작할 수 있게 됩니다. 제조회사가 아니어도 일반인들 한 명, 한 명이 메이커가 되는 것입니다. 3D프린터의 전망은 무궁무진하지만, 필자가 생각하는 가장 큰 변화는 일반인들에게도 제작의 기회를 제공하는 것이라고 생각됩니다.

# 06 안전한 3D프린팅을 위한 주의 사항

최근에 3D프린팅의 안전성이 이슈가 되기도 했습니다. 주로 문제가 되는 것은 3D프린터가 필라멘트를 고온으로 녹일 때 발생하는 유해물질 때문입니다. 3D프린터를 사용할 때는 안전 수칙을 잘 지켜서 사용하시기 바랍니다.

| | |
|---|---|
| 장비선택<br>(권장) | 1. 챔버형(밀폐형) 3D프린터를 사용해 주세요.<br>2. 3D프린터 챔버 내부에서 필터를 통해 공기가 배출되도록 해주세요.<br>3. PLA를 사용하고 성분을 알기 어려운 중국산 저가형 필라멘트는 사용하지 마세요. |
| 사용 환경 | 1. 3D프린터는 환기가 잘 되는 공간에 설치하세요.<br>2. 작업자가 머무는 공간과 별도의 실을 사용하세요.<br>3. 유해 공기를 외부로 배출할 수 있는 장비를 사용하세요. |
| 사용방법 | 1. 3D프린터가 작동할 때, 주변에 머무는 시간을 최소화하세요.<br>2. 방독 마스크 등의 보호 장구를 착용하세요. |

위의 안전 수칙을 모두 지켜서 사용하면 좋겠지만 대부분의 사용자는 현실적으로 그렇게 하기가 어려운 상황인 경우가 많습니다.

제가 가장 강조하고 싶은 안전 수칙은 3D프린터가 작동될 때 환기가 잘되도록 하고 작동 중에는 사용자가 주변에 있지 않은 것입니다. 몸에 안 좋은 영향이 적다고 하더라도 장시간 지속해서 흡입하는 경우 우리 건강을 해칠 수 있습니다. 환기와 분리 이 2개의 안전 수칙만큼은 필수라고 생각하시고 꼭 지키면서 사용하시기 바랍니다.

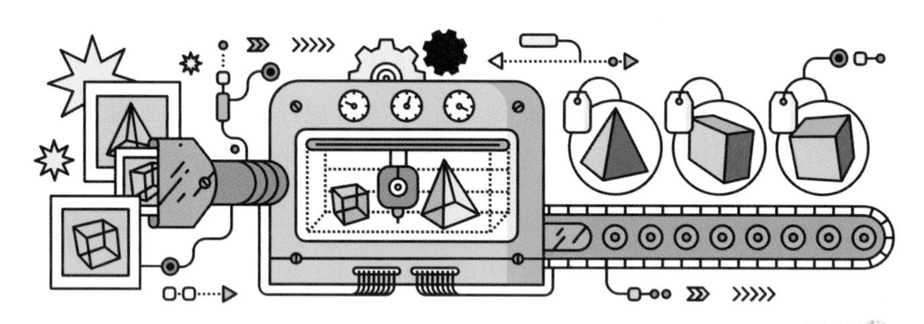

기본편

Fusion 360 한글판

with 3DPrinter

# Chapter 2

# 퓨전360 프로그램 소개 및 설치

# 01 퓨전360의 활용용도

퓨전360은 Autodesk사의 3D모델링 프로그램 중 하나로 배우기가 쉬우면서도 전문적인 작업이 가능합니다. 퓨전이라는 이름 그대로 여러 종류의 작업을 한 프로그램에서 사용할 수 있도록 만들어졌습니다. 디자인(Design), 도면(Drawing), 렌더링(Rendering), 애니메이션(Animation), 시뮬레이션(Simulation), 제조(Manufacture), 제너레이티브 디자인(Generative Design) 등 7가지 작업을 모두 할 수 있습니다.

## 1. 디자인(Design)

하나의 프로그램에서 다양한 모델링 방식이 연동되어 형상을 디자인합니다. 솔리드 모델링, 서피스 모델링, 프리폼 모델링, 시트 메탈 등을 모두 사용할 수 있습니다.

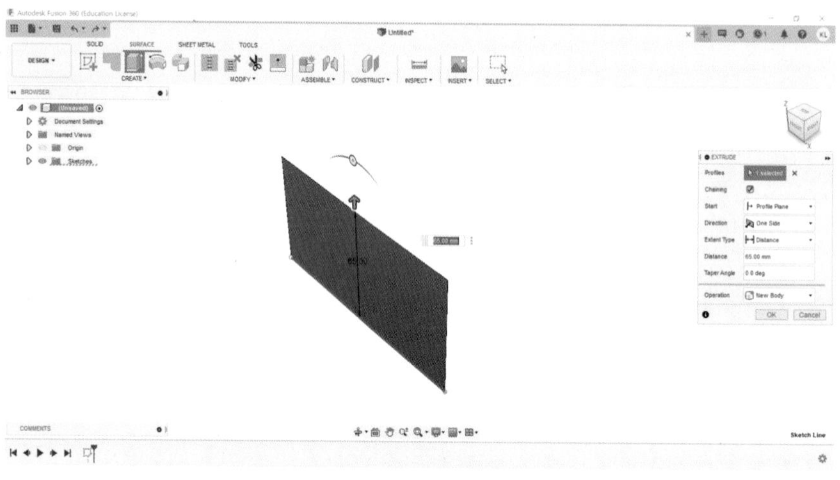

〈서피스 모델링 화면〉

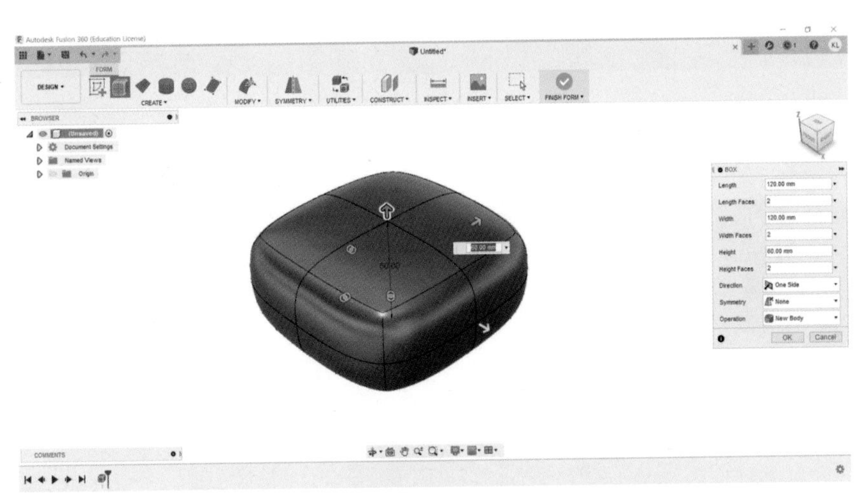

〈프리폼 모델링 화면〉

## 2. 도면(Drawing)

모델링한 것을 바탕으로 2D 도면을 만들 수 있습니다.

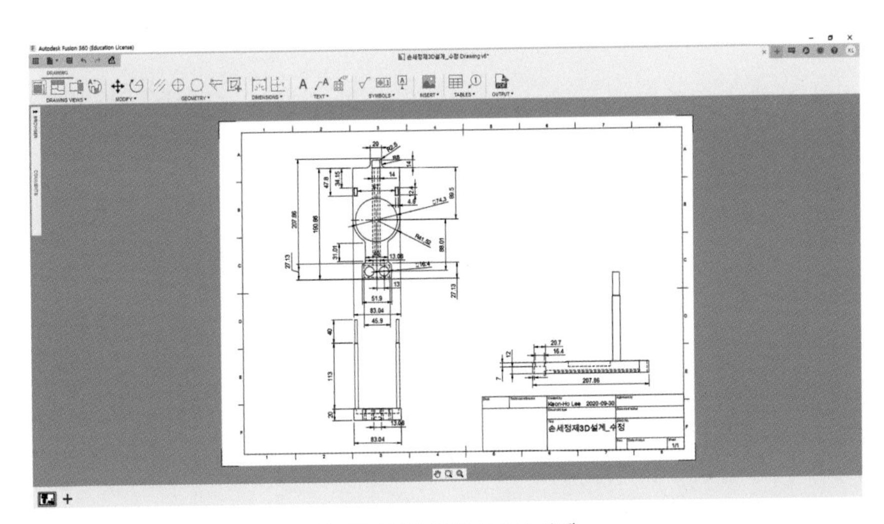

〈솔리드 파일로부터 도면화 작업〉

## 3. 렌더링(Rendering)

광원과 재질을 적용하여 마치 실사 이미지인 것처럼 렌더링할 수 있습니다.

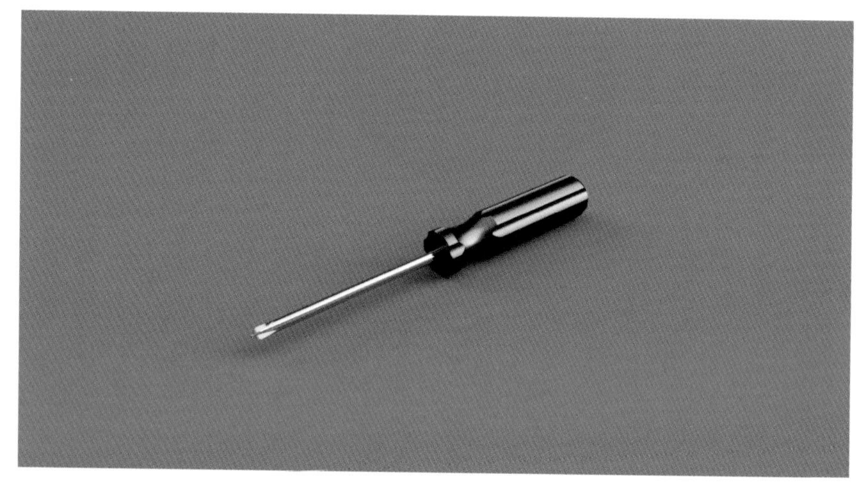

〈렌더링 화면〉

## 4. 애니메이션(Animation)

디자인한 개체로 영상을 만들 수 있는 기능으로 파트 간의 조립이나 해체 과정을 영상으로 만들 수 있습니다.

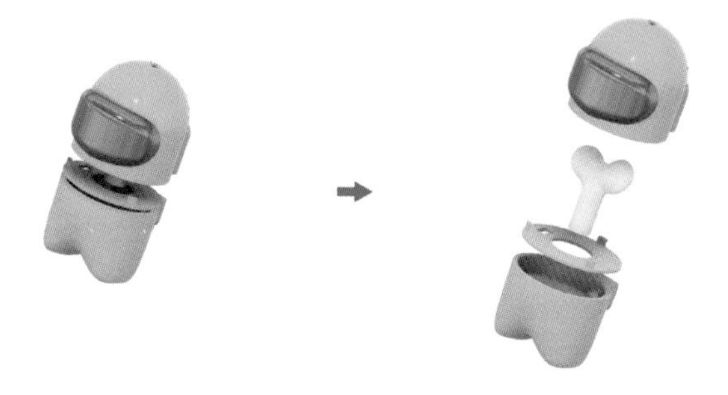

〈애니매이션 화면〉

## 5. 시뮬레이션(Simulation)

다양한 해석을 통해 제작 시의 문제점을 찾을 수 있습니다.

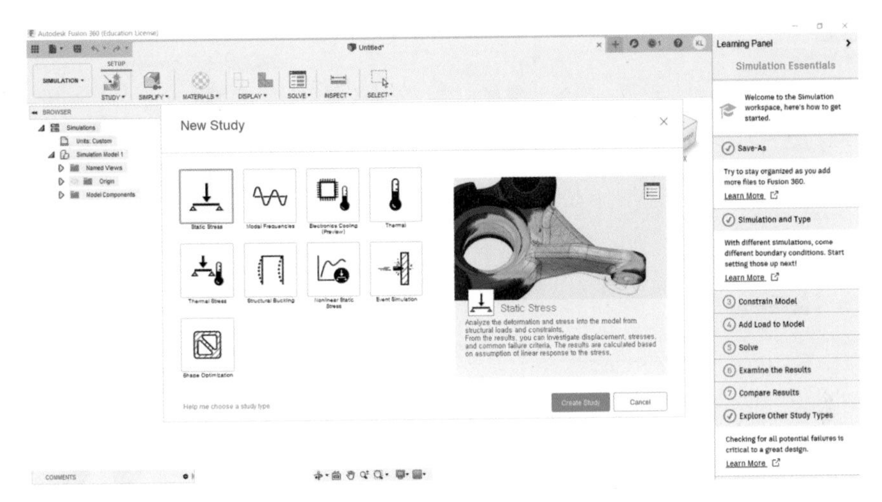

〈시뮬레이션 화면〉

## 6. 제조(Manufacture)

CNC 장비 등의 공작기계로 작업을 할 때, 툴 패스를 만들 수 있습니다.

〈메뉴팩처링 화면〉

## 7. 제너레이티브 디자인(Generative Design)

특정 조건에 부합하는 다양한 디자인을 제공할 수 있습니다.

본 도서에서는 3D프린팅에 활용되는 솔리드 모델링 대해서 주로 다루게 될 것입니다.

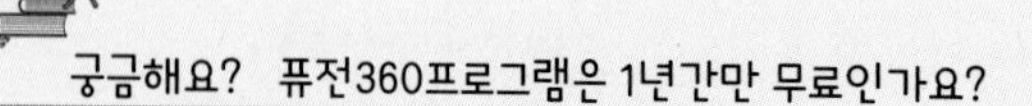

궁금해요? 퓨전360프로그램은 1년간만 무료인가요?

1년간만 사용할 수 있는 것은 아니고 1년마다 갱신을 통해 계속 사용할 수 있습니다. 퓨전360은 개인과 학생은 무료로 사용할 수 있습니다. 일부 기능이 제한되지만, 취미나 학습용으로 사용하는 경우에 큰 불편함은 없습니다.

# 02 퓨전360 프로그램 장점

퓨전360의 특징은 많지만, 그중에서 눈에 띄는 몇 가지만 살펴보겠습니다.

## 1. 히스토리 기능

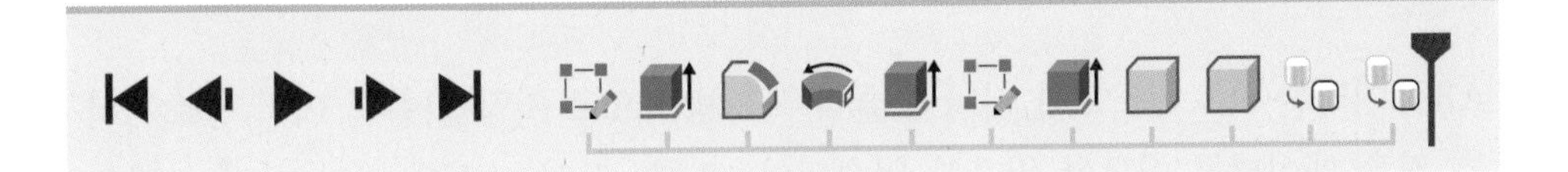

작업한 순서에 따라 작업 기록(Feature)이 생성됩니다. 이를 통해, 작업 순서를 알 수 있으며, 추후에 작업 기록(Feature)을 변경하거나 순서를 바꿔서 형상을 변경할 수 있습니다.

## 2. 매개 변수(Parametric Modeling) 기능

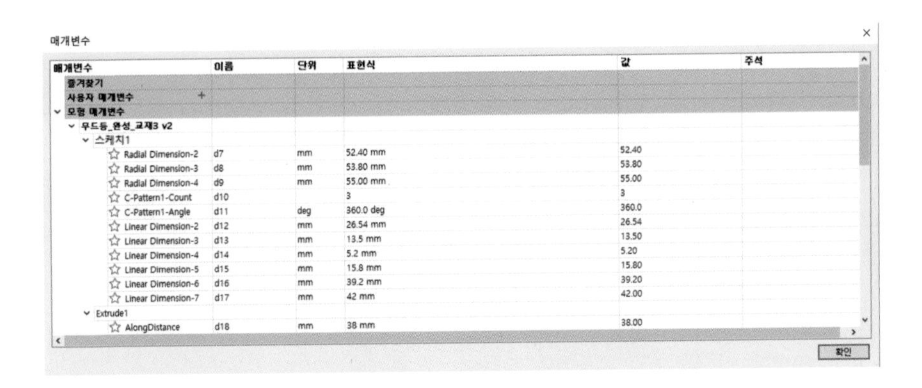

매개변수

| 매개변수 | 이름 | 단위 | 표현식 | 값 | 주석 |
|---|---|---|---|---|---|
| 즐겨찾기 | | | | | |
| 사용자 매개변수 + | | | | | |
| 모형 매개변수 | | | | | |
| 무드등_완성_교재3 v2 | | | | | |
| 스케치1 | | | | | |
| Radial Dimension-2 | d7 | mm | 52.40 mm | 52.40 | |
| Radial Dimension-3 | d8 | mm | 53.80 mm | 53.80 | |
| Radial Dimension-4 | d9 | mm | 55.00 mm | 55.00 | |
| C-Pattern1-Count | d10 | | 3 | 3 | |
| C-Pattern1-Angle | d11 | deg | 360.0 deg | 360.0 | |
| Linear Dimension-2 | d12 | mm | 26.54 mm | 26.54 | |
| Linear Dimension-3 | d13 | mm | 13.5 mm | 13.50 | |
| Linear Dimension-4 | d14 | mm | 5.2 mm | 5.20 | |
| Linear Dimension-5 | d15 | mm | 15.8 mm | 15.80 | |
| Linear Dimension-6 | d16 | mm | 39.2 mm | 39.20 | |
| Linear Dimension-7 | d17 | mm | 42 mm | 42.00 | |
| Extrude1 | | | | | |
| AlongDistance | d18 | mm | 38 mm | 38.00 | |

확인

매개 변수 기능은 모든 치수를 변수화하고 함수값을 만들 수 있는 기능입니다. 이를 파라메트릭 모델링(Parametric Modeling)이라 합니다. 파라메트릭 모델링을 통해 특정 치수를 수정하면 함숫값을 통해 관련 치수가 변경되도록 할 수 있습니다.

매개 변수 기능은 히스토리 기능과 함께 중간으로 돌아가 편집하는 것이 가능하도록 합니다. 예를 들면 A-B-C-D-E의 순서로 작업을 했는데 C를 수정하는 경우 C의 특정 값만 변경해도 D, E가 이를 반영하여 자동으로 변경되는 방식입니다. 경우에 따라서 추가적인 수정을 해줘야 할 때도 있지만 훨씬 편리한 것만은 사실입니다. 특히 수치를 자주 변경해줘야 하는 제품 모델링 분야에서는 꼭 필요한 기능입니다.

## 3. 클라우드 기능

A360이라는 오토데스크사 서버에 클라우드 방식으로 저장됩니다. 여러 장소에서 작업하는 경우 데이터를 이동할 필요가 없습니다. 또한, 작업 시점에 따라 여러 버전으로 자동 저장되어 실수를 대비한 백업자료를 손쉽게 생성할 수 있습니다. 또한, 인터넷이 안 되는 곳에서도 오프라인 작업이 가능합니다.

저는 집과 직장의 컴퓨터, 노트북 등 3개의 컴퓨터에서 퓨전360을 사용합니다. 여러 컴퓨터에 사용하지만, 파일을 전혀 옮기지 않아도 되기 때문에 편리합니다. 또 여러 사람과 함께 작업하는 경우에 파일을 손쉽게 공유할 수 있습니다.

## 4. 다양한 디자인 기능

솔리드 모델링, 폼모델링 서피스 모델링, 시트메탈 모델링 등을 한 프로그램에서 모두 사용할 수 있어 유연한 모델링이 가능합니다. 이러한 여러 모델링 방식은 각각이 독립적으로만 작동되는 것이 아니라 서로 전환 및 연계되면서 디자인할 수 있습니다.

# 03 퓨전360 프로그램 설치

프로그램을 다운 받아보겠습니다. 퓨전360은 윈도우와 MAC 운영체제 모두에서 사용 가능하지만 운영체제가 64비트인 경우에만 설치가 됩니다. 하드웨어의 성능에 따라 처리 속도는 달라질 수 있습니다.

포털사이트의 검색창에 오토데스크(autodesk)라고 입력합니다. 또는 인터넷 주소창에 www.autodesk.co.kr 를 입력합니다. 아래와 같은 창이 열리면 지구 모양의 버튼을 눌러 언어를 한국어로 바꾸고 로그인 버튼을 누릅니다.

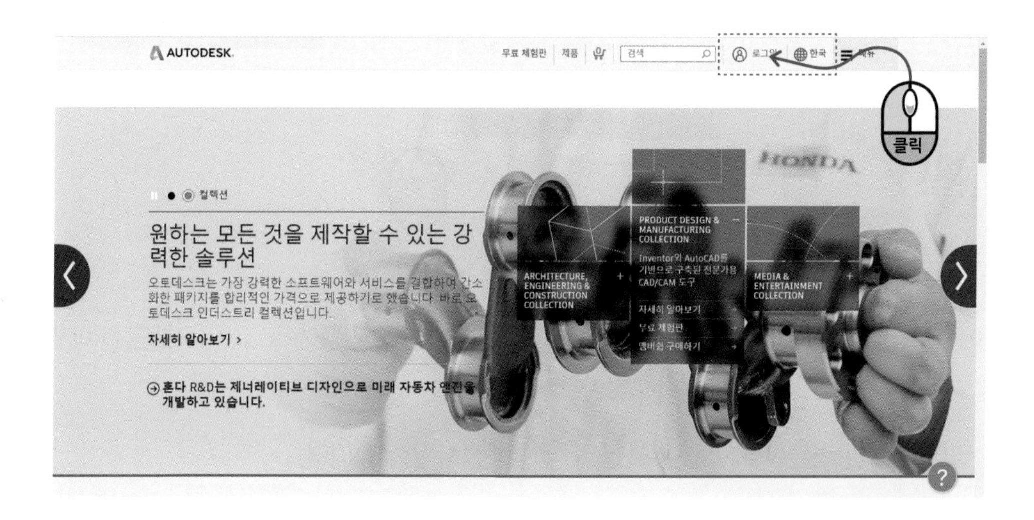


계정이 있는 경우에는 로그인하면 되고 없는 경우에는 회원가입을 합니다.

회원가입을 해야 한다면 계정 작성 버튼을 누릅니다.

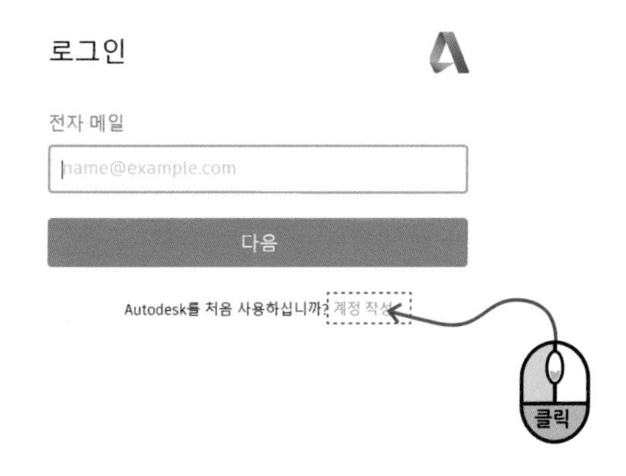

빈칸의 내용을 입력하고 계정작성 버튼을 누르면. 또 하나의 창이 열립니다.

완료 버튼을 누릅니다.

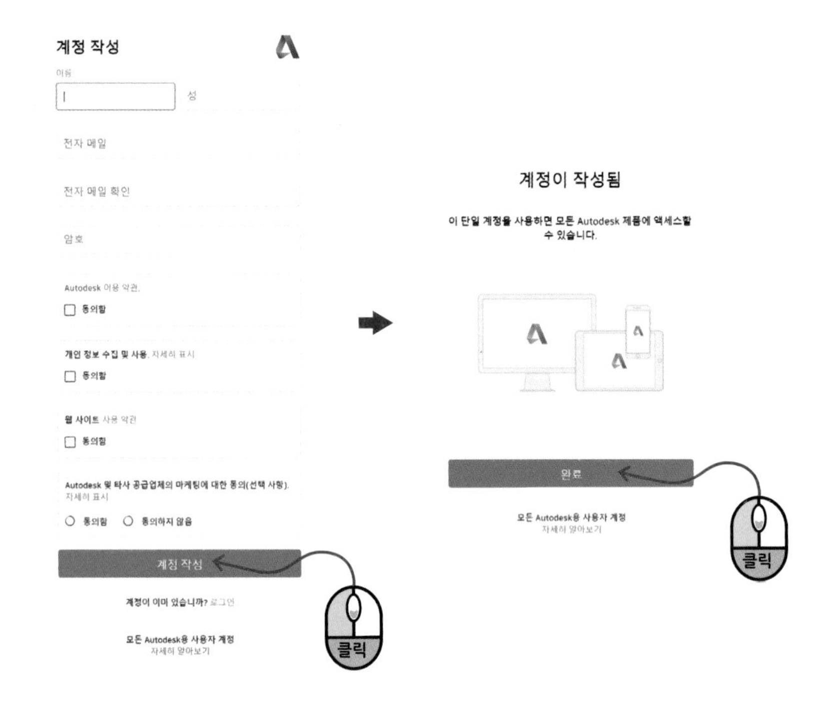


이메일에서 확인하는 것이 필요하다고 나옵니다. 확인 메일 받기를 누르고 입력했던 이메일로 가보면 오토데스크에서 메일이 와있을 것입니다.

메일을 열어서 확인 버튼(Verify)을 누르면 계정이 생성이 완료됩니다.

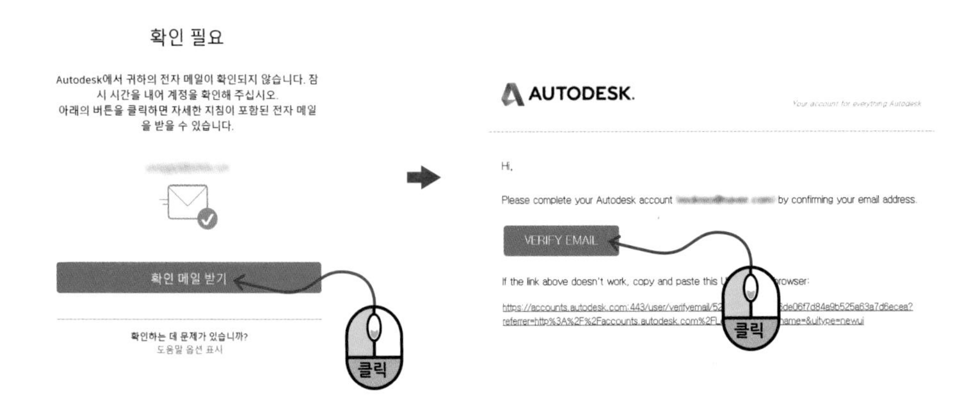

오토데스크(Autodesk) 홈페이지에서 생성된 계정으로 로그인을 하면 계정의 2차 보안을 할 수 있는 창이 열립니다. GET STARTED를 눌러 실행할 수 있으며 아래의 REMIND ME LATER(나중에 합니다)을 눌러 나중에 실행할 수 있습니다.

REMIND ME LATER를 누릅니다.

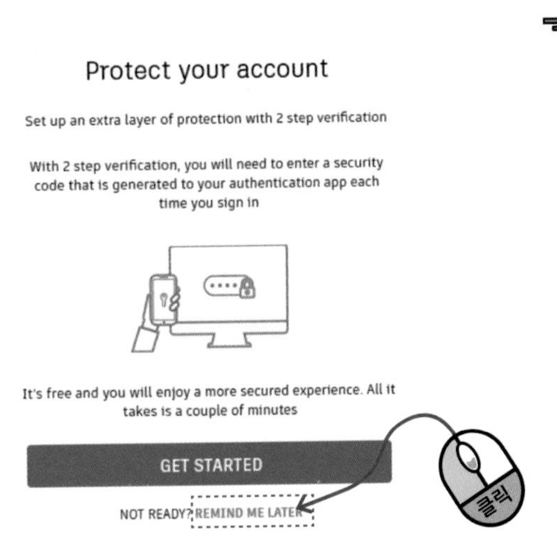


화면의 아래쪽으로 내려가면 그림과 같은 화면이 보입니다. 여기서 무료체험판을 클릭합니다.

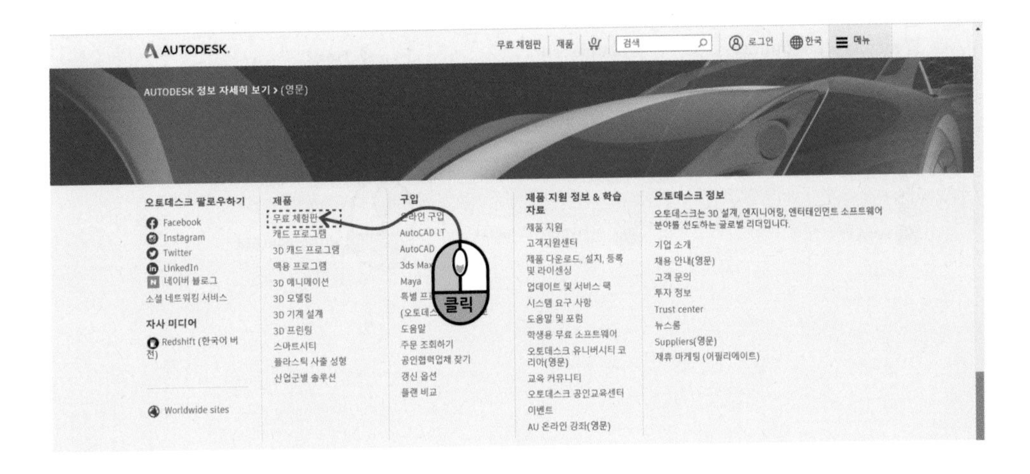

그러면 다음과 같은 화면이 나옵니다.

아래쪽으로 스크롤을 내려 보면 Fusion360이 있습니다. FUSION 360을 클릭합니다.

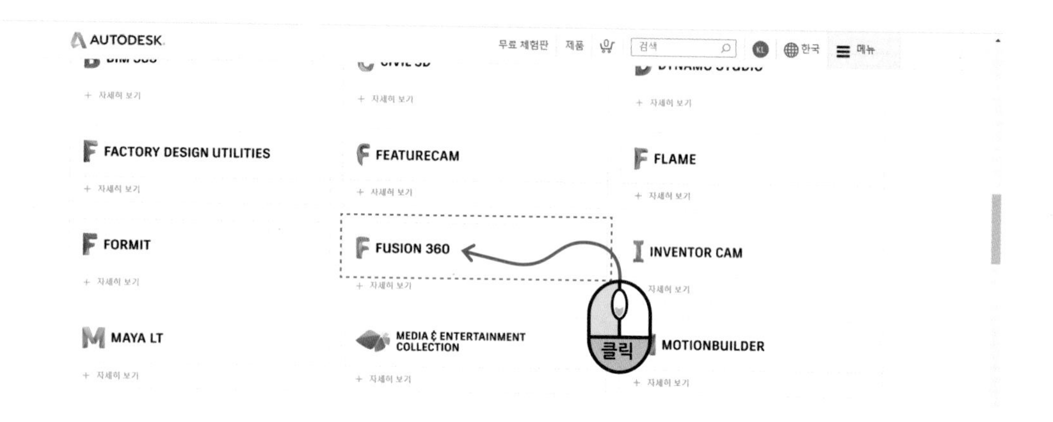

사용 용도에 따라 3가지 중 하나를 선택해야 합니다.

개인 · 취미 사용, 무료 평가판 사용(1개월), 교육적 사용 등 3가지로 구분됩니다.

개인사용과 교육적 사용은 1년간만 사용할 수 있는 것은 아니고 1년마다 갱신을 하면 계속 사용할 수 있습니다. 개인 · 취미용을 선택합니다.

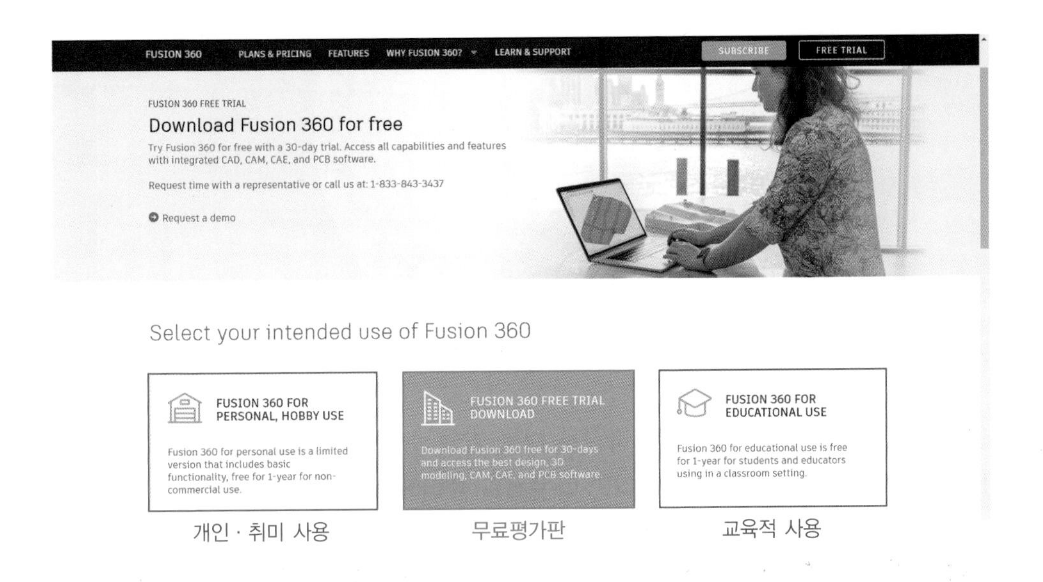


창이 열리면 〈무료〉–〈시작〉 버튼을 누릅니다.

오토 데스크 로그인을 하기 위해 입력하였던 정보 외에 추가 정보를 입력하고 다음 버튼을 누릅니다.

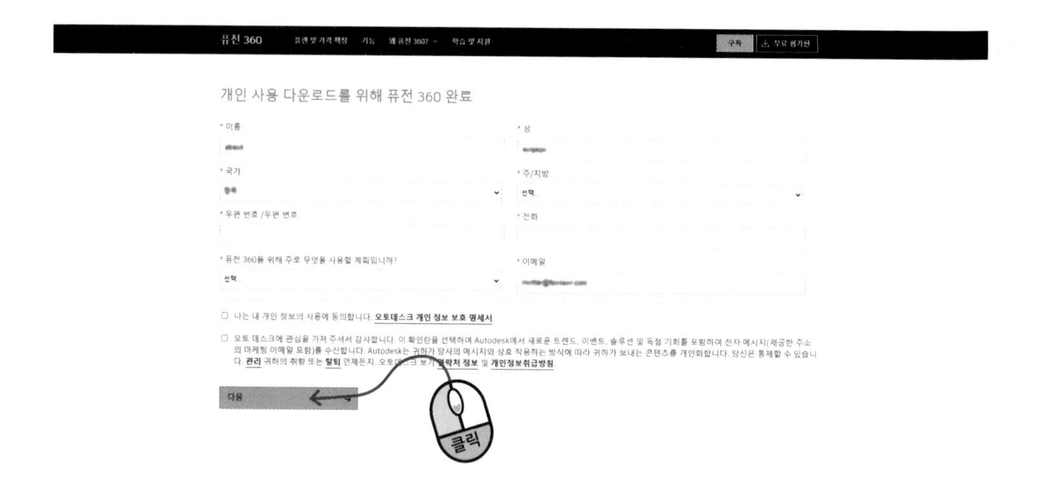


무료다운로드를 누르면 프로그램 설치 파일을 다운 받을 수 있습니다. 일반적으로 다운로드된 파일은 다운로드의 경로를 변경하지 않았다면 다운로드 폴더에 저장됩니다.

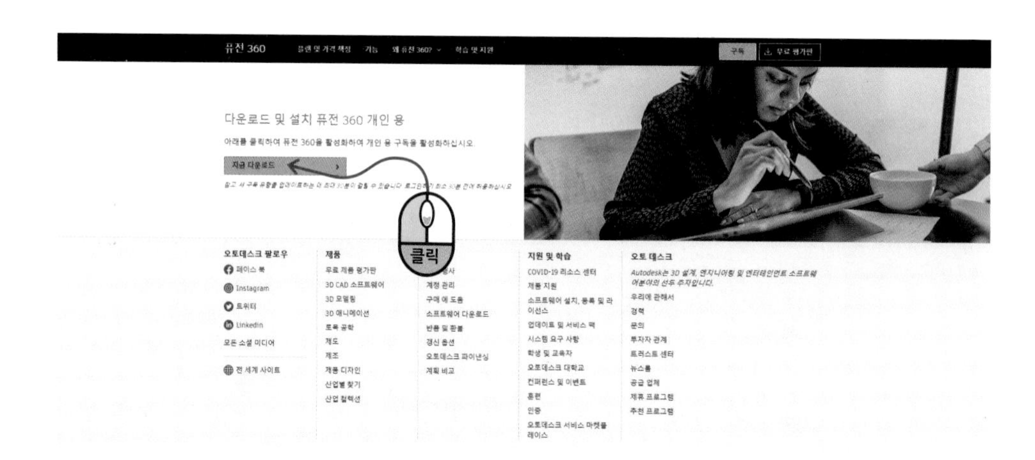

다운로드 받은 파일을 실행하여 프로그램을 설치합니다.

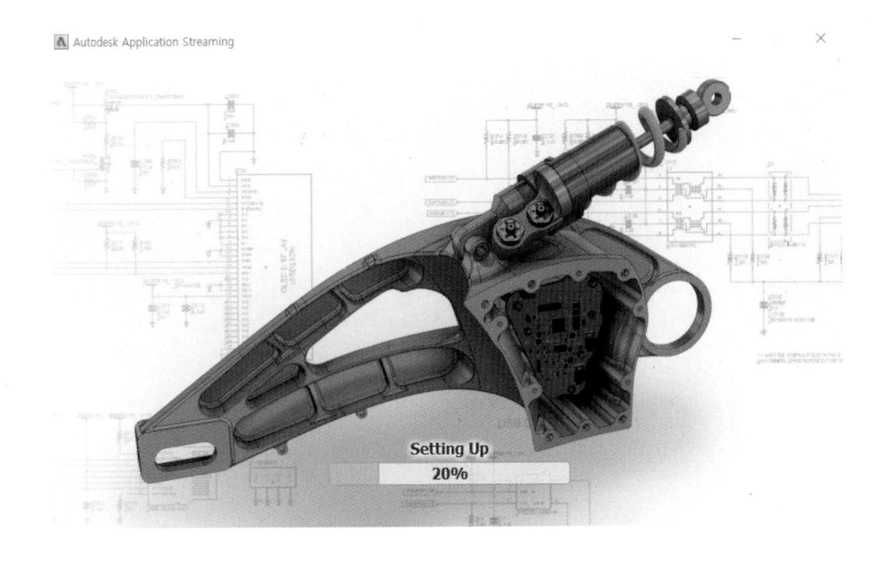


설치가 완료되면 Create a Team(팀 만들기)이라는 화면이 나옵니다. 퓨전 360은 팀워크로 모델링 작업이 가능하므로 제공하는 메시지입니다. 이름은 만들고 싶은 이름으로 만들면 되고 수정할 수도 있습니다.

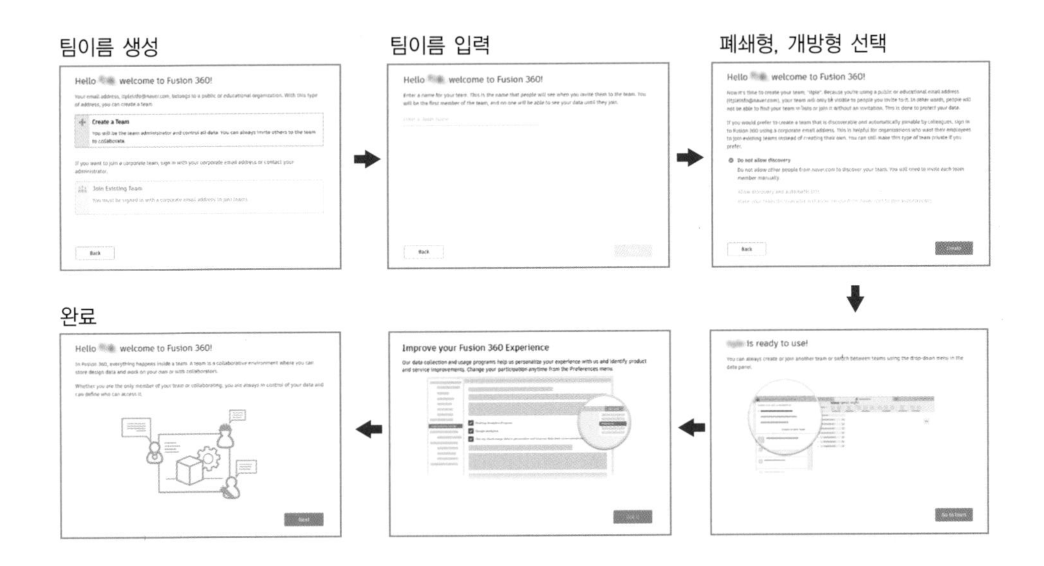

프로그램이 설치되고 프로그램이 열립니다. 다음과 같은 화면이 보인다면 퓨전360이 성공적으로 설치된 것입니다.

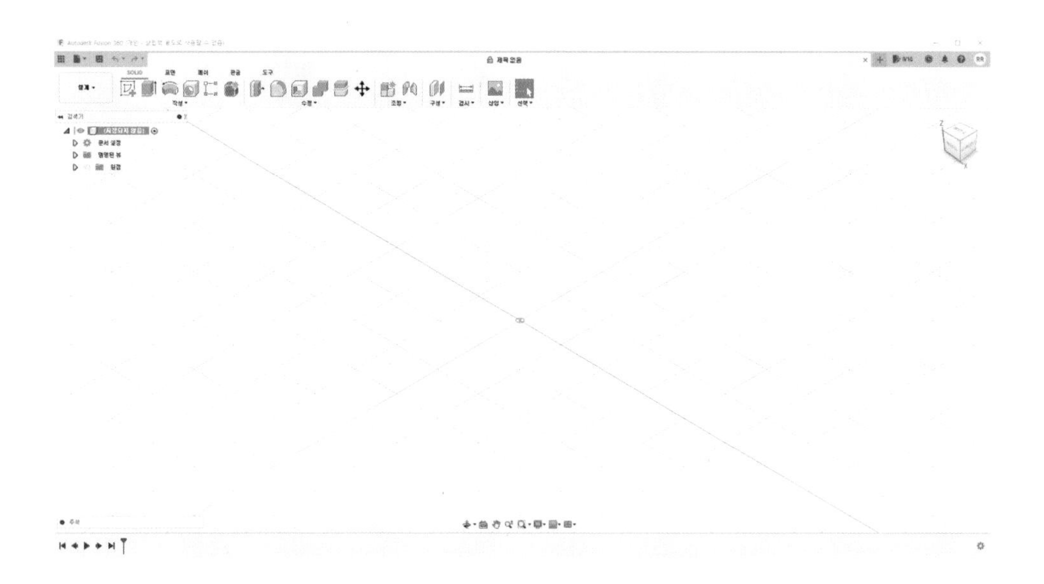

위쪽에 (개인 – 상업적 용도로 사용할 수 없음)라는 것이 뜨면 개인 취미 사용자용으로 1년간 사용할 수 있고 그 이후에도 갱신을 통해 계속 사용할 수 있습니다.

기본편

Fusion 360 한글판

with 3DPrinter

# Chapter 3

# 퓨전360 프로그램 기능 익히기

1. 화면 구성(인터페이스)
2. 화면 조종
3. 스케치 생성
4. 스케치 팔레트(SKETCH PALETTE)
5. 스케치 구속
6. 스케치 치수와  완전 구속
7. 스케치 수정
8. 스케치와 솔리드 객체의 선택, 이동, 복사
9 기존의 객체를 이용한 스케치 생성
10. 솔리드 생성
11. 솔리드 수정
12. 참조 형상
13. 퓨전360  작업 시간을 단축하는 방법

# 01 화면 구성(인터페이스)

비슷한 기능을 하는 메뉴들을 묶어서 나눠보니 전부 12개의 부분으로 이루어져 있습니다.

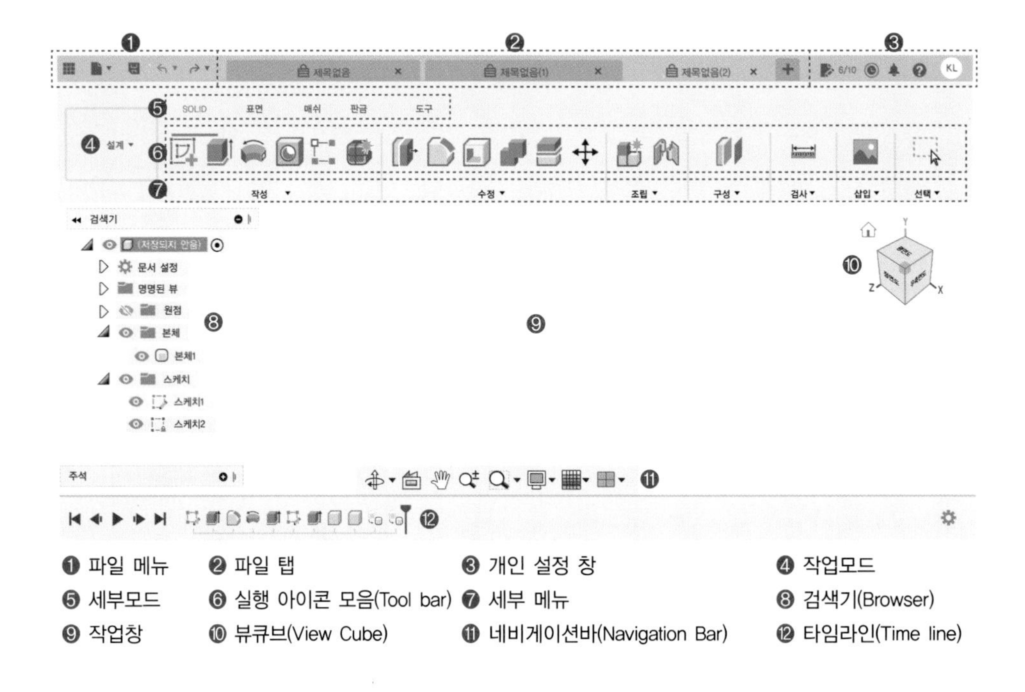

| | | | |
|---|---|---|---|
| ❶ 파일 메뉴 | ❷ 파일 탭 | ❸ 개인 설정 창 | ❹ 작업모드 |
| ❺ 세부모드 | ❻ 실행 아이콘 모음(Tool bar) | ❼ 세부 메뉴 | ❽ 검색기(Browser) |
| ❾ 작업창 | ❿ 뷰큐브(View Cube) | ⓫ 네비게이션바(Navigation Bar) | ⓬ 타임라인(Time line) |

## 1. 파일 메뉴

❶ 테이터 패널 표시(Show Data Pannel) ❷ 파일(File) ❸ 저장(Save)
❹ 명령취소(Undo) ❺ 명령복귀(Redo)

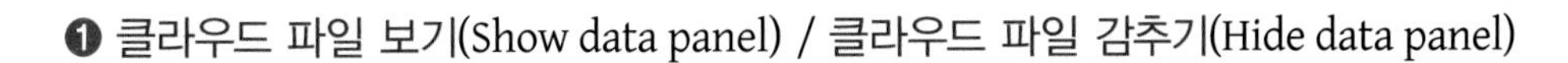

### ❶ 클라우드 파일 보기(Show data panel) / 클라우드 파일 감추기(Hide data panel)

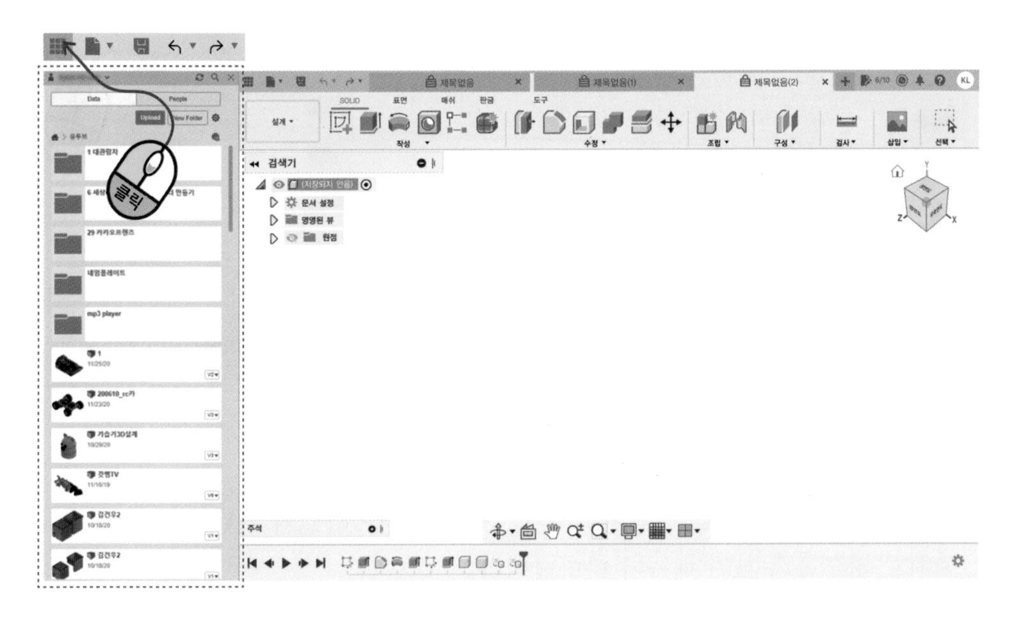


클라우드에 저장되어 있는 파일들을 볼 수 있습니다. 폴더처럼 저장하는 방식으로 가장 상위가 프로젝트이고 그 하위에 폴더 또 그 하위에 파일이 있습니다. ▦ 버튼을 누르면 나타나고 다시 누르면 사라집니다. 이 패널에서 열고 싶은 파일을 더블 클릭하면 파일이 열립니다. 여러 컴퓨터에서 작업하더라도 파일을 이동하지 않아도 되기 때문에 편리합니다.

또, 저장 시점에 따라 버전별로 구분되어 저장되기 때문에 실수가 있는 경우도 예전 파일로 작업할 수 있습니다. 파일을 보면 V1, V2 등의 표시가 있는데 이건 저장 시점에 따른 파일 버전을 나타냅니다. 예를 들면 “V3”이라고 표시돼 있다면 3개의 버전이 존재한다는 것입니다. “V3” 옆에 역삼각형을 누르면 아래에 버전별 파일이 나타납니다. 버전에 간단한 메모도 할 수 있습니다.

폴더를 만들려면 새 폴더(New Folder) 버튼을 누르면 됩니다. 폴더 안에 폴더를 만들 수도 있습니다. 폴더에 마우스 오른쪽 버튼을 누르면 폴더 이름을 바꾸거나 삭제할 수 있습니다.

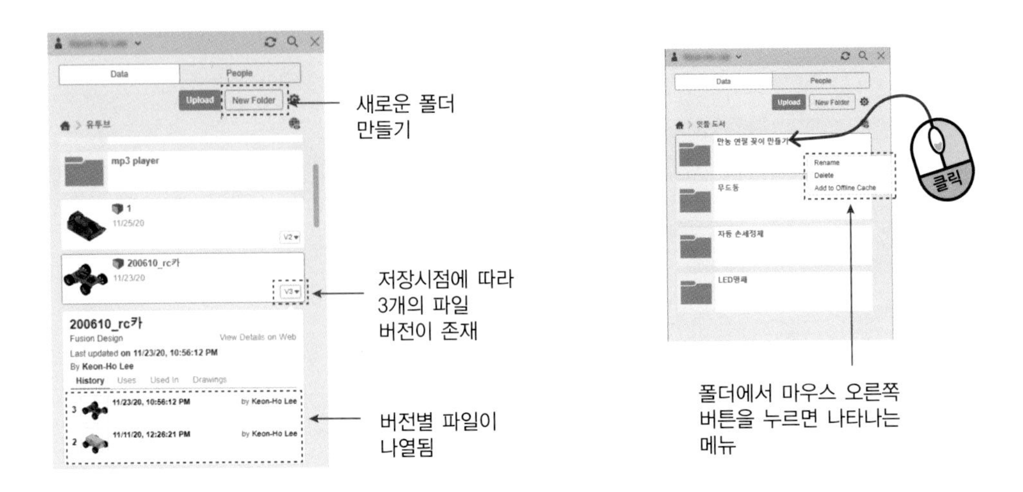


❷ 파일(File) : 파일을 열거나 저장하기, 내보내기 등 파일과 관련된 메뉴들이 모여 있습니다. 버튼을 누르면 메뉴가 나타납니다.

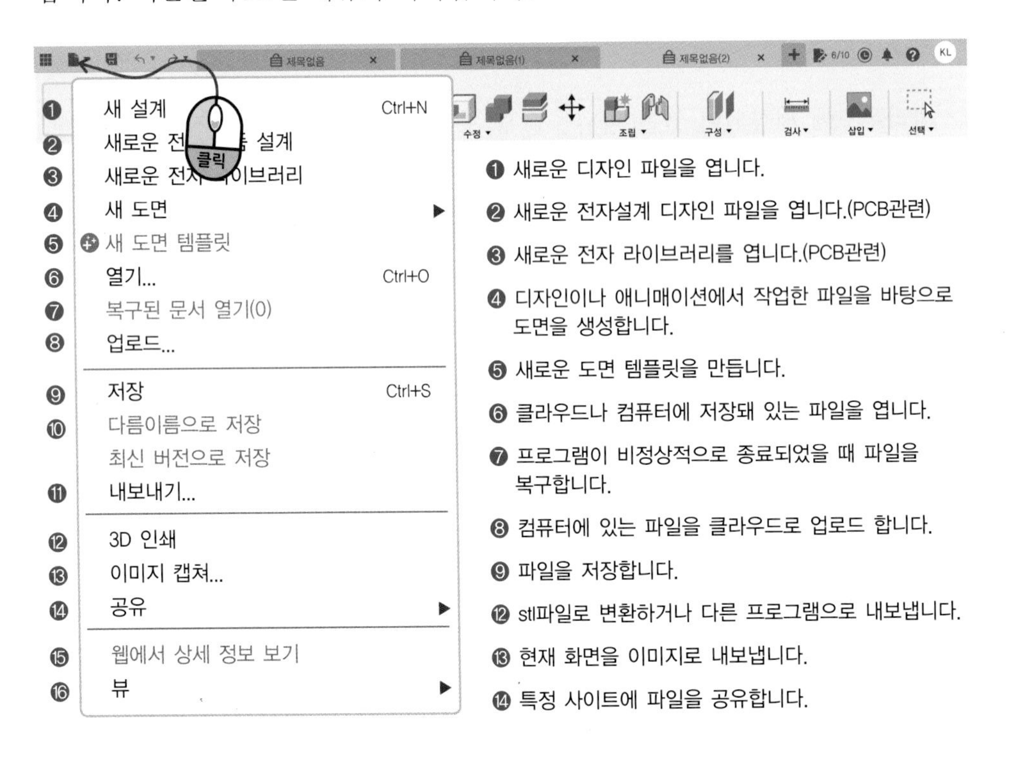


❶ 새로운 디자인 파일을 엽니다.

❷ 새로운 전자설계 디자인 파일을 엽니다.(PCB관련)

❸ 새로운 전자 라이브러리를 엽니다.(PCB관련)

❹ 디자인이나 애니메이션에서 작업한 파일을 바탕으로 도면을 생성합니다.

❺ 새로운 도면 템플릿을 만듭니다.

❻ 클라우드나 컴퓨터에 저장돼 있는 파일을 엽니다.

❼ 프로그램이 비정상적으로 종료되었을 때 파일을 복구합니다.

❽ 컴퓨터에 있는 파일을 클라우드로 업로드 합니다.

❾ 파일을 저장합니다.

⓬ stl파일로 변환하거나 다른 프로그램으로 내보냅니다.

⓭ 현재 화면을 이미지로 내보냅니다.

⓮ 특정 사이트에 파일을 공유합니다.

⑩ 다른 이름으로 파일을 저장합니다.

⑪ 다양한 형태의 파일 형식으로 내보내기를 합니다.
f3d, jpt, dwg, dxf, fbx, jgs, jges, obj, sat, skp, smt, stp, step, stl 파일로 내보낼 수 있습니다.
퓨전360의 확장자는 f3d입니다.

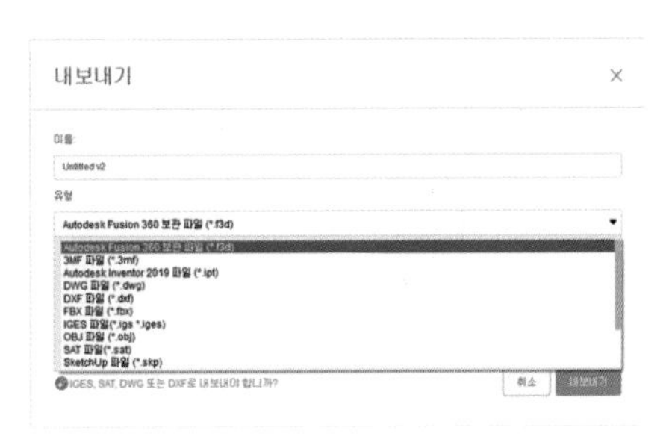


⑮ 인터넷 웹페이지에서 클라우드에 저장된 파일을 엽니다.
웹상에서도 파일을 업로드하거나 이동, 삭제, 폴더 생성 등의 관리를 할 수 있습니다.

⑯ 화면 구성 요소 중에서 뷰큐브, 브라우저, 코멘드, 텍스트 코멘드, 네비게이션바, 데이터 패널 등을 보이게 또는 보이지 않게 설정할 수 있습니다.

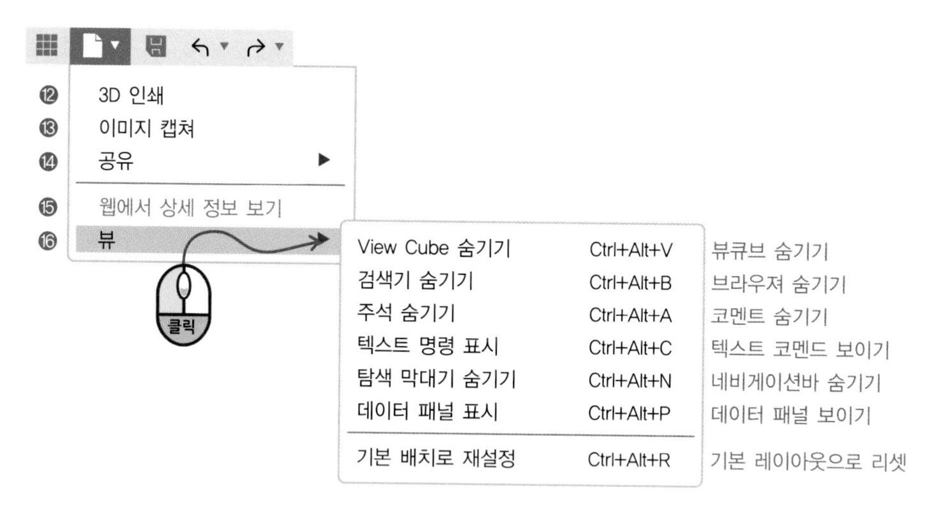


### ❸ 저장하기(Save)

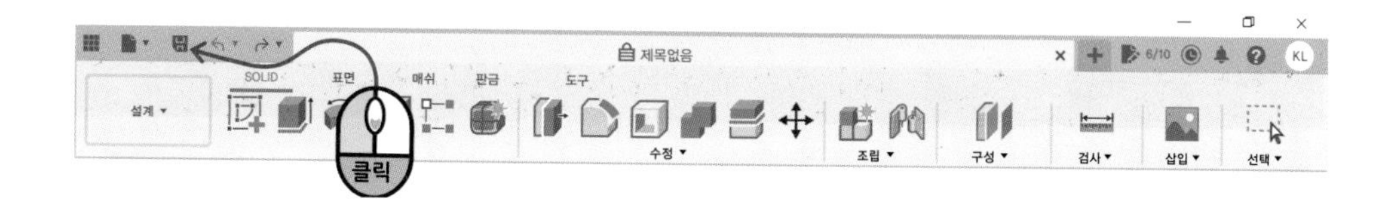


### ❹ 명령취소(Undo)

❺ 명령복구(Redo)

## 2. 파일 탭

현재 작업하고 있는 파일의 파일명이 나타납니다. 동시에 여러 파일을 작업하고 있는 경우 여러 탭이 나타납니다. 해당 탭 끝의 X버튼을 누르면 파일을 닫을 수 있고 우측의 +버튼을 누르면 새로운 파일을 열 수 있습니다.

〈위의 사진에는 3개의 탭이 열려있습니다〉

## 3. 개인 설정 창

❶ **용량** : 편집가능한 문서의 개수를 보여줍니다.

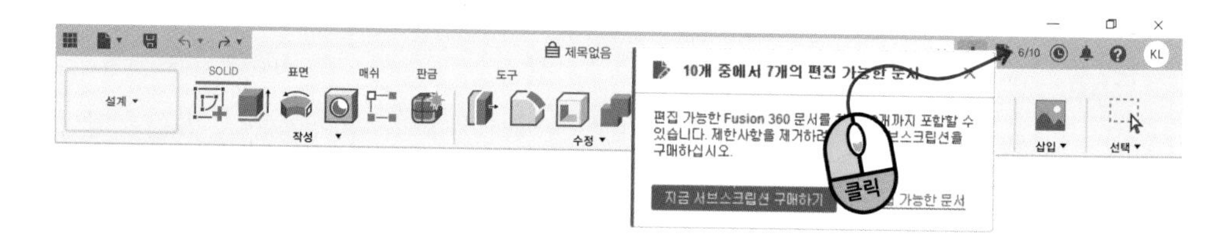


❷ **작업상태** : 온라인과 오프라인을 선택할 수 있는 곳입니다. 오프라인으로도 작업이 가능합니다. 작업 상태 보기는 업데이트 등이 있으면 그것을 안내하는 곳입니다.

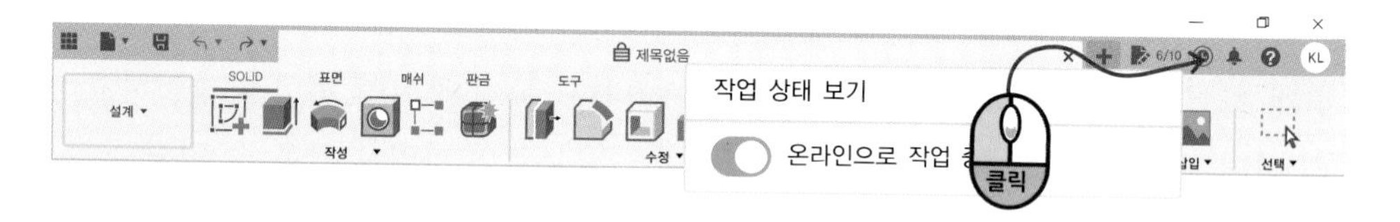


❸ **알림 센터** : 알림을 제공합니다.

❹ **도움말** : 사용자를 위한 다양한 내용이 안내됩니다. 학습, 퀵셋업, 커뮤니티 등의 기능을 제공합니다.

❺ **사용자명** : 오토데스크 계정 확인

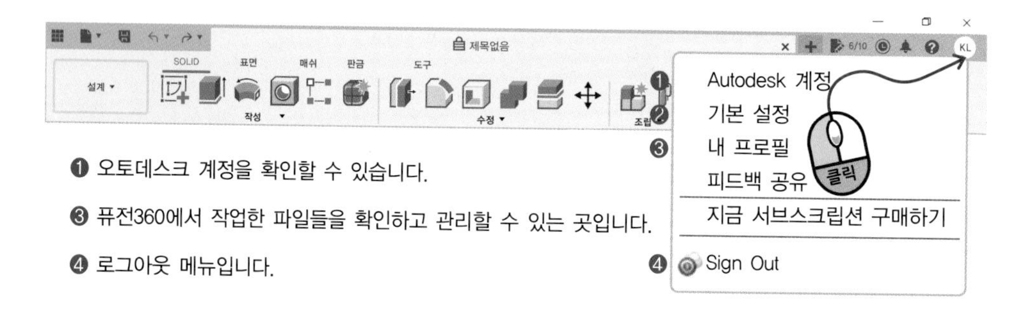


❷ 이곳에서 사용자가 원하는 대로 설정을 바꿔줄 수가 있습니다. 가장 기본적인 것이 사용자 언어를 선택하는 것입니다.

퓨전360은 다양한 언어로 설정할 수 있습니다. 독일어, 영어, 스페인어, 프랑스어, 이탈리아어, 일본어, 한국어, 중국어 등을 선택할 수 있습니다. 사용자명을 클릭하고 기본 설정(Preferences)를 선택하면 설정 창이 나타납니다.

일반(General)에 있는 사용자 언어(User language)에서 원하는 언어를 선택합니다.

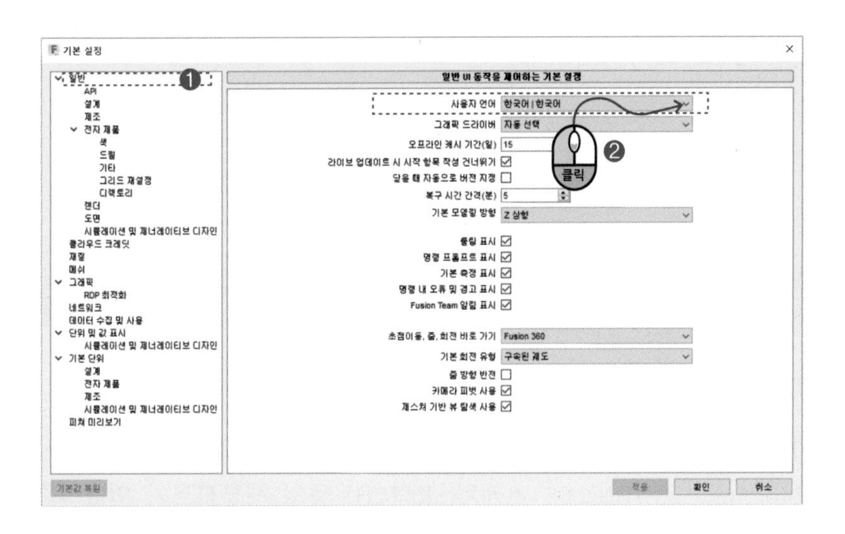


언어를 바꾸면 프로그램이 다시 시작되고 나서 바뀐 언어가 적용됩니다.
본 도서에서는 한국어를 기본으로 하되 영어도 함께 표기하였습니다.
**(예)** 돌출(Extrude)

## 4. 작업모드

퓨전360에는 7개의 모드가 존재합니다. 설계(DESIGN), 제에레이디브 디자인(GENERATIVE DESIGN), 렌더링(RENDER), 애니메이션(ANIMATION), 시뮬레이션(SIMULATION), 제조(MANUFACTURE), 도면(DRAWING) 중 하나를 선택할 수 있습니다.

본 도서에서는 주로 설계(DESIGN)모드에 대한 내용을 다룹니다.

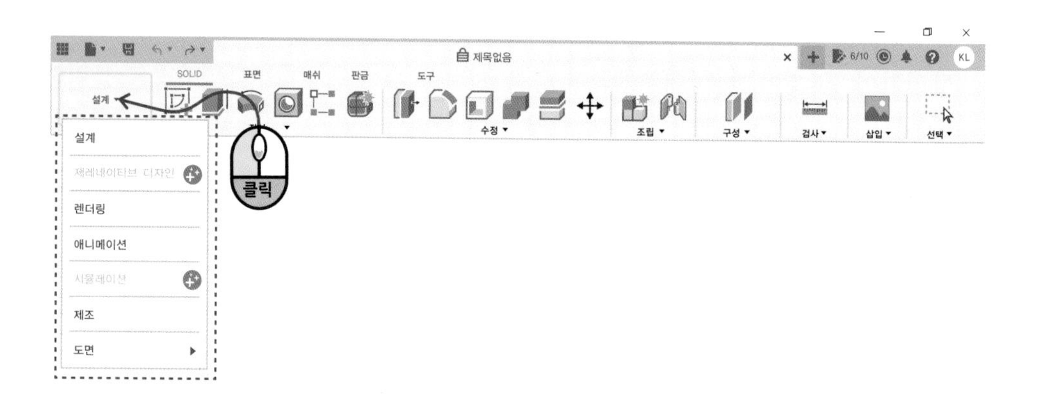


## 5. 세부모드

위의 7개 파일모드에서 1개를 선택하면 그 모드에 따른 세부모드가 나타납니다. 설계(DESIGN)모드의 경우 솔리드(SOLID), 표면(SURFACE), 매쉬(MESH), 판금(SHEETMETAL), 도구(TOOLS), 스케치(SKETCH) 등의 세부모드가 있습니다. 스케치모드는 스케치 작성(Create Sketch) 버튼을 눌러 작업할 면을 선택하면 모드가 생성됩니다.

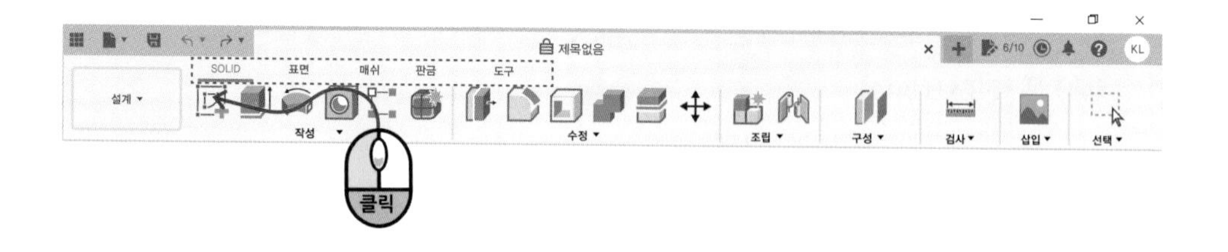

궁금해요? 메뉴가 실행이 되지 않습니다.

초보자의 경우, SOLID모드와 SKETCH모드를 헷갈리는 경우가 많습니다. SOLID모드에서는 스케치 수정이 안되고 SKETCH모드에서는 SOLID모드의 메뉴가 나타나지 않습니다. 속이 꽉 찬 3D 본체를 만드는 게 SOLID모드이고 2D 스케치를 그리는 게 SKETCH모드입니다. 대부분의 기능이 모드를 구분해서 실행이 되니, 혹시 특정 기능이 실행되지 않는 다면, 현재의 모드를 확인해 보는 것이 좋습니다. 하나의 디자인을 하더라도 모드를 바꿔가며 디자인해야하기 때문에 자유롭게 두 모드를 변경할 수 있어야 합니다.

## 6. 실행 아이콘 모음(Tool bar)

빨리 쓸 수 기능을 아이콘으로 실행할 수 있습니다. 세부모드에 따라 다른 종류의 아이콘이 나타나며 표시되는 아이콘은 사용자가 변경할 수 있습니다.

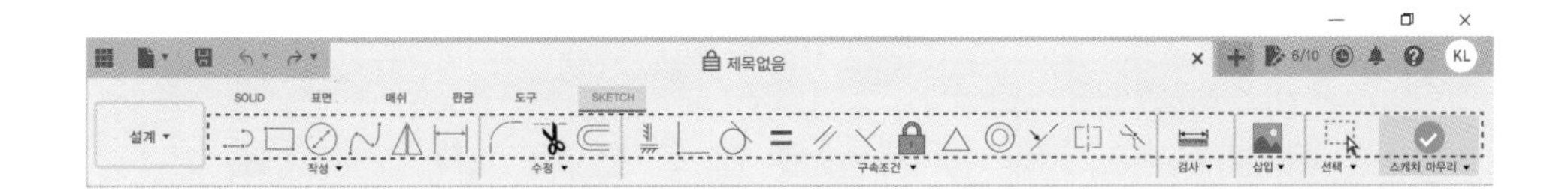


## 7. 세부 메뉴

실행 아이콘 모음(Tool bar)에는 자주 쓰는 일부 메뉴만 나타나 있습니다. 버튼을 누르면 나타나지 않은 세부 메뉴들을 볼 수 있습니다. 대부분의 메뉴들이 이곳에 모여져 있습니다.

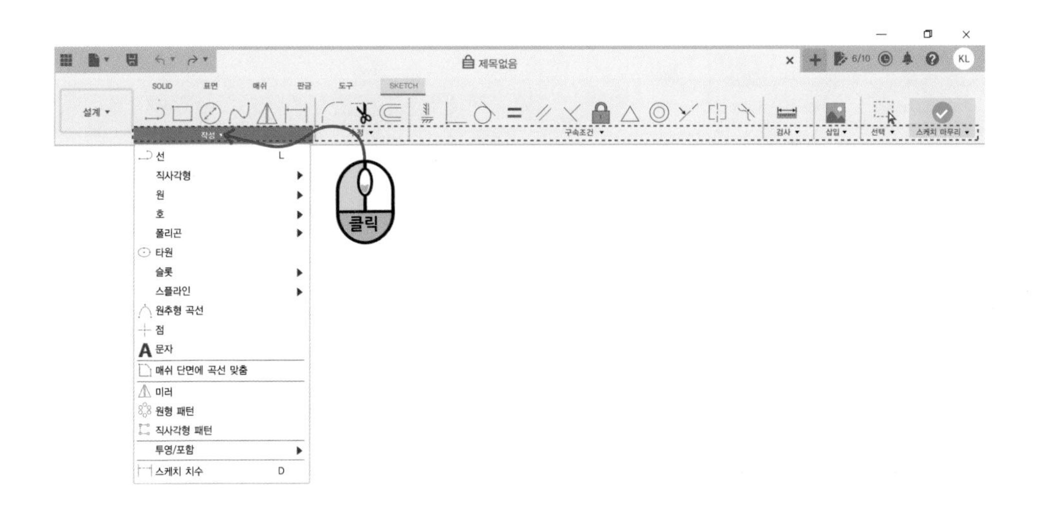

## 8. 검색기(BROWSER)

원점(Orgin), 생성되는 스케치(Sketch)와 본체(Body), 구성요소(Component)등이 계층 구조로 나타납니다. 제작한 본체와 스케치 옆에 있는 눈을 누르면 보이게 또는 보이지 않게 할 수 있습니다. 또 원점과 본체, 구성요소를 이곳에서 선택할 수 있습니다.

## 9. 작업창

모델링한 것들이 나타나는 곳입니다. 이곳에서 모델링한 것을 시각적으로 확인할 수 있습니다.

## 10. 뷰큐브(View Cube)

화면을 빠르게 회전하여 화면 시점을 바꿀 수 있는 도구입니다.

## 11. 네비게이션바(Navigation Bar)

디스플레이와 관련된 기능들이 모여 있는 도구 모음입니다.

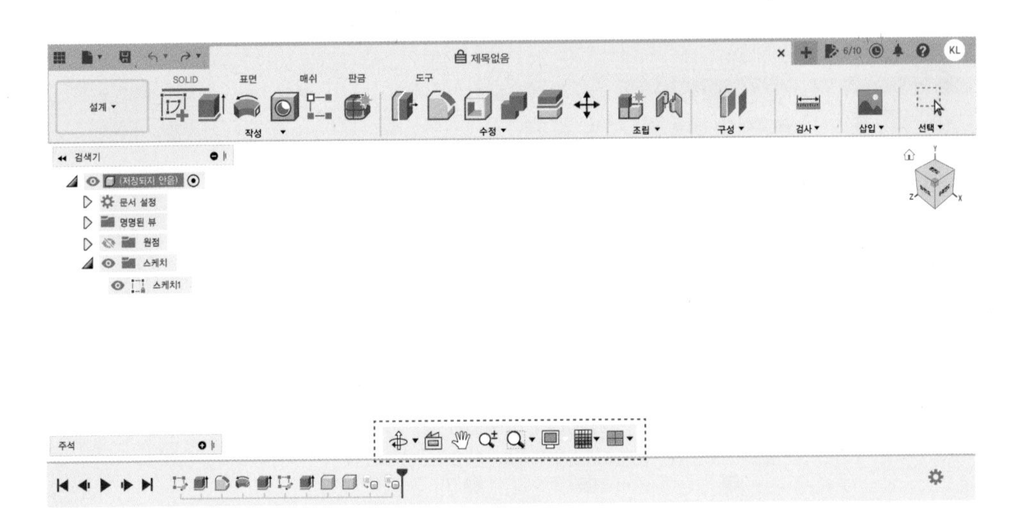

## 12. 작업 히스토리(Time line)

디자인한 순서에 따라 작업한 피쳐(Feature)들이 나타납니다. 아이콘 모양에 따라 그 작업 내용이 무엇인지 확인할 수 있고 더블 클릭하면 그 작업 내역으로 돌아가 수정할 수 있습니다. 수정한 피쳐(Feature) 이후의 작업 내용은 수정 내용을 반영하여 자동으로 변경됩니다.

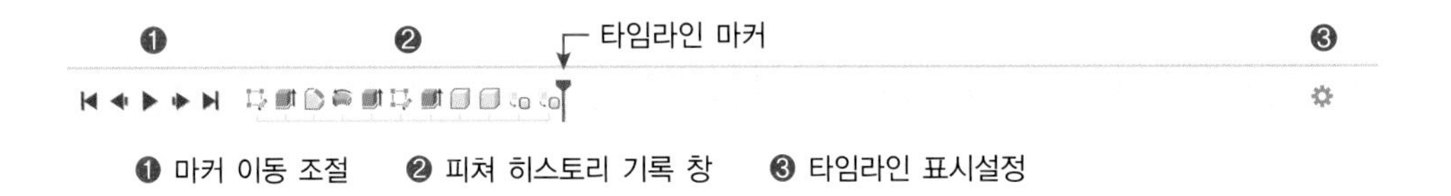


❶ 마커 이동 조절 ❷ 피쳐 히스토리 기록 창 ❸ 타임라인 표시설정

❶ 마커 이동 : 마커이동 조절 아이콘은 MP3플레이어와 비슷하게 재생, 다음곡, 이전곡, 처음곡, 끝곡과 같은 버튼으로 구성되어 있습니다. 피쳐 재생 버튼을 누르면 처음 피쳐부터 마지막 피쳐까지 자동 재생됩니다. 타임라인 마커를 드래그해서도 마커를 이동시킬 수 있습니다. 마커를 이동하면 현재 마커의 시점을 기준으로 형상이 화면에 나타납니다.

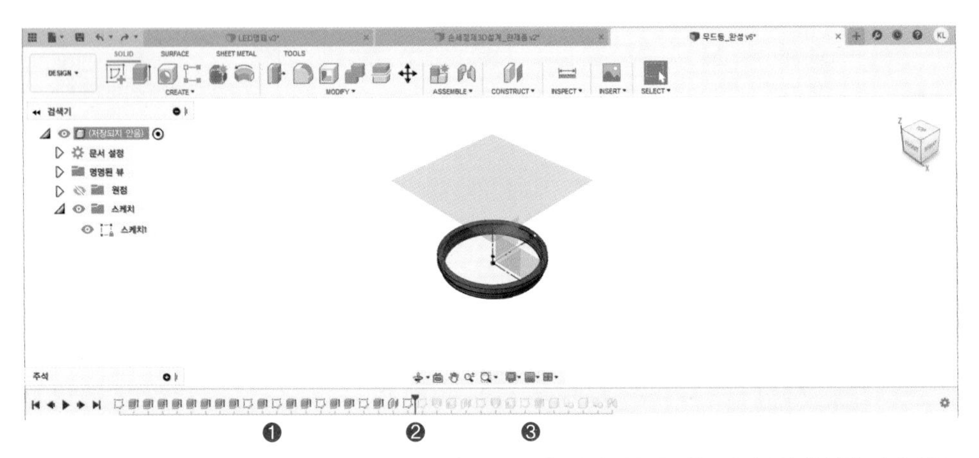


❶ 피쳐들이 누적된 작업결과가 화면에 나타남 ❷ 마커 ❸ 마커 이후에 있는 피쳐들은 활성화 되지 않음

❷ **피쳐(Feature)의 수정 및 제거** : 피쳐를 더블클릭하거나 마우스 우측 버튼을 눌러 그 피쳐에서의 작업을 수정할 수 있습니다. 타임라인에서 피쳐를 제거할 때는 선택 후 삭제(delete)키를 누르거나 마우스 우측 버튼을 눌러 실행할 수 있습니다.

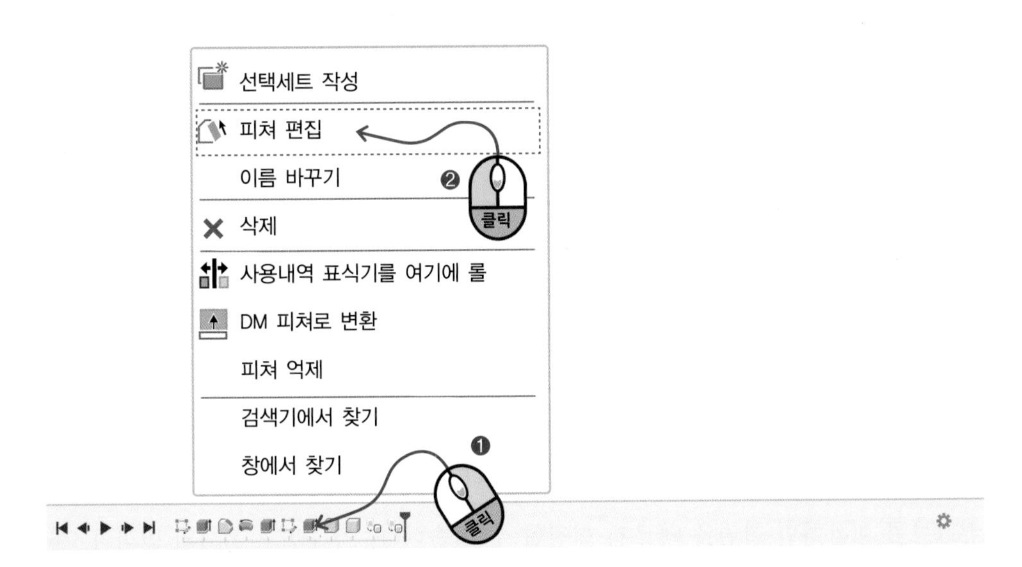


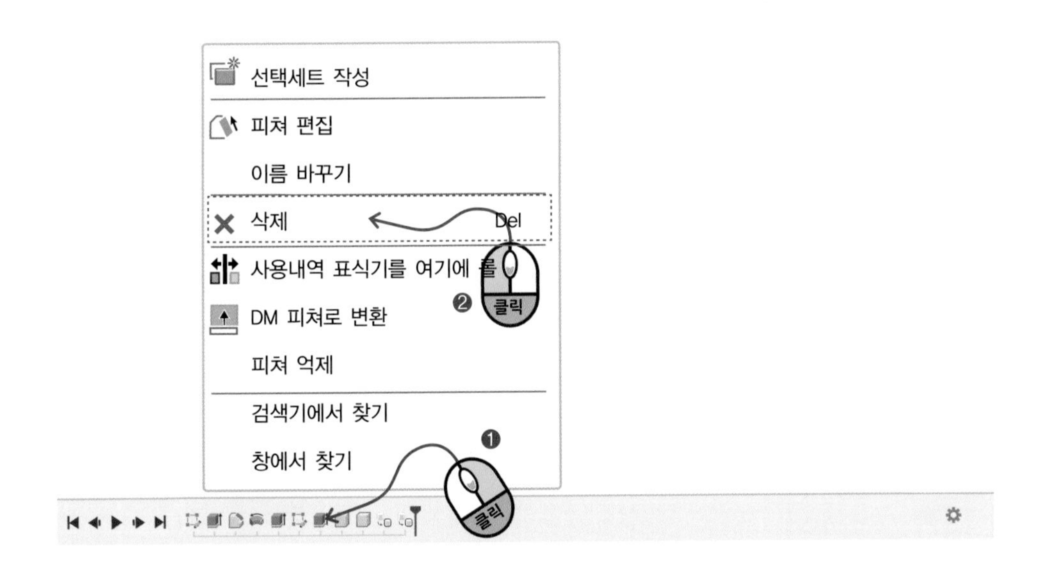


퓨전360의 가장 기본이라고 할 수 있는 화면 조종에 대해서 알아보겠습니다.

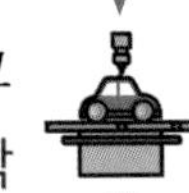

# 02 화면 조종

퓨전360의 가장 기본이라고 할 수 있는 화면 조종에 대해서 알아보겠습니다.

화면을 조작하는 것은 크게 화면회전(Orbit), 화면이동(Pan), 줌(Zoom) 기능 등 세 가지가 있습니다. 이 세 가지 기능은 프로그램을 다루는 데 있어서 가장 많이 사용되는 기초임으로 잘 익혀 두시기 바랍니다.

## 1. 뷰큐브(View Cube)를 통한 화면회전

우리가 작업하는 것은 3D입니다. 그런데 이것을 확인하는 것은 2D평면 모니터입니다. 그래서 화면을 회전하면서 3D형상을 확인해야 됩니다.

뷰큐브를 이용하면 화면을 빠르게 회전할 수 있습니다. 이 큐브는 6개의 면과 12개의 선, 8개의 점으로 이루어져 있습니다. 이 점, 선, 면을 선택하면 그 방향의 화면으로 빠르게 회전합니다.

한 쪽 면을 선택하면 삼각형이 네 곳에 생깁니다. 이것을 클릭하면 그쪽 방향으로 회전을 합니다. 그리고 긴 화살표 2개는 틸팅버튼입니다. 누르면 그쪽으로 돌아갑니다.

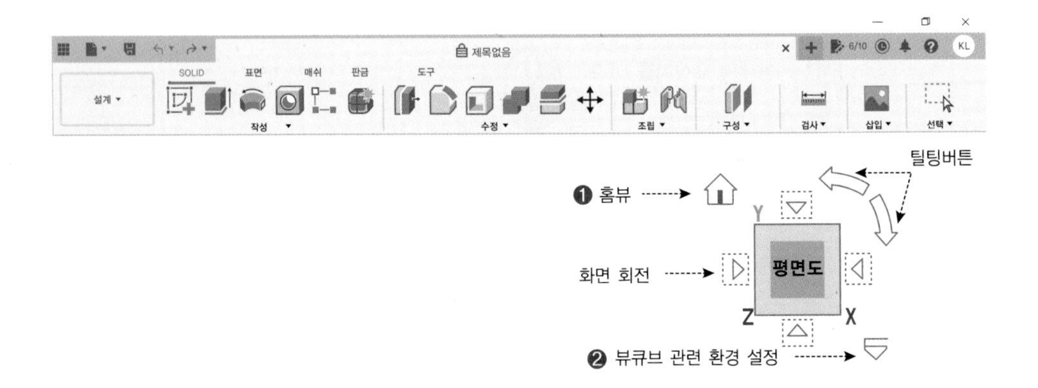

❶ 홈 뷰(Home View) : 시점이 간혹 내가 원치 않는 방향으로 꼬이는 경우 홈 버튼을 누르면 기본 시점으로 빠르게 이동합니다.

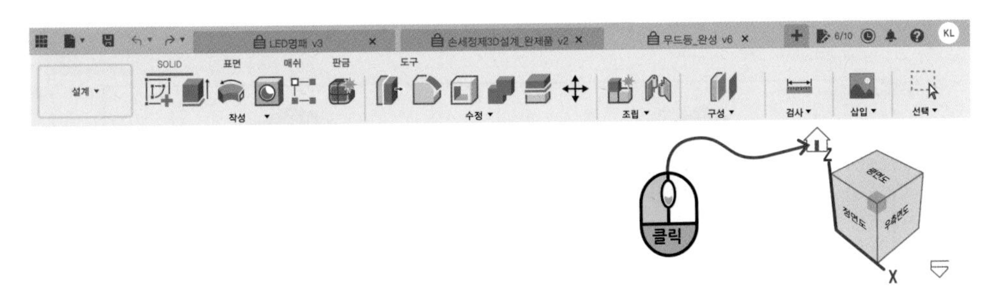


〈홈 버튼을 눌렀을 때의 기본 시점〉

❷ 뷰 옵션

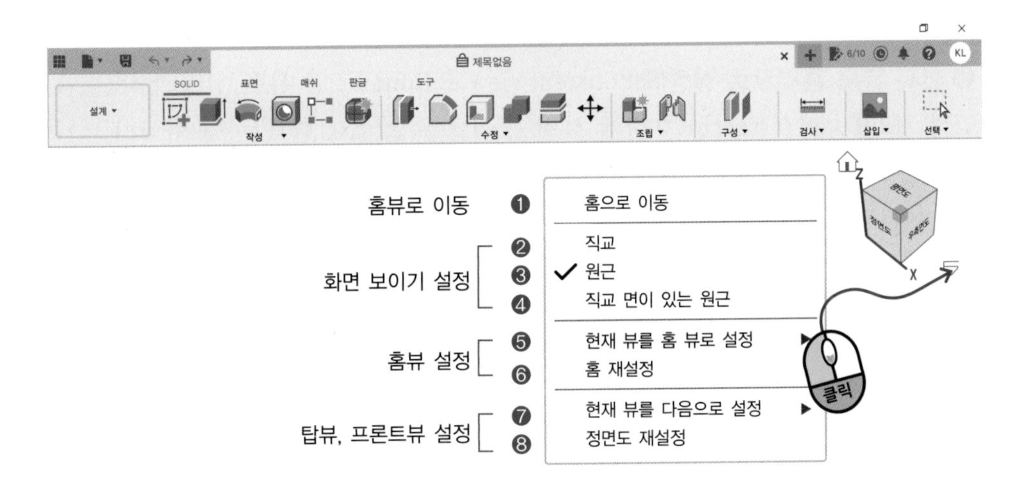


뷰큐브와 뷰에 관한 설정을 할 수 있습니다. 뷰큐브 관련 환경 설정 버튼(⊽)을 누르면 메뉴가 나타납니다.

❶ 홈으로 이동(Go home) : 홈 버튼과 같은 역할을 하여 기본 시점으로 이동합니다.

❷ 직교(Orthographic) : 직교뷰는 원근감을 표현하지 않고 실제 길이와 같은 비율로 화면에 표시합니다. 실제로 길이가 같다면 원근과 상관없이 똑같은 길이로 화면에 표시됩니다.

❸ 원근(Perspective) : 가까이 있는 것은 크게 멀리 있는 것은 작게 표시되는 뷰입니다. 원근감이 적용되어 우리 눈에 가장 익숙한 뷰입니다. 실제로 길이가 같더라도 화면에서는 앞쪽에 있는 게 더 길게 나타납니다.

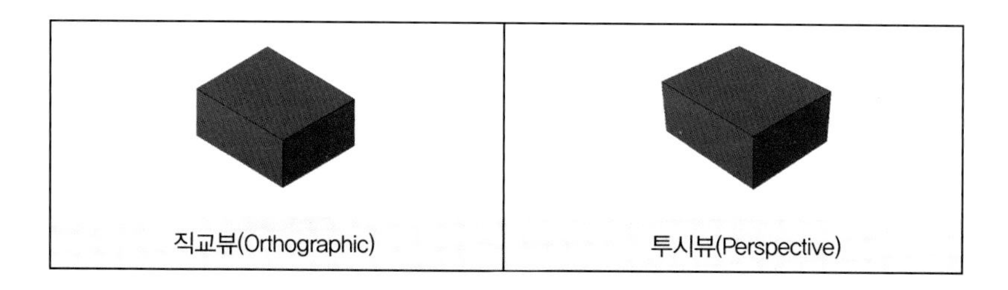


❹ 직교면이 있는 원근(Prespective with Ortho Face) : 각각의 장점을 조합한 방식입니다. 평소에는 원근뷰로 표현이 되다가 한 면을 정면에서 볼 때만 직교뷰로 표현됩니다.

❺ 현재 뷰를 홈뷰으로 설정(Set Current view as Home) : 홈 뷰를 설정해 주는 기능으로 고정 거리(Fixed Distance)는 현재 화면 그대로를 홈으로 만드는 것 입니다. 그리고 밑에 있는 뷰에 맞춤(Fit To View)는 현재 화면에서 화면 맞춤이 된 상태를 홈으로 만드는 것입니다.

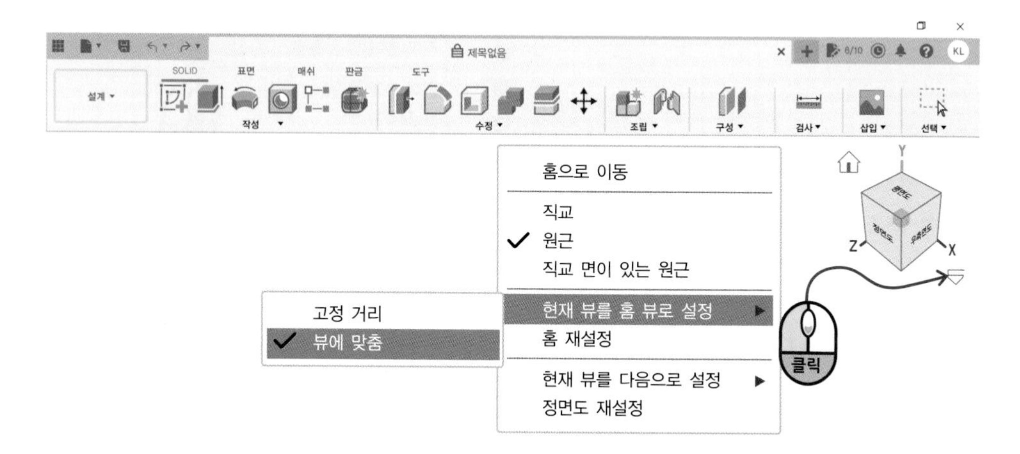


❻ 홈 재설정(Reset Home) : 설정했던 홈 뷰를 지우고 원래 홈 뷰로 다시 돌아갑니다.

❼ **현재 뷰를 다음으로 설정**(Set Current view as) : 탑 뷰나 프론트 뷰를 바꿀 수 있는 기능입니다. 화면을 조종한 상태에서 **정면도**(Front) 버튼을 누르면 현재 화면이 정면뷰가 됩니다. **맨위**(Top) 버튼을 누르면 현재 화면이 평면뷰가 됩니다.

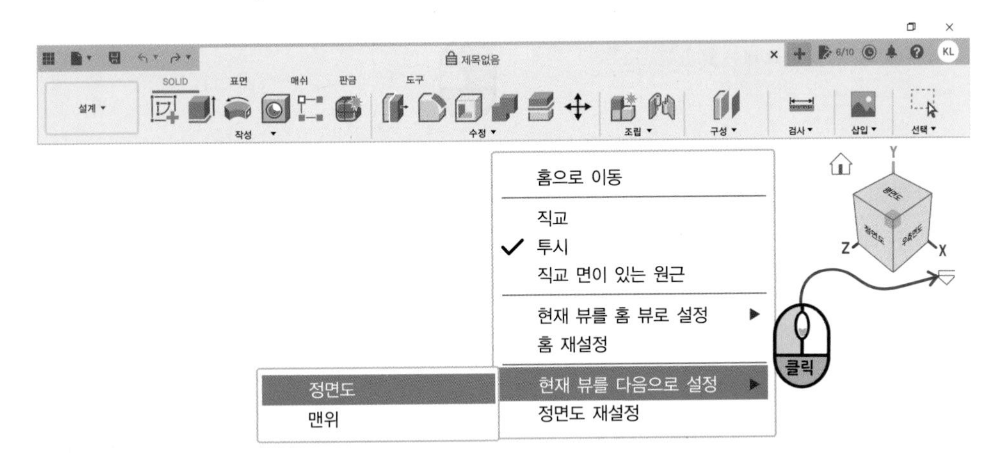


❽ **정면도 재설정**(Reset Front) : 설정했던 정면도뷰를 지우고 원래 정면도뷰로 돌아갑니다.

## 2. 회전(Orbit)

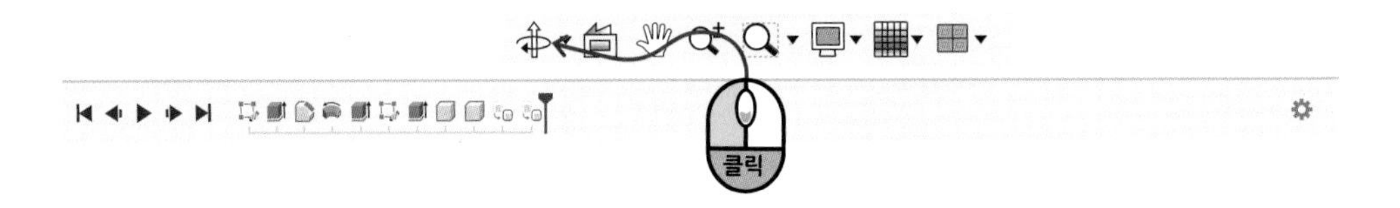


네비게이션바의 이 아이콘이 화면 회전 버튼입니다. 이 아이콘을 누르고 원 안에서 마우스를 드래그하면 화면이 회전됩니다. 옆의 삼각형을 눌러보면 구속된 궤도와 자유회전을 선택할 수 있는데, 구속된 궤도는 Z축이 제한된 것이고 자유회전은 X, Y, Z축 전체적으로 회전이 가능합니다.

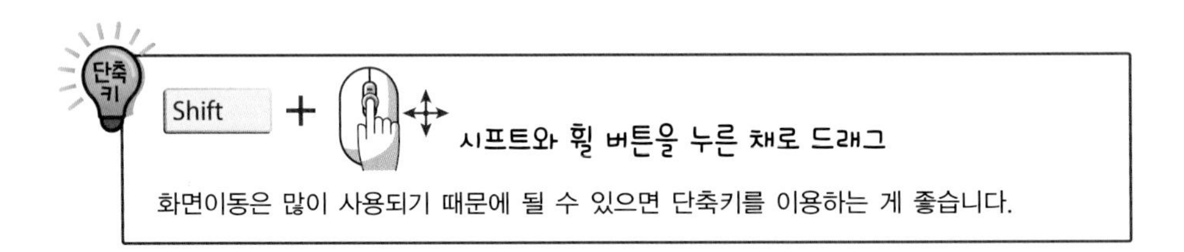


단축키로는 안 되고 아이콘을 이용해야지만 사용할 수 있는 화면 회전 기능이 있는데, 일부 축을 고정하고 특정 축으로만 회전을 하는 것입니다. 아이콘을 누르면 흐릿하게 선이 나타나는데 원이나 원의 네 방향에 있는 선에 마우스를 가져다 대고 드래그를 하면 특정 방향으로만 화면을 회전할 수 있습니다.

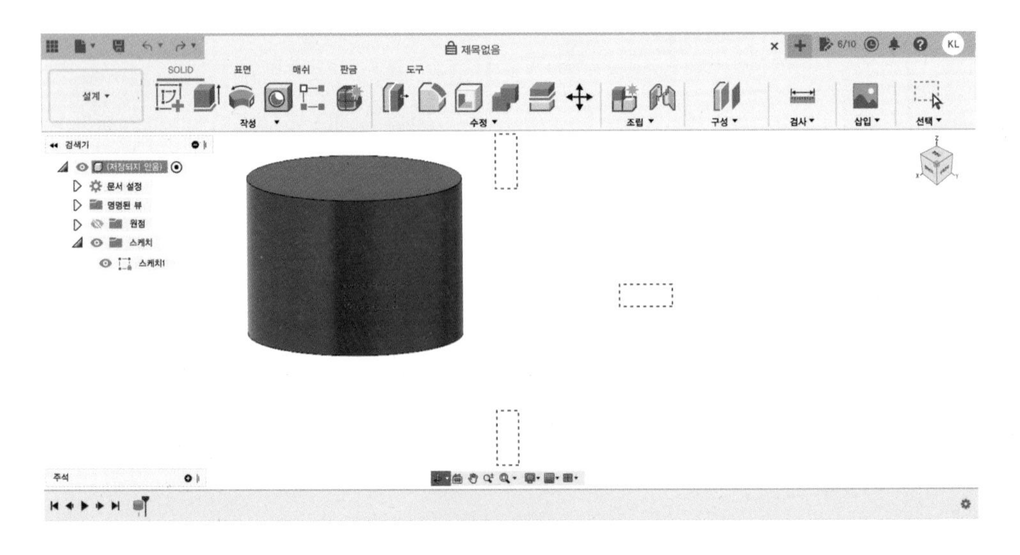

## 3. 보기(Look At)

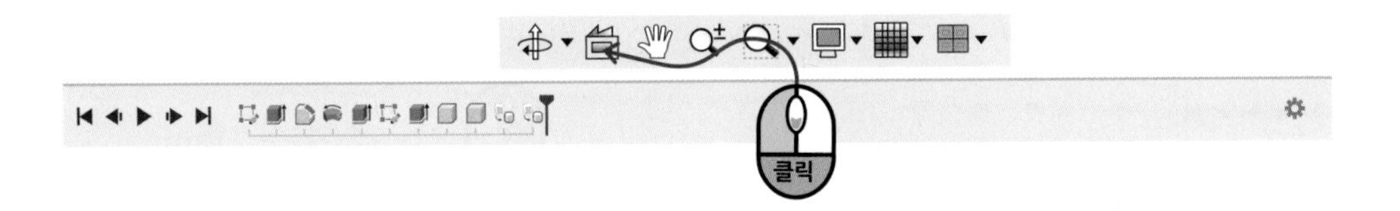


스케치 면을 정면으로 볼 수 있는 기능입니다. 이 아이콘을 클릭하고 스케치 면을 선택하거나 면을 선택하고 아이콘을 누르면 그 평면을 정면으로 볼 수 있습니다. 스케치 모드로 진입하는 것은 아니고 화면의 시점만 이동을 하는 것입니다.

## 4. 초점이동(Pan)

화면을 확대해서 작업을 하다보면 화면을 움직여야 될 때가 있습니다. 이럴 때 이 아이콘을 클릭하면 화면을 이동할 수 있습니다.

마우스 휠버튼 누른 채로 드래그를 하면 됩니다.

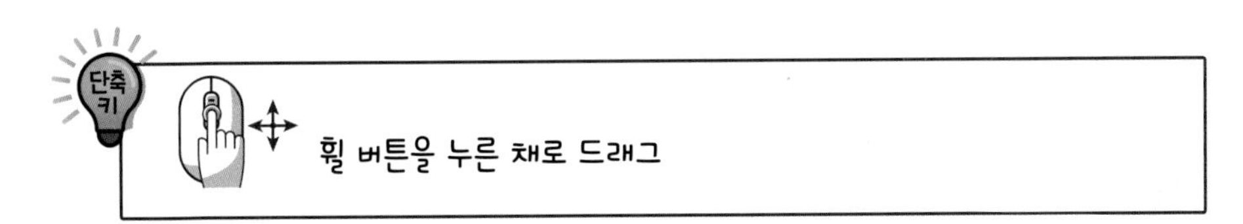

## 5. 줌(Zoom)

화면을 확대 또는 축소합니다. 아이콘을 클릭하고 위로 드래그하면 축소, 아래쪽으로 드래그하면 확대가 됩니다.

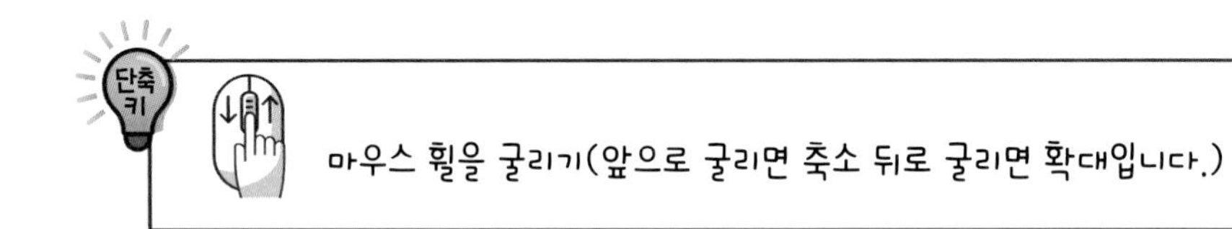


## 6. 줌 창(Fit)

현재 디자인 된 형상에 맞추어 화면 크기가 자동으로 조정됩니다.

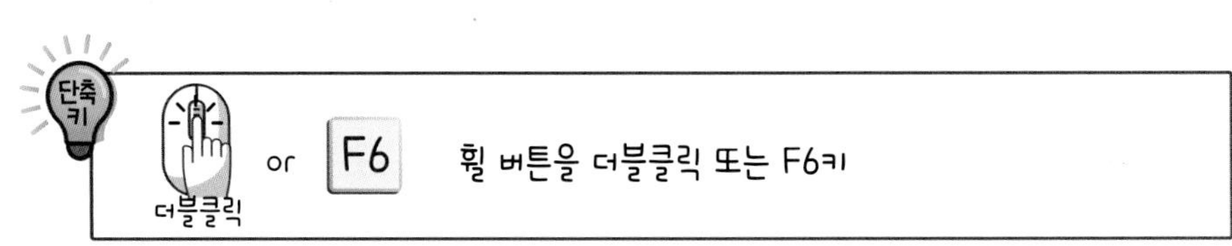

## 7. 화면표시 설정

기본 설정(Preference)에서 화면설정 방법을 바꿔줄 수가 있습니다. 다른 프로그램을 사용하셨던 분들은 다른 방식의 화면 조종이 더 편리할 수도 있습니다.

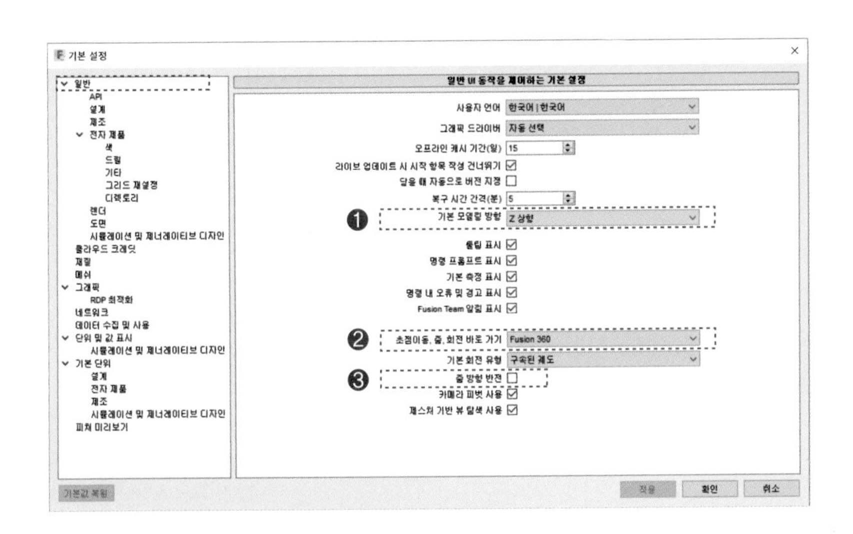


❶ 기본 모델링 방향(Default modeling orientation) : X, Y, Z축의 배열을 변경할 수 있는 메뉴입니다.

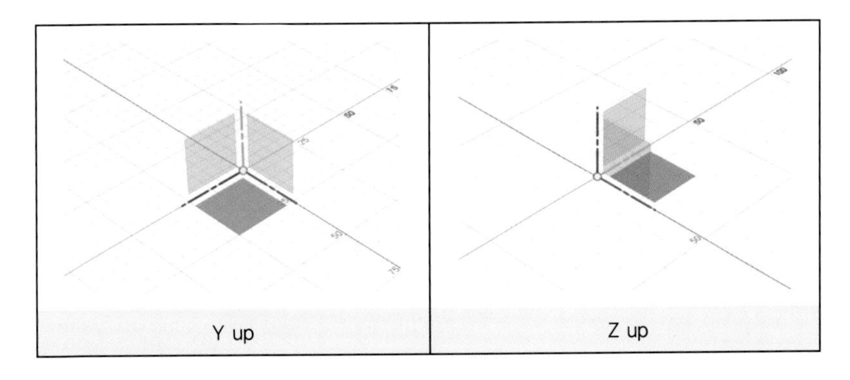


본 도서에서는 Z up을 기준으로 내용이 설명되므로 독자 분들도 따라 하기 쉽도록 Z up으로 설정하기를 권장합니다.

❷ 초점이동, 줌, 회전, 바로 가기(Pan, Zoom, Orbit shortcuts) : 초점이동, 화면 확대 · 축소, 화면회전의 단축키를 다른 프로그램의 방식으로 변경할 수 있습니다. Alias, Inventor, Solidworks, Tinkercad 등의 프로그램 방식으로 바꿀 수 있습니다.

❸ 줌 방향 회전(Reverse zoom direction) : 체크하면 화면 확대·축소(Zoom)의 단축키 방향이 바뀌어서 앞으로 굴리면 확대 뒤로 굴리면 축소가 됩니다.

## 03 스케치 생성

스케치는 3D형상을 만들기 위한 기초 작업으로 매우 중요합니다. 스케치 작업은 크게 스케치 생성(CREATE), 스케치 수정(MODIFY), 구속(CONSTRAINTS) 등의 3가지로 나뉩니다.

퓨전360은 기본적으로 솔리드(SOLID) 모드와 스케치(SKETCH) 모드로 구분되고 평상시가 솔리드 모드입니다.

스케치 모드로 들어가기 위해 스케치 작성(Create sketch) 아이콘을 클릭합니다. 스케치는 항상 작업할 평면을 먼저 선택해야 됩니다. 기본적으로 XY평면, XZ평면, YZ평면을 선택할 수 있고 이미 그려진 스케치나 입체도형의 면을 선택할 수도 있습니다. 다만 곡면은 선택할 수가 없습니다. 예를 들면, 원기둥에서 윗면과 밑면은 스케치 면으로 선택할 수 있지만 옆면은 곡면이기 때문에 선택할 수 없습니다.

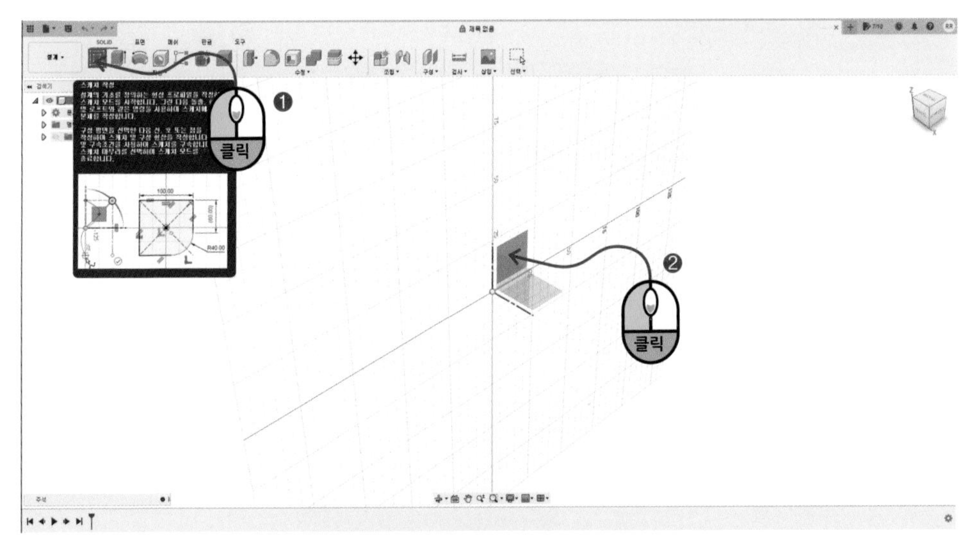


〈스케치 모드로 들어가기 위해 평면을 선택하는 모습〉

그릴 면을 선택하면 스케치 탭이 새로 생겨난 것을 알 수 있습니다.

스케치 모드에서 나갈 때는 툴바의 스케치 마무리(FINISH SKETCH) 버튼이나 스케치 팔레트(Sketch PALETTE)의 스케치 마무리(Finish Sketch) 버튼을 눌러주면 됩니다.

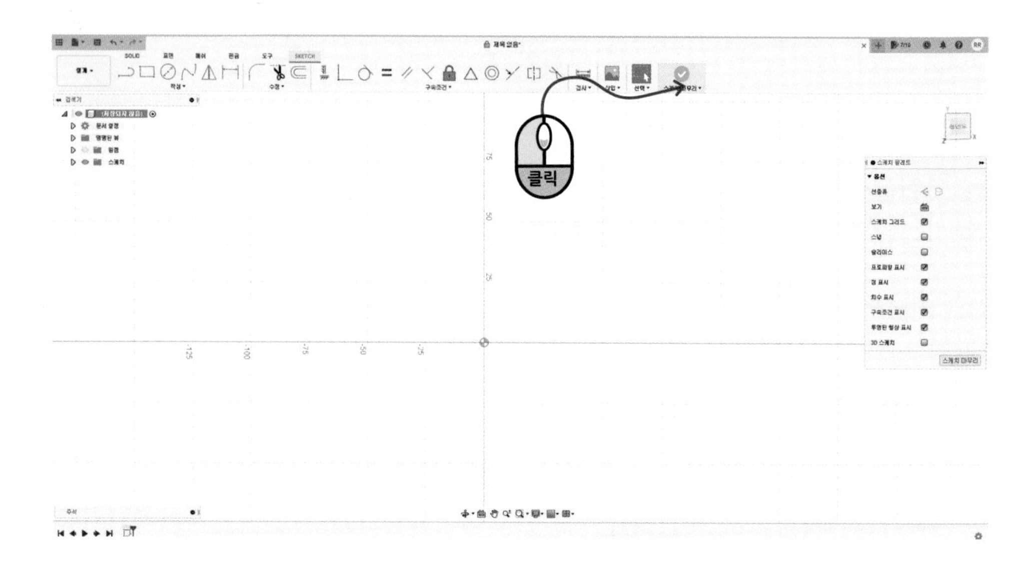


작성(CREATE)은 새로운 스케치를 생성하는 메뉴가 모여 있습니다.

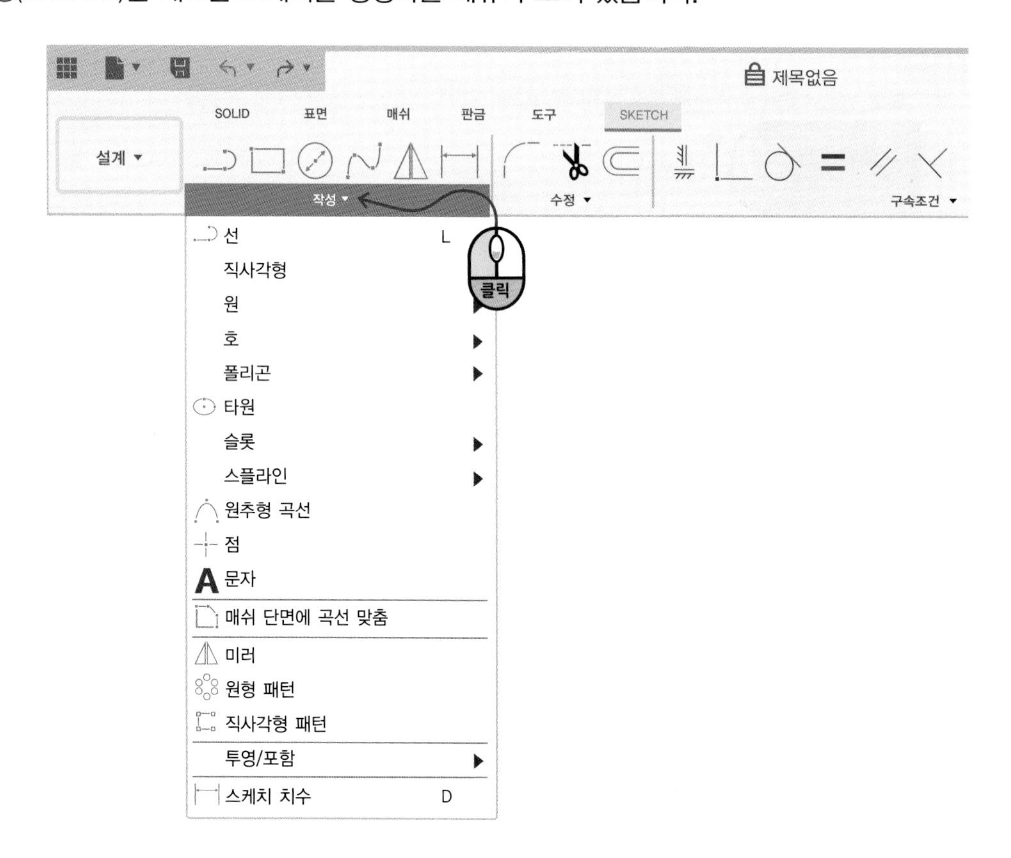

수정(MODIFY)은 이미 그려진 스케치를 수정, 복제하는 메뉴입니다.

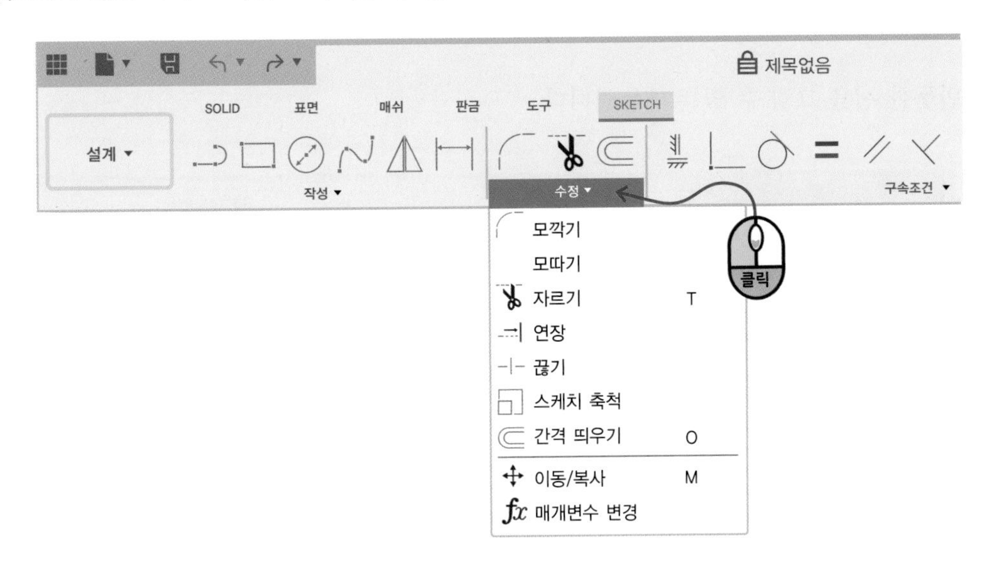


구속(CONSTRAINTS)은 스케치를 일정한 조건에 부합하도록 해주는 메뉴입니다.

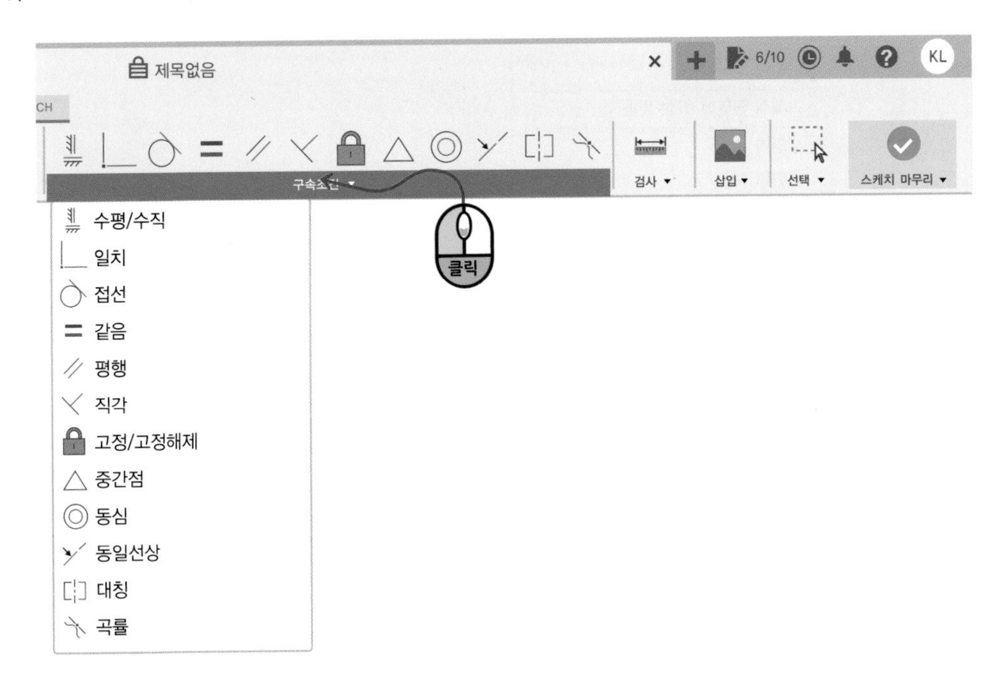

## 1. 선(Line)

반듯한 선을 그릴 수 있는 메뉴입니다.

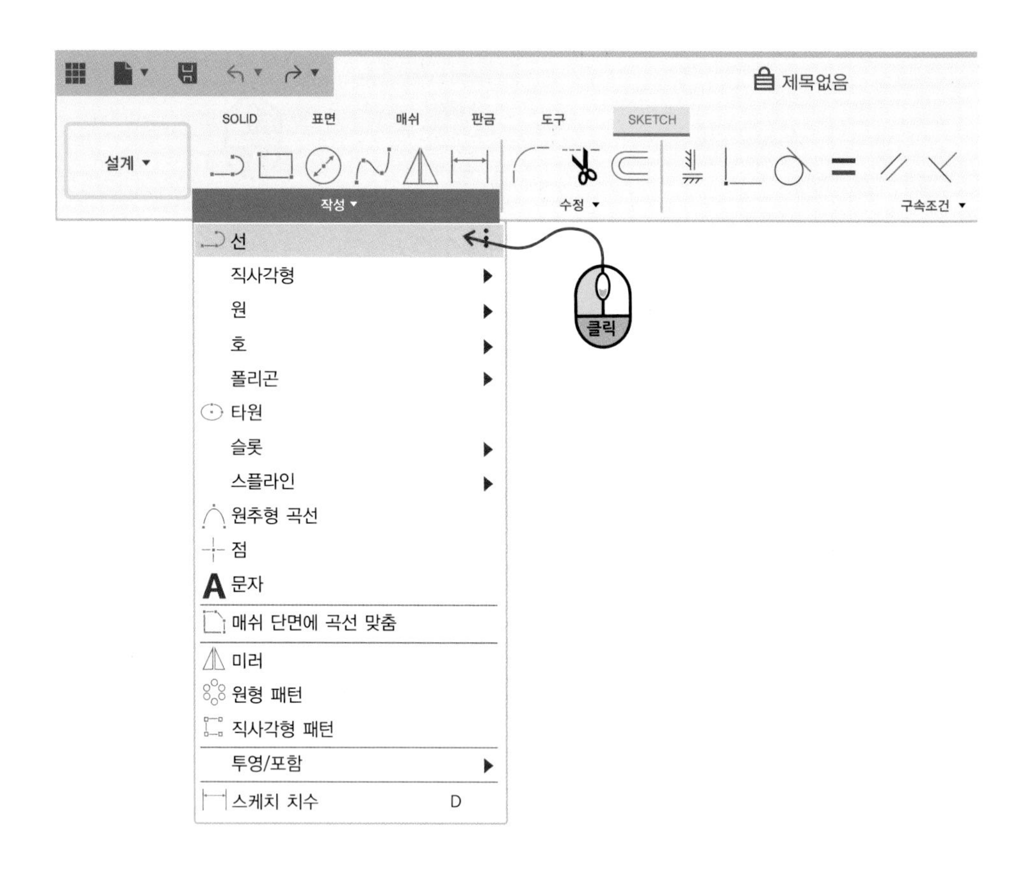


원하는 지점에서 시작점을 클릭하고 이동하여 두 번째 점을 클릭합니다. 작성 및 계속 버튼에 마우스 커서를 가져가면 버튼이 초록색으로 바뀝니다.

끝내는 방법은 2가지가 있습니다. 작성 및 계속 버튼을 누르던가 아니면 끝난 포인트에서 더블 클릭을 하면 됩니다.

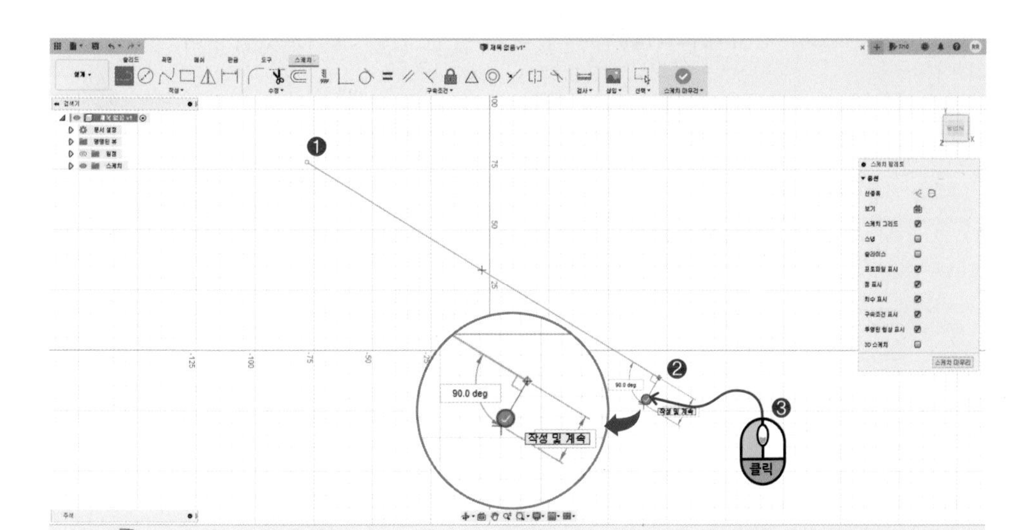


연속된 선은 끝이 났지만 아직 선 메뉴가 끝난 것은 아니기 때문에 다른 곳으로 이동하여 계속 선을 그릴 수 있습니다. 선 메뉴를 완전히 끝낼 때는 엔터나 ESC 키를 누릅니다.

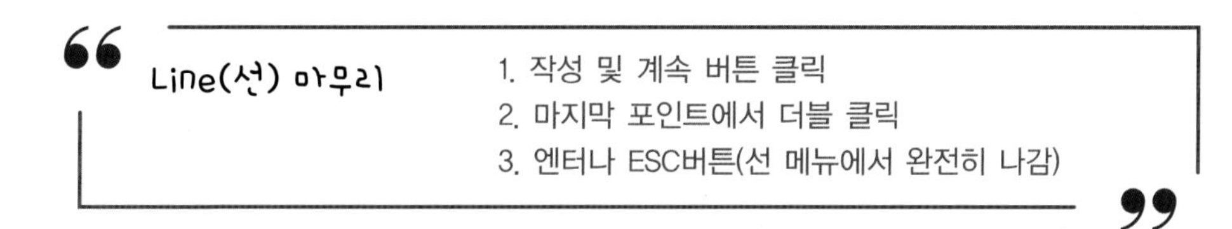


**궁금해요? Line을 그리면 곡선이 그려져요!**

Line을 실행하고 포인트가 되는 지점만 클릭해서 찍어야 하는데 드래그를 하면서 이동하면 직선이 아니라 호가 그려집니다.

선(Line)을 이용하여 시작점과 끝점이 만나는 닫힌 면을 그려보겠습니다.

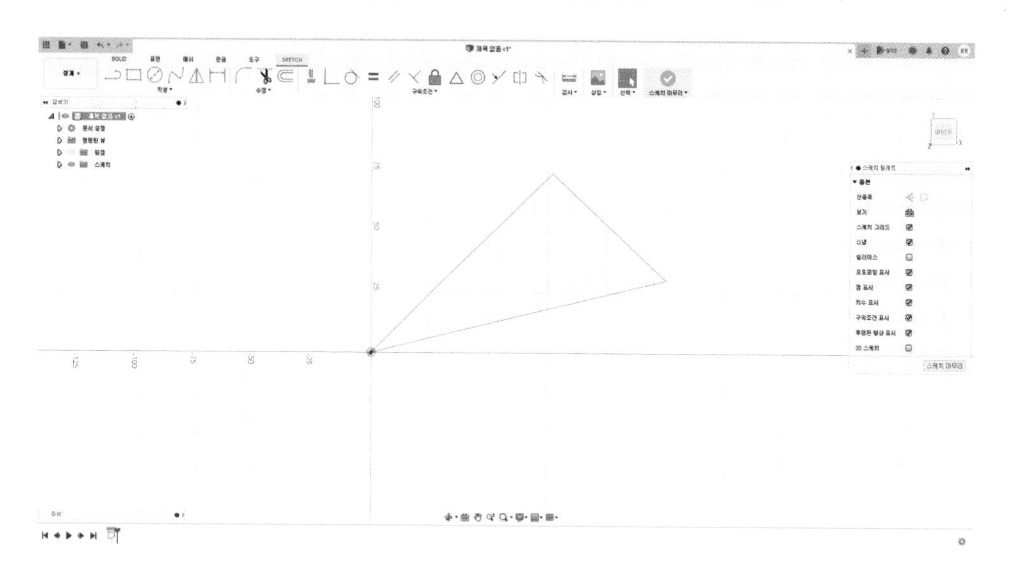

선을 그리니 면이 파랑색으로 칠해졌습니다. 이렇게 닫혀 있는 면을 프로파일(Profile)이라고 합니다. 프로파일이 돼야 솔리드 모드에서 입체로 만들 수 있기 때문에 스케치 작업 시에는 프로파일인지 아닌지를 잘 확인해야 합니다.

## 2. 직사각형(Rectangle)

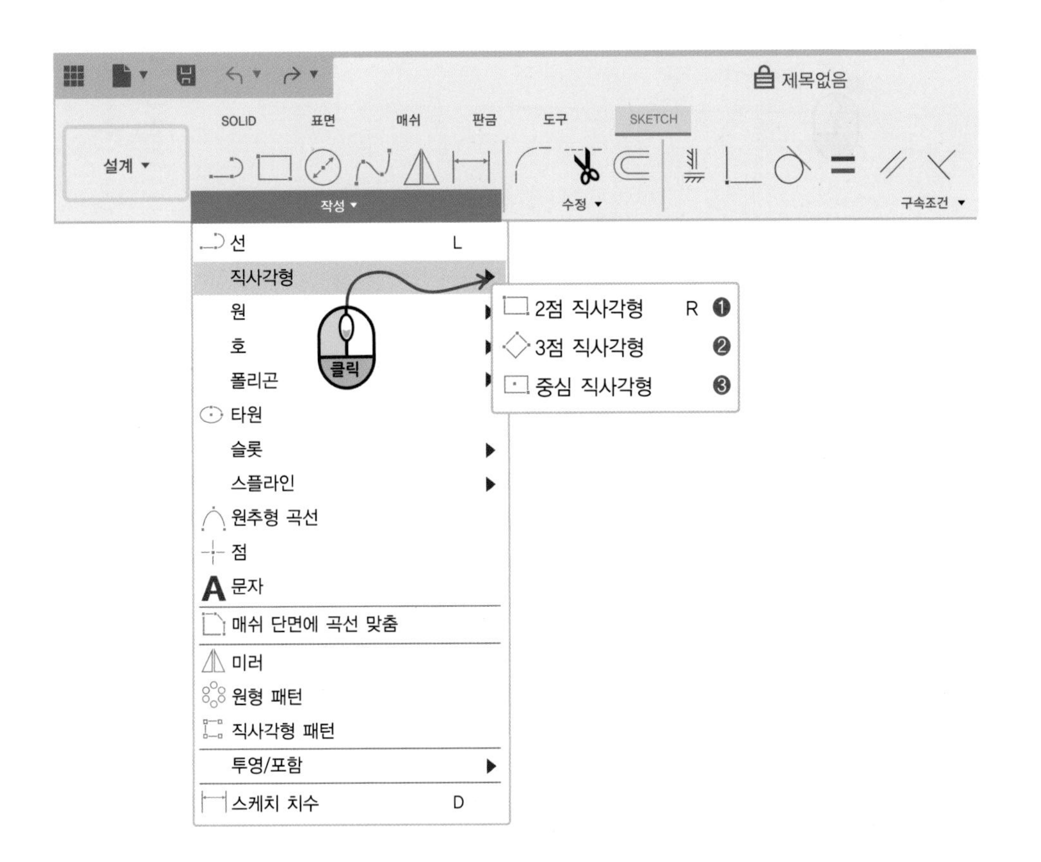


❶ 2점 지정 직사각형(2-Point Rectangle) : 단축키 R

아이콘을 누르고 시작점 클릭, 대각선 반대쪽 끝점 클릭하면 사각형이 그려집니다. 수치 입력창을 통해 세로와 가로의 크기를 정확히 입력해 줄 수도 있습니다.
Tab키를 눌러서 세로 길이 입력창에서 가로 길이 입력창으로 넘어갈 수 있습니다.

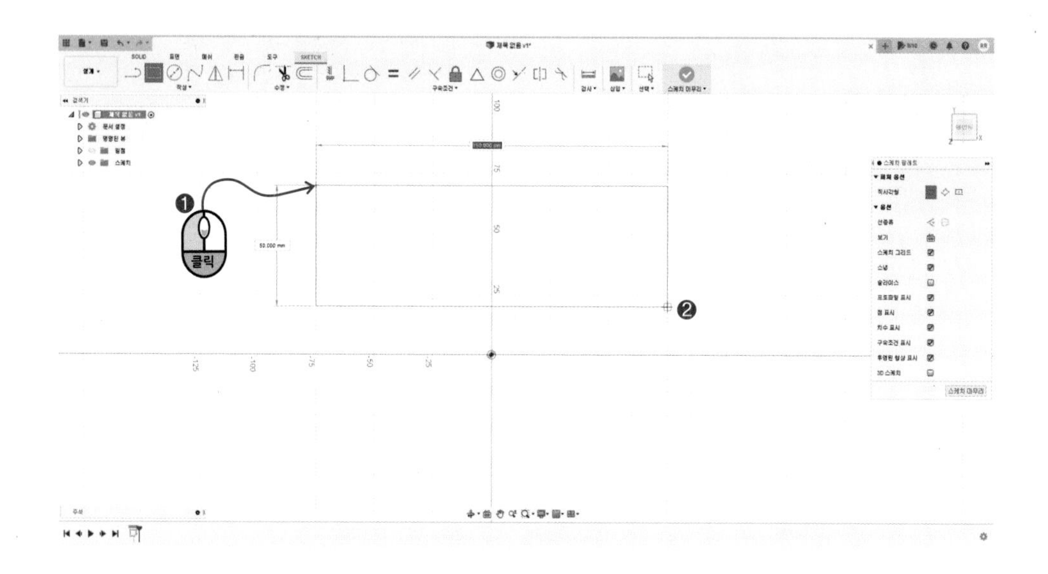


사각형이 완성돼도 아직 메뉴가 실행되고 있어서 계속 사각형을 그릴 수 있습니다. 메뉴를 끝내려면 엔터키를 누르거나 다른 메뉴를 입력하면 됩니다. 이 사각형은 이미 닫혀있기 때문에 그리면 바로 프로파일이 됩니다.

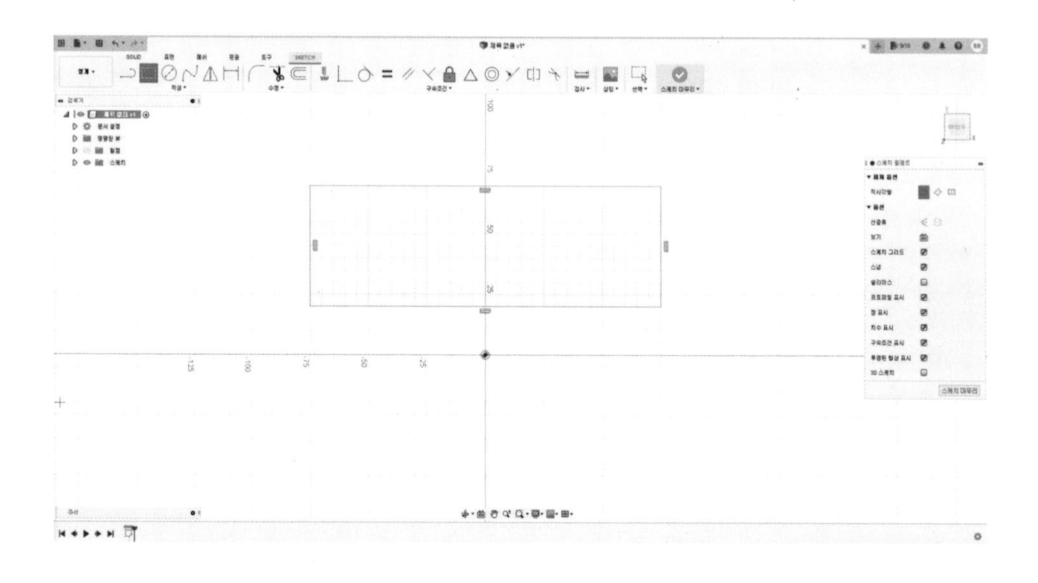

### ❷ 3점 직사각형(3 point rectangle)

사각형의 4개의 꼭짓점 중 3개를 찍어서 만드는 방식입니다. 시작점 클릭, 다른 꼭짓점 클릭, 또 다른 꼭짓점을 클릭하면 완성됩니다.

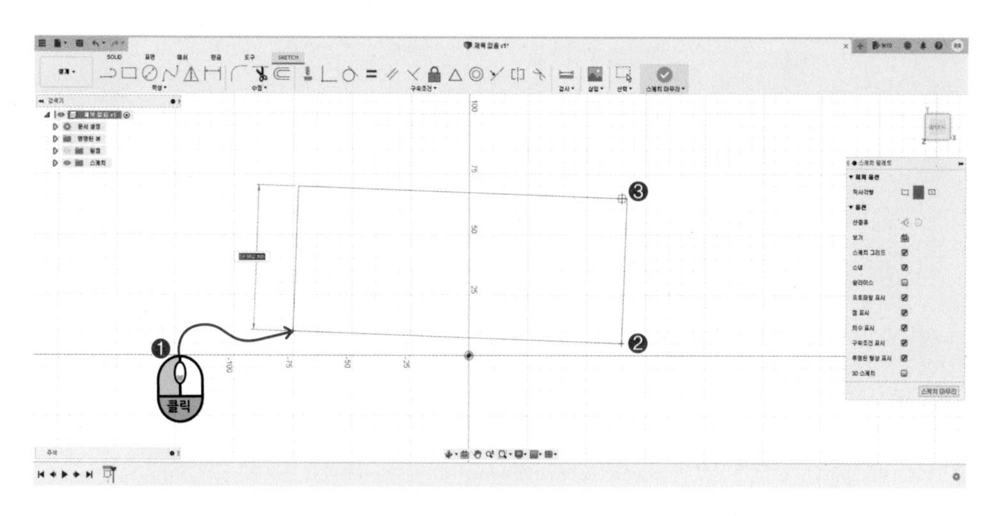


### ❷ 중심 직사각형(Center Rectangle)

직사각형의 대각선이 교차하는 점을 클릭하고 꼭짓점 한 개를 클릭하면 그려집니다. 이 사각형은 특정한 점을 중심으로 하는 사각형을 그릴 때 유용합니다. 대각선 2개가 자동으로 만들어졌습니다. 실선이 아닌 점선으로 표시가 돼 있는데, 이 선은 가상선으로 일종의 참조선이라고 보면 됩니다. 실제 선은 아니지만 스케치할 때 참고가 되는 선입니다.

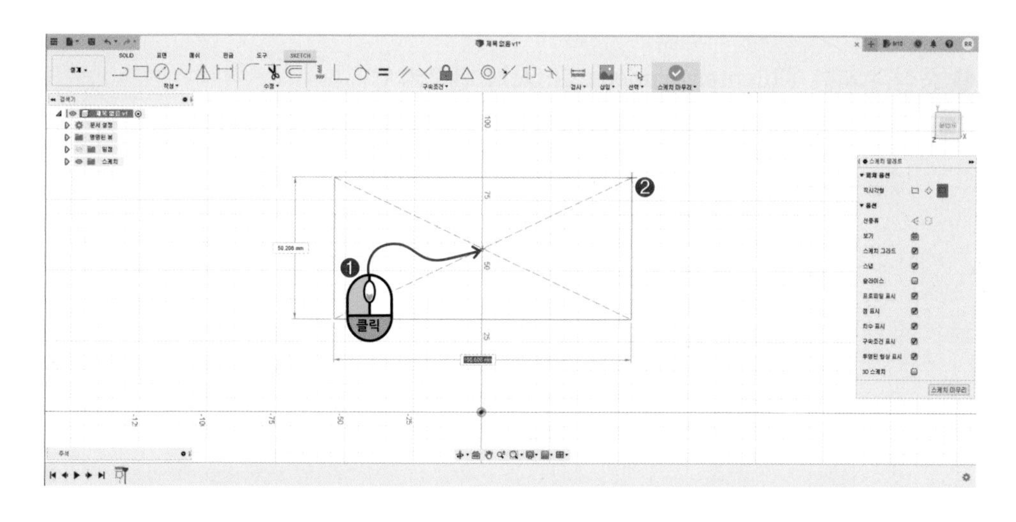

## 3. 원(Circle)

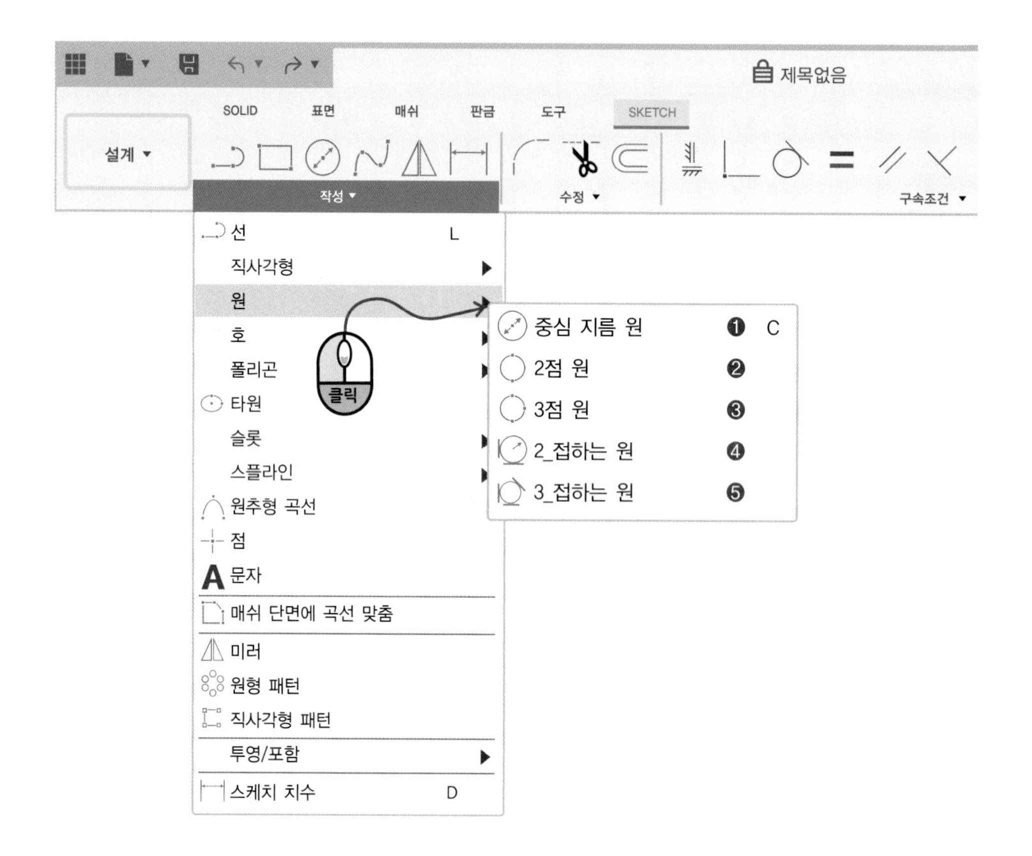


❶ 중심점 지름 원(Center Diameter Circle) : 단축키 C

원의 중심을 클릭하고 한 쪽 끝점을 클릭하면 그려집니다. 지름 수치를 직접 넣어줄 수 도 있습니다.

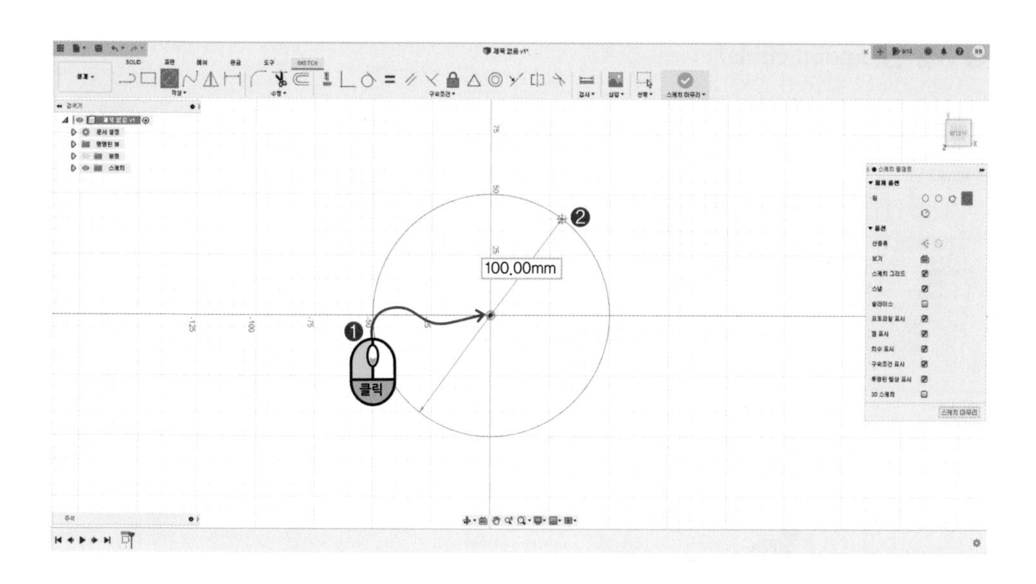


❷ 2점 원(2 point circle)

원의 중심은 정하지 않고 원의 두 끝점을 정해줍니다. 두 점을 이으면 원의 지름이 됩니다. 한 쪽 끝점 클릭하고 반대쪽 끝점을 클릭하면 원이 그려집니다.

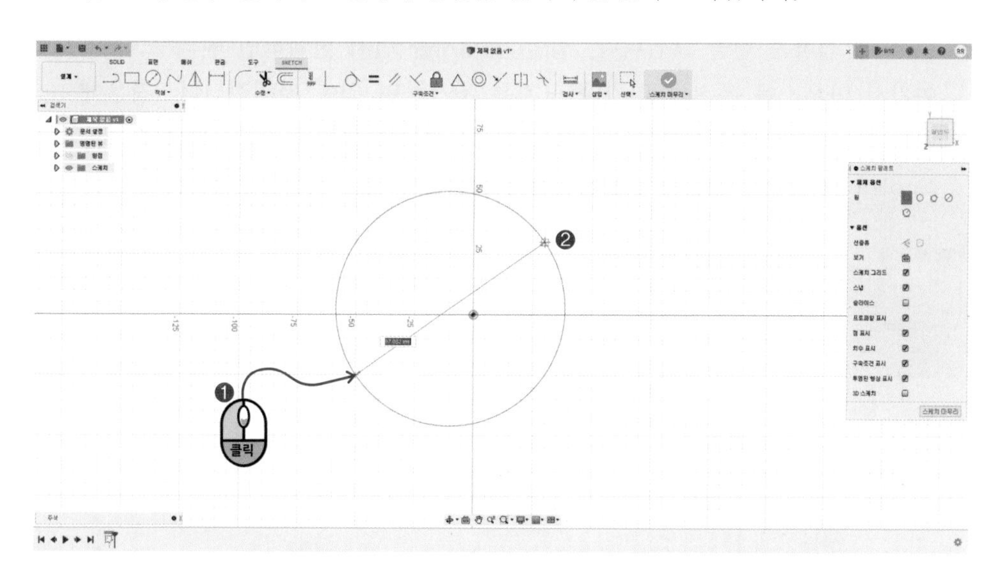

### ❸ 3점 원(3 point circle)

원을 지나는 세 점을 정해서 그려줍니다.

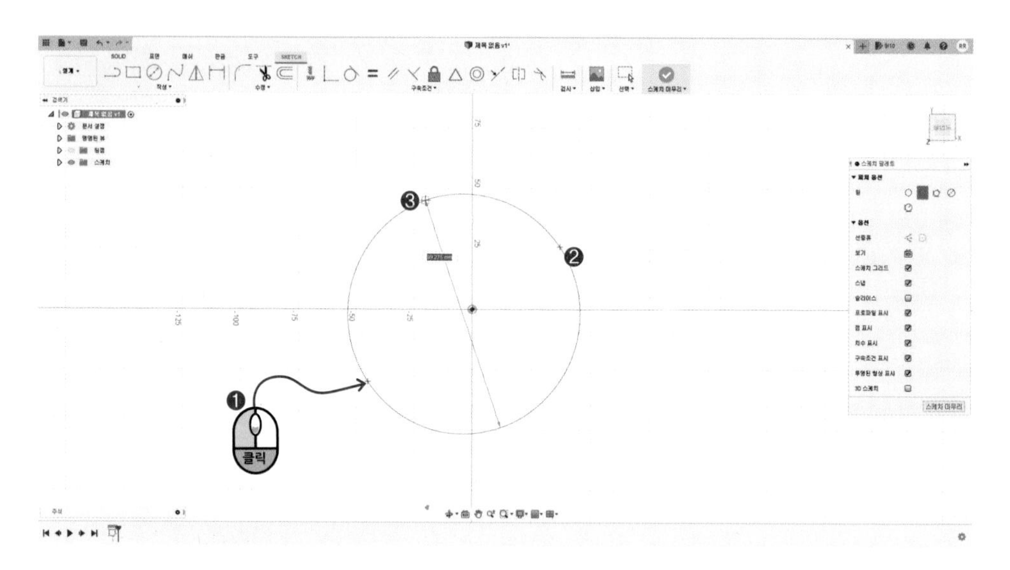


### ❹ 2_접하는 원(2 tnagent circle)

두 선에 접하는 원을 그립니다. 접할 선 2개를 먼저 선택하면 원의 모습이 보입니다. 여기서 마우스를 움직여 위치나 크기를 조정하면 원이 정해집니다. 경우에 따라서는 크기가 이미 정해질 수도 있습니다. 아래의 그림과 같이 두 선이 평행한 경우에는 크기는 이미 정해지고 위치만 정해주면 됩니다.

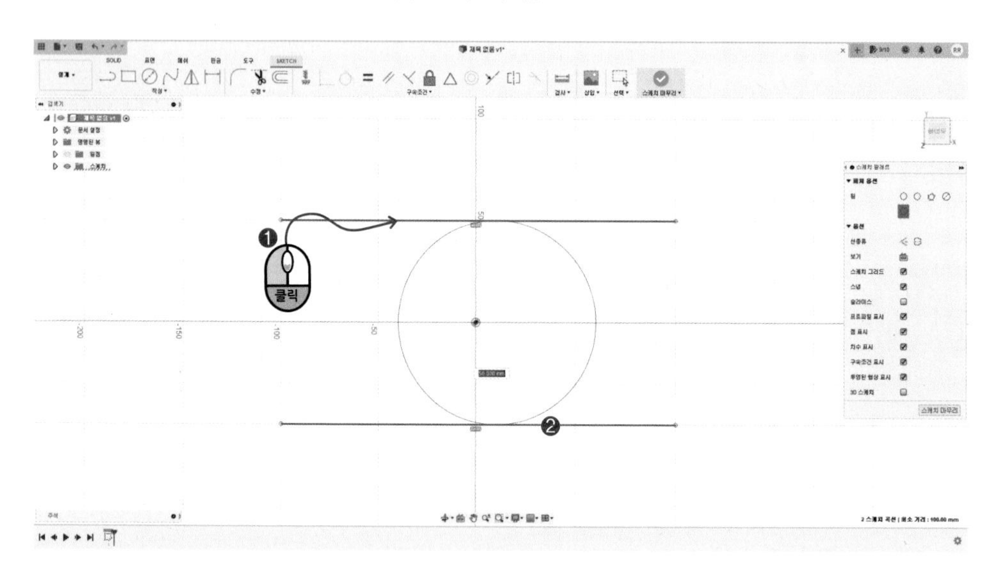

### ❺ 3_접하는 원(3 tnagent circle)

세 선에 접하는 원을 그립니다. 접할 선을 선택합니다. 접선이 3개이기 때문에 원의 크기와 위치도 이미 정해져서 그려집니다.

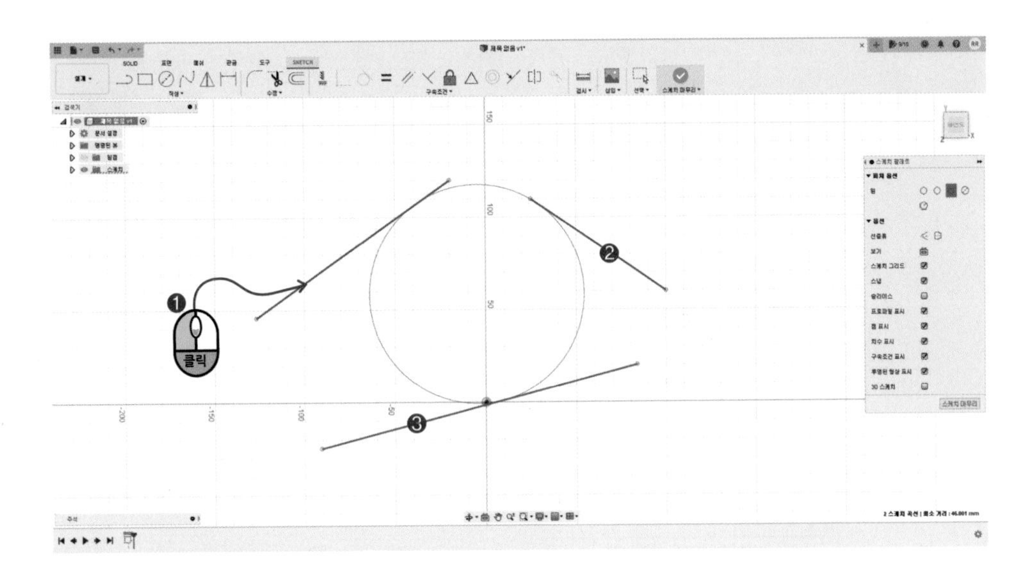

## 4. 호(Arc)

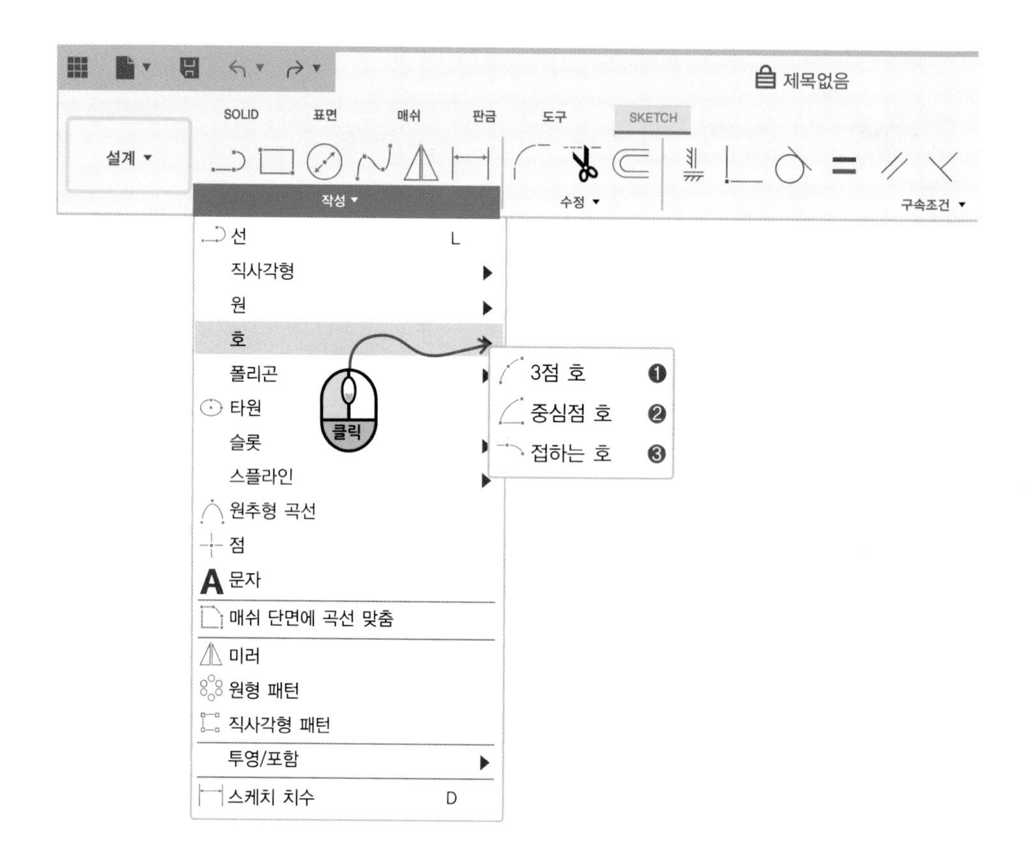


❶ 3점 호(3 point arc)

호의 양 끝점을 선택하고 호의 중간점을 추가로 클릭하면 완성됩니다.

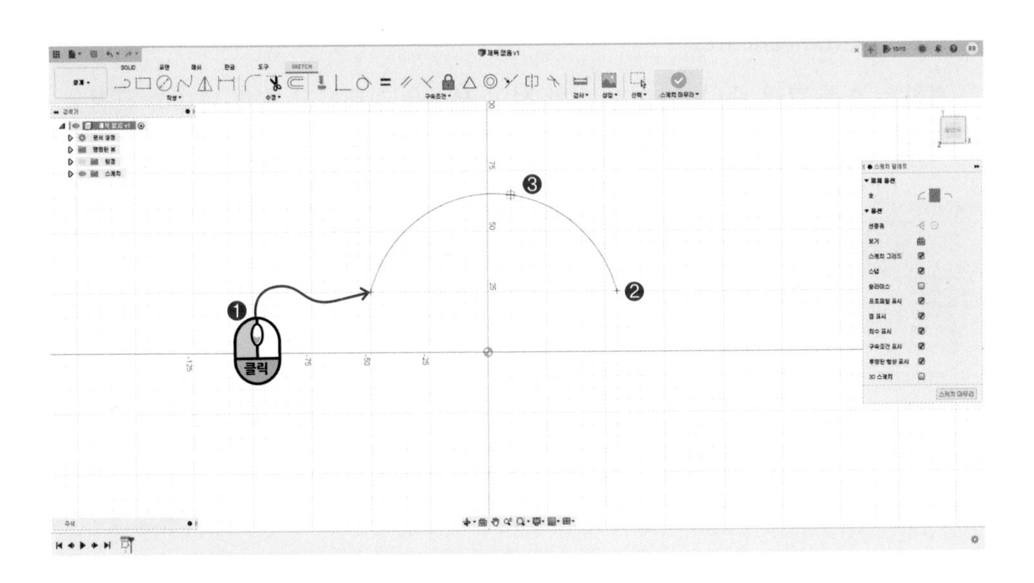


❷ 중심점 호(center point arc)

호의 중심을 클릭하고 호의 양 끝점을 클릭하면 호가 그려집니다.

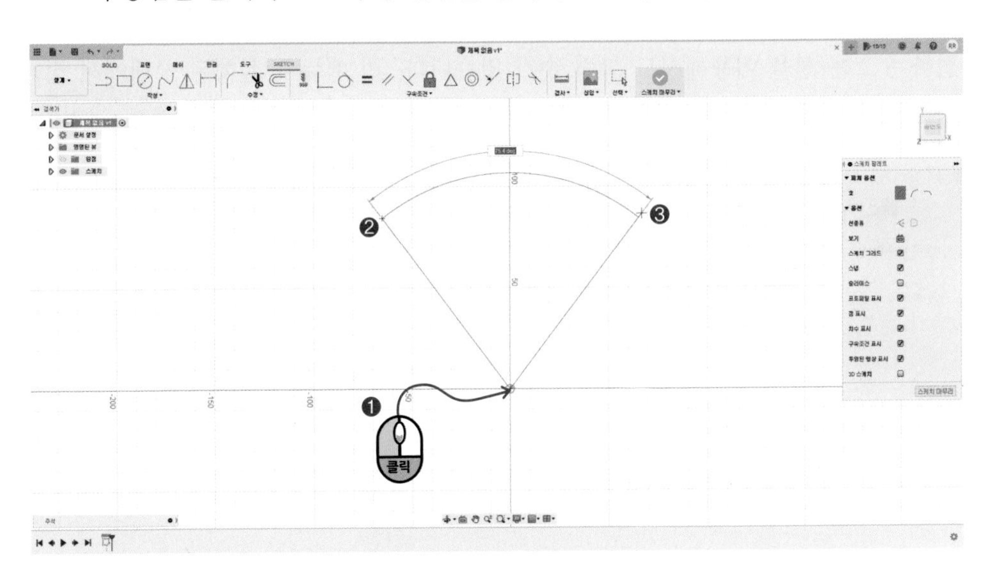

### ❸ 접하는 호(tangent arc)

접하는 호를 그려 줍니다. 먼저 접할 선의 끝점을 선택하고 호의 반대쪽 끝점을 선택합니다.

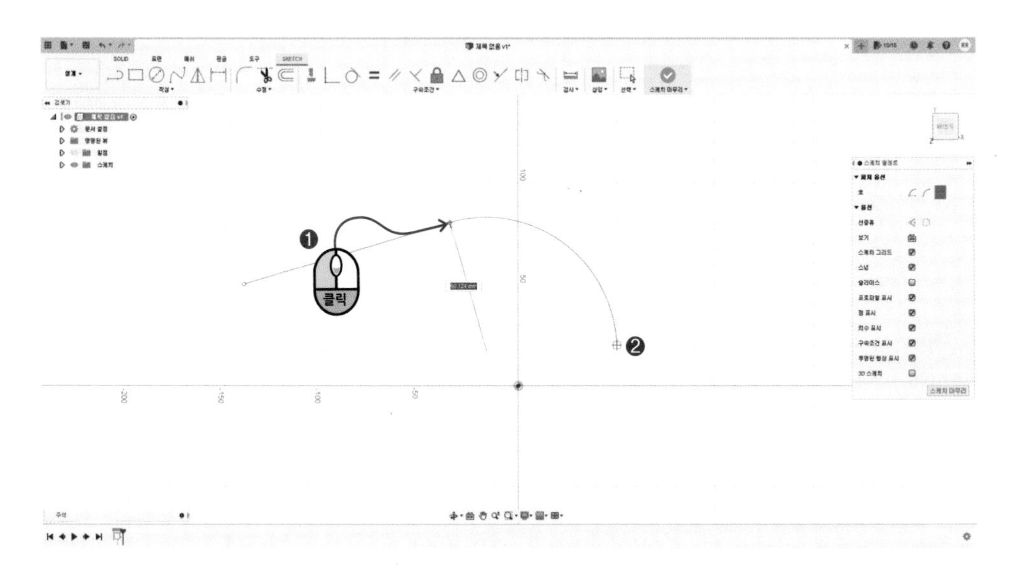


접하는 호는 선을 이용해서도 그릴 수가 있습니다. 선 메뉴가 실행된 상태에서 접하는 호를 그리고 싶은 지점에서 마우스 왼쪽 버튼을누른 채로 드래그를 하면 호가 그려집니다.

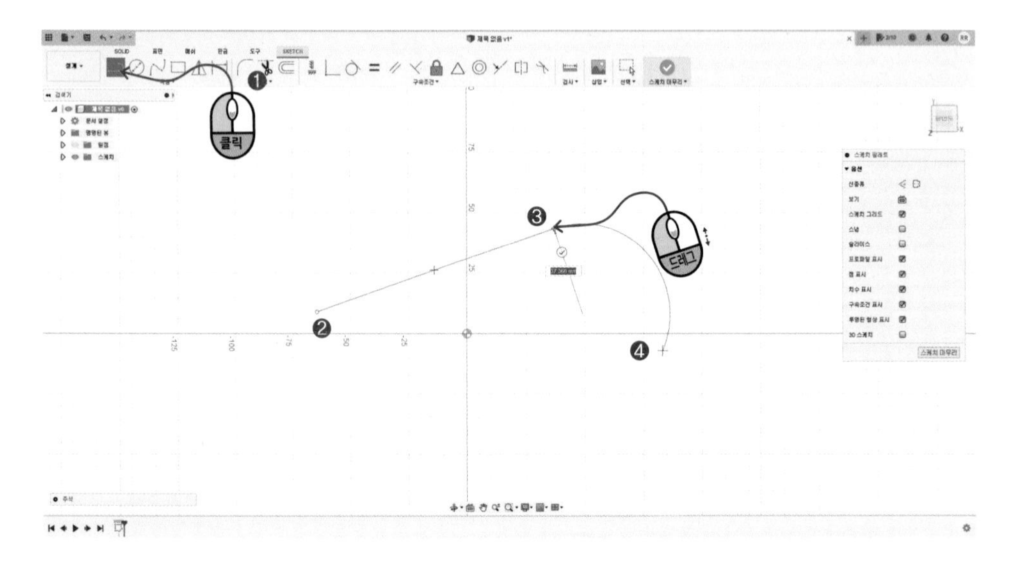

## 5. 폴리곤(Polygon)

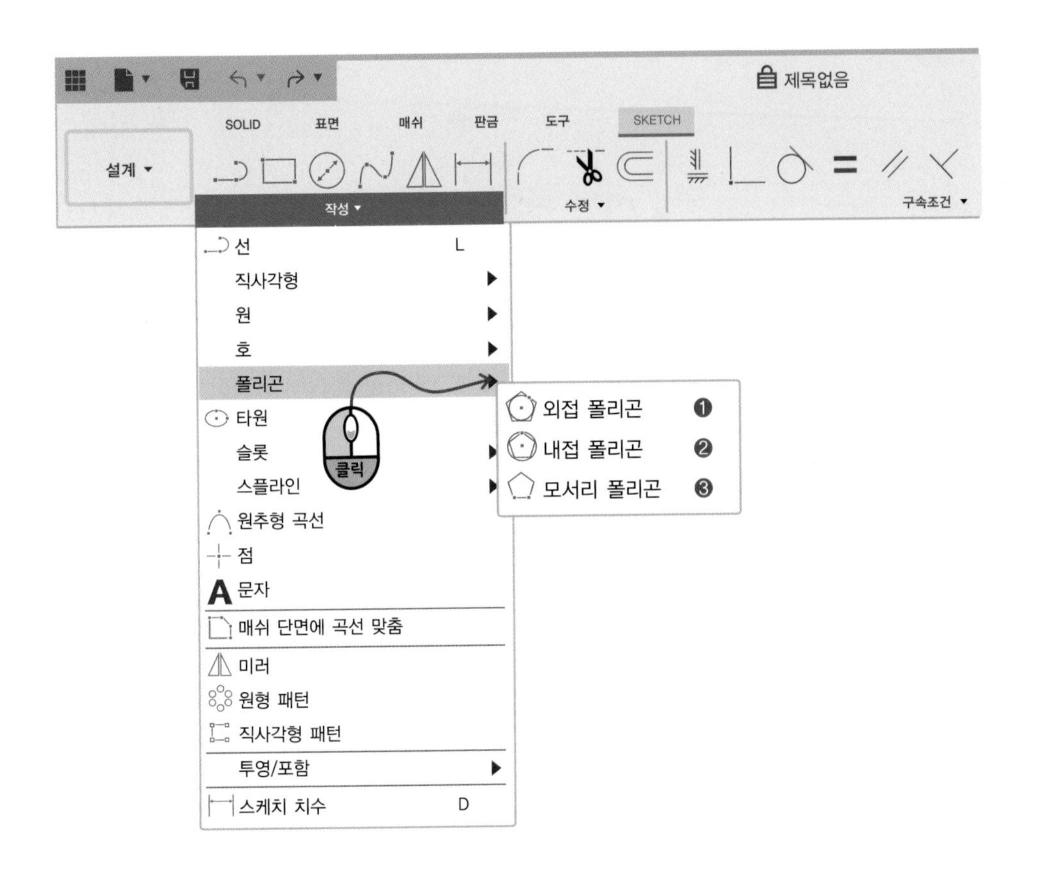


❶ 외접 폴리곤(Circumscribed Polygon)

원에 외접하는 다각형을 그립니다. 탭을 이용해서 넘어가면 6이라고 돼 있는 부분을 바꿀 수가 있습니다. 이 숫자를 바꿔서 어떤 다각형이 될지를 결정할 수 있습니다.

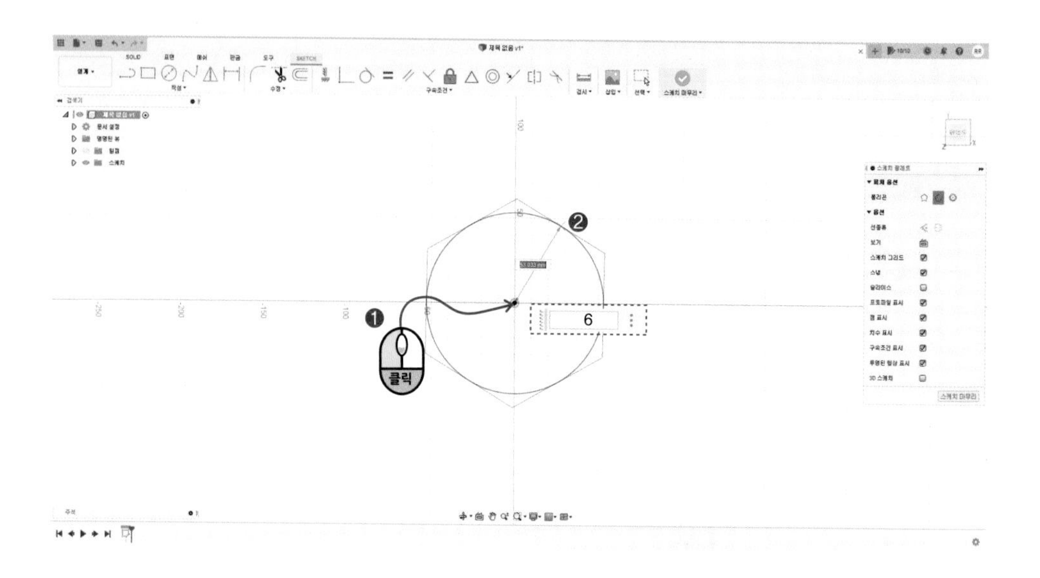

6
클릭


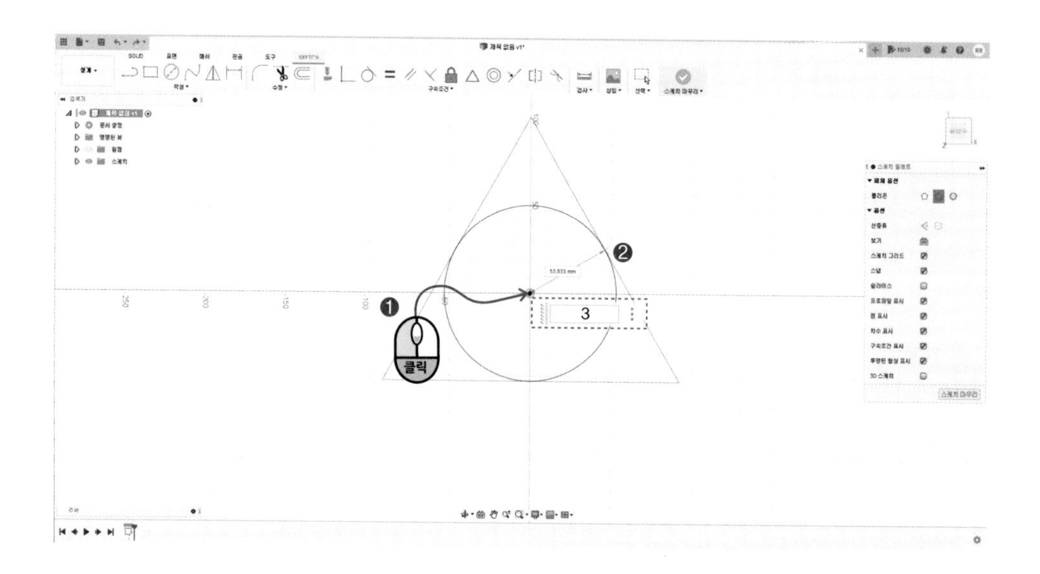

3
클릭

### ❷ 내접 폴리곤(Inscribed Polygon)

원에 내접하는 다각형을 그립니다.

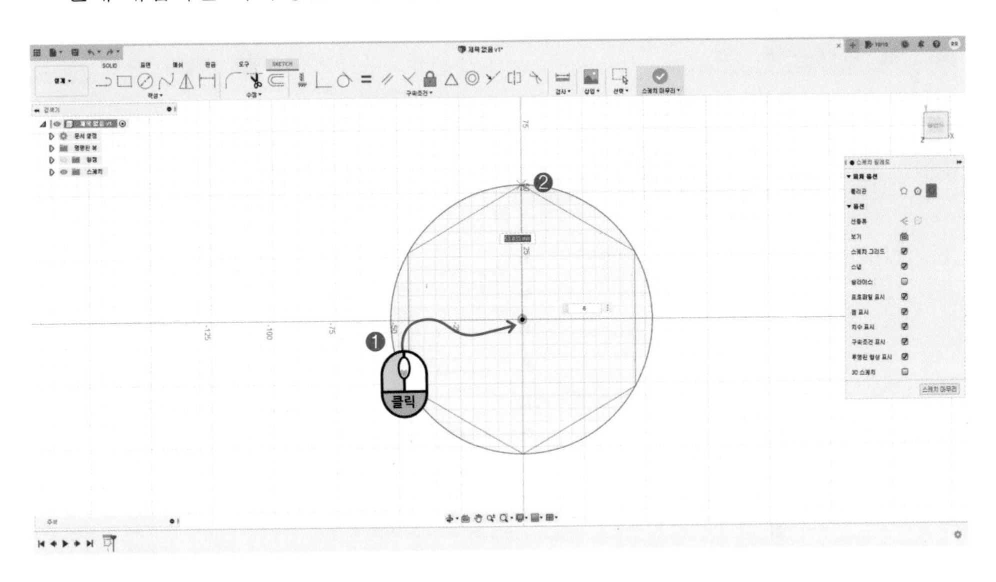


### ❸ 모서리 폴리곤(Edge Polygon)

다각형의 한 변을 그려 다각형을 만듭니다. 한 변을 정해주면 나머지 변이 자동으로 생성됩니다.

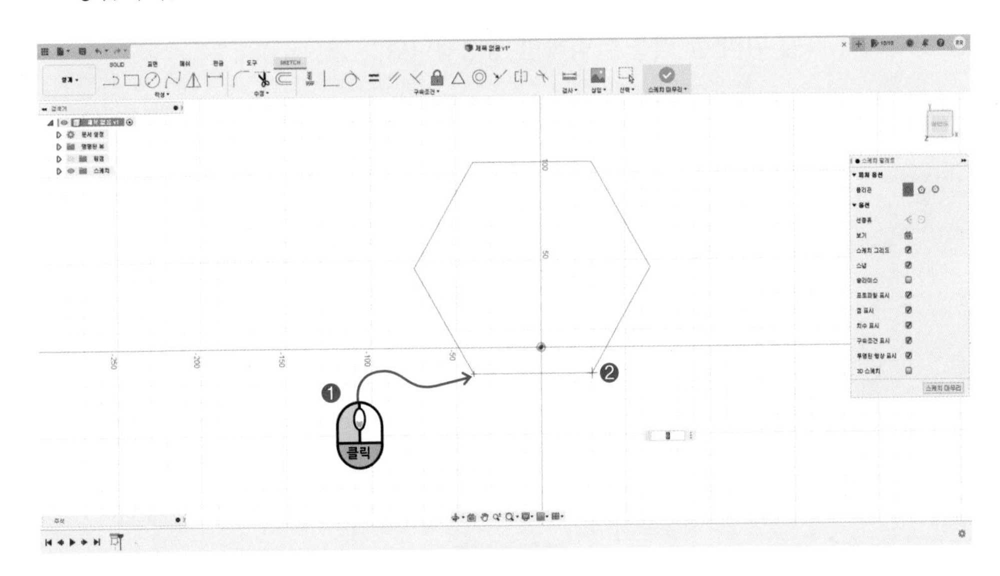

## 6. 타원(Ellipse)

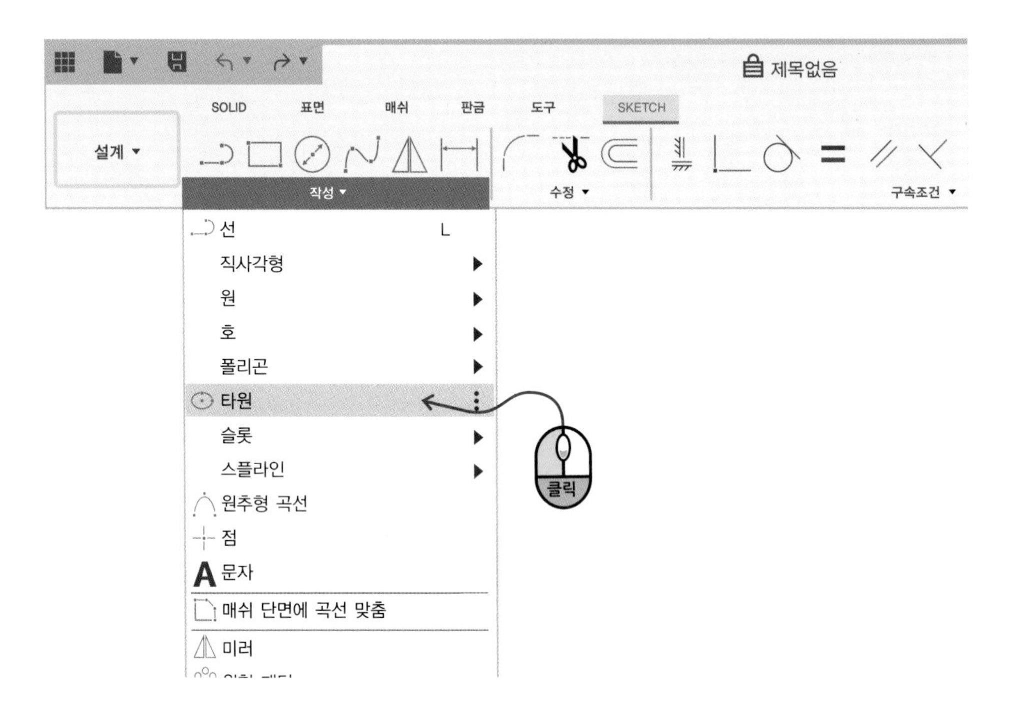


먼저 타원의 중심을 선택합니다. 한쪽 반지름을 결정하는 끝점을 클릭하고 반대쪽 반지름을 결정해서 타원 위의 한 점을 클릭하면 생성됩니다.

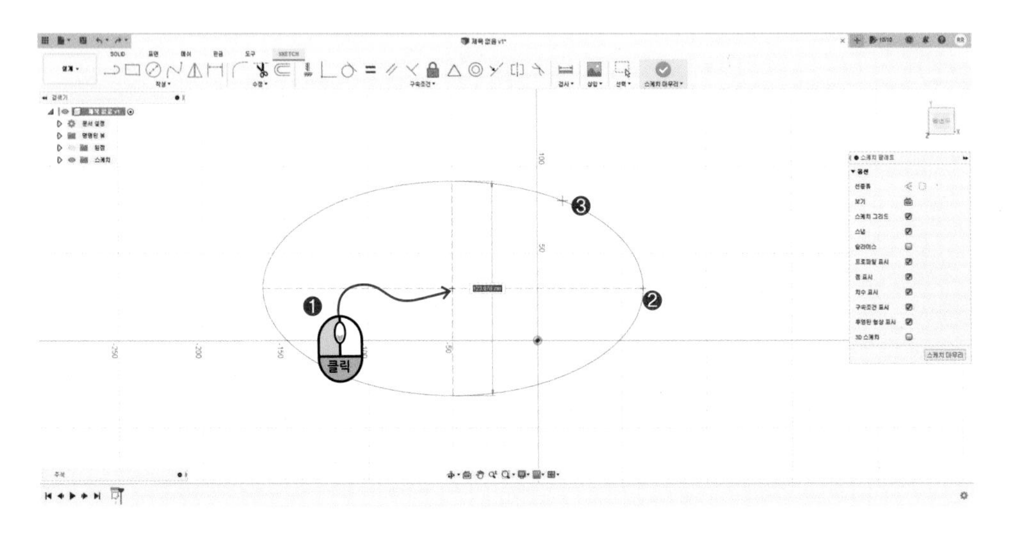

## 7. 슬롯(Slot)

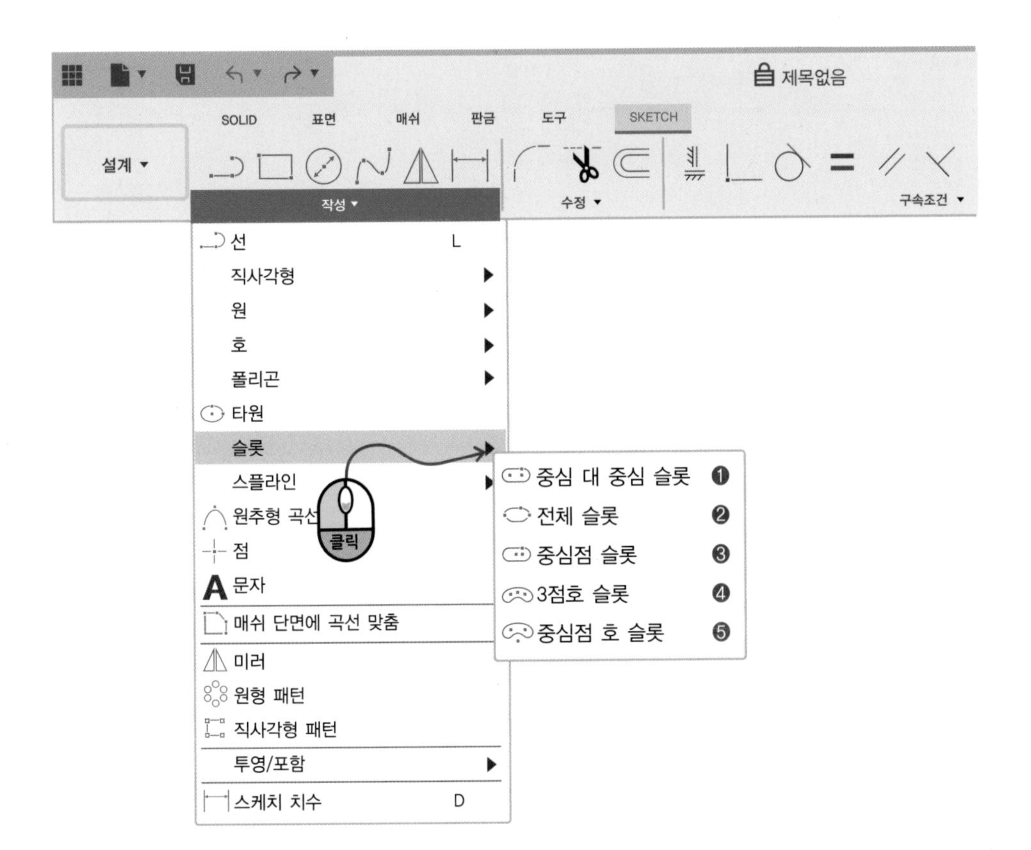
제목없음
SOLID
표면
매쉬
판금
도구
SKETCH
설계
작성
수정
구속조건
선 L
직사각형
원
호
폴리곤
타원
슬롯
스플라인
원추형 곡선
점
문자
매쉬 단면에 곡선 맞춤
미러
원형 패턴
직사각형 패턴
투영/포함
스케치 치수 D
클릭
중심 대 중심 슬롯 ❶
전체 슬롯 ❷
중심점 슬롯 ❸
3점호 슬롯 ❹
중심점 호 슬롯 ❺

### ❶ 중심 대 중심 슬롯(Center to Center Slot)

두 원의 중심을 지정하고 원의 지름을 정해주면 완성이 됩니다.

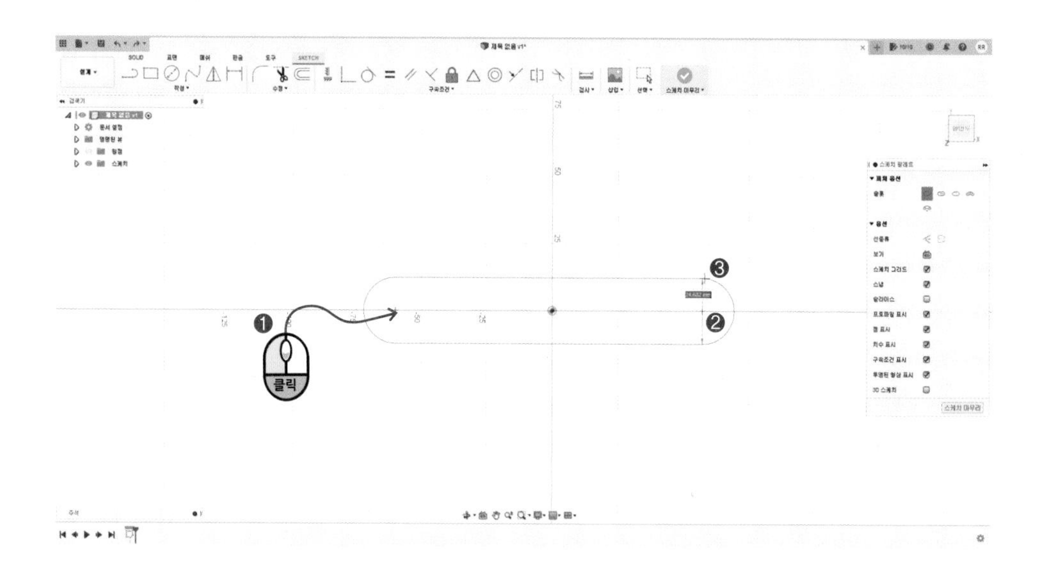


### ❷ 슬롯 전체(Overall Slot)

슬롯의 양 끝점을 지정하고 크기를 조절하여 완성합니다.

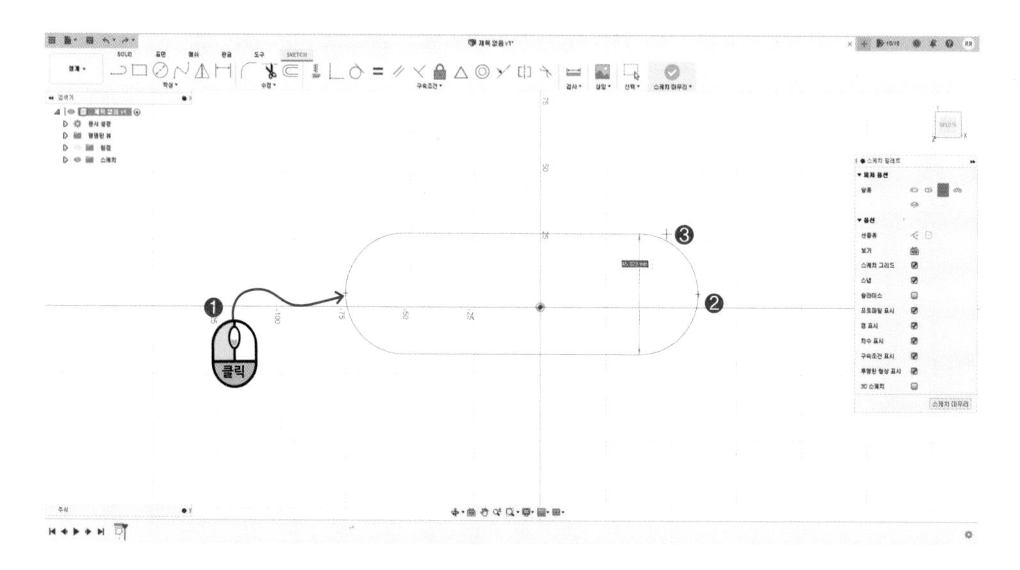

### ❸ 중심점 슬롯(Center Point Slot)

슬롯의 센터와 한쪽 원의 중심을 지정해 줍니다. 그리고 크기를 정해주면 완성됩니다.

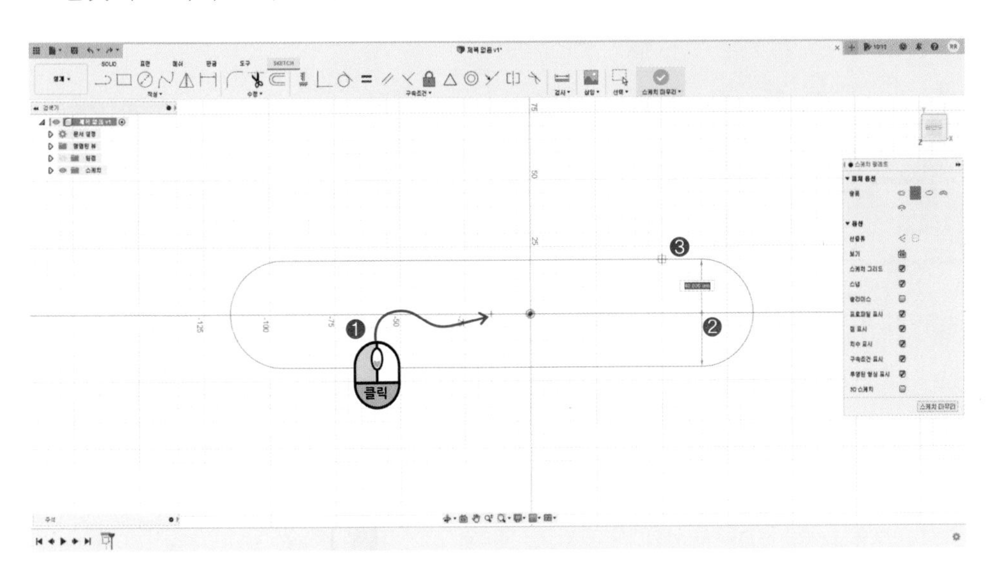


### ❹ 3점호 슬롯(Three Point Arc Slot)

3점호를 먼저 그려 줍니다. 그리고 호의 양 끝점을 선택하고 마우스를 움직이면 슬롯의 크기를 정할 수 있습니다. 슬롯의 한 점을 선택해 슬롯의 크기를 정해줍니다.

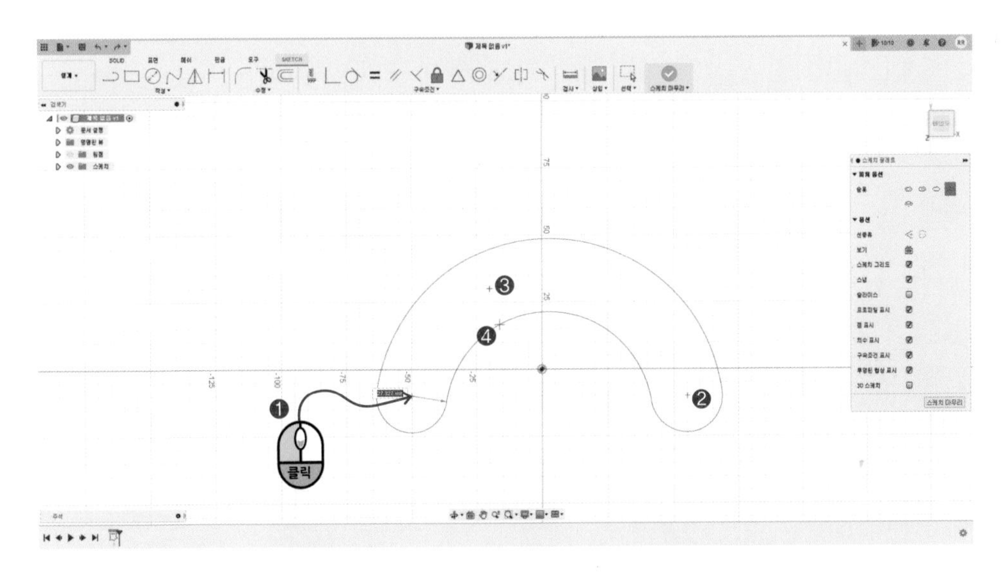

### ❺ 중심점 호 슬롯(Center Point Arc Slot)

3점호 슬롯과 마찬가지 방식입니다. 3점호 대신 중심점 호를 그려줍니다. 호의 중심을 선택하고 양 끝점을 클릭합니다. 그리고 슬롯의 크기를 정해 줍니다.

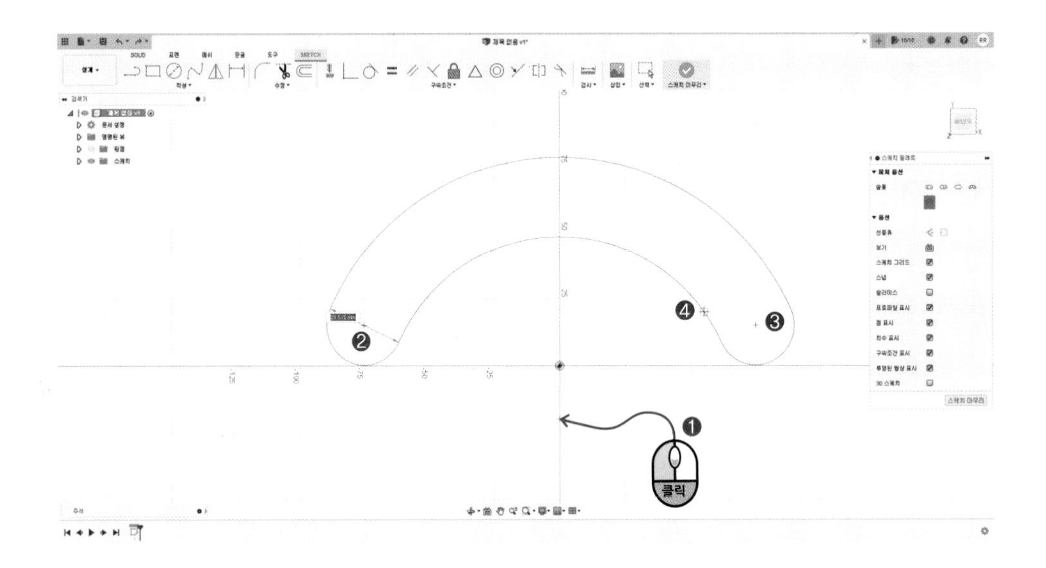

## 8. 스플라인(Spline)

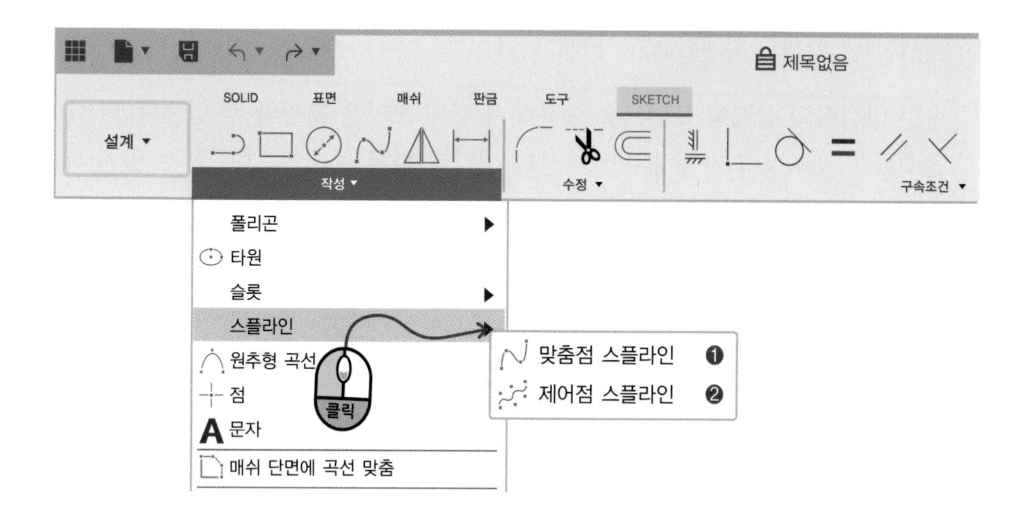


❶ 맞춤점 스플라인(Fit Point Spline)

자유롭고 변형하기가 쉬운 곡선을 그릴 때 주로 사용합니다. 그림을 밑에 깔아놓고 그릴 때도 많이 사용됩니다. 시작점을 클릭하고 다음 포인트 점들을 클릭하면서 곡선을 그려 줍니다. 이 곡선은 포인트를 움직이거나 포인트 주위의 핸들을 이용해서 수정할 수 있습니다.

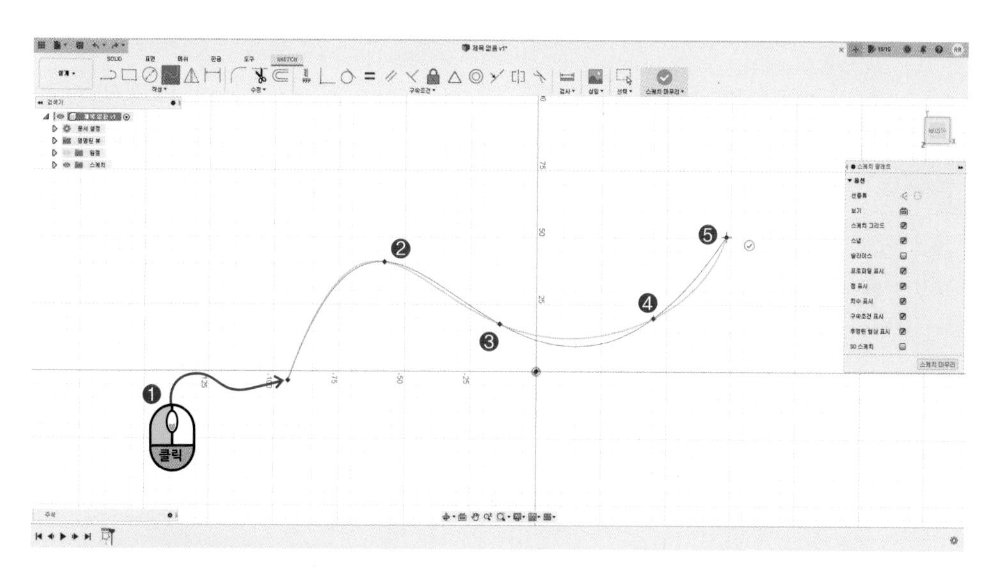

❷ 제어점 스플라인(Control Point Spline)

맞춤점 스플라인(Fit Point Spline)에 비해 자유도는 떨어지지만 수치로 제어하기가 편해서 제품 설계를 할 때 주로 사용됩니다.

곡선 바깥쪽의 삼각형 포인트를 이용해서 선의 모양을 조절할 수 있습니다. 이 점이 많을수록 미세조정이 가능하지만 자신의 생각과 다른 곡선이 그려질 수 있기 때문에 필요 이상의 점을 만들지 않는 게 좋습니다.

포인트의 간격이 일정한 것이 나중에 수정하기가 더 편합니다. 간격이 일정하지 않을 경우 원하는 곡선을 표현하기가 어렵기 때문입니다. 또, 곡선의 변화가 예상되는 부분에 포인트를 만들어 주면 수정이 수월해집니다.

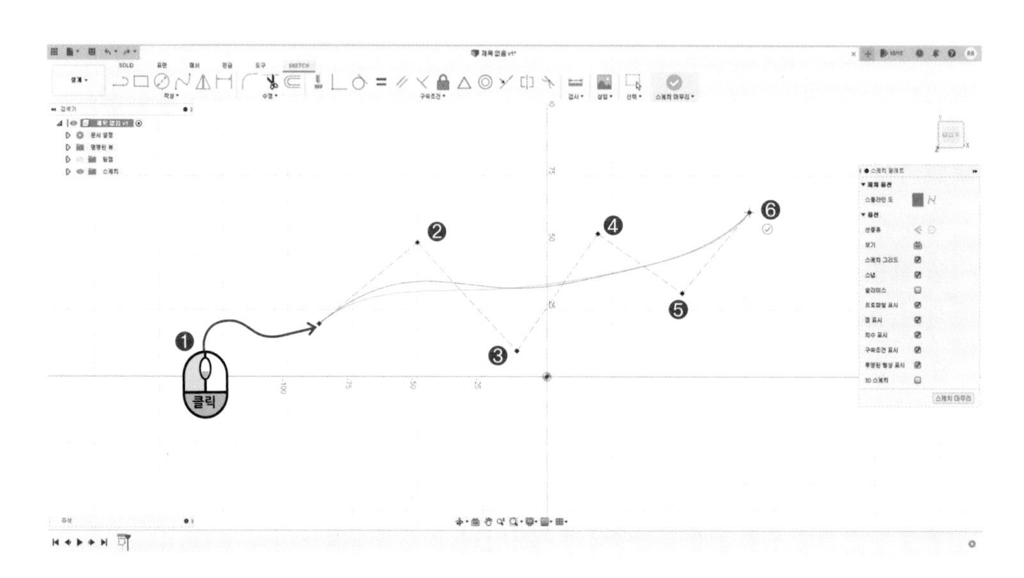

## 9. 원추형 곡선(Conic Curve)

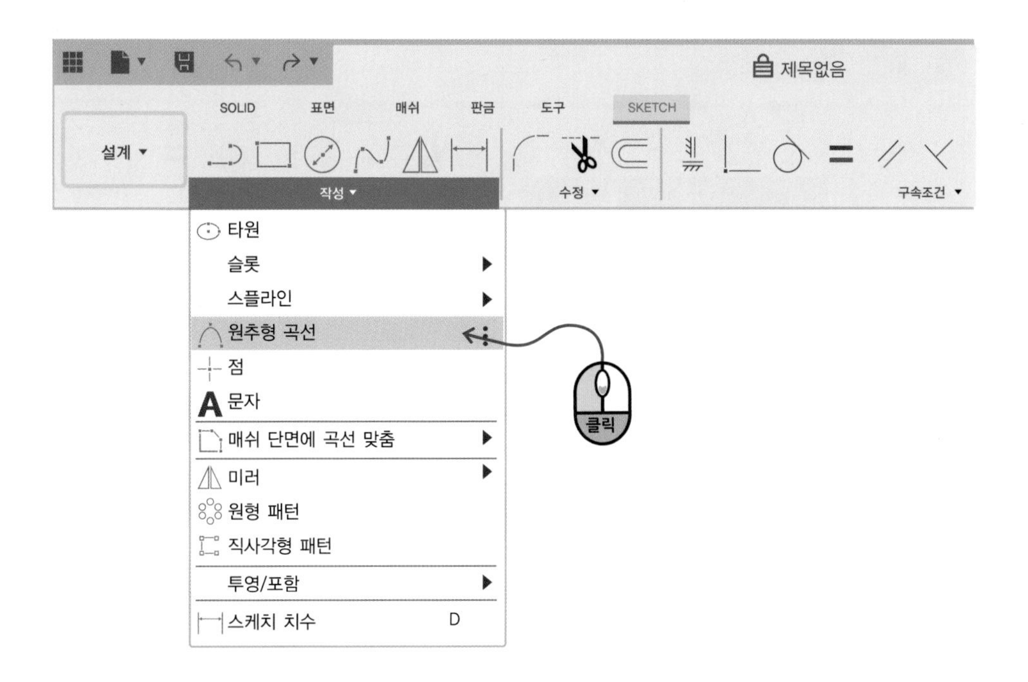


원추형 곡선을 만듭니다. 곡선의 양 끝점을 선택하고 가장 바깥쪽 점을 선택하면 화살표가 나타나는데, 그 화살표로 선을 조절해 줍니다.

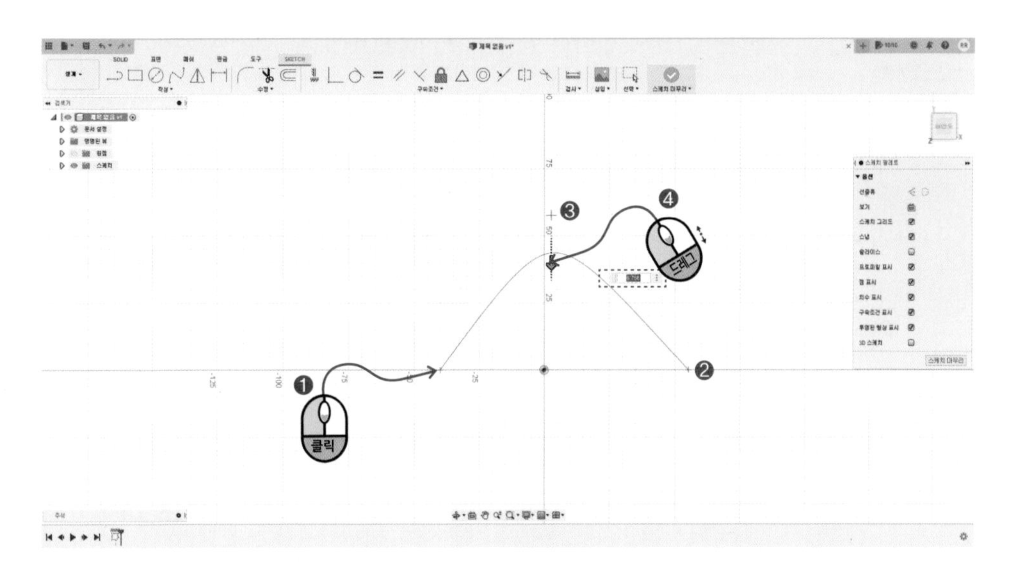

## 10. 점(Point)

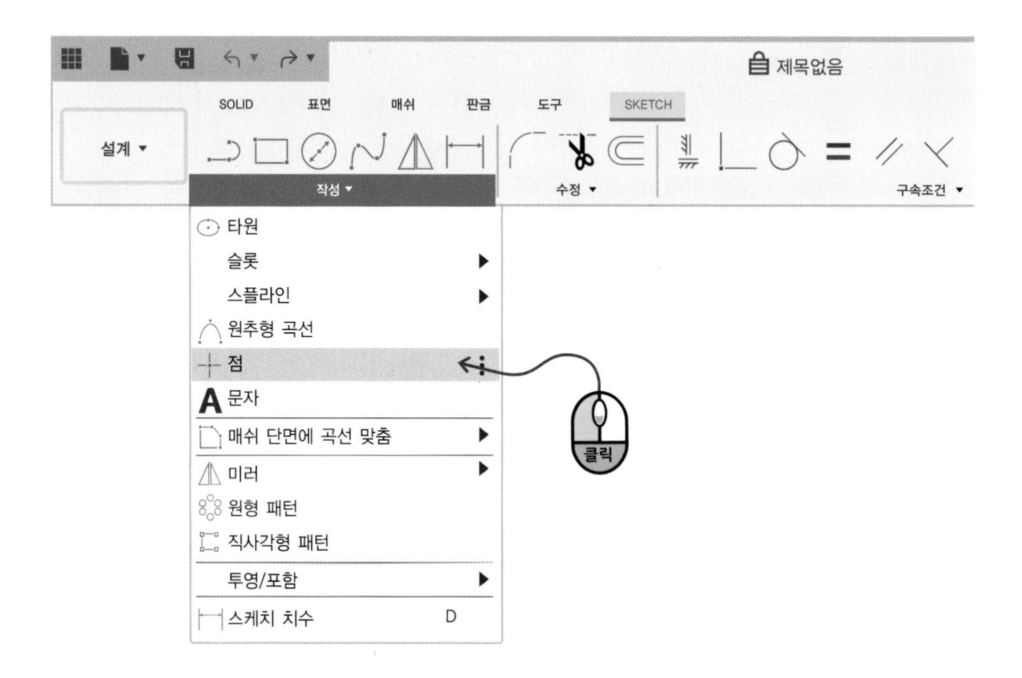


필요한 곳에 점(Point)을 찍어서 표시를 해줄 수 있습니다.

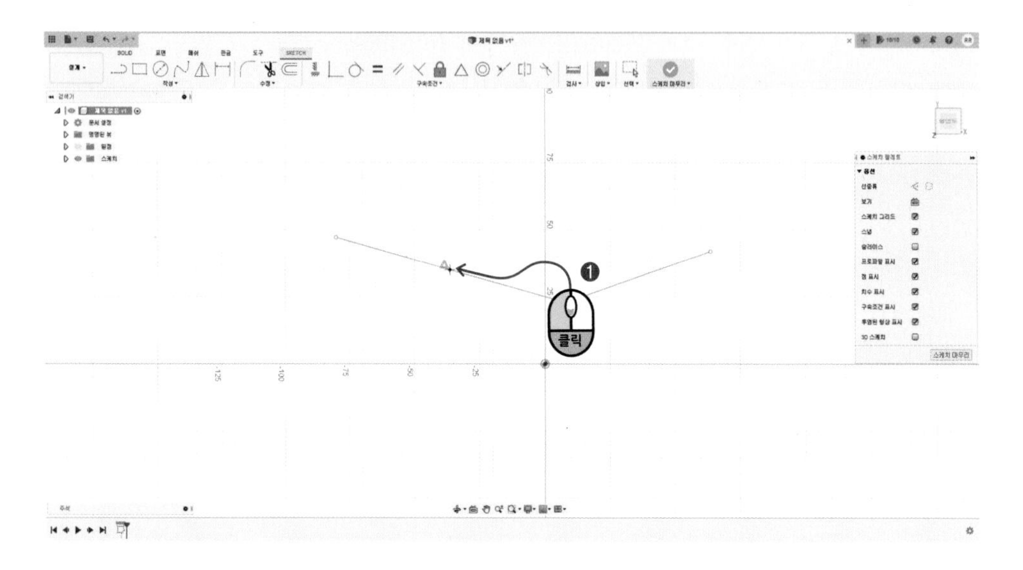

## 11. 문자(Text)

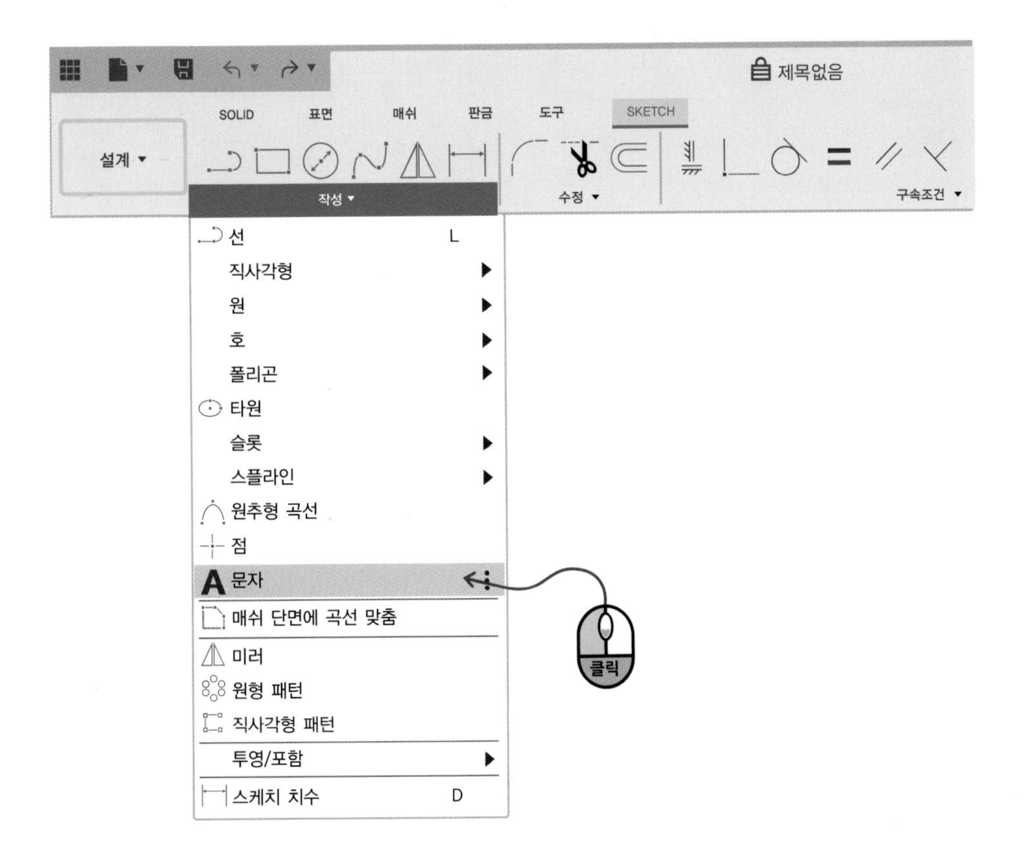
제목없음
SOLID
표면
매쉬
판금
도구
SKETCH
설계
작성
수정
구속조건
선
L
직사각형
원
호
폴리곤
타원
슬롯
스플라인
원추형 곡선
점
문자
매쉬 단면에 곡선 맞춤
미러
원형 패턴
직사각형 패턴
투영/포함
스케치 치수
D
클릭

평면에 글자를 입력합니다. 작업할 평면을 선택하고 문자 박스를 그리면 문자(TEXT)입력창이 나타납니다.

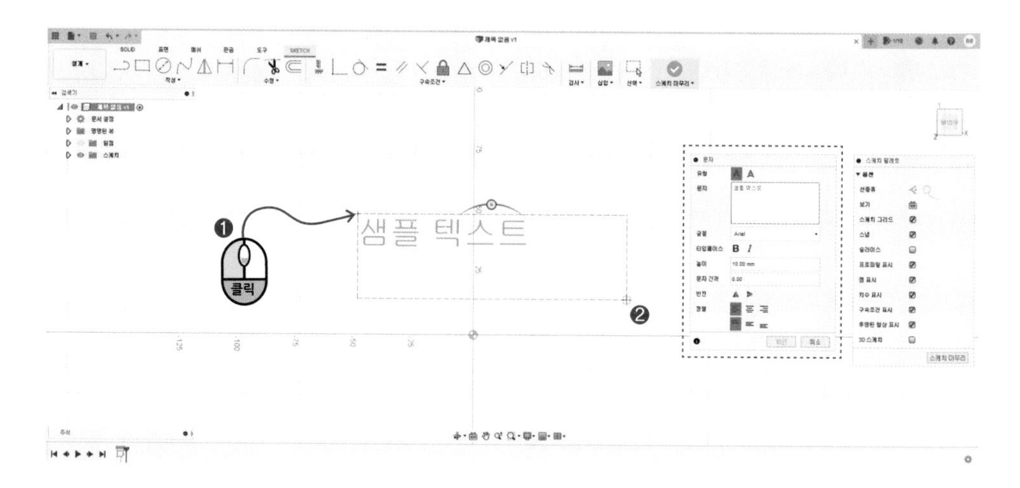


원하는 각도로 바꾸고 싶으면 핸들을 드래그해서 각도를 바꿔 줄 수 있습니다. 수치로 입력하는 것도 가능합니다.

문자(TEXT)도 프로파일이기 때문에 바로 입체화 해 줄 수 있습니다. 글자를 입력한 다음에 다시 수정하고 싶을 땐, 글자를 더블 클릭하면 문자 입력창이 다시 나타납니다.

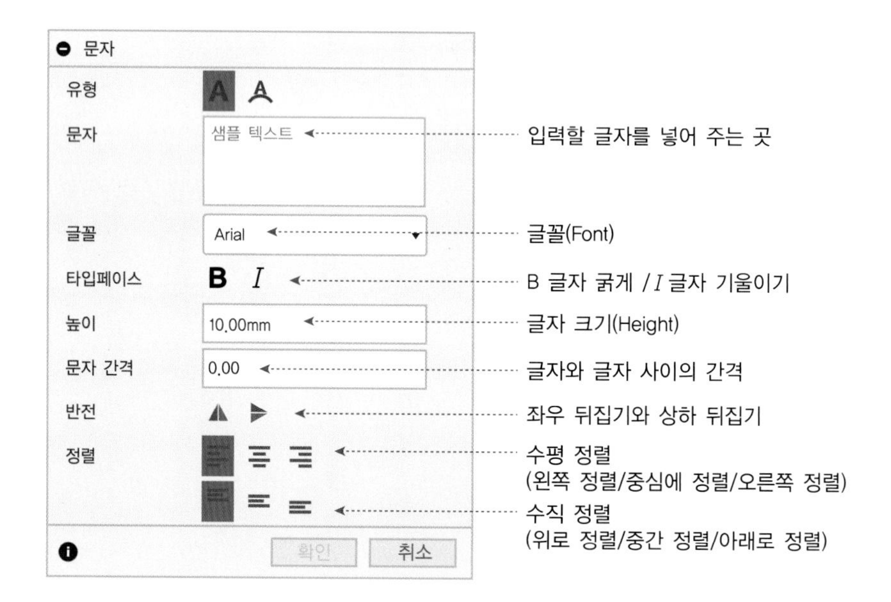

# 04 스케치 팔레트(SKETCH PALETTE)

스케치 모드에서 스케치와 관련된 기능을 빠르게 실행할 수 있는 메뉴 모음입니다.

스케치 모드에서 화면에 나타납니다.

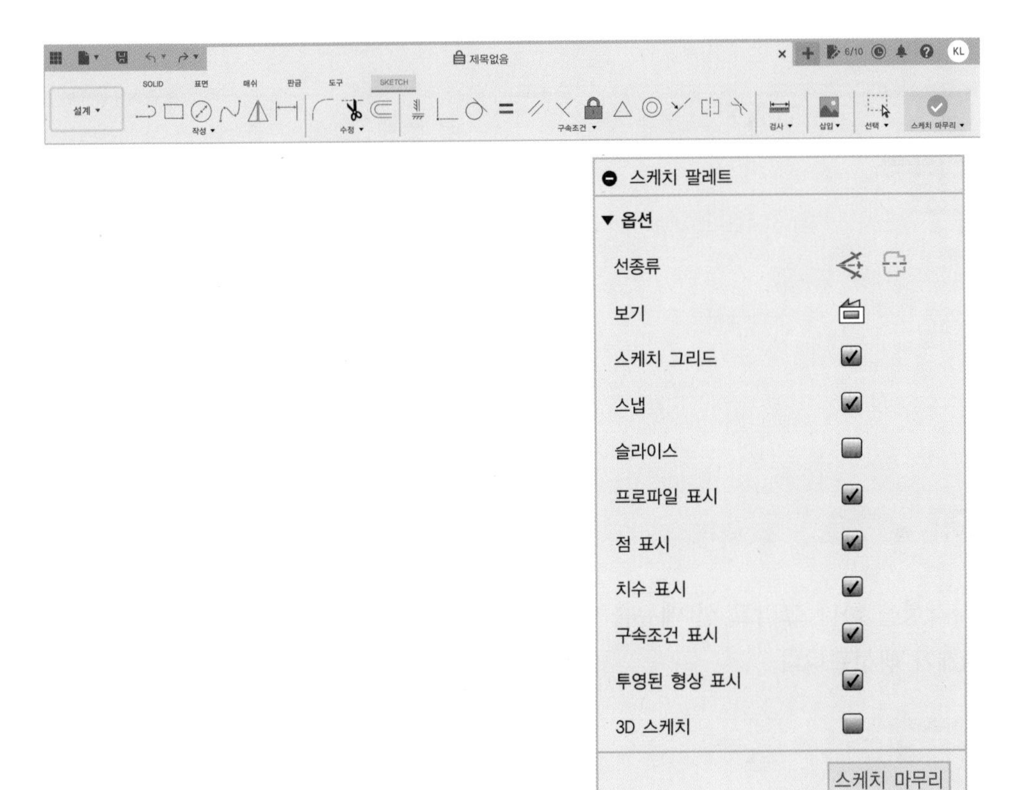

## 1. 구성(Construction) : 단축키 X

일종의 참조 선으로 스케치를 그릴 때 안내가 되는 선입니다. 두 종류가 있는데, 구성(Construction)선과 중심(Centerline)선입니다. 구성선은 점선으로 표시되며, 이 선으로 인해 프로파일이 나뉘거나 하지는 않지만 치수기입이나 스냅 등의 기능은 그대로 사용할 수 있습니다.

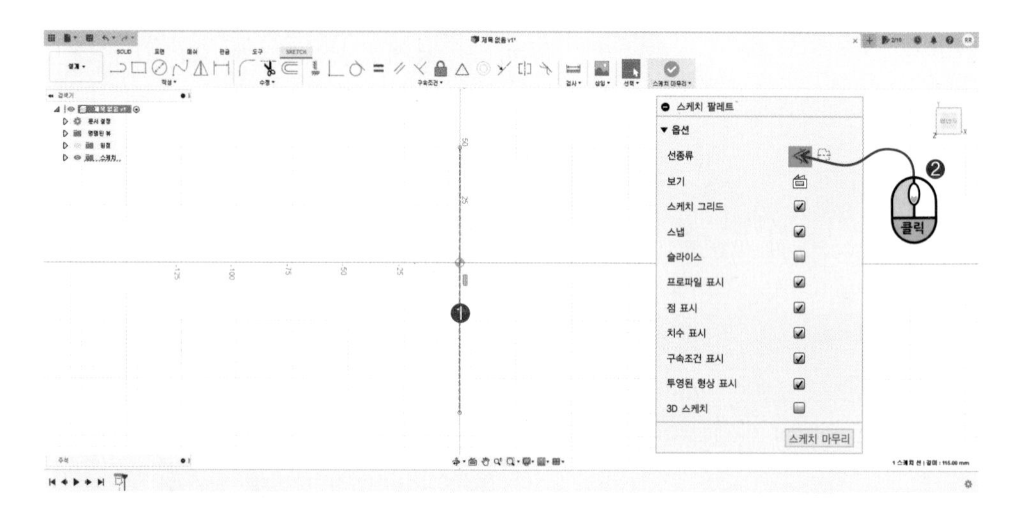


사각형을 하나 그리고 선 메뉴를 이용해 대각선을 그립니다. 일반 선일 때는 프로파일이 4개가 생성됩니다.

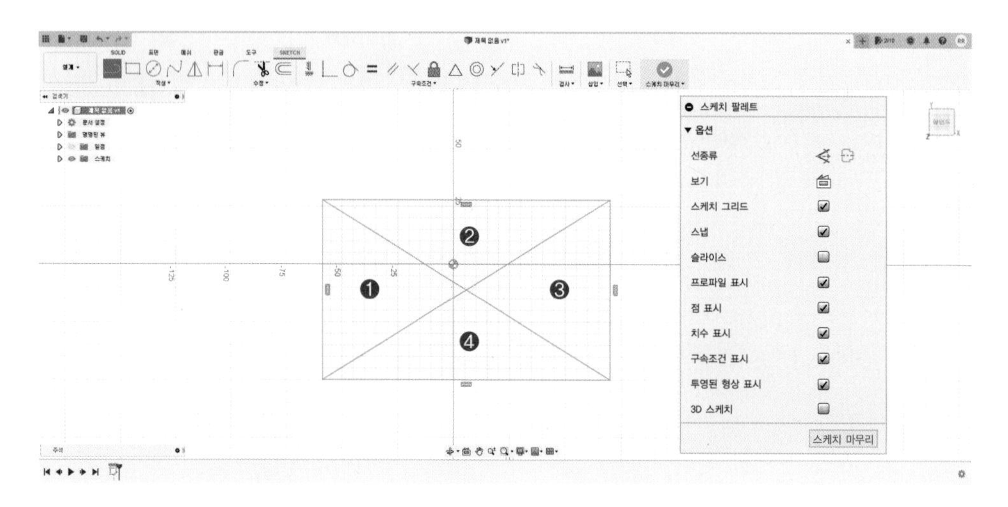

이것을 구성선으로 바꿔보겠습니다.

대각선 2개를 선택하고 구성(Construction) 아이콘을 클릭합니다. 대각선이 점선으로 바뀌고 더 이상 프로파일이 나뉘지 않습니다.

이 점선은 실제 선은 아니지만 스냅이 걸리고 치수기입도 가능합니다.

버튼이 선택된 채로 선을 그리면 구성선이 그려지기 때문에 일반 선을 그릴 때는 버튼을 선택을 해제해야 합니다.

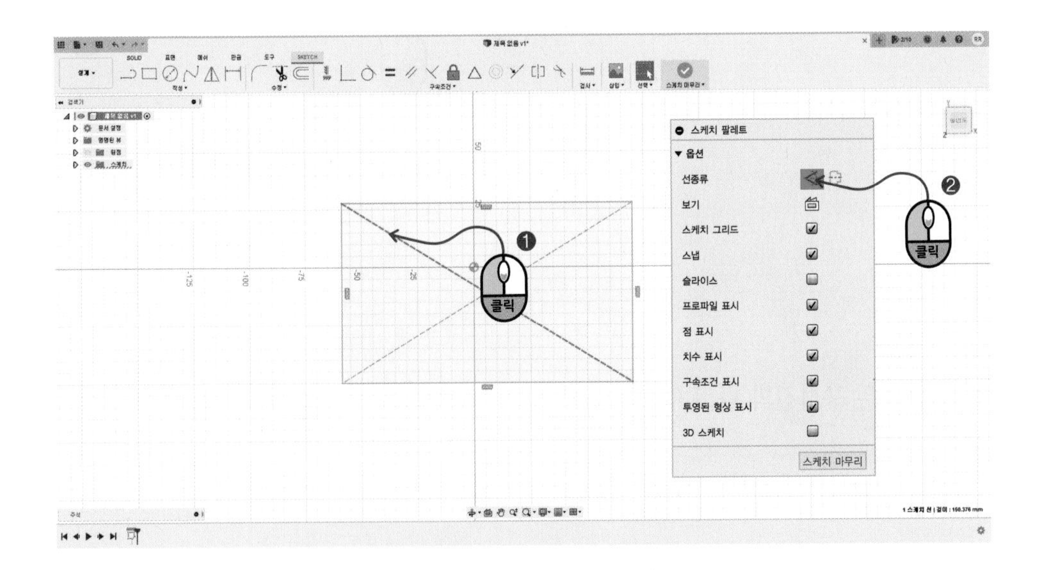

다른 참조선인 중심(Centerline)선은 1점 쇄선으로 나타납니다. 도형에서 중심을 표시해야 할 때 사용됩니다. 구성선과 마찬가지로 선을 선택하고 중심선 아이콘을 선택하면 변환이 됩니다.

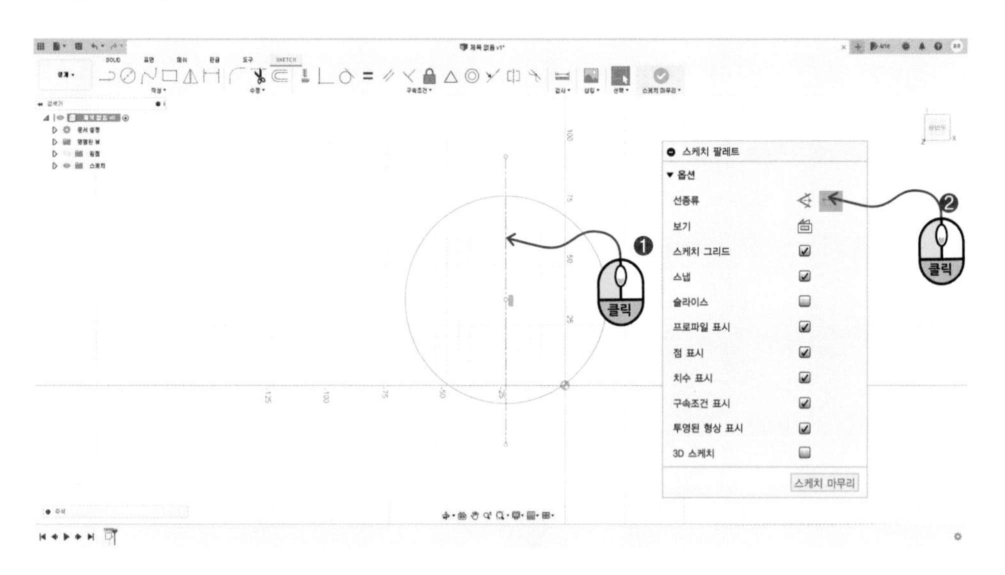


이 중심선은 구성선과 다르게 프로파일이 이 선에 의해 구분되어 선택됩니다.

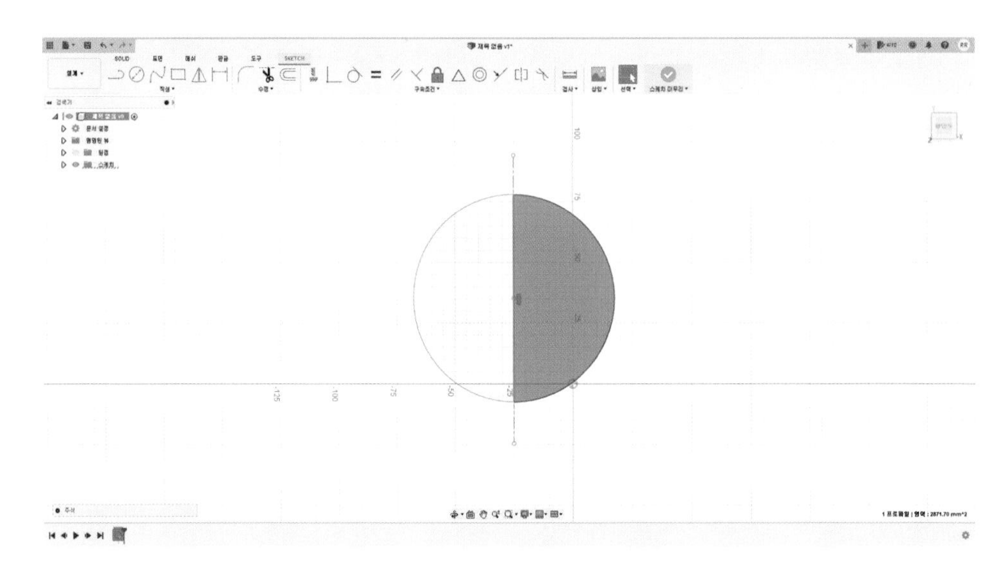

## 2. 보기(Look At)

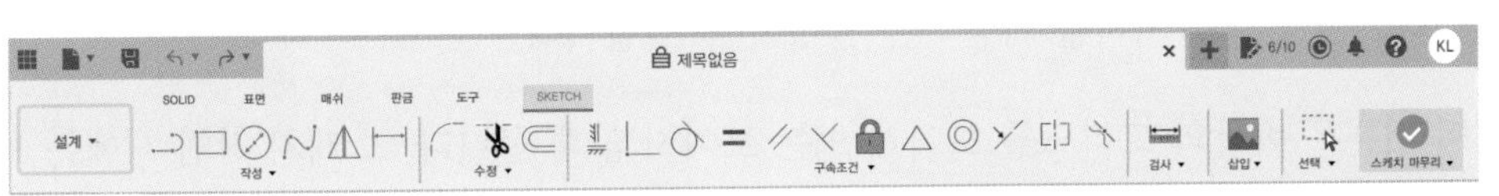


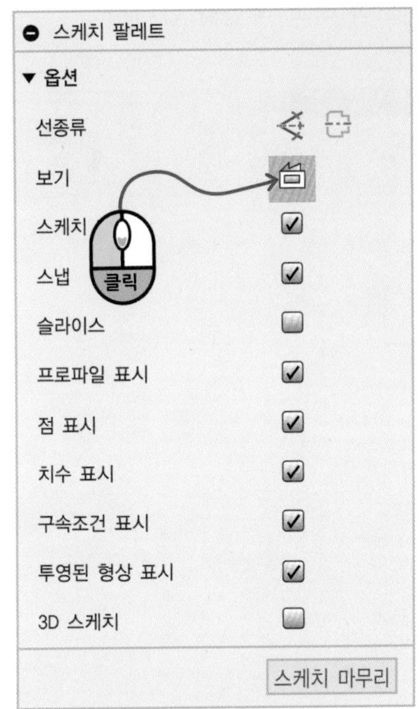


퓨전360에서는 스케치 면을 선택하면 자동으로 화면이 회전돼서 선택된 평면을 정면으로 보도록 하는 편리한 기능이 있습니다. 이 상태에서 화면을 회전하면 정면이 아닌 틀어진 화면이 보이게 됩니다. 이 때 이 아이콘을 클릭하면 다시 작업하고 있는 스케치 면을 정면으로 볼 수 있습니다.

이것은 주로 3D스케치를 할 때 사용합니다.

## 3. 스케치 그리드(Sketch Grid)

그리드는 격자로 거리를 가늠하는 안내 선을 말합니다.

이 버튼은 바닥의 그리드를 보이게 또는 보이지 않게 합니다. 스케치 작업 시에는 보통 보이도록 하고 작업을 합니다.

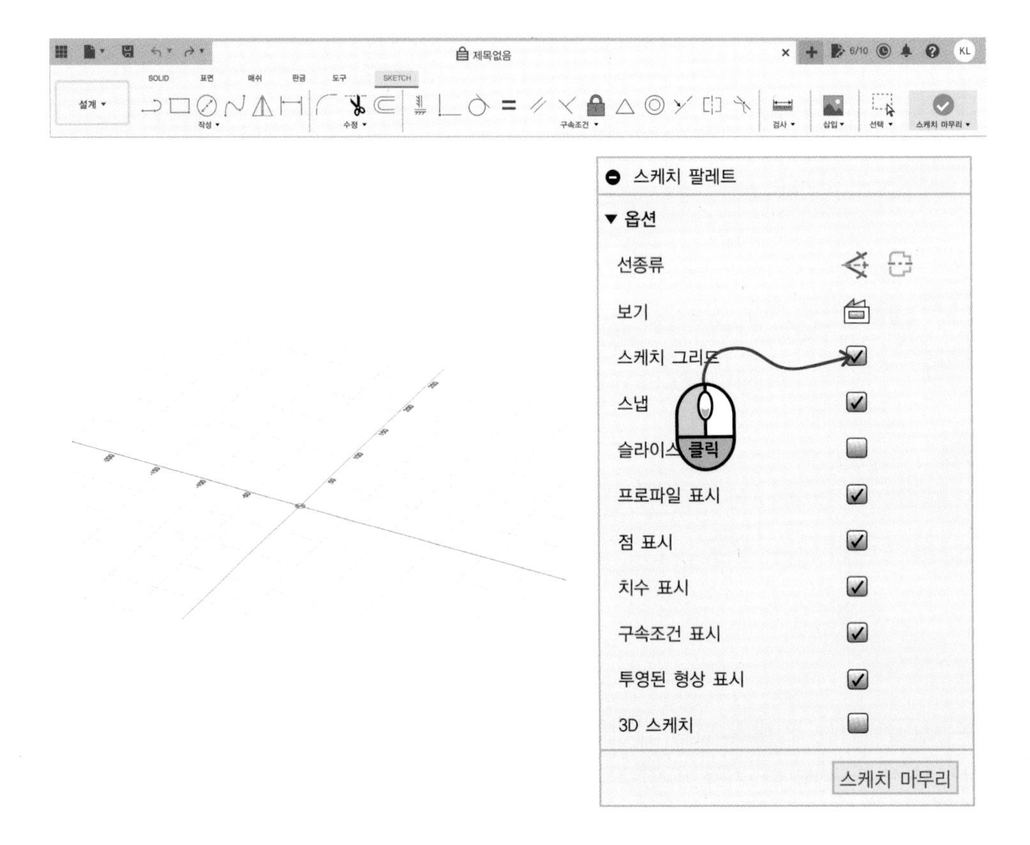

## 4. 스냅(Snap)

스냅(Snap)은 스케치를 그릴 때 추가적인 정보를 제공해서 특정 조건의 지점을 쉽게 찾도록 하는 기능입니다.

이 기능은 작성한 스케치나 그리드에서 실행됩니다. 스냅은 그 지점에 딱 달라붙는 느낌이 듭니다.

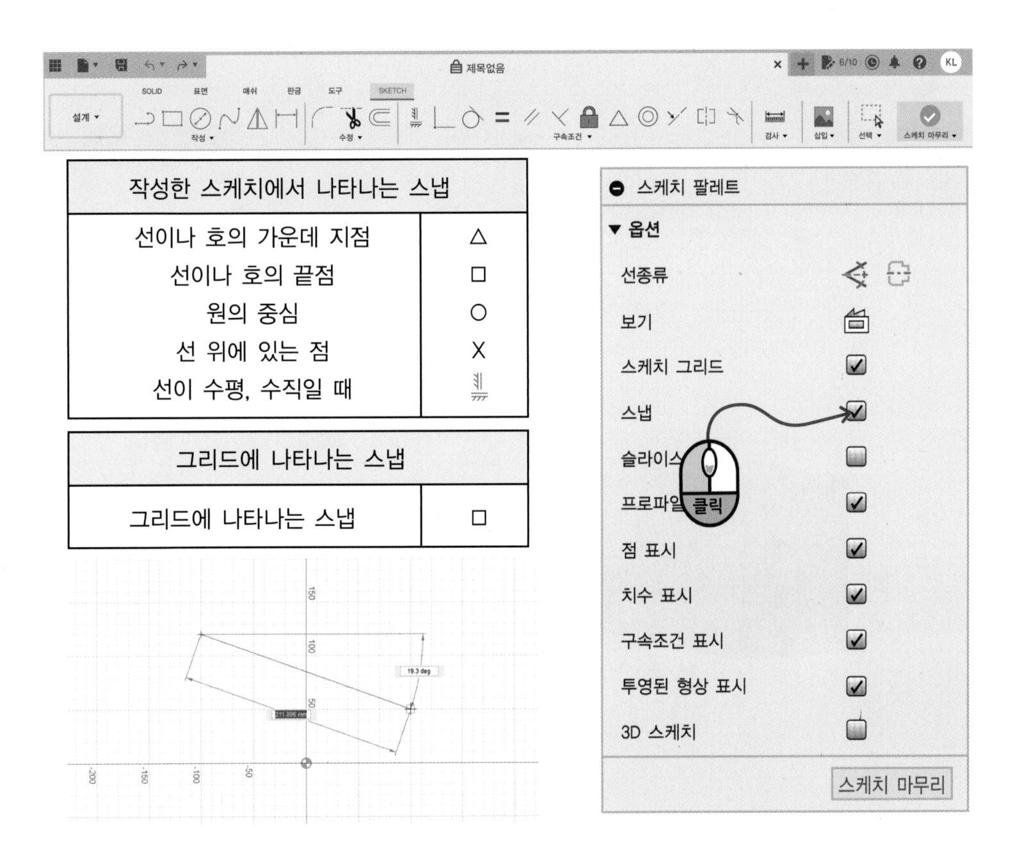

| 작성한 스케치에서 나타나는 스냅 | |
|---|---|
| 선이나 호의 가운데 지점 | △ |
| 선이나 호의 끝점 | □ |
| 원의 중심 | ○ |
| 선 위에 있는 점 | X |
| 선이 수평, 수직일 때 | |

| 그리드에 나타나는 스냅 | |
|---|---|
| 그리드에 나타나는 스냅 | □ |



스케치 팔레트의 스냅 버튼은 그리드에 나타나는 스냅만 껐다 켰다 할 수 있습니다. 스케치 스냅은 이 버튼과 상관없이 표시가 됩니다. 복잡한 스케치를 할 때 그리드 스냅이 방해가 되기 때문에 ON/OFF를 할 수 있도록 한 것입니다.

## 5. 슬라이스(Slice)

3D모델의 단면이 표시되도록 하는 기능입니다.

먼저 제작한 솔리드 안쪽에 스케치 평면이 있을 때, 스케치를 하려면 이 기능을 사용합니다.

스케치만 있을 때는 표시가 되지 않고 입체가 있을 때 스케치 면을 중심으로 단면이 보입니다.

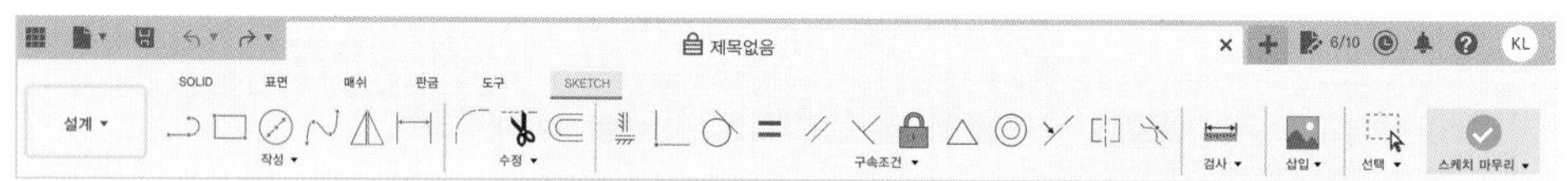


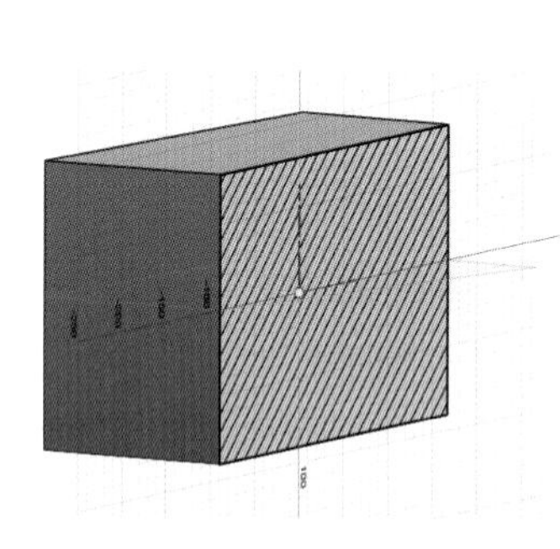

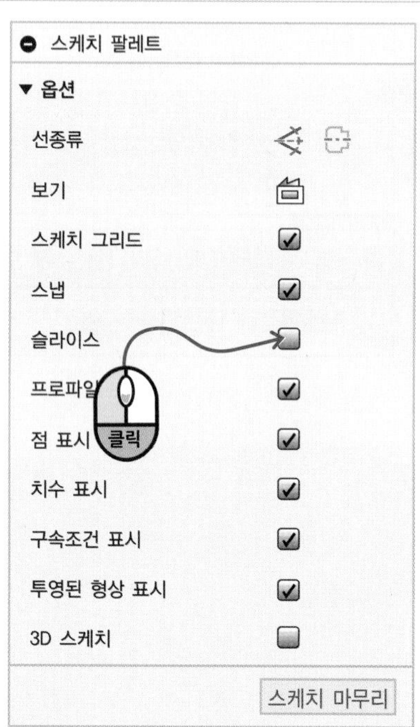

## 6. 프로파일 표시(Show Profile)

프로파일 표시를 ON / OFF 하는 기능입니다.

프로파일이면 면이 파랑색으로 칠해지는데 이것을 표시하지 않을 수 있습니다.

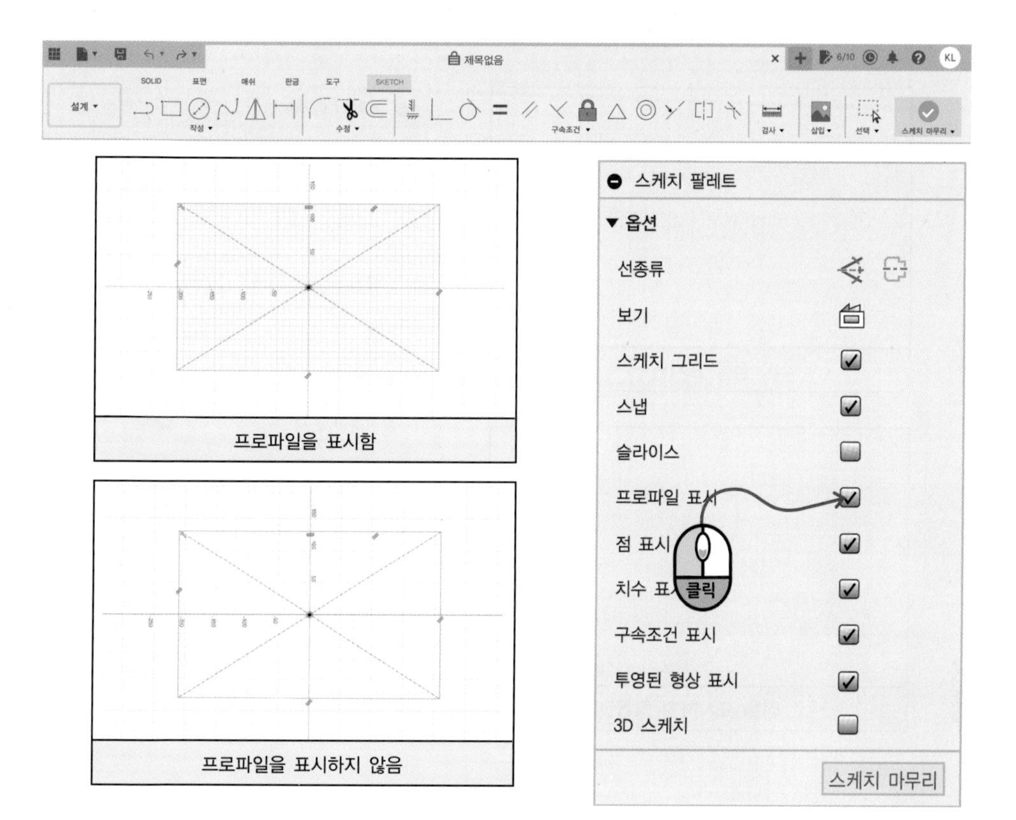

## 7. 점표시(Show Points)

스케치의 점(Point) 표시를 ON / OFF하는 기능입니다.

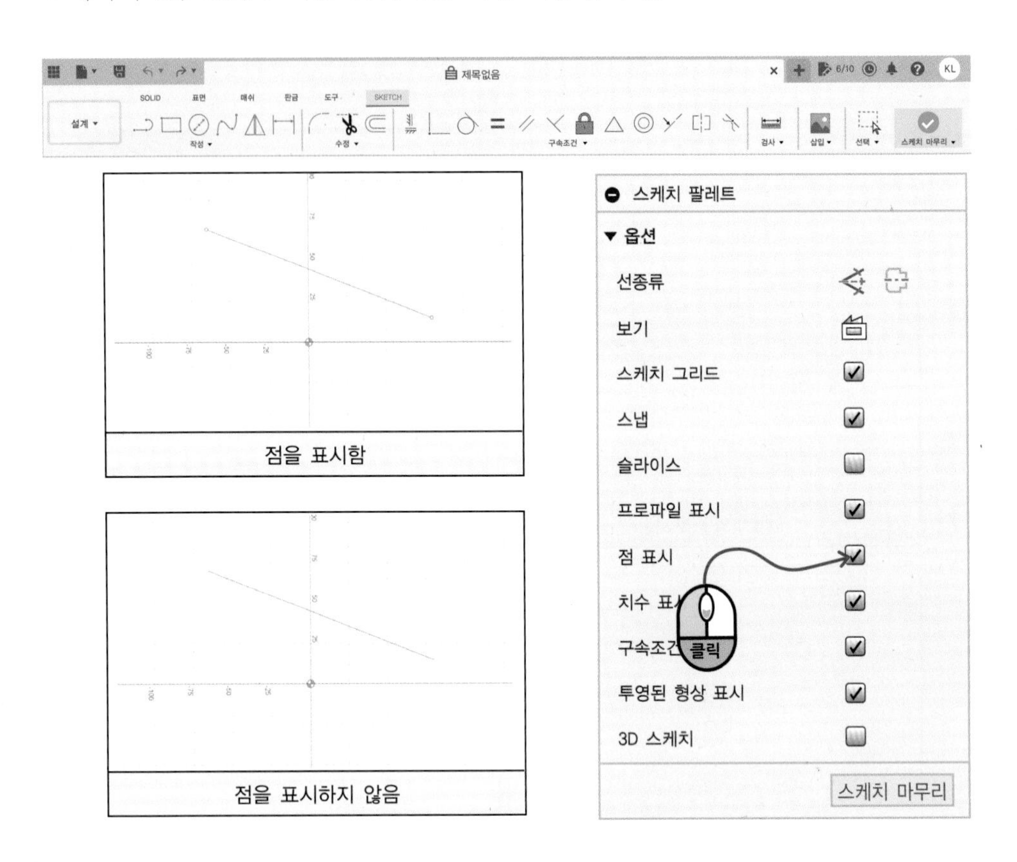

## 8. 치수표시(Show Dimensions)

스케치에 치수 기입한 것들을 보이게 또는 보이지 않게 합니다.

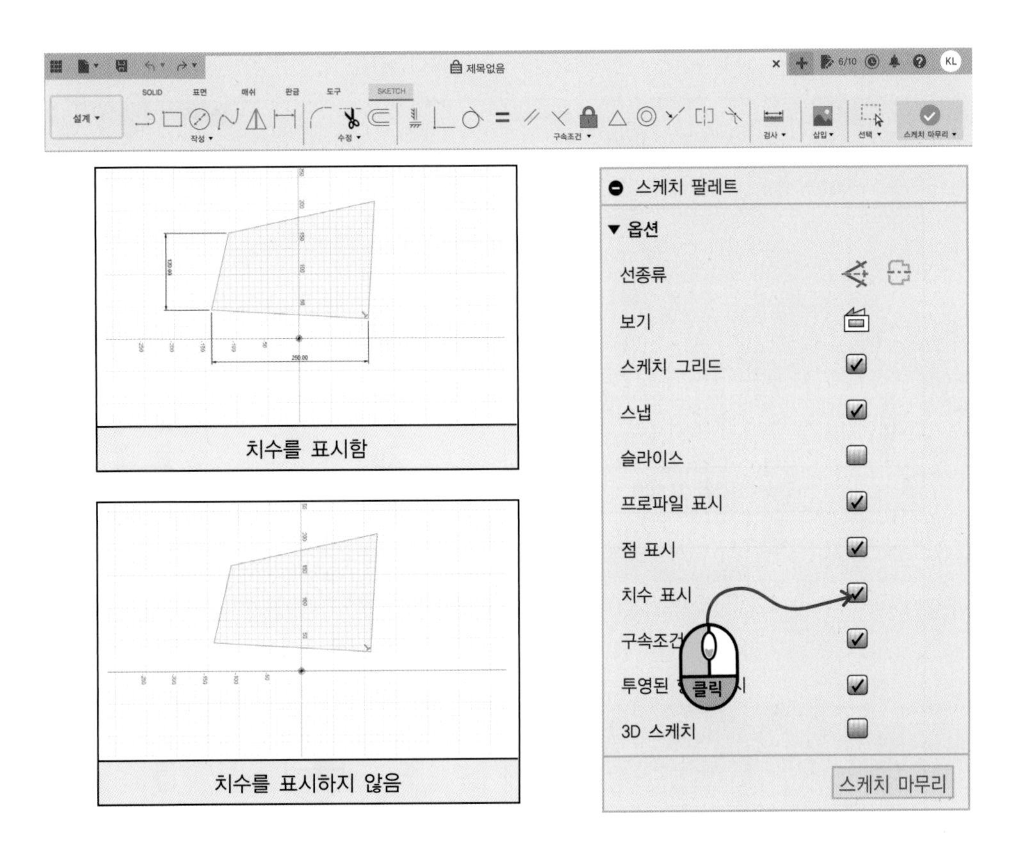

## 9. 구속조건 표시(Show Constraints)

스케치들이 특정 조건을 갖추면 스케치에 그림 문자로 표시(구속조건표시)가 되는데 이 그림문자를 켜거나 끄는 것입니다.

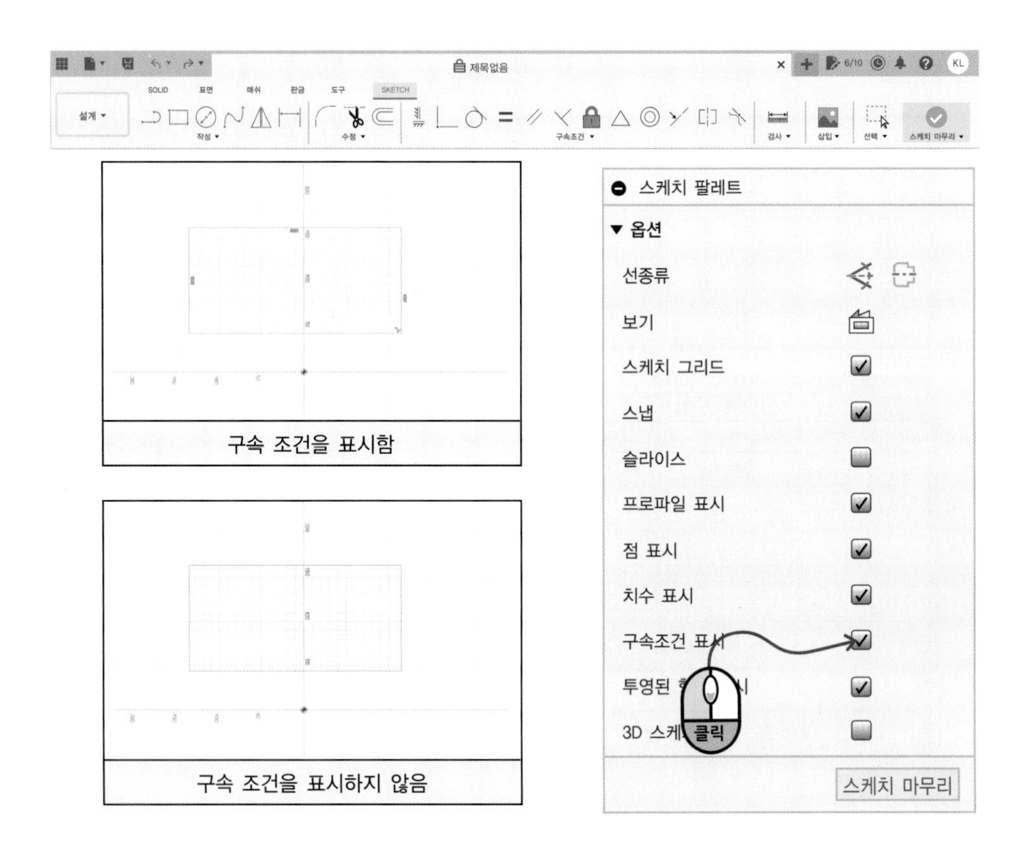

## 10. 투영된 형상 표시(Show Projected Geometries)

프로젝트를 이용하여 생성된 스케치를 ON / OFF하는 기능입니다.

프로젝트는 어떤 입체 형상을 특정 평면에 비쳤을 때 투영되는 점, 선, 면을 만드는 명령어입니다.

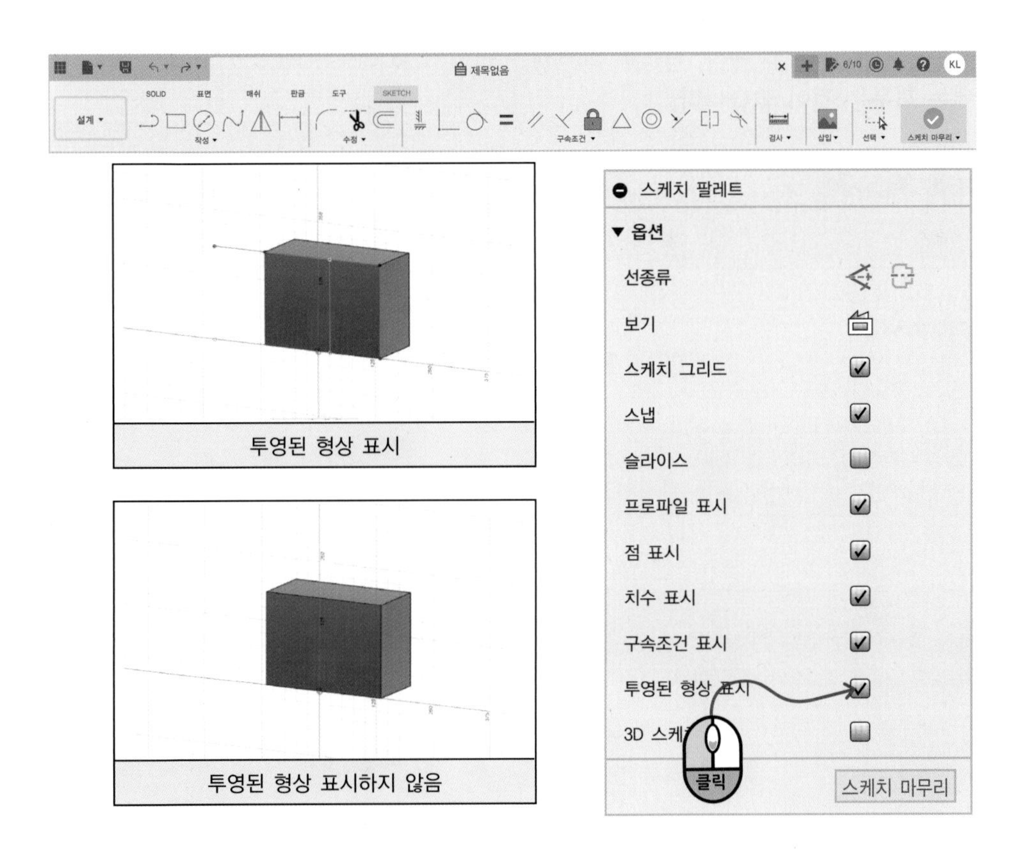


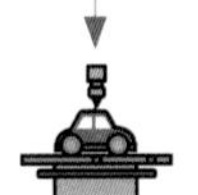

## 11. 3D스케치(3D Sketch)

3D스케치를 활성화할 수 있는 기능입니다.

보통 스케치할 때는 한 평면에만 그리는데 3D스케치를 이용하면 특정 면에 구애받지 않고 스케치를 그릴 수 있습니다.

3D스케치를 켜두면 스케치 면을 선택해도 화면이 정면으로 회전하지 않기 때문에 평상시에는 꺼두는 것이 좋습니다.

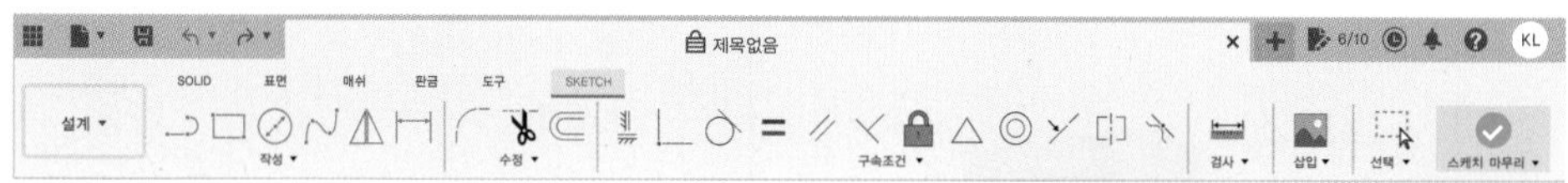


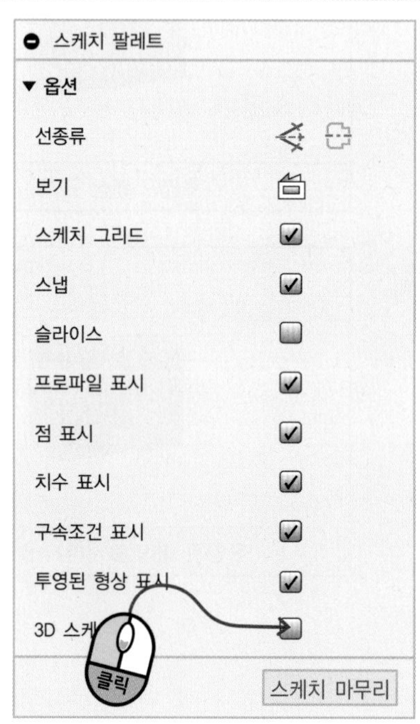

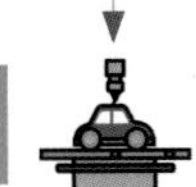

## 12. 스케치 팔레트의 추가 기능

평상시에는 나타나지 않다가 우리가 특정 메뉴를 선택하면 나타납니다. 예를 들어 원을 선택하면 스케치 팔레트의 위쪽에 형상옵션이 나타납니다. 그러면 우리가 보통 메뉴에서 선택해야 하는 다양한 원을 옵션으로 선택해서 그릴 수 있습니다. 이 기능을 사용하면 보다 빠르게 스케치를 그릴 수 있습니다.

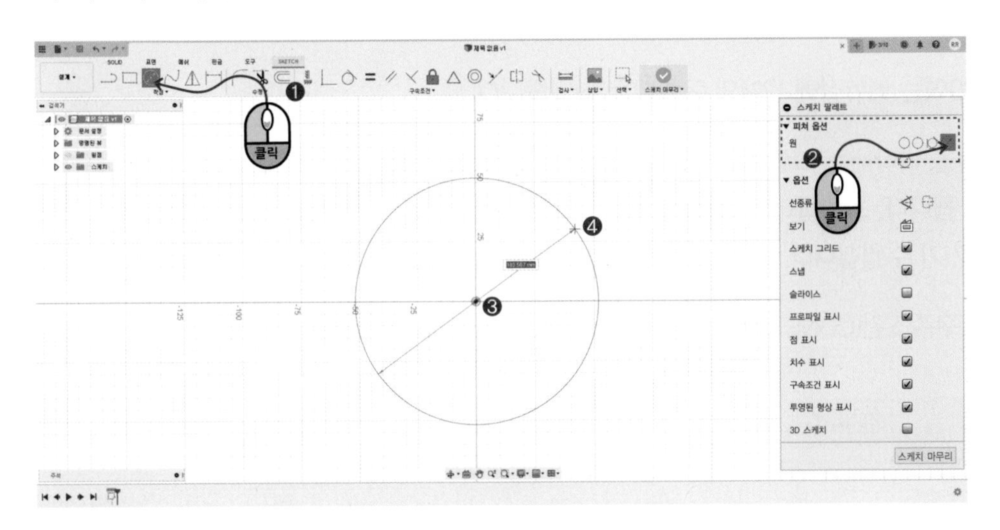


사각형이나 호, 슬롯 등은 형상 옵션이 나타납니다. 예를 들면, 중심 직사각형을 그릴 때 R을 눌러 2점 지정 사각형으로 들어가고 이쪽 옵션에서 중심 직사각형을 선택하고 그릴 수 있습니다.

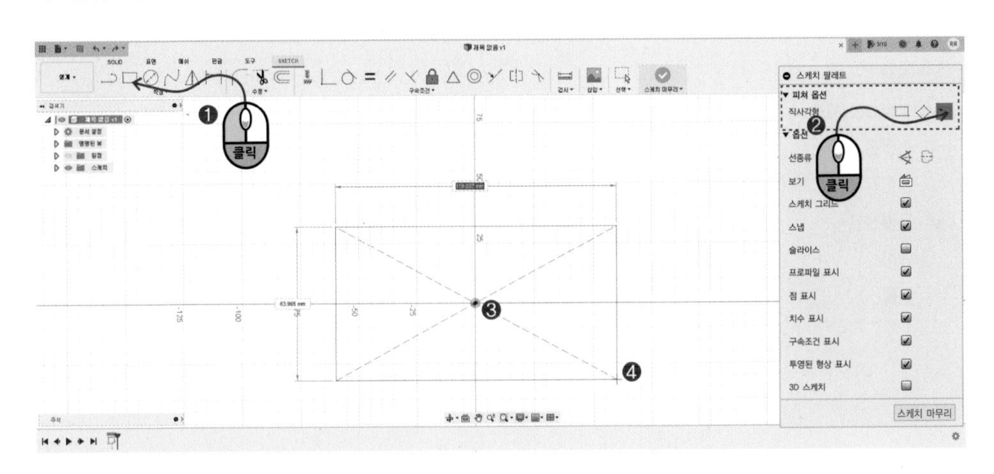

# 05 스케치 구속

구속의 사전적 정의는 "행동이나 의사의 자유를 제한하거나 속박함"입니다.

스케치 구속도 비슷한 의미입니다. 그려진 스케치들이 마음대로 움직이지 못하고 특정 조건에 부합되도록 제약을 주는 것입니다. 스케치 구속을 사용하는 이유는 스케치를 치수와 조건에 맞게 정확하게 그리기 위해서입니다.

퓨전360에는 메뉴상에 12개의 구속메뉴가 있습니다.

이 구속을 나타내는 그림 문자는 구속이 걸릴 때 스케치 화면에 같이 표시가 되기 때문에 기억을 해둬야 됩니다. 그림들이 구속조건을 나름대로 표현하고 있기 때문에 의미와 연관 지어 생각하면 기억하기가 수월합니다.

하단의 구속조건(CONSTRAINTS)를 누르면 이 메뉴들이 무엇을 의미하는 지가 나타납니다.

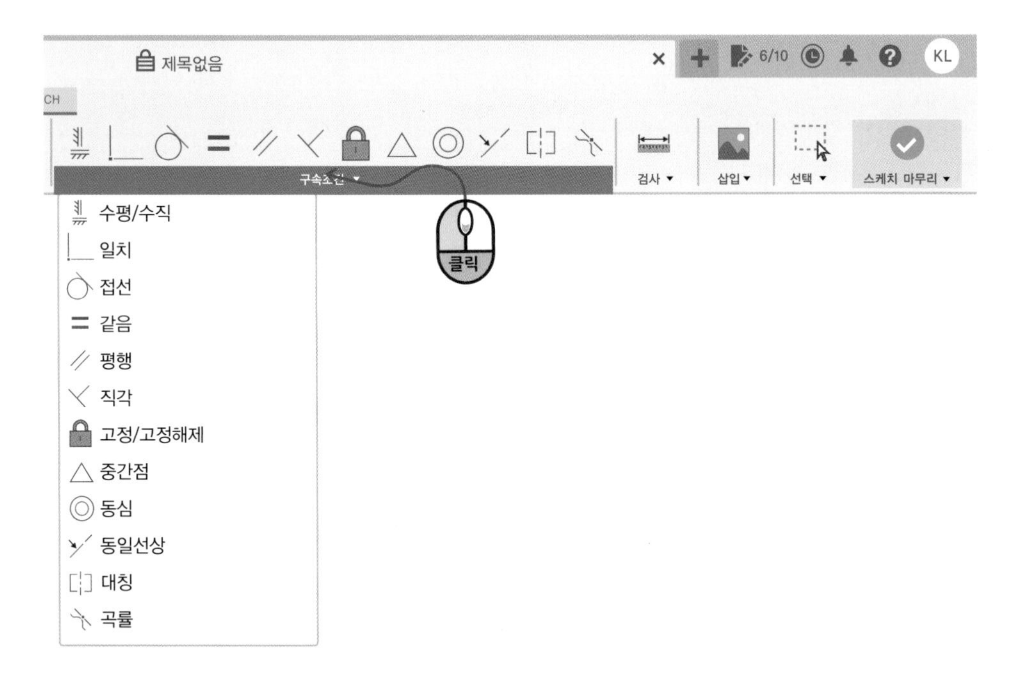

## 1. 수평/수직(Horizontal/Vertical)

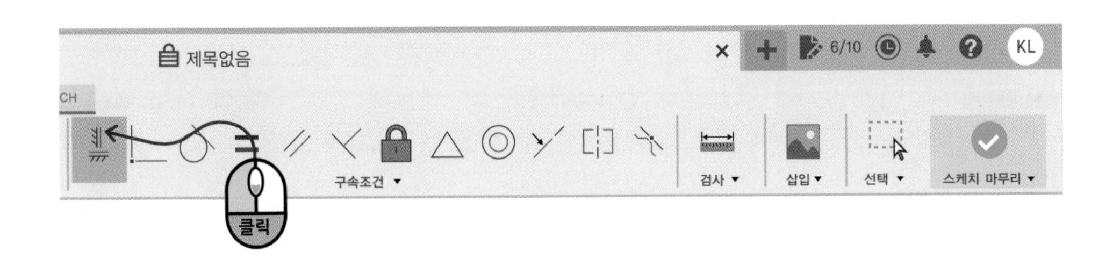


수평, 수직이 아닌 선을 2개 그리고 선에 수평 수직 구속(Horizontal/Vertical)을 줘보겠습니다. 선을 먼저 선택하고 아이콘을 눌러도 되고 아이콘을 먼저 누르고 선을 선택해도 됩니다.

수평 수직 구속 아이콘을 클릭한 후에 한 선을 선택합니다. 마우스 커서에 수평수직 그림 문자가 나타나는 것은 아직 메뉴가 끝나지 않았다는 것입니다.

또 다른 선도 선택합니다. 한 선은 수직이 되었고 또 다른 선은 수평이 되었습니다. 선이 수평과 수직 중 어느 쪽에 더 가깝냐에 따라 달라집니다. 구속 주는 것을 끝낼 때는 엔터를 치거나 ESC를 누르면 됩니다.

선을 움직여도 수평이나 수직을 유지한 채로만 변형이 됩니다.

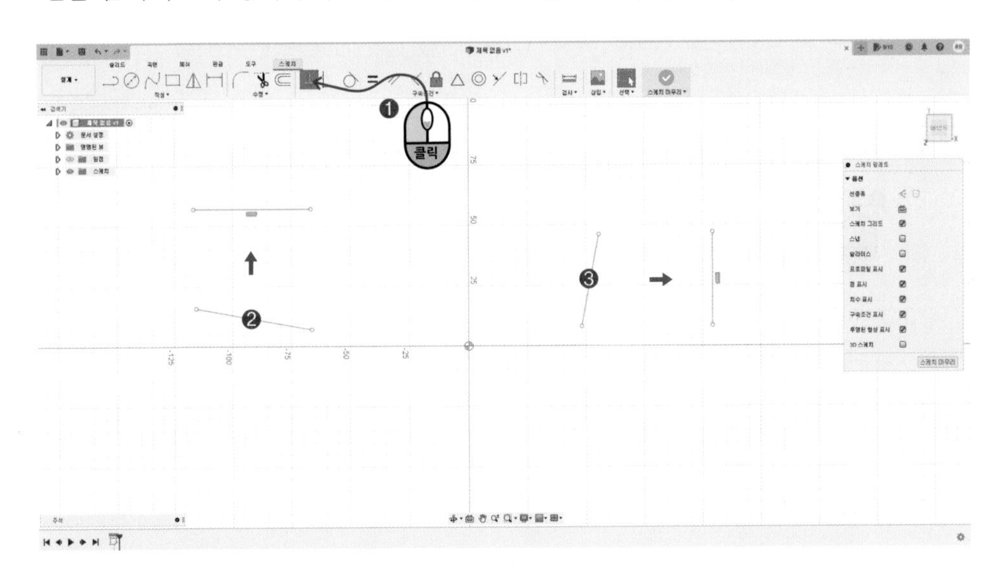


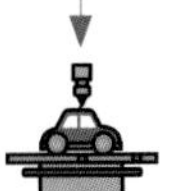

구속 버튼을 이용하지 않고 스케치 과정 중에서 구속을 줄 수도 있습니다. 처음 선을 그릴 때 수평이나 수직에 가깝게 선을 만들면 그림 문자가 나타나는데, 그 상태에서 클릭을 하면 구속이 걸립니다.

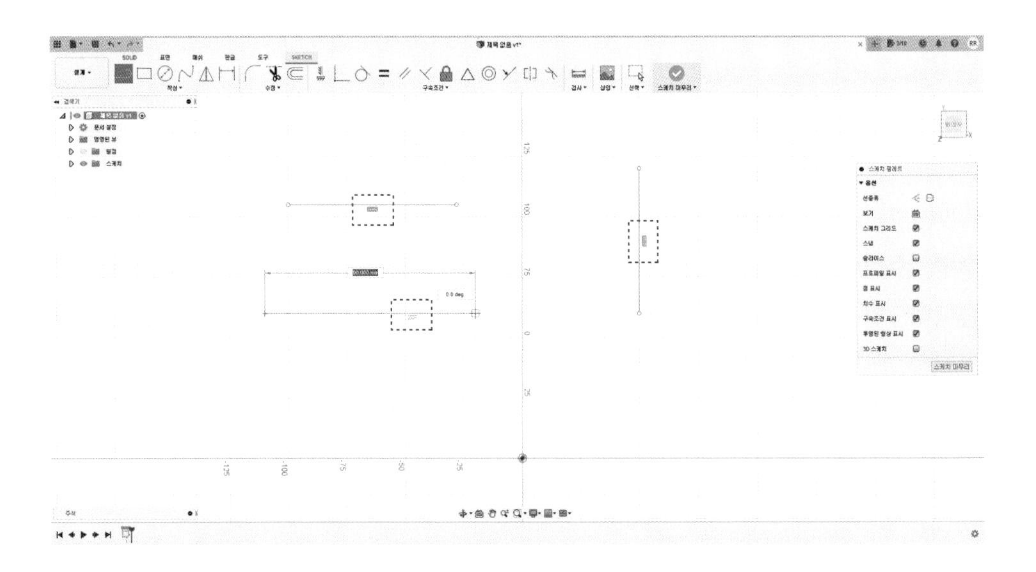

수평수직 구속은 선에 줄 수도 있지만 점과 점에도 줄 수 있습니다. 수평수직 구속 아이콘을 클릭하고 두 점을 클릭하면 됩니다.

아래의 두 점에 수평수직 구속을 주면 두 점에 수직 구속이 걸립니다.

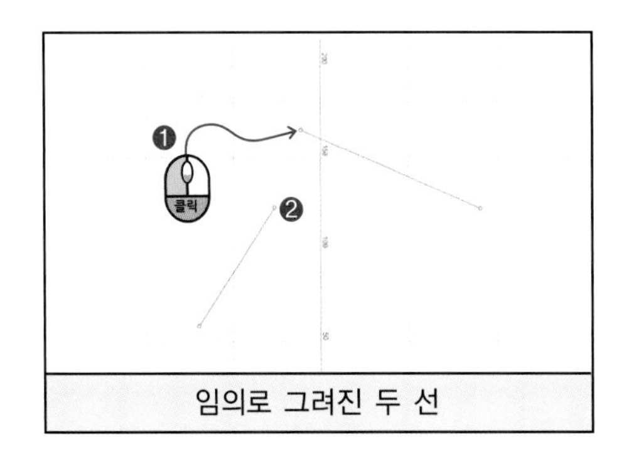

임의로 그려진 두 선

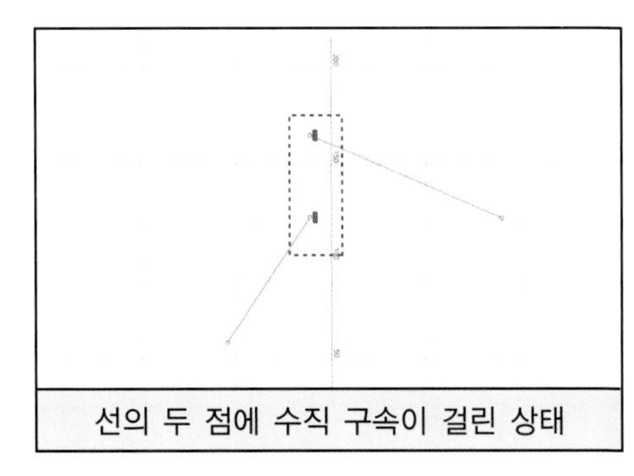
선의 두 점에 수직 구속이 걸린 상태

두 점이 수평에 더 가깝다면 수평 구속이 걸립니다. 선 하나를 움직여도 수평이 유지된 채로만 움직입니다.

선 하나에 수평수직 구속이 걸렸을 때는 선의 중간에 그림 문자가 표시되고 점과 점에 수평수직구속이 걸린 경우에는 각 점에 표시가 됩니다.

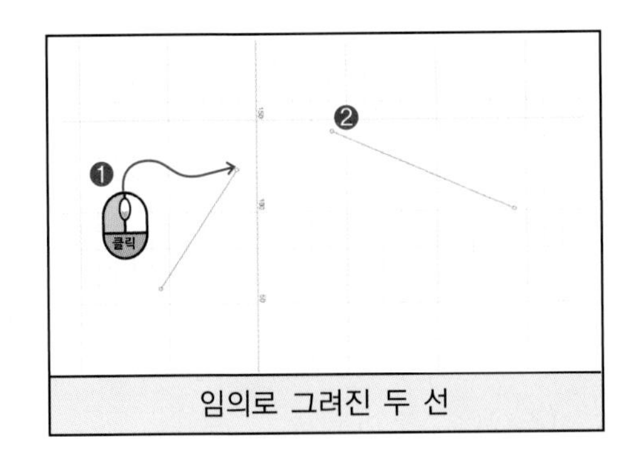


임의로 그려진 두 선

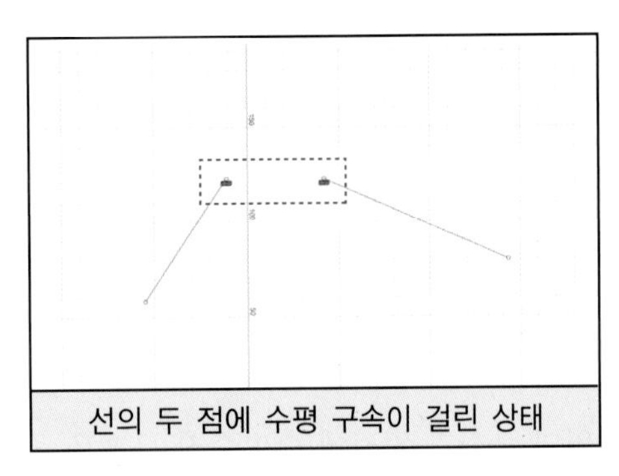

선의 두 점에 수평 구속이 걸린 상태

두 점에 수평수직 구속을 주는 것을 응용하여 선의 끝점과 원점에 수평수직 구속을 줄 수 있습니다.

구속이 걸리면 선은 원점과 수직인 채로만 움직일 수 있습니다.

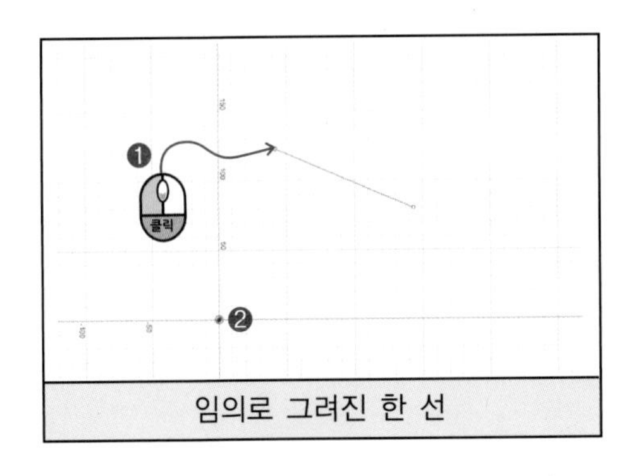


임의로 그려진 한 선

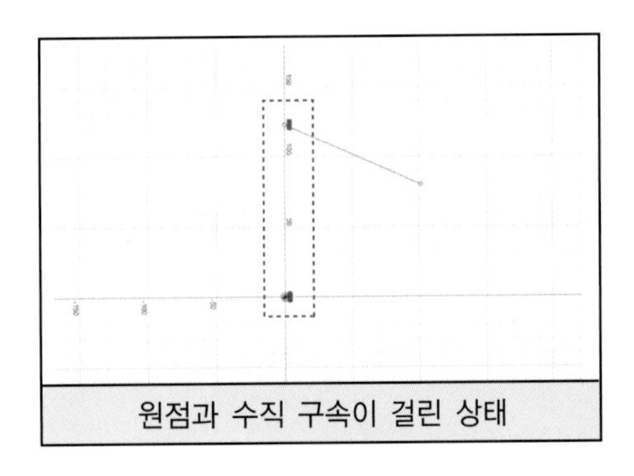

원점과 수직 구속이 걸린 상태

아래의 선은 원점과 수평 구속을 준 것입니다. 선을 드래그해서 이동해 보면 원점과 수평인 채로만 움직이는 것을 확인할 수 있습니다.

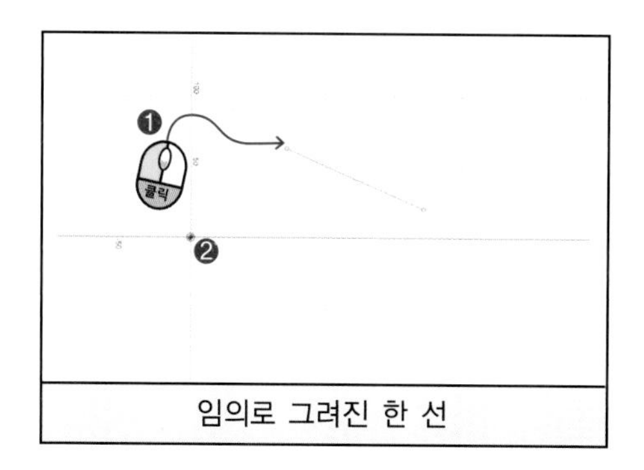

임의로 그려진 한 선

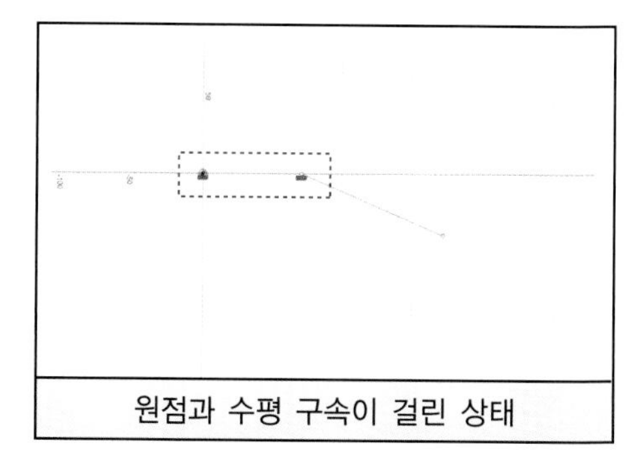
원점과 수평 구속이 걸린 상태

원의 중심과 원점에 수평수직 구속을 줄 수도 있습니다.

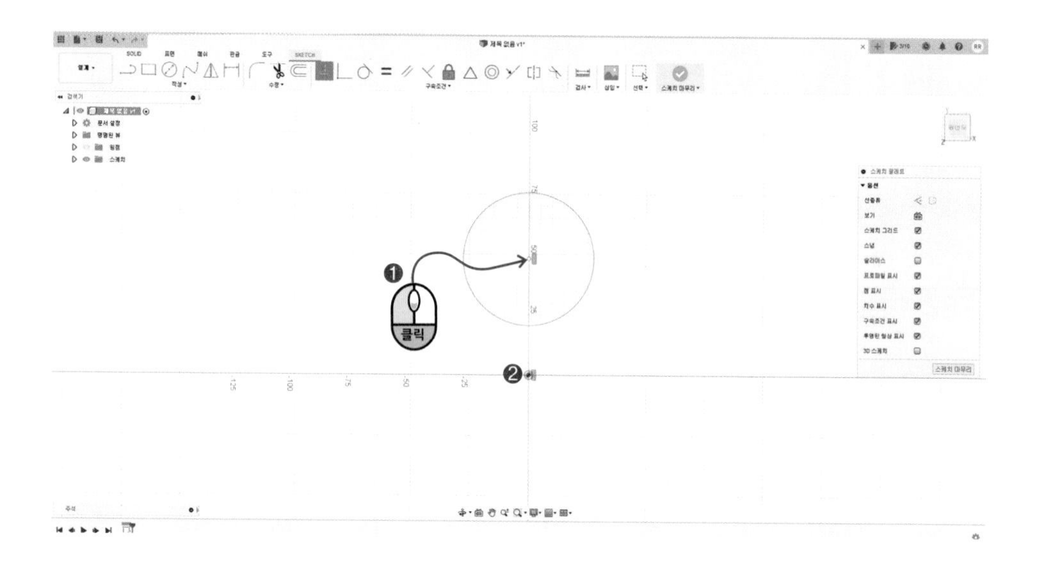

구속을 해제하고 싶을 때는 구속을 나타내는 그림 문자를 클릭하고 delete키를 누르면 됩니다. 또는 마우스 오른쪽 버튼을 누르고 삭제를 누르면 구속이 해제됩니다.

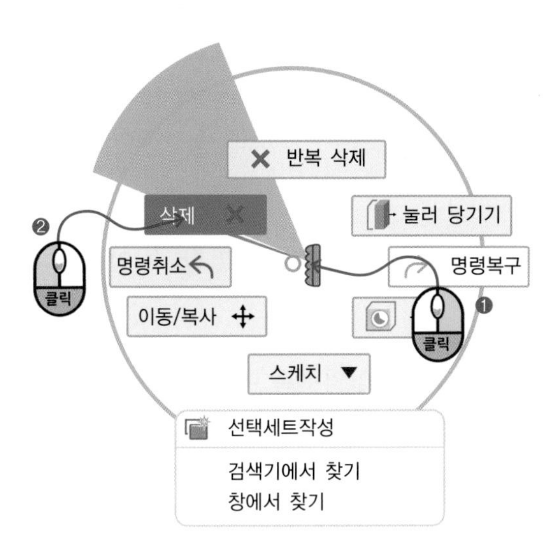


그림문자를 이해하지 못해서 어떤 구속인지 확인하고 싶을 때는 이 그림 문자를 누르고 있으면 정보가 나타납니다.

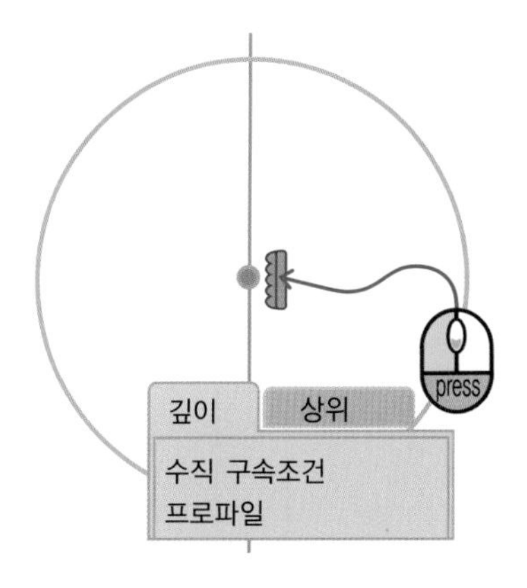

## 2. 일치(Coincident)

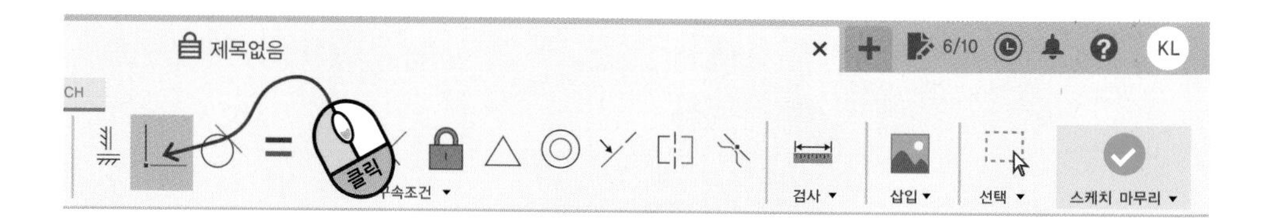


일치(Coincident)는 점과 점이 붙는 구속이라고 할 수 있습니다. 점과 점 또는 점과 선에 가능합니다.

점과 점에 구속을 줘보겠습니다. 일치구속 아이콘을 클릭하고 점과 점을 선택하면 두 점이 달라붙습니다. 점을 클릭하면 그림 문자가 나타나고 점을 잡고 드래그해도 두 점이 붙은 채로만 움직입니다.

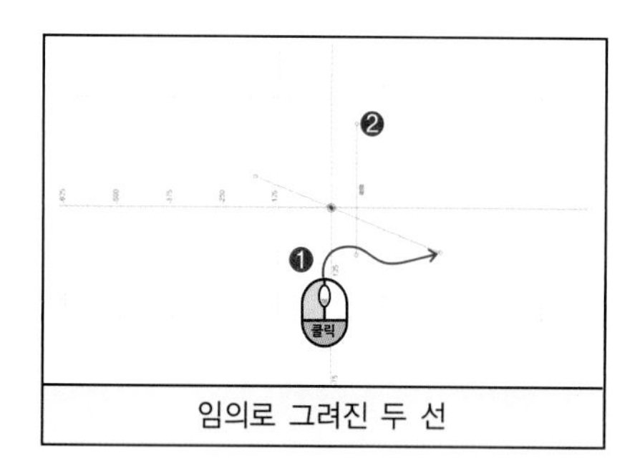


임의로 그려진 두 선

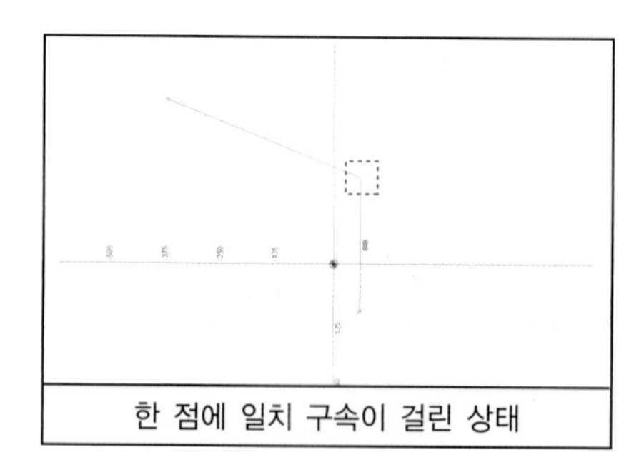

한 점에 일치 구속이 걸린 상태

원의 중심과 선의 끝 점에 구속을 줄 수도 있습니다.

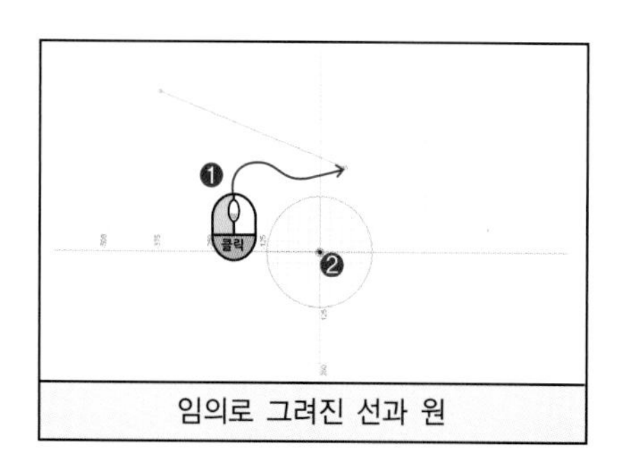


임의로 그려진 선과 원

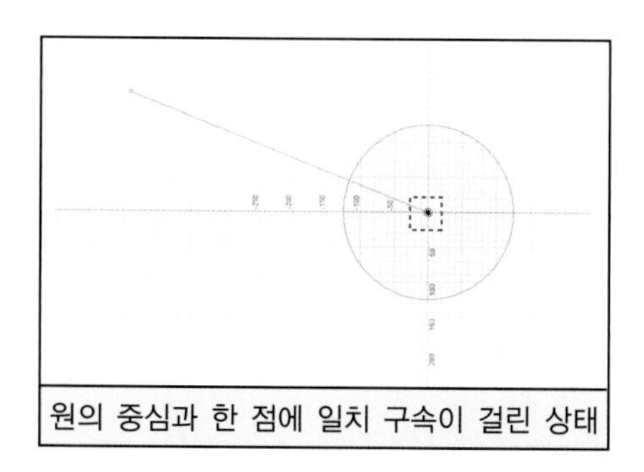

원의 중심과 한 점에 일치 구속이 걸린 상태

점과 선에 구속을 줘보겠습니다.

한 선과 또 다른 선의 끝 점을 선택합니다. 두 선이 붙었고 이 점을 클릭하면 그림 문자가 보입니다. 두 개가 붙어있지만 움직일 수 있고 떨어져서도 선의 연장선상에서 붙어있도록 유지가 됩니다.

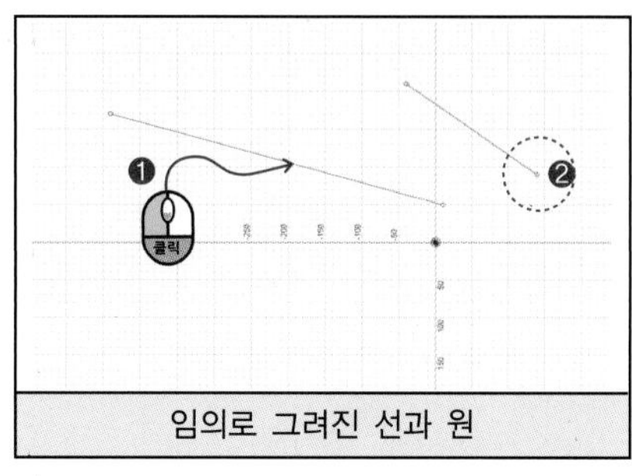

임의로 그려진 선과 원

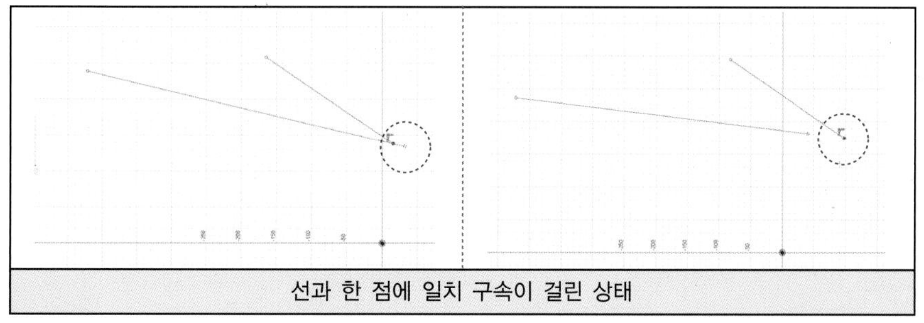
선과 한 점에 일치 구속이 걸린 상태

원과 선에도 일치 구속을 줘보겠습니다.

위의 예에서는 원의 중심과 선의 끝점을 선택하면 딱 고정이 됐었는데, 점과 선을 선택하면 조금 달라집니다. 원의 중심과 선을 선택하면 원의 중심이 선 위나 선의 연장선상에서만 움직입니다.

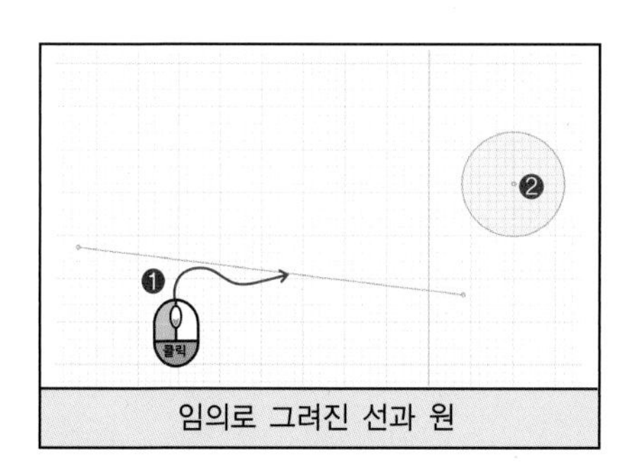

임의로 그려진 선과 원

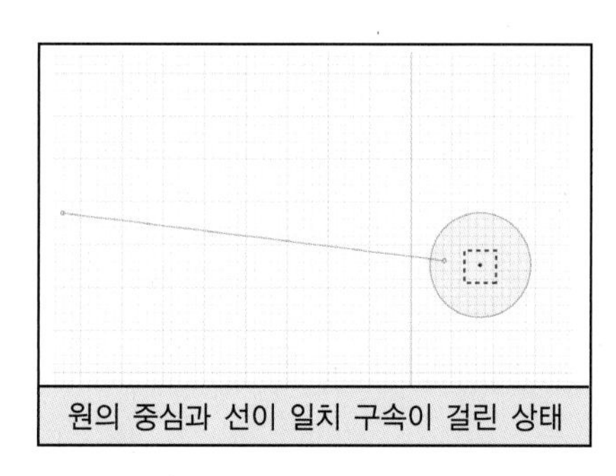
원의 중심과 선이 일치 구속이 걸린 상태

이번엔 반대로 원의 원주와 선의 끝점을 구속시키겠습니다. 그랬더니 이 선이 원주와 붙은 채로만 움직이게 됩니다.

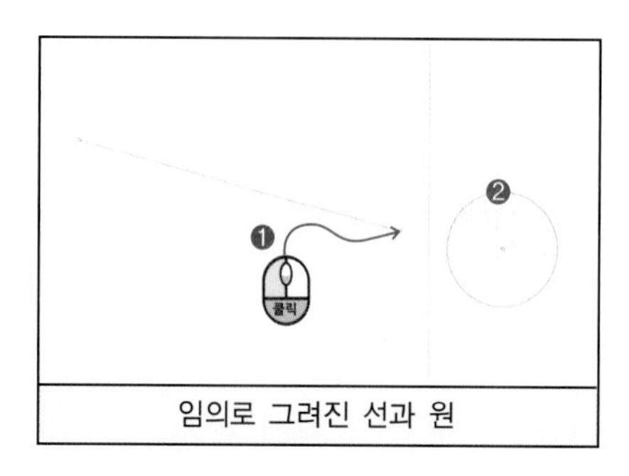

임의로 그려진 선과 원

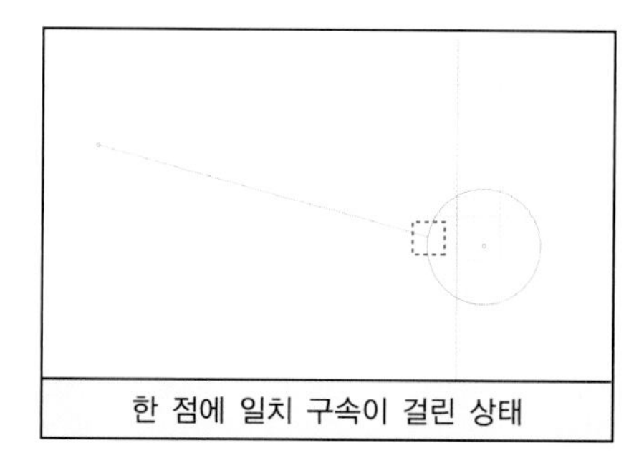
한 점에 일치 구속이 걸린 상태

일치구속은 구속을 따로 주지 않아도 한 선 위에서 이어서 그리면 구속이 걸립니다.

사각형을 그리고 꼭짓점에 마우스 커서를 가져가 보면 일치 구속이 생겨있는 것을 알 수 있습니다. 여기서 또 이어서 선을 그리면 역시 일치구속이 생겨있습니다.

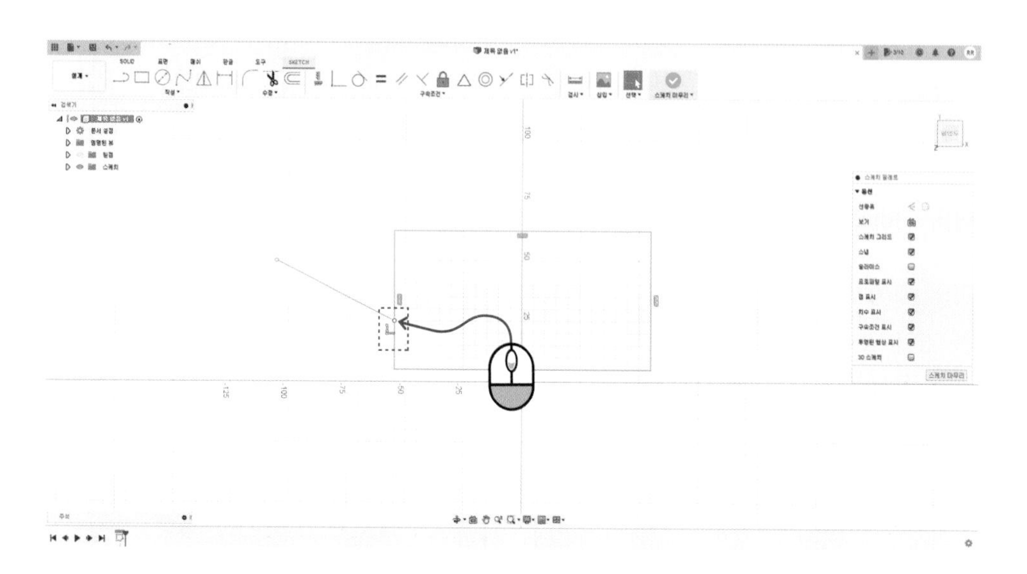

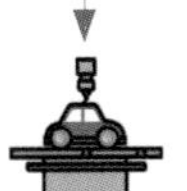

## 3. 접선(Tangent)

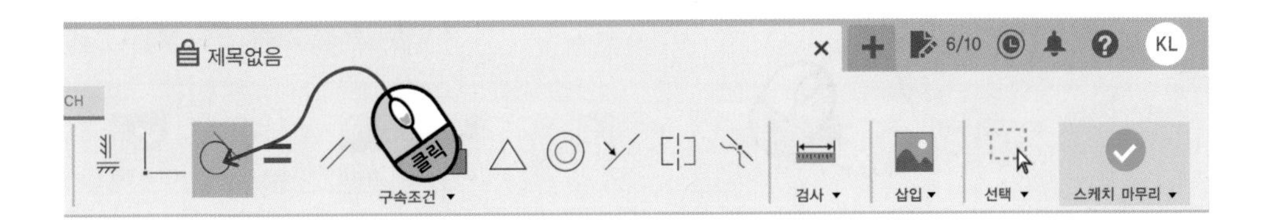


접선(Tangent)은 원과 원 또는 원과 선이 서로 접하도록 하는 구속입니다. 접선 구속을 시키면 두 개체가 아래의 그림과 같이 접하게 되고, 개체를 움직여 보면 접한 채로만 이동이 됩니다.

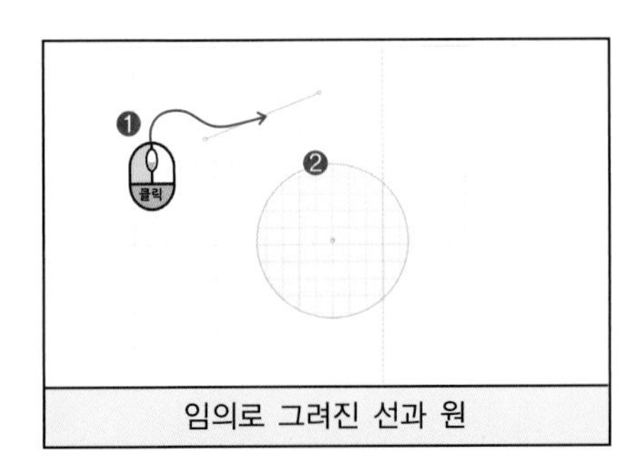


임의로 그려진 선과 원

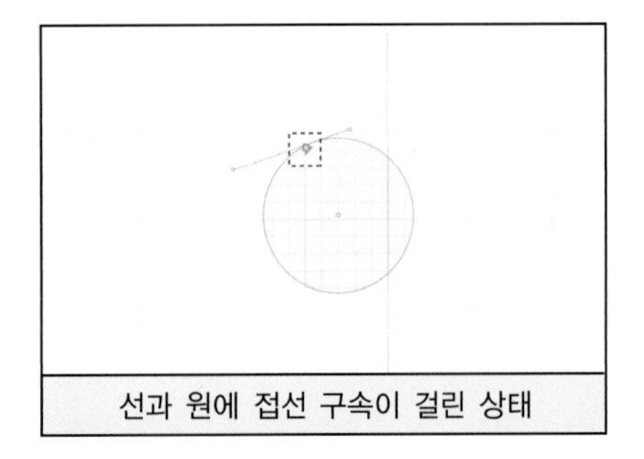

선과 원에 접선 구속이 걸린 상태

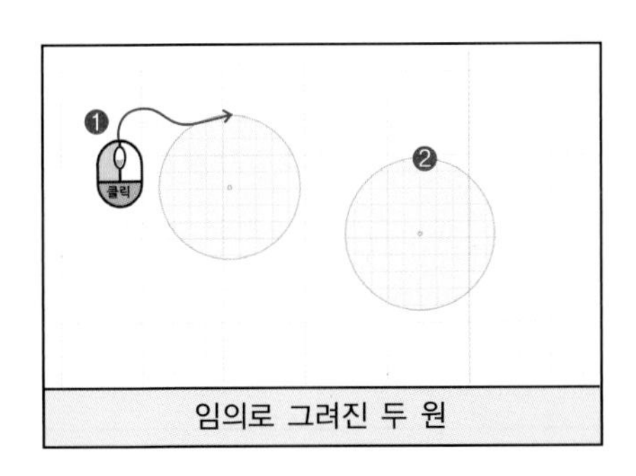


임의로 그려진 두 원

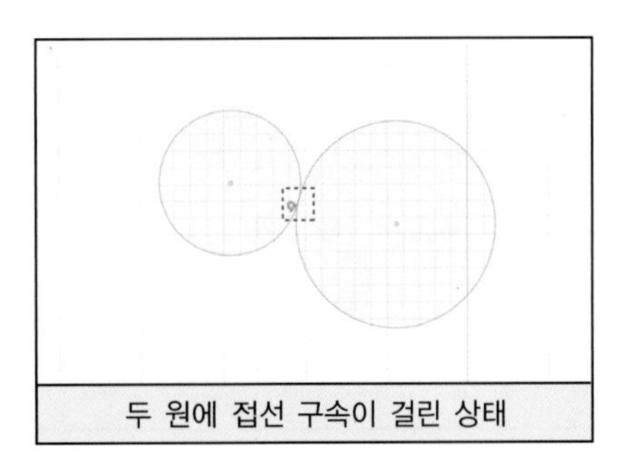

두 원에 접선 구속이 걸린 상태

## 4. 같음(Equal)

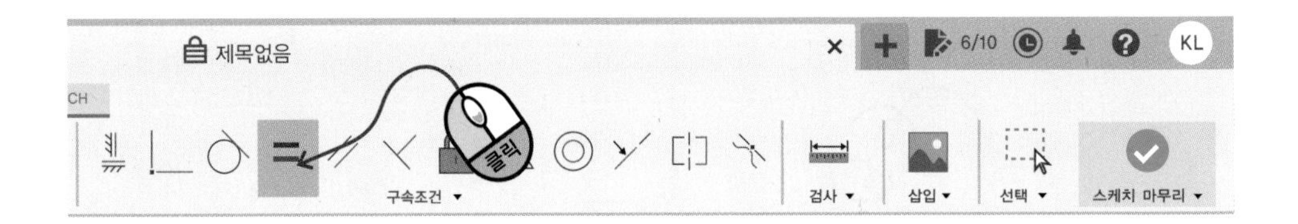


두 개체를 동일한 길이로 만드는 구속입니다. 두 선에 구속을 주면 두 선의 길이가 같아집니다. 그림 문자가 두 선에 각각 표시됩니다.

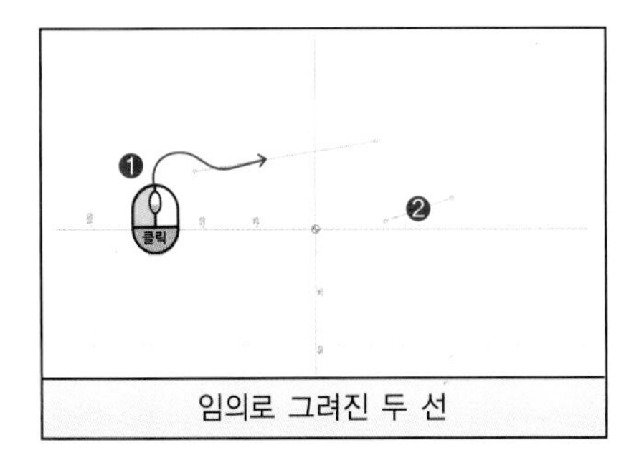


임의로 그려진 두 선

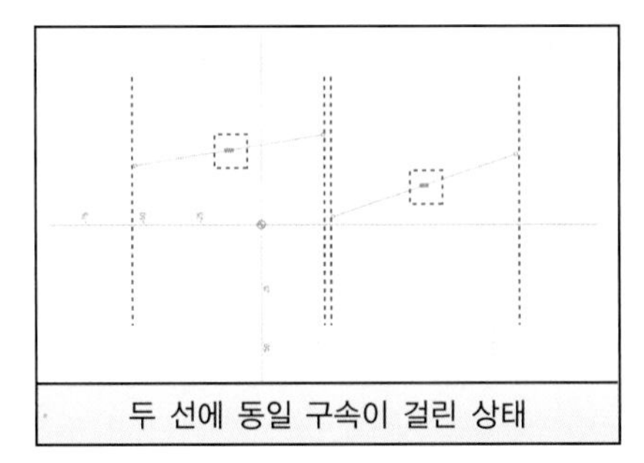

두 선에 동일 구속이 걸린 상태

둘레의 길이가 다른 두 원이 있을 때, 이것도 동일(Equal)구속을 주면 둘레의 길이가 같아집니다. 한쪽의 크기를 변경하면 다른 쪽도 크기가 바뀝니다.

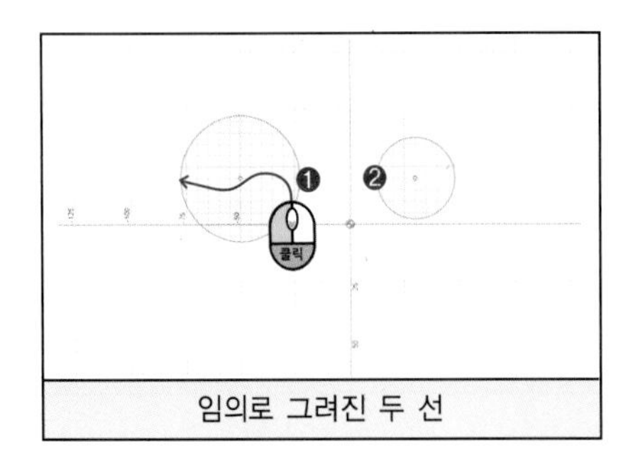


임의로 그려진 두 선

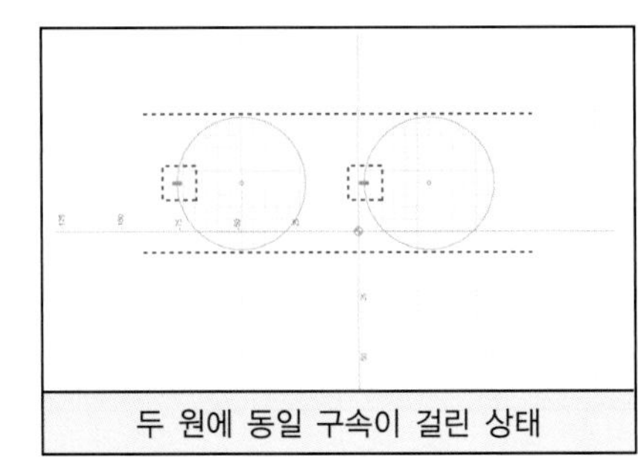

두 원에 동일 구속이 걸린 상태

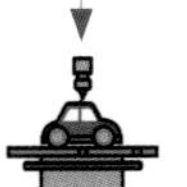



## 5. 평행(Parallel)

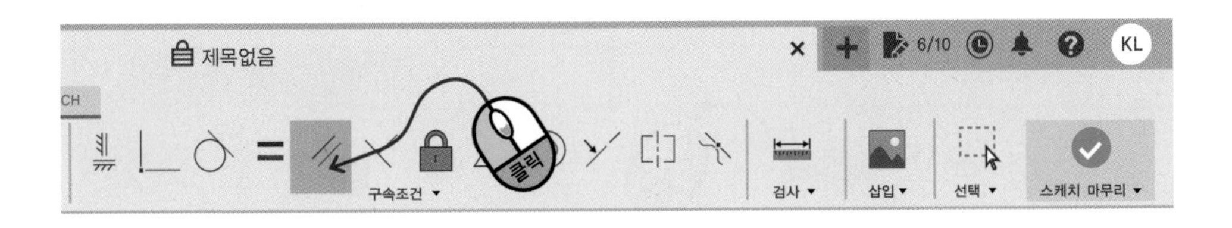


두 선을 그리고 평행(Parallel) 구속을 주면 두선이 평행해 집니다.

그림 문자가 두 선에 각각 표시됩니다.

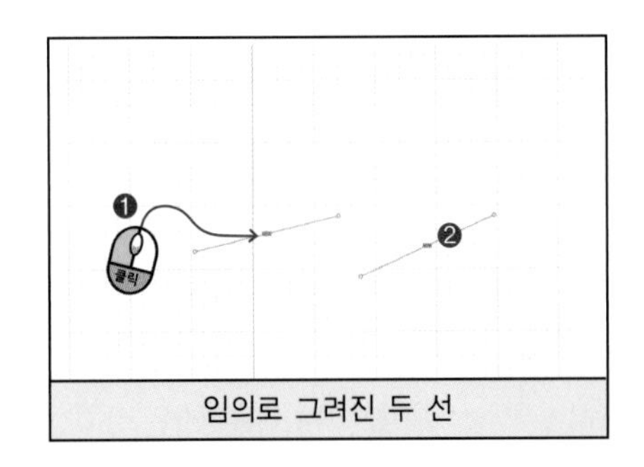


임의로 그려진 두 선

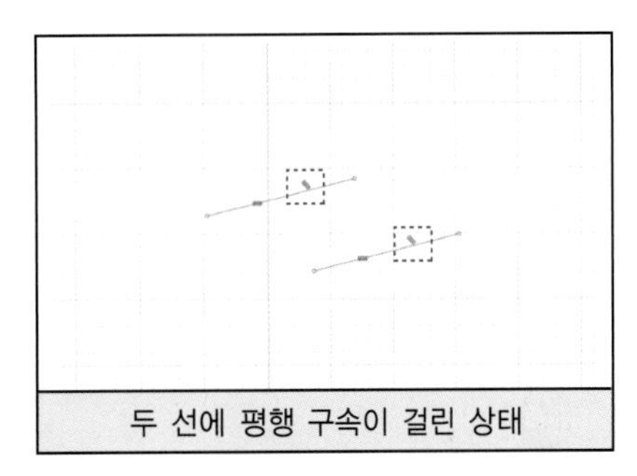

두 선에 평행 구속이 걸린 상태

사각형을 하나 그리고 마주보는 두선을 평행 구속을 줘보겠습니다.

사다리꼴이 되었고 움직여도 두 선은 평행이 유지됩니다. 나머지 두 선에도 평행 구속을 주면 이제 평행사변형이 됩니다.

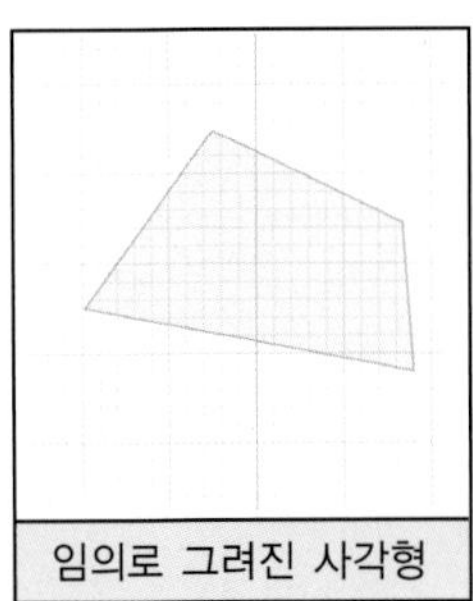

임의로 그려진 사각형

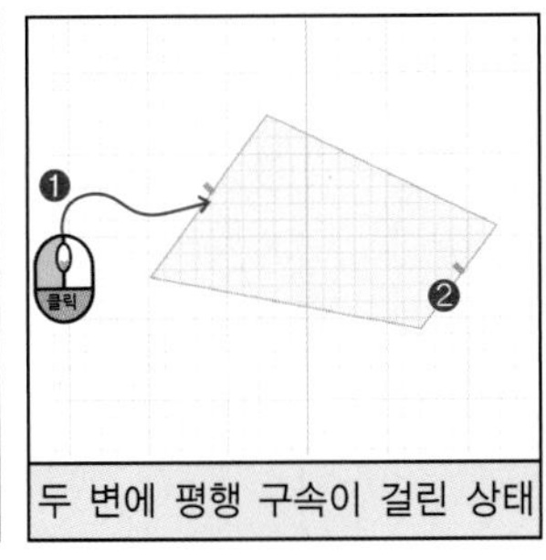


두 변에 평행 구속이 걸린 상태

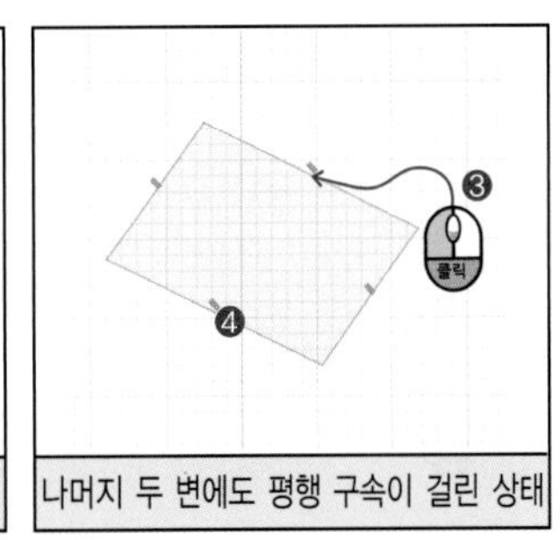


나머지 두 변에도 평행 구속이 걸린 상태

## 6. 직각(Perpendicular)

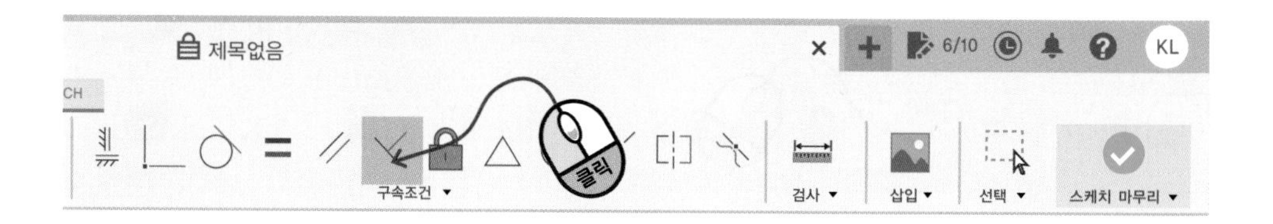


두선이 직각을 이루도록 구속하는 것입니다.

두 선을 그리고 직각(Perpendicular)구속을 실행하여 두 선 클릭합니다. 두 선이 이루는 각도가 90도로 유지됩니다.

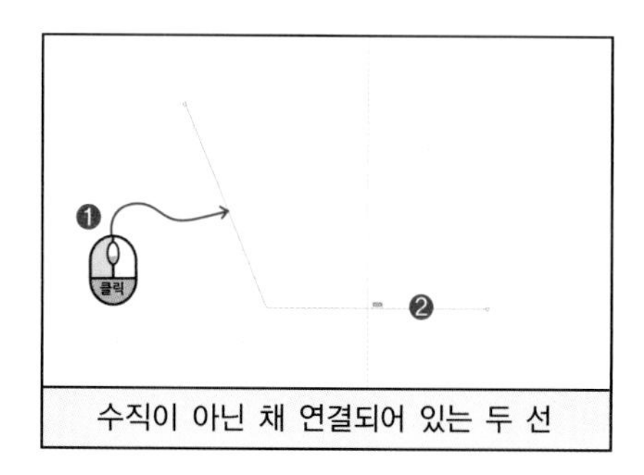

수직이 아닌 채 연결되어 있는 두 선

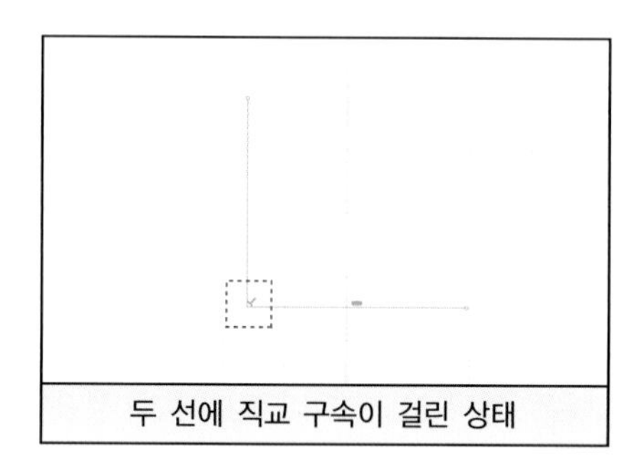
두 선에 직교 구속이 걸린 상태

위의 평행 구속 예제에서 그렸던 평행사변형에 직각(Perpendicular)구속을 추가하면 그림과 같은 직사각형이 됩니다. 평행 구속이 걸려있기 때문에 두 변에만 직각(Perpendicular)구속을 주면 됩니다.

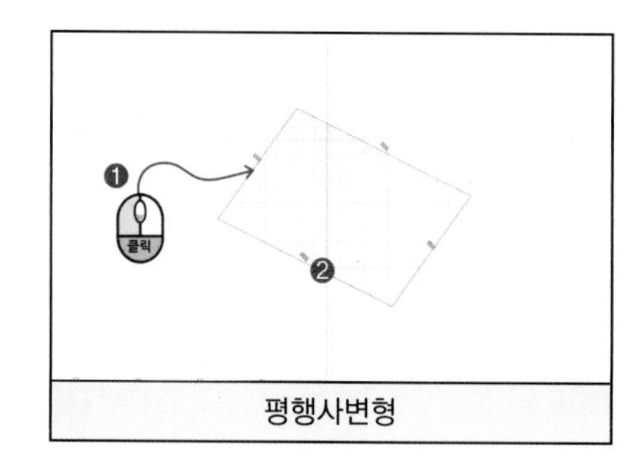

평행사변형

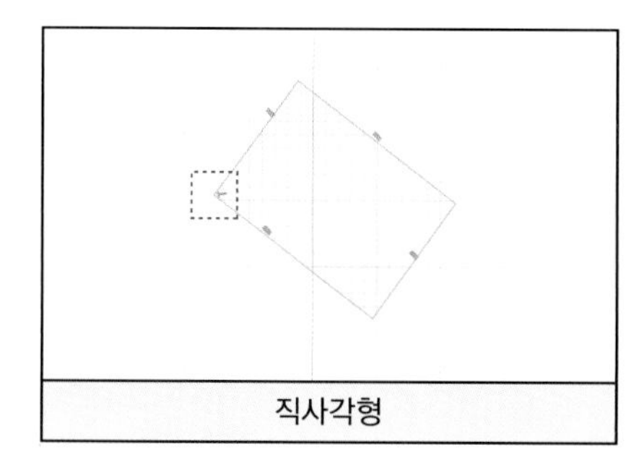
직사각형

## 7. 고정/고정해제(Fix/UnFix)

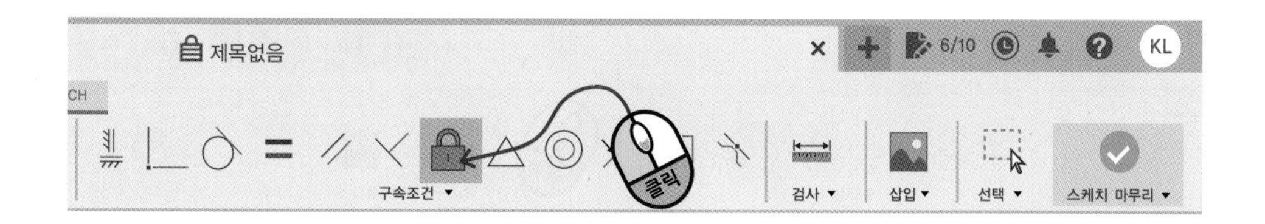


스케치를 변형되지 않도록 고정해 주는 기능입니다.

고정을 시키면 선 색깔이 녹색으로 변합니다. 고정해준 선을 선택하고 한 번 더 버튼을 누르면 고정 해제가 됩니다.

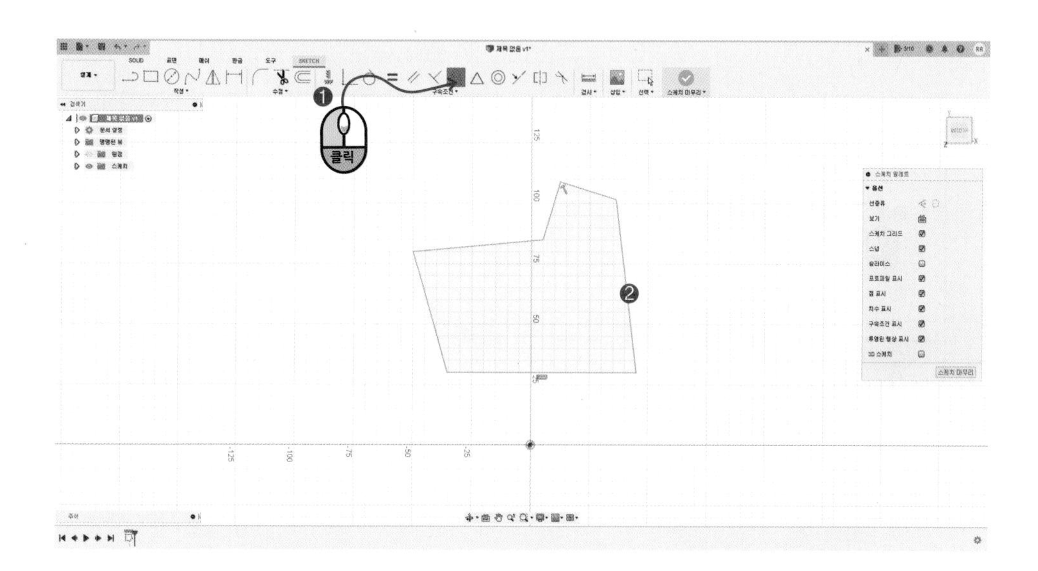

## 8. 중간점(MidPoint)

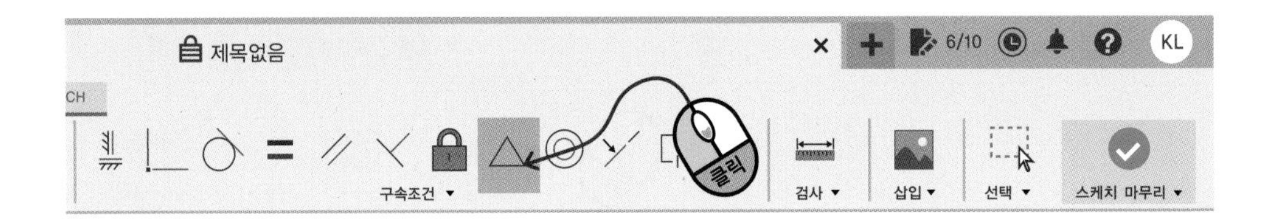


이 구속은 선의 중간 지점에서 연결되도록 하는 구속으로 선과 선 또는 선과 점에 줄 수 있습니다.

두 선을 그린 후 중간점(MidPoint) 구속을 주면 두 선의 가운데 지점에서 붙게 됩니다. 움직여도 가운데 지점이 붙은 채로 이동합니다.

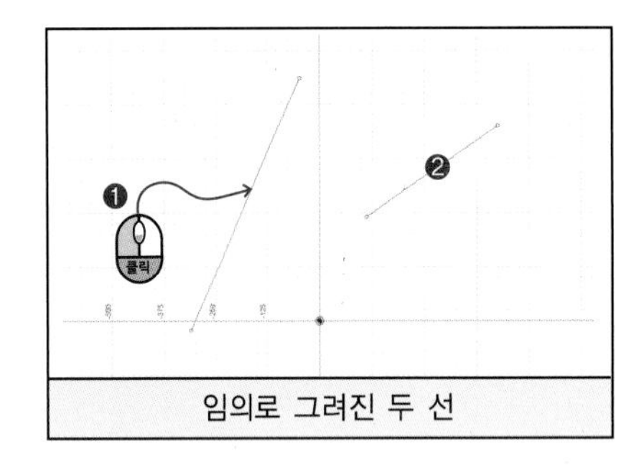

임의로 그려진 두 선

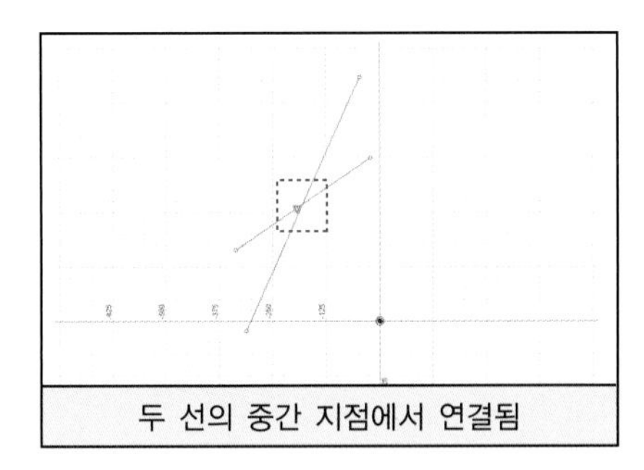
두 선의 중간 지점에서 연결됨

선과 점에 구속을 줘보겠습니다.

선과 선의 끝점을 구속시키면 선의 끝점이 또 다른 선의 중간 지점에 붙어있게 됩니다. 움직여도 가운데 점에 붙어있는 것이 풀리지 않습니다. 이것을 응용하면 원점과 선을 중간 구속 시킬 수도 있습니다.

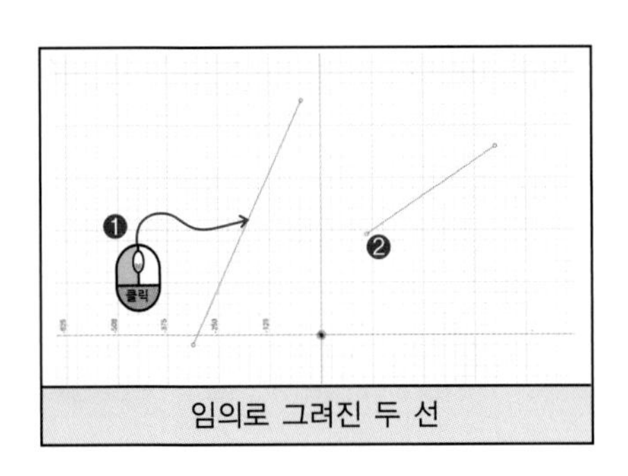

임의로 그려진 두 선

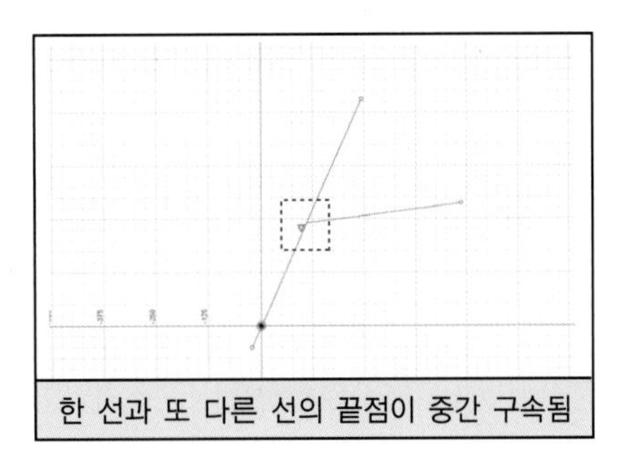
한 선과 또 다른 선의 끝점이 중간 구속됨

원과 선을 구속시켜보겠습니다.

원의 중심과 선을 선택하면 원의 중심이 선의 가운데 점에 고정되는 것을 확인할 수 있습니다. 이 방식은 선의 가운데에 원을 그려야 될 때 많이 사용합니다.

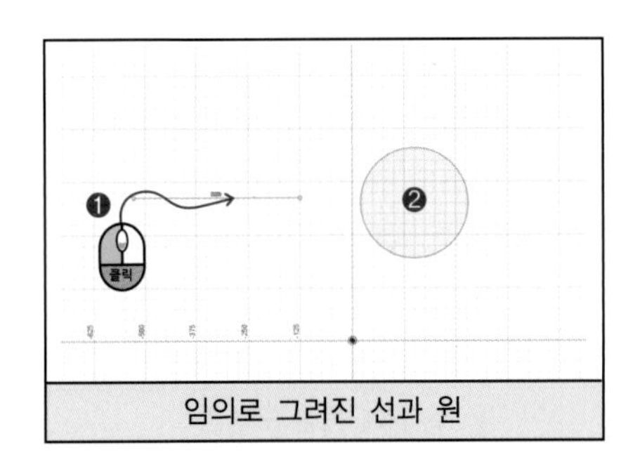

임의로 그려진 선과 원

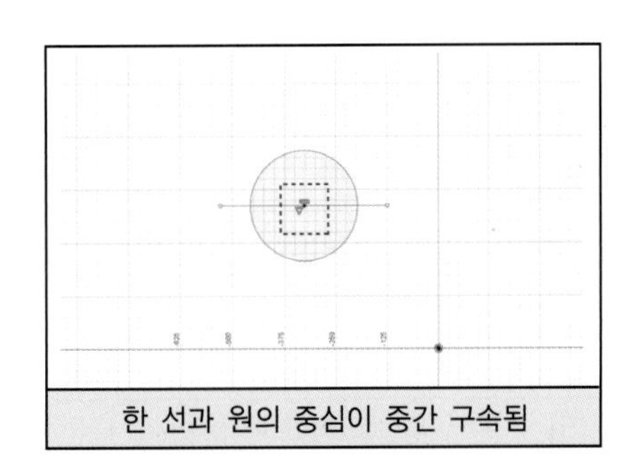
한 선과 원의 중심이 중간 구속됨

# 9. 동심(Concentric)

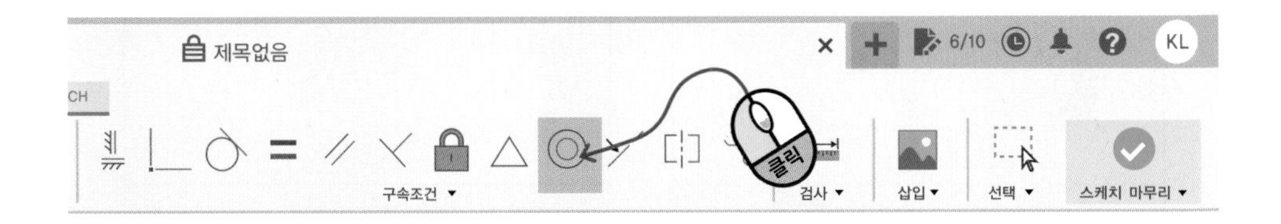


두 원의 중심을 같게 해주는 구속입니다. 원이나 호에 사용할 수 있습니다.

두 원이 있을 때, 동심(Concentric)구속을 주면 두 원의 중심이 같아집니다.

다른 구속이 걸려있지 않다면 먼저 선택한 원의 중심에 다음에 선택한 원이 이동합니다.

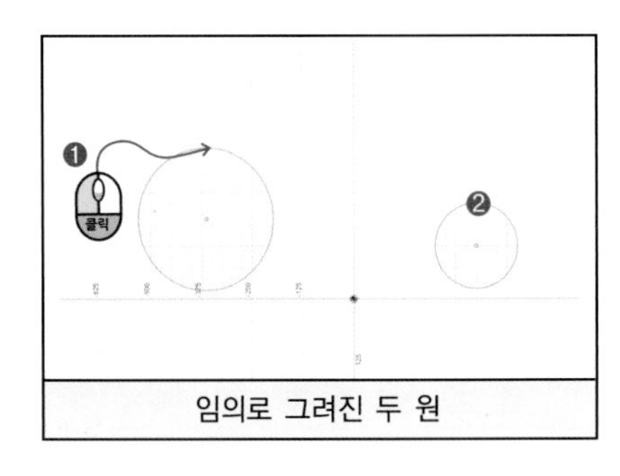


임의로 그려진 두 원

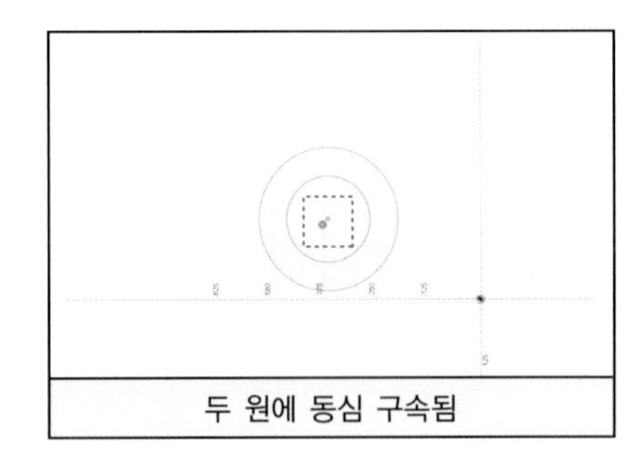

두 원에 동심 구속됨

## 10. 동일선상(Collinear)

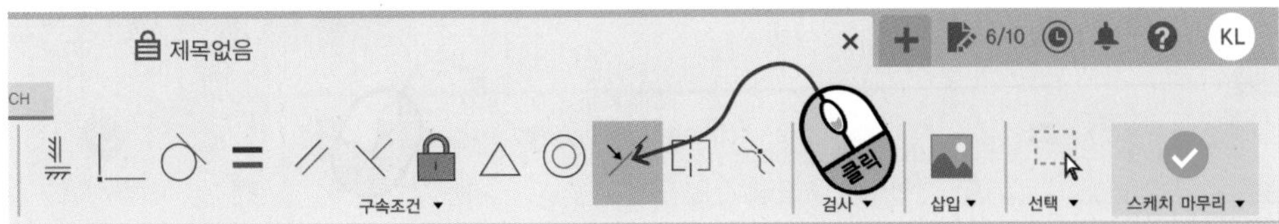


두 선이 동일 선상에 있도록 하는 구속입니다.

하나의 무한한 직선상에 두 선이 함께 있도록 하는 것입니다. 두 선을 동일선상(Collinear) 구속하면 같은 선상에 두 선이 놓이게 됩니다.

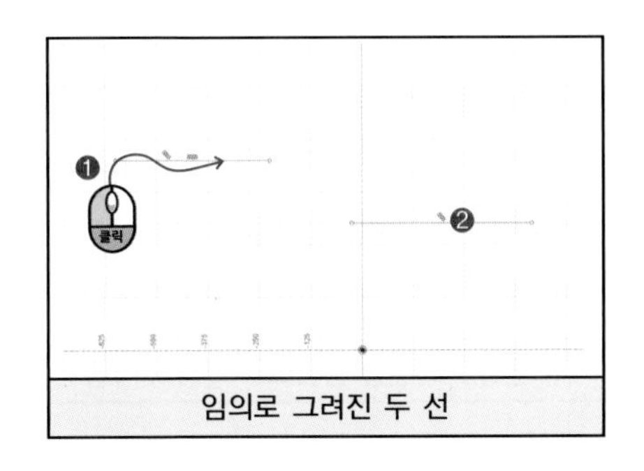


임의로 그려진 두 선

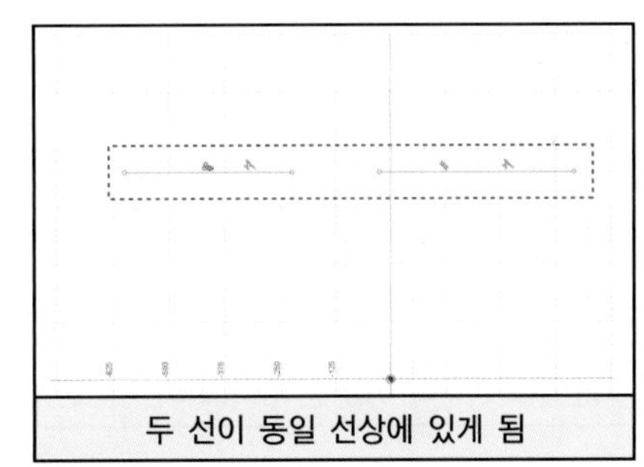

두 선이 동일 선상에 있게 됨

점 3개를 선택할 수도 있습니다. 점 3개가 한 선상에 놓이게 됩니다.

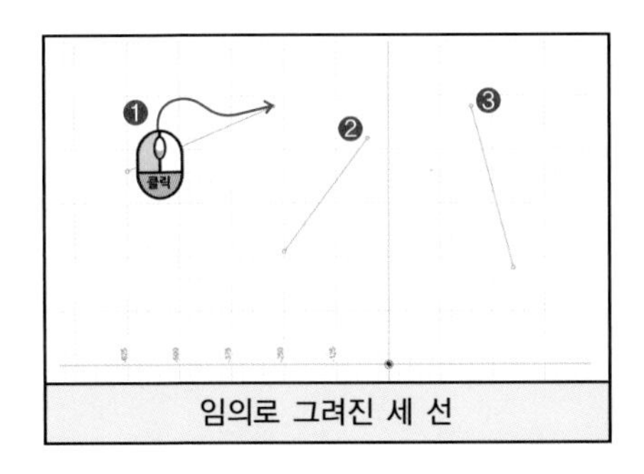


임의로 그려진 세 선

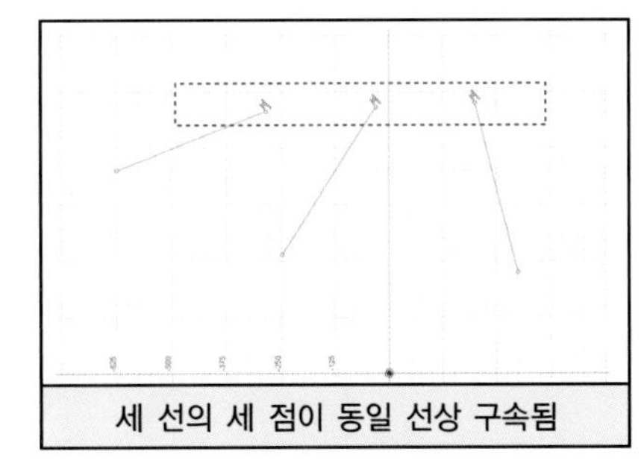

세 선의 세 점이 동일 선상 구속됨

## 11. 대칭(Symmetry)

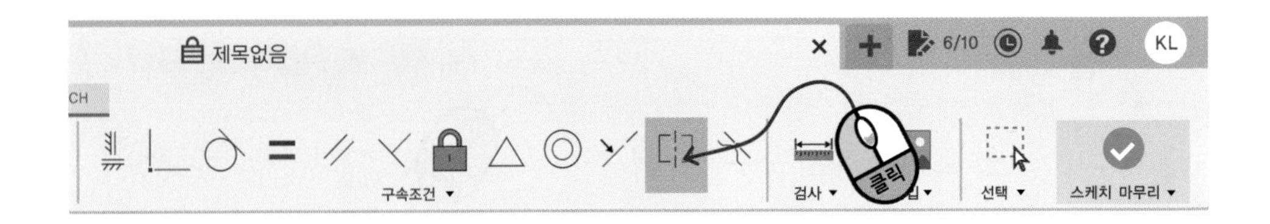


기준선을 중심으로 양쪽이 똑같아지도록 만들어 줍니다.

선 3개에서 가운데 선이 기준선이라면 양쪽 선을 먼저 선택하고 마지막에 기준선을 선택해야 됩니다. 기준선을 중심으로 양쪽이 똑같아집니다.

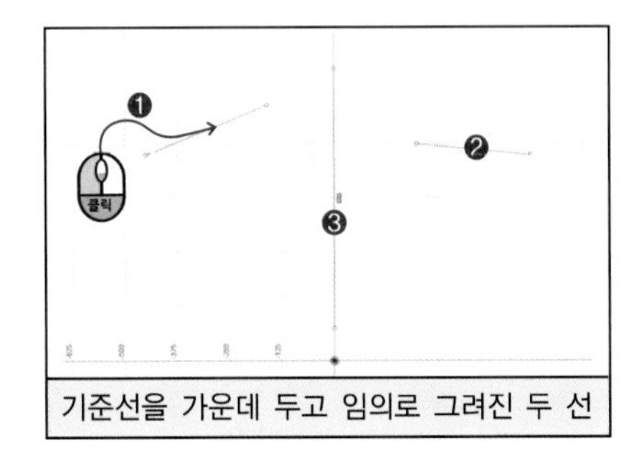

기준선을 가운데 두고 임의로 그려진 두 선

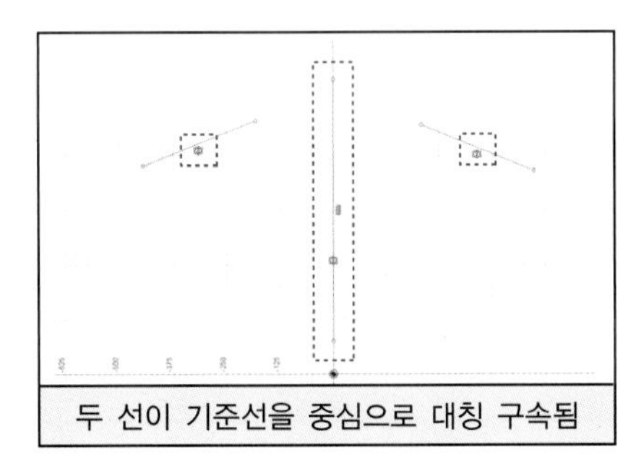
두 선이 기준선을 중심으로 대칭 구속됨

원 2개도 대칭(Symmetry)구속을 주면 두 원이 같아집니다. 한 원의 위치나 크기를 바꾸면 다른 원도 따라서 바뀝니다.

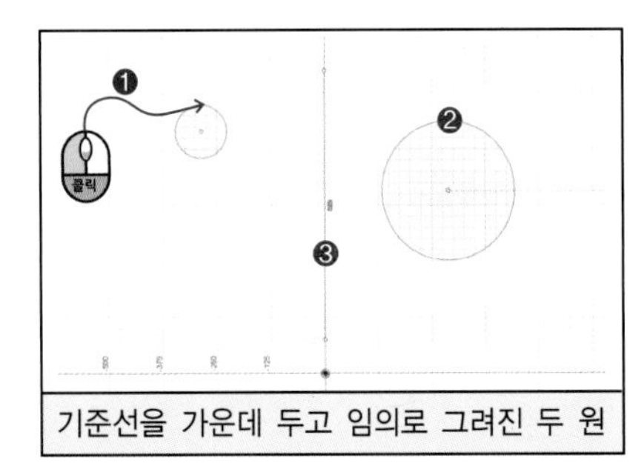

기준선을 가운데 두고 임의로 그려진 두 원

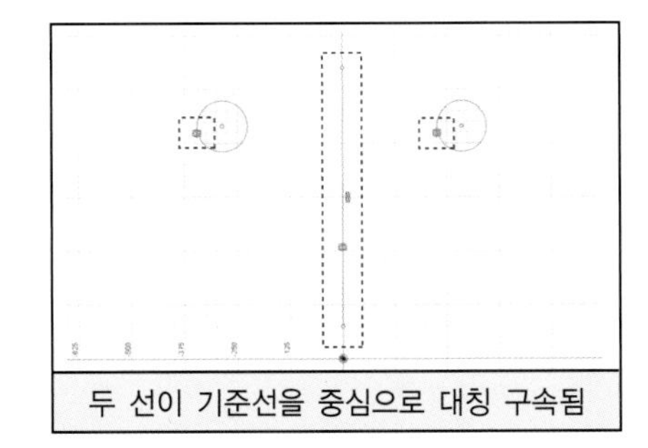
두 선이 기준선을 중심으로 대칭 구속됨

대칭 구속은 점을 선택할 수도 있습니다.

선을 3개 그리고 대칭 시킬 두 점을 선택하고 기준선을 선택합니다. 두 점이 기준선을 중심을 대칭이 되었지만, 대칭이 아닌 나머지 점은 자유롭게 움직일 수 있습니다.

대칭되는 점은 하나를 움직이면 다른 점도 함께 이동합니다.

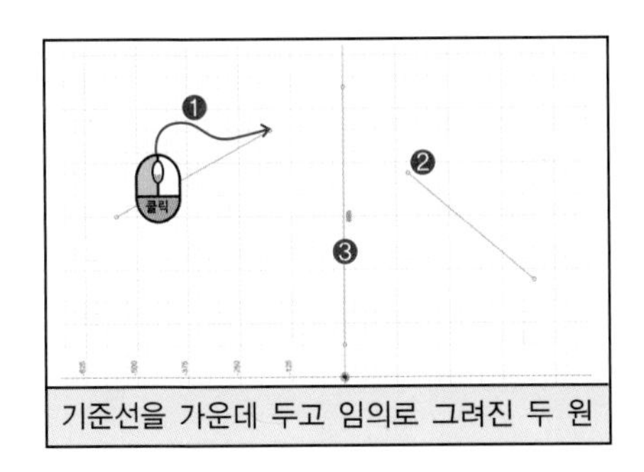


기준선을 가운데 두고 임의로 그려진 두 원

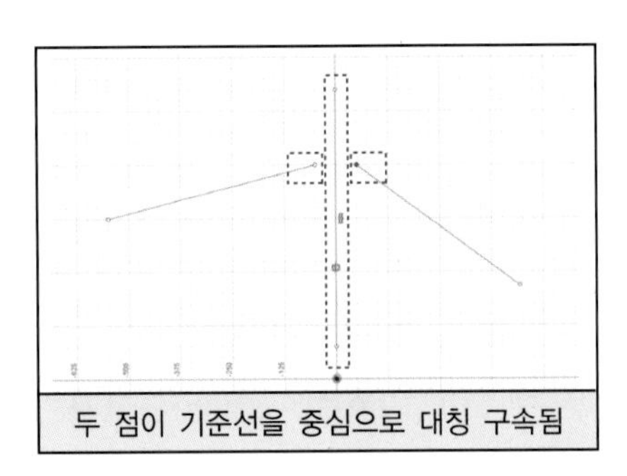

두 점이 기준선을 중심으로 대칭 구속됨

## 12. 곡률(Curvature)

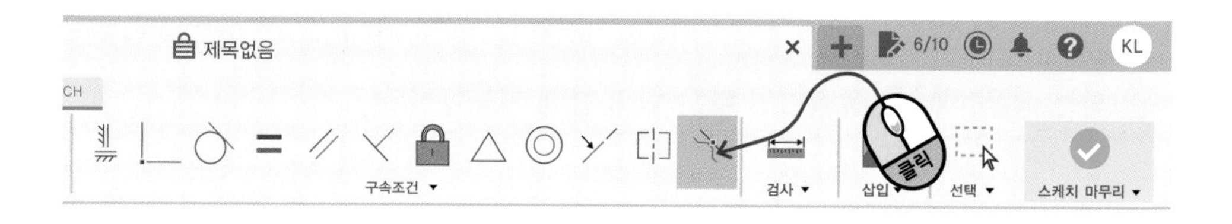


곡선 간의 접선 구속이라고 할 수 있습니다.

스플라인을 두 개 그려보겠습니다. 두 곡선에 곡률(Curvature)구속을 주면 부드럽게 연결이 되는데 자주 사용되는 기능은 아닙니다.

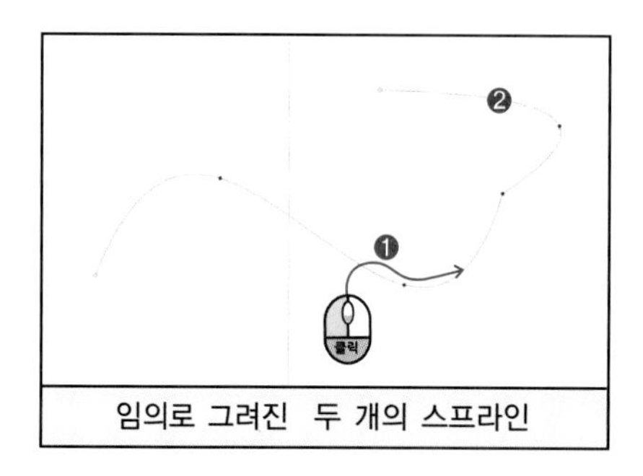


임의로 그려진 두 개의 스프라인

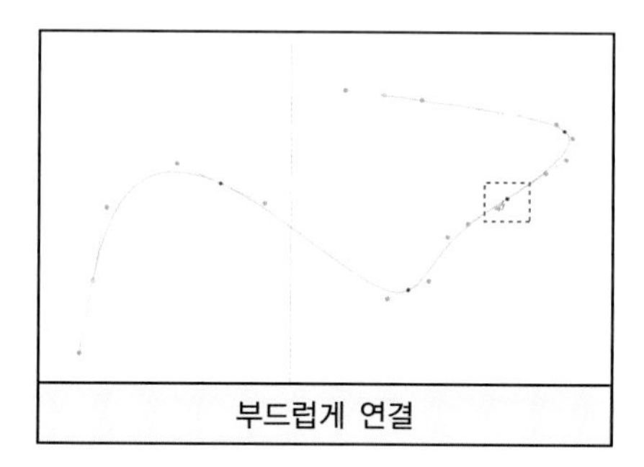

부드럽게 연결

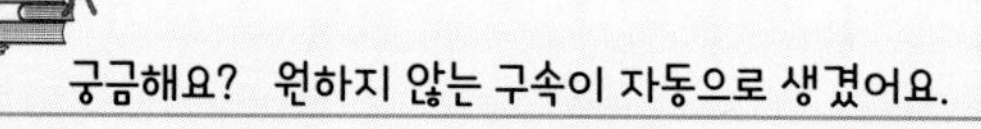

**궁금해요? 원하지 않는 구속이 자동으로 생겼어요.**

**퓨전360은 스케치할 때 선의 위치에 따라 자동으로 구속이 걸리는 방식입니다. 대체로 편리한 경우가 많은데 가끔 원치 않는 구속이 걸려 불편할 때도 있습니다. 스케치 중에 원하지 않는 구속이 생겼다면 생성된 그림 문자를 선택하고 delete키를 눌러 삭제할 수 있습니다.**

# 06 스케치 치수와 완전 구속

## 1. 스케치 치수

치수는 정확한 스케치를 그리는데 필수요소입니다. 스케치 모드에서 작성에 가보면 스케치 치수(Sketch Dimension)라는 메뉴가 있습니다. 단축키는 D입니다.

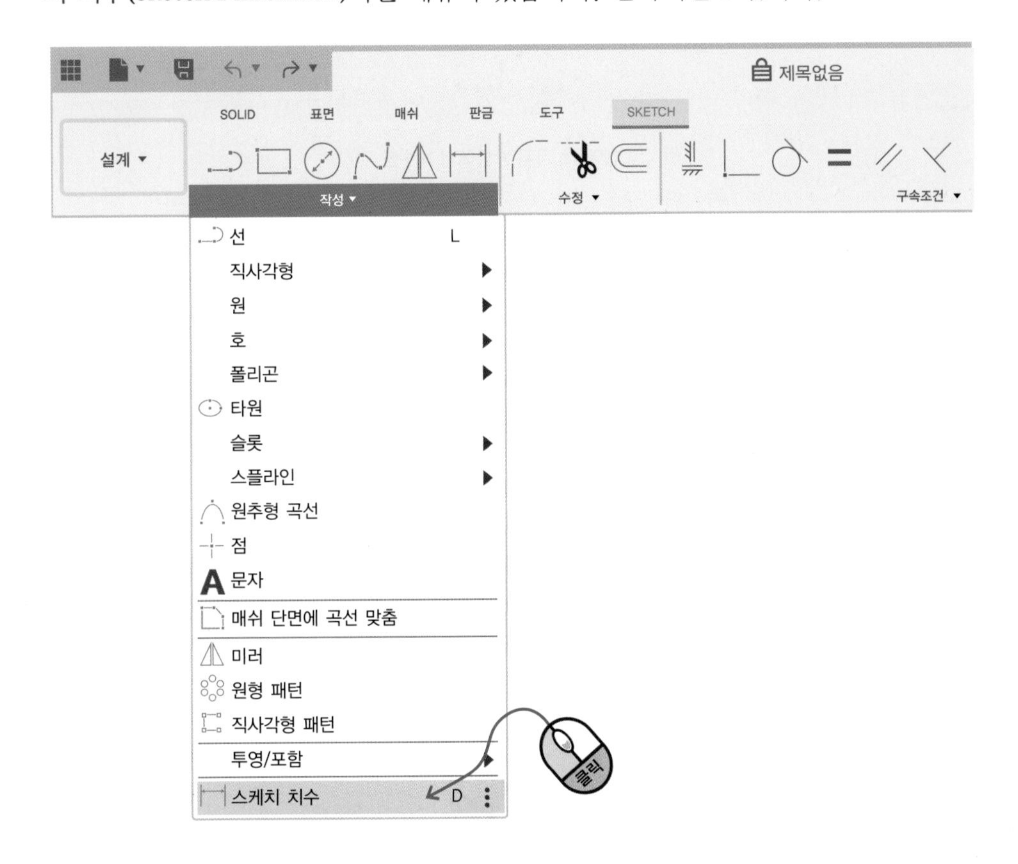


스케치 치수를 실행하고 그려진 스케치 중 치수를 표시할 선을 클릭하면 치수가 나타나는데 움직여보면 여러 방향에서 치수를 입력할 수 있습니다. 또, 클릭하면 수치를 바꿀 수 있도록 음영이 생깁니다. 여기서 원하는 수치를 입력해 주면 됩니다.

점 2개를 찍어서 치수를 넣어줄 수도 있습니다.

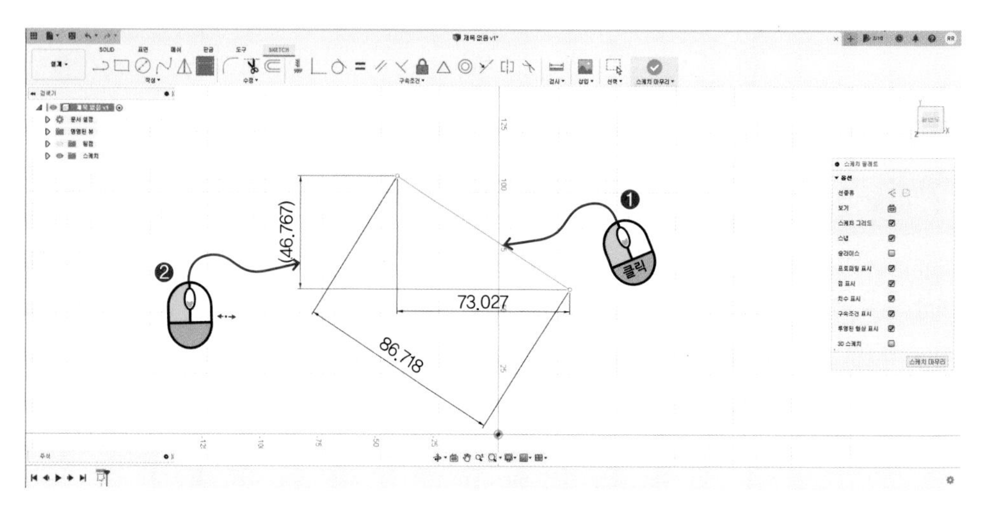


〈하나의 선에 세 가지 방향에서 치수를 기입〉

한 선에 치수를 입력해도 치수 입력 모드가 계속 진행 중이기 때문에 다른 선이 있다면 치수를 계속 넣어줄 수 있습니다. 치수는 마우스를 움직여 위치를 바꿔줄 수 있고 이미 기입된 치수도 드래그하여 위치를 바꿔 줄 수 있습니다. 치수 보조선 밖으로 빼줄 수도 있습니다.

치수 입력 모드에서 완전히 나가려면 ESC키를 누르면 됩니다.

원과 호에도 치수를 넣어 보겠습니다. 지름과 반지름이 표시됩니다.

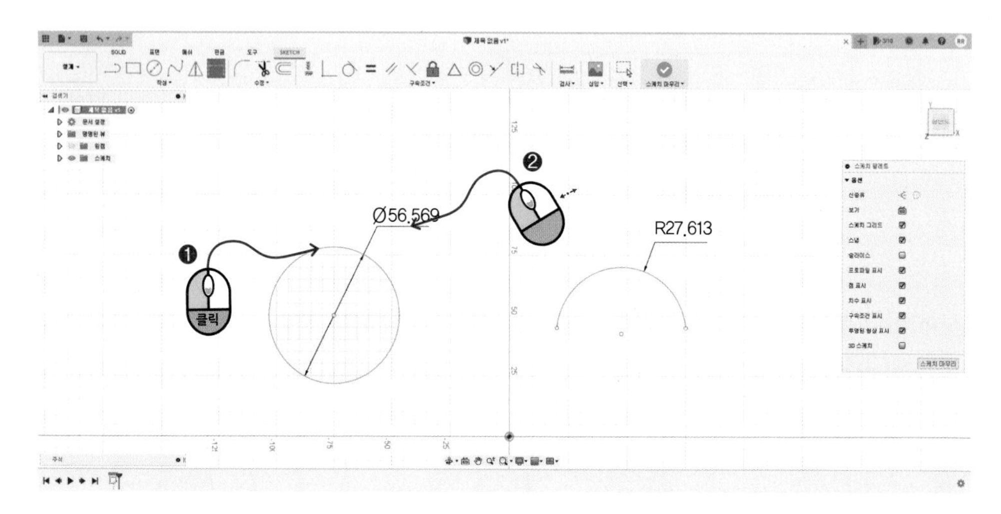

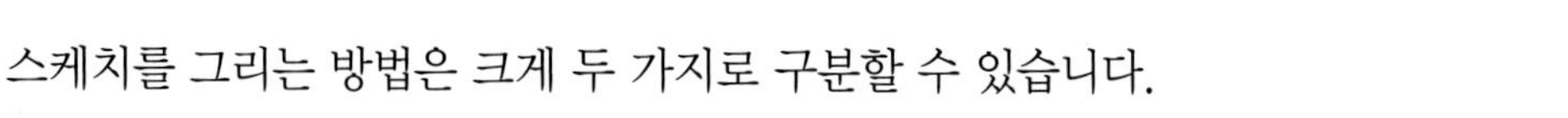



스케치를 그리는 방법은 크게 두 가지로 구분할 수 있습니다.

하나는 처음 그릴 때부터 정확한 치수를 넣어주면서 그리는 방법입니다. 이 방법으로 사각형을 그리겠습니다. 시작점 클릭하고 세로 길이에 100을 넣어주고 탭키를 눌러 가로 입력 창에 100을 넣어줍니다.

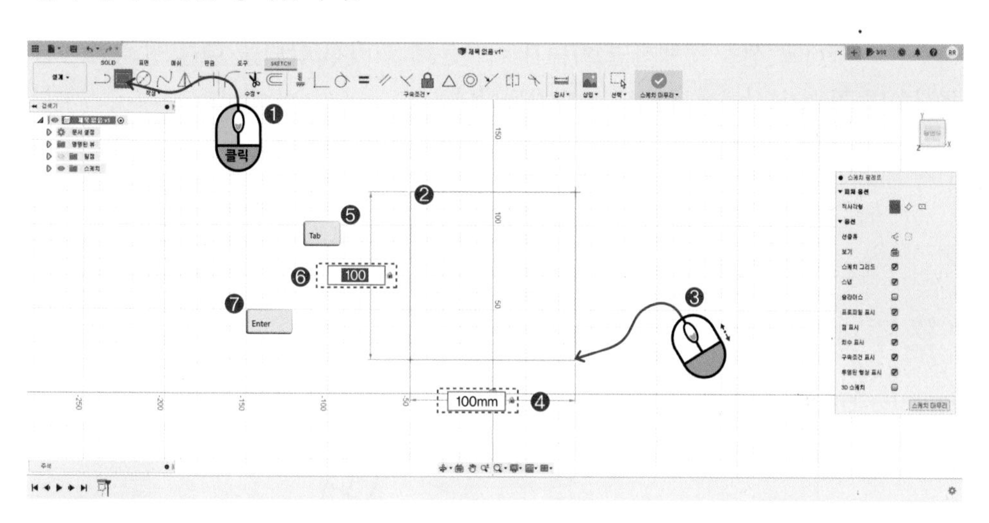


다른 방법은 스케치 먼저 비슷하게 그려주고 다음에 수치를 바꿔주는 방식입니다. 사각형을 이 방법으로 그리겠습니다.시작점과 끝점을 클릭해서 대충 그려주고 다음에 치수를 넣어줍니다.

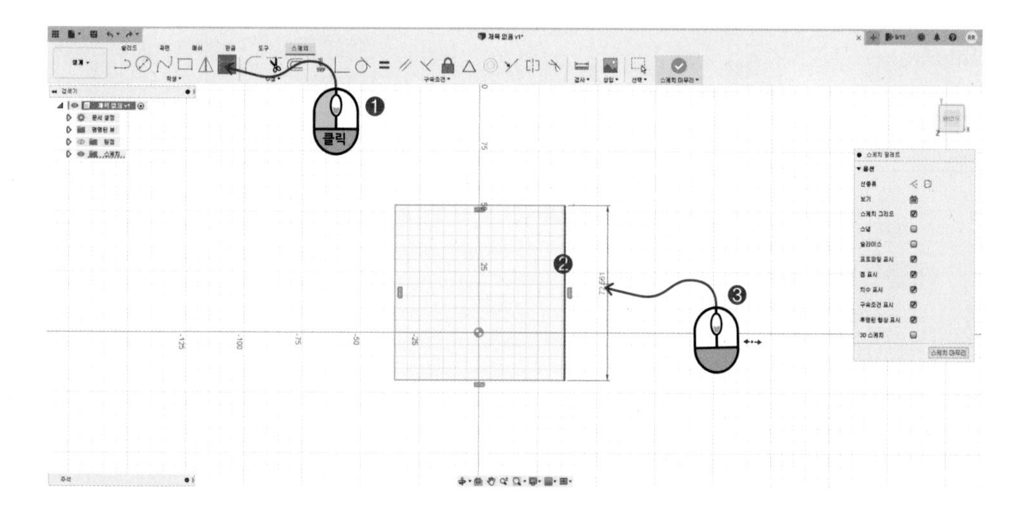

보통은 두 번째 방식이 훨씬 더 빠른 편입니다. 사각형만 그렸기 때문에 큰 차이가 없지만, 도면이 복잡해질수록 두 방식의 속도 차이는 확연히 나타납니다. 하지만 상황에 따라 더 효율적인 방식이 다를 수 있어서 상황을 고려하여 더 편한 방식을 선택하면 됩니다.

각도를 넣어주는 것을 알아보겠습니다.

치수를 실행하고 선을 선택하면 치수가 나오는데 여기서 클릭을 하지 말고 또 다른 선을 클릭하면 치수가 길이에서 각도로 변경됩니다.

위치를 잡아주고 클릭하면 각도가 입력됩니다.

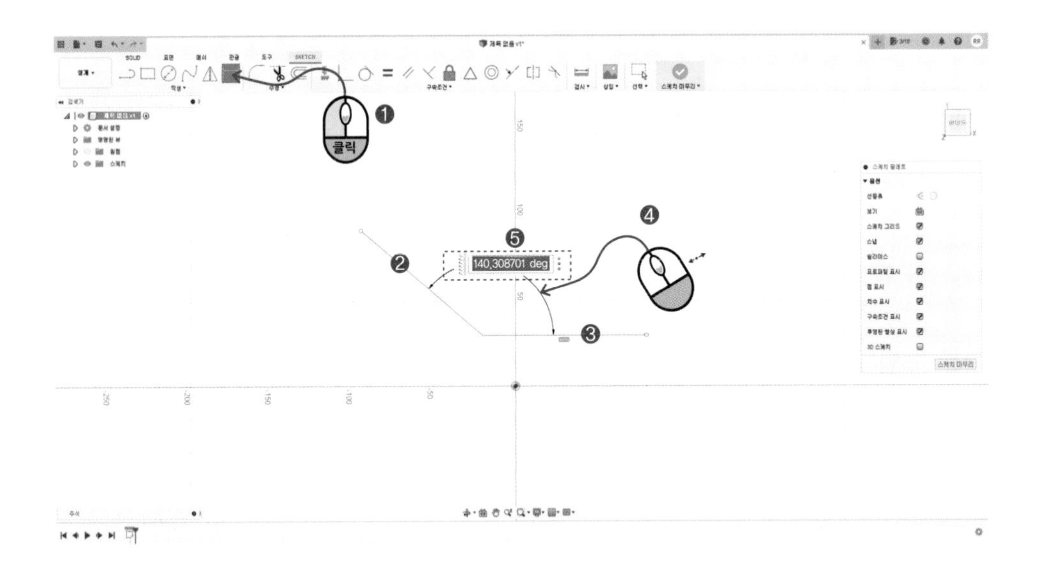

## 2. 완전 구속

완전구속이란 치수와 위치 등의 모든 요소에 조건을 정해줘서 변동요소가 없게 된 상태를 말합니다.

스케치 구속과 함께 치수 입력을 통해서 완전 구속할 수 있습니다. 완전구속을 꼭 해줘야 하냐고 묻는 경우가 있는데 도면이 간단한 경우에는 안 하는 경우도 많이 있습니다. 꼭 해줘야 한다기보다는 실수를 최소화할 수 있다고 생각하면 됩니다.

대체로 다음과 같은 경우에는 완전구속을 하는 것이 좋습니다.

1. 설계 변경을 해야 하는 경우
2. 복잡한 설계의 경우

그림과 같은 스케치를 완전구속 해보겠습니다.

현재 수평, 수직 구속이 걸려 있어 각도는 네 각이 모두 90도입니다. 치수는 가로, 세로를 100, 100으로 해줍니다.

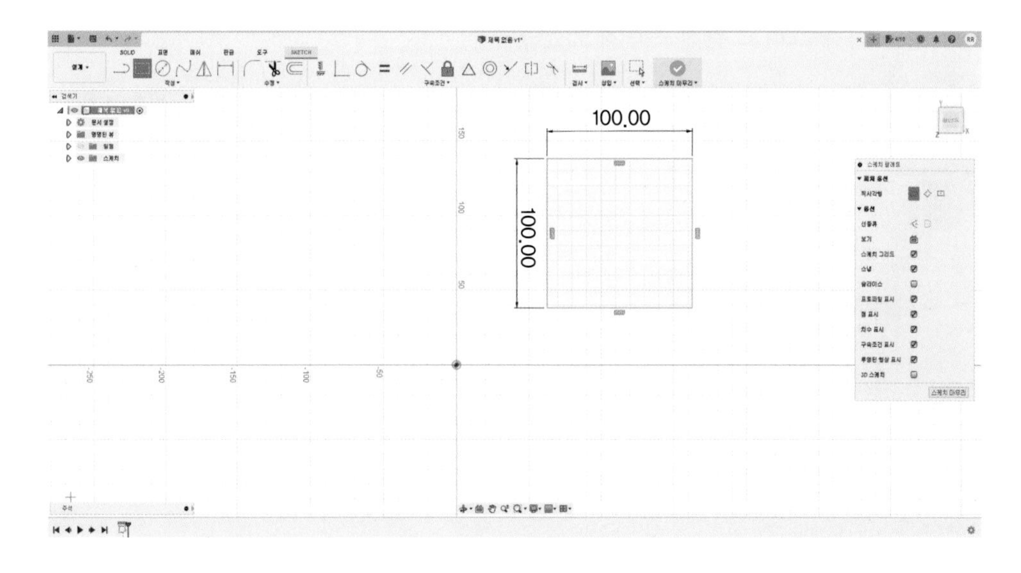

아직 완전구속이 걸리지 않았습니다. 치수가 정해져 길이는 바뀌지 않지만, 위치가 고정되지 않았기 때문입니다. 직사각형이기 때문에 한 점만 고정하면 완전구속이 됩니다.

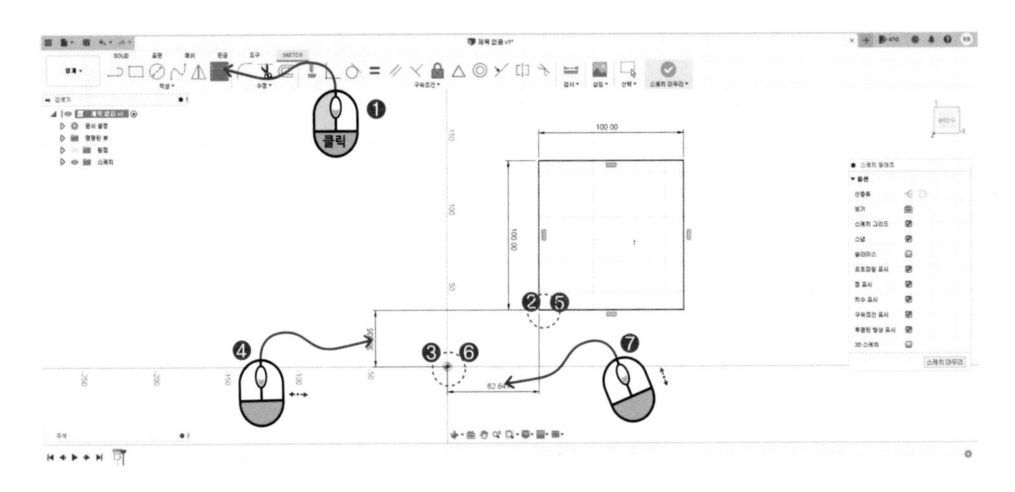


사각형을 완전 구속했기 때문에 더 이상 크기와 위치가 바뀌지 않습니다. 이처럼 완전구속은 정해져야 할 요소를 모두 정해줘서 바뀌지 않도록 해주는 것을 의미합니다.

완전구속을 하면 2가지가 바뀝니다. 우선 스케치 선 색깔이 파란색에서 검은색으로 바뀝니다. 또 검색기의 해당 스케치에 자물쇠가 표시된 것을 확인할 수 있습니다.

삼각형을 하나 그리고 완전구속 해보겠습니다.

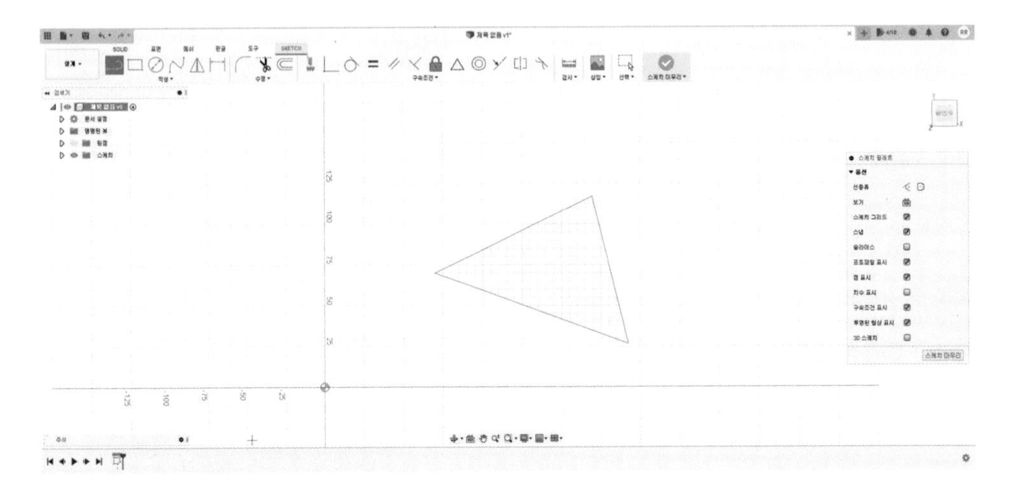

삼각형은 다음과 같은 경우에 특정 모양이 정해집니다.

1 세 변의 길이를 알 때
2 두 변의 길이와 끼인각을 알 때
3 한 변의 길이와 양 끝 각을 알 때

이중에서 2의 조건을 주어 완전구속하겠습니다. 삼각형의 두 변의 길이와 끼인각을 입력하겠습니다.

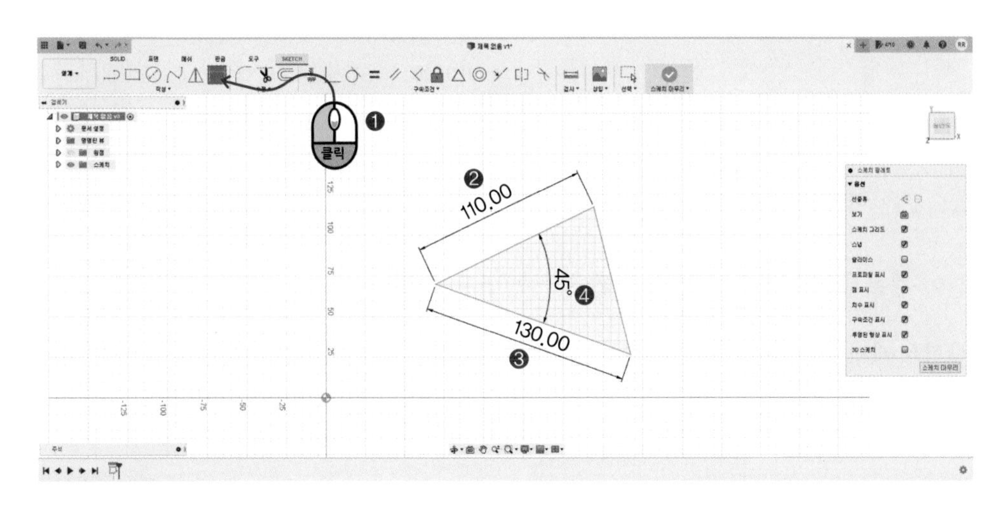


위치를 정해주겠습니다. 일치구속으로 한 점을 원점에 고정합니다.

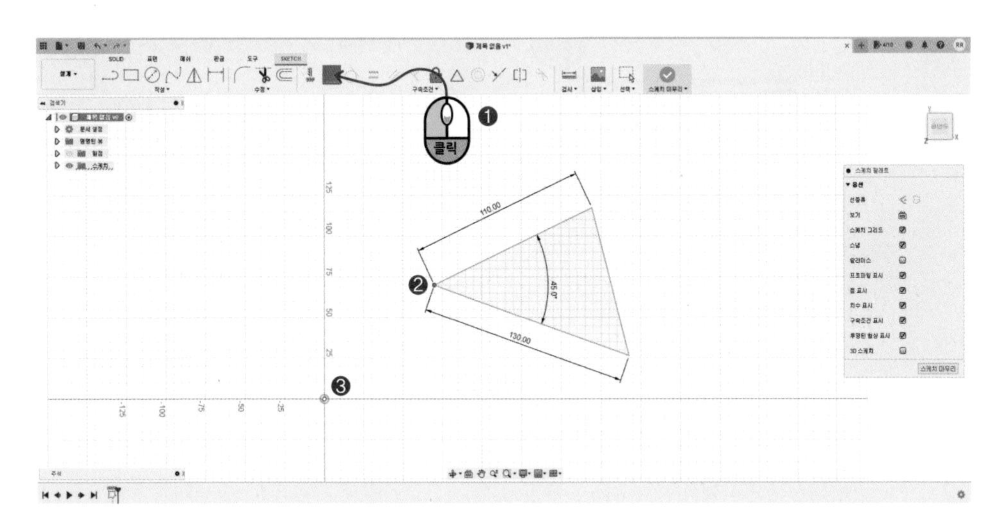

그리고 다른 점을 원점과의 거리로 정해주겠습니다.

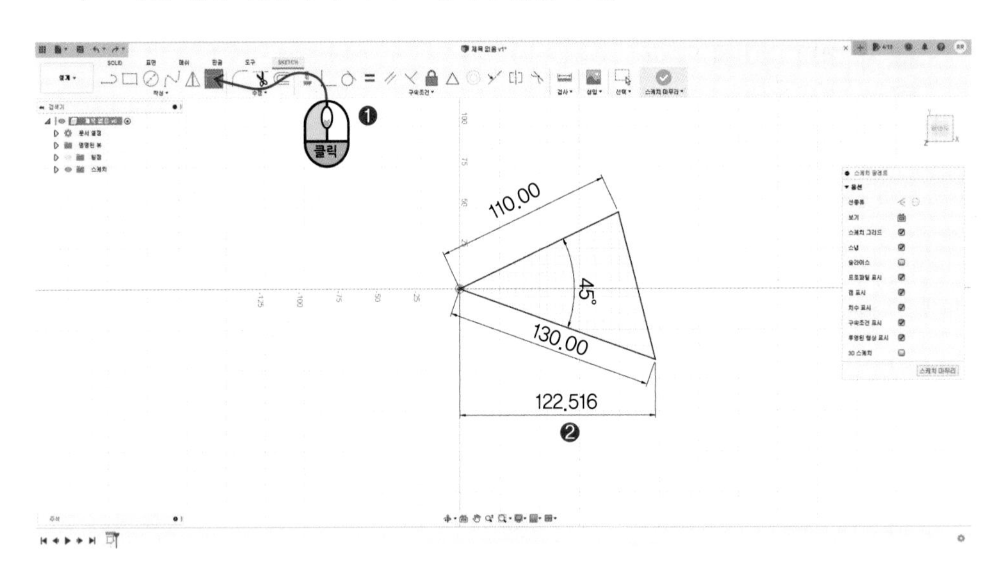


선이 검은색으로 바뀌었습니다. 완전구속이 된 것입니다.

삼각형에서 두 변의 길이와 끼인각을 정해줬는데, 이것 이외에 한 변의 길이를 추가로 입력해보겠습니다.

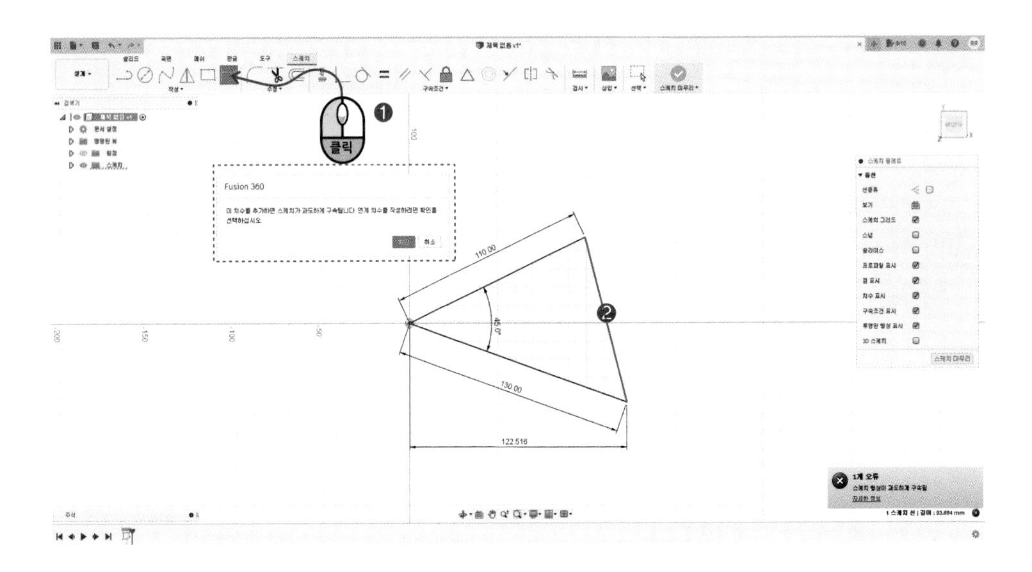

그러면 과도하게 구속(over constrain)이 되었다는 경고가 뜹니다. 이미 구속이 다 돼있어서 더 이상 수치를 넣어줄 필요가 없다는 뜻입니다. 그래도 확인을 누르면 치수 옆에 괄호가 생깁니다. 이렇게 괄호가 붙은 건 수동형 치수(Driven Dimension)입니다.

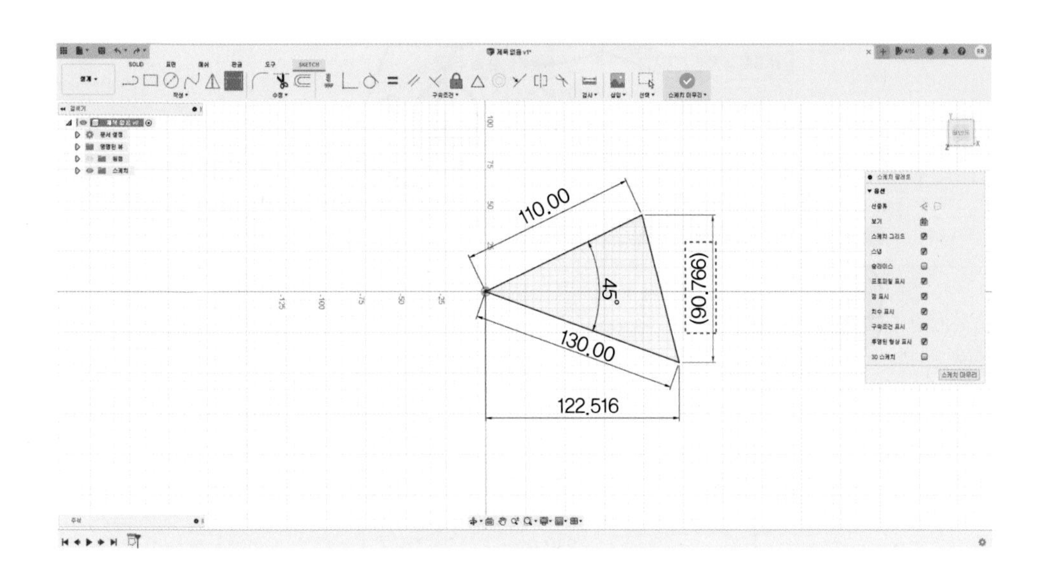


치수에는 능동형 치수(Driving Dimension)와 수동형 치수(Driven Dimension)가 있습니다.

능동형 치수는 직접 바꿀 수 있는 치수이고 수동형 치수는 직접 바꿀 수는 없고 다른 치수를 변경하면 자동으로 변경되는 치수를 말합니다. 따라서 괄호로 된 치수는 수정이 불가능하기 때문에 수치 입력창 자체가 나타나지 않습니다.

능동형 치수와 수동형 치수는 마우스 오른쪽 버튼을 누르고 변경할 수 있습니다.

능동형 치수는 피구 전환(Toggle Driven)을 눌러 수동형 치수(Driven Dimension)로 바꿀 수 있고 수동형 치수(Driven Dimension)는 구동형 전환(Toggle Driving)을 눌러 능동형 치수로 바꿀 수 있습니다.

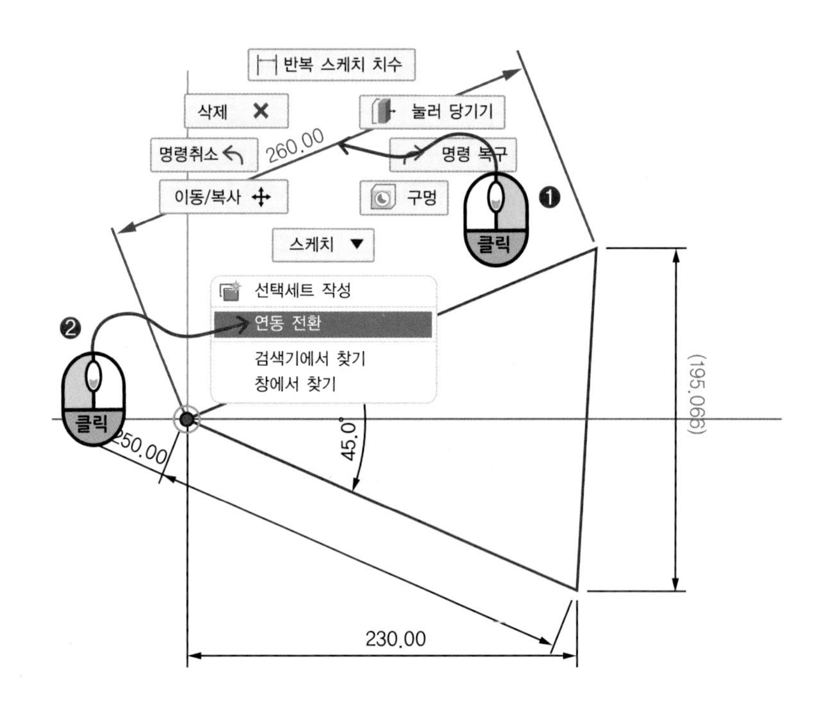
반복 스케치 치수
삭제
눌러 당기기
명령취소
260.00
명령 복구
이동/복사
구멍
스케치
클릭
선택세트 작성
연동 전환
검색기에서 찾기
창에서 찾기
(195.066)
250.00
45.0°
230.00

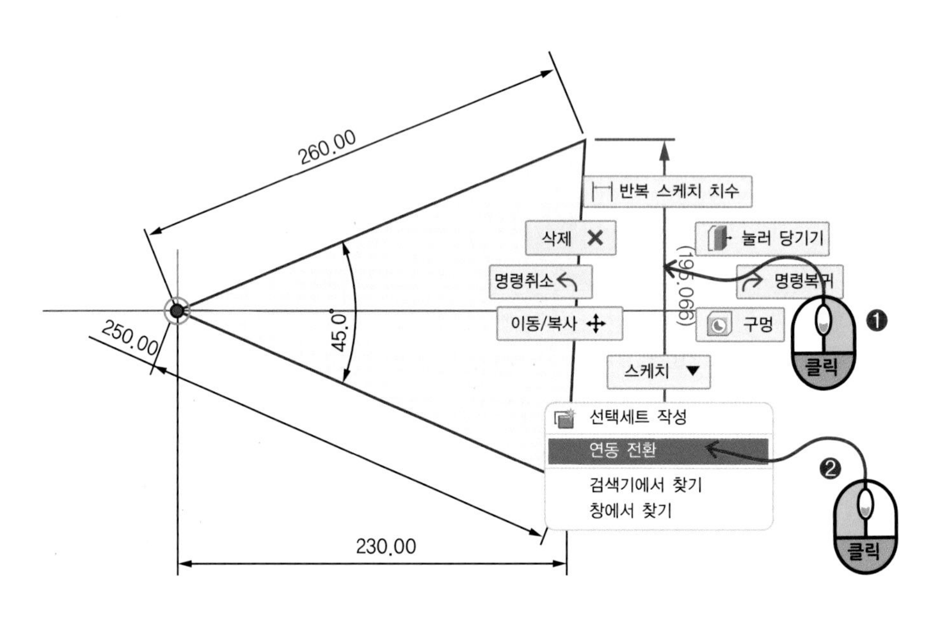
260.00
반복 스케치 치수
삭제
눌러 당기기
명령취소
명령복귀
(195.066)
250.00
45.0°
이동/복사
구멍
클릭
스케치
선택세트 작성
연동 전환
검색기에서 찾기
창에서 찾기
230.00

치수를 지울 때는 치수를 선택하고 삭제키를 누르거나 마우스 오른쪽 버튼을 누르고 삭제를 누르면 됩니다.

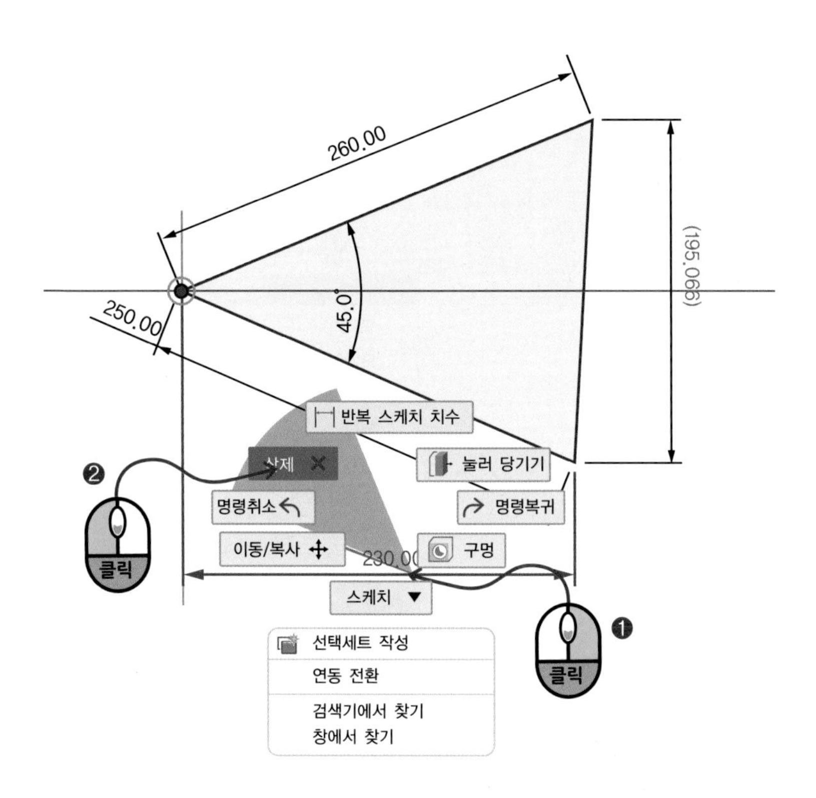

# 07 스케치 수정

작성한 스케치들을 수정할 수 있는 메뉴들이 모여 있습니다.

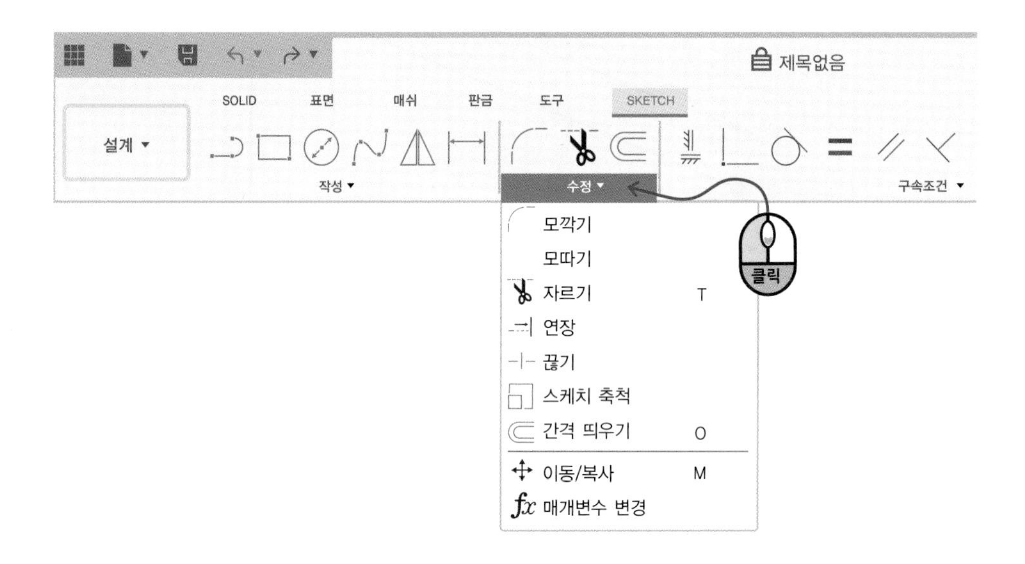


## 1.모깍기(Fillet)

두 선이 만나는 지점을 라운딩하여 부드럽게 만드는 기능입니다.

모깍기(Fillet)를 실행하고 두 선이 만나는 점에 커서를 가져가면 변형될 모양이 빨간색으로 표시됩니다.

클릭하면 모깍기(Fillet)가 실행됩니다. 또는 두선을 하나씩 클릭하여 선택할 수도 있습니다.

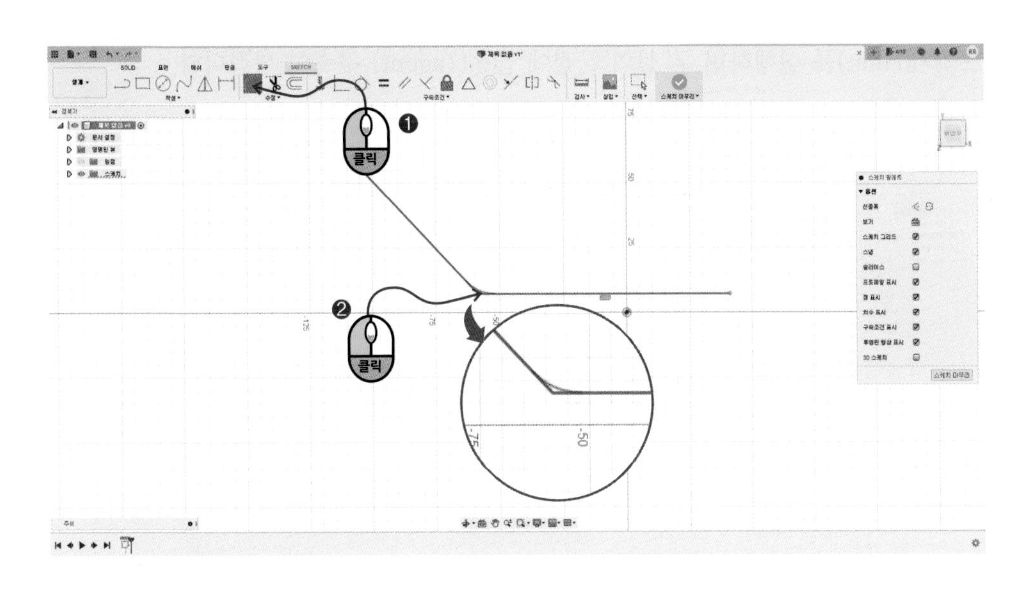


라운딩되는 정도는 화살표를 드래그해서 조절하거나 수치 입력창에 직접 수치를 넣어주면 됩니다.

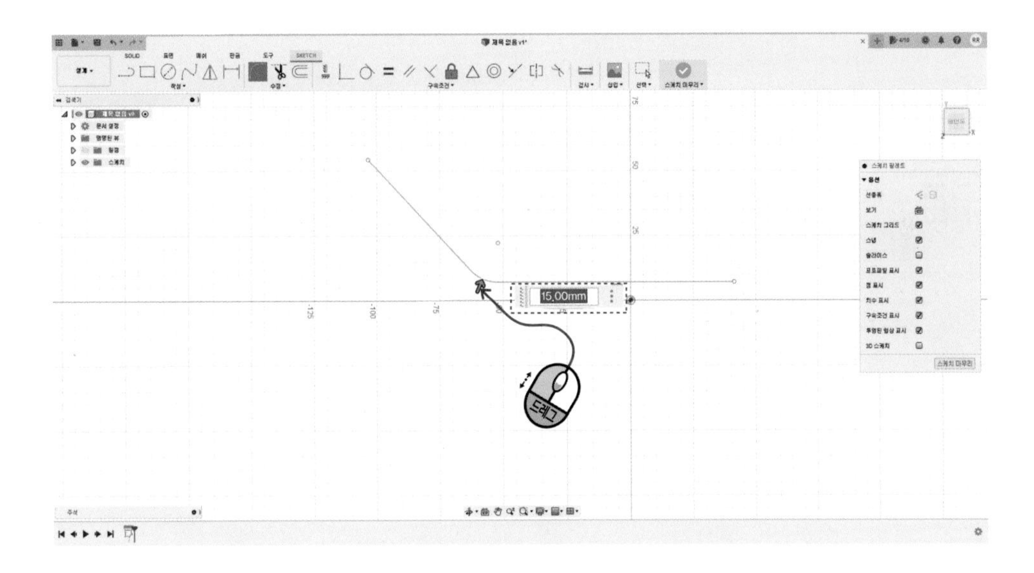

모깍기(Fillet)를 실행하면 두 선의 끝점에 접선(Tagent) 구속이 생깁니다.

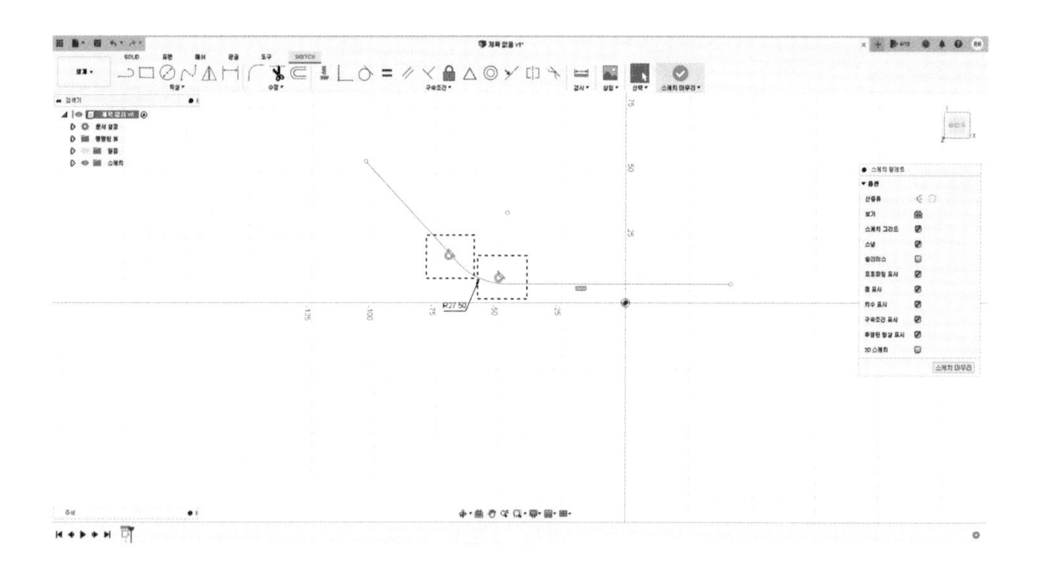

사각형을 하나 그리고 네 귀퉁이에 모깍기(Fillet)를 실행해 보겠습니다.

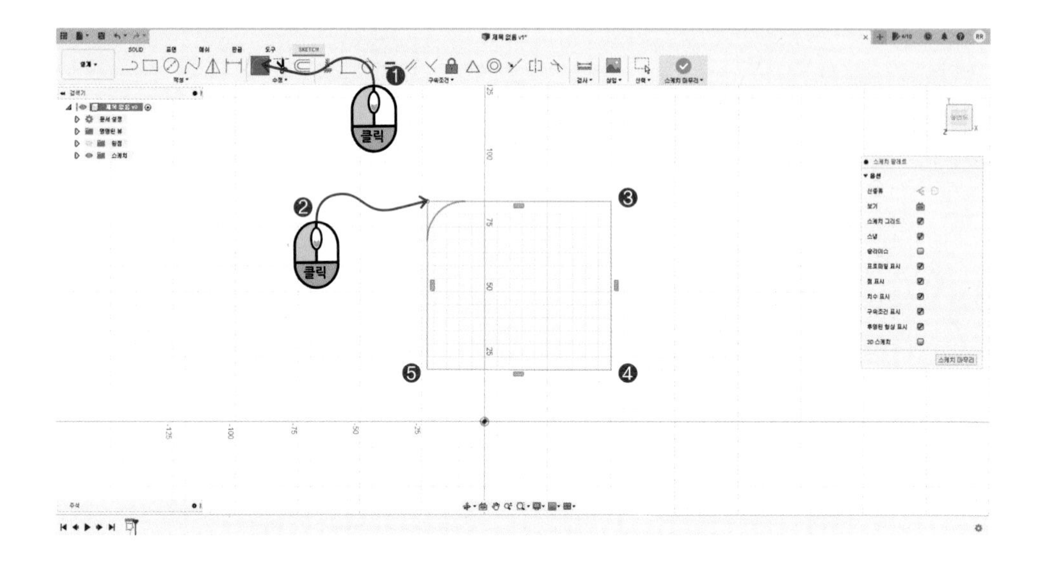

모깍기(Fillet)를 실행 후 네 꼭짓점을 클릭하면 됩니다.

화살표를 드래그하거나 수치 입력창에 값을 입력하면 모깍기(Fillet)가 실행된 네 곳의 값을 한 번에 조절할 수 있습니다.

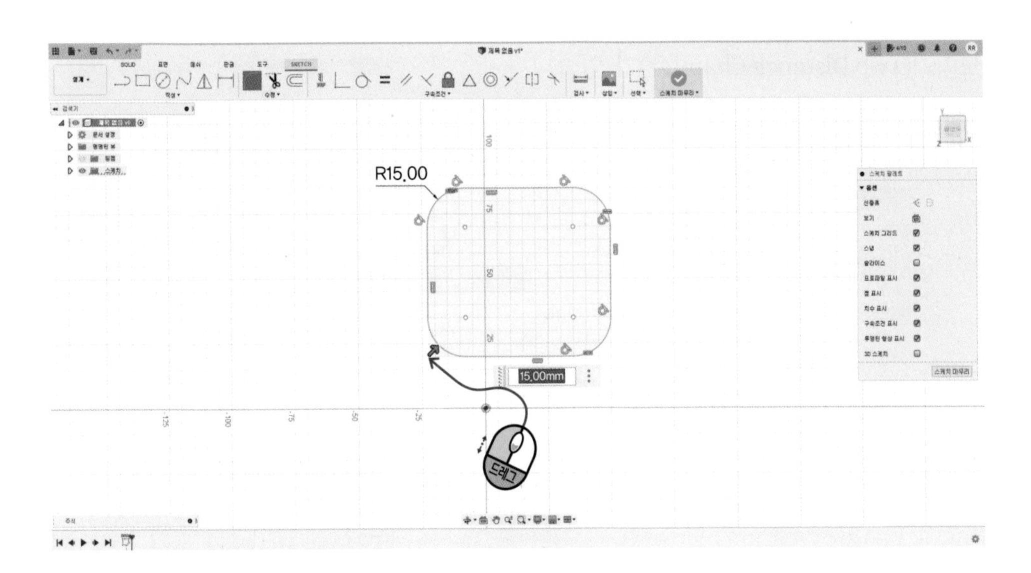


모깍기(Fillet)를 포함한 스케치 수정 메뉴는 기존의 구속을 변화시키기 때문에 사용 후에는 구속이 어떻게 변화되었는지를 확인해야 합니다.

모깍기(Fillet)의 경우에는 솔리드 모드에도 모깍기(Fillet)가 존재합니다. 상황에 따라 다르겠지만 솔리드 모드의 모깍기(Fillet)를 사용하는 것을 추천합니다. 솔리드 모드의 모깍기(Fillet)는 스케치 구속에 영향을 주지 않고 더 다양한 종류의 모깍기(Fillet)를 줄 수 있기 때문입니다.

솔리드 모깍기(Fillet)는 「Chapter 3 11. 솔리드 수정」에서 다룹니다.

## 2. 모따기(Chamfer)

모따기(Chamfer)는 두 선이 만나는 각진 부분을 깎아내는 기능입니다. 동일한 거리 모따기(Equal Distance Chamfer), 거리 및 각도 모따기(Distance and Angle Chamfer), 두 거리 모따기(Two Distance Chamfer)가 있습니다.

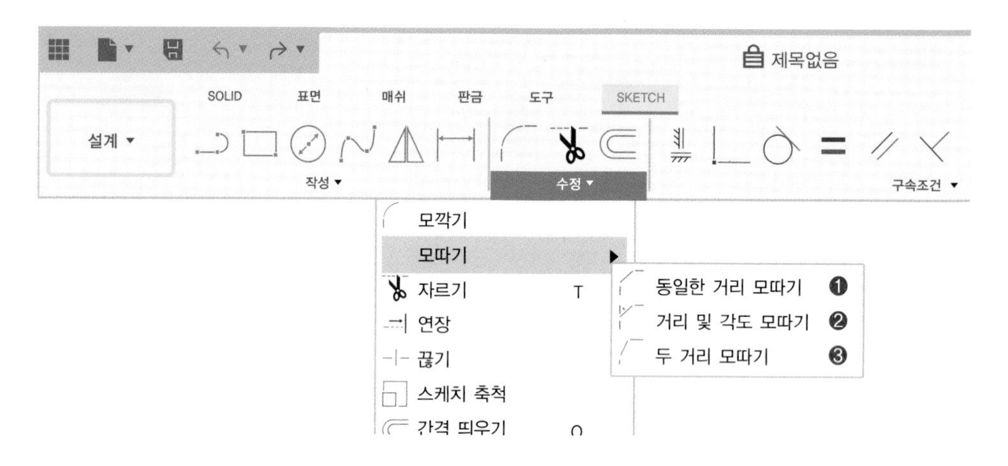


❶ 동일한 거리 모따기(Equal Distance Chamfer)

동일한 거리 모따기는 양쪽의 거리를 똑같이 깎아내는 방식입니다. 마우스 커서를 꼭짓점에 가져다 대면 변형되는 모습이 빨간색 선으로 표시가 됩니다. 클릭하면 실행이 됩니다.

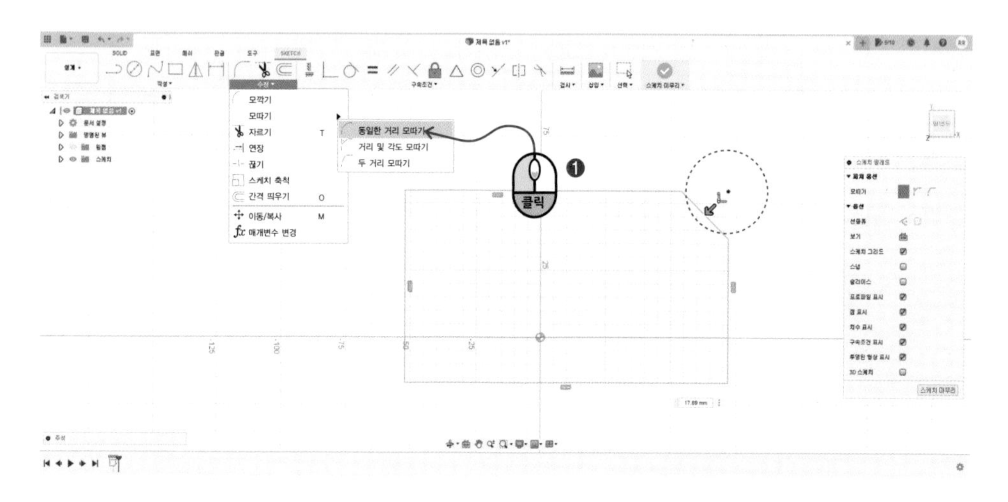

## ❷ 거리 및 각도 모따기(Distance and Angle Chamfer)

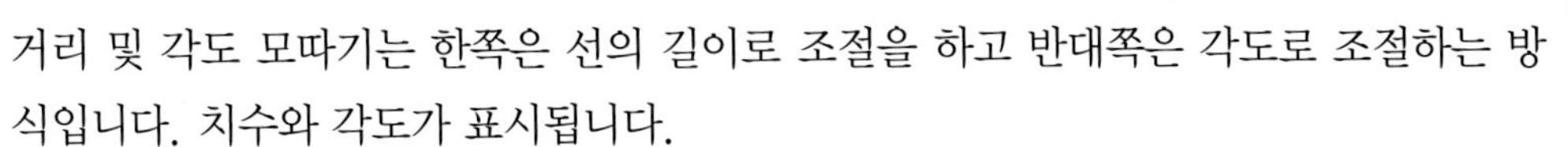

거리 및 각도 모따기는 한쪽은 선의 길이로 조절을 하고 반대쪽은 각도로 조절하는 방식입니다. 치수와 각도가 표시됩니다.

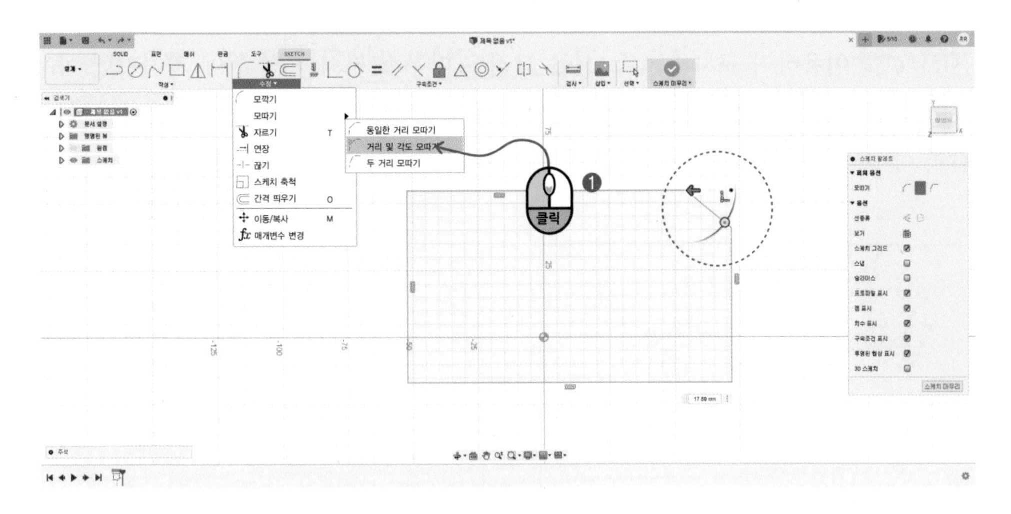


## ❸ 두 거리 모따기(Two Distance Chamfer)

두 거리 모따기는 두 선의 길이를 각각 조절하는 방식입니다.

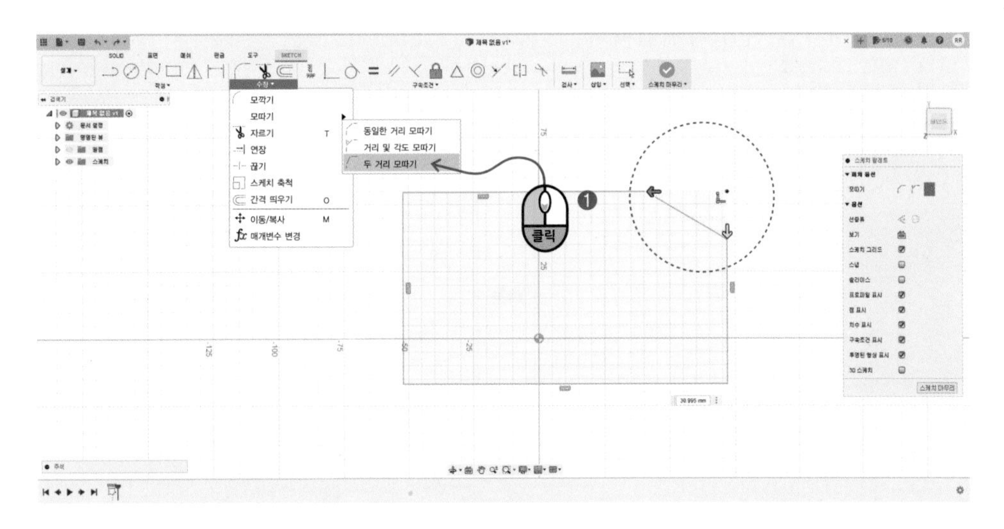


모따기도 솔리드 모드에서도 존재합니다. 상황에 따라 적절한 것을 사용하면 됩니다.

## 3. 자르기(Trim) : 단축키 T

스케치 간에 교차한 점을 기준으로 스케치를 자르는 기능입니다.

선(Line)을 이용하여 교차하는 두 선을 그리고 마우스 커서를 선 위에 가져가면 삭제될 부분이 빨간색으로 바뀝니다. 클릭하면 삭제됩니다. 빨간색으로 표시되었던 부분이 그림과 같이 삭제되었고 두 선이 만나는 지점에 일치(Coincident) 구속이 생겼습니다.

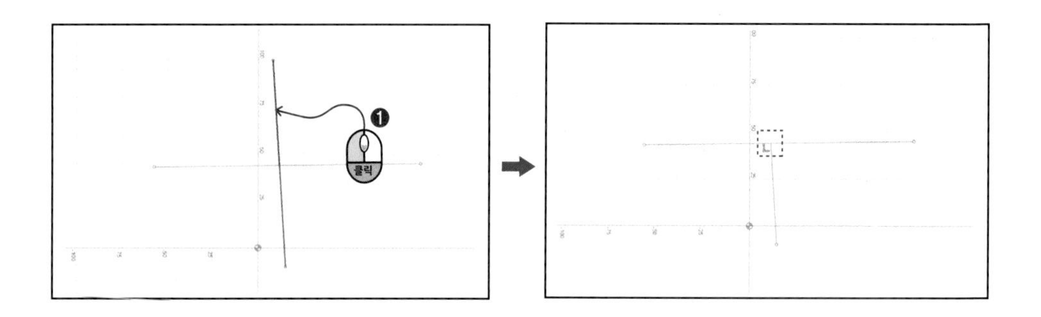


아래 그림과 같은 별 모양의 스케치가 있을 때, 자르기(Trim)를 실행하고 마우스를 삭제할 부분 가져가년 선이 삭제됩니다.

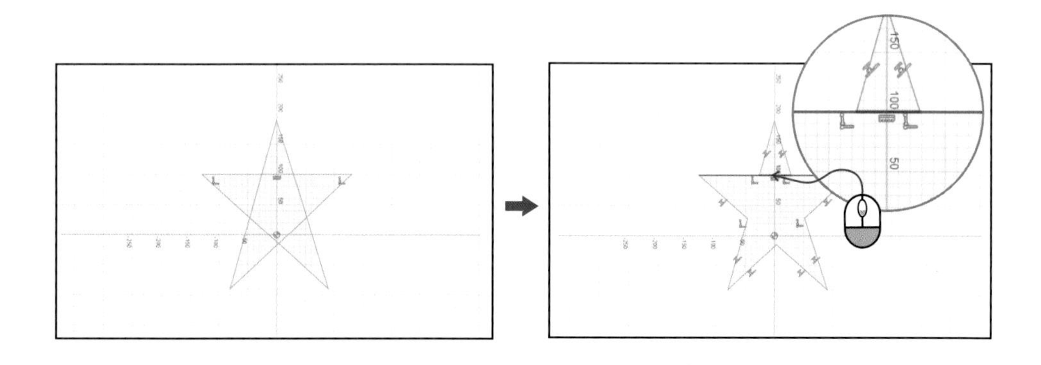

## 4. 연장(Extend)

인근의 가까운 선까지 스케치를 연장(Extend)합니다.

선과 원을 그리고 마우스 커서를 선에 가져가면 연장될 부분이 빨간색으로 표시됩니다. 클릭하면 빨간색으로 표시됐던 부분만큼 연장됩니다.

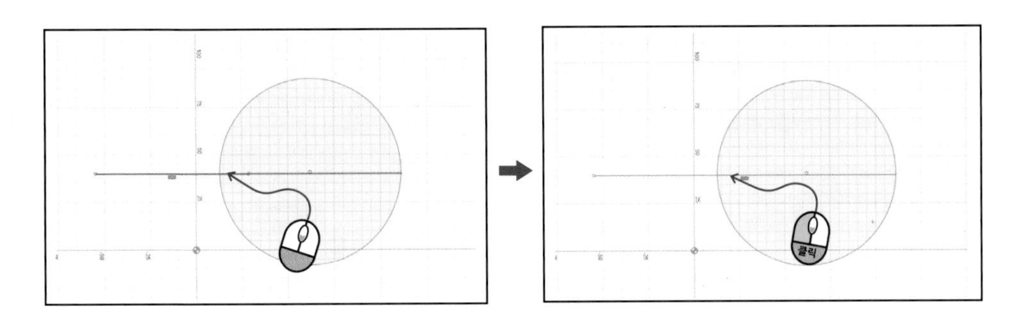


## 5. 끊기(Break)

스케치 간에 교차된 점을 기준으로 스케치를 분할하여 다른 개체로 만듭니다.

마우스 커서를 선에 가져가면 끊어질 부분이 빨간색으로 바뀝니다. 클릭하면 실행됩니다. 하나의 선이 그림과 같이 2개의 선으로 분할되었습니다.

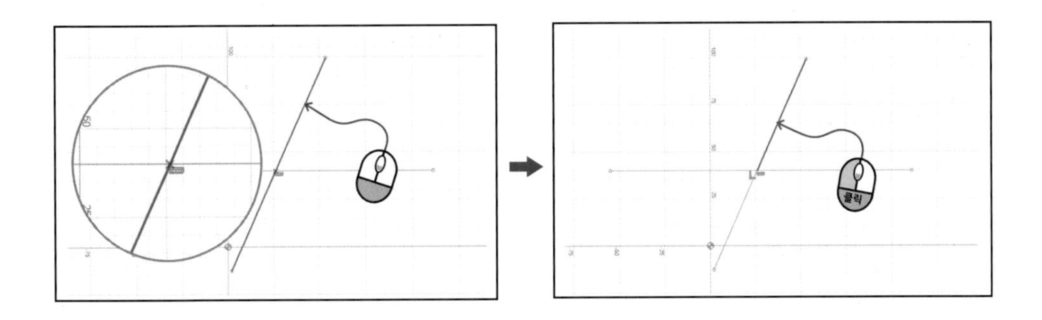

## 6. 스케치의 척도(Sketch Scale)

스케치를 확대 또는 축소합니다.

요소(Entities)에서 복제할 선을 선택하고 점(Point)에서 확대 · 축소의 기준점을 선택합니다. 비율은 화살표로 조종할 수 있고 축척 계수(Scale Factor)는 수치 입력창에 값을 입력할 수도 있습니다.

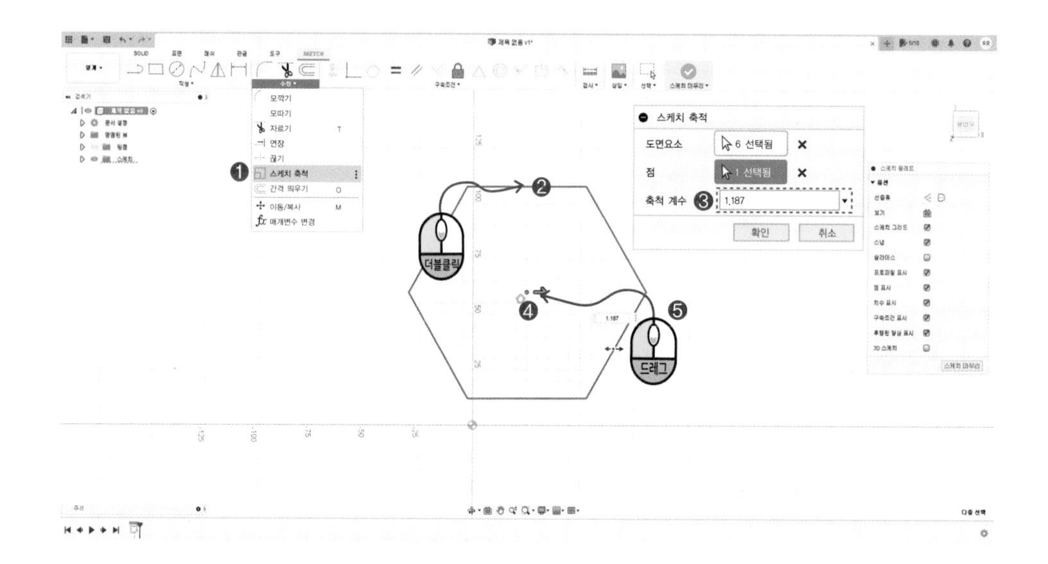

## 7. 간격띄우기(Offset) : 단축키 O

이미 그려진 스케치를 일정한 간격으로 띄워서 복제하는 기능입니다.

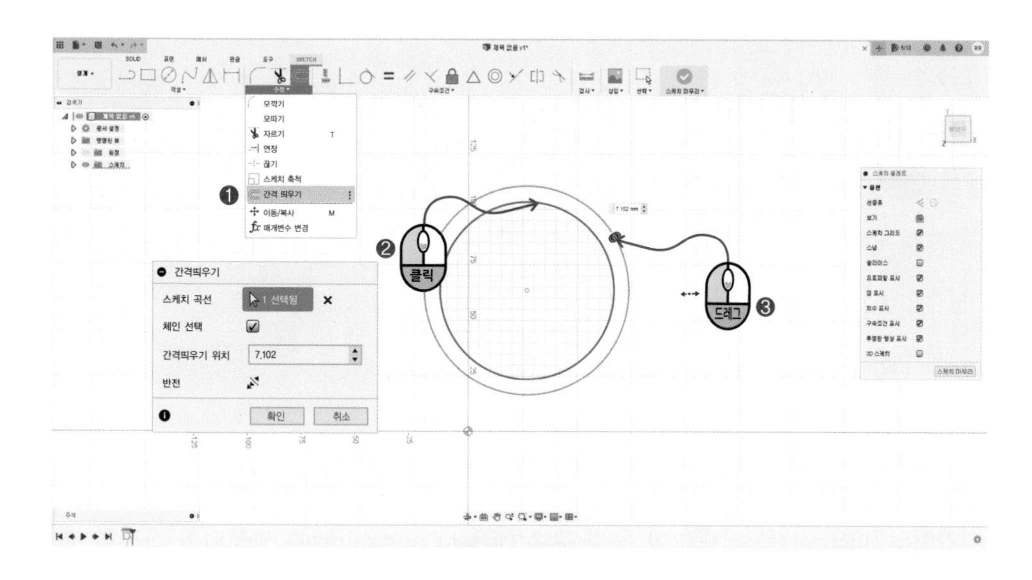


아래 그림과 같은 사각형을 그리고 간격띄우기(Offset)를 실행해 보겠습니다. 복제될 선이 빨간색으로 나타납니다.

여기에서 반전(Flip) 버튼을 누르면 방향이 바뀌어 안쪽으로 복제가 됩니다.

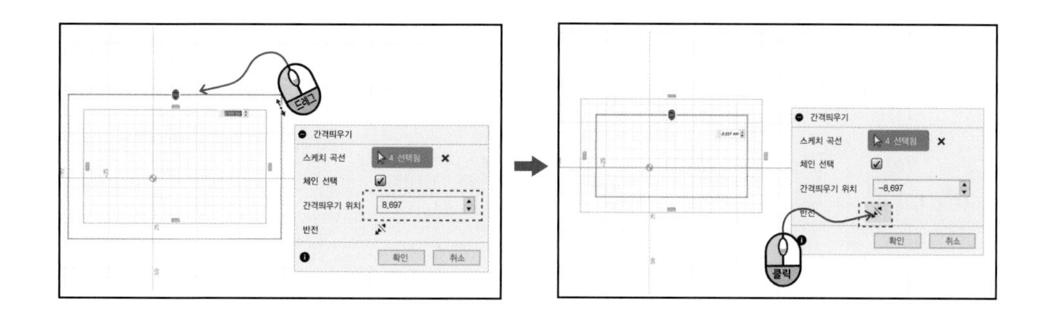

사각형을 간격띄우기(Offset)할 때 체인 선택(Chain Selection)을 해제하고 실행해 보겠습니다. 네 개의 선이 한 번에 선택되지 않고 개별적으로 선이 선택됩니다.

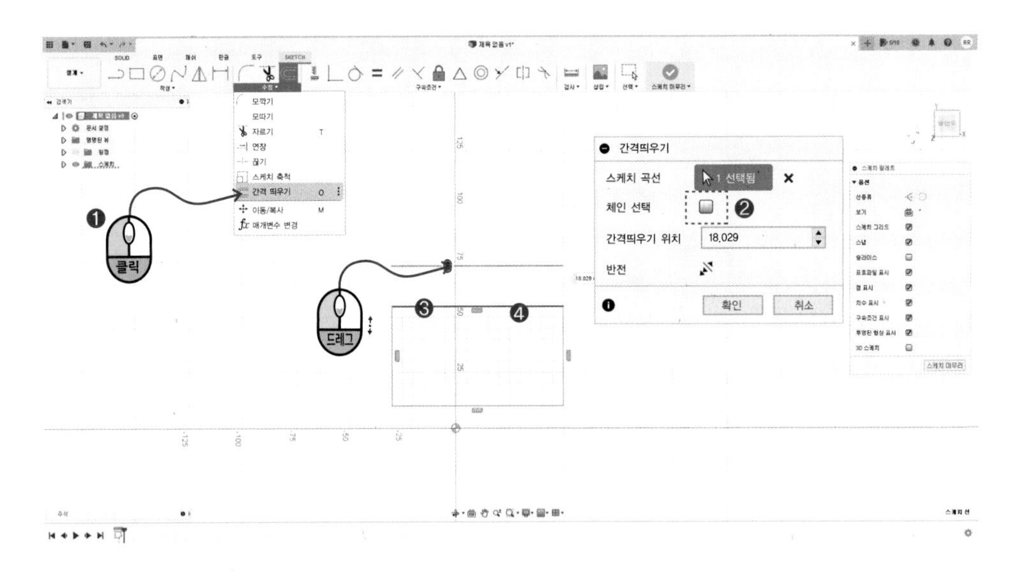


간격띄우기(Offset)를 실행하면 옵셋 구속(Offset Constraint)이 생성되어 작성한 스케치를 변경해도 일정한 간격이 서로 유지됩니다. 간격띄우기(Offset)로 생성된 선은 또다시 간격띄우기(Offset)를 실행할 수 없으므로 원본을 이용해야 합니다.

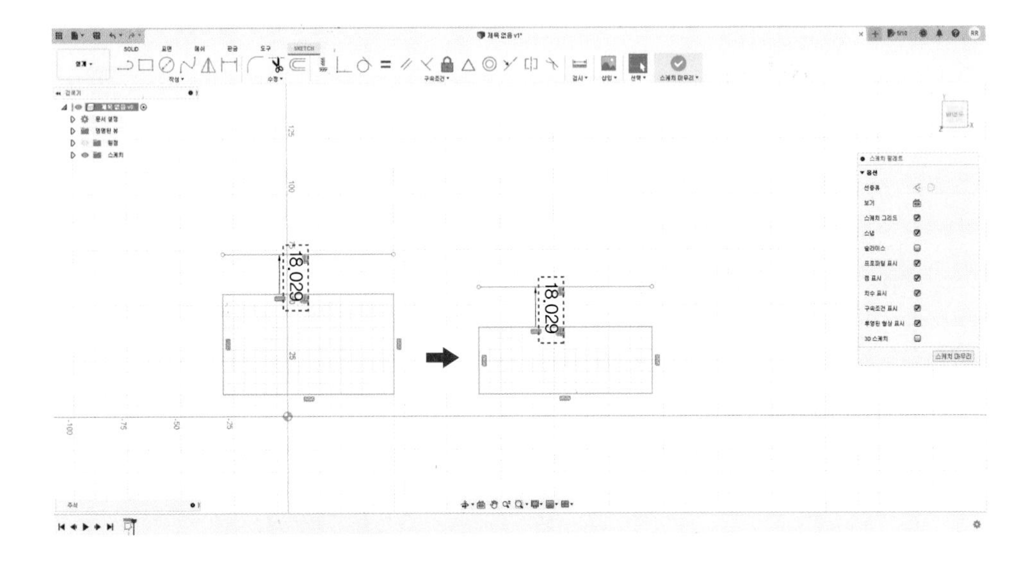

## 8. 매개변수(Change Parameters)

매개변수를 입력하거나 관리합니다. 퓨전360프로그램은 모델링한 치수를 바탕으로 데이터가 자동으로 생성되고 추가로 입력해서 변수를 관리할 수 있습니다.

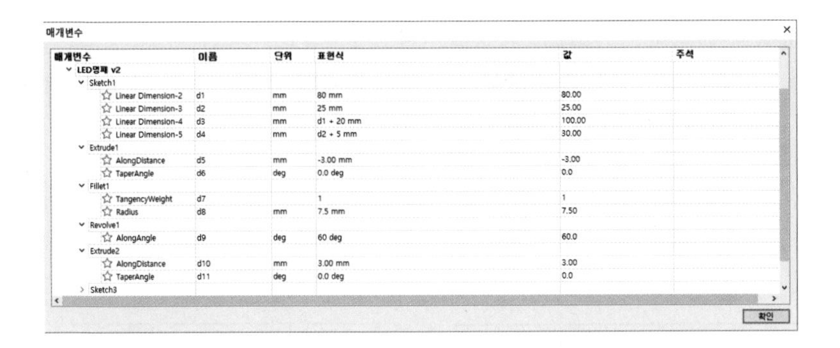
매개변수

| 매개변수 | 이름 | 단위 | 표현식 | 값 | 주석 |
|---|---|---|---|---|---|
| LED명패 v2 | | | | | |
| Sketch1 | | | | | |
| Linear Dimension-2 | d1 | mm | 80 mm | 80.00 | |
| Linear Dimension-3 | d2 | mm | 25 mm | 25.00 | |
| Linear Dimension-4 | d3 | mm | d1 + 20 mm | 100.00 | |
| Linear Dimension-5 | d4 | mm | d2 + 5 mm | 30.00 | |
| Extrude1 | | | | | |
| AlongDistance | d5 | mm | -3.00 mm | -3.00 | |
| TaperAngle | d6 | deg | 0.0 deg | 0.0 | |
| Fillet1 | | | | | |
| TangencyWeight | d7 | | 1 | 1 | |
| Radius | d8 | mm | 7.5 mm | 7.50 | |
| Revolve1 | | | | | |
| AlongAngle | d9 | deg | 60 deg | 60.0 | |
| Extrude2 | | | | | |
| AlongDistance | d10 | mm | 3.00 mm | 3.00 | |
| TaperAngle | d11 | deg | 0.0 deg | 0.0 | |
| Sketch3 | | | | | |

확인

매개변수에 대해서는『Chapter 4 02.LED 명패 만들기』에서 자세히 다룹니다.

# 08 스케치와 솔리드 객체의 선택, 이동, 복사

## 1. 스케치 선택

이동할 개체를 선택하는 방법은 다양합니다. 가장 기본 적인 선택 방법은 이동할 개체를 하나, 하나 클릭하여 선택하는 것입니다. 여러 개의 선을 함께 선택할 때는 컨트롤이나 시프트키를 누르고 클릭하면 됩니다.

연결된 선을 모두 선택할 때는 한 선을 더블 클릭하면 됩니다. 그러면 선택한 선과 연결된 모든 선이 선택됩니다.

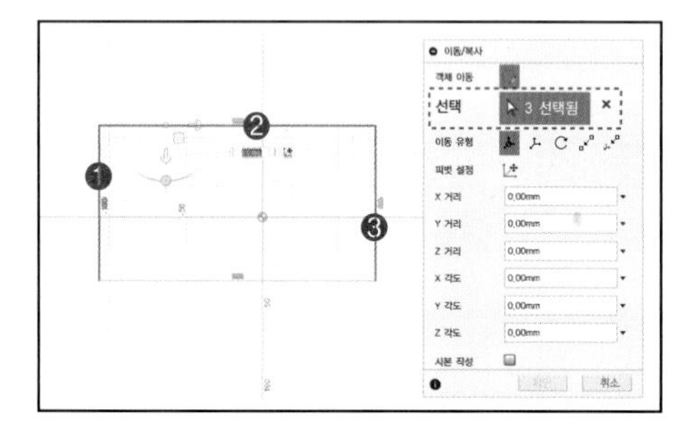


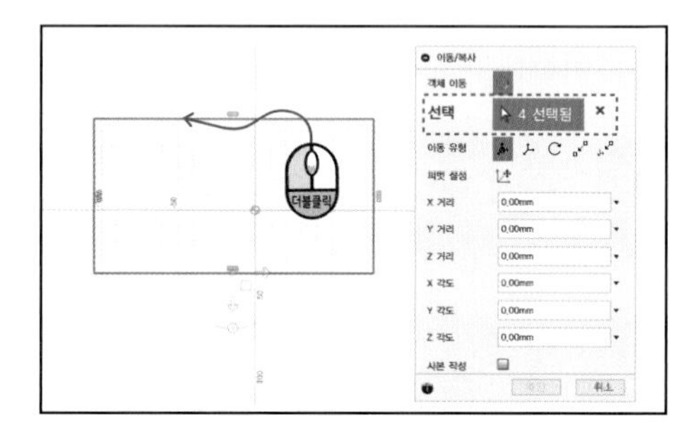


또, 드래그를 이용할 수 있습니다. 왼쪽에서 오른쪽으로 드래그 하는 경우, 사각형 범주 안에 완전히 들어오는 선과 점을 선택할 수 있습니다.

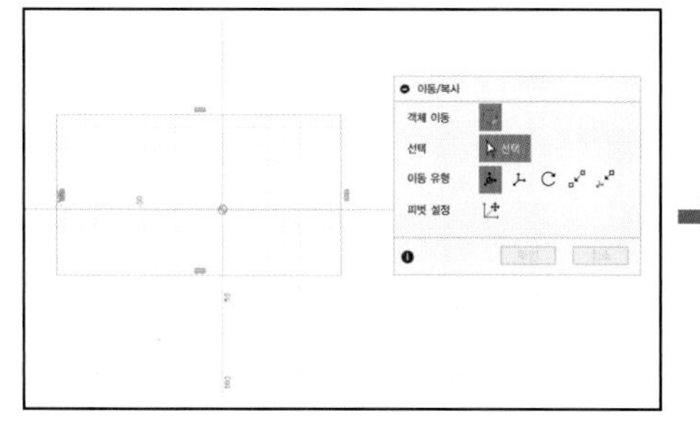


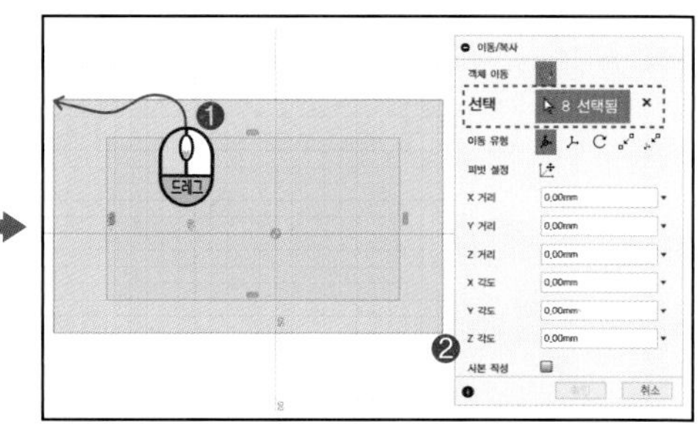

반대로 오른쪽에서 왼쪽으로 드래그를 하면 사각형 안에 선의 일부만 들어오더라도 선택이 됩니다.

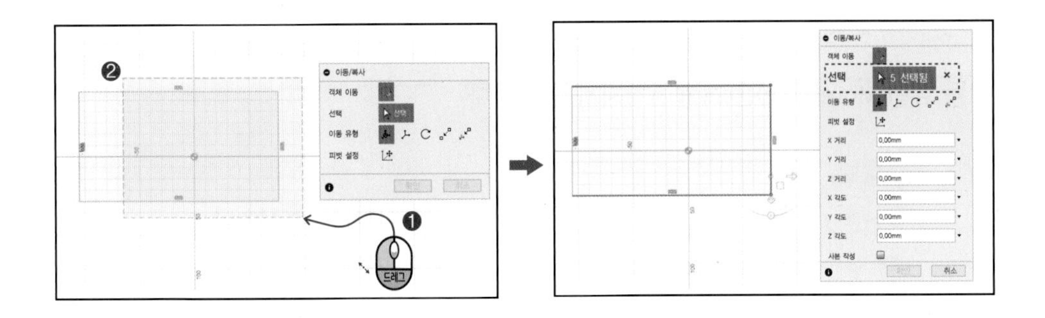


위의 그림과 같이 선택을 하니 선 3개와 점 2개가 선택되었습니다. 이런 선택 방식을 창 선택(Window Selection)이라고 합니다.

이런 선택 방법 이외에 자유형 선택(Freeform Selection)과 페인트 선택(Paint Selection)도 있습니다. 자유형 선택은 영역의 범위를 자유롭게 그리는 것으로 왼쪽에서 오른쪽으로 드래그 하는 방식과 오른쪽에서 왼쪽으로 드래그하는 방식은 창 선택과 동일한 원리로 작동됩니다.

페인트 선택은 마우스를 드래그하면서 커서에 닿는 개체를 선택하는 방식입니다. 스케치의 모양에 따라 적절한 선택 방법을 쓰면 작업시간을 단축할 수 있습니다.

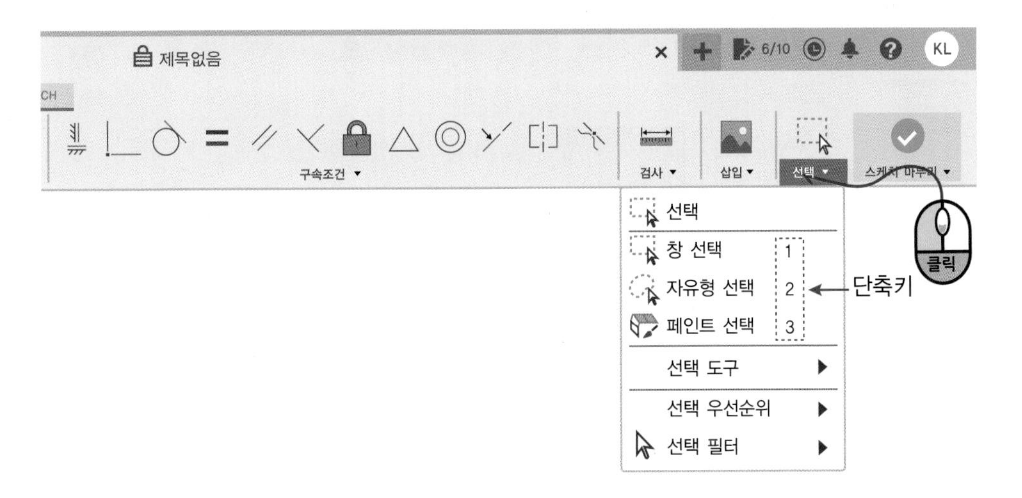

## 2. 스케치의 이동 복사(Move/Copy) : 단축키 M

스케치 모드에서 스케치를 이동하거나 복사합니다.

이동 유형(Move Type)은 크게 5가지가 있습니다.

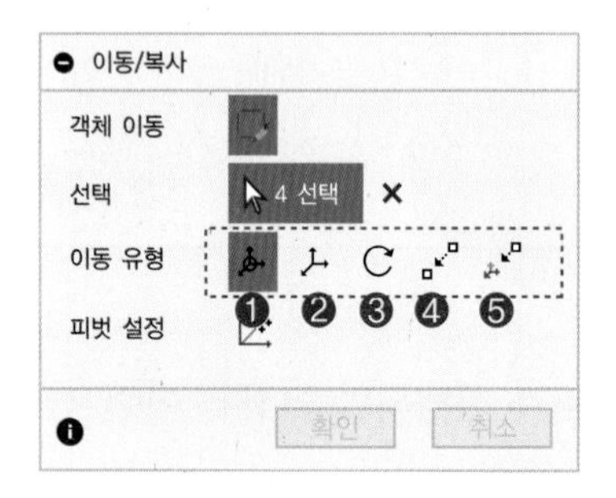


❶ 자유 이동 (Free Move)
❷ 변환 (Translate)
❸ 회전 (Rotation)
❹ 점 대 점 (Point to Point)
❺ 점 대 위치 (Point to Position)

자유 이동(Free Move)는 이동과 회전을 동시에 실행할 수 있습니다.

사각형을 하나 그리고 이동 복사(Move/Copy)를 실행합니다.

그림과 같이 4개의 선을 선택합니다. 핸들의 화살표를 드래그하면 축 향으로 이동이 되고 원을 드래그하면 회전할 수 있습니다. 또 사각형을 드래그하면 축의 두 방향으로 자유롭게 이동할 수 있습니다.

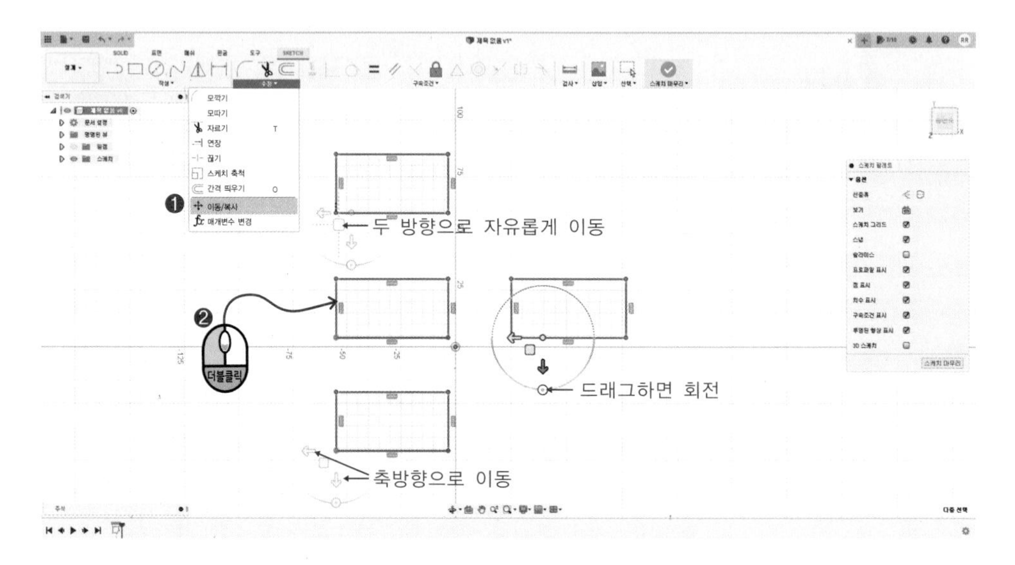

피벗 설정(Set Pivot)은 핸들의 기준점을 바꿀 수 있는 기능입니다.

피벗 설정(Set Pivot)버튼을 누르고 기준점을 정해 클릭한 후 피벗 설정(Set Pivot)의 종료(Done) 버튼을 누르면 기준점이 바뀐 것을 확인할 수 있습니다.

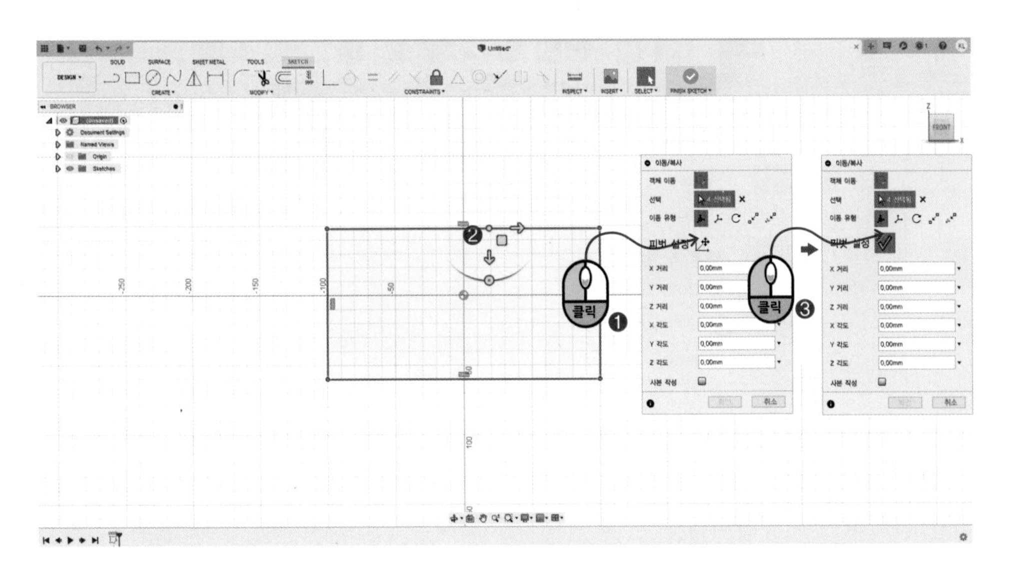


변환(Translate)은 위치 이동만 가능하며 방향(Direction)을 통해 다양한 기준점의 위치를 정할 수 있습니다.

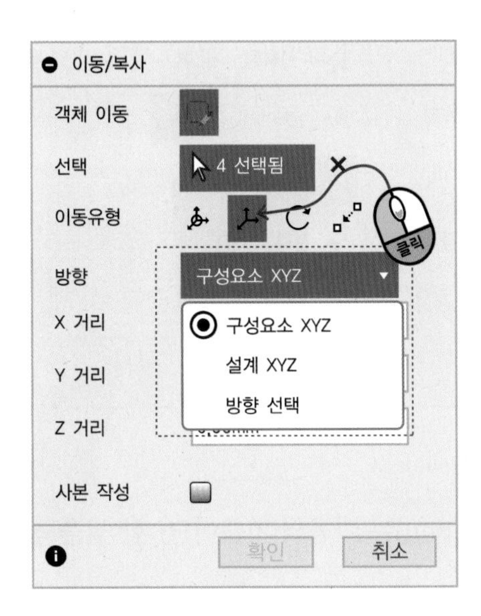

회전(Rotate)은 회전하는 축을 지정하여 스케치를 회전합니다.

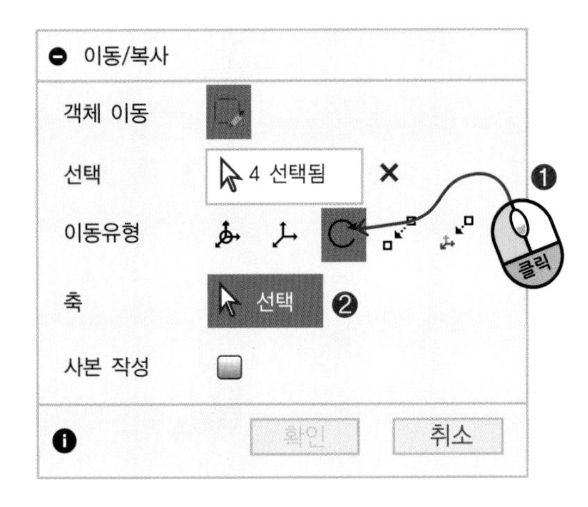


점 대 점(Point to Point)은 이동의 기준이 될 한 점을 선택하고 그 점을 이동시킬 또 다른 점을 선택하여 이동합니다.

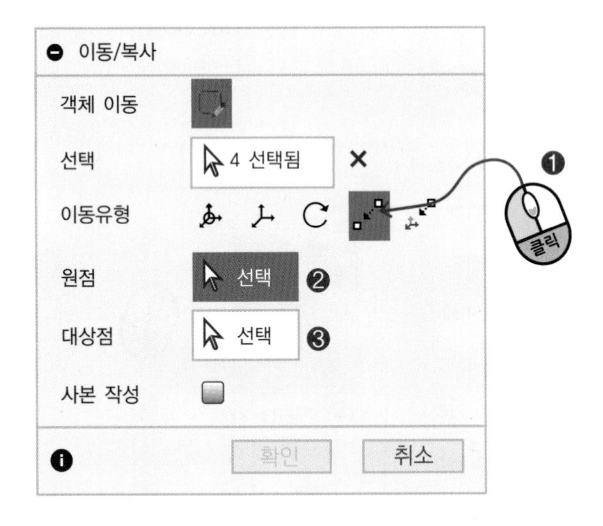


점 대 위치(Point to Position)는 이동의 기준이 될 한 점을 선택하고 그 지점의 X, Y, Z값을 입력하여 이동합니다.

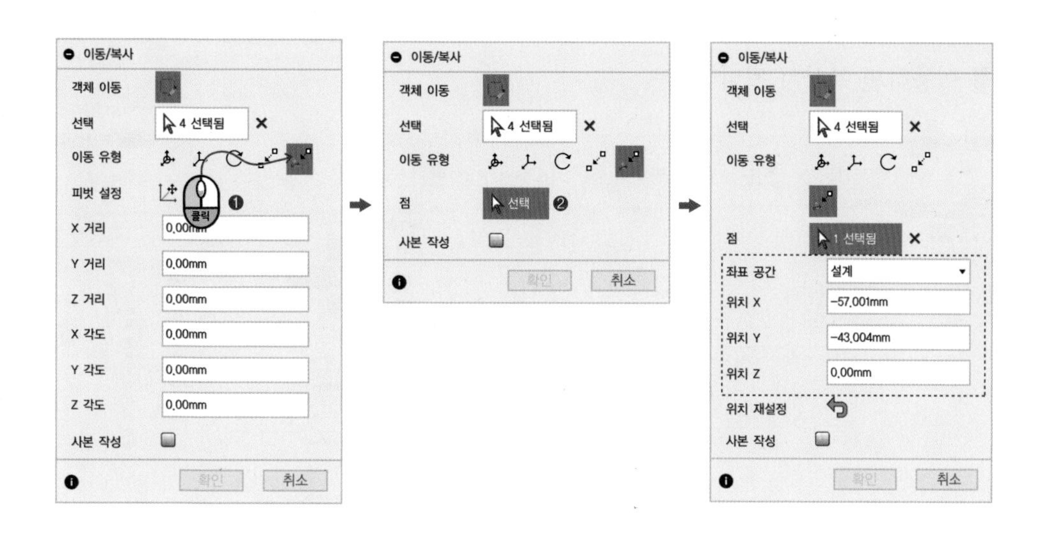


복사(Copy) 할 때는 사본 작성(Create Copy)을 체크하고 핸들의 화살표를 이동시키면 됩니다.

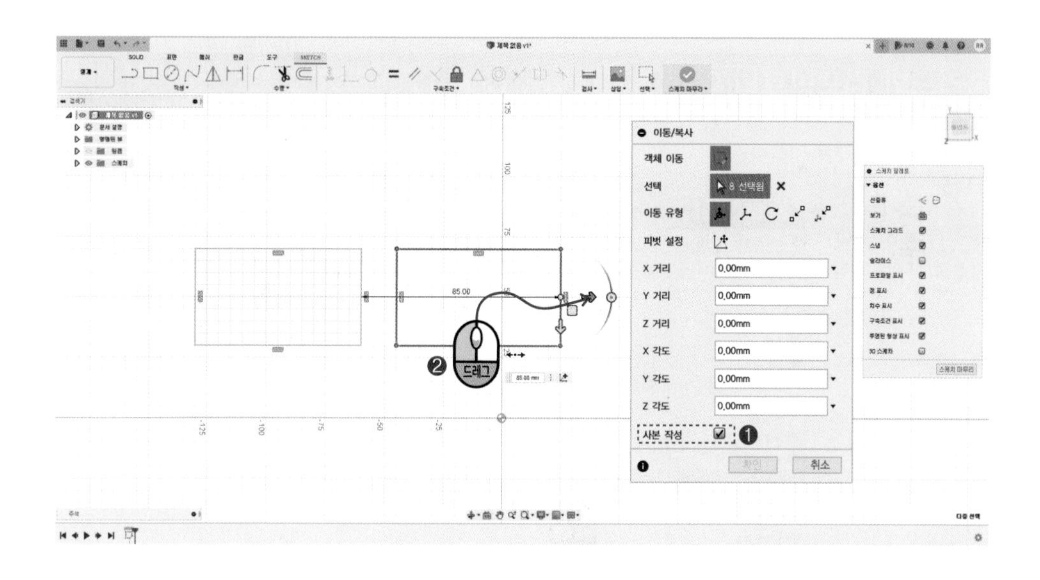

또는 복제할 개체를 선택하고 Ctrl+C, Ctrl+V를 누르면 핸들이 나타나는데 이 때 화살표를 이동하면 복사가 됩니다.

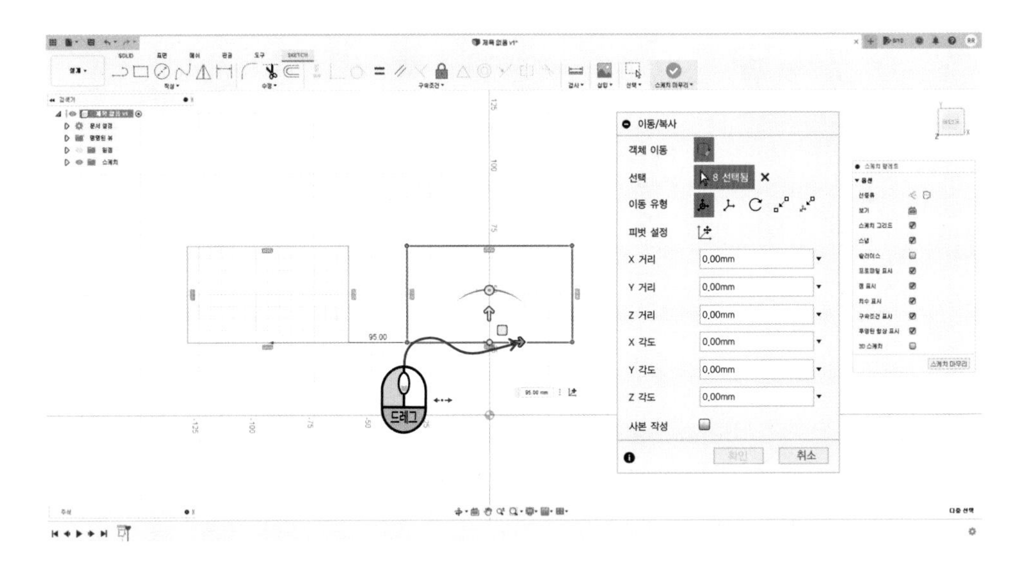


## 3. 솔리드와 컴포넌트의 이동 복사(Move/Copy) : 단축키 M

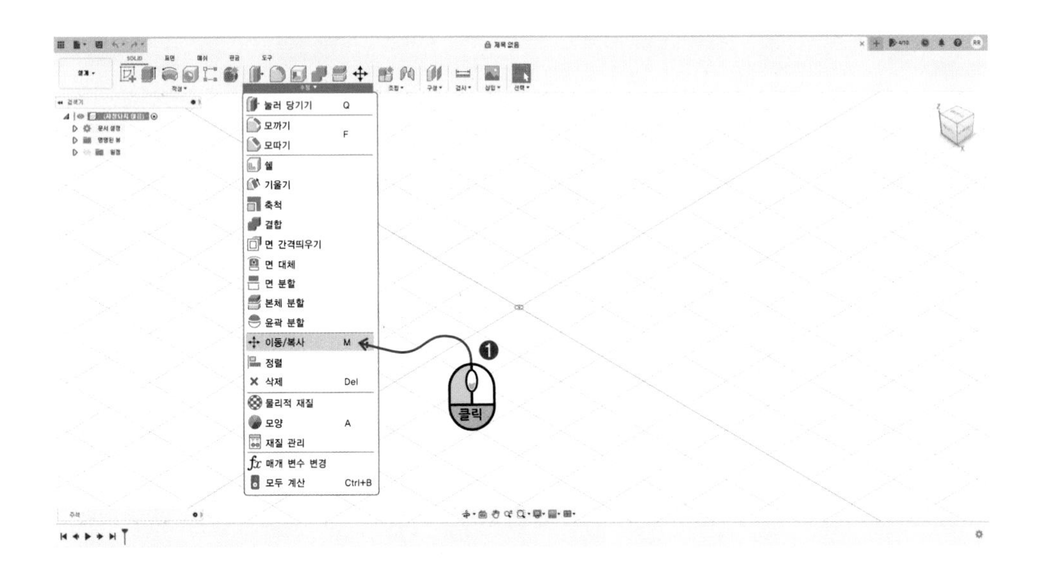

솔리드 모드에서 객체를 이동하거나 복사합니다. 구성요소(Components)와 본체(Body), 면(Face), 스케치(Sketch) 등을 이동하거나 복사할 수 있습니다.

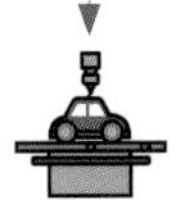

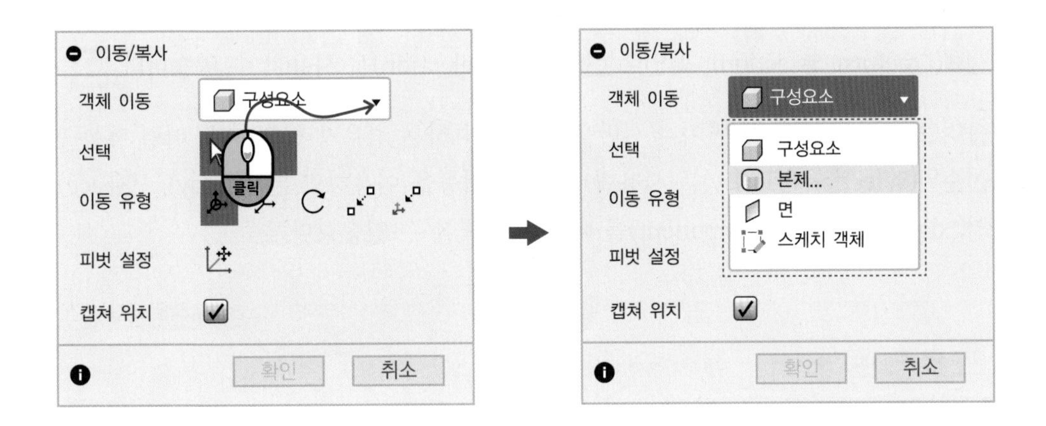


객체의 이동 방법은 스케치 이동 방법과 같이 자유 이동(Free Move), 변환(Translate), 회전(Rotation), 점 대 점(Point to Point), 점 대 위치(Point to Position)등을 사용할 수 있습니다.

주의할 것은 자유 이동(Free Move)의 경우 피쳐(Featur)나 매개 변수(Parameter) 값이 지정되어 있지 않아 추후 수정이 어려울 수 있다는 것입니다.

추후 값을 많이 수정해야 하는 경우 자유 이동(Free Move)은 가급적 사용하지 않는 것이 좋습니다.

## 4. 솔리드의 객체 선택

솔리드 모드의 선택에서도 스케치 선택방법과 같이 창 선택(Window Selection), 자유형 선택(Freeform Selection), 페인트 선택(Paint Selection)을 사용할 수 있습니다.

솔리드의 경우 작업 시 면이나 선만을 선택해야 하는 경우가 있습니다. 이럴 때는 선택 우선순위(Selection Priority)를 사용합니다. 이 기능을 이용하면 본체(Body), 면(Face), 모서리(Edge), 구성요소(Component)를 빠르게 선택할 수 있습니다.

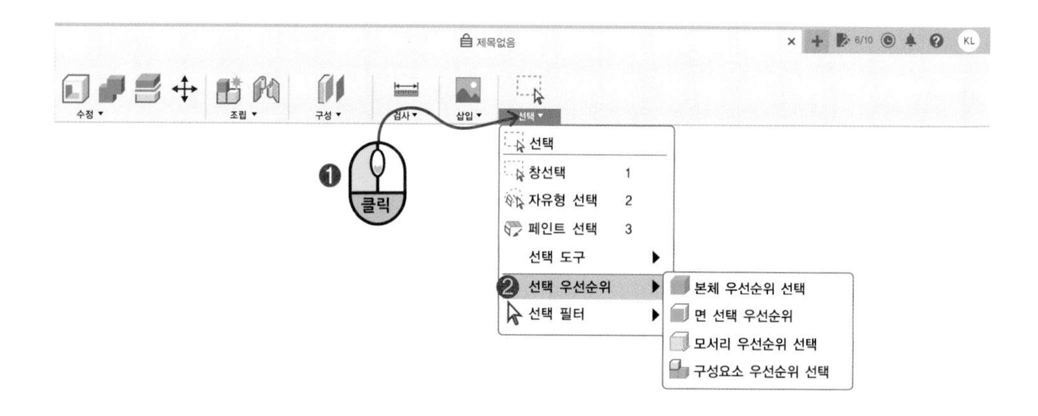


그림과 같이 상자를 하나 만들고 상단의 메뉴에서 〈선택(SELECT)〉-〈선택 우선순위(Selection Priority)〉-〈모서리 우선순위 선택(Select Edge Priority)〉를 선택합니다. 그리고 마우스를 오른쪽에서 왼쪽으로 드래그하면 세로 모서리 4개만을 선택할 수 있습니다.

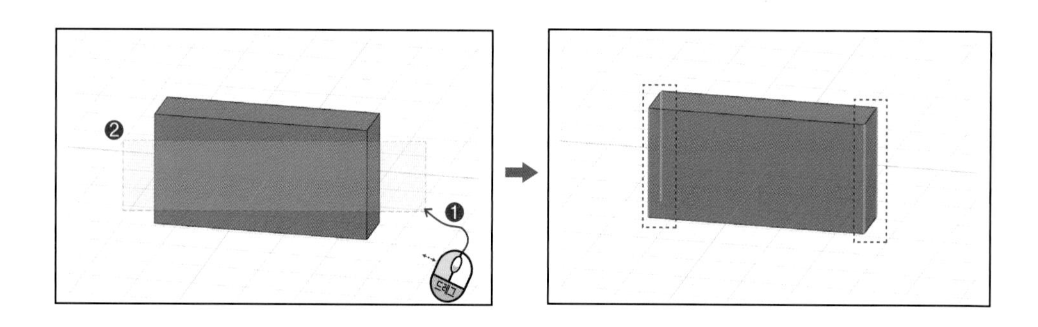

선택 우선순위(Selection Priority) 사용 시, 주의할 점은 사용이 끝난 후에는 반드시 체크 해제를 해야 한다는 것입니다.

툴바의 해당 아이콘을 클릭하면 체크가 해제됩니다.

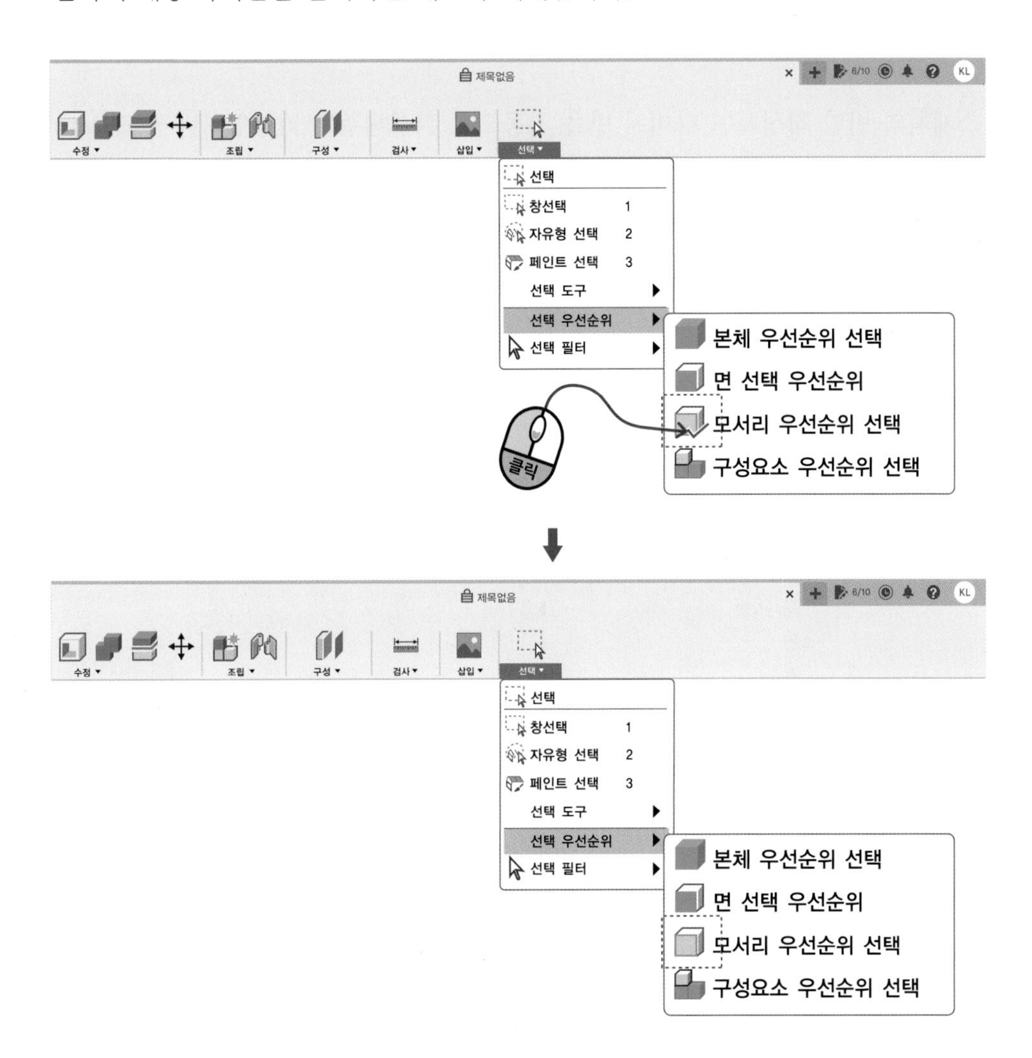

# 09 기존의 객체를 이용한 스케치 생성

## 1. 미러(Mirror)

스케치의 반만 작성하면 나머지 반을 자동으로 완성해주는 기능입니다. 미러(Mirror) 기능을 이용하면 선대칭 도형도 쉽게 만들 수 있습니다.

선대칭 도형 : 어떤 선을 기준으로 접었을 때 완전히 포개지는 도형

선(Line)을 이용하여 그림과 같은 삼각형과 선을 하나 그려 줍니다.

미러(Mirror)를 실행합니다.

객체(Objects)로 삼각형을 선택하고 미러 선(Mirror Line)의 선택(Select)을 클릭하고 직선을 선택합니다. 그러면 생성될 선이 검은색으로 나타납니다.

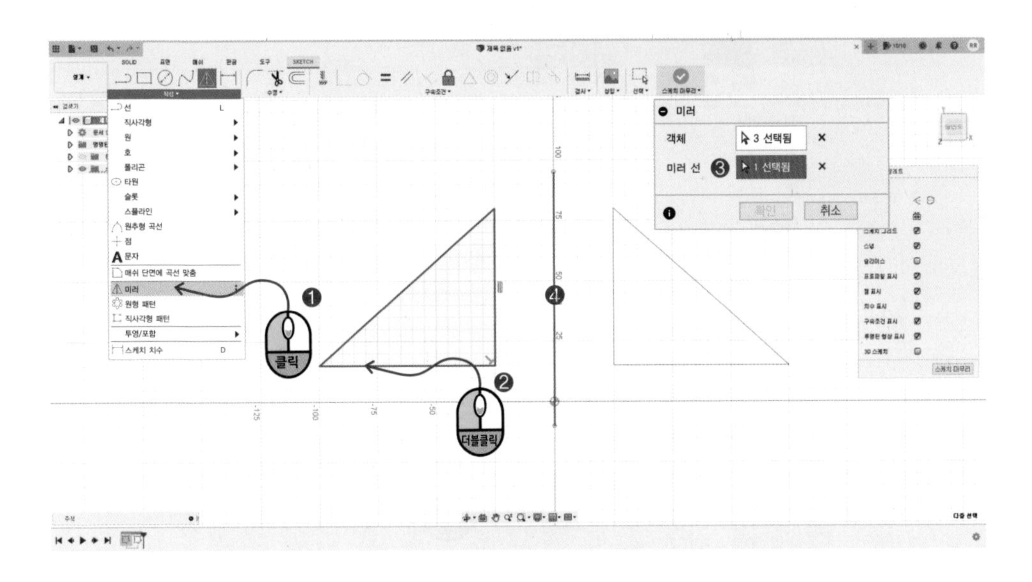


확인 버튼을 누르면 선이 생성됩니다. 한쪽 삼각형의 선을 드래그하여 선을 변경하면 반대쪽 선도 똑같이 바뀝니다. 미러(Mirror)를 실행하면 자동으로 대칭 구속(Symmetry)이 걸리기 때문입니다.

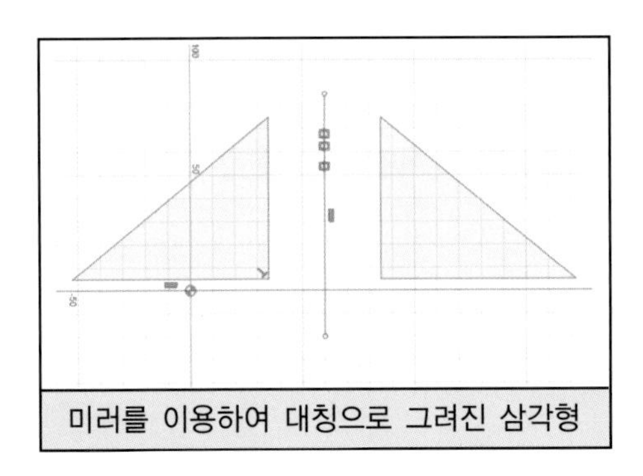

미러를 이용하여 대칭으로 그려진 삼각형

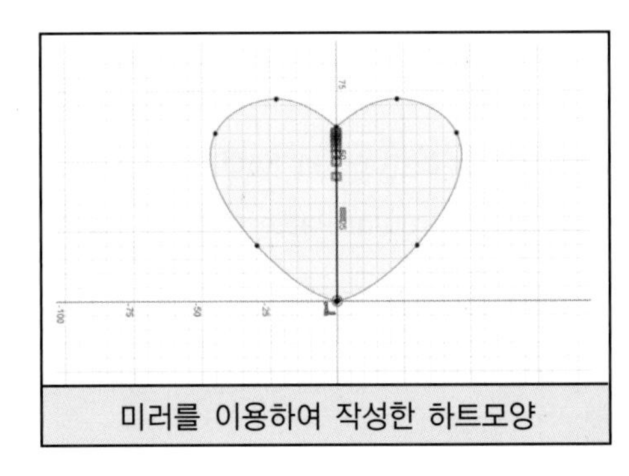

미러를 이용하여 작성한 하트모양

## 2. 원형 패턴(Circular Pattern)

특정 스케치를 원형으로 복제하여 패턴을 만드는 기능입니다. 시계의 숫자를 나타내는 12개의 판을 만드는 스케치를 해보겠습니다.

중심 직사각형(Center Rectangle)을 이용하여 원점과 떨어진 사각형을 그립니다. 그리고 원형 패턴(Circular Pattern)을 실행합니다.

객체(Objects)로 사각형을 선택하고 중심점(Center Point)으로 원점을 클릭합니다. 수량(Quantity)에 12를 입력하면 그림과 같은 스케치가 생성됩니다.

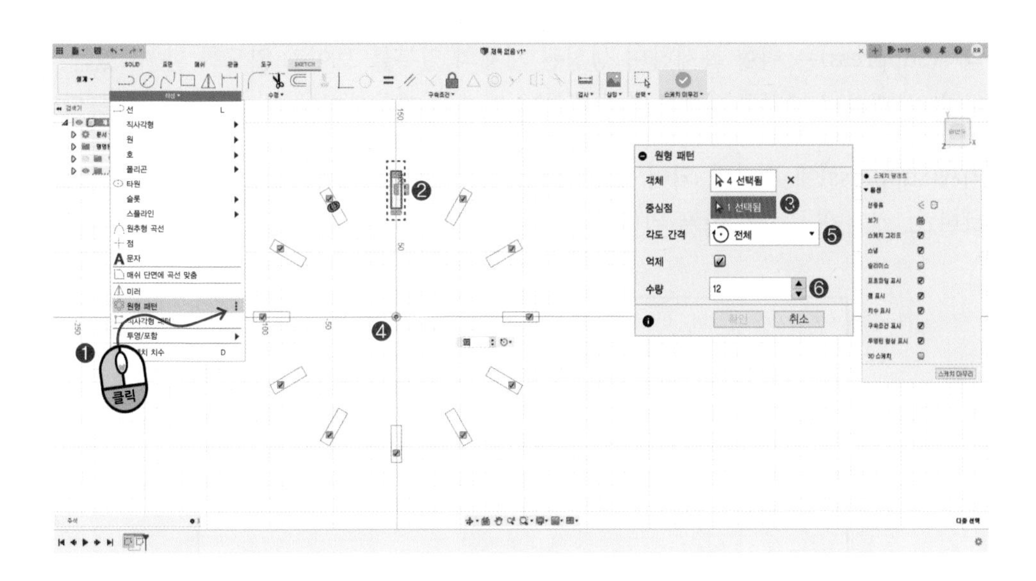

각도 간격(Angular Spacing)은 원형 복제할 범위를 나타낸 것입니다.

전체(Full)는 360도에 12개의 사각형을 배치하는 것이고 각도(Angle)는 지정된 각도로 개체를 배치하는 것입니다. 각도(Angle)를 선택하면 전체 각도(Total Angle) 입력창이 생기는데 이를 270도로 변경합니다. 그러면 270도 안에 사각형 12개가 동일한 간격으로 배치됩니다.

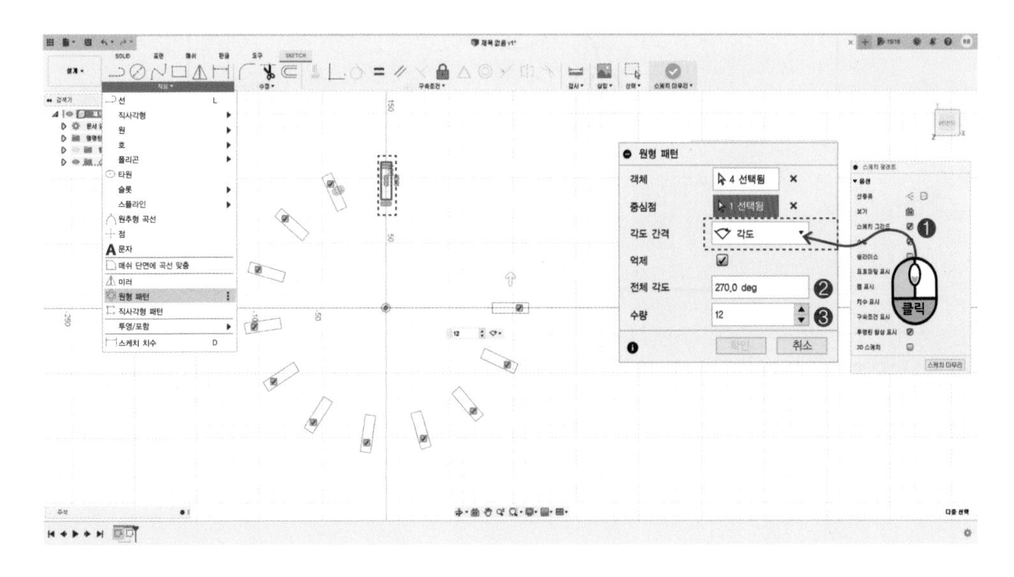

억제(Suppress)는 원형 복제하며 생성된 개체의 일부를 보이지 않도록 할 수 있는 기능입니다. 선택한 스케치를 원형으로 복제하되 일부는 제외시켜야 할 때 유용한 기능입니다.

억제(Suppress)에 체크가 되어 있으면 복제된 개체마다 ✓표시가 나타납니다. ✓를 해제하면 그 개체가 보이지 않게 됩니다.

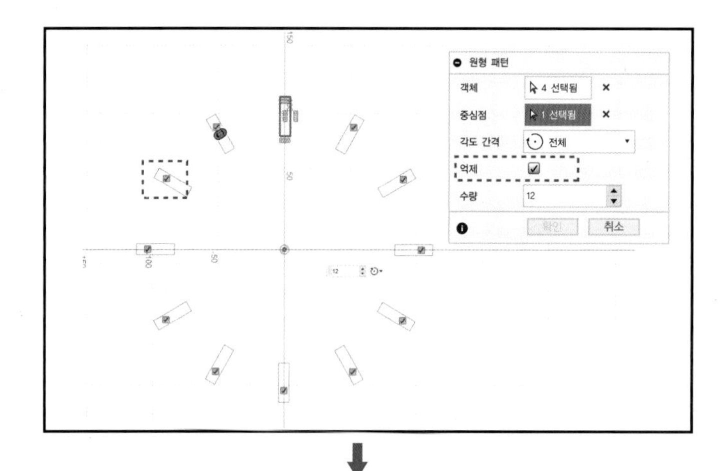


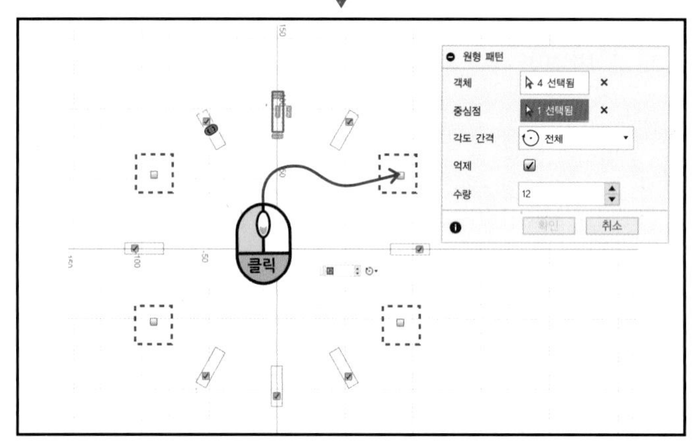


스케치 모드의 원형 패턴과 직사각형 패턴은 패턴 구속이 걸리기 때문에 아무 개체 하나만 바꿔줘도 전체가 함께 바뀝니다. 패턴 구속이 걸려있기 때문입니다.

## 3. 직사각형 패턴(Rectangular Pattern)

특정 스케치를 사각형 모양으로 복제하여 패턴을 만드는 기능입니다.

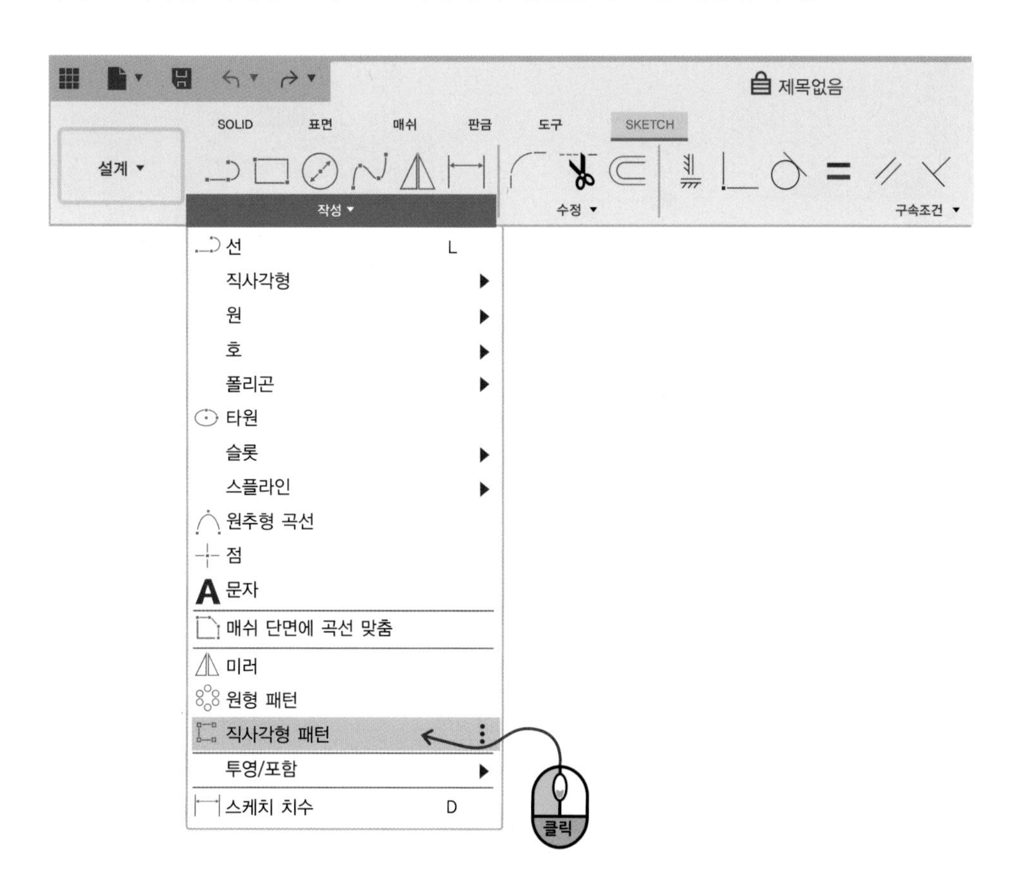

2점 지정 직사각형(2-Point Rectangle)과 선(Line)을 이용하여 사각형과 선을 그려 주고 직사각형 패턴(Rectangular Pattern)을 실행합니다.

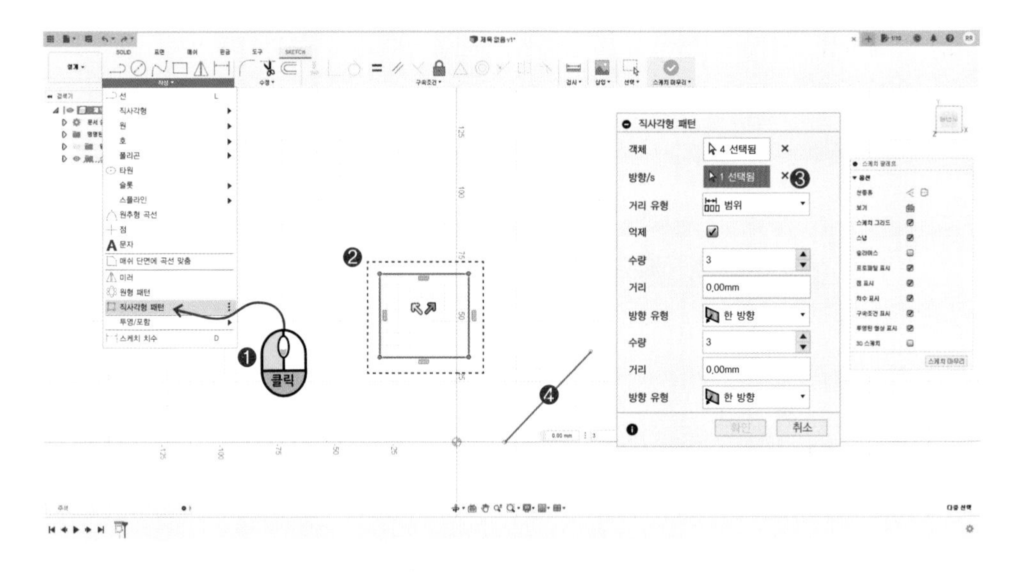


그리고 화살표 2개를 이용하여 사각형을 배치하면 아래 왼쪽 그림과 같이 스케치가 생성되고 방향/s(Direction/s)을 간격(Spacing)으로 변경하면 오른쪽 그림과 같이 나타납니다.

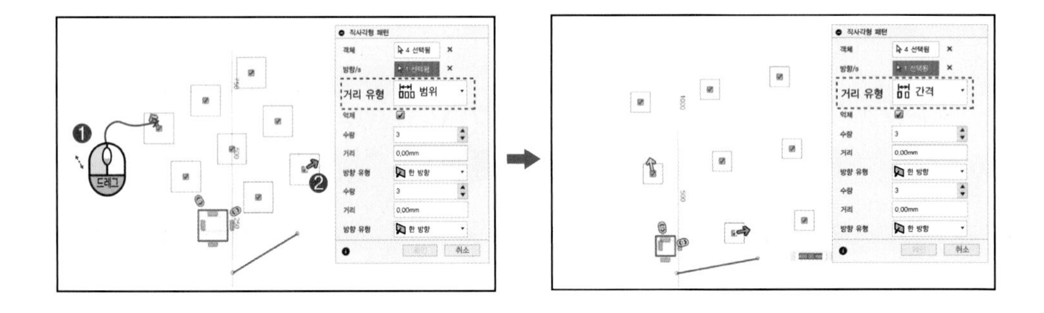


거리 유형(Distance Type)에는 범위(Extent)와 간격(Spacing)이 있습니다. 범위(Extent)는 가로 또는 세로의 전체 길이를 기준으로 배치하는 것이고 간격(Spacing)은 두 개체의 간격을 기준으로 배치하는 것입니다.

## 4. 프로젝트(Project) : 단축키 P

본체로 부터 스케치 선을 만들 때 유용한 기능으로 작성한 솔리드나 스케치를 특정 평면에 비추었을 때 생기는 선이나 점을 스케치로 만드는 기능입니다.

빔프로젝터가 빔을 천에 비추어 형상을 나타내는 것과 비슷한 원리라고 생각하면 이해가 쉽습니다.

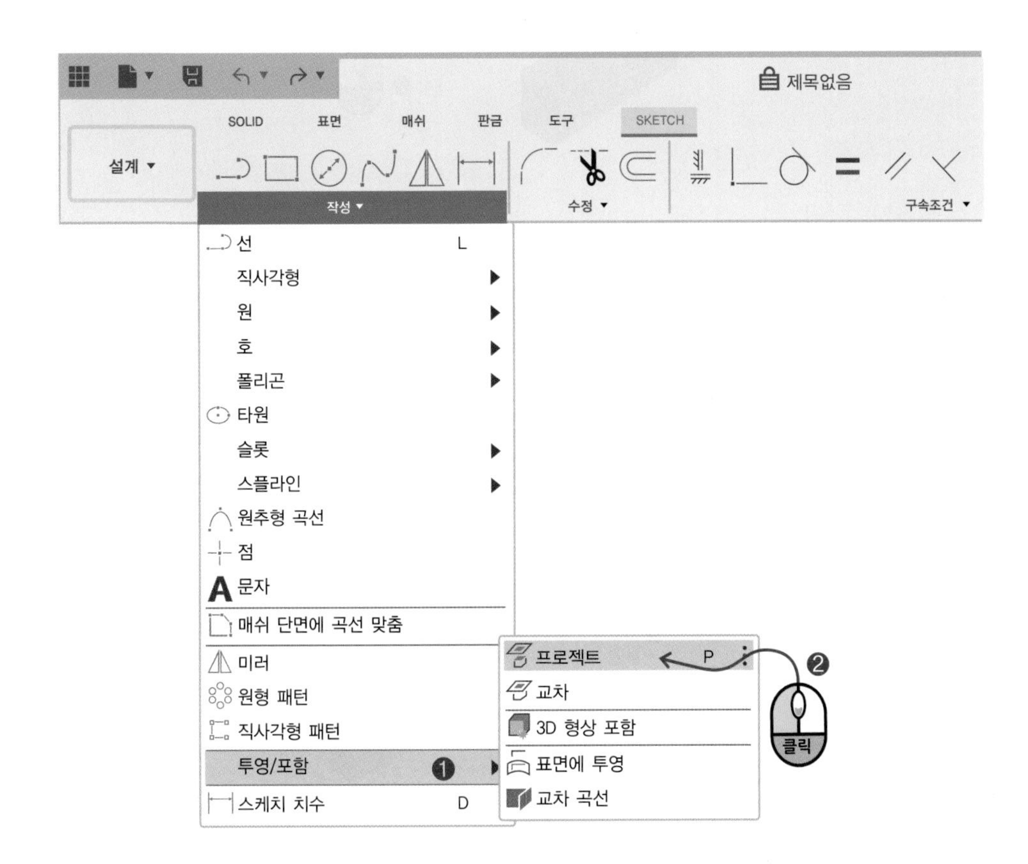

솔리드 모드에서 원점과 떨어진 상자(Box)를 하나 만듭니다.(상자를 만드는 것은 Chapter 3 10. 솔리드 생성 참조) 그리고 스케치 모드로 들어가 XZ평면을 선택합니다.

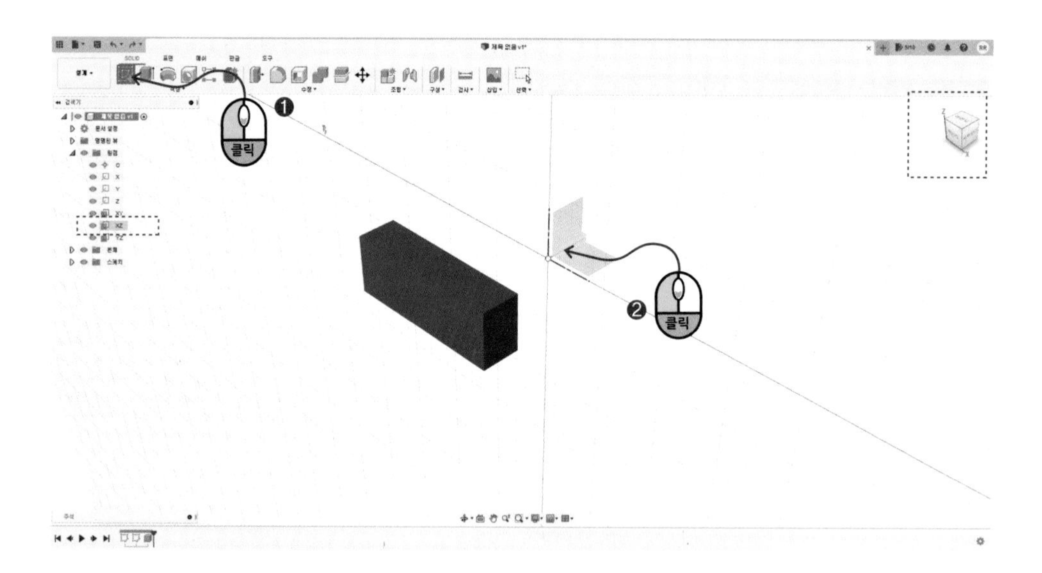


프로젝트(Project)를 실행하고 마우스 커서를 상자의 점, 선, 면에 가져다 대면 XZ평면에 빨간색으로 생성될 선을 미리 보여 줍니다.

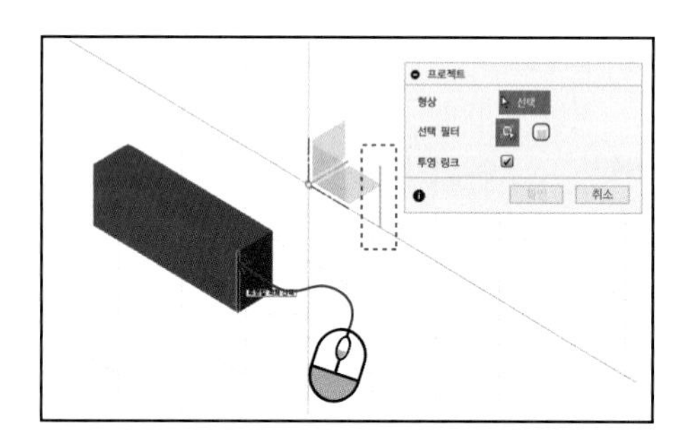


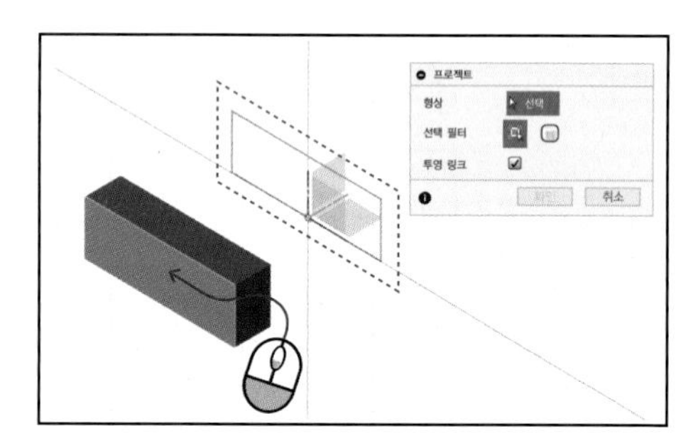

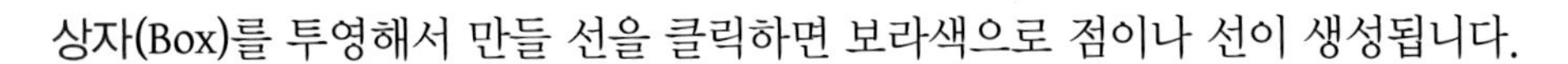

상자(Box)를 투영해서 만들 선을 클릭하면 보라색으로 점이나 선이 생성됩니다.

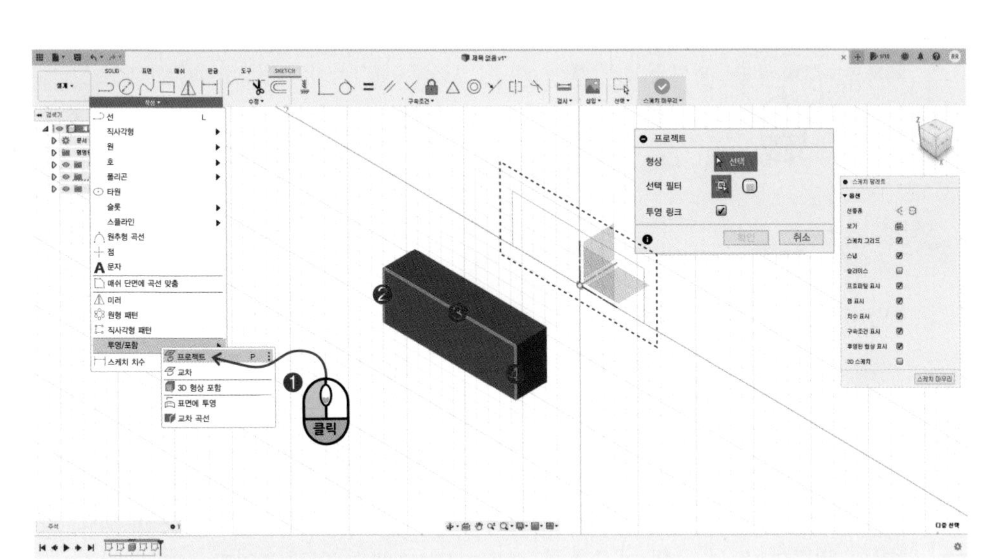


프로젝트(Project)를 이용하여 실린더의 정중앙을 원형으로 관통하는 형상을 만들어 보겠습니다. 그림과 같은 원통(Cylinder)을 하나 만들어 줍니다.

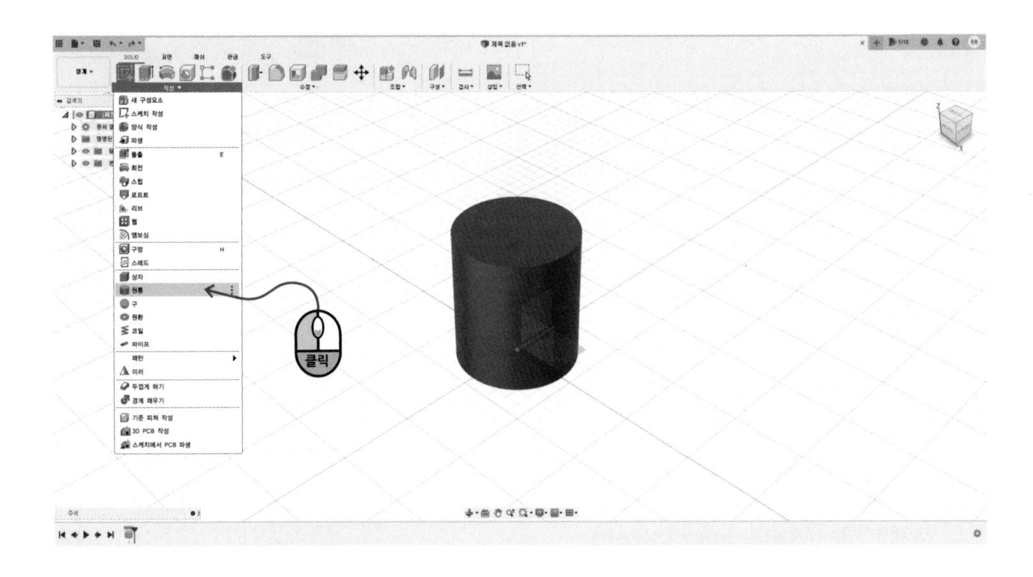

스케치 작성(Create Sketch) 버튼을 누르고 XZ평면을 선택합니다.

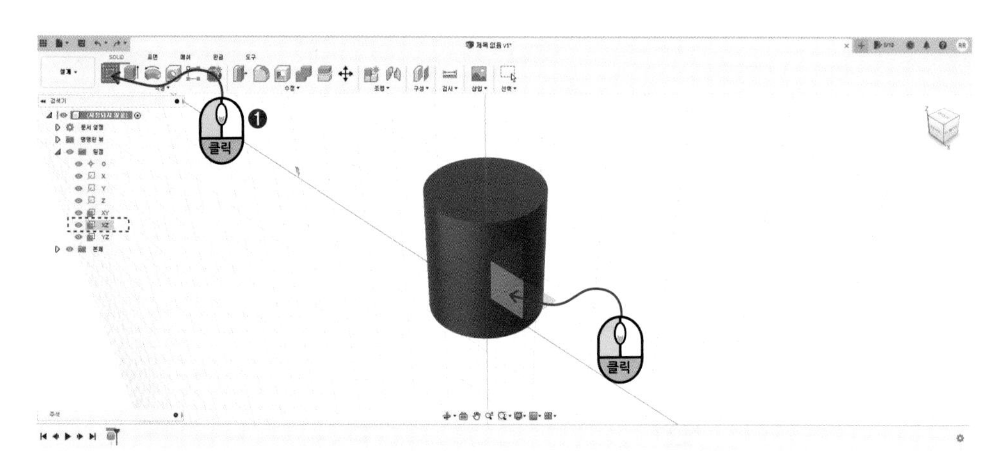


프로젝트(Project)를 실행하고 선택 필터(Selection Filter)에서 본체(Bodies)를 선택합니다. 그리고 원통(Cylinder)에 마우스를 선택하면 본체의 외곽라인으로 이루어진 사각형이 생성됩니다. 프로젝트는 이처럼 본체의 일부를 스케치 선으로 만들 때 많이 활용됩니다.

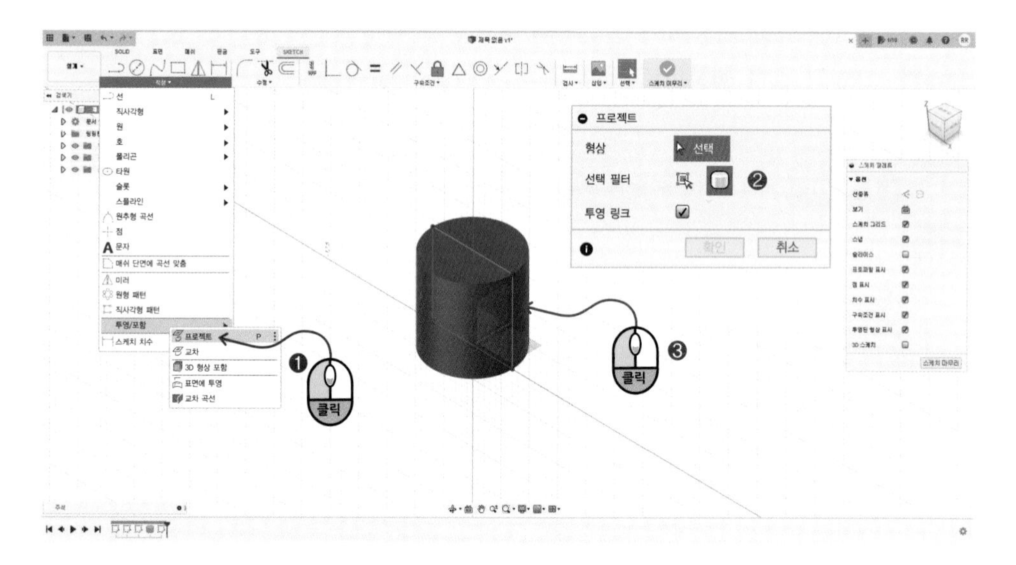

### 선택 필터(Selection Filter)

지정된 도면 요소(Specified Entities) : 대상의 일부만 선택하여 스케치로 만들 수 있음
본체(Bodies) : 대상의 외곽라인을 스케치로 만듦

프로젝트로 생성된 사각형에 선(Line)으로 대각선을 그려 줍니다.

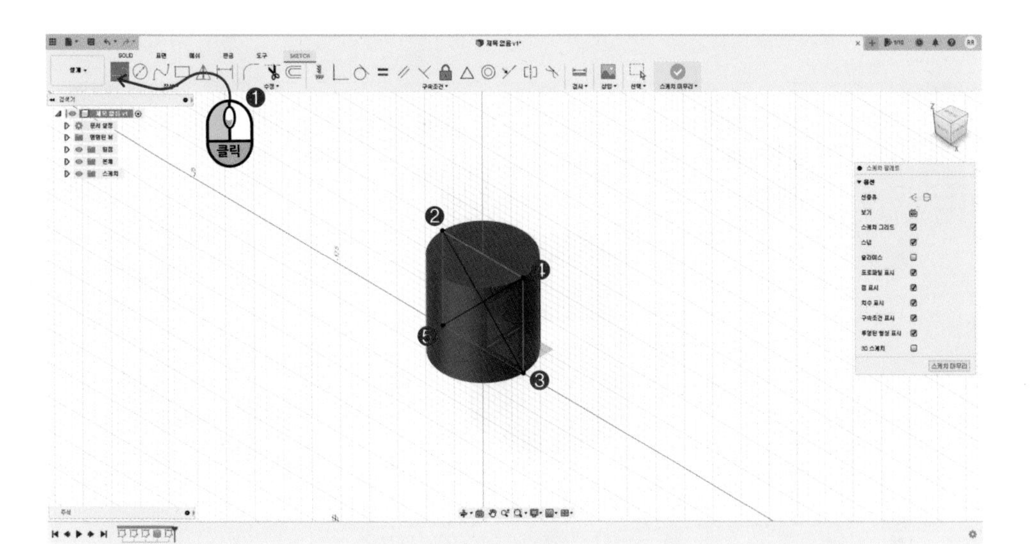


대각선을 구성(Construction)선으로 변경해 줍니다.

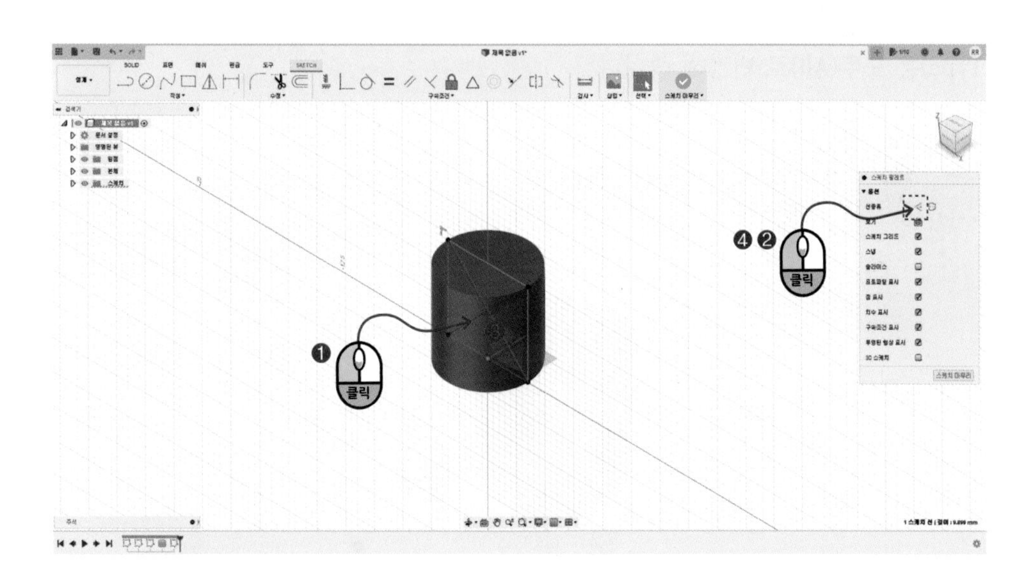

대각선의 교차점에 지름이 2mm인 원을 그리고 스케치 마무리(FINISH SKETCH)를 선택하여 스케치 모드에서 나갑니다.

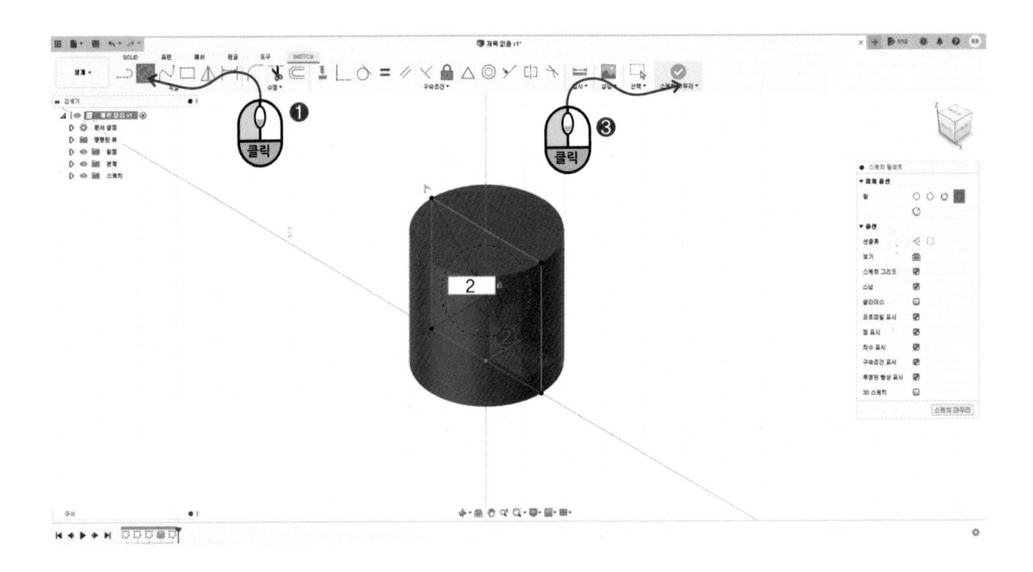


돌출(Extrude)을 실행하고 방향(Direction)은 대칭(Symmetric(0)으로 범위 유형(Extent Type)은 모두(All)로 변경해 줍니다.

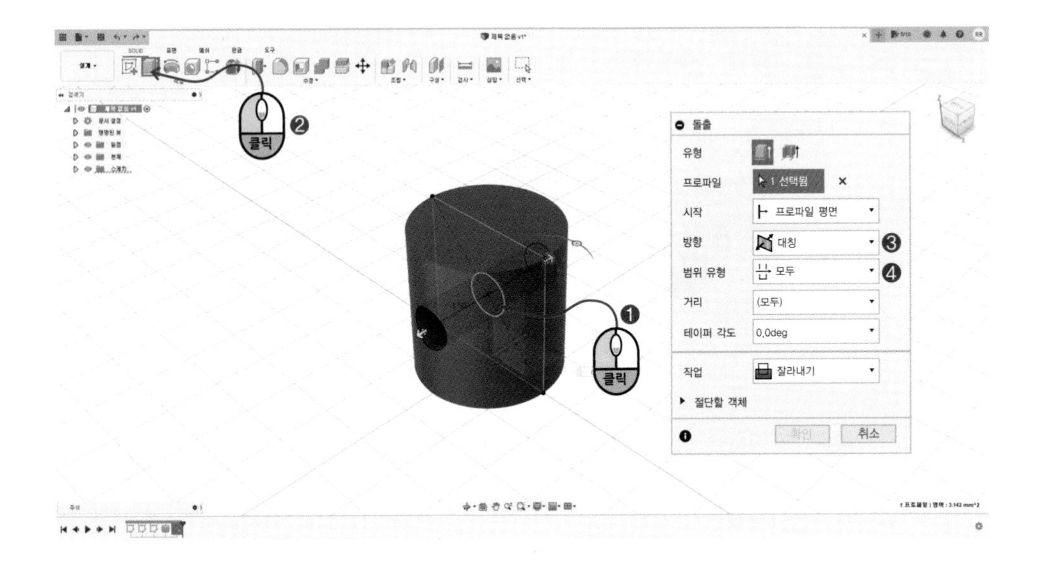

원통(Cylinder)의 중앙에 원형 구멍을 만들었습니다.

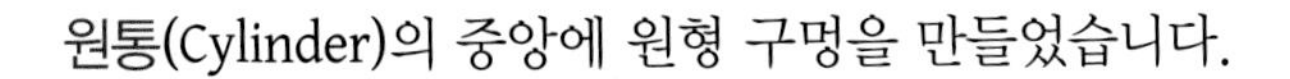

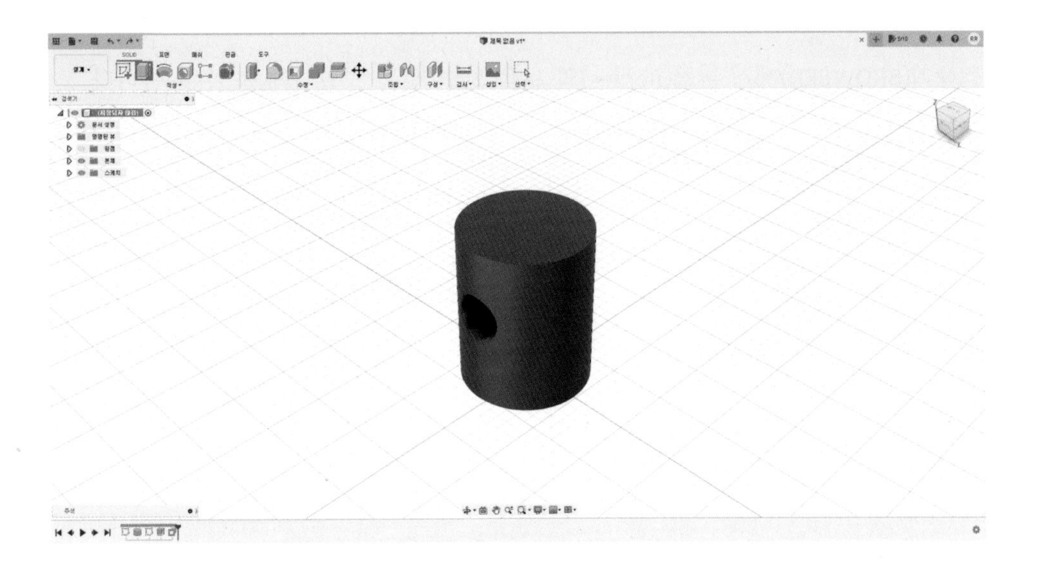

스케치 선을 그리다 보면 프로젝트(Project)를 실행하지 않았는데도 프로젝트(Project)선이 자동으로 생기는 경우가 있습니다. 위에서 그린 실린더에서 다음의 XY 평면을 선택합니다.

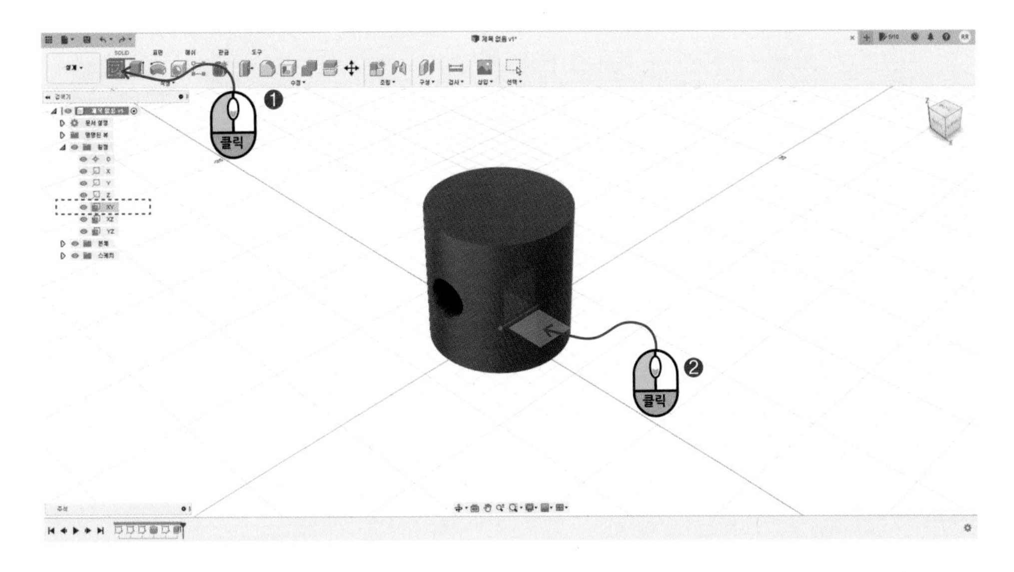

실린더의 외곽선에서 시작하는 선을 하나 그립니다. 그랬더니 보라색의 프로젝트(Project)선이 함께 생성되었습니다.

검색기(BROWSER)에서 본체(Bodies)의 눈을 끄면 선을 명확하게 볼 수 있습니다.

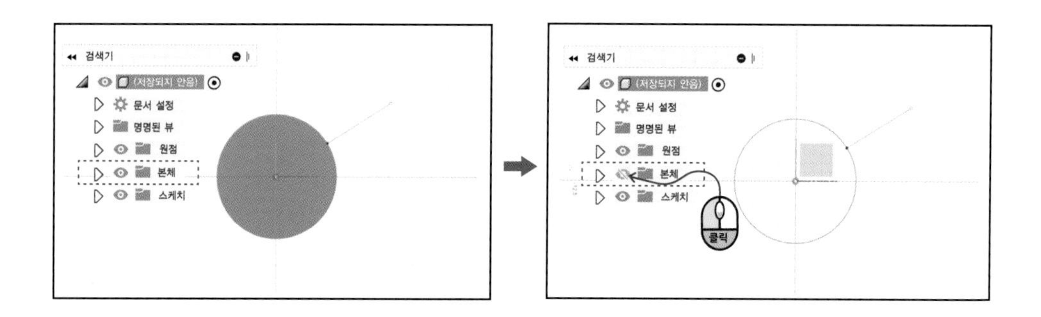


기본 설정(Preferences)의 다음 항목이 체크되어 있으므로 자동으로 프로젝트(Project) 선이 생긴 것입니다.

이 기능을 적절히 활용하여 프로젝트(Project)선을 만들 수도 있지만, 오히려 작업에 방해가 될 수도 있습니다. 상황에 따라 옵션을 선택하여 사용하면 됩니다.

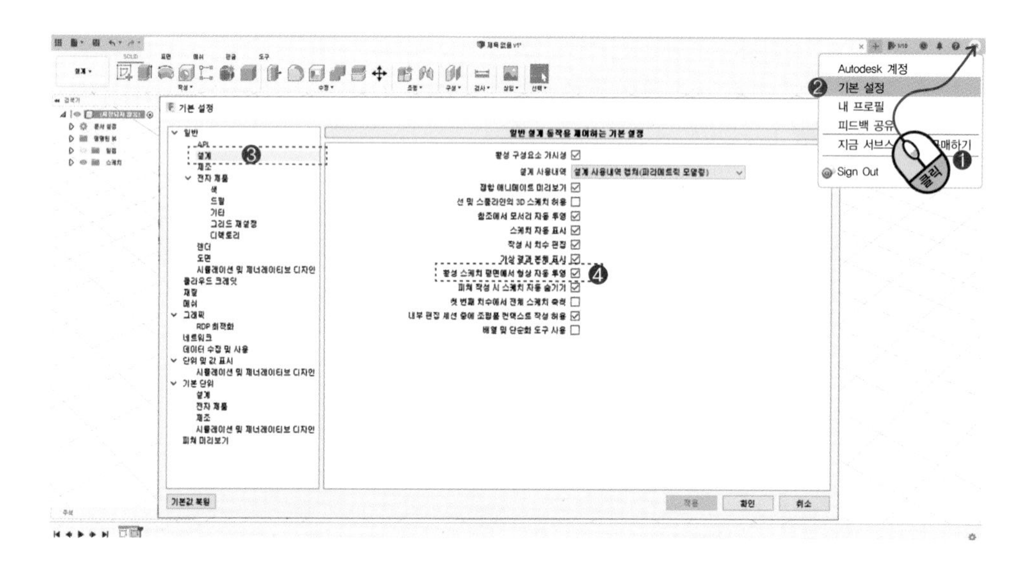

## 5. 교차(Intersect)

한 솔리드와 이와 교차하는 한 평면이 있을 때 평면과 솔리드가 겹치는 부분을 스케치로 만들어 평면에 나타냅니다.

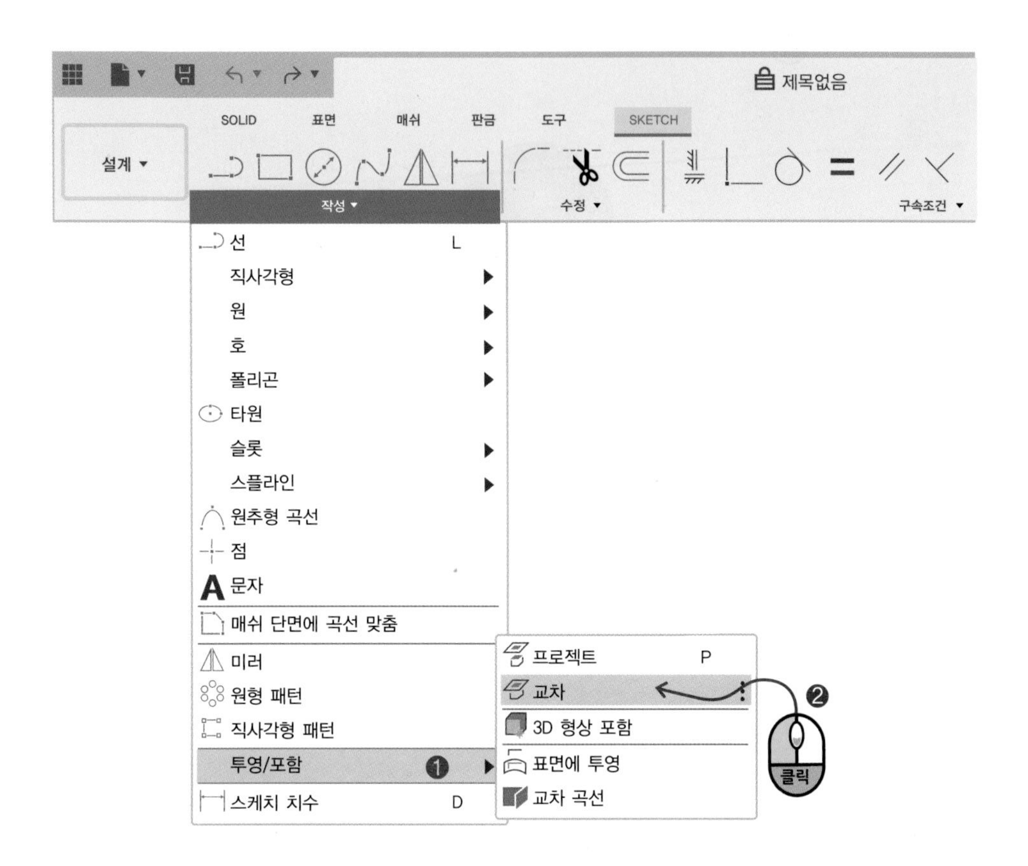

솔리드 모드에서 구의 중심이 원점에서 약간 벗어나도록 구(Sphere)를 하나 만들고 스케치 작성(Create Sketch) 버튼을 눌러 YZ평면을 선택합니다.

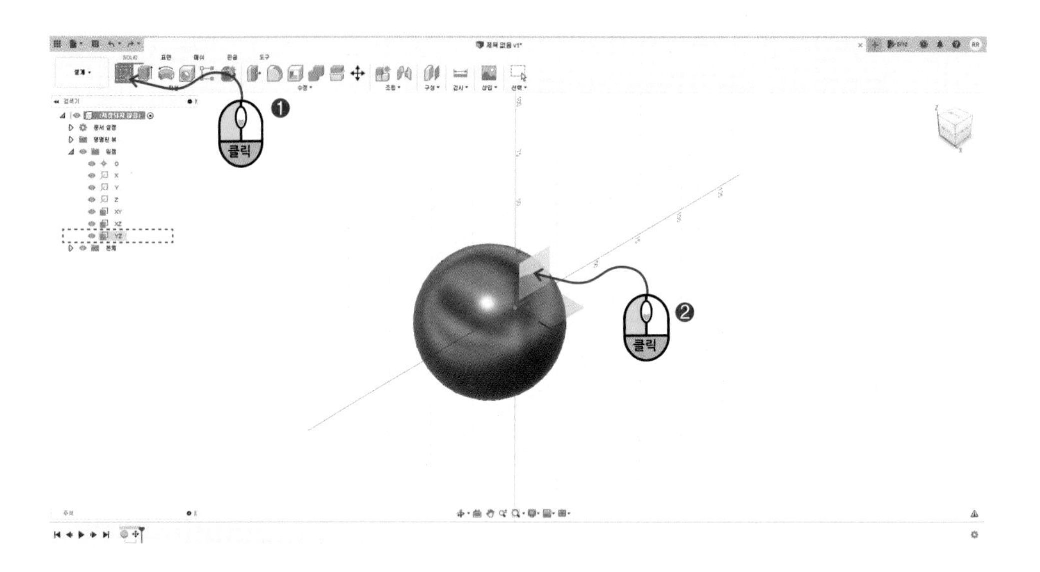


교차(Intersect)를 실행하고 구(Sphere)를 선택합니다. 그러면 구와 YZ평면이 만나는 곳에 선이 생성됩니다.

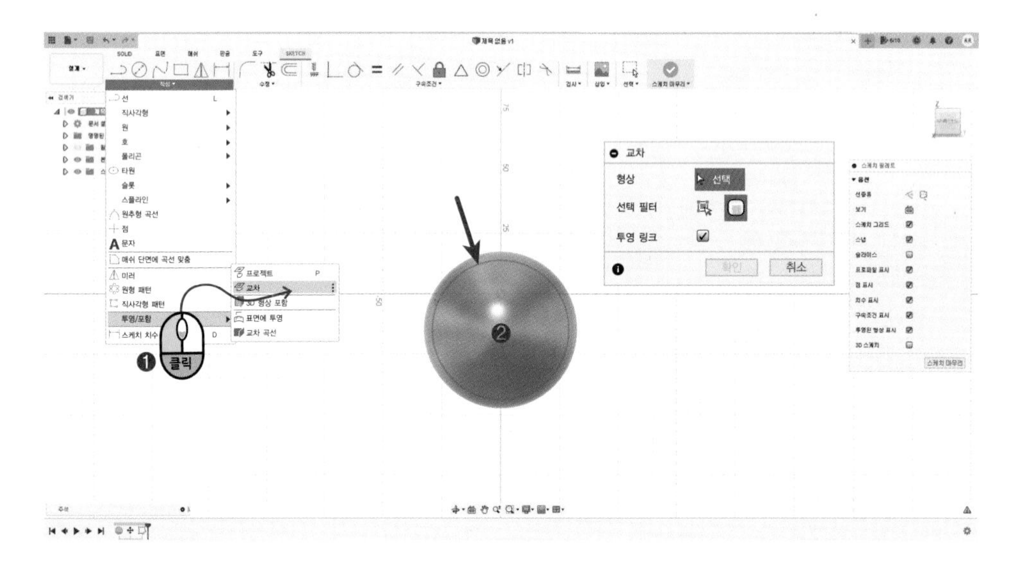

교차(Intersect)와 프로젝트(Project)를 비교하기 위해서 이 구(Sphere)에 프로젝트(Project)를 실행하면 구의 외곽을 기준으로 원이 만들어집니다.

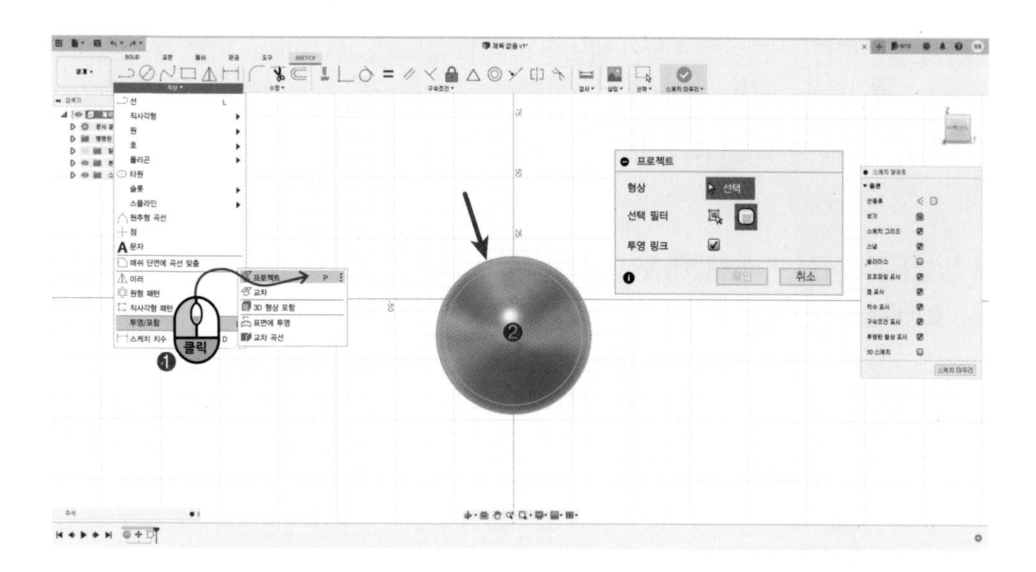


교차(Intersect)와 프로젝트(Project)는 같은 결과의 스케치 선을 만들 때도 있지만 이처럼 다른 스케치 선을 생성할 때도 있으므로 그 원리를 이해하는 것이 중요합니다.

# 10 솔리드 생성

퓨전360에서 솔리드를 만드는 대표적인 방법은 두 가지입니다. 첫 번째는 기본 솔리드(SOLID) 메뉴를 이용하여 만드는 것입니다. 상자(Box), 원통(Cylinder), 구(Sphere), 원환(Torus), 코일(Coil), 파이프( Pipe) 등을 만들 수 있습니다. 하지만 메뉴가 다양하지 않기 때문에 만들 수 있는 형상이 제한됩니다.

두 번째 방법은 작성한 스케치(2D)를 입체화해서 3D로 만드는 방법입니다. 이 방법에는 돌출(Extrude), 회전(Revolve), 스윕(Sweep), 로프트(Loft) 등이 대표적입니다.

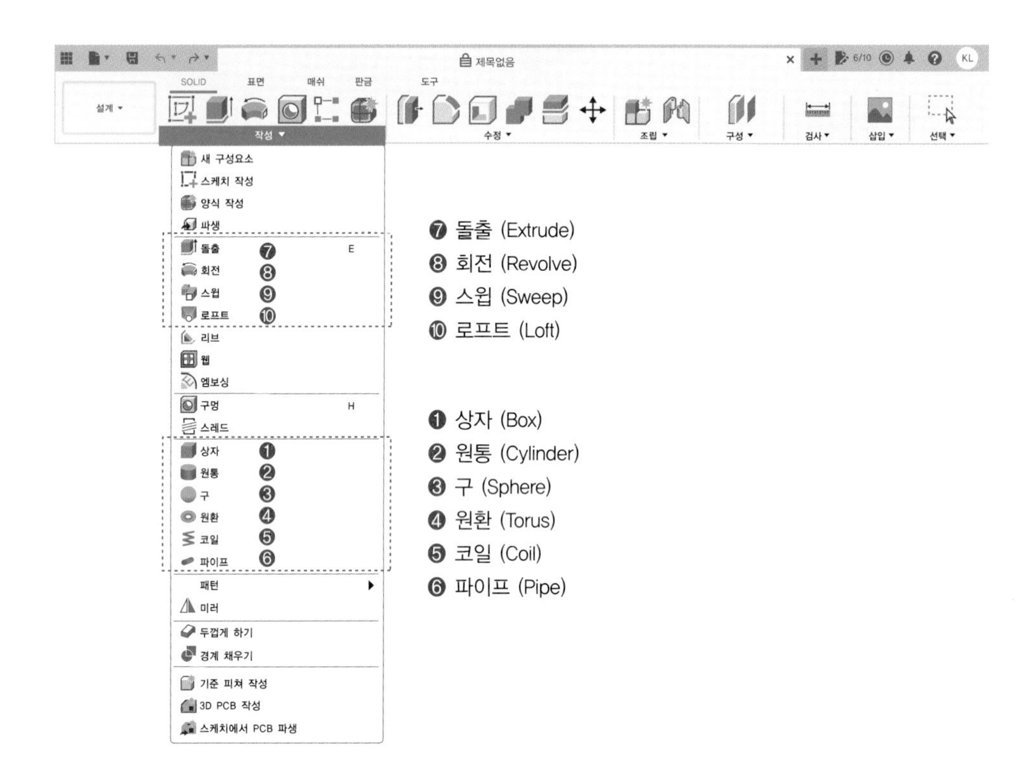

## 1. 상자(Box)

기본적인 입체 도형을 제작해 보겠습니다.

작성(Create)을 선택하고 상자(Box)를 선택합니다.

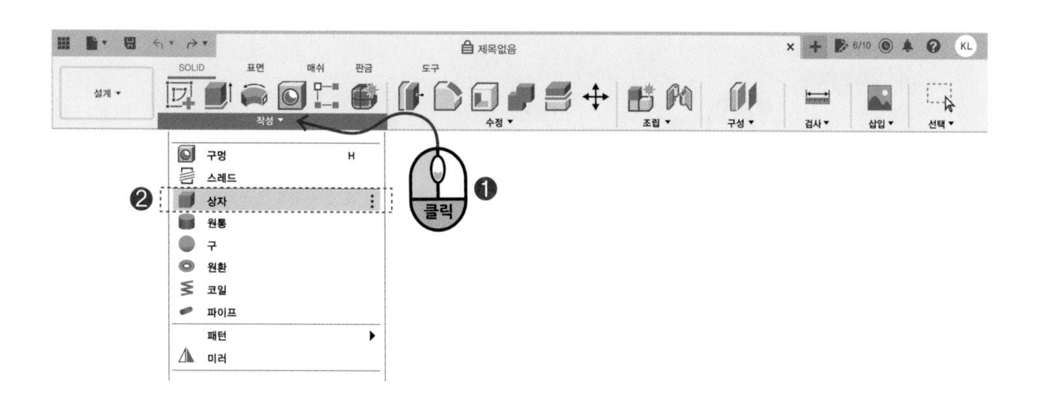


3개의 면이 나타나면 XY평면을 선택합니다. 기본평면은 XY평면, YZ평면, XZ평면입니다.

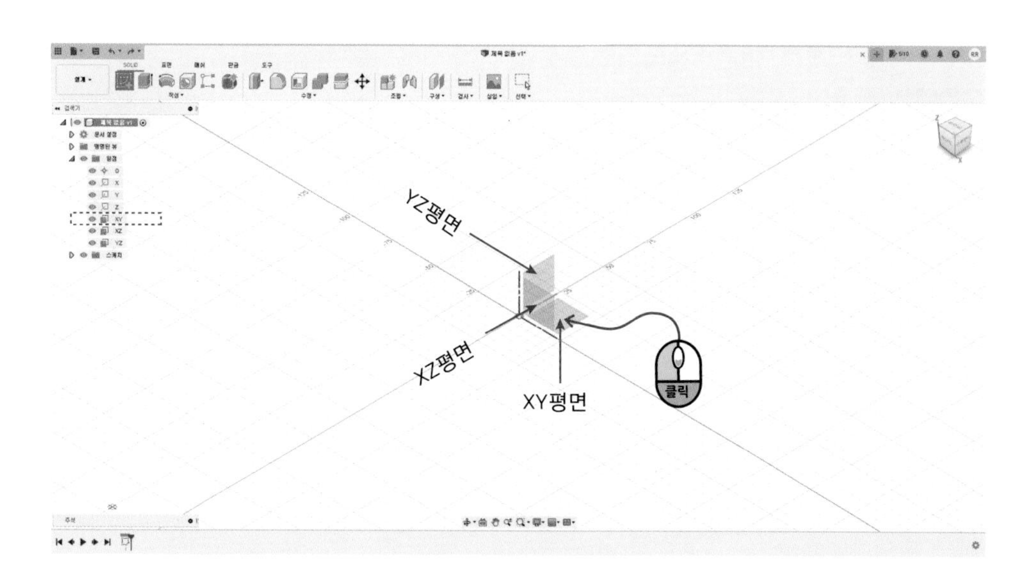

시작점과 끝 점을 선택하여 사각형을 그려 줍니다.

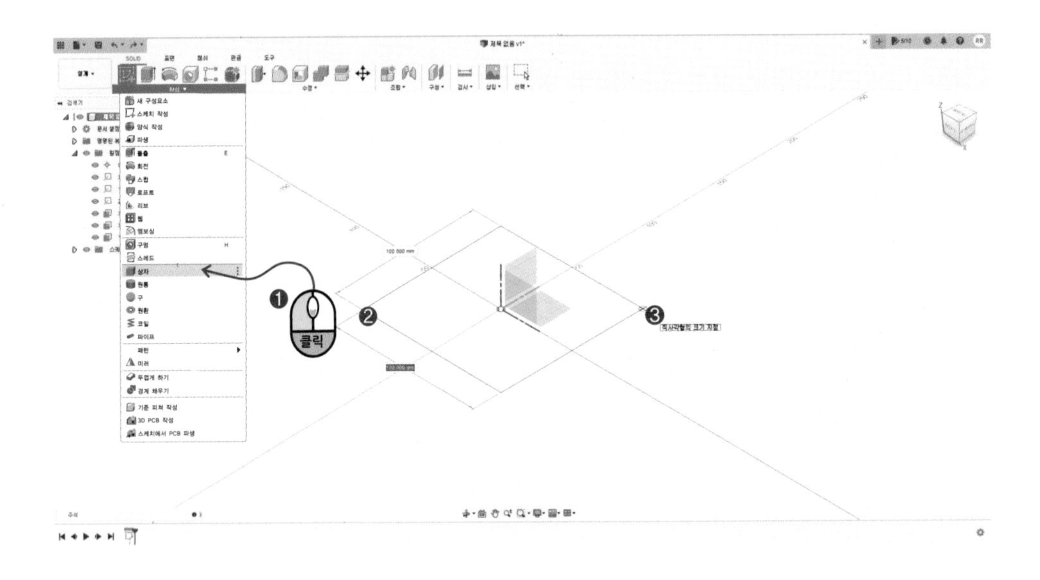


그러면 조그만 박스와 화살표가 나타나고 이 화살표를 이용해서 박스의 가로, 세로, 높이의 길이를 조절할 수 있습니다. 수치를 직접 입력할 수도 있습니다.

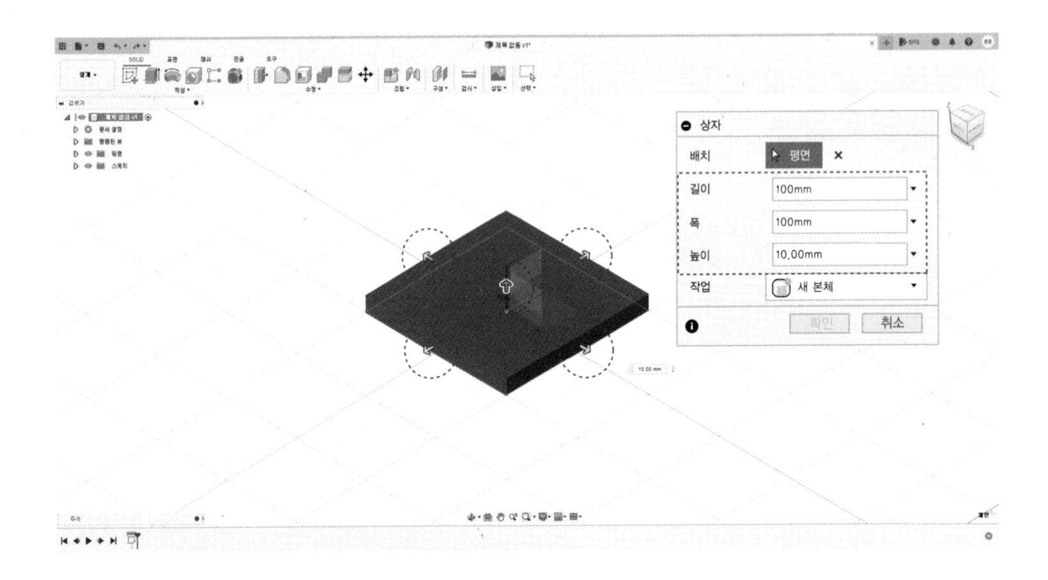

## 2. 원통(Cylinder)

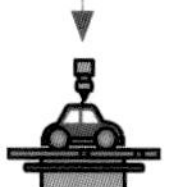



XY평면을 선택하고 원을 그립니다.

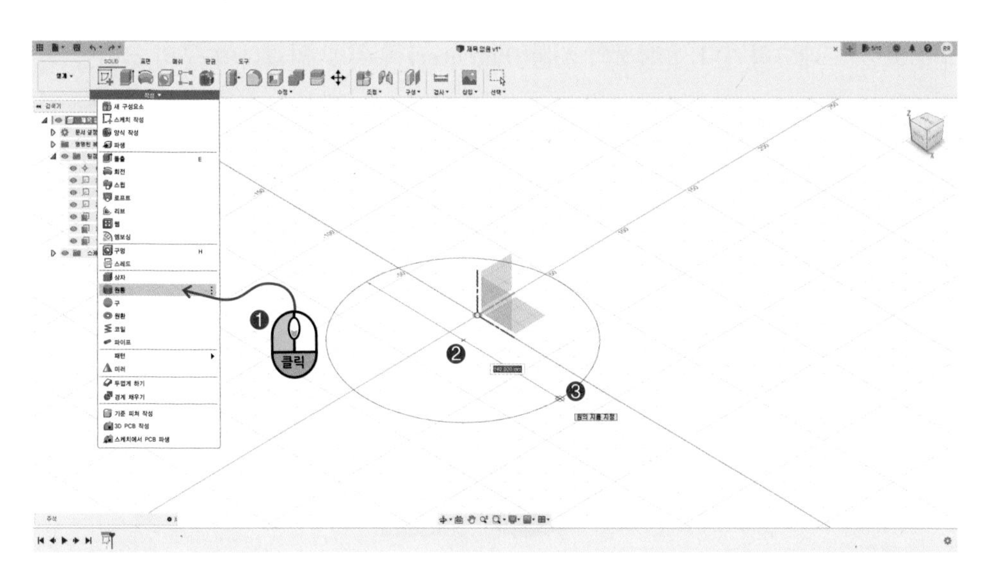


원을 그리면 작은 실린더와 화살표가 나타납니다. 이 화살표를 이용해서 높이와 지름을 달리 해줄 수 있습니다. 옵션창에서 수치를 바꿔줄 수 있습니다.

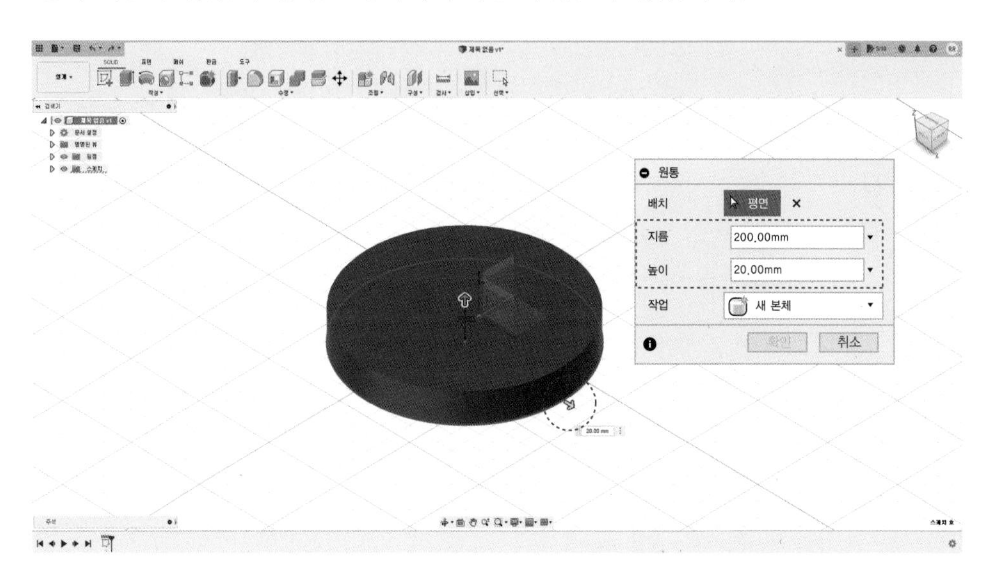

## 3. 구(Sphere)

XY평면을 선택하고 구의 중심을 선택합니다. 그러면 구가 생성됩니다.

화살표를 드래그하거나 옵션창의 지름(Diameter) 수치를 입력하여 구의 크기를 변경합니다.

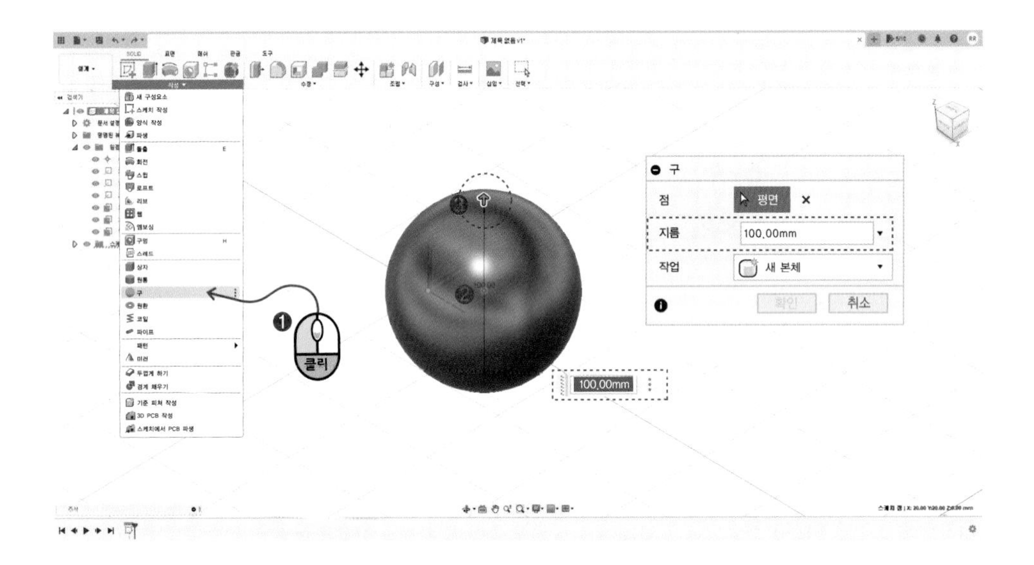

## 4. 원환(Torus)

XY평면을 선택하고 원을 그립니다.

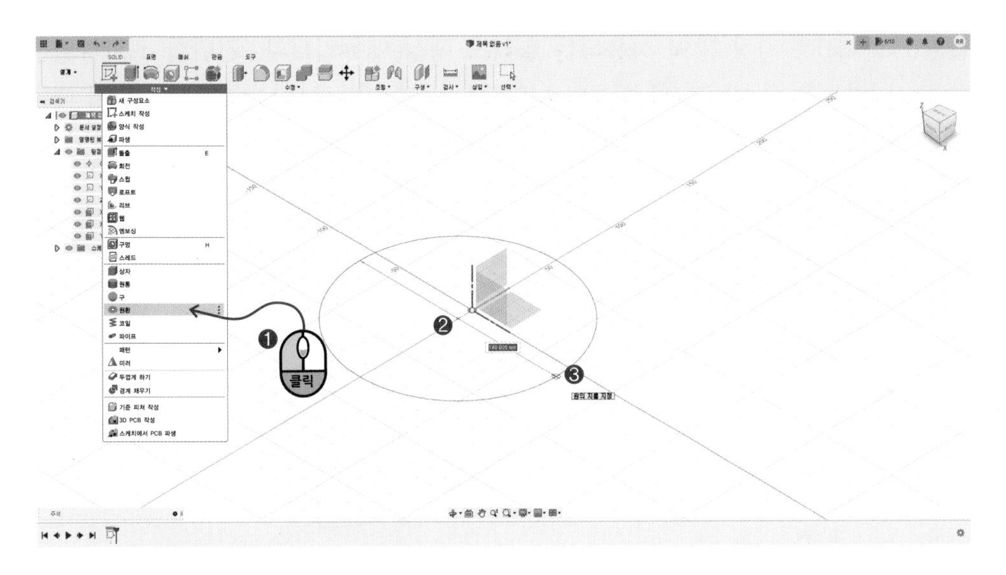


원환(Torus)이 생성되고 화살표 2개가 보입니다. 한 화살표는 원환(Torus) 전체의 지름을 변경하며 다른 화살표는 원환(Torus) 내부의 지름을 조절합니다.

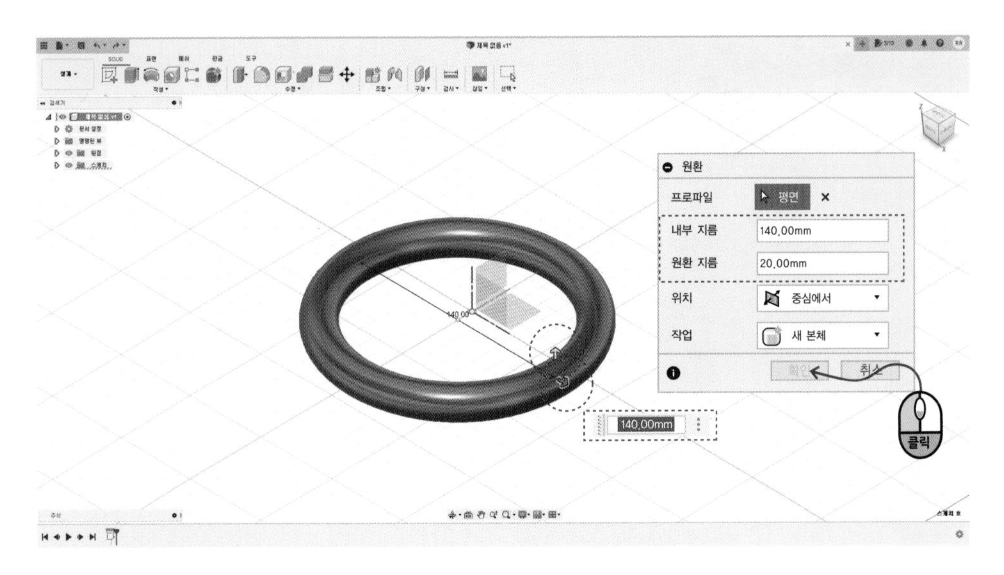

## 5. 돌출(Extrude) : 단축키 E

스케치의 특정 면을 돌출시키거나 잘라냅니다.

돌출(Extrude)은 가장 많이 사용되는 솔리드 생성 메뉴입니다. 간단한 프로파일을 돌출(Extrude)하는 것은 이해하기 쉽지만 다양한 옵션과 기능을 이해하기는 어렵기 때문에 예제를 하나씩 따라해 보시기 바랍니다.

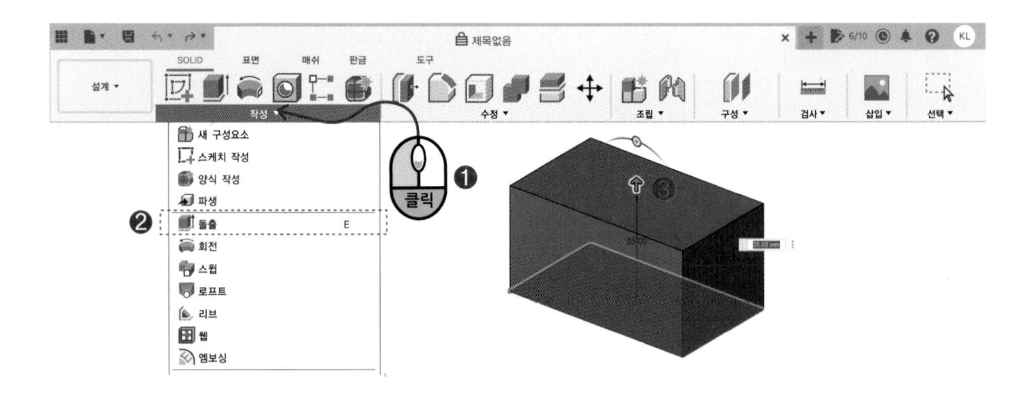


스케치 프로파일을 하나 만들고 스케치 마무리를 선택합니다.

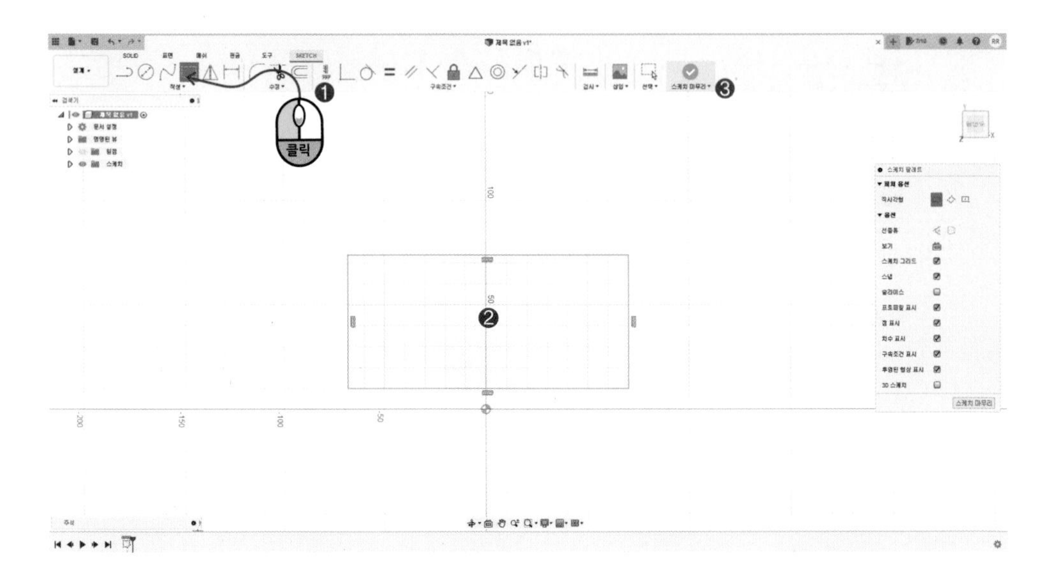

프로파일을 먼저 선택한 후에 돌출(Extrude)을 실행해도 되고 돌출(Extrude)을 실행 후에 프로파일을 선택해도 됩니다.

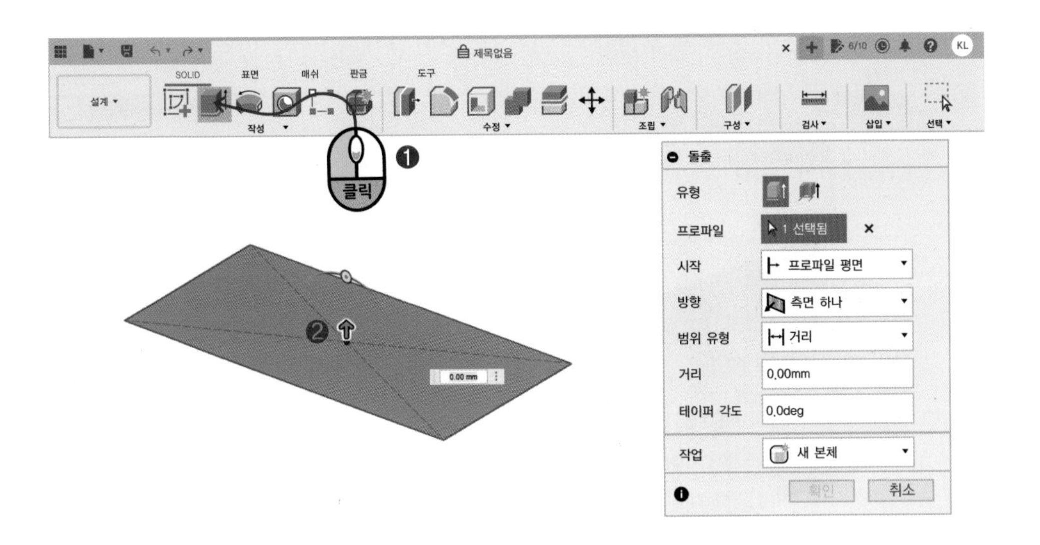

* 프로파일(Profile)은 사방이 막혀 있는 닫힌 면입니다.
* 프로파일(Profile)은 면 색상이 파란색으로 표시됩니다.
* 프로파일(Profile)이 돼야 솔리드로 만들 수 있으므로 프로파일이 됐는지를 확인해야 합니다.

돌출(Extrude)을 실행하면 화살표가 나타납니다.

화살표를 드래그하면 프로파일을 화살표 방향으로 돌출할 수 있습니다. 옵션 창의 거리(distance)를 입력해서 돌출 높이를 바꿔줄 수 있습니다.

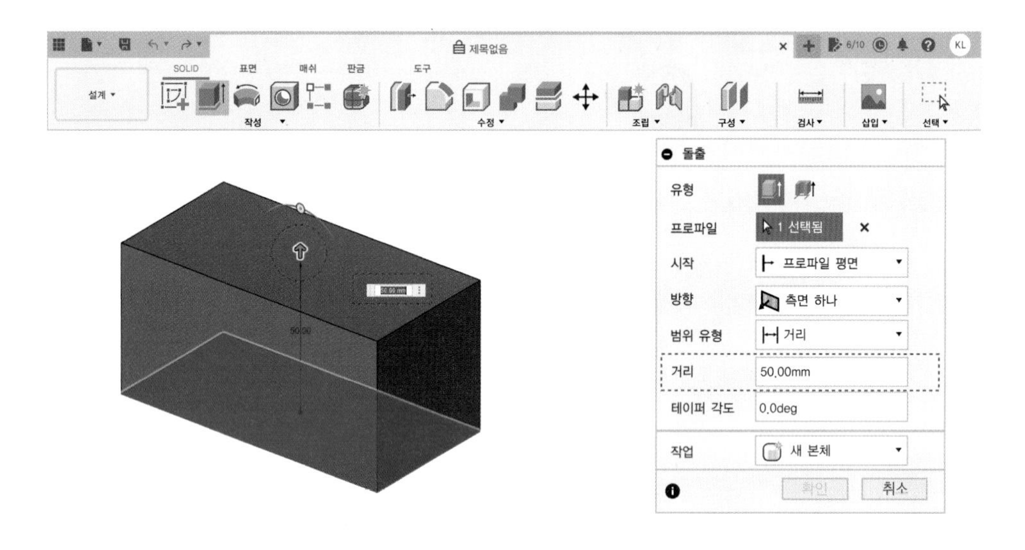


확인 버튼을 누르면 완성됩니다.

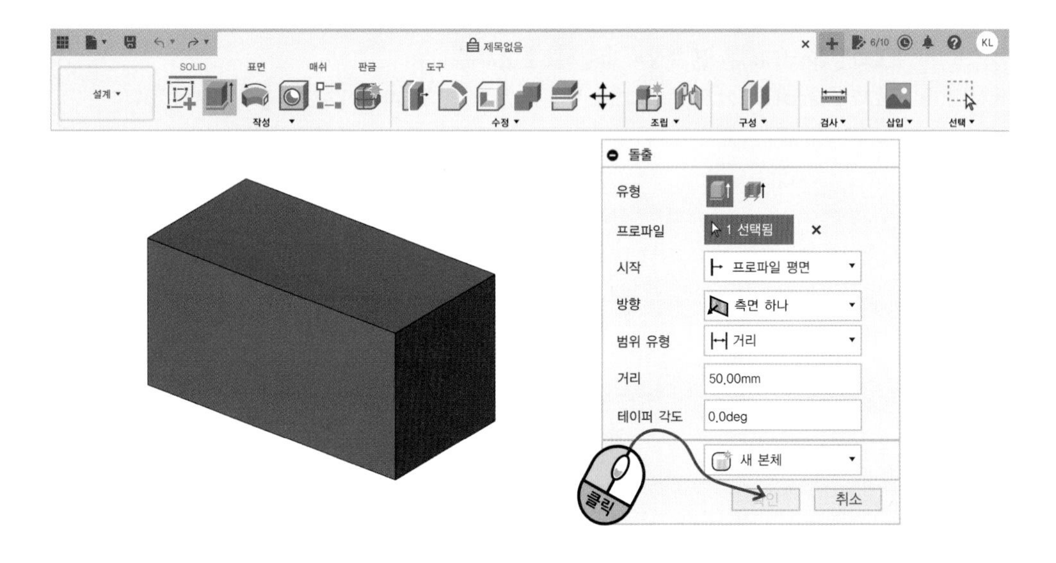

돌출(Extrude) 옵션들을 하나씩 살펴보겠습니다.

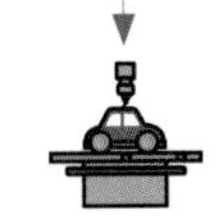



## 프로파일(Profile)

프로파일은 돌출(Extrude) 시킬 면을 선택하는 것입니다.

면을 선택하고 돌출(Extrude) 메뉴를 실행하면 프로파일이 선택되어 있습니다.

X 버튼을 누르면 선택을 취소할 수 있습니다. 여기서 선택한 프로파일이 꼭 하나일 필요는 없습니다. 여러 개의 프로파일을 동시에 선택할 수도 있습니다.

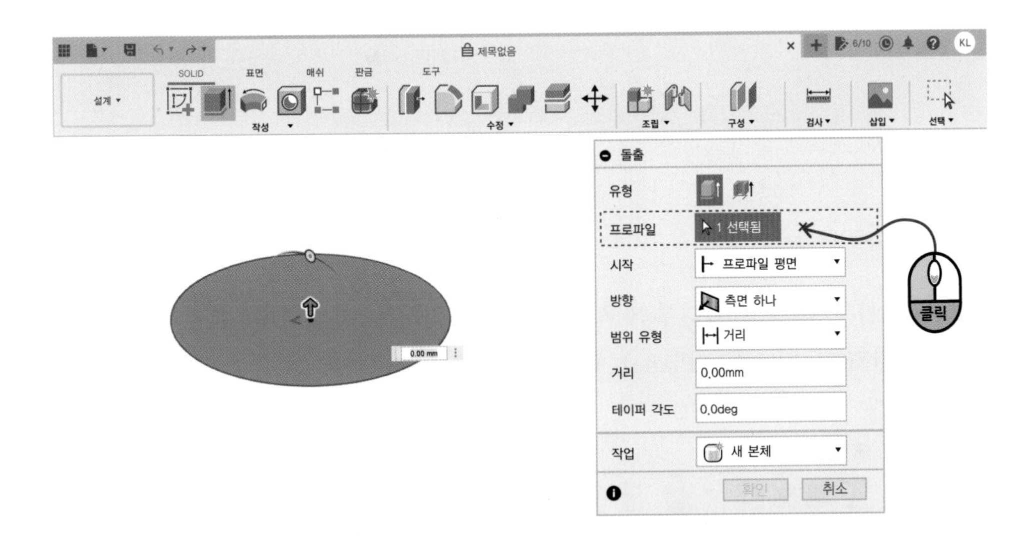


프로파일을 선택하면 옵션 창에 거리(Distance)와 테이퍼 각도(Taper Angle)가 추가됩니다. 거리(Distance)는 돌출시키는 높이를 뜻하고 테이퍼 각도(Taper Angle)는 위쪽 면의 크기를 조절할 수 있는 메뉴입니다.

테이퍼 각도(Taper Angle) 수치를 직접 입력하거나 핸들의 원으로 조절할 수 있습니다.

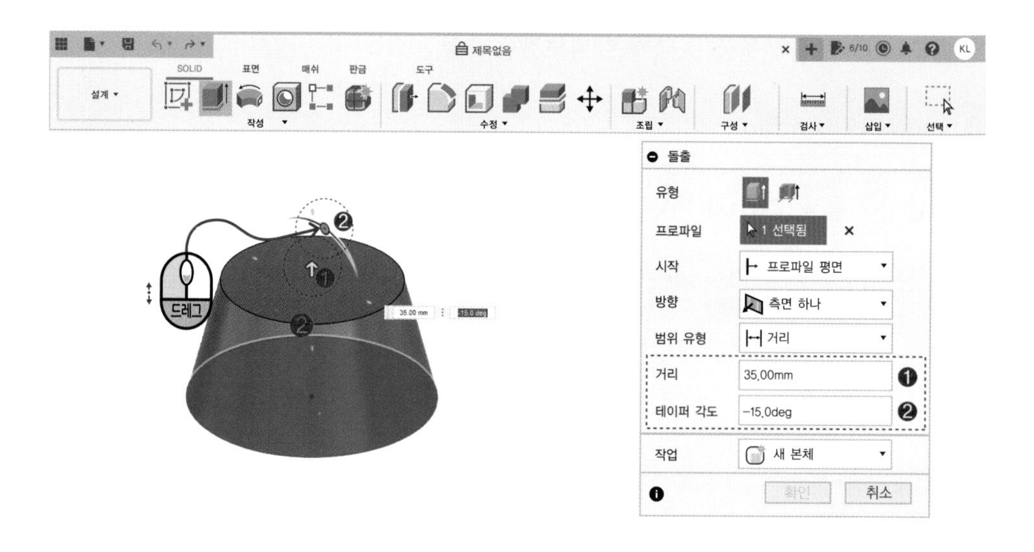


## 시작(Start)

시작(Start)은 돌출을 어디부터 시작할지를 결정하는 것입니다. 프로파일 평면(Profile Plane), 간격띄우기(Offset Plane), 객체(Object)가 있습니다.

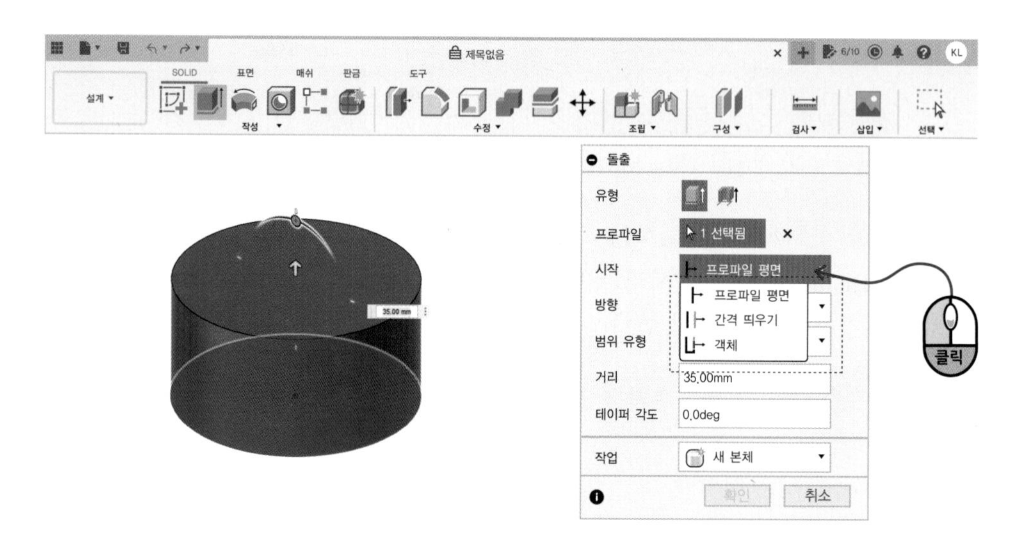

프로파일 평면(Profile Plane)은 돌출의 시작을 프로파일이 있는 곳에서부터 하겠다는 의미입니다. 그래서 화살표를 드래그하면 프로파일이 있는 곳에서부터 돌출이 시작됩니다. 가장 흔하게 사용하는 방식입니다.

옵셋 평면(Offset Plane)은 프로파일로부터 일정한 거리를 띄우고 거기서부터 돌출을 시작하는 것입니다. 간격 띄우기(Offset)는 스케치에서 자주 쓰는 기능인데 간격 띄우기와 유사한 개념으로 생각하면 됩니다. 옵셋 평면(Offset Plane)을 선택하면 바로 밑에 옵셋(Offset)이 추가됩니다. 여기에는 얼마의 거리(Distance)를 띄울지를 넣어주면 됩니다.

30을 입력해 보면 프로파일에서 30mm가 떨어진 곳부터 돌출이 되는 것을 확인할 수 있습니다.

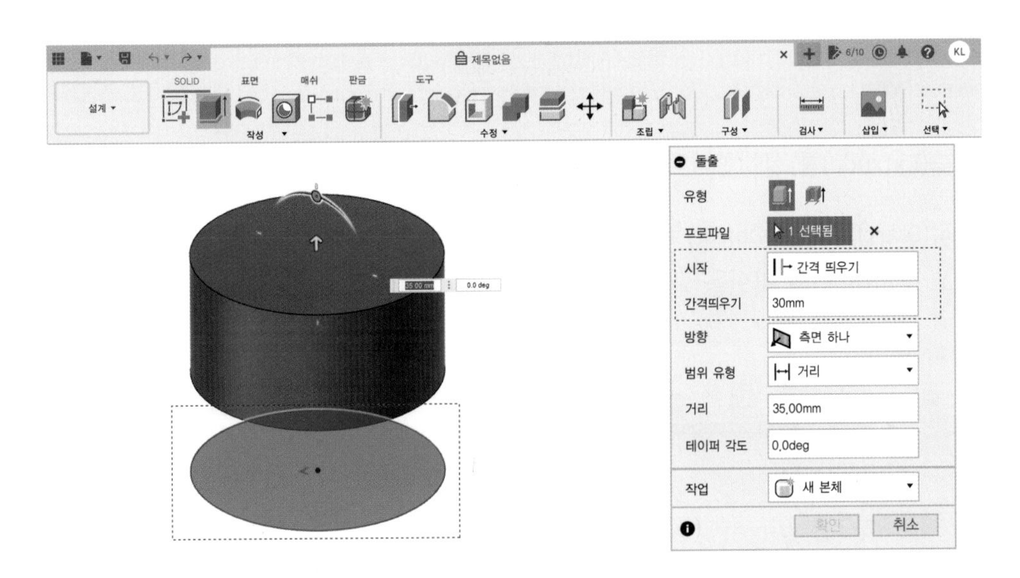


객체(Object)는 선택한 특정 개체에서 돌출을 시작하는 것입니다.

객체(Object)를 선택하면 객체라는 옵션이 새로 생깁니다. 이 옵션에서 개체의 점이나 면을 선택할 수 있습니다.

원과 상자를 하나씩 생성하고 상자를 Z축으로 이동하여 그림과 같이 위치를 잡아 줍니다.

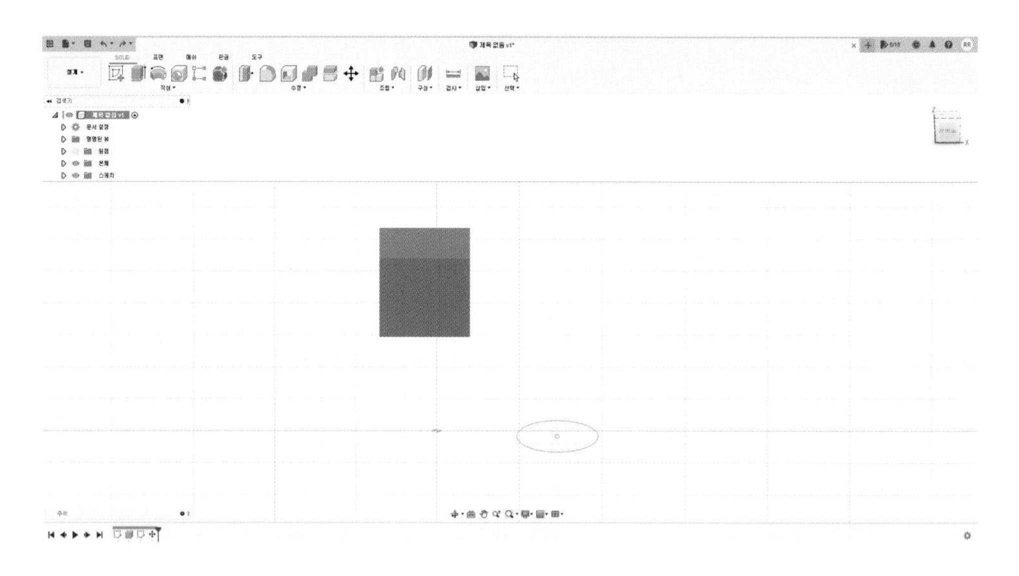

돌출(Extrude)를 실행합니다.

시작(Start)은 객체(Object)로 변경하고 옵션 창의 객체(Object)의 선택(Select)버튼을 클릭하고 상자(Box)의 윗면을 클릭합니다.

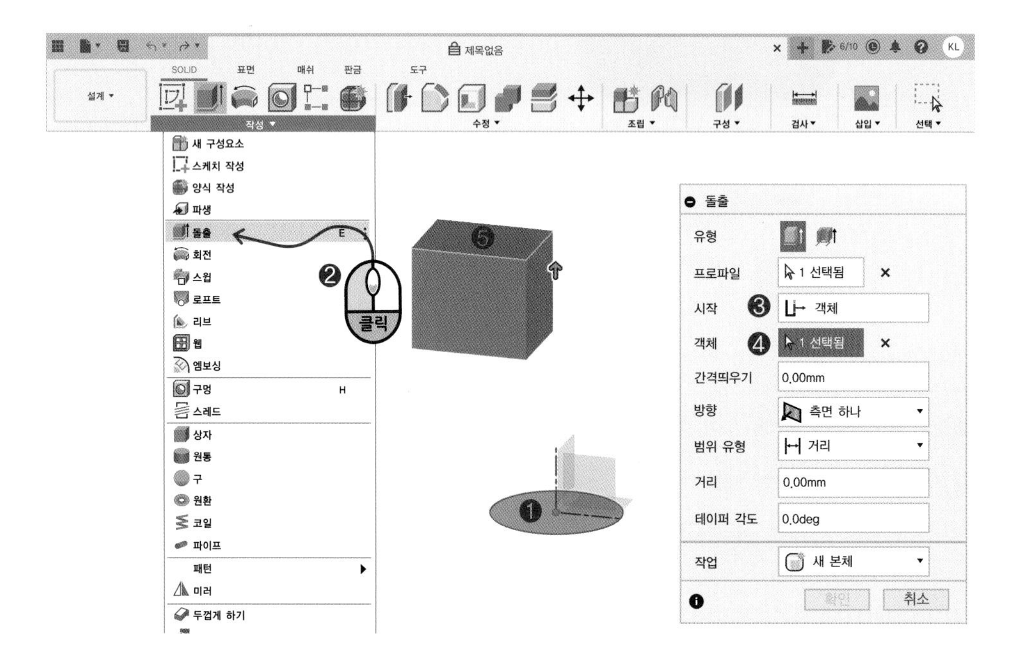

그리고 화살표를 위쪽으로 드래그하면 상자(Box)의 윗면과 같은 높이에서부터 돌출이 시작됩니다.

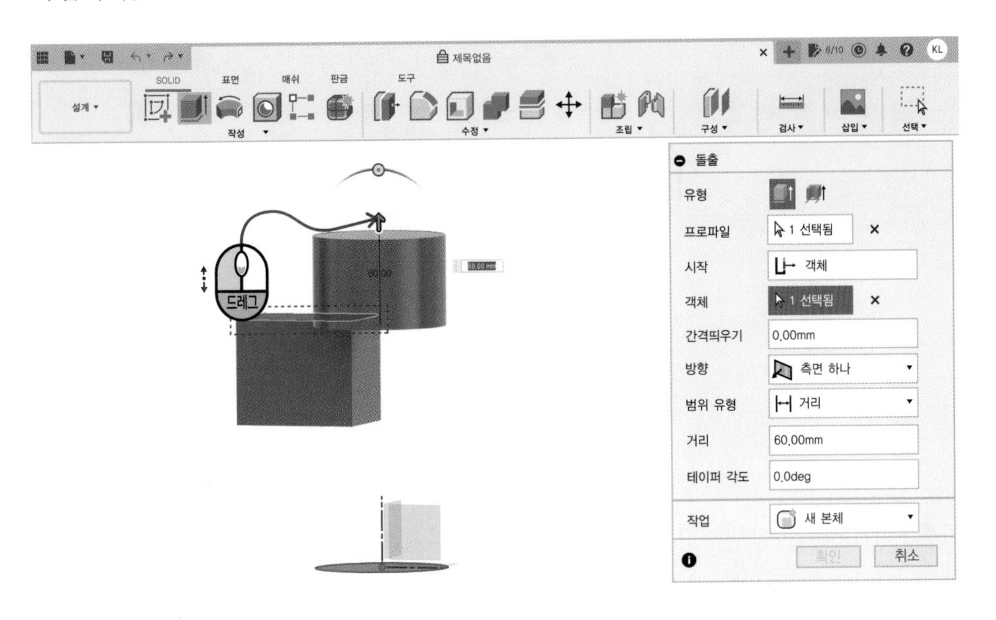


선택된 객체를 x를 눌러 취소하고 이번에는 상자(Box)의 한 꼭짓점을 선택해 보겠습니다. 선택했던 점과 같은 높이에서부터 돌출(Extrude)이 시작됩니다.

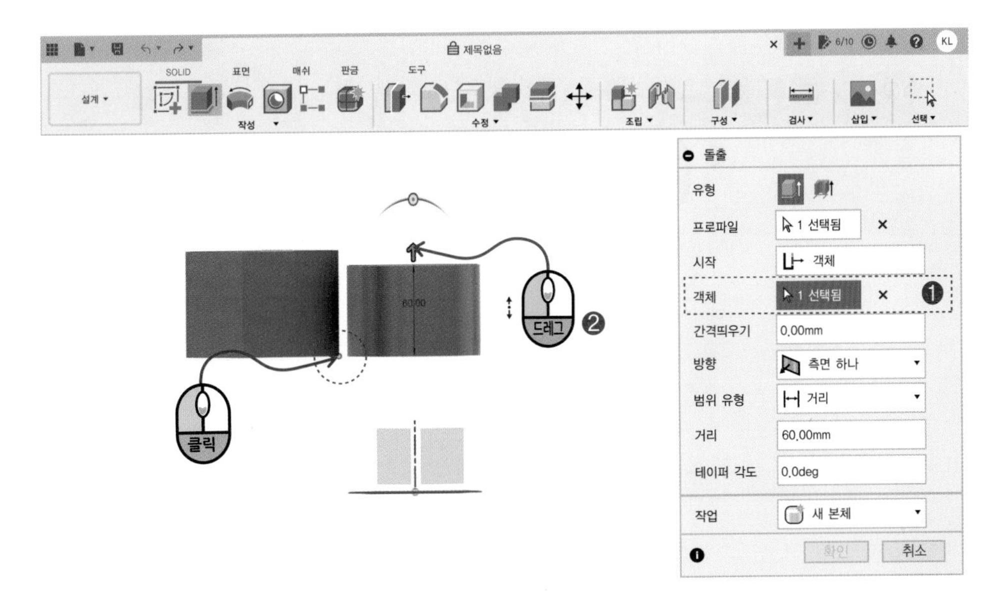

객체(Object) 옵션은 곡면에서도 가능합니다. 반구와 원이 그림과 같이 있을 때 원을 반구에서부터 돌출(Extrude)해 보겠습니다.

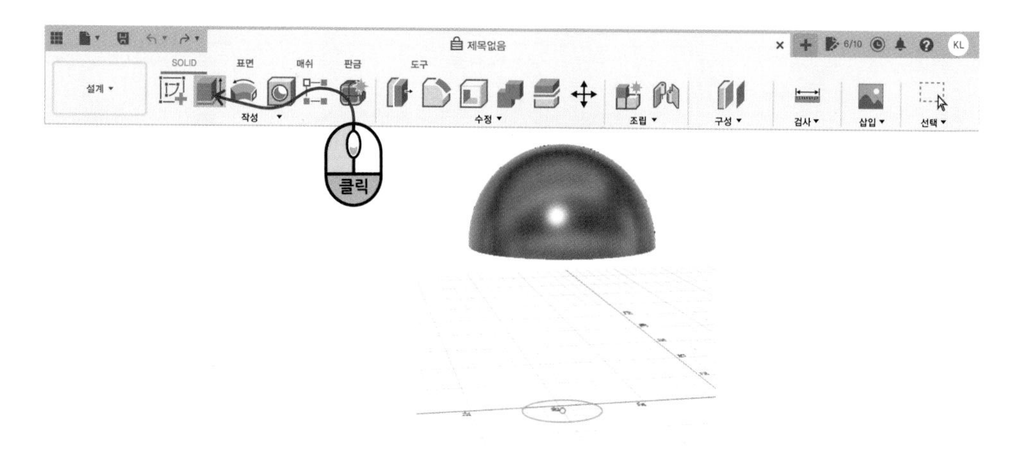


돌출(Extrude)을 실행하고 시작(Start)을 객체(Object)로 변경합니다. 그리고 옵션 창의 객체(Object)의 선택(Select) 버튼을 클릭하고 반구의 곡면을 선택합니다.

화살표를 드래그하여 돌출시키면 프로파일이 곡면의 형상으로 돌출되어 형상이 만들어집니다.

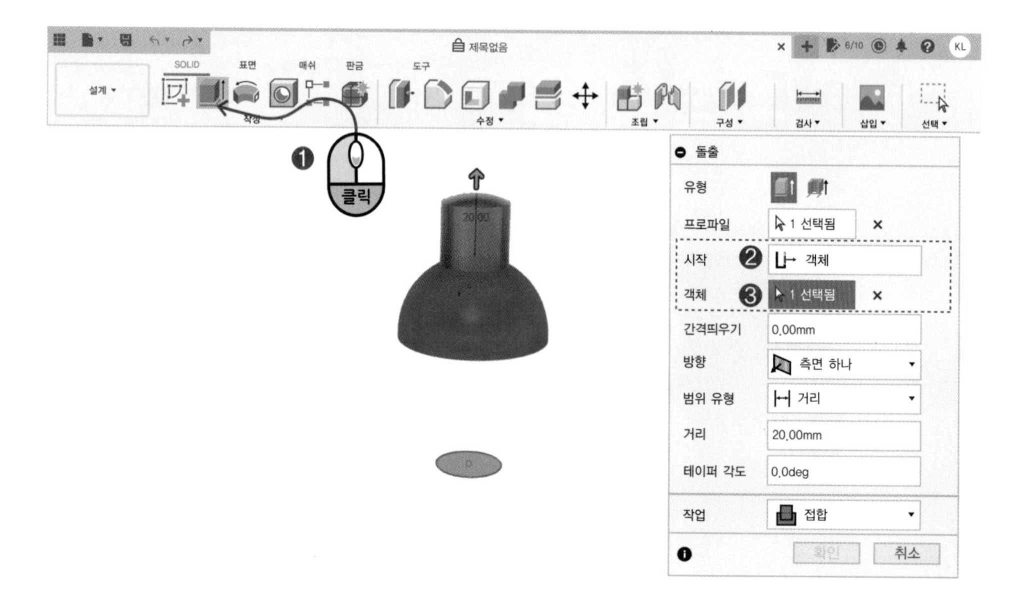

하지만 평면도(Top View)에서 봤을 때 곡면과 프로파일이 완전히 포개지지 않는 경우, 오류가 나면서 실행이 되지 않습니다.

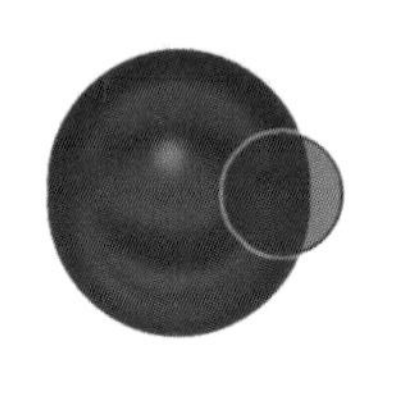

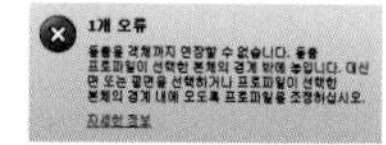


## 방향(Direction)

방향(Direction)에는 측면 하나(One Side), 두 측면(Two Sides), 대칭(Symmetric) 등 3개의 옵션이 있습니다. 측면 하나(One Side)는 한쪽으로만 돌출을 시키는 것입니다. 두 측면(Two Sides)은 두 쪽 방향으로 돌출시키는 것인데 양쪽을 따로따로 설정할 수 있습니다.

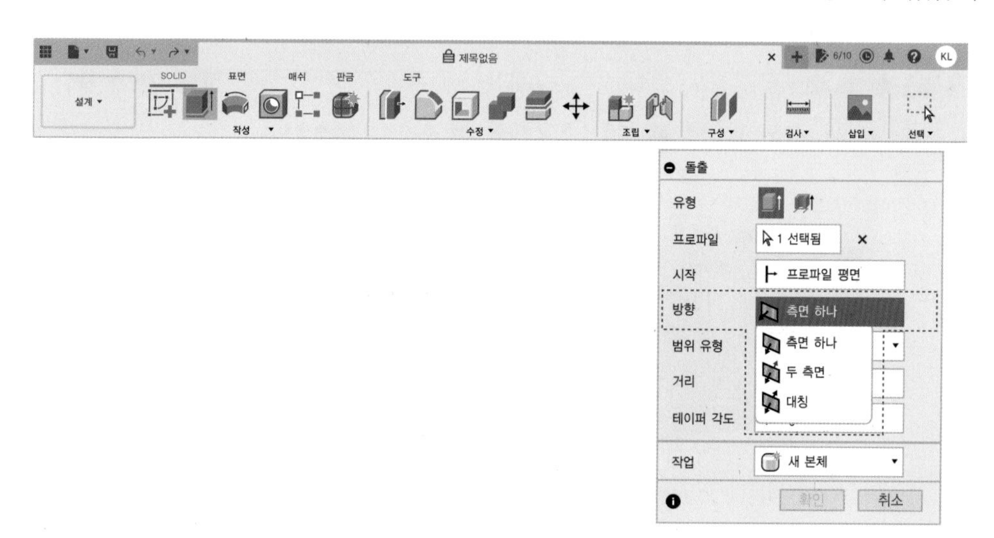

두 측면(Two Sides)을 선택하니 설정 창이 측면 1, 2(Side 1, 2)로 나뉘면서 범위 유형(Extent Type), 거리(Distance), 테이퍼 각도(Taper Angle)가 하나씩 더 생겨서 각 방향에 이 값들을 다르게 설정할 수 있도록 옵션 창이 변경됩니다.

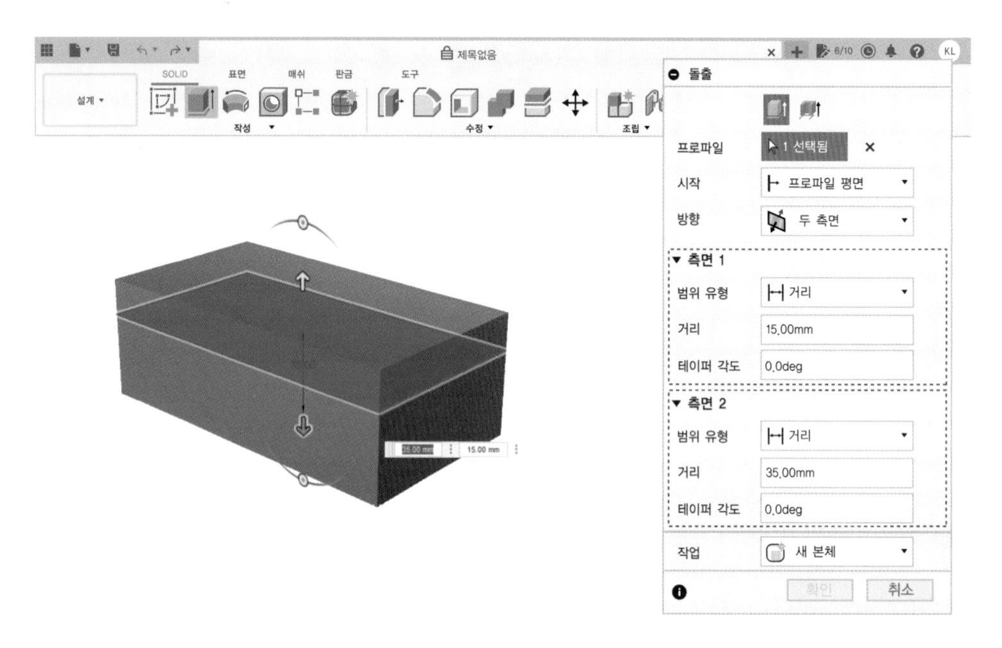


대칭(Symmetric)은 두 측면(Two Sides)과 비슷하게 양쪽으로 돌출이 되지만 양쪽 길이가 같도록 설정이 됩니다.

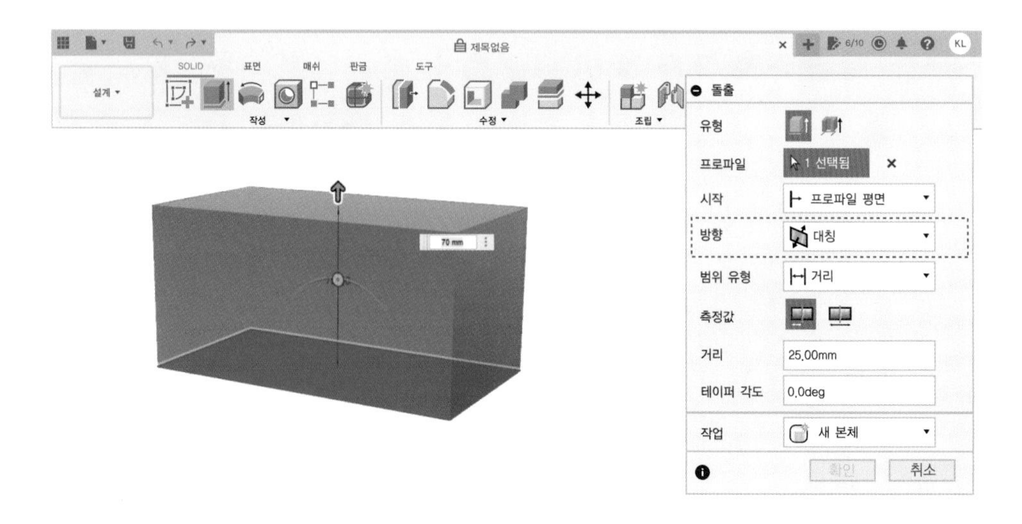

## 범위(Extent Type)

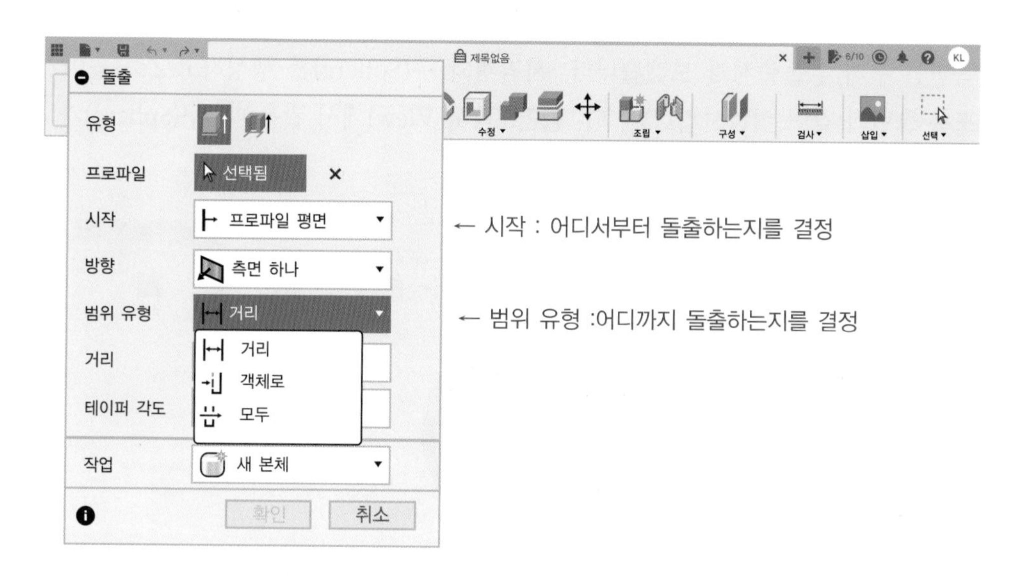


범위 유형(Extent Type)은 돌출의 범위, 즉 최종 목적지를 어디까지로 할지를 결정합니다. 첫 번째 옵션 거리(Distance)는 그 밑의 거리(Distance) 수치 입력창에서 돌출시킬 거리를 입력하는 옵션입니다.

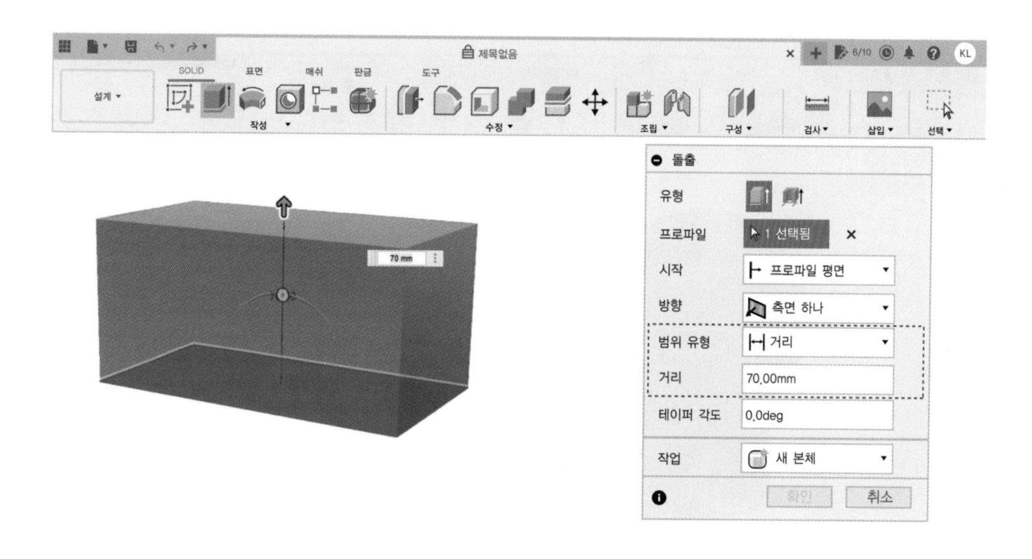

두 번째 객체로(To Object)는 다른 개체의 점이나 면까지 돌출을 시키는 것입니다. 점이나 면을 선택하면 연장된 면을 기준으로 그 높이까지 돌출됩니다.

곡면인 구까지 돌출시켜 보겠습니다. 사각형과 구(Sphere)를 생성하고 Z축 높이가 다르도록 그림과 같이 위치시킵니다. 단, 평면도(Top View)에서 봤을 때, 구(Sphere)가 사각형을 완전히 포개고 있어야 합니다.

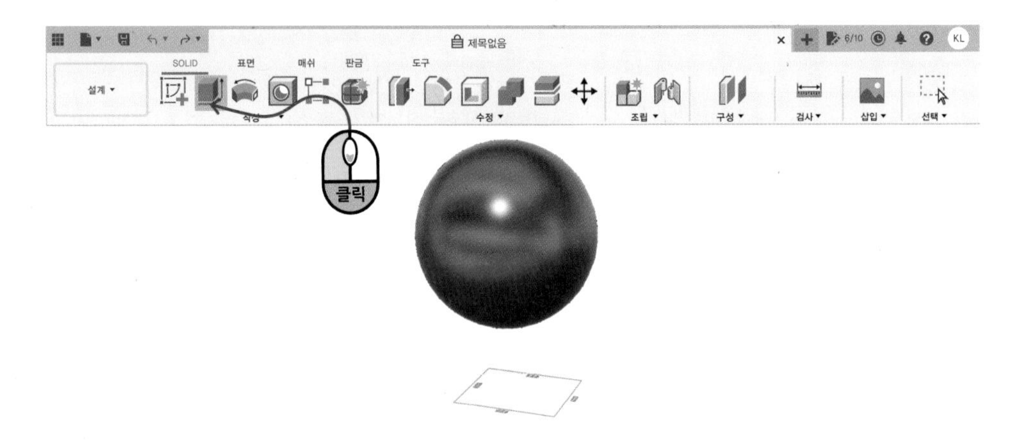


돌출(Extrude)을 실행하고 객체로(To Object)를 선택하면 옵션 창에 객체(Object)를 선택하는 곳이 추가로 생깁니다. 선택(Select) 버튼을 누르고 구를 선택하면 구의 아랫면까지 돌출됩니다.

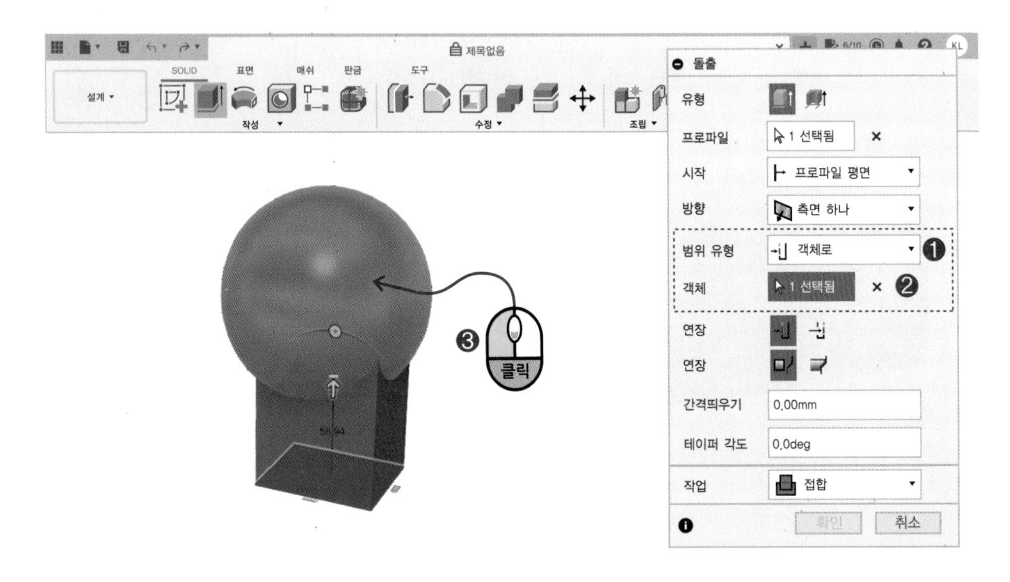

## 유형(Type)

돌출(Extrude)의 형태는 크게 2가지로 나뉘는데 지금까지 살펴봤던 형태의 돌출과 얇은 돌출(Thin Extrude) 이렇게 2종류가 있습니다. 일반 돌출은 프로파일 모양 그대로 돌출이 되는데, 얇은 돌출은 안쪽이 비어있는 형태로 돌출이 됩니다. 따라서 프로파일이 아닌 스케치도 돌출이 가능합니다.

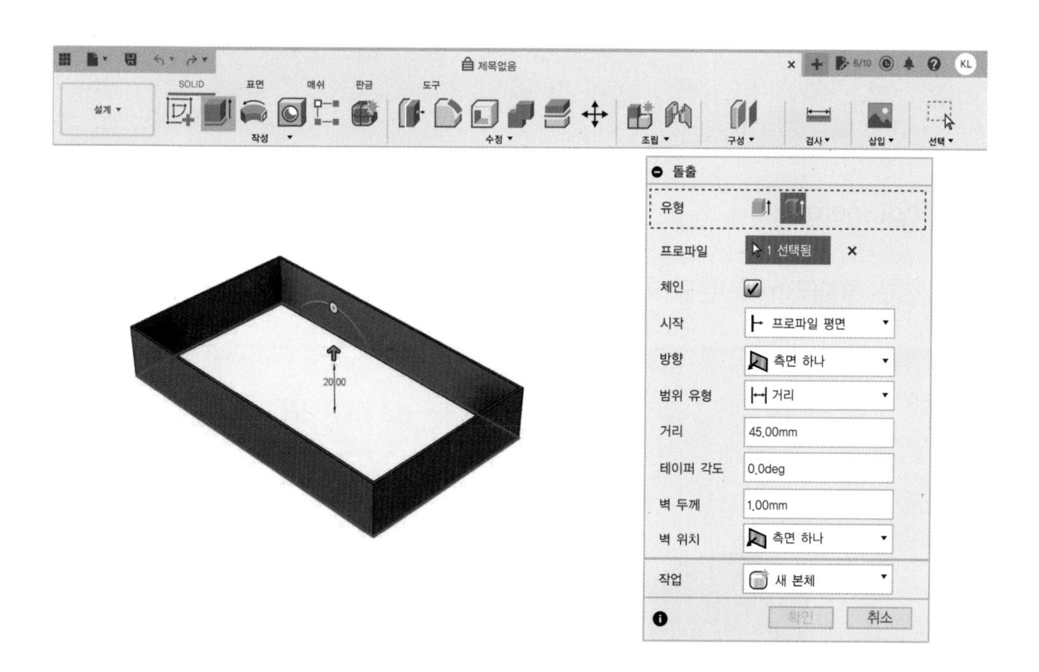


얇은 돌출에서는 체인(Chaining), 벽 두께(Wall Thickness), 벽 위치(Wall Location) 등의 3개 옵션이 추가로 나타납니다.

체인(Chaining)은 선 하나를 선택하면 연결된 선들이 모두 선택되는 것입니다. 이것을 체크 해제하고 선을 선택하면 일부만 돌출시킬 수 있습니다.

벽 위치(Wall Location)는 벽이 만들어지는 위치를 의미합니다. 측면1(Side1)은 선의 안쪽으로로 벽이 생기는 것이고 측면2(Side2)는 스케치 선의 바깥쪽으로 벽을 만드는 것입니다. 그리고 중심(Center)은 스케치 선의 중심에서 양쪽 방향으로 벽을 만드는 것입니다.

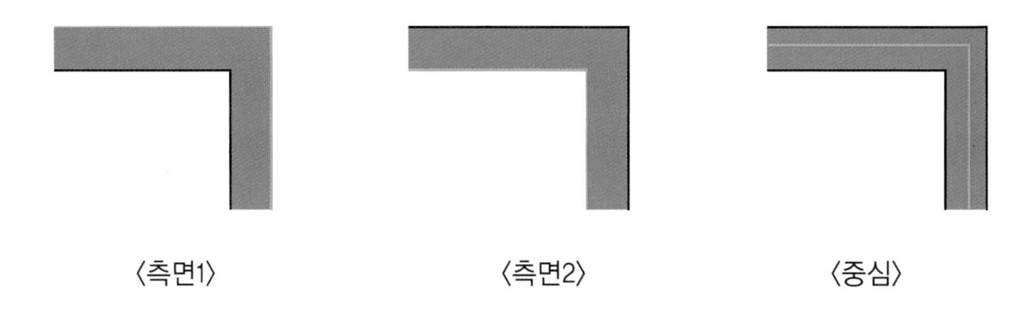

〈측면1〉 〈측면2〉 〈중심〉

## 작업(operation)

이 옵션은 돌출(Extrude)뿐만 아니라 다른 솔리드 생성 메뉴에서도 공통으로 사용됩니다.

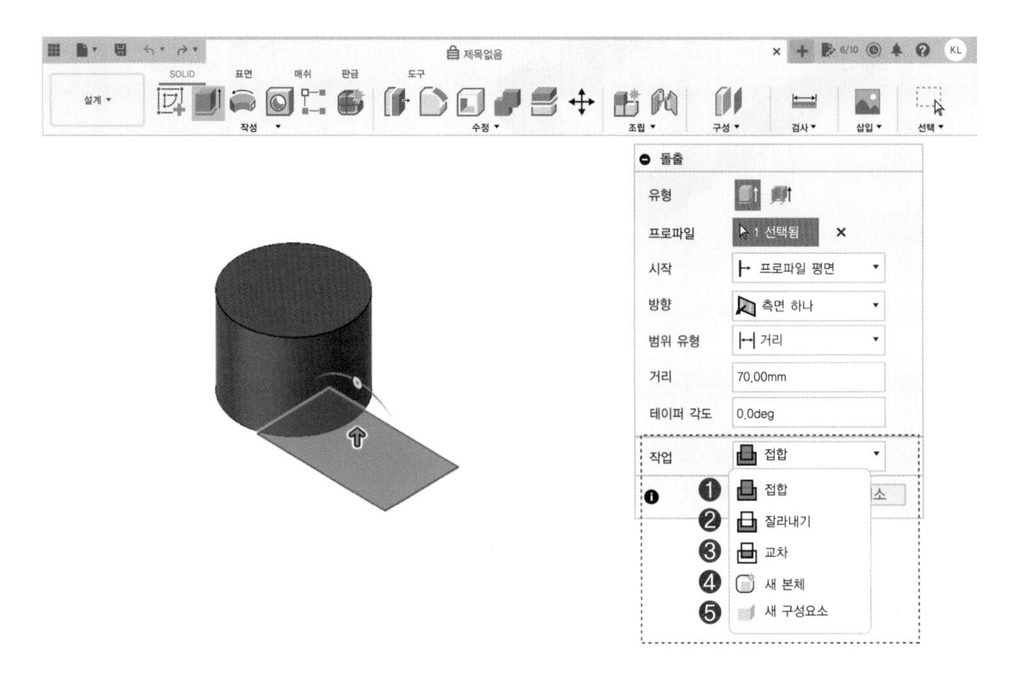


접합(Join), 잘라내기(Cut), 교차(Intersect), 새 본체(New Body), 새 구성요소(New Component) 등의 5개 옵션이 있습니다.

이 옵션은 여러 개의 본체(Body)가 겹쳐 있을 때 그 관계에 따라 형상을 결정합니다.

## ❶ 접합(Join)

기존의 형상과 합쳐져 하나의 형상을 만듭니다. 합집합을 생각하면 이해가 쉽습니다. 즉, 기존 본체와 새로 생겨난 형상이 합쳐져 하나의 본체가 됩니다.

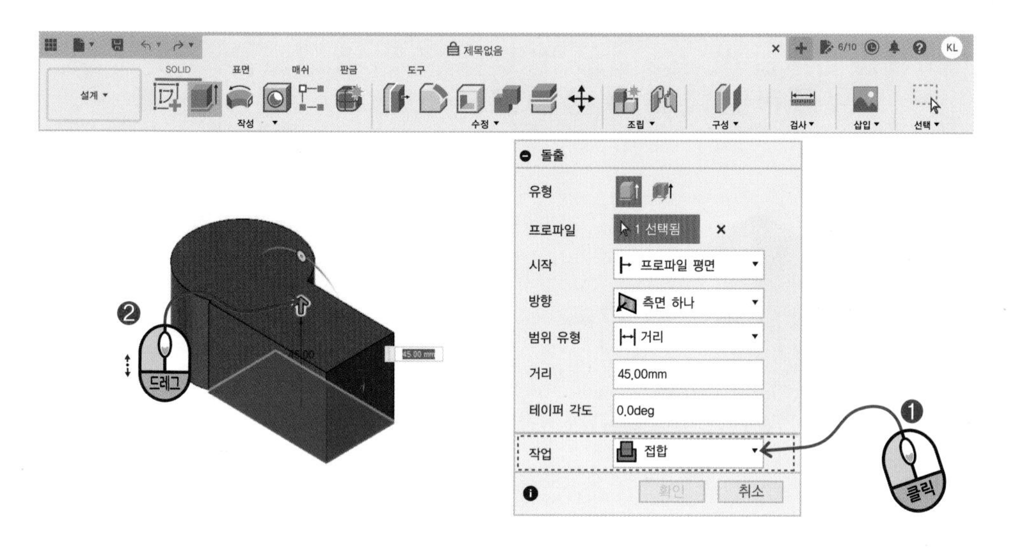


## ❷ 잘라내기(Cut)

기존의 본체에서 새로 생겨난 본체를 빼는 것입니다. 차집합에 비유하여 생각하면 됩니다. A(기존 본체) - B(새로 생겨나는 형상)

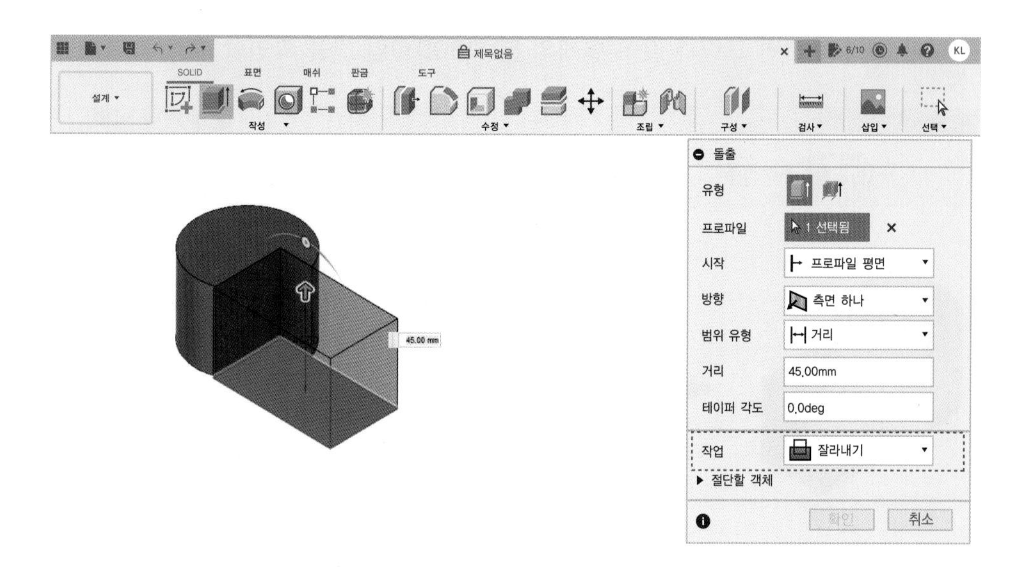

❸ 교차(Intersect)

두 본체의 교집합이라고 할 수 있습니다. 원기둥과 상자가 서로 겹쳐지는 부분만 남겨지게 됩니다.

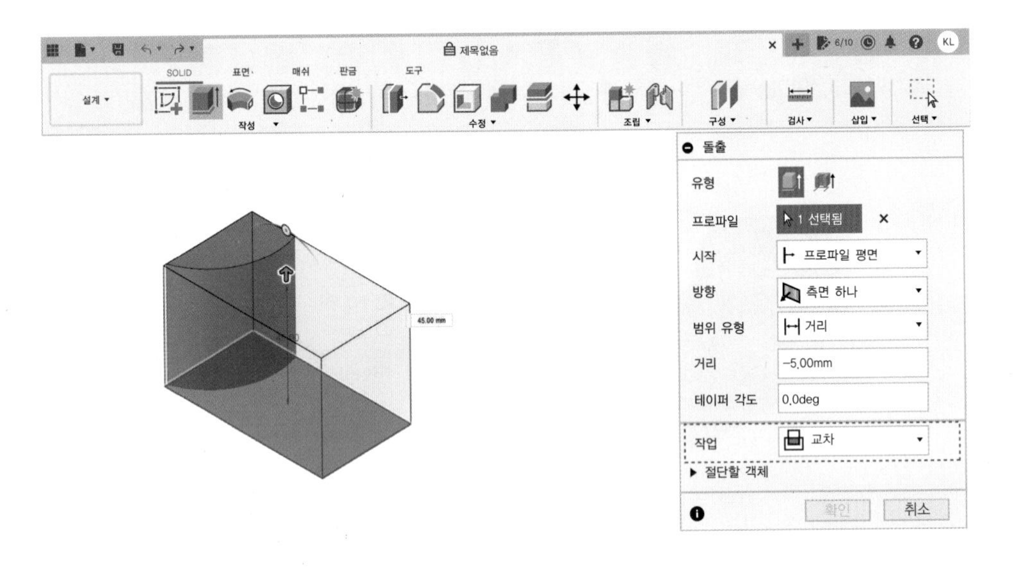


❹ 새 본체(New Body)

기존의 본체와 상관없이 새로운 본체를 만듭니다. 두 본체가 별개로 존재합니다. 겹쳐져 있지만, 이동시키면 각각이 별개로 존재하며 원래의 모습을 그대로 유지하고 있습니다. 이동시키면 그림과 같이 별개의 본체(BODY)인 것을 확인할 수 있습니다.

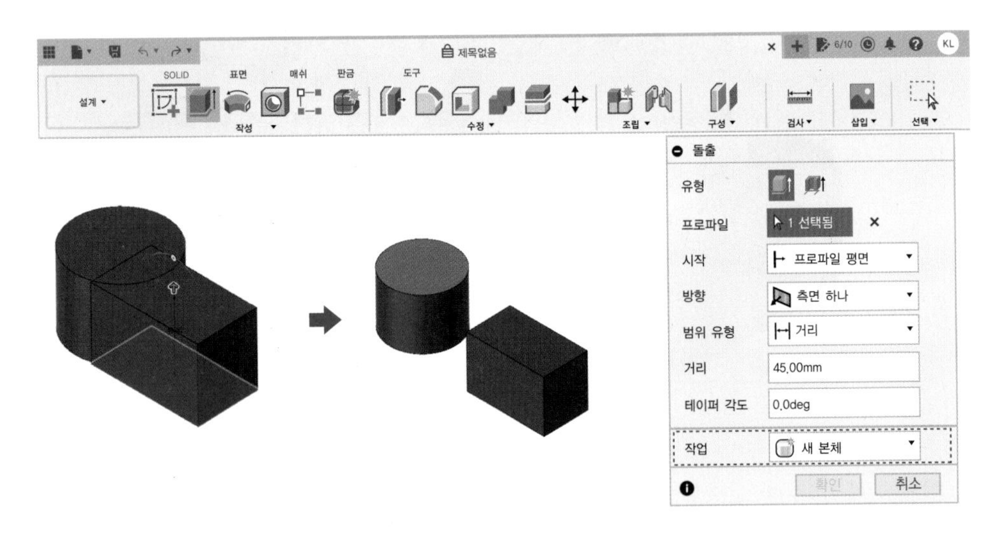

❺ 새 구성요소(New Component)

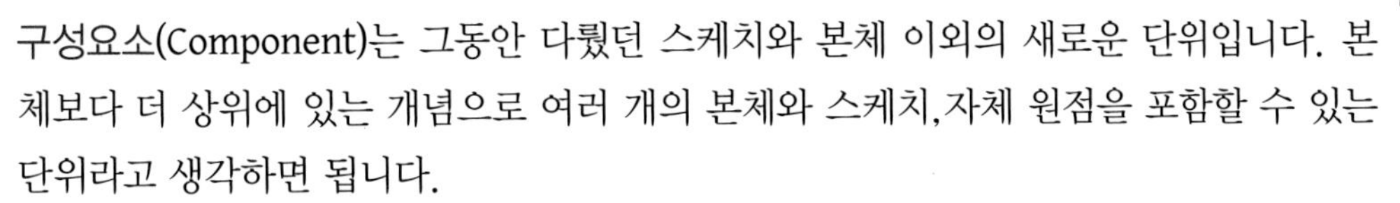

구성요소(Component)는 그동안 다뤘던 스케치와 본체 이외의 새로운 단위입니다. 본체보다 더 상위에 있는 개념으로 여러 개의 본체와 스케치, 자체 원점을 포함할 수 있는 단위라고 생각하면 됩니다.

새 구성요소(New Component)를 선택하면 돌출로 인해 만들어지는 본체를 포함하는 구성요소를 만들게 됩니다.

## 6. 회전(Revolve)

선택한 프로파일을 축(Axis)을 기준으로 회전시켜서 입체로 만드는 기능입니다. XY평면을 선택하고 그림과 같이 사각형을 그립니다.

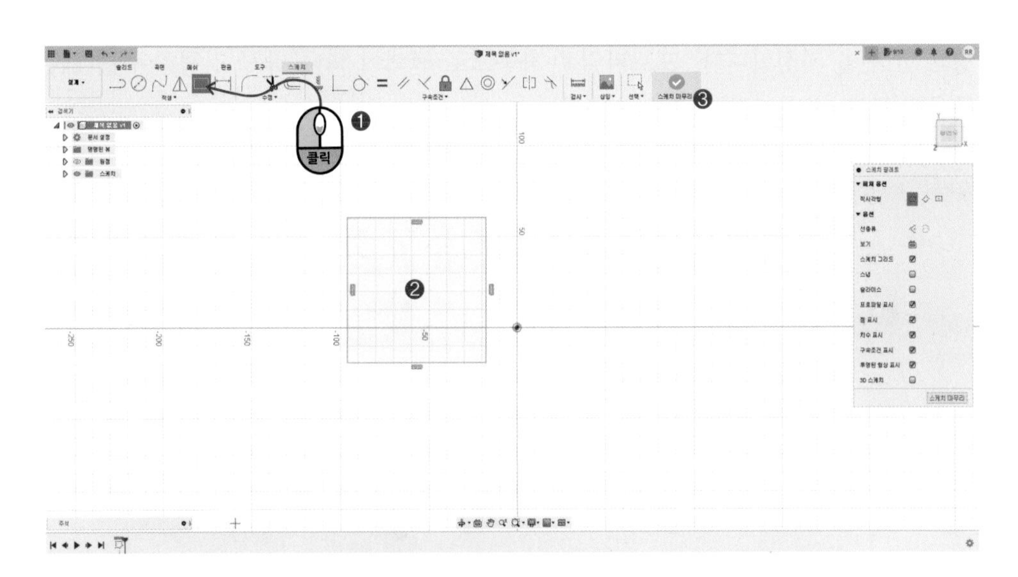

스케치 마무리(Finish Sketch) 버튼을 눌러 스케치 모드에서 나갑니다. 메뉴에서 〈작성(Create)〉-〈회전(Revolve)〉를 누르거나 회전(Revolve) 아이콘을 툴바에서 클릭합니다.

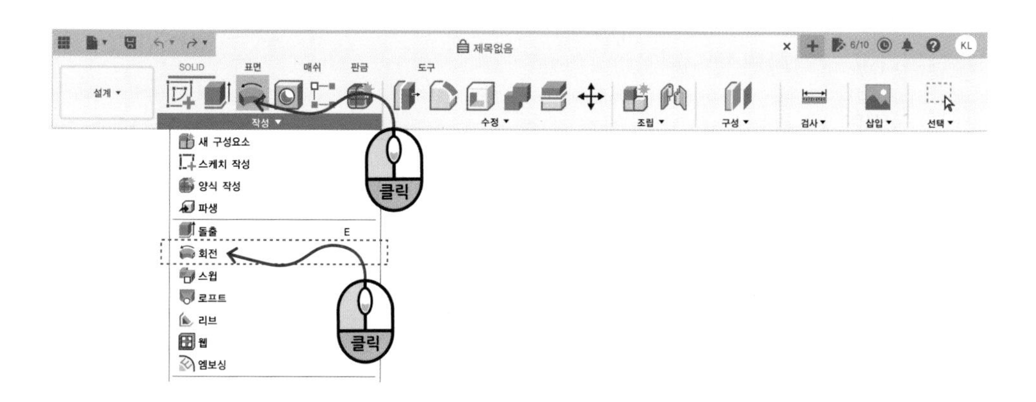


옵션 창의 프로파일(Profile)에서 회전시킬 면을 선택하고 축(Axis)에서 회전축으로 사각형의 한 변을 지정합니다. 프로파일은 자동으로 선택이 되나 다시 지정해야 할 때는 X 버튼을 누르고 다시 지정할 수 있습니다.

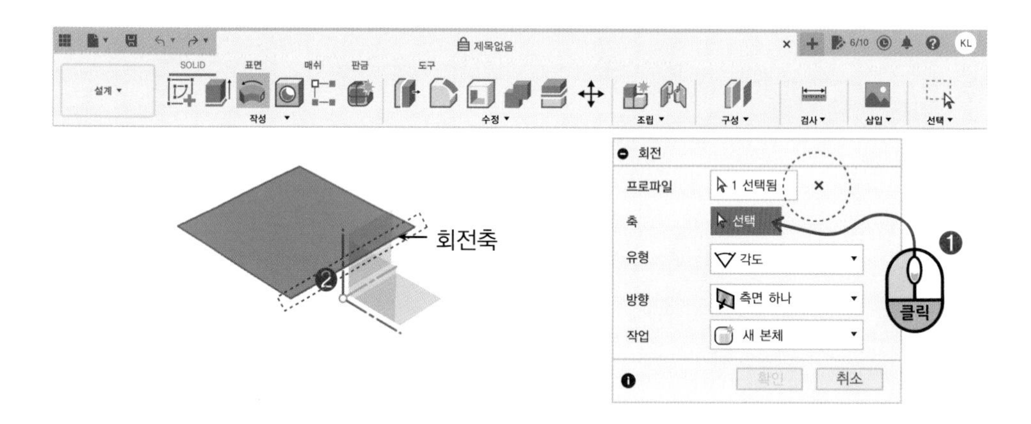

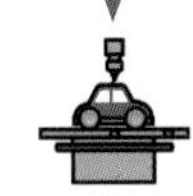



사각형의 한 변을 중심으로 회전하여 그림과 같은 입체도형이 만들어졌습니다.

이번에는 사각형의 한 변이 아니라 Y축을 축(Axis)으로 선택해 보겠습니다.

축(Axis)은 프로파일과 같은 평면상에 존재해야 선택할 수 있습니다. 아래와 같은 화면에서 축(Axis)은 X축이나 Y축만 선택할 수 있습니다.

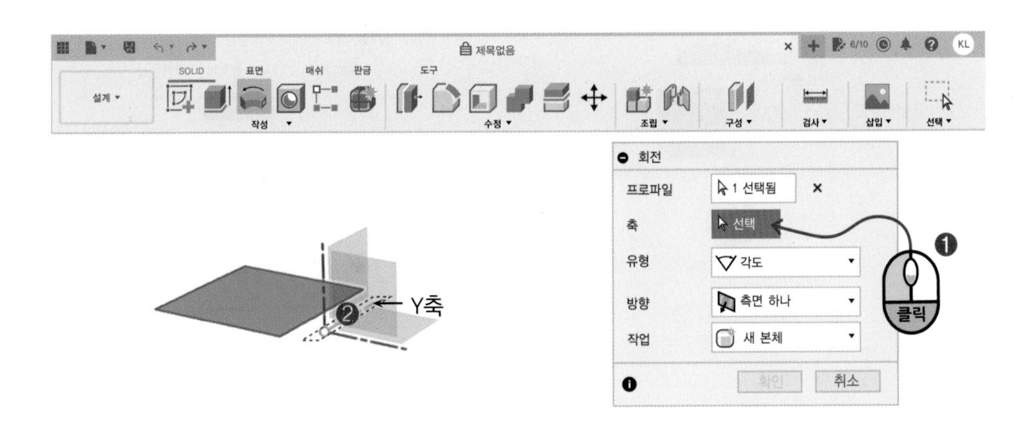

확인 버튼을 누르면 가운데가 비어있는 회전체가 만들어집니다.

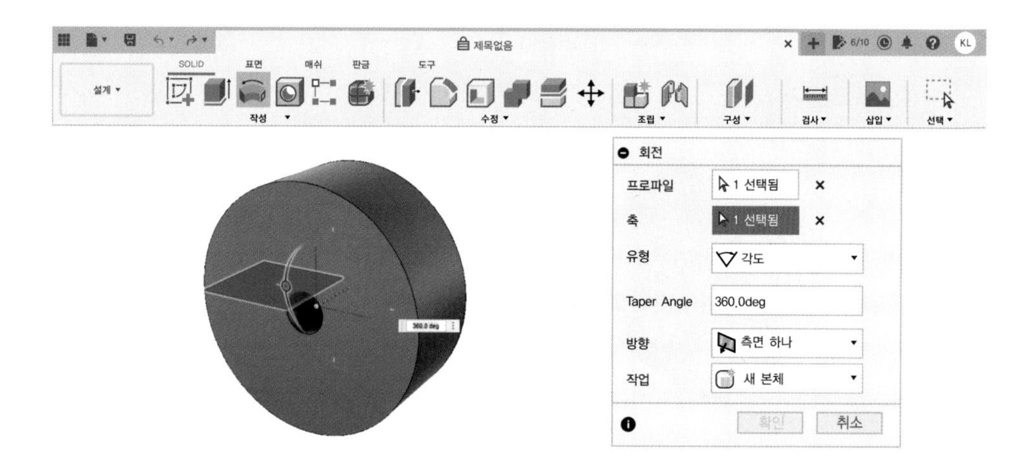


프로파일이 한 개가 아니라 여러 개인 경우에 회전(Revolve)을 실행해 보겠습니다.

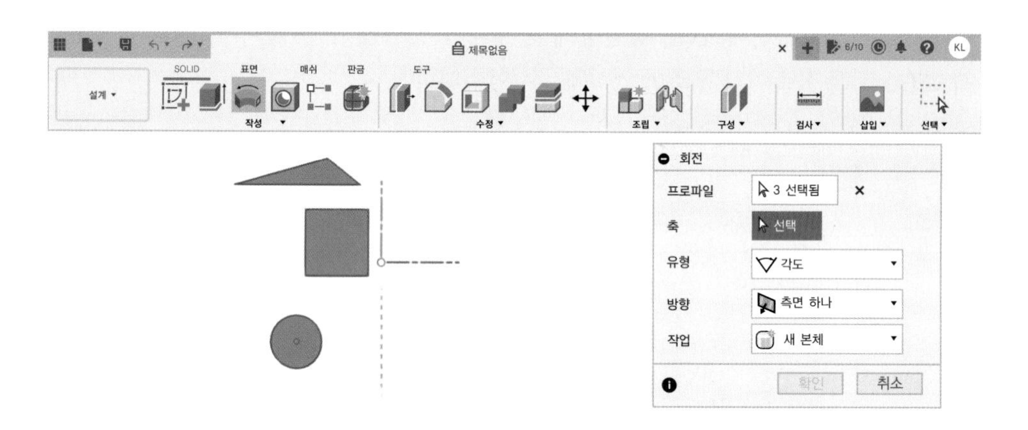

축(Axis)으로 y축을 선택합니다.

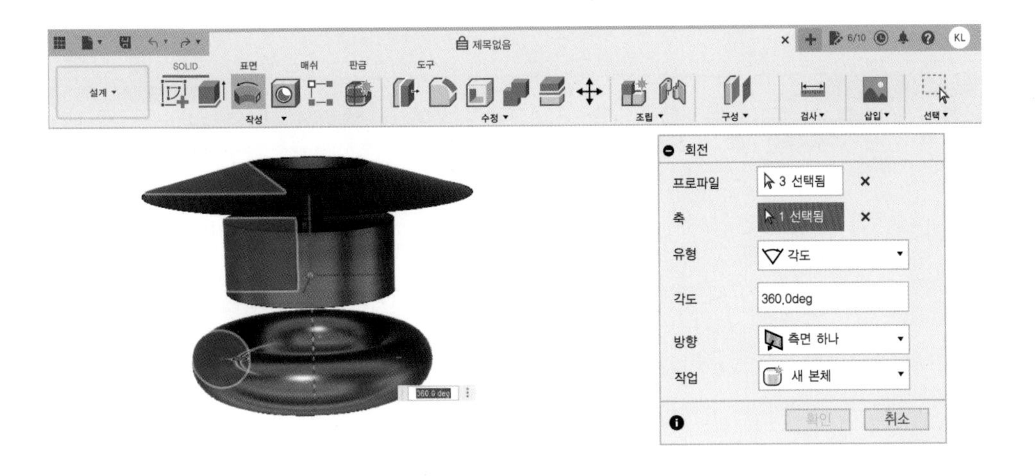


프로파일이 회전축에 걸쳐 있는 경우는 오류가 발생하면서 회전(Revolve)이 실행되지 않습니다.

XY평면에 다음과 같이 삼각형을 그리고 축(Axis)으로 Y축을 선택하면 회전(Revolve)이 실행되지 않고 오류 창이 나타납니다. 이처럼 프로파일(Profile)의 중간에 축(Axis)이 있는 경우 회전(Revolve)은 실행되지 않습니다.

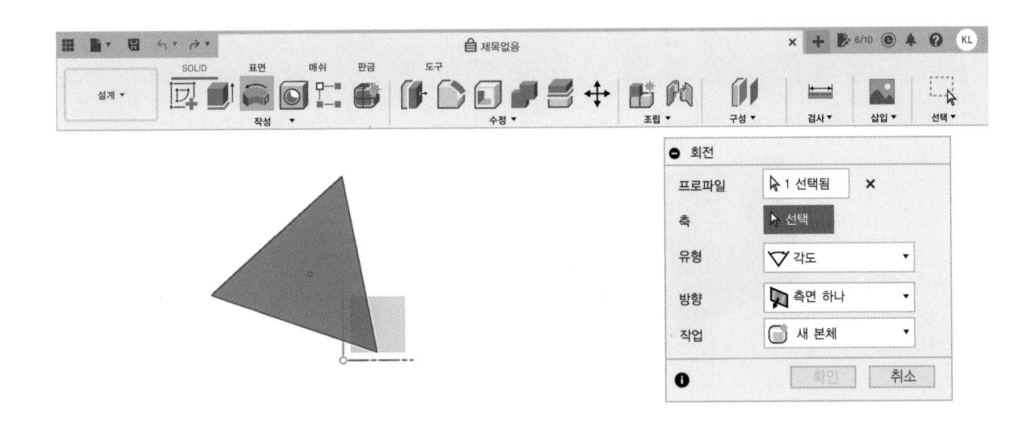

회전(Revolve)의 옵션을 살펴보겠습니다. 유형(Type)에는 3가지 선택을 할 수 있습니다. 각도(Angle), 끝(To), 전체(Full)의 3가지 옵션이 있습니다.

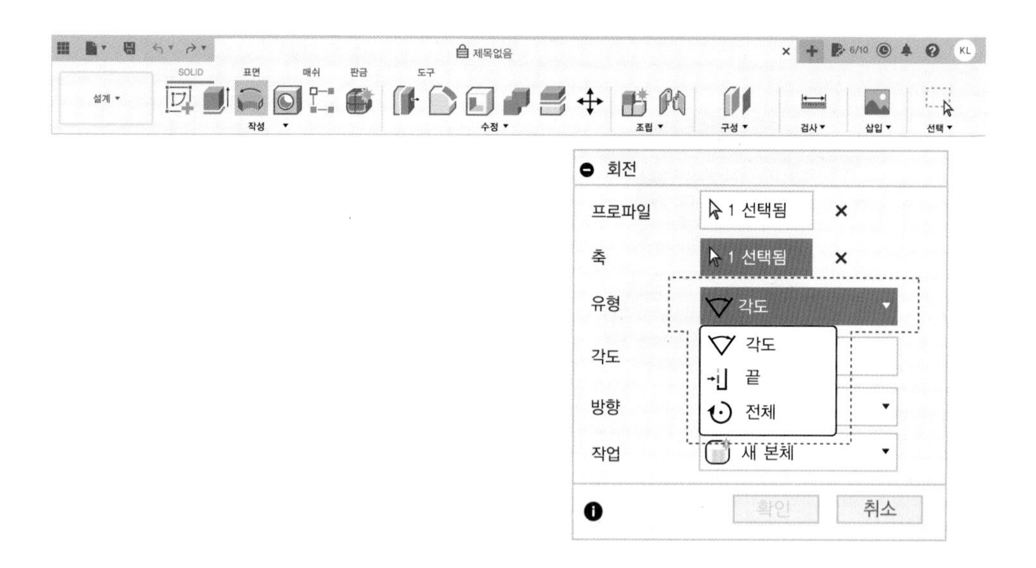


유형(Type)의 각도(Angle)는 회전 각도를 정해주는 것입니다. 각도(Angle) 입력창에서 각도를 직접 입력해줘도 되고 화면상의 핸들을 드래그해서 각도를 조절할 수도 있습니다.

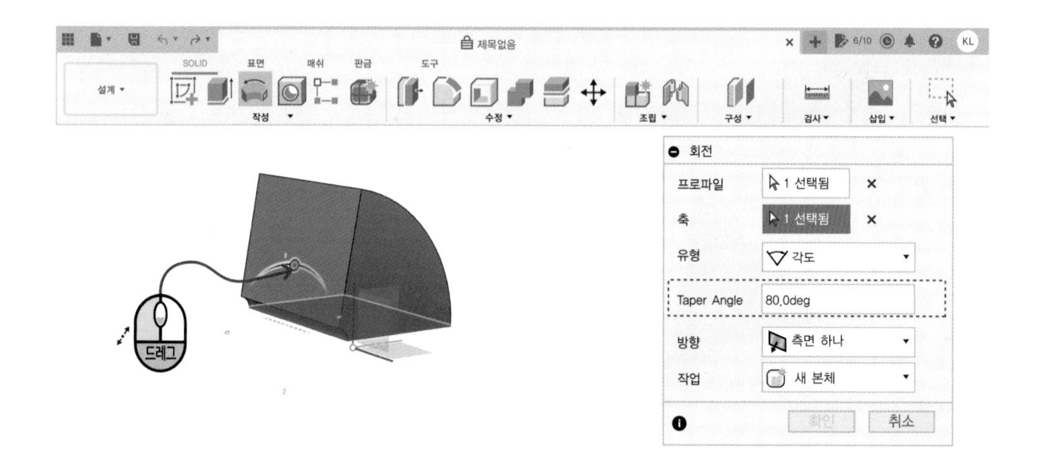

끝(To)은 특정 점이나 면까지 회전시키는 옵션입니다.

스케치 작성(Create Sketch) 버튼을 누르고 XY평면을 선택하고 XY평면에 프로파일을 하나 만듭니다.

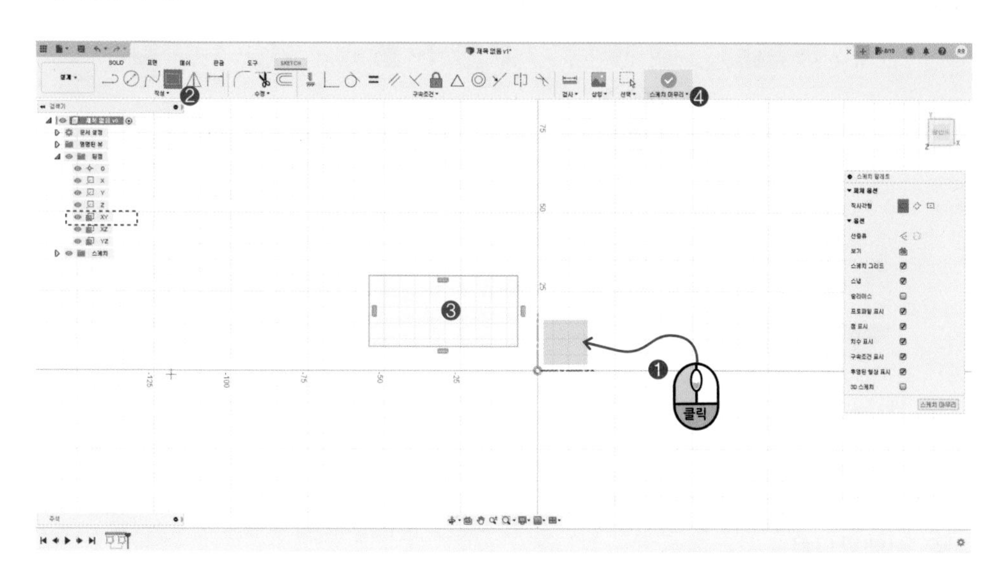


이번에는 XZ평면을 선택하고 선(Line)으로 선을 하나 그려줍니다.

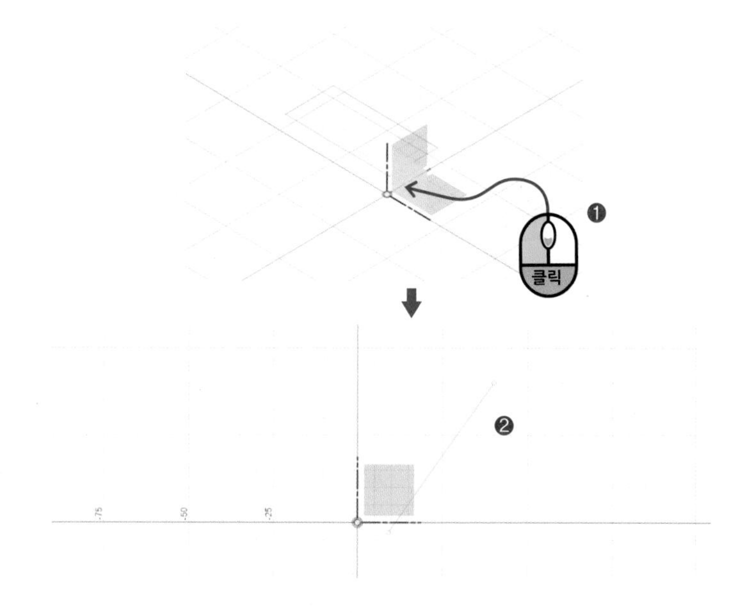

스케치 마무리(Finish Sketch) 버튼을 눌러 솔리드(SOLID) 모드로 간 후 회전(Revolve)을 실행합니다.

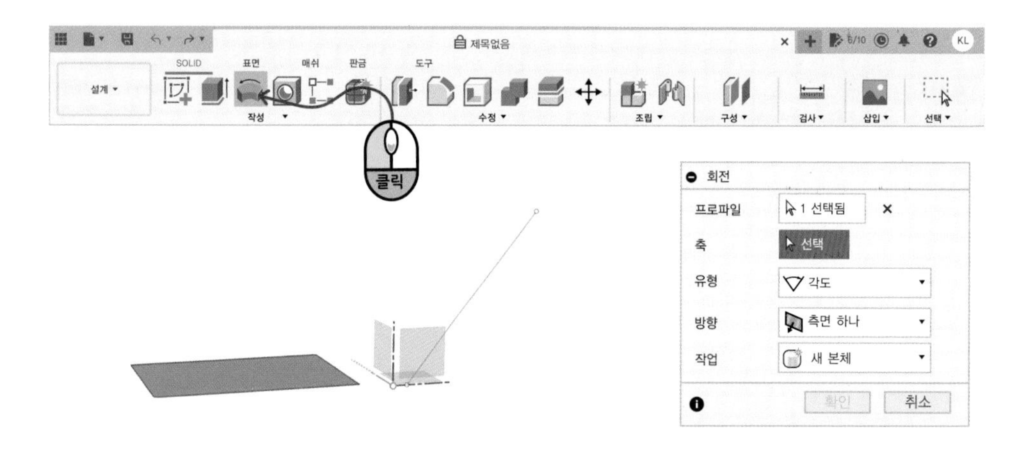


축(Axis)로 Y축을 선택하고 유형(Type)을 끝(To)으로 설정합니다. 그리고 선(Line)의 한 점을 선택합니다.

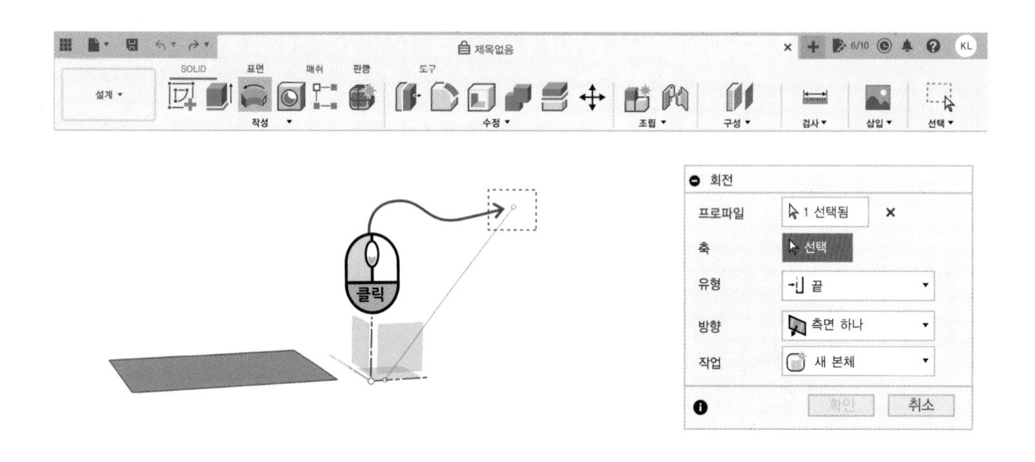


화면 상에 프로파일이 1개 밖에 없는 경우 프로파일이 자동으로 선택됩니다.

선택한 점까지 회전(Revolve)이 실행됩니다. 이처럼 끝(To) 옵션은 선택한 점이나 면에 따라 상대적으로 값이 변화하면서 회전 각도가 정해집니다.

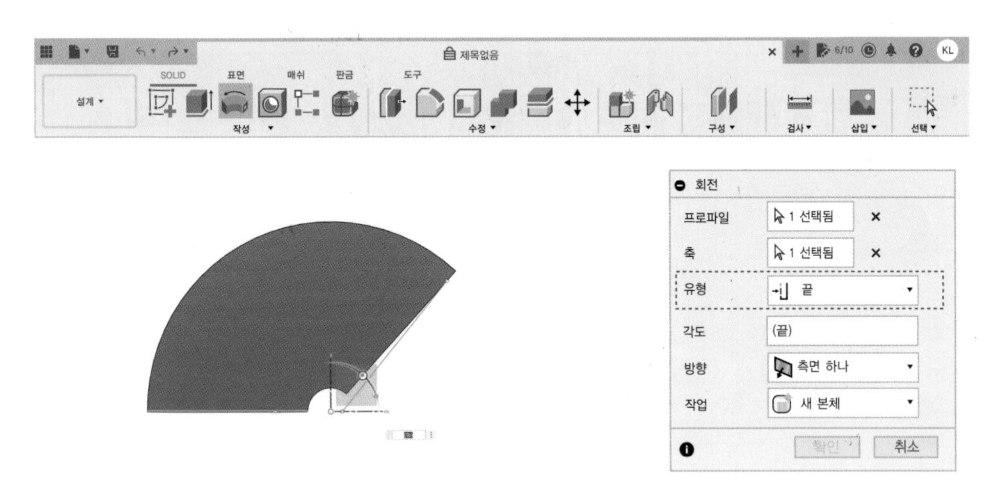


전체(Full)은 각도를 360도로 회전시킵니다.

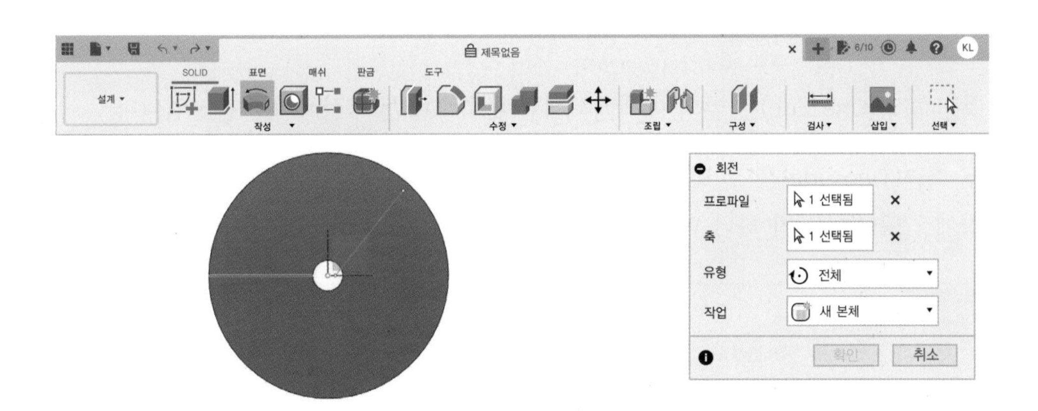

방향(Direction)은 측면 하나(One Side), 두 측면(Two Side), 대칭(Symmetric) 등이 있습니다.

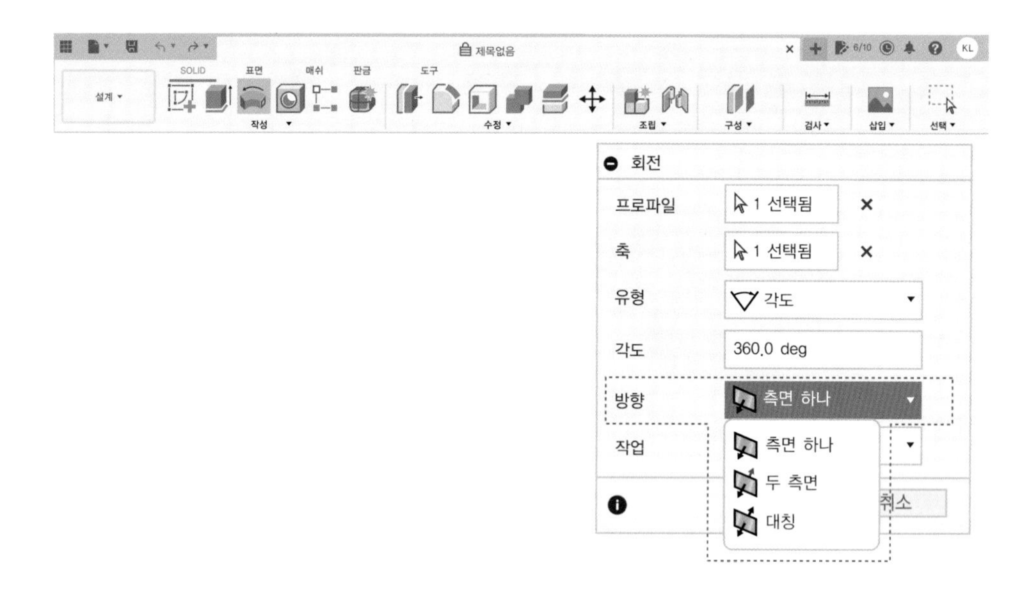


측면 하나(One Side)는 앞의 예제에서처럼 한쪽으로만 회전시키는 옵션입니다.

두 측면(Two Side)은 두 방향으로 각각 회전을 시키는 옵션입니다. 이것을 선택하면 설정창에 각도(Angle)가 하나 더 생성됩니다.

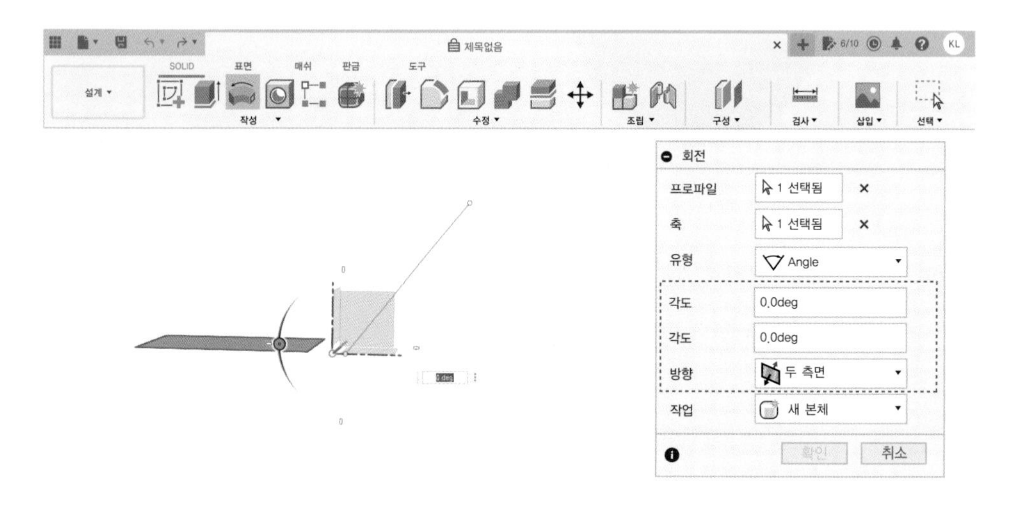

각도(Angle)를 30도와 50도로 각각 넣어보겠습니다. 한쪽은 30도로 또 다른 쪽은 50도로 프로파일(Profile)이 회전합니다.

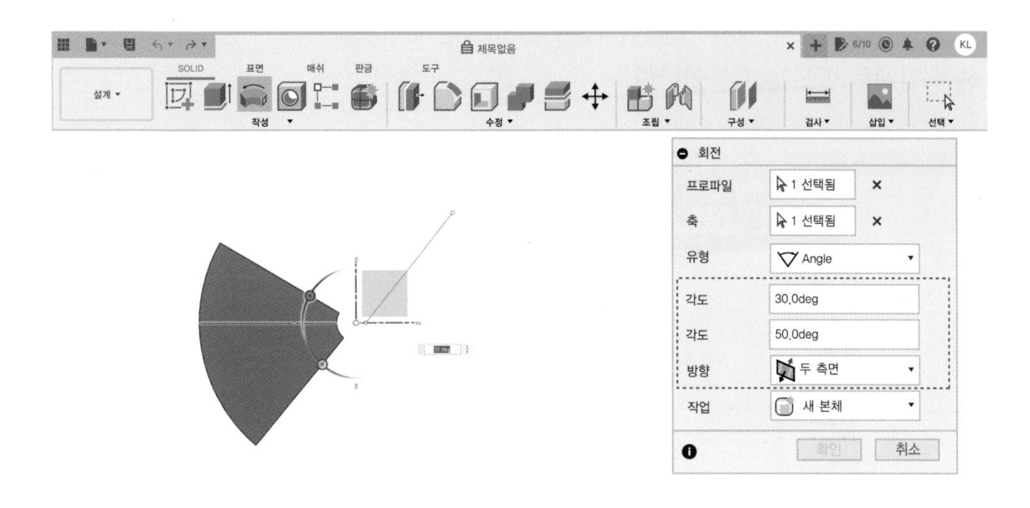


대칭(Symmetric)은 두 측면(Two Side)과 마찬가지로 두 쪽 방향으로 회전되나 양쪽이 동일한 각도로 회전된다는 것에 차이가 있습니다.

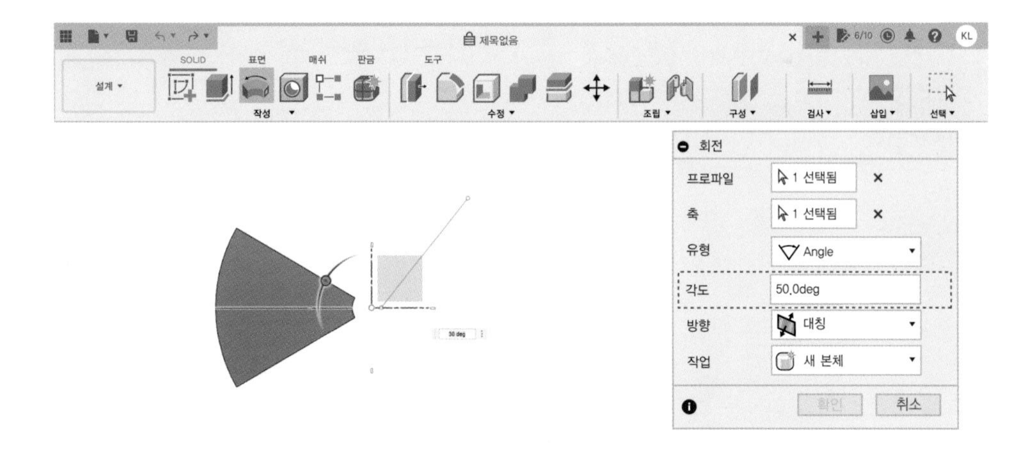

## 7. 스윕(Sweep)

스윕(Sweep)은 사전에서 "휩쓸다"라는 뜻으로 선택한 프로파일이 경로(Path)를 따라 이동하여 입체를 만드는 기능입니다.

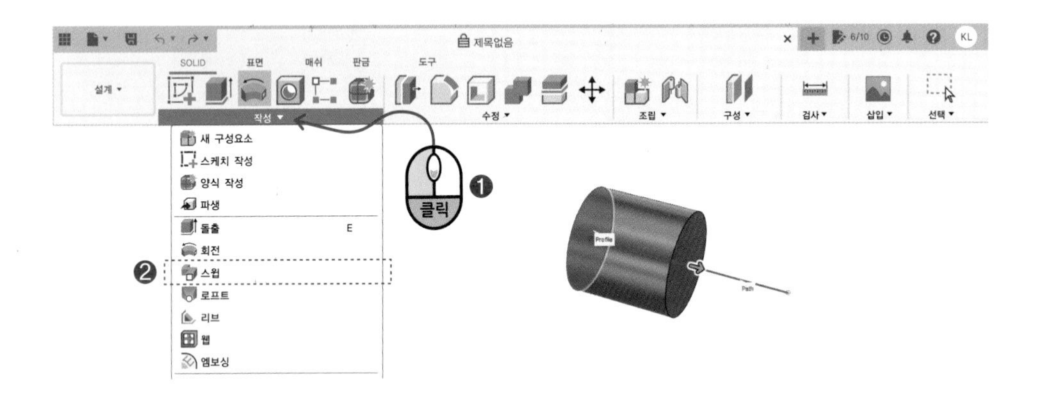


XY평면에 원(Circle)을 그리고 XZ평면에 선을 그려 그림과 같이 스케치를 만듭니다.

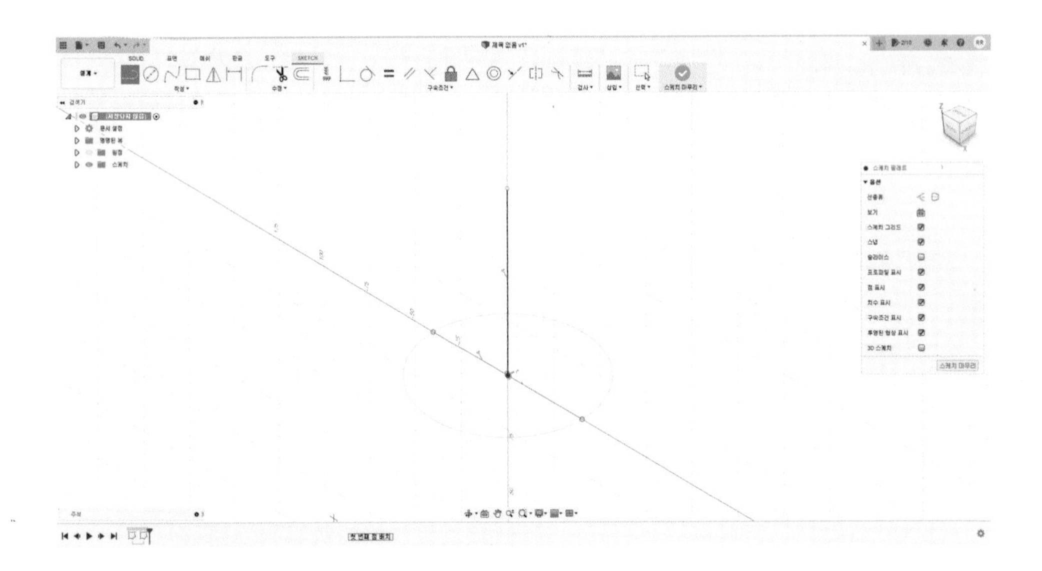

스윕(Sweep)을 실행하고 **프로파일(Profile)**로 원을 **경로(Path)**로 선을 선택합니다. 그러면 프로파일이 경로를 따라서 입체형상을 만듭니다.

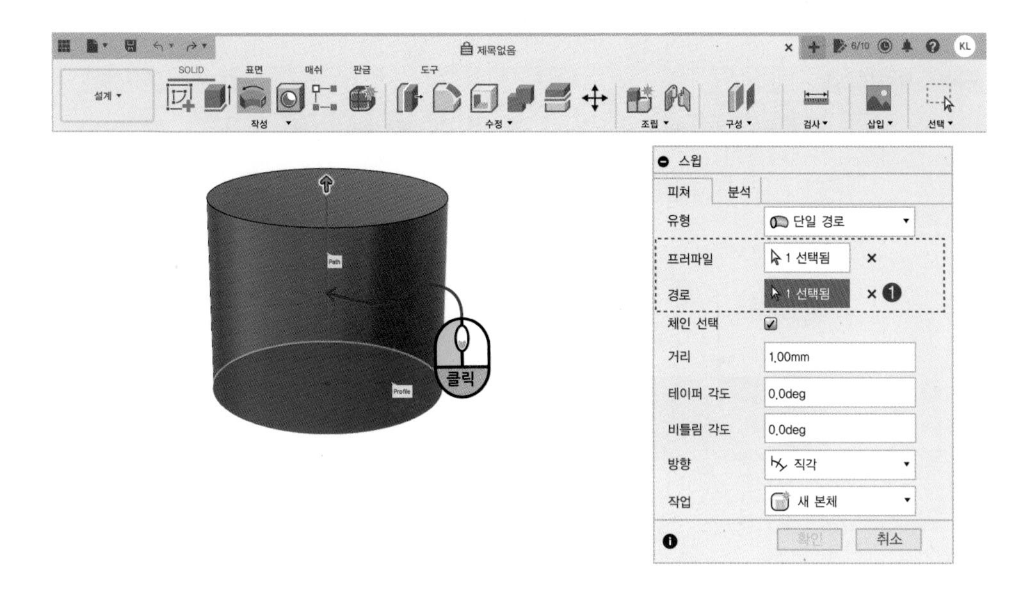


체인 선택(Chain Selection)은 경로(Path)가 서로 연결돼 있을 때 동시에 선택되도록 하는 옵션입니다.

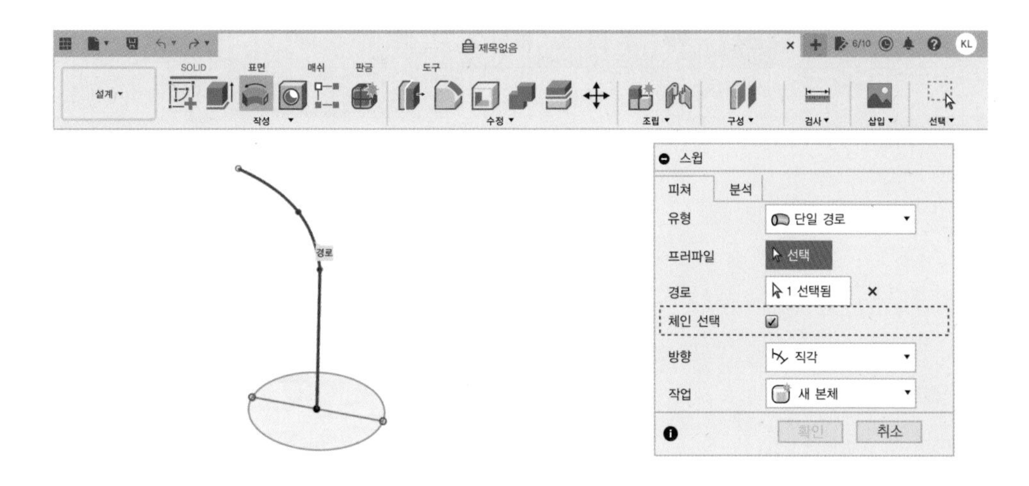

거리(Distance)는 프로파일(Profile)이 이동하는 양을 조절할 수 있는 옵션입니다. 1은 프로파일이 끝까지 이동하여 형상을 만드는 것이고 0은 전혀 이동하지 않는 것입니다. 0.5를 입력하면 절반만큼만 프로파일이 이동합니다.

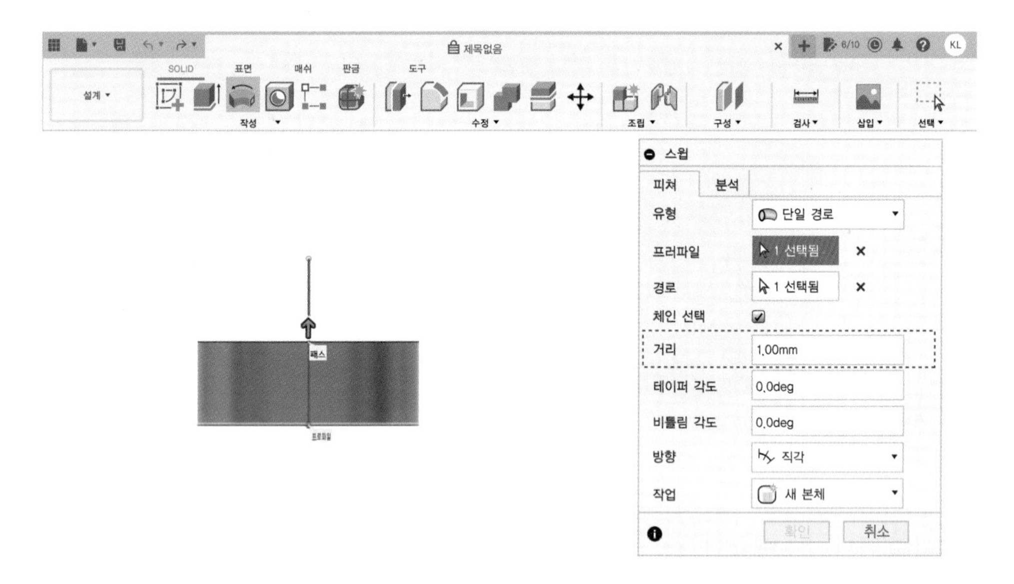


방향(Orientation)은 직각(Perpendicular)과 평행(Parallel) 두 가지가 있습니다.

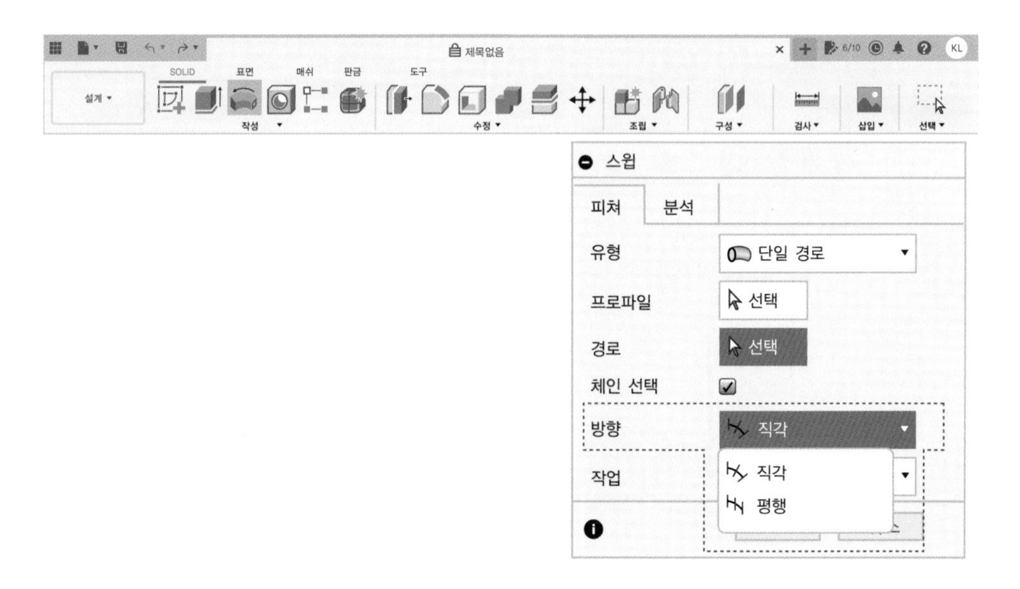

평행(Parallel)은 처음 선택하는 프로파일(Profile)과 평행한 면으로 형상을 만드는 것입니다.

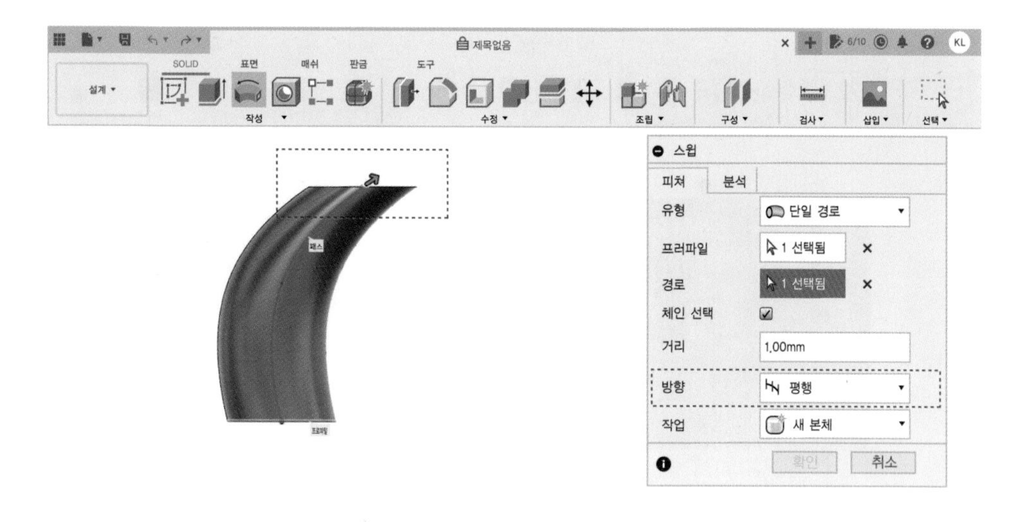


직각(Perpendicular)은 경로(path)와 프로파일(Profile)이 수직인 채로 형상을 만드는 것입니다. 따라서 경로의 방향에 따라 생성되는 면의 방향도 함께 변화합니다. 이처럼 동일한 경로와 프로파일을 선택하더라도 만들어지는 형상이 달라질 수 있습니다.

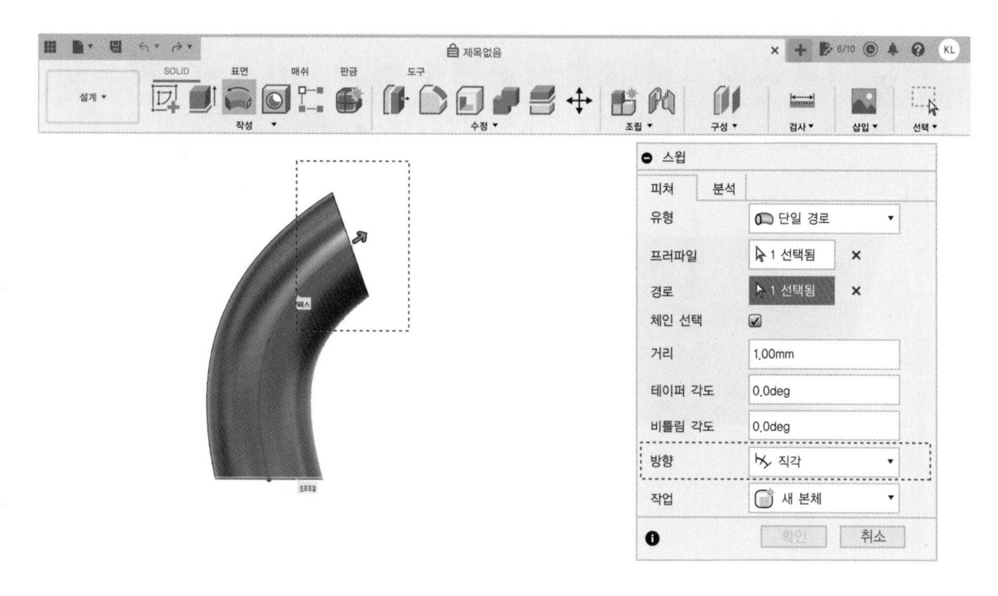

직각(Perpendicular)을 선택하면 옵션 창에 테이퍼 각도(Taper Angle)와 비틀림 각도(Twist Angle) 옵션이 추가로 나타납니다.

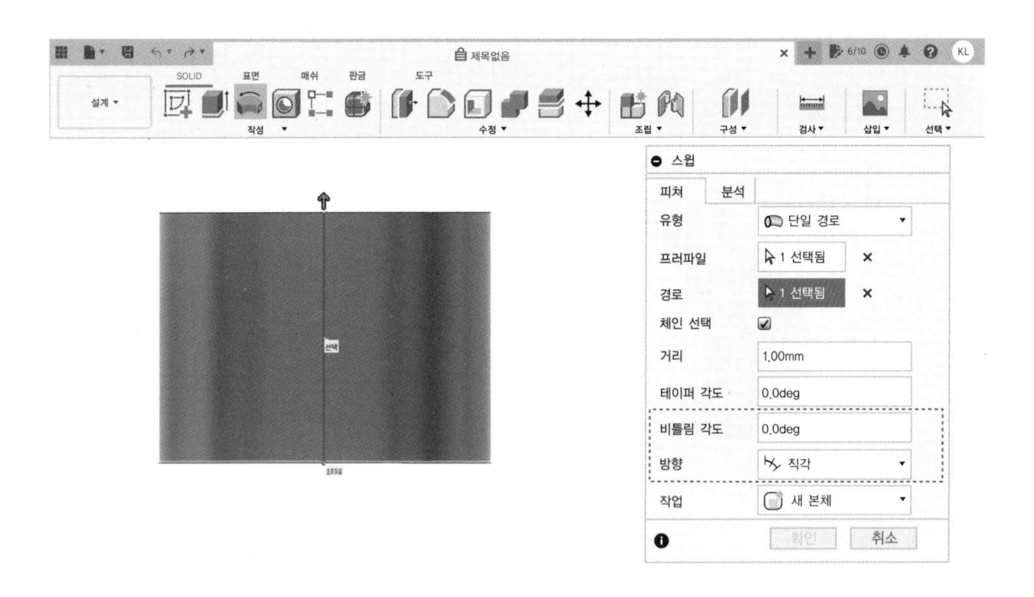


테이퍼 각도(Taper Angle)는 위쪽 프로파일의 크기를 변화시키는 옵션입니다.

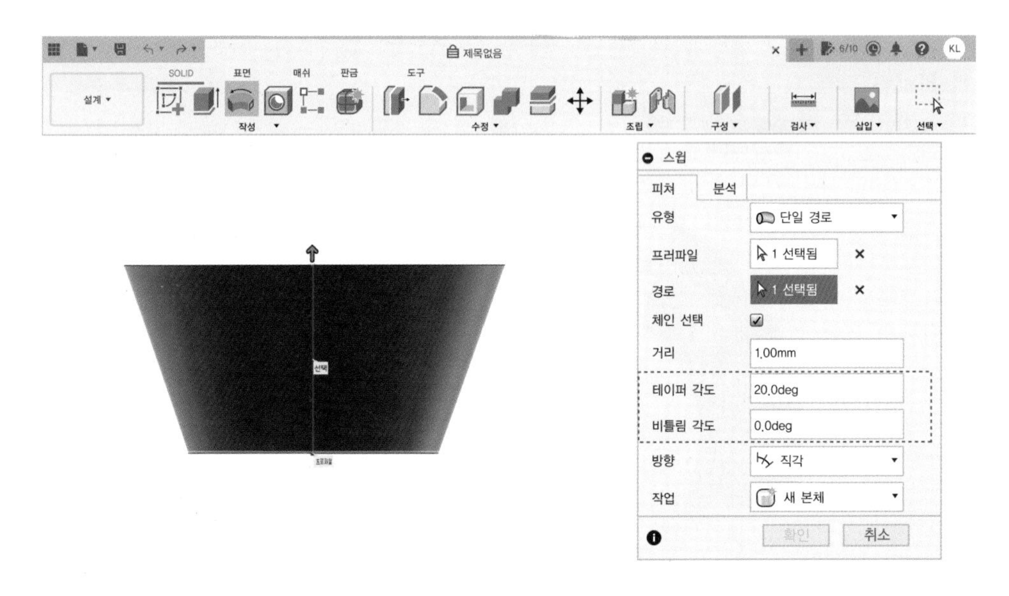

비틀림 각도(Twist Angle)는 프로파일(Profile)이 경로(path)를 따라 꼬이면서 형상을 만들도록 합니다. 비틀림 각도(Twist Angle) 값은 최종 면의 위칫값이라고 볼 수 있습니다. 그림과 같이 타원(Ellipse)과 선(Line)을 그려줍니다.

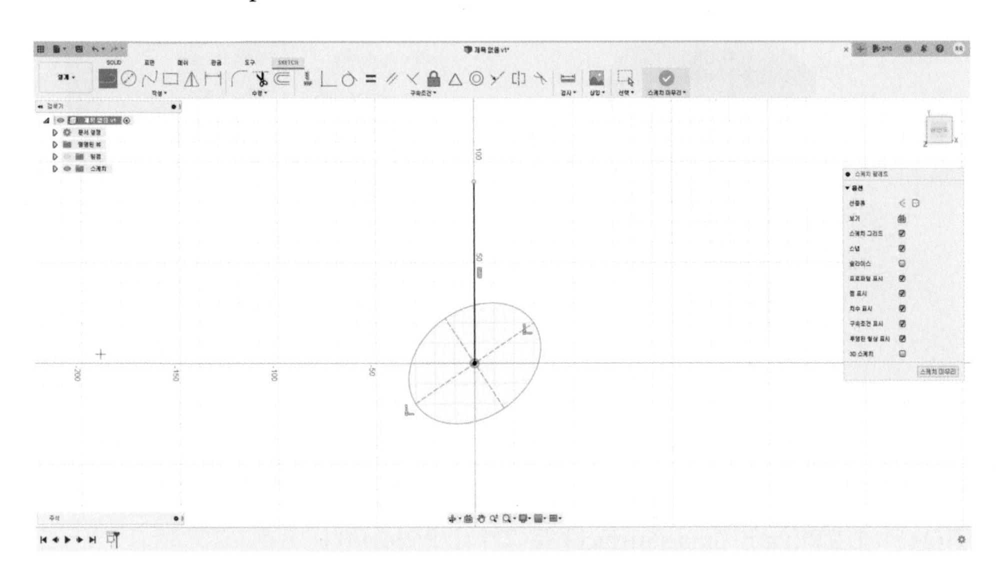

스윕(Sweep)을 실행하고 프로파일(Profile)로 타원(Ellipse)을 경로(path)로 선(Line)을 선택합니다. 그리고 비틀림 각도(Twist Angle) 값으로 90을 입력해 줍니다. 제일 위쪽에 생성된 면이 처음 선택한 프로파일(Profile)과 90도의 각도를 이루게 됩니다.

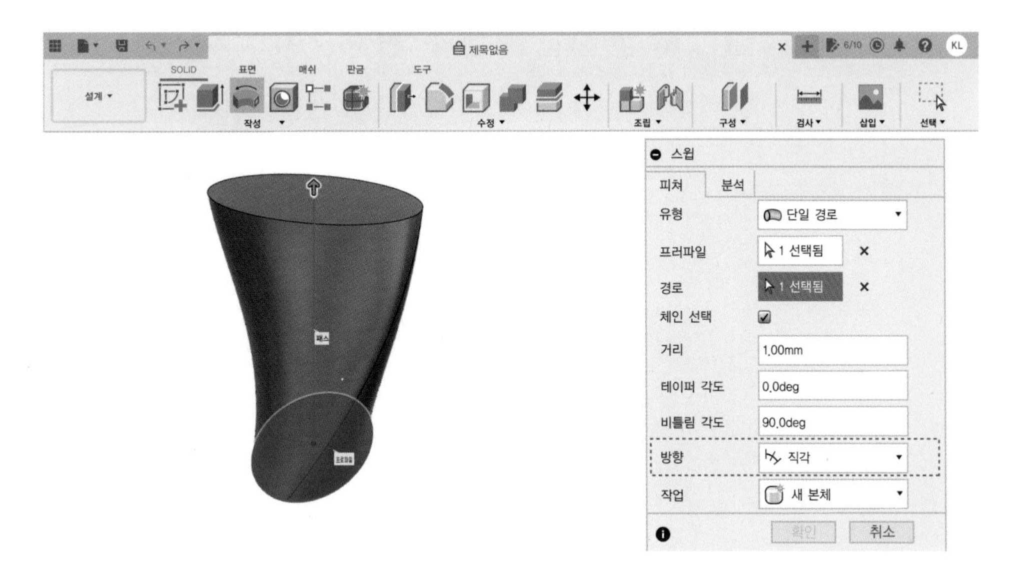

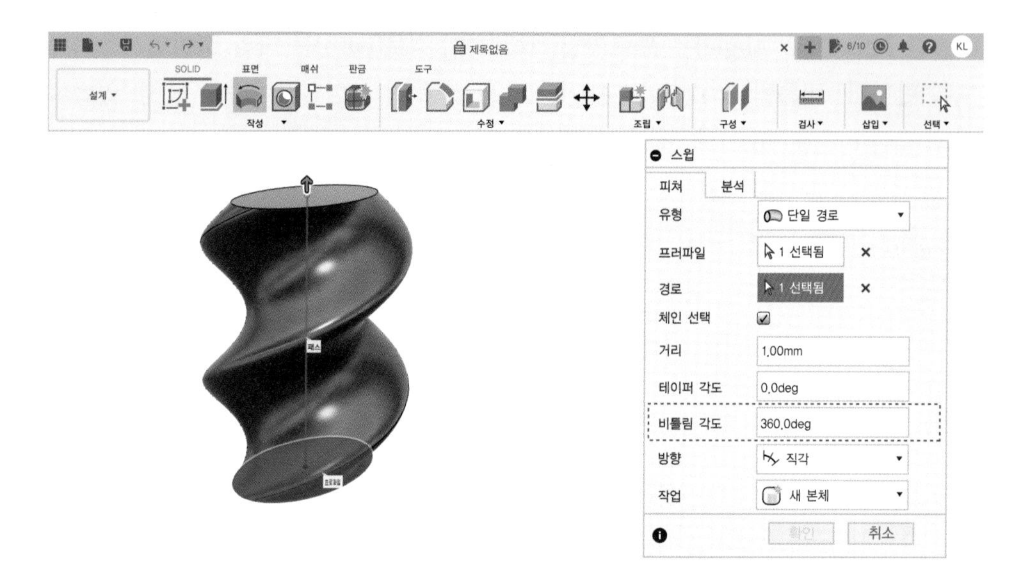


스윕(Sweep)의 유형(Type)은 단일 경로(Single Path), 경로+안내 레일(Path+Guide Rail), 경로+안내 표면(Path+Guide Surface) 등 3가지가 있습니다.

단일 경로(Single Path)는 그동안의 예제처럼 프로파일(Profile)과 하나의 경로(Path)만으로 형상을 만드는 것입니다.

이에 비해 경로+안내 레일(Path+Guide Rail)은 안내 레일(Guide Rail)을 추가한 것으로 프로파일(Profile)이 경로(Path)를 지나가며 면을 만들 때 외곽 모양이 안내 레일(Guide Rail)과 같아지도록 하는 것입니다.

경로+안내 표면(Path+Guide Surface)은 안내 표면(Guide Surface)을 참조하여 형상을 만듭니다. 곡면(Surface)은 솔리드의 페이스나 서피스(두께 없는 면)를 선택할 수 있습니다.

〈단일 경로(Path)로 스윕을 실행한 경우〉

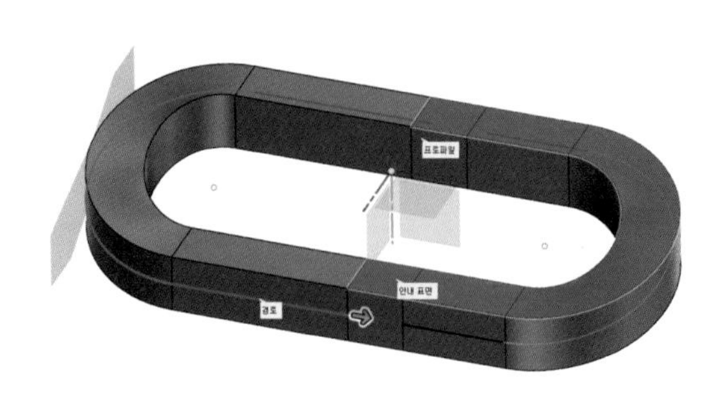

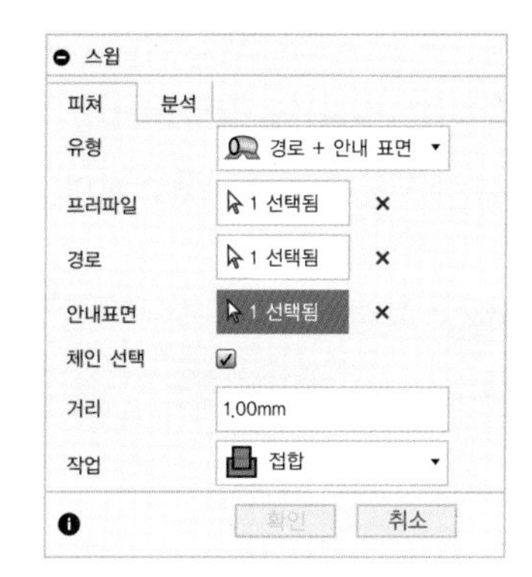


〈경로+안내 표면(Path+Guide Rail)으로 스윕을 한 경우〉

경로+안내 레일, 경로+안내 표면을 활용하면 사용자가 원하는 형상을 더 정확하게 만들 수 있습니다.

## 8. 로프트(Loft)

다른 평면에 존재하는 2개 이상의 프로파일이 있을 때 그 사이의 공간을 자연스럽게 채워주는 메뉴입니다.

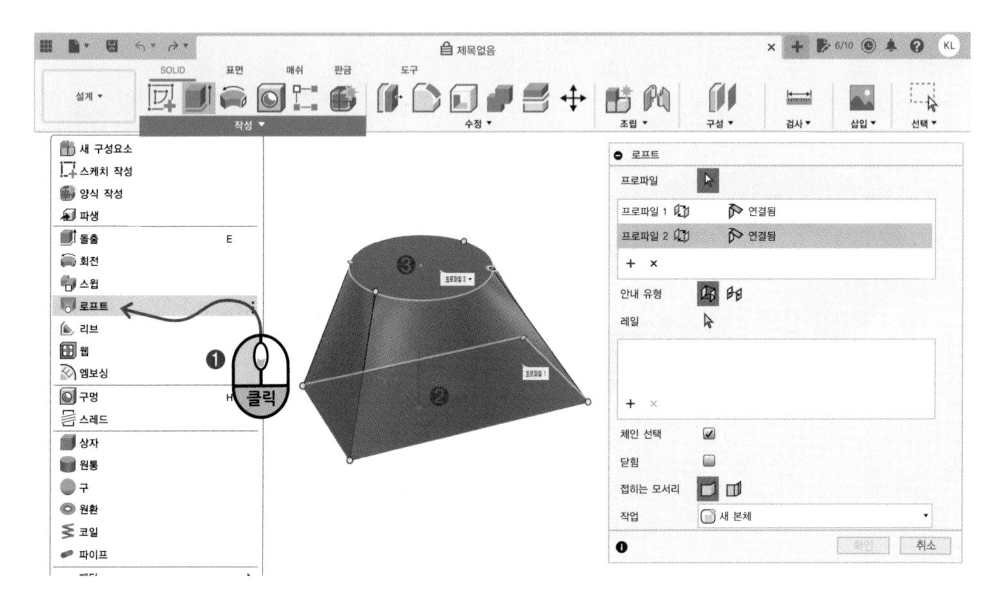

스케치 작성(Create Sketch) 버튼을 눌러 XY평면을 선택하고 원과 사각형을 그려줍니다.

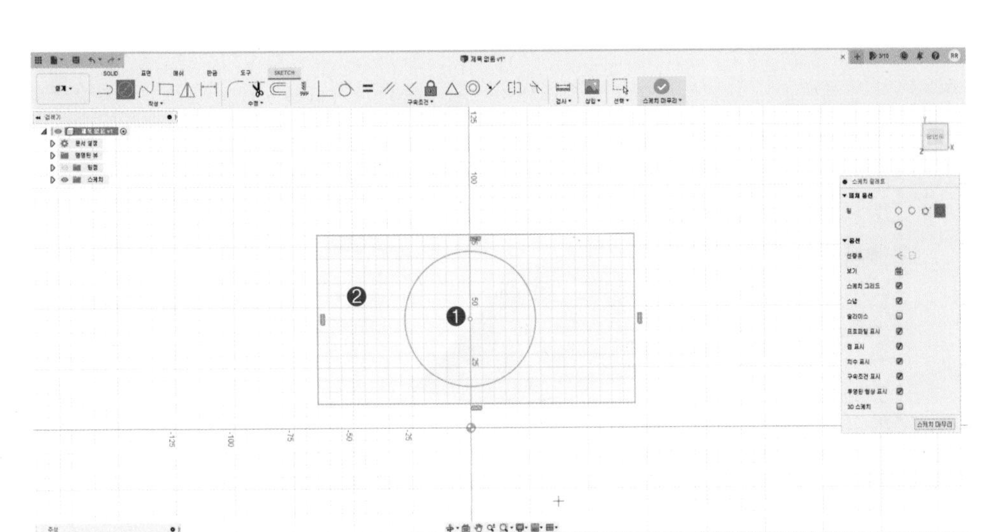

이동 복사(MOVE/COPY)를 이용하여 원을 Z축으로 이동하고 스케치 마무리(FINISH SKETCH) 버튼을 눌러 스케치 모드에서 솔리드(SOLID) 모드로 들어갑니다.

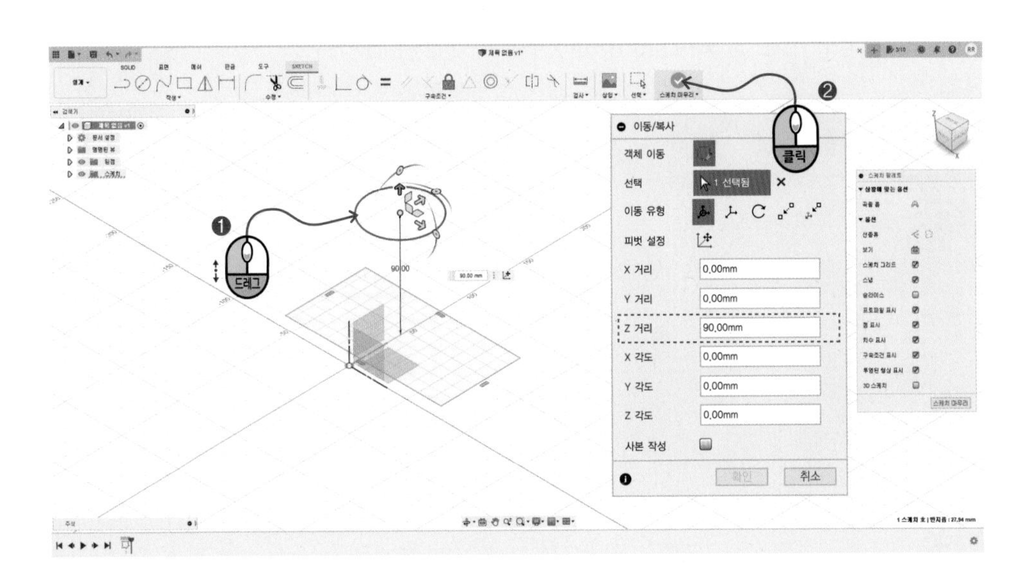

로프트(Loft)를 실행합니다. 그리고 프로파일(Profile)로 원과 사각형을 선택하면 형상이 만들어집니다.

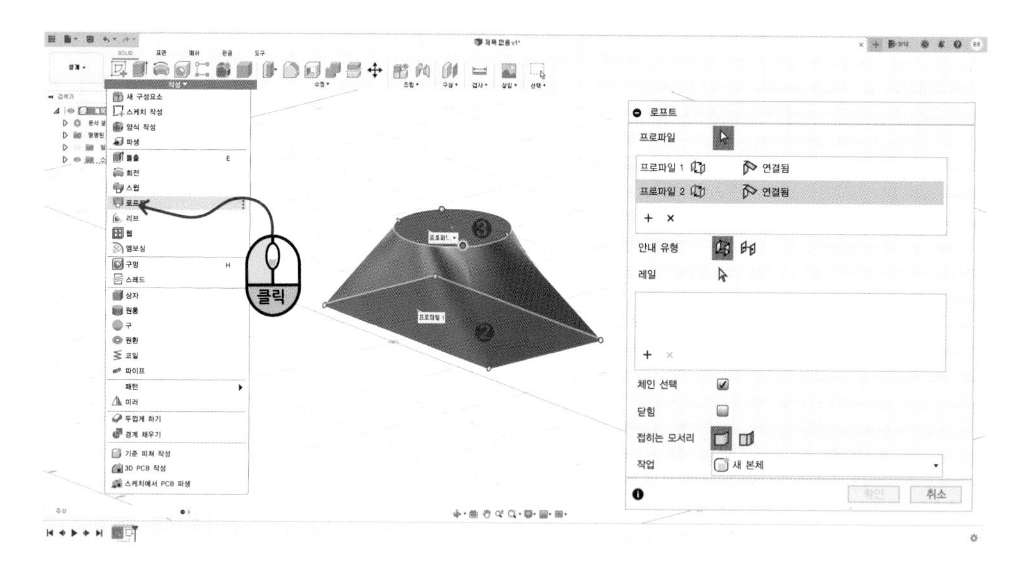


로프트(Loft)의 옵션을 살펴보겠습니다. 프로파일(Profile)은 로프트(Loft)를 이용하여 연결할 면을 선택하는 것인데 여러 개의 프로파일(Profile)도 선택할 수 있습니다. 그림과 같이 높이가 모두 다른 프로파일(Profile) 4개를 만들어 줍니다.

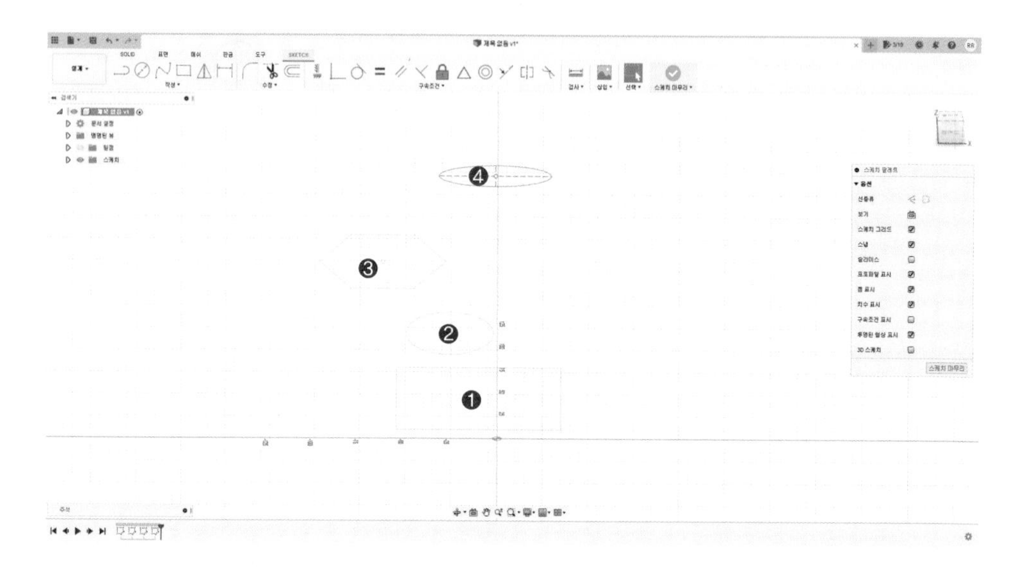

로프트(Loft)를 실행하고 바닥에 있는 프로파일(Profile)부터 차례대로 선택합니다.

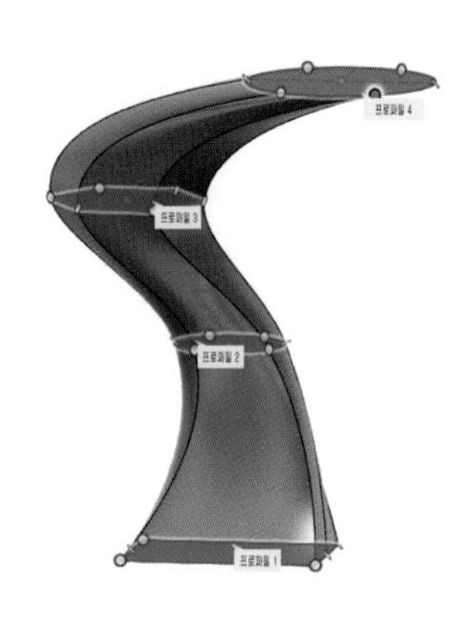

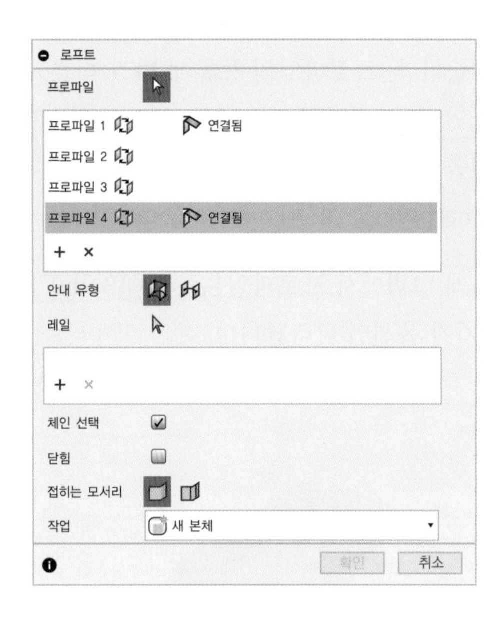


로프트(Loft)로 생성되는 본체(Body)는 서로 중첩되는 경우 오류가 발생하면서 입체형상이 만들어지지 않습니다.

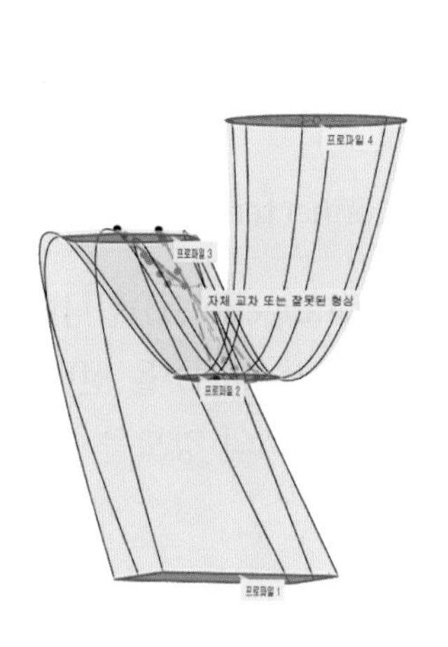


로프트
프로파일
프로파일 1 연결됨
프로파일 2
프로파일 3
프로파일 4 연결됨
안내 유형
레일
체인 선택
닫힘
접히는 모서리
작업 새 본체
확인 취소

프로파일이 2개만 연결되는 경우 단순히 두 면이 연결되는데 3개 이상이 될 때는 연결선이 부드럽게 변경됩니다. 양쪽 끝 프로파일 2개는 각 프로파일의 연결방식을 선택할 수 있습니다. 프로파일의 종류에 따라 다른 옵션이 나타납니다. 프로파일이 본체(Body) 페이스인 경우 연결됨(Connected(G0)), 접점(Tangent(G1)), 곡률(Curvature(G2))을 선택할 수 있습니다. 스케치는 연결됨(Connected)과 방향(Direction), 스케치 포인트의 경우 선명한(Sharp)와 점 접선(Point Tangent)이 나타납니다.

아래 그림에서 프로파일1은 본체(Body) 의 면이여서 연결됨(G0), 접점(G1), 곡률(G2)등의 3가지 옵션이 나타납니다.

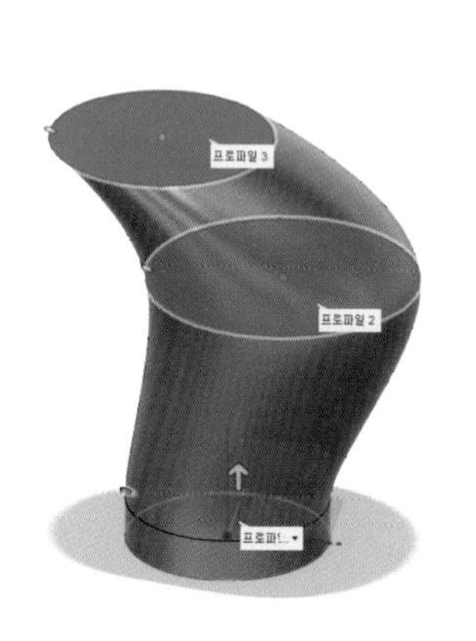

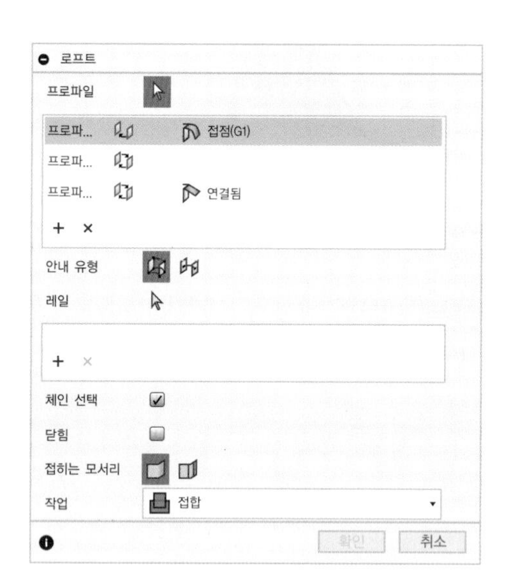


본체(Body)의 기존 엣지와 그냥 연결된 것이 연결됨(Connected(G0))입니다.

본체(Body)의 기존 엣지와 탄젠트로 연결된 것이 접점(Tangent(G1))입니다. 정면에서 봤을 때 접점(Tangent(G1))이 연결되어 있습니다. 접점(Tangent(G1))을 선택하면 접선 가중치(Tangency Weight)가 추가로 나타나며 접점(Tangent(G1))의 강도를 조절할 수 있습니다. 화살표로도 조절할 수 있습니다.

곡률(Curvature(G2))은 곡률 선으로 연결된 것입니다.

스케치의 곡률 구속을 생각하면 좋을 것 같습니다. 곡률(Curvature(G2))도 접점(Tangent(G1))과 마찬가지로 접선 가중치(Tangency Weight)가 나타납니다.

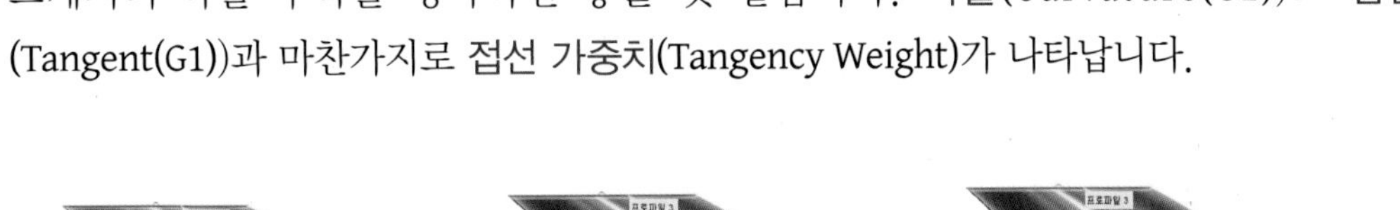

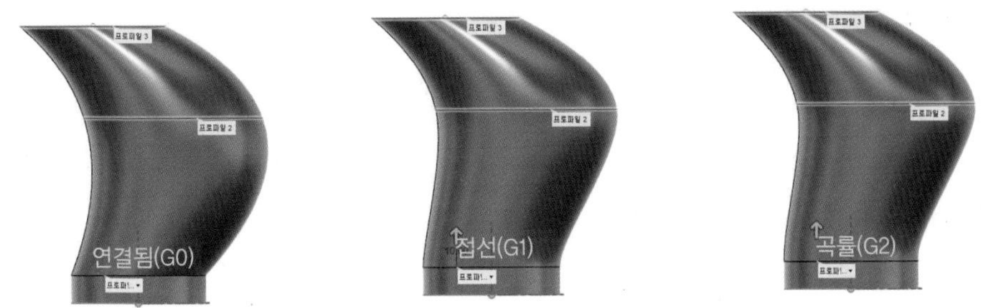


프로파일3은 스케치 프로파일입니다. 프로파일이 스케치 프로파일인 경우 연결됨(Connected)를 선택하면 자연스럽게 선이 연결되는 것입니다. 그리고 방향(Direction)은 특정 방향으로 잡아당기는 힘을 받는 것입니다. 이것을 선택하면 테이크오프 무게(Takeoff Weight)와 테이크오프 각도(Takeoff Angngle)가 생겨납니다. 그래서 잡아당기는 힘과 방향을 설정해 줄 수 있습니다.

스케치 포인트는 선명한(Sharp)과 점 접선(Point Tangent)이 나타납니다. 선명한(Sharp)은 선이 한 점에서 뾰족하게 만나는 것이고 점 접선(Point Tangent)은 완만하게 선과 접선으로 선의 모양이 생성됩니다. 이 점 접선(Point Tangent)도 접선 가중치(Tangency Weight)가 생겨서 접점의 강도를 정해줄 수 있습니다.

좀 더 정확하게 로프트(Loft)를 할 수 있는 안내 유형(Guide Type)을 알아보겠습니다.

두 가지 타입이 있는 데 하나는 레일(Rails)이고 또 하나는 센터라인(Centerline)입니다. 레일은 두 프로파일의 외곽 에지에 선을 만들어서 외형틀을 잡아주는 역할을 합니다. 개수가 여러 개여도 상관이 없습니다. 체인 선택(Chain Selection)은 연결된 레일을 한 번에 선택하는 기능입니다.

아래의 그림은 두 프로파일을 연결하고 레일을 3개 선택한 것입니다.

레일(Rails)에 따라서 외형이 변하는 것을 확인할 수 있습니다. 추가로 레일(Rails)을 선택하면 기존 레일(Rails)에는 그대로 붙어있고 추가로 지정한 레일(Rails)에 달라붙는 것을 확인할 수 있습니다.

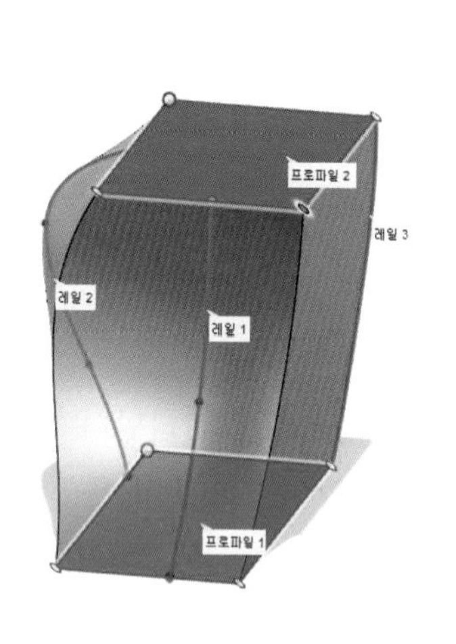


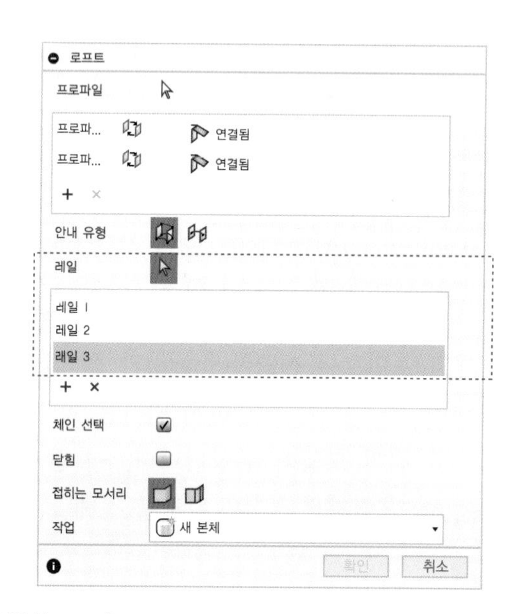


〈레일을 이용한 로프트〉

센터라인(Centerline)을 이용한 로프트(Loft)는 프로파일이 연결될 때 센터라인(Centerline)을 따라 돌출되는 것을 확인할 수 있습니다.

센터라인(Centerline)이 프로파일의 안쪽에 있지 않은 경우에도 실행이 되지만 변형이 있

으므로 어떤 형상이 만들어질지 예측이 어렵습니다. 그래서 의도한 대로 사용할 때는 센터라인(Centerline)이 각 프로파일의 중심에 위치하는 것이 가장 좋습니다.

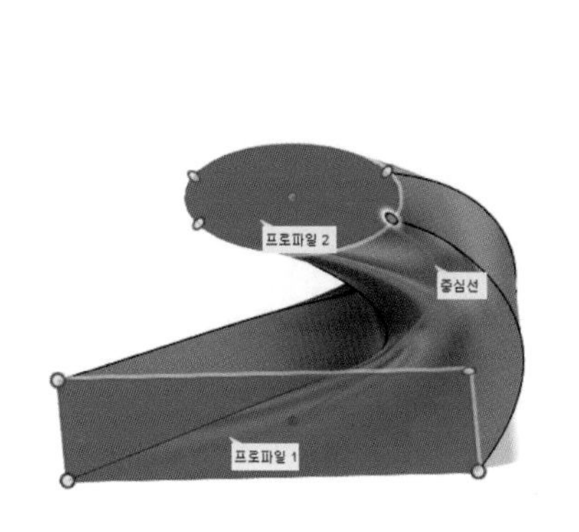

〈센터라인을 이용한 로프트〉

아래의 그림처럼 센터라인(Centerline)이 연결되어 있지만, 한쪽으로만 로프트(Loft)가 됩니다. 이럴 때, 닫힘(Closed)를 선택하면 반대쪽까지 모두 연결이 됩니다.

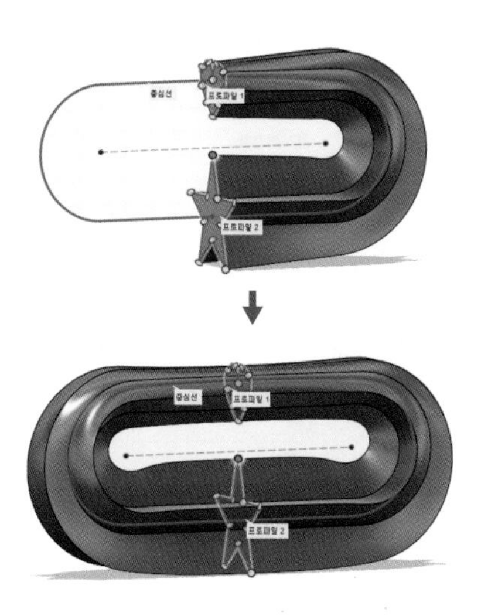

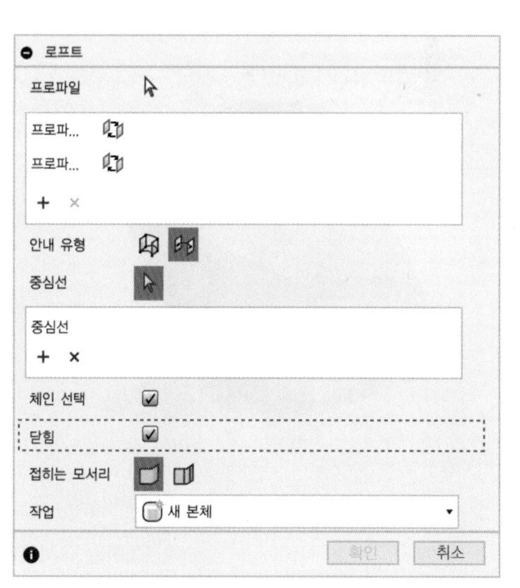

다음은 접하는 모서리(Tangent Edge)에 대해서 알아보겠습니다. 옵션으로 병합(Merge)과 유지(Keep)가 있습니다.

이것은 로프트 본체를 생성할 때 곡면과 연결된 부위에 엣지의 유무를 선택하는 옵션입니다. 병합(Merge)은 통합해서 하나로 만드는 것이고 유지(Keep)는 엣지를 표시하는 것입니다.

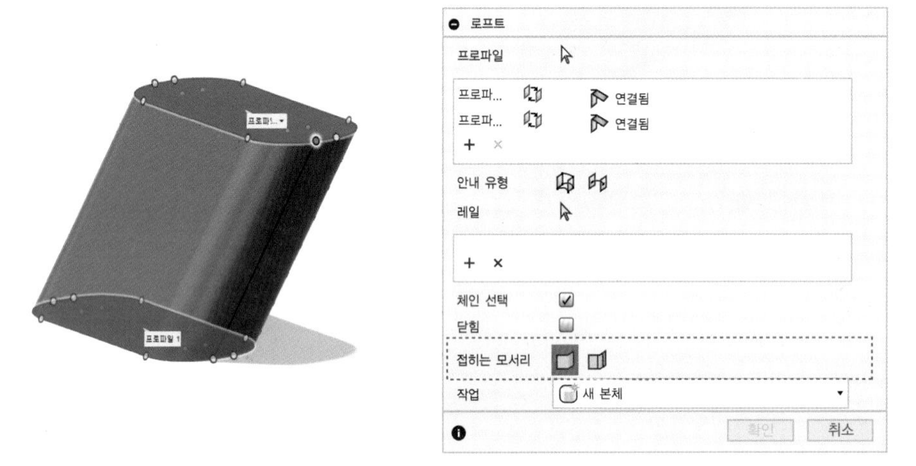


〈접하는 모서리가 병합인 경우〉

〈접하는 모서리가 유지인 경우〉

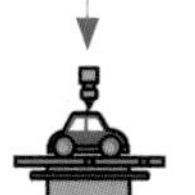

## 9. 파이프(Pipe)

선을 따라 입체를 만드는 기능입니다. 스윕(Sweep)과 유사하나 프로파일(Profile)을 지정하지 않고 선만으로 형상을 만듭니다. 형상의 단면도 원, 사각형, 삼각형만 가능합니다. 스윕(Sweep)에 비해 자유도가 적으며 단순합니다.

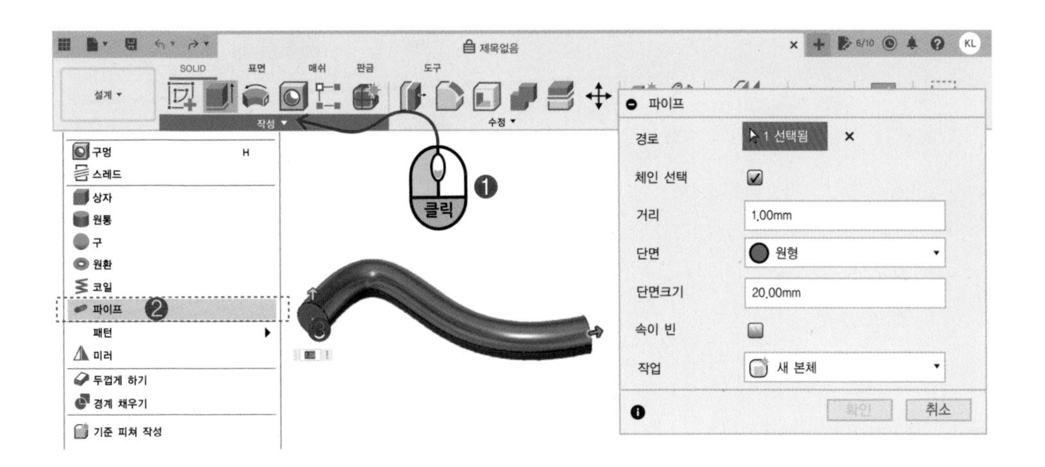


### 경로(Path)

스케치의 선이나 곡선, 본체의 엣지 등을 경로(Path)로 사용할 수 있습니다.

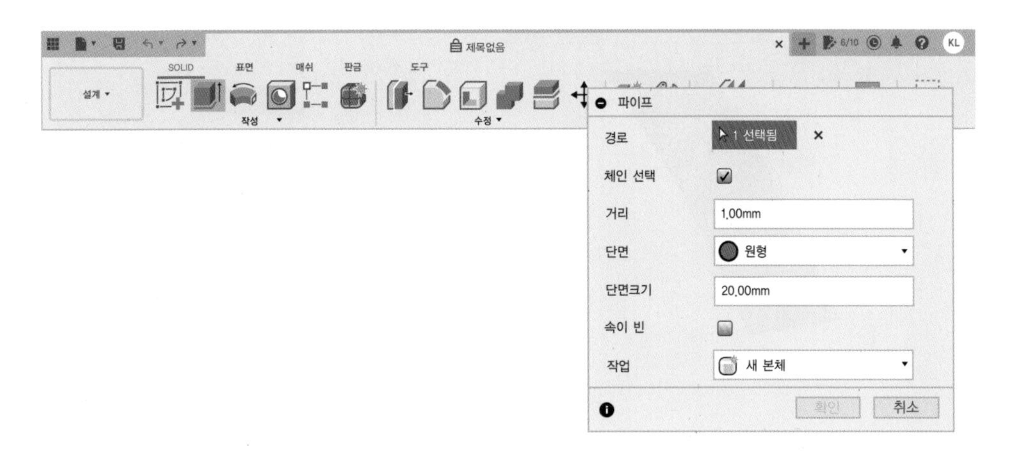

## 단면(Section)

단면의 모양을 원형(Circular), 사각형(Square), 삼각형(Triangular) 중에서 선택할 수 있습니다.

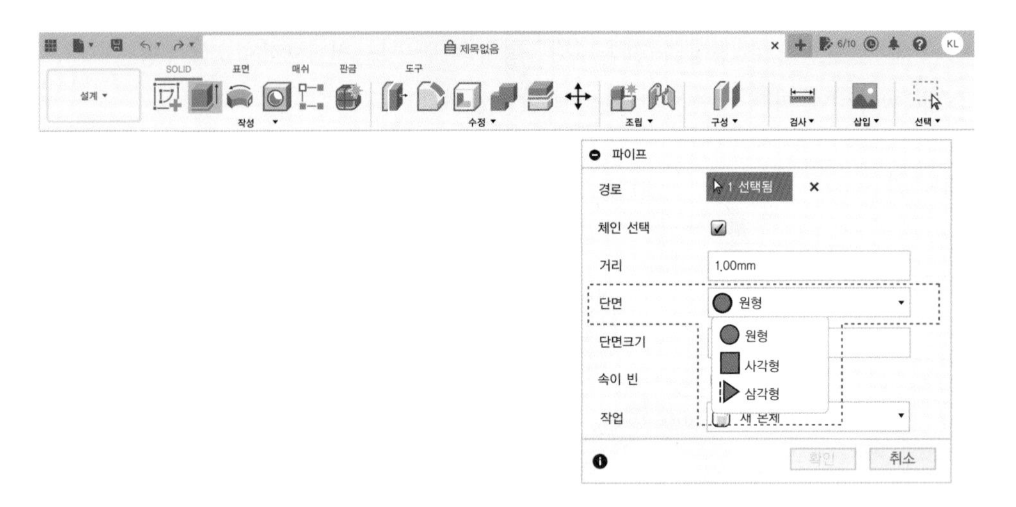

## 속이 빈(Hollow)

속이 빈(Hollow)을 선택하면 단면두께(Section Thickness)가 나타나고 가운데에 구멍을 뚫린 형상이 됩니다.

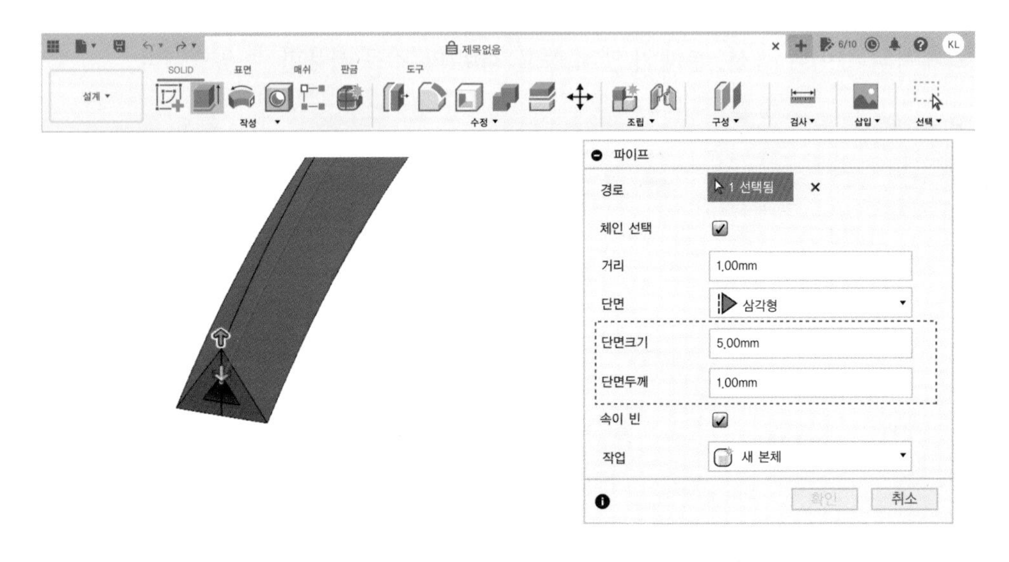

스케치(SKETCH)모드에서 맞춤점 스플라인(Fit Point Spline)으로 곡선을 그리고 스케치(SKETCH)모드에서 나갑니다.

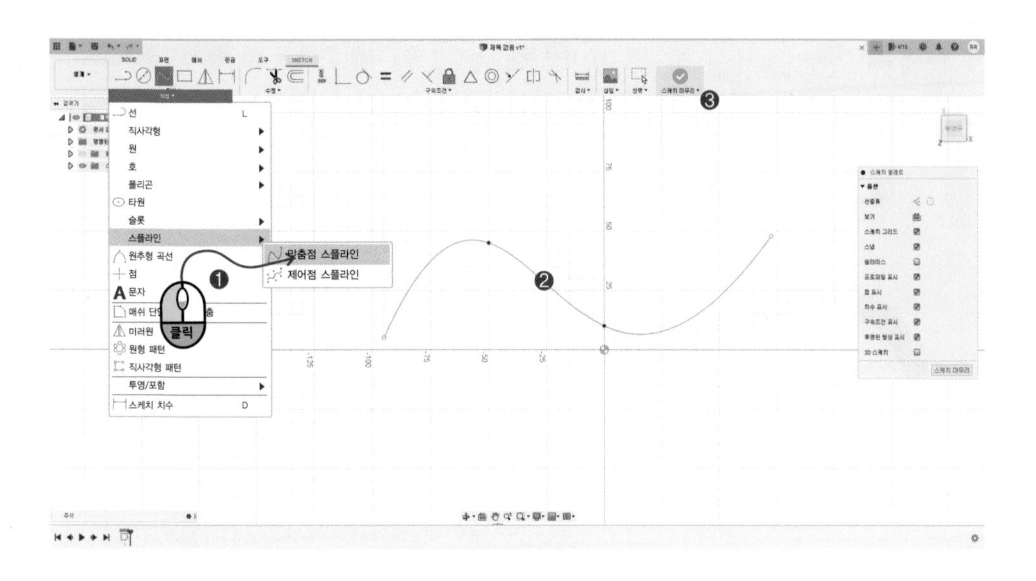


〈작성(CREATE)〉-〈파이프(Pipe)〉를 실행합니다.

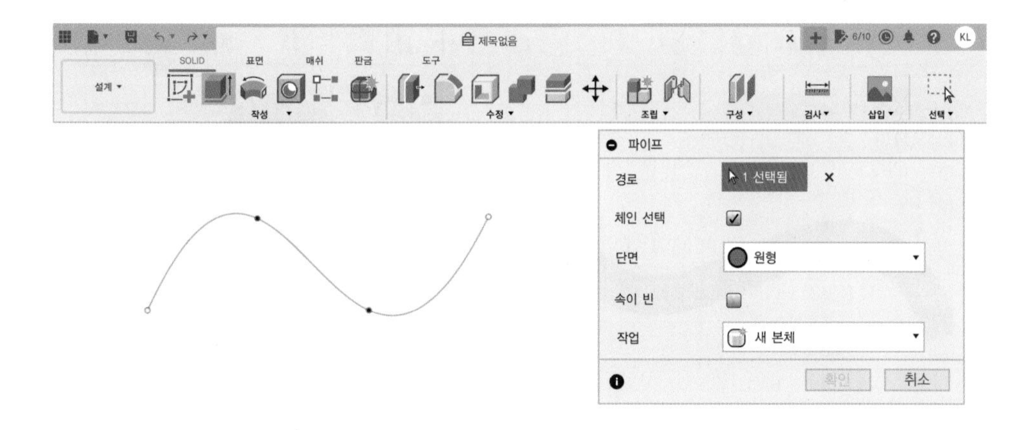

그려 놓았던 곡선을 클릭합니다. 그러면 형상이 만들어지고 단면크기(Section Size)가 나타납니다.

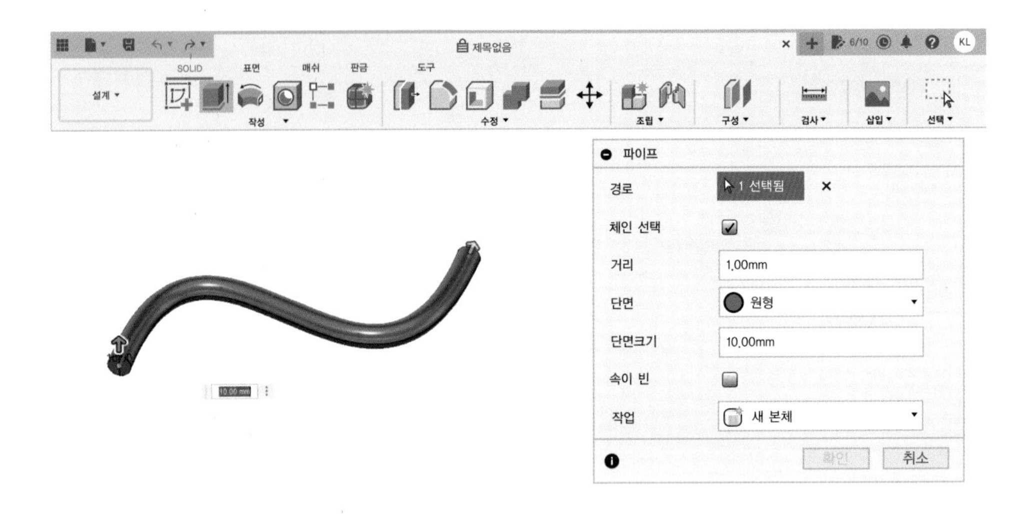


옵션을 설정하고 확인 버튼을 눌러 형상을 완성합니다.

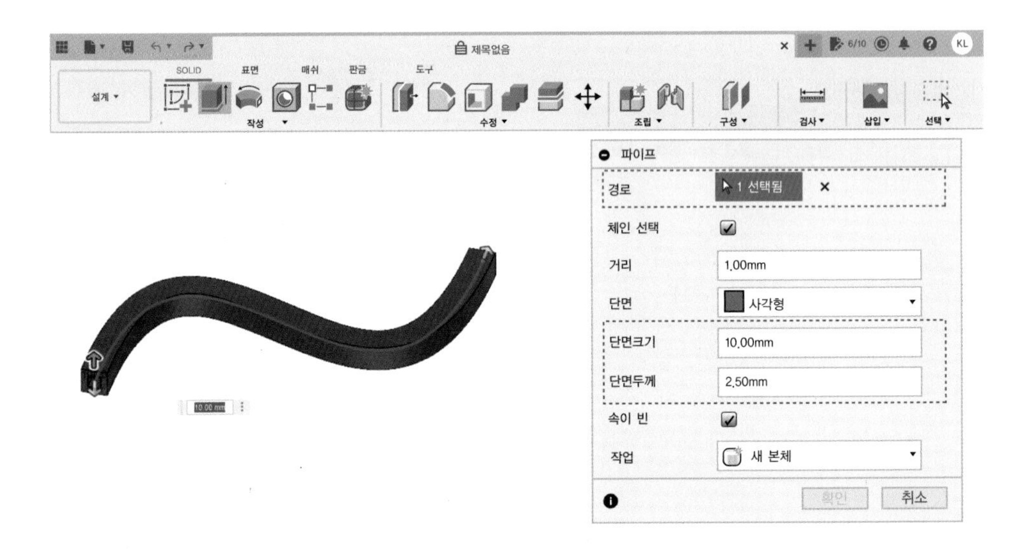

## 10. 패턴(Pattern)

앞서 다뤘던 스케치 모드의 패턴(Pattern)과 유사하나 스케치 대신 면(Face), 본체(Body), 피쳐(Feature), 구성요소(Component)를 복제한다는 점에서 차이가 있고, 스케치에는 없었던 경로의 패턴(Pattern on Path)이 있습니다.

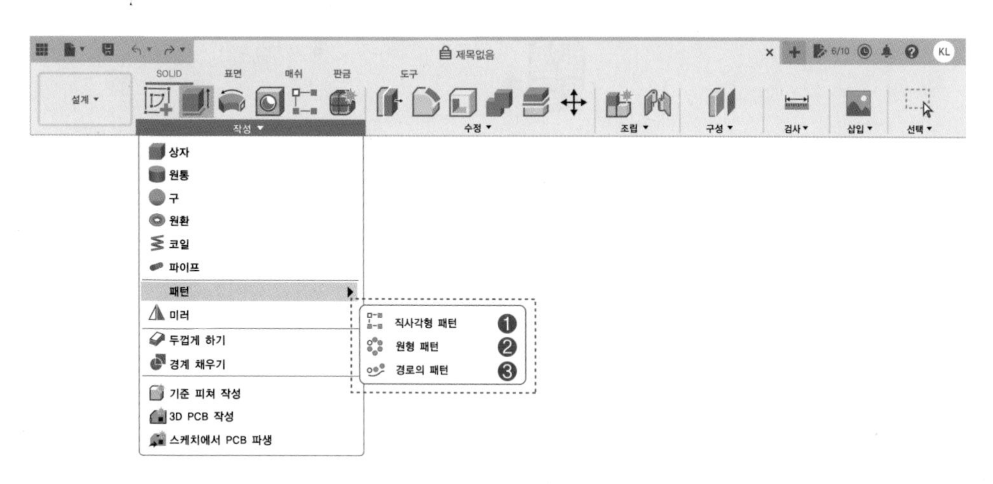


❶ 직사각형 패턴(Rectangular Pattern)

다음과 같이 선과 상자를 그려줍니다.

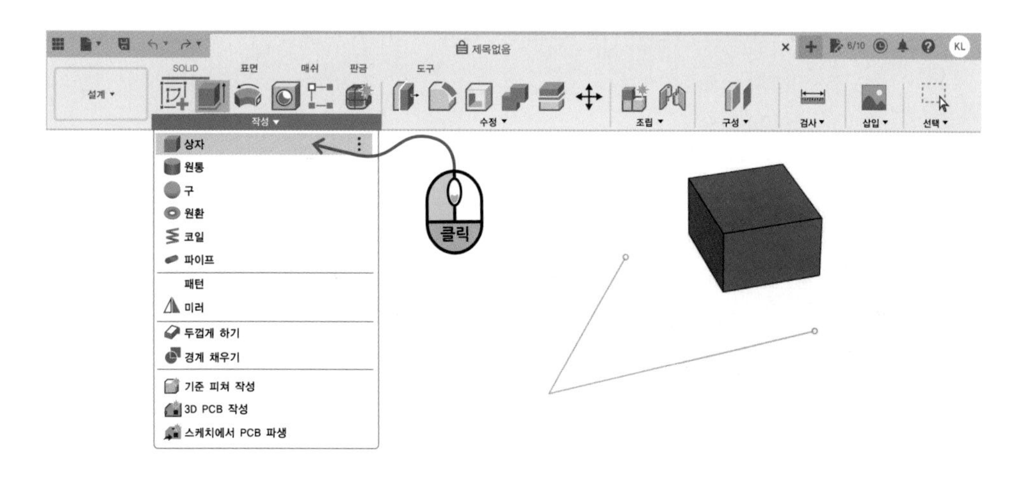

직사각형 패턴(Rectangular Pattern)을 실행하고 객체(Objects)는 상자를 방향(Directions)은 두 선을 선택합니다. 그리고 화살표를 이동하면 선택한 두 선의 방향으로 복제가 됩니다.

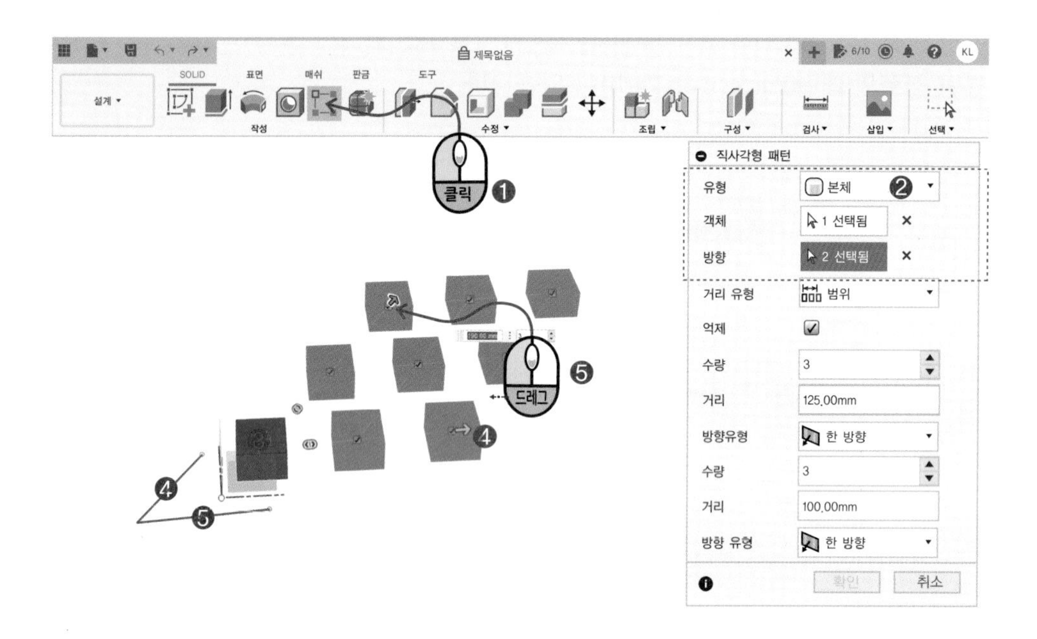


❷ 원형 패턴(Circular Pattern)

중심이 원점이 되도록 실린더를 만들고 실린더의 윗면에 그림과 같이 원을 그려줍니다.

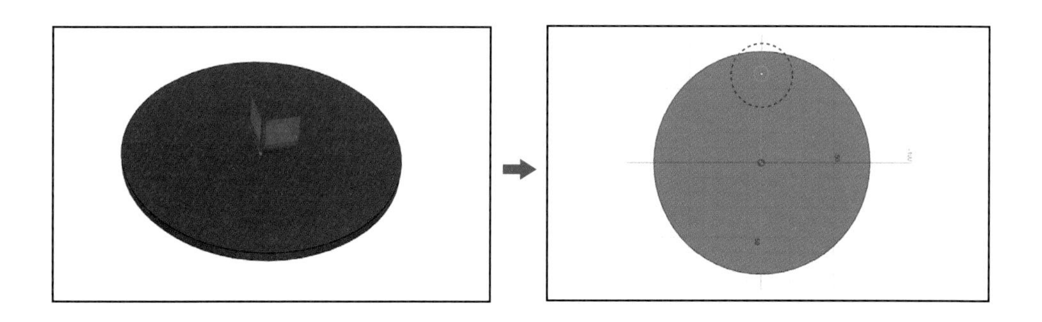

원을 그림과 같이 돌출(Extrude) 합니다. 작업(Operation)은 새 본체(New Body)로 설정합니다.

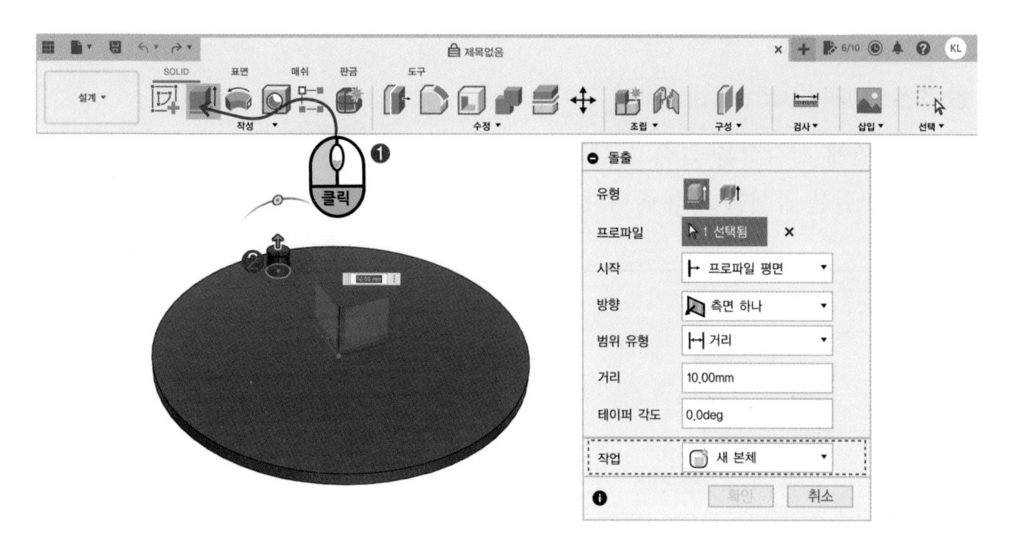

원형 패턴(Circular Pattern)을 실행하고 그림과 같이 설정해 줍니다. 축(Axis)로 Z축을 선택합니다.

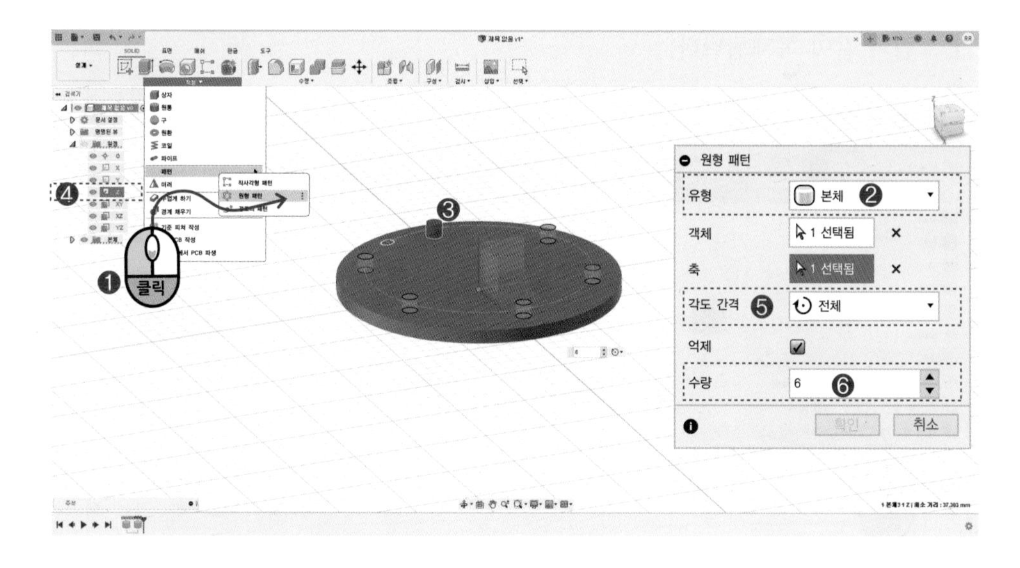

유형(Type)에는 본체(Body)외에 면(Face), 피쳐(Feature), 구성요소(Component)가 있는데 이 옵션은 미러(Mirror)에서 자세히 설명하도록 하겠습니다. 그 외의 옵션은 스케치 모드의 원형 패턴(Circular Pattern)과 유사합니다.

❸ 경로의 패턴(Pattern on Path)

XY평면에 사각형을 그리고 상자를 하나 만든 다음 정면도(FRONT View)를 선택하고 그림과 같은 곡선을 그려 줍니다.

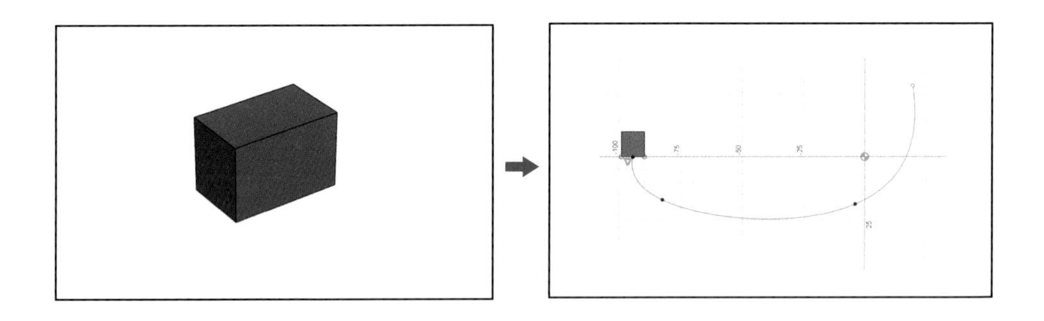

경로의 패턴(Pattern on Path)를 실행하고 패턴 유형은 본체(Bodies)를 객체(Object)는 상자(Box)를 경로(Path)는 곡선을 선택합니다. 그리고 화살표를 드래그해서 이동하면 상자가 그림과 같이 복제됩니다.

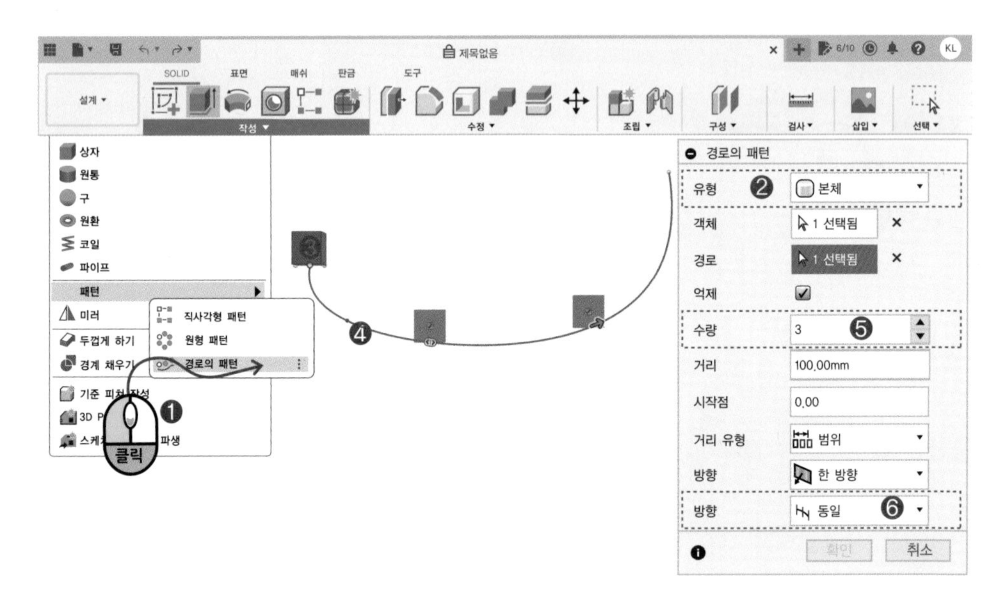

방향(Orientation)을 동일(Identical)에서 경로의 방향(Path Direction)으로 바꾸면 상자가 경로(Path)의 방향을 향하도록 바뀝니다.

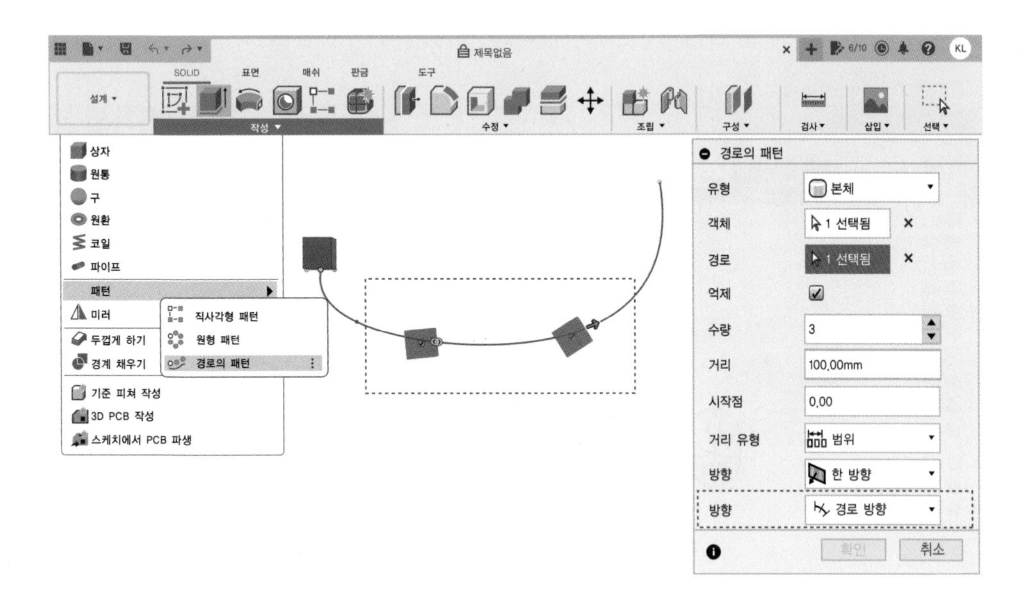


방향(Direction)에는 대칭(Symmetric)이 있는데, 이것은 양쪽 방향으로 배치를 하는 것입니다. 양쪽이 똑같이 배치되는 것은 아니고 한쪽은 선의 탄젠트 연장선을 따라 배치가 됩니다.

## 11. 미러(MIirror)

선택한 솔리드를 특정 면이나 선을 기준으로 대칭되게 복제합니다.

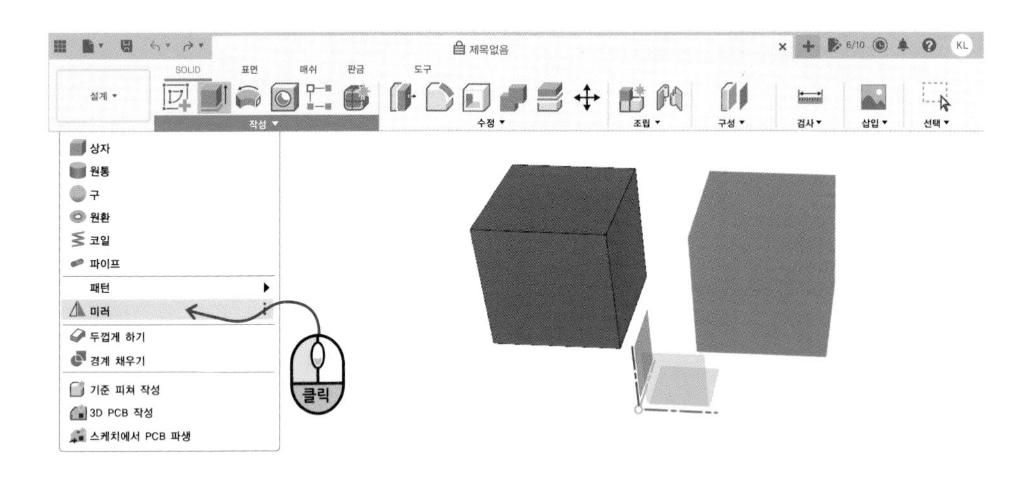


〈작성(Create)〉-〈상자(Box)〉를 실행하여 그림과 같이 만들어 줍니다. 원점과 약간 떨어진 곳에 만듭니다.

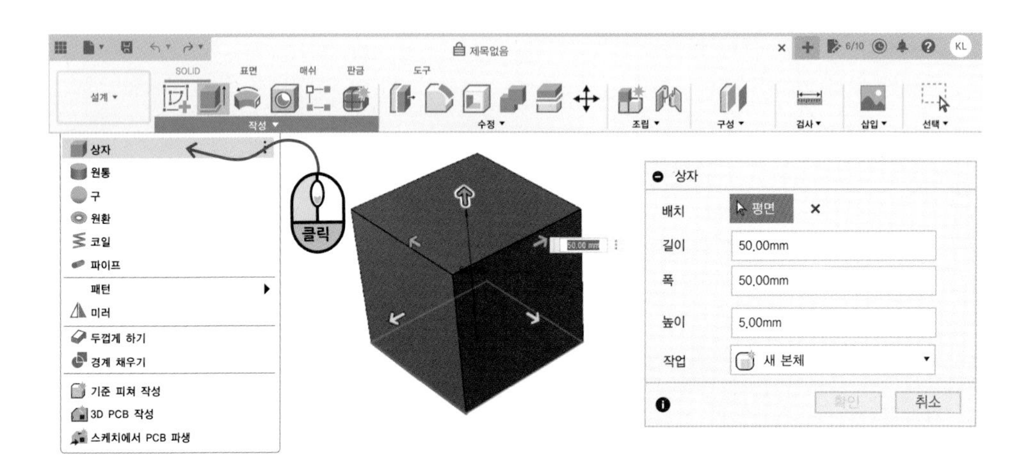

미러(MIirror)를 실행합니다.

유형(Type)은 4가지가 있습니다. 본체(Body) 이외에 면(Face), 피쳐(Feature), 구성요소(Components)등을 선택할 수 있습니다.

본체(Body)를 선택해 보겠습니다.

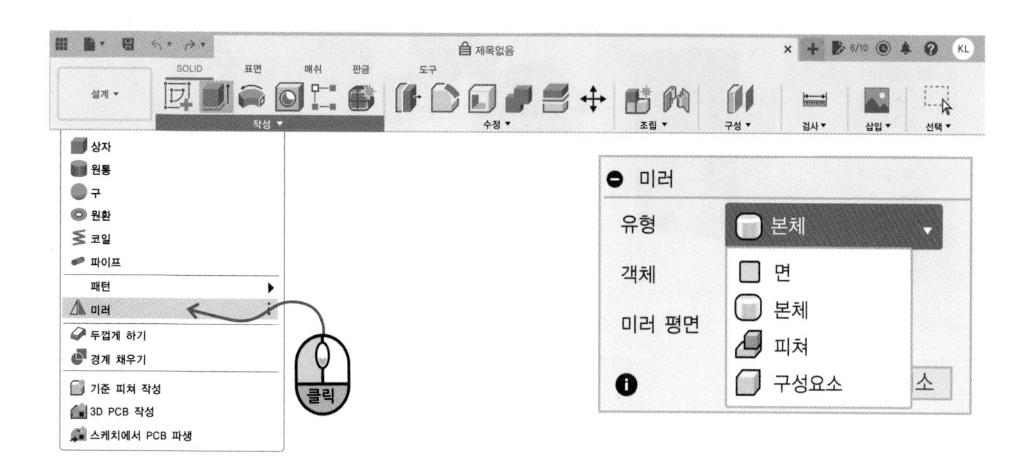


객체(Objects) 옆에 선택(select) 버튼을 누르고 미러(MIirror)로 복제할 대상을 선택합니다.

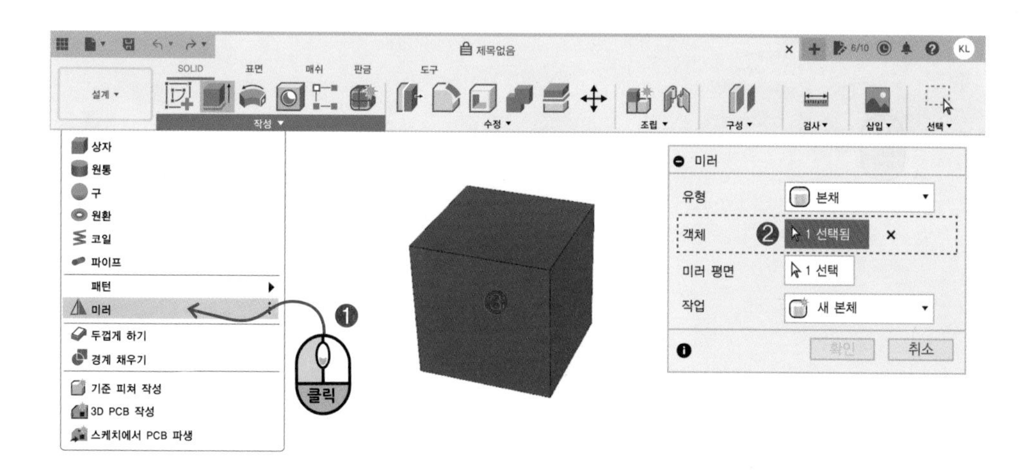

미러평면(Mirror Plane)으로 기준이 될 면인 YZ 평면을 선택합니다. 어떤 기준 면을 선택하느냐에 따라 복제되는 형상이 달라집니다.

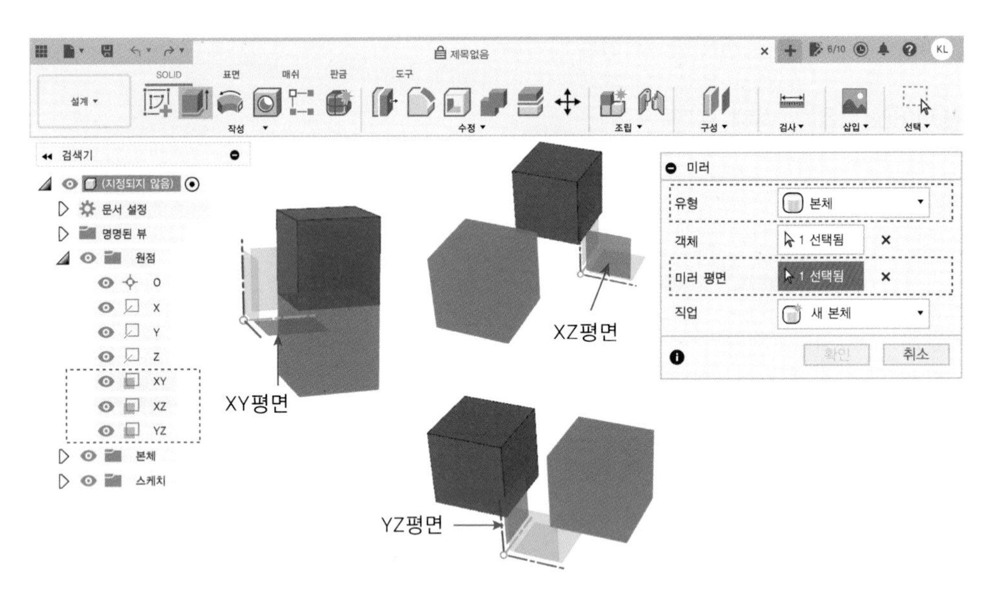


유형(Type)을 면(Face)으로 하여 미러(MIirror)를 해보겠습니다. 원점을 중심으로 하는 중심 사각형(Ccnter Rectangle)을 그림과 같이 그려줍니다.

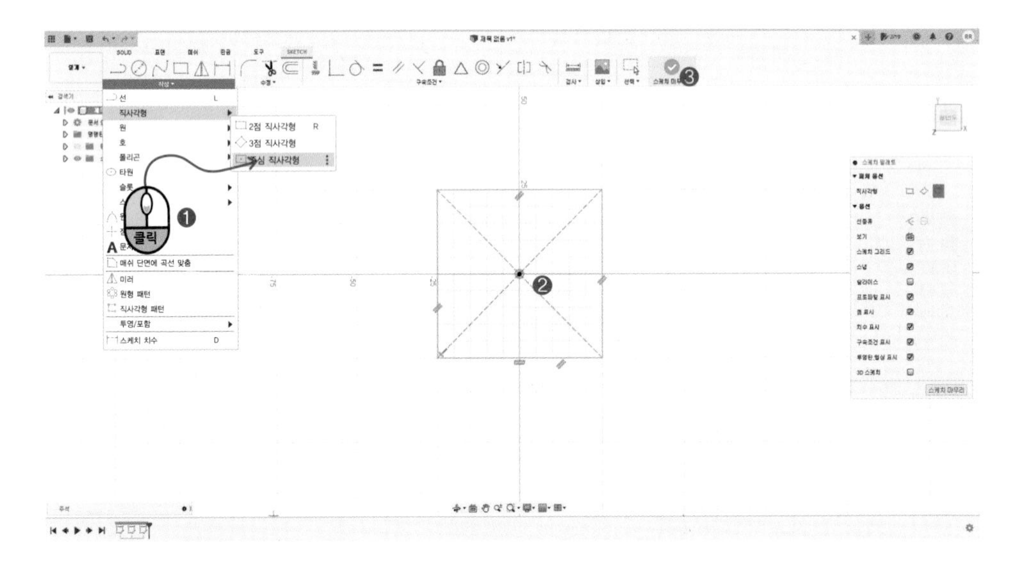

돌출(Extrude) 합니다.

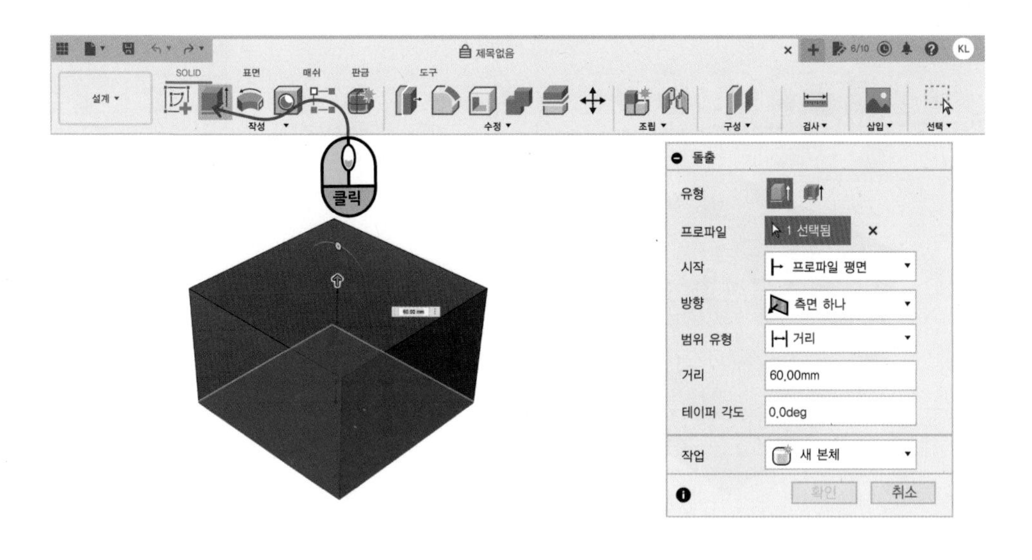

스케치 작성(Create Sketch) 버튼을 누르고 상자의 윗면을 선택하고 그림과 같이 사각형을 하나 그려줍니다.

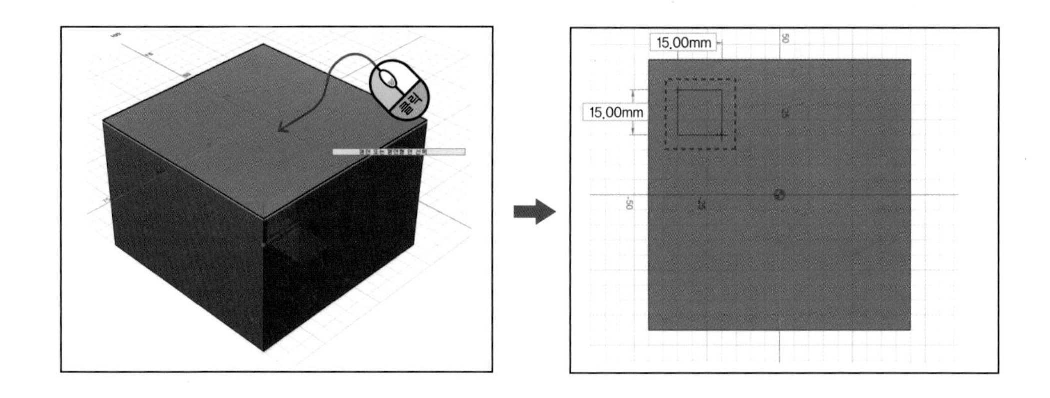

돌출(Extrude) 합니다.

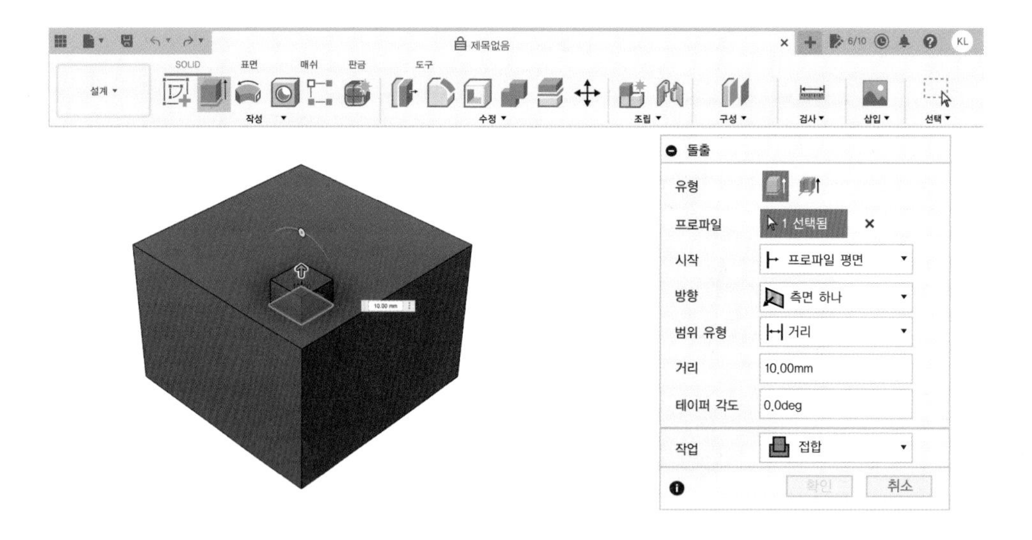


〈작성(Create)〉-〈미러(Mirror)〉를 실행하고 유형(Type)에서 면(Face)를 선택합니다.

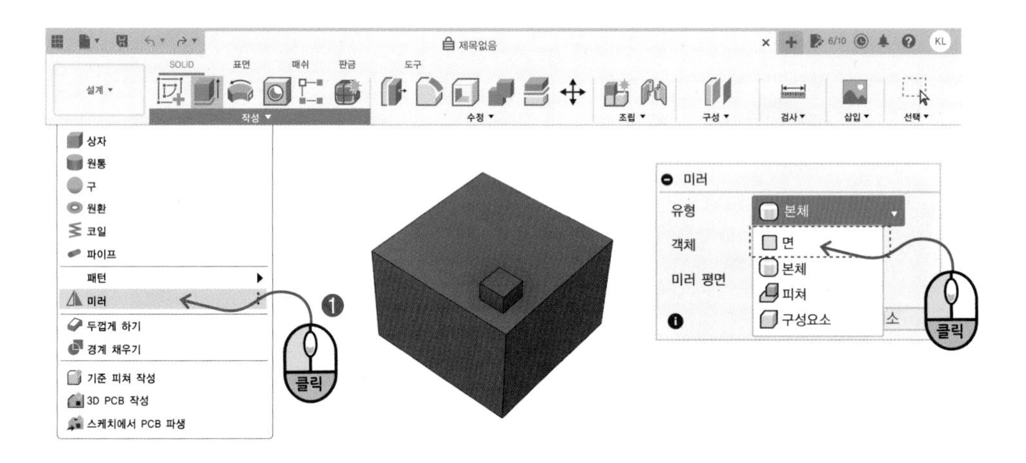

위에서 돌출시킨 5개의 면을 선택하고 미러평면(Mirror Plane)으로 YZ 평면을 선택합니다. YZ 평면을 선택하기 어려운 경우 원점(Origin)에서 선택하면 됩니다.

확인 버튼을 누르면 그림과 같은 형상이 복제됩니다.

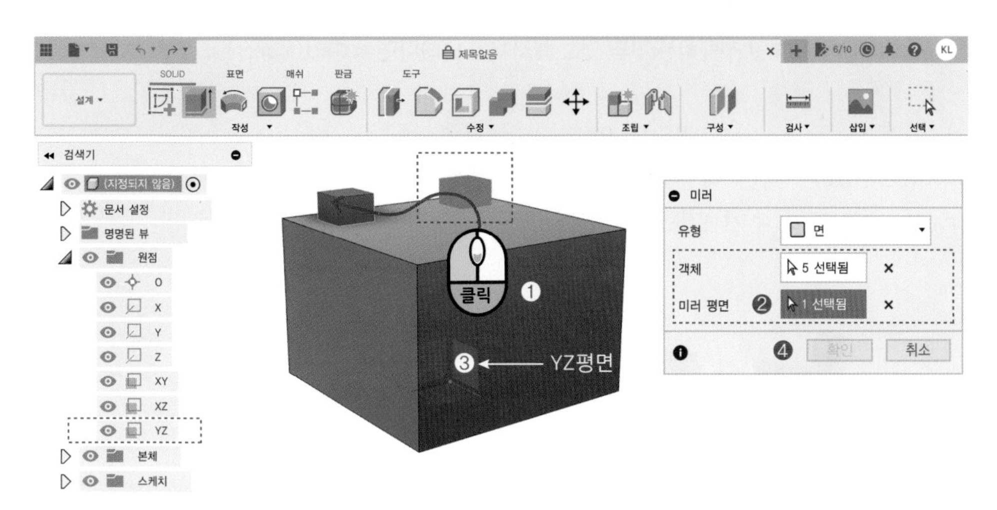


사용자가 선택하려는 것이 다른 개체와 포개져 있는 경우에 검색기(BROWSER)에서 선택하거나 마우스 왼쪽 버튼을 꾹 누르고 있으면 창이 하나 나타나는데 거기서 원하는 것을 선택하면 됩니다.

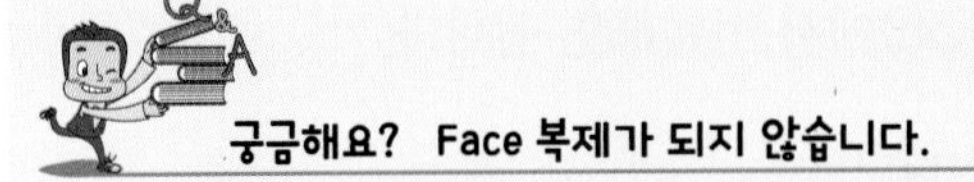

**궁금해요? Face 복제가 되지 않습니다.**

입체를 이루는 면 일부만 선택하는 경우, 경고 메시지가 나타나면서 미러(Mirror)가 실행되지 않습니다.

피처(Feature)복제는 하단의 히스토리 창에서 피처를 선택하는 것으로 여러 개의 피쳐(Feature)를 동시에 선택할 수도 있습니다.

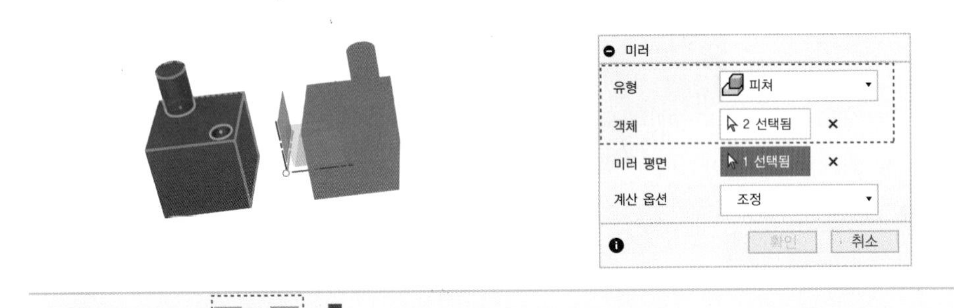


피쳐에는 최적화(Optimized), 동일(Identical), 조정(Adjust) 등의 3가지 계산 옵션이 있습니다.

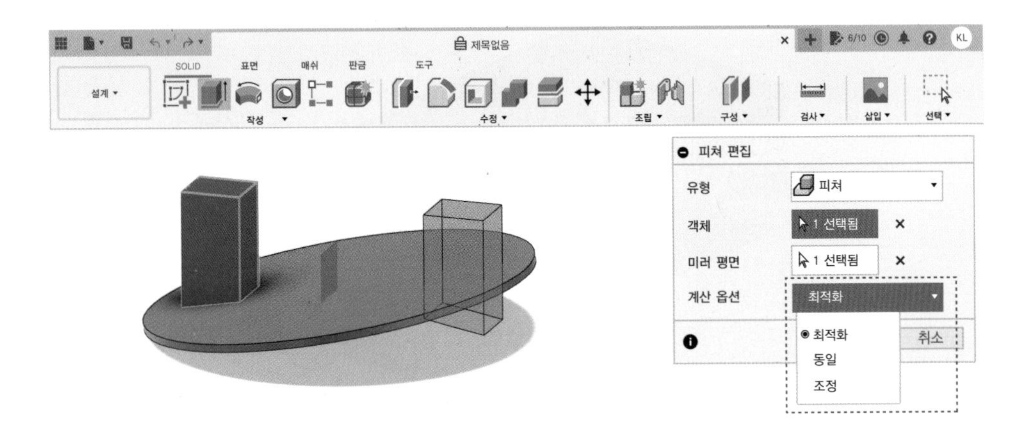

**최적화(Optimized)**를 선택하고 실행하면 아래 그림과 같이 바닥 면이 있는 곳까지만 형상이 만들어집니다. 이처럼 **최적화(Optimized)**는 주변의 페이스 상황을 고려하여 최적화된 미러를 실행하는 것입니다.

**조정(Adjust)**조정을 실행해 보니 **최적화(Optimized)**와 똑같은 결과를 나타냅니다. 원래 **조정(Adjust)**은 주변 상황에 맞게 자동으로 조정되는 옵션인데 **최적화(Optimized)**와 비슷한 결과를 나타낼 때도 많이 있습니다. 이번에는 옵션을 **동일(Identical)**로 해봤습니다. 주변 상황을 고려하지 않고 원본과 동일하게 대칭 복제를 실행합니다.

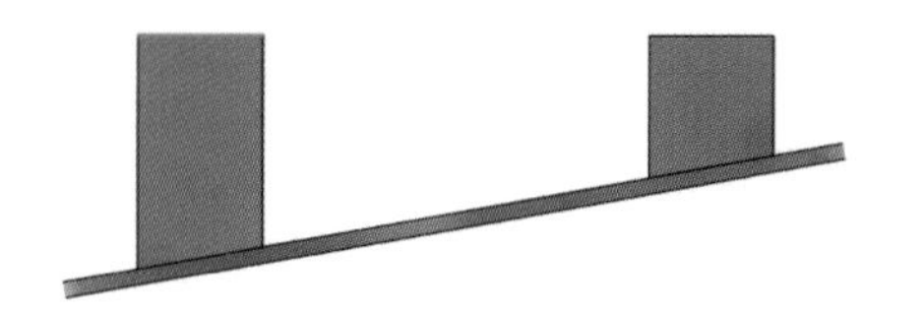

〈최적화와 조정으로 계산 옵션을 선택한 경우의 미러 결과〉

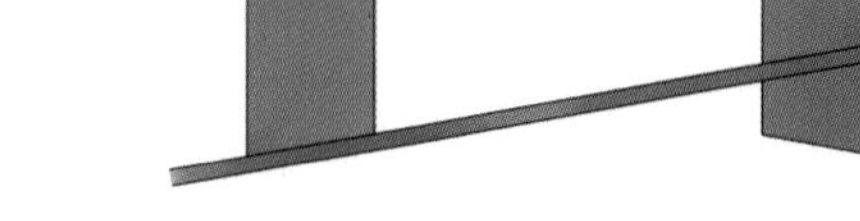

〈동일로 계산 옵션을 선택한 경우의 미러 결과〉

이번에는 다음과 같은 상황일 때 미러를 실행해 보겠습니다.

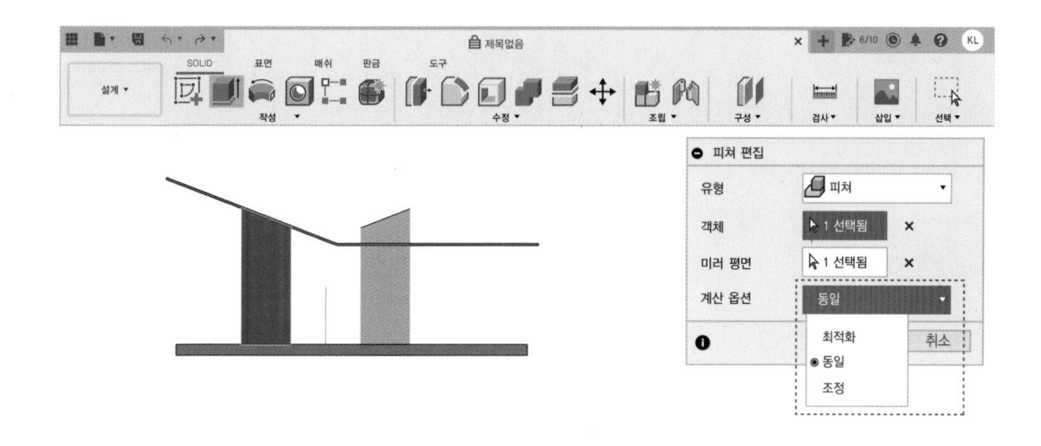

세 개가 계산 옵션에 따라 모두 다르게 나타납니다.

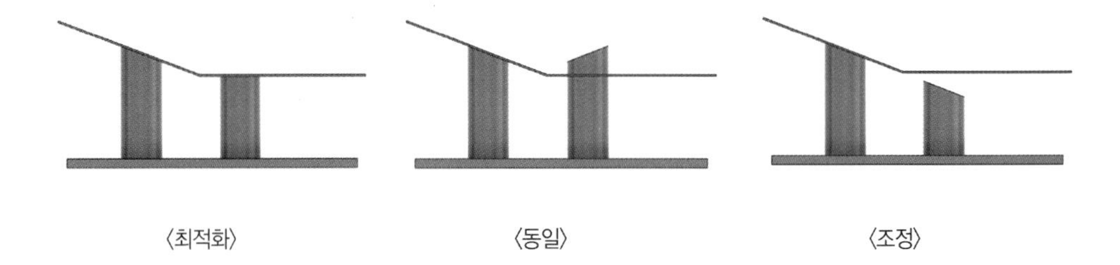

〈최적화〉 〈동일〉 〈조정〉

# 11 솔리드 수정

작성된 솔리드를 수정하는 메뉴입니다.

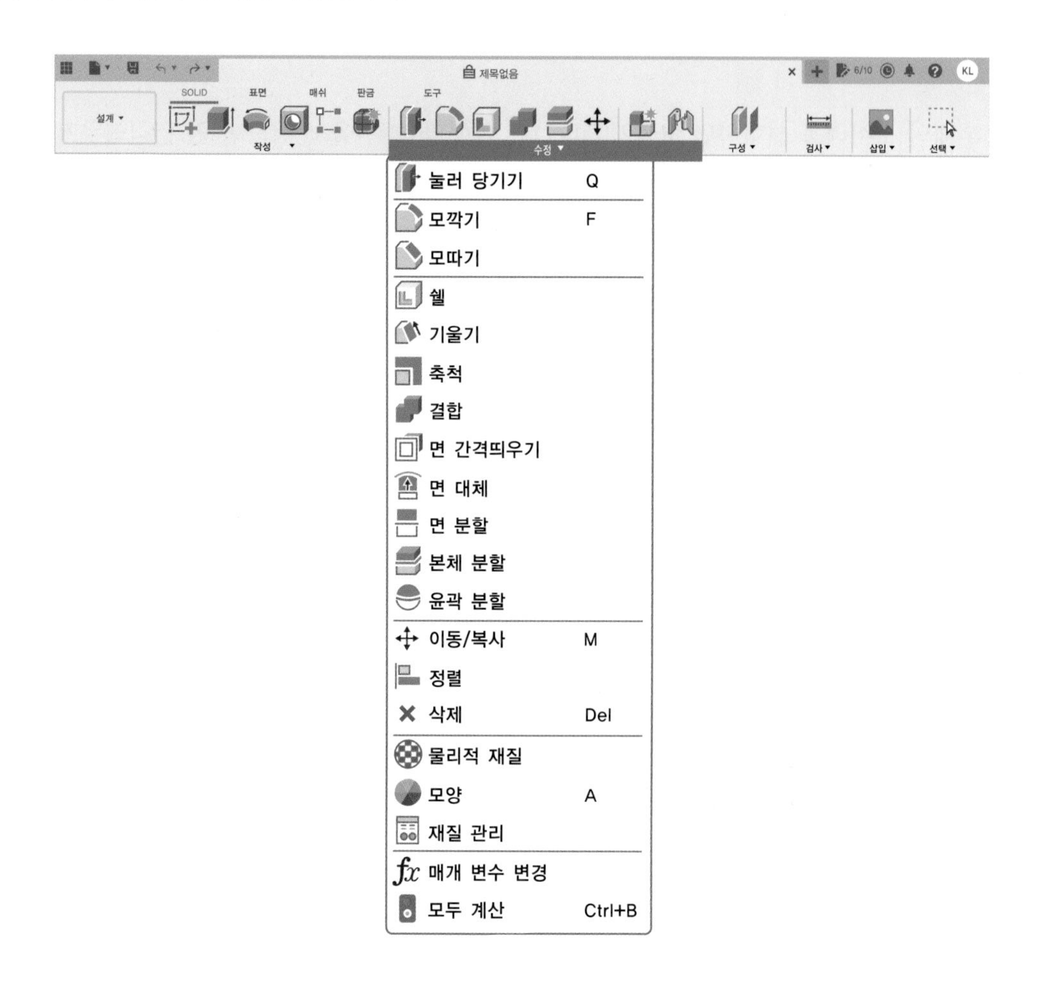

## 1. 눌러당기기 (Press Pull) : 단축키 Q

눌러 당기기(Press Pull)는 자체적인 기능을 따로 갖고 있지 않은 독특한 메뉴입니다. 상황에 따라 면 간격띄우기(Offset face), 돌출(Extrude) , 모깎기(Fillet) 등의 메뉴를 연결합니다.

본체의 모서리를 선택하면 모깎기(Fillet)가 실행되고, 면을 선택하면 면 간격띄우기(Offset face)가 실행됩니다. 그런데, 일반 옵셋 페이스에는 없는 간격띄우기 유형(Offset Type)이 세 가지 있습니다. 가장 위의 기존 피쳐 수정(Modify Excisting Feature)은 실제로 옵셋페이스를 실행하는 것이 아니라 기존의 관련 피쳐를 수정해서 마치 옵셋 페이스로 수정한 것과 똑같은 결과를 만들어 냅니다. 새 간격 띄우기(New Offset)는 면 간격 띄우기(Offset face)를 실제로 실행하는 것이고, 자동(Automatic)은 기존 피쳐 수정과 면 간격 띄우기 중 적절한 것을 자동으로 선택해서 실행하는 것입니다.

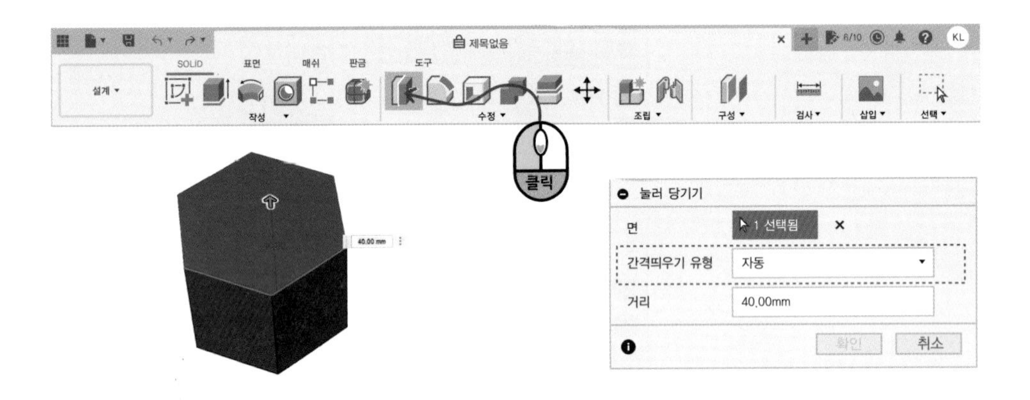

## 2. 모깎기(Fillet) : 단축키 F

각진 모서리를 둥글게 만듭니다.

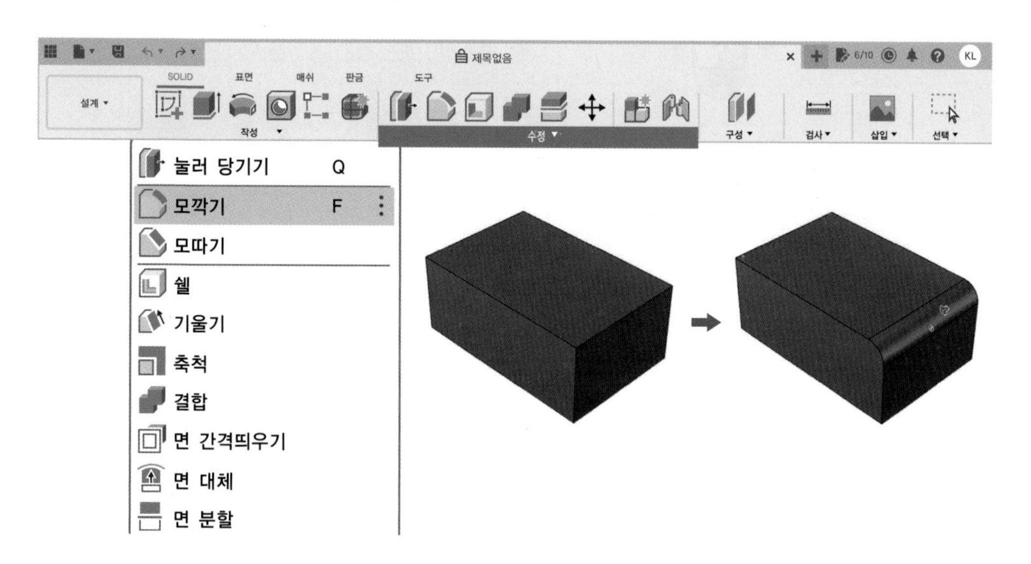


상자(Box)를 하나 만들고 모깎기(Fillet)를 실행하고 모서리를 2개 선택합니다.

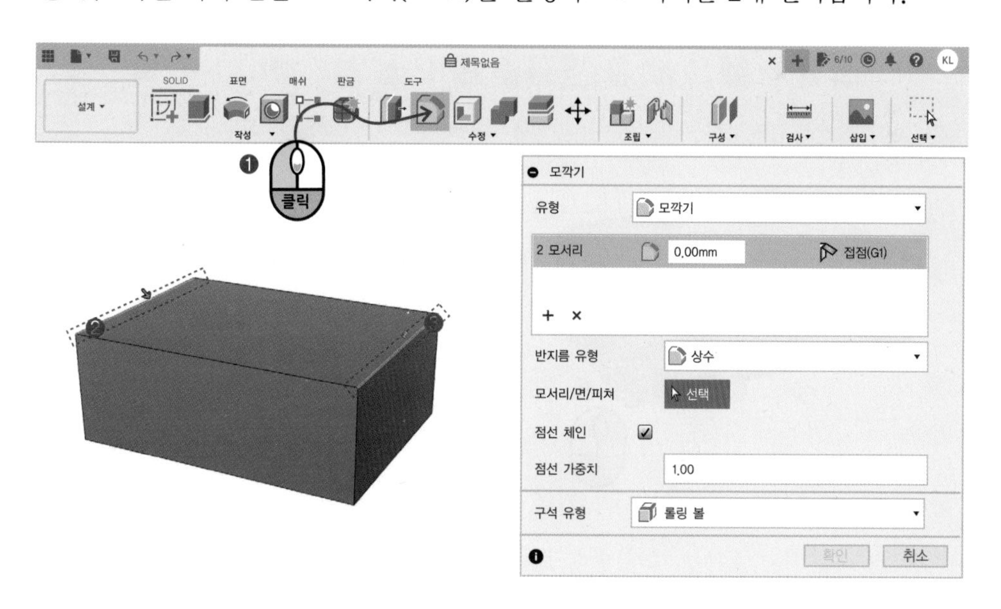

화살표를 드래그해서 라운딩 정도를 정해줍니다.

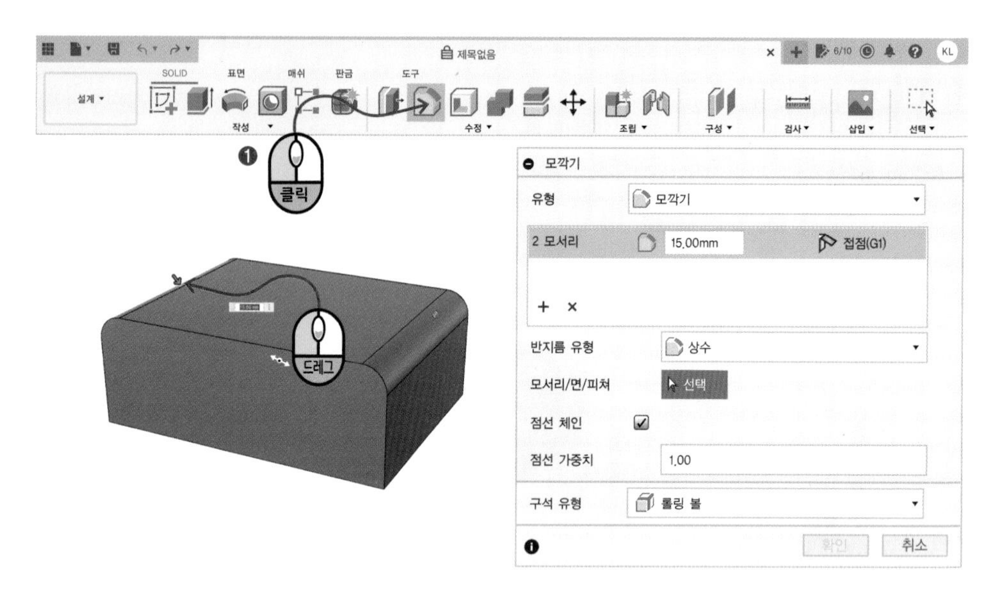


+버튼을 눌러서 다른 종류의 모깍기(Fillet)를 추가할 수 있습니다. +버튼을 누르면 미리보기가 잠시 해제됩니다. 해당 모깍기(Fillet)를 선택하고 X버튼을 누르면 삭제됩니다.

모깎기는 곡선의 종류를 선택할 수 있습니다. 접점(Tangent(G1))과 곡률(Curvatrue(G2)) 두 종류가 있습니다.

크기가 똑같은 두 상자의 같은 선을 하나는 접점(Tangent(G1))으로 또 하나는 곡률(Curvatrue(G2))로 모깎기를 하겠습니다. 곡률(Curvatrue(G2))이 접점(Tangent(G1))보다 좀 더 부드럽게 연결된 것을 알 수 있습니다.

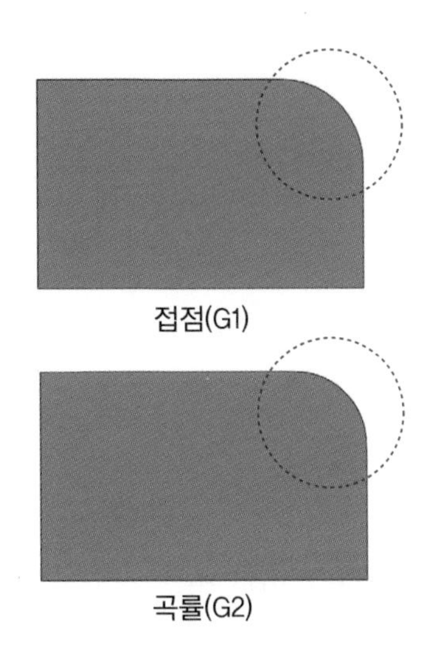


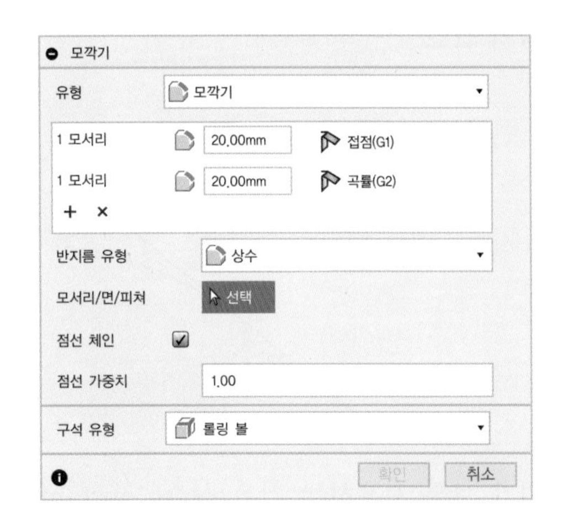


포개어 보면 차이가 나는 것을 확실히 알 수 있습니다. 접점(Tangent(G1))과 곡률(Curvatrue(G2)) 모두 접선 가중치(Tangency Weight) 옵션이 나타나서 강도를 조절할 수 있습니다.

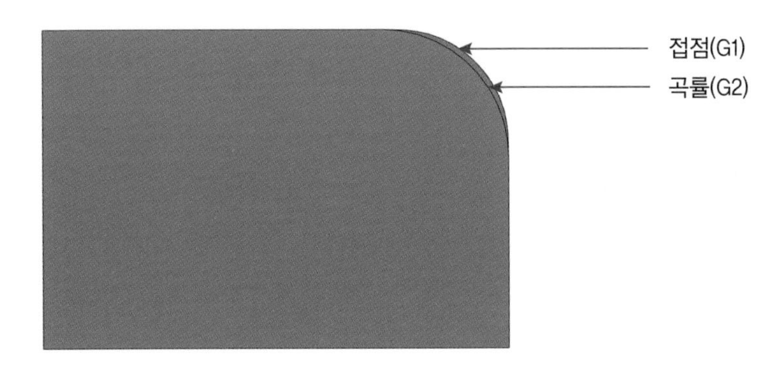

반지름 유형(Radius Type)은 3가지로 상수(Constant), 현 길이(Chord Length), 변수(Variable)가 있습니다. 상수(Constant)는 두 선에 접하는 원의 반지름을 입력하는 것이고 현 길이(Chord Length)는 깍이는 둥근 모서리 간의 간격을 입력하는 것입니다.

두 모서리에 모깍기(Fillet)를 줄 때 상수(Constant)는 접하는 원의 크기를 정해주는 것이고 현 길이(Chord Length)는 곡선이 시작되는 지점의 거리를 정해주는 것입니다. 그래서 두 입력값은 연관이 있지만 서로 다른 부분을 가리키기 때문에 똑같이 10을 입력하더라도 형상이 완전히 다르게 됩니다.

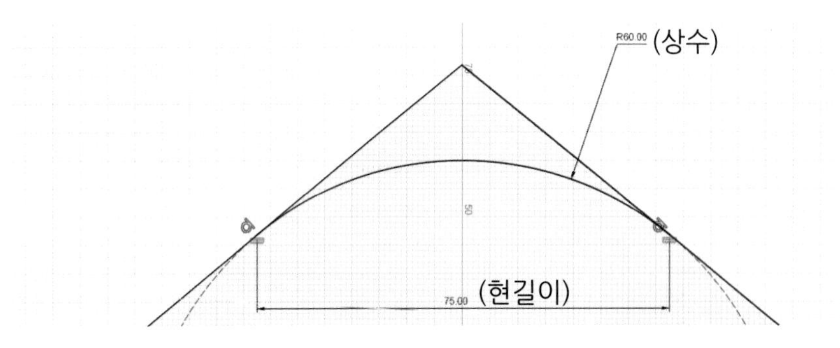


우리가 보통 사용하는 것은 상수(Constant)인데, 현 길이(Chord Length)를 넣어줘야 더 좋은 경우도 있습니다.

상수(Constant)로 모깍기(Fillet)를 준 것은 세 부분의 모깍기(Fillet) 반경은 모두 똑같지만 너비가 차이가 나는 것을 알 수 있습니다.

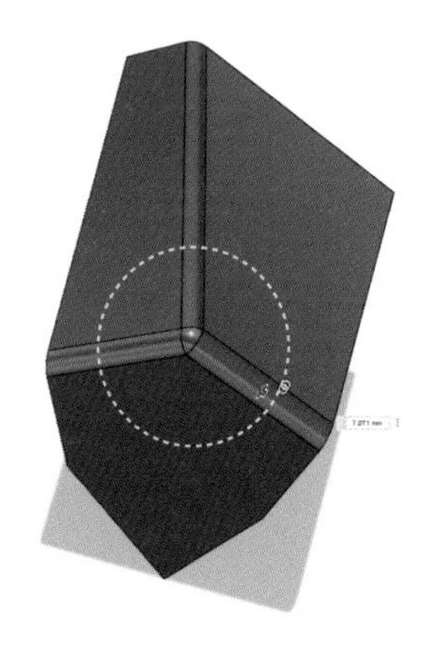

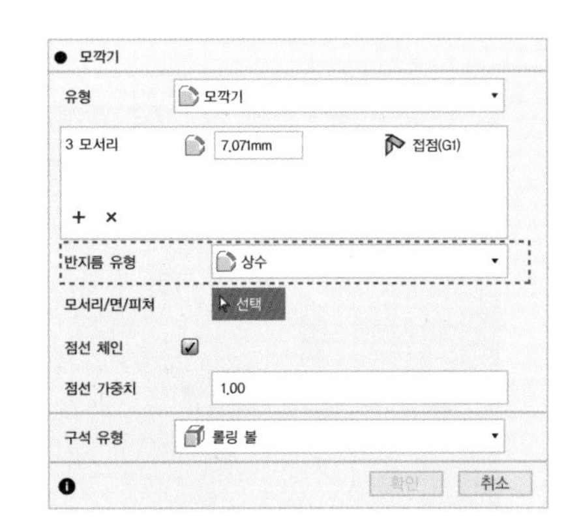

이것을 현 길이(Chord Length)로 바꿔주면 너비가 같아지는 결과가 생깁니다. 이렇게 모깍기(Fillet)의 너비가 같아져 외관상 보기가 더 나을 수도 있습니다.

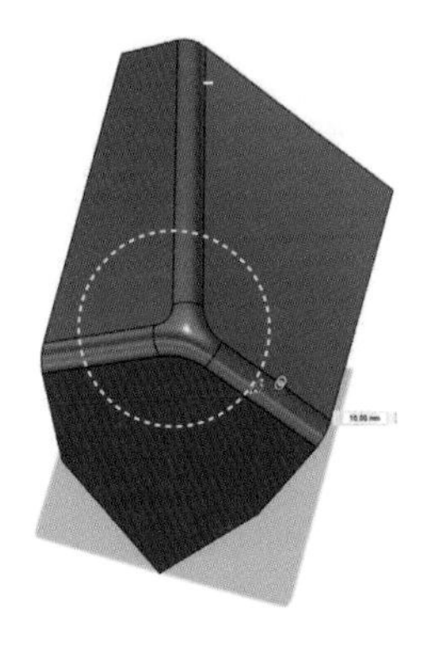

반지름 유형의 변수(Variable)는 한 엣지(Edge)에 서로 다른 모깍기(Fillet) 값을 주는 것입니다. 반지름 점(Radius Points)이라는 옵션이 생기고 시작과 끝 값을 각각 넣어줄 수 있습니다. 이것을 이용하면 독특한 디자인이 가능합니다. 포인트 별로 다른 엣지(Edge) 값을 주면 그 중간 부분을 자동으로 만들어주는 것입니다. 포인트를 원하는 곳에 추가하거나 삭제할 수 있습니다.

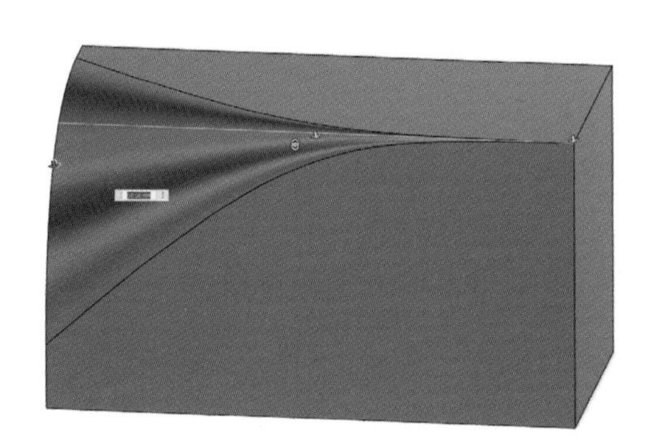

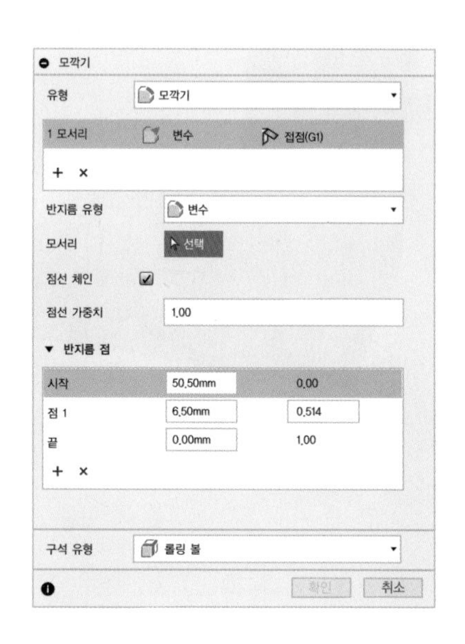

모깍기(Fillet)는 모서리뿐만 아니라 면이나 피처에게도 줄 수 있습니다. 면을 선택하면 그 면과 연결된 모든 모서리에 한 번에 필렛을 주게 됩니다.

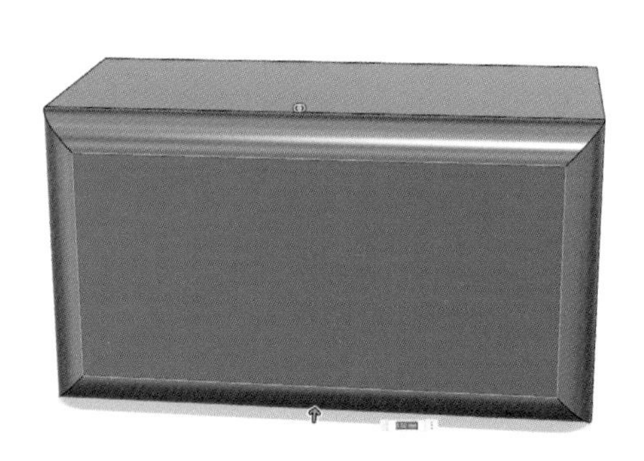

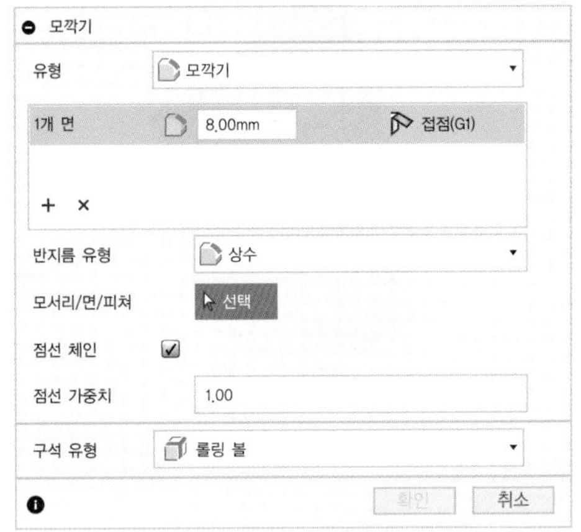


피쳐에 모깍기(Fillet)를 주면 피쳐 생성과 관련된 면이 모두 선택되고 그 면의 모든 엣지들에 모깍기(Fillet)를 적용합니다.

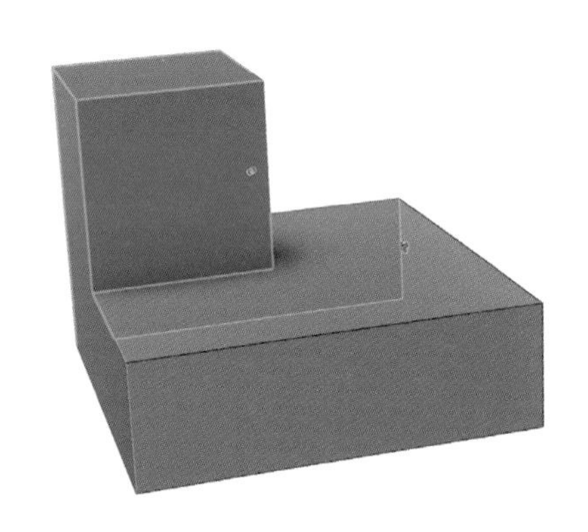

제일 밑에 코너 타입은 3개 이상의 선의 이루어진 모퉁이의 형상을 정해주는 기능입니다.

롤링 볼(Rolling Ball)은 각 모서리에 준 필렛이 합쳐진 방식이며 세트백(Setback)은 꼭짓점에서 필렛을 준 것이 모서리로 확장되는 방식입니다.

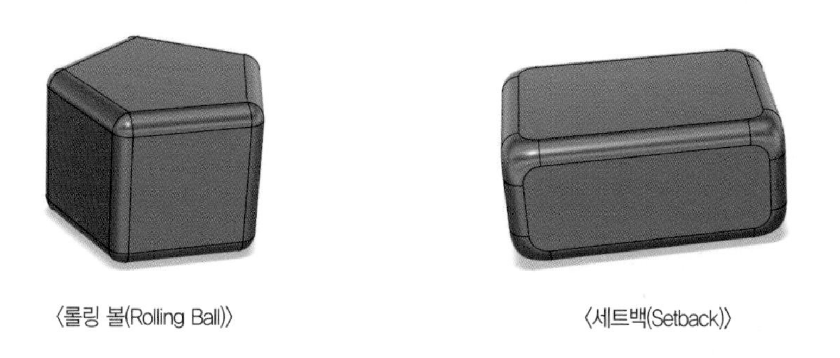

〈롤링 볼(Rolling Ball)〉 〈세트백(Setback)〉

## 3. 모따기(Chamfer)

각진 모서리를 잘라내는 기능입니다.

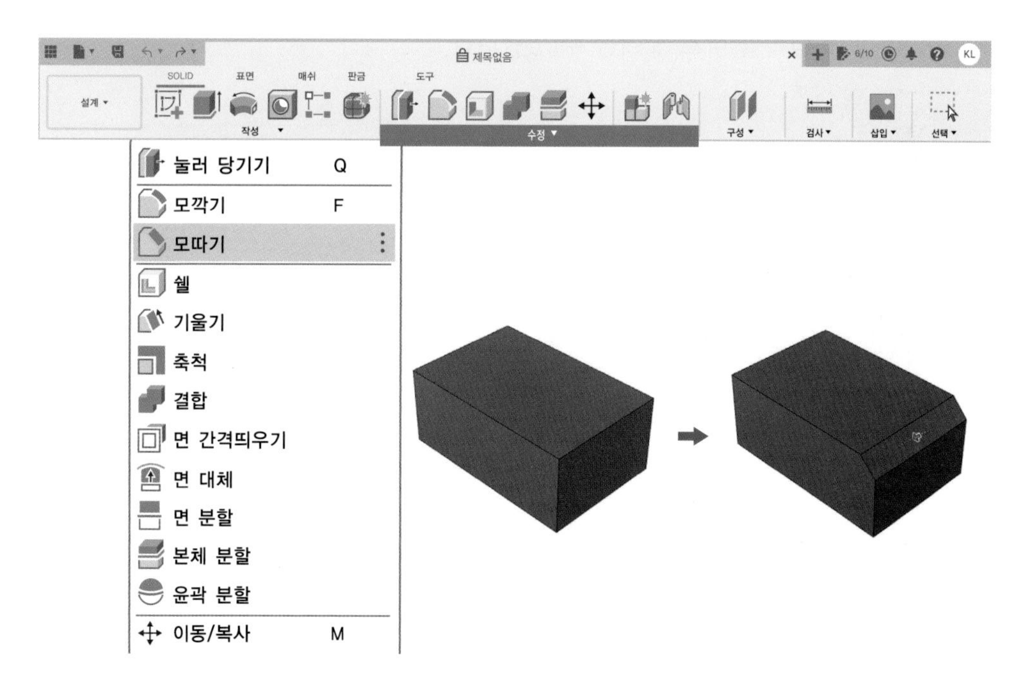

모따기(Chamfer)의 유형(Type)은 스케치 모따기(Chamfer)와 마찬가지로 세 종류가 있습니다. 동일한 거리(Equal Distance), 두 거리(Two Distance), 거리 및 각도(Distance and Angle)입니다.

동일한 거리(Equal Distance)는 양쪽이 동일한 길이로 깎이는 옵션입니다.

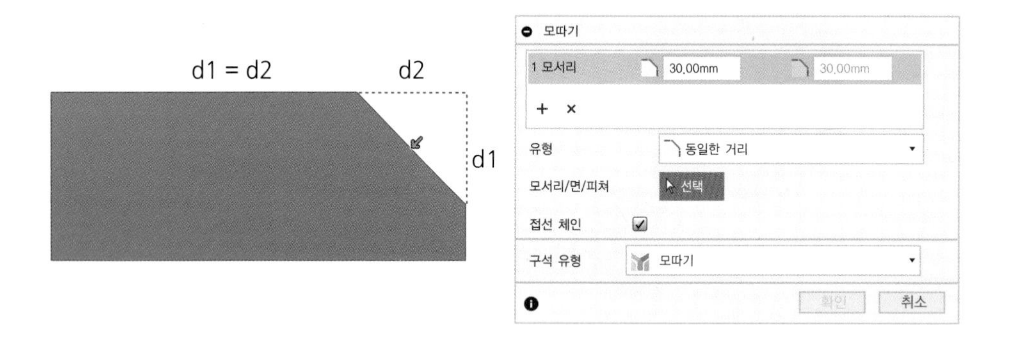


두 거리(Two Distance)는 두 길이를 각각 조절할 수 있는 기능입니다. 그래서 화살표가 2개가 나타납니다. 화살표를 드래그하면 양쪽이 같이 깎입니다. 그리고 또 다른 화살표를 드래그하면 이번에는 그 화살표 방향만 작동이 됩니다. 옵션 창에도 양쪽의 입력창이 활성화되어 있어 양쪽을 따로 넣어줄 수 있습니다.

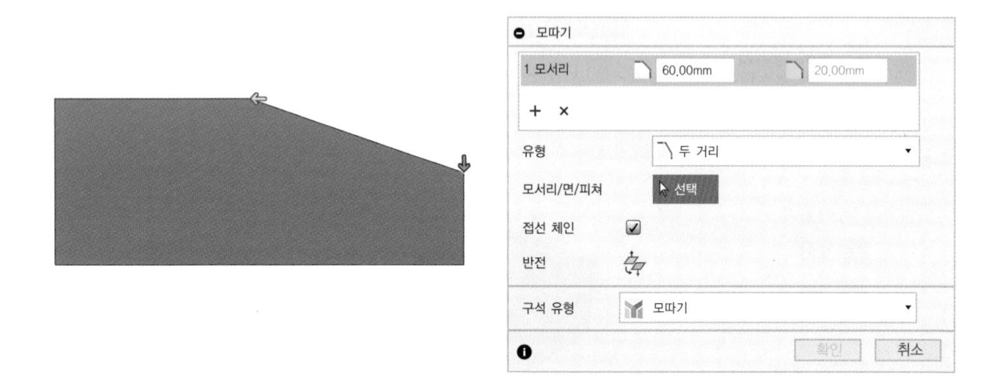

거리 및 각도(Distance and Angle)는 한쪽은 거리로 설정을 하고 반대쪽은 한 면과의 각도로 조절하는 방식입니다. 한쪽 거리를 정해준 다음에 각도 핸들을 잡고 조절해 주면 됩니다.

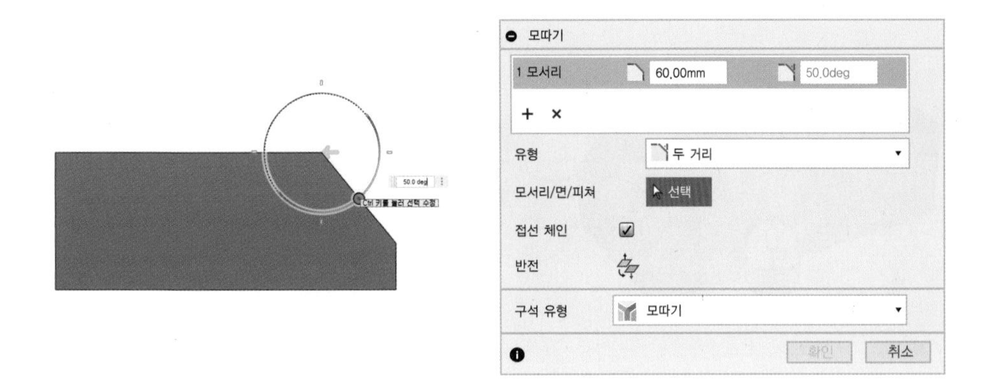


상자(Box)를 하나 만들고 모따기(Chamfer)를 실행합니다.

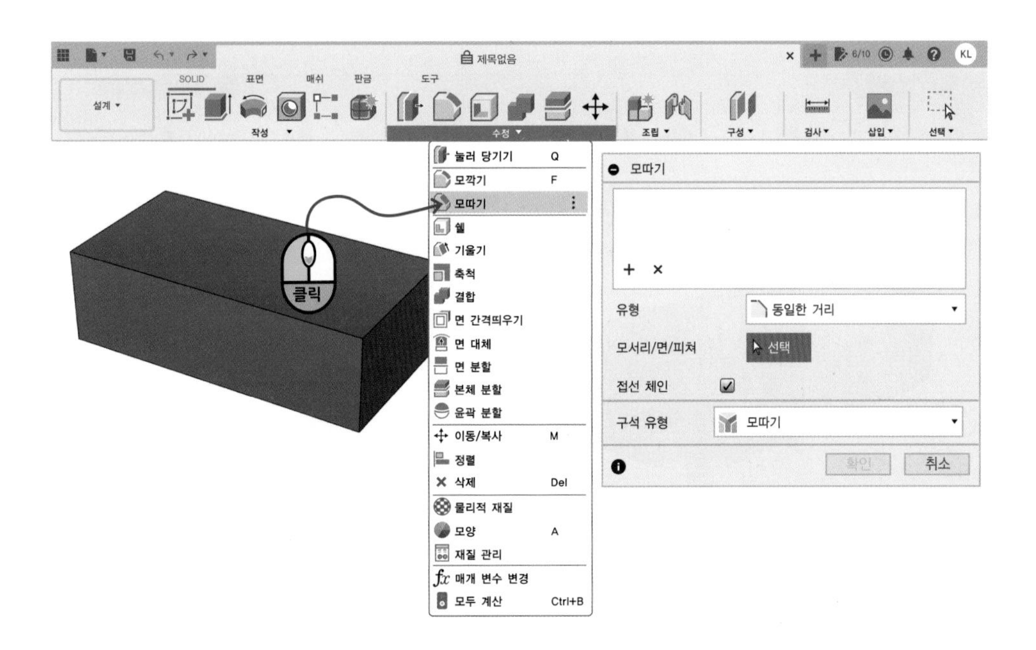

모따기(Chamfer)를 줄 모서리를 선택하고 화살표를 드래그합니다.

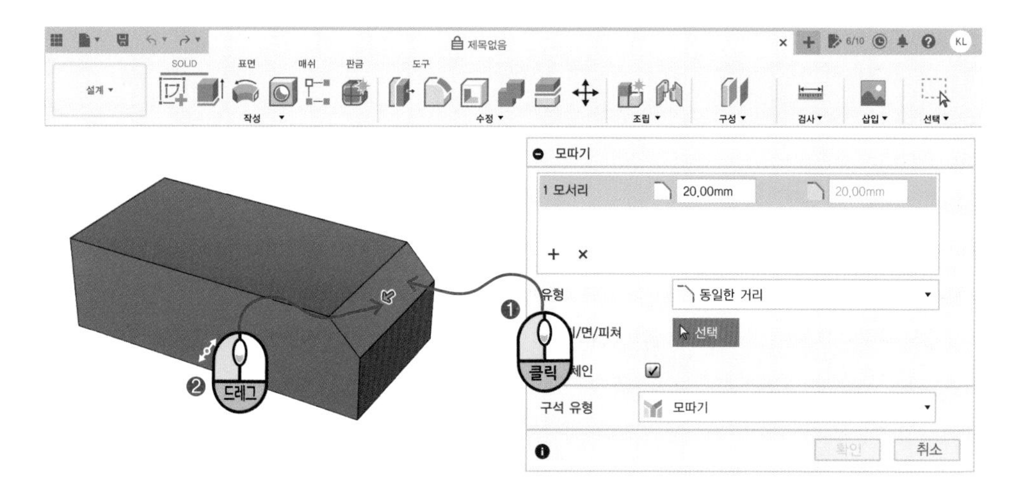


모따기(Chamfer)도 모깍기(Fillet)와 마찬가지로 +버튼을 눌러서 추가로 모따기(Chamfer)를 해 주거나 X 버튼을 눌러 삭제할 수 있습니다.

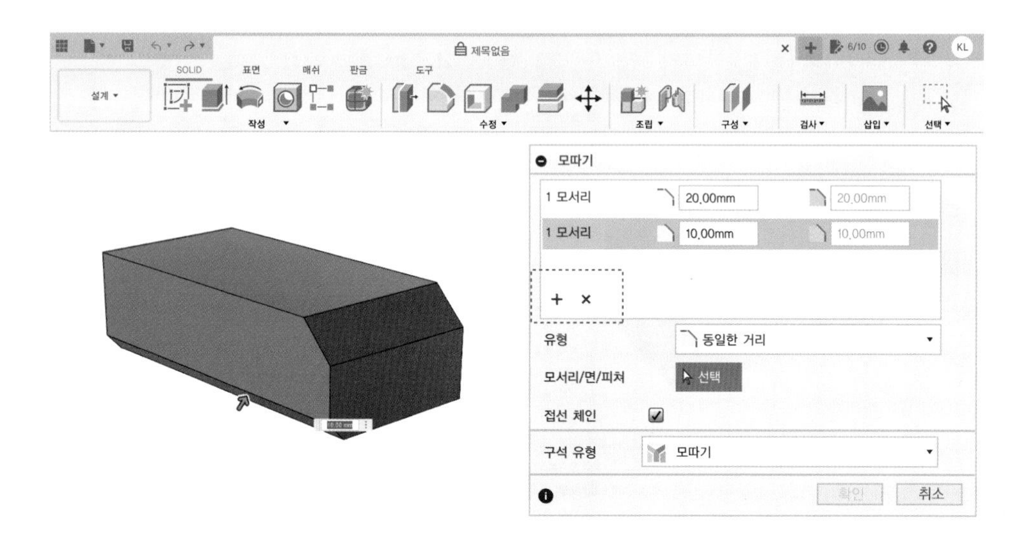

## 4. 쉘(Shell)

쉘(Shell)은 형상 내부를 비우는 명령어입니다.

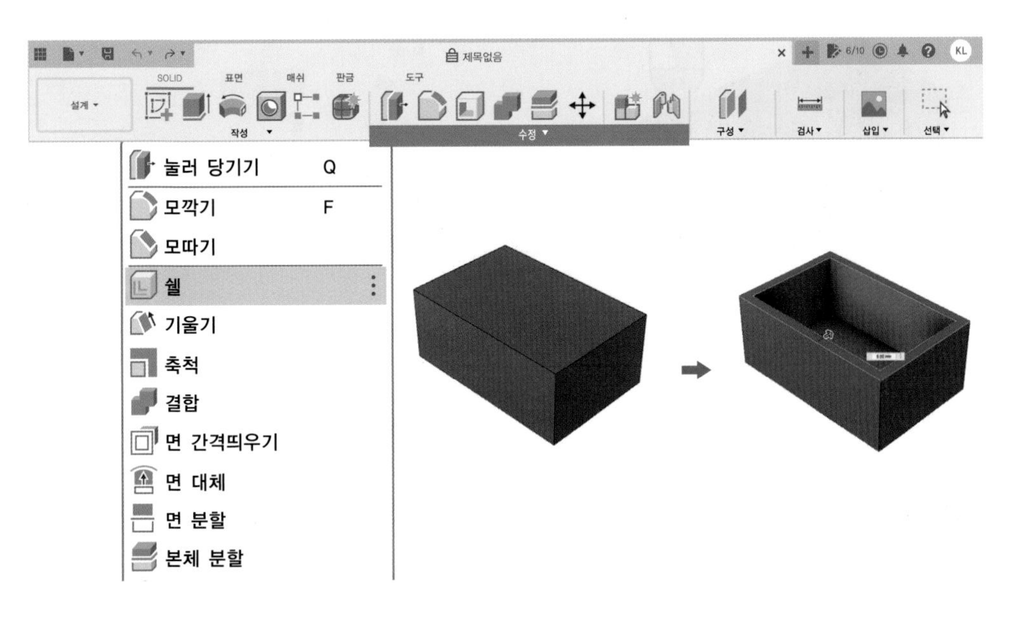


그림과 같은 형상을 만들어 줍니다.

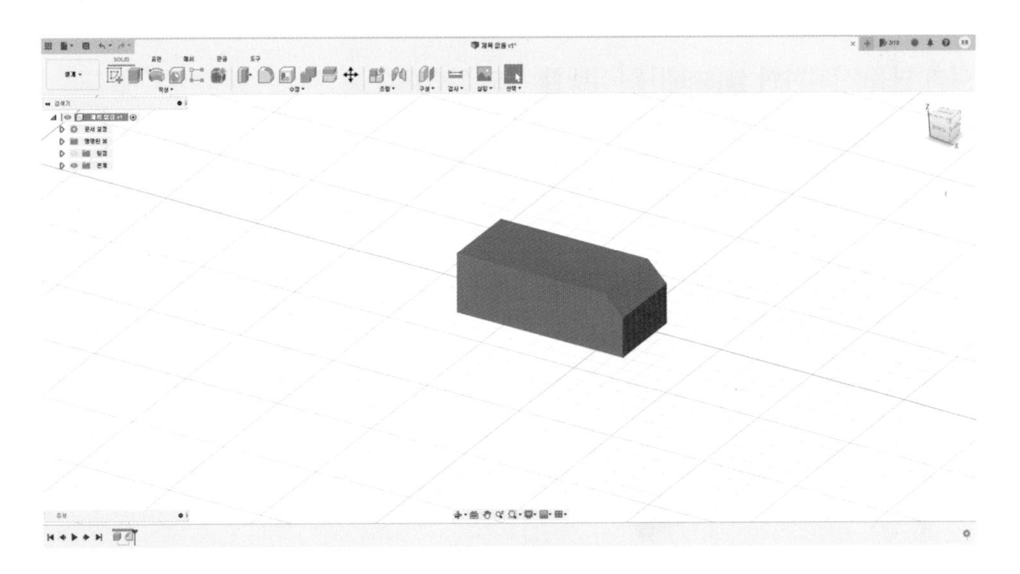

쉘(Shell)을 실행하고 윗면을 선택한 후, 화살표를 드래그해서 두께를 정해줍니다.

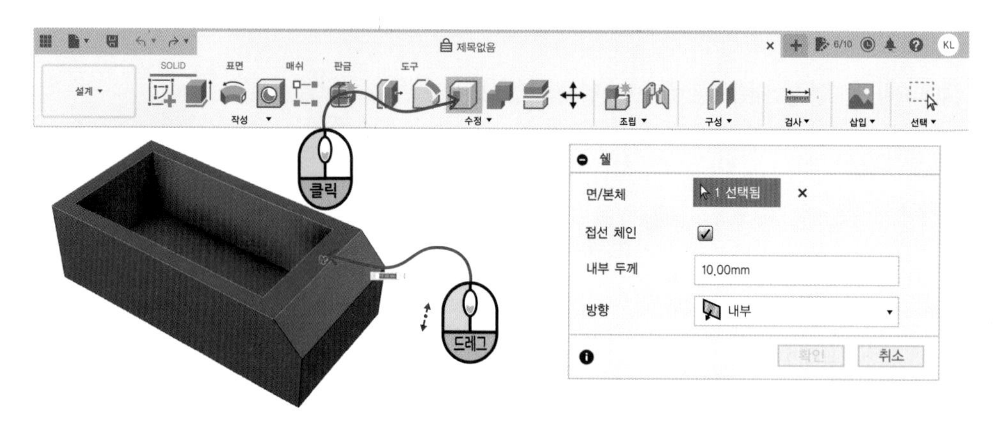


어떤 면을 선택하느냐에 따라서 다양한 형상이 만들어질 수 있습니다.

여러 면을 선택하여 쉘(Shell)을 실행할 수도 있습니다.

## 5. 기울기(Draft)

솔리드 본체의 면을 기울여 형상을 수정하는 메뉴입니다.

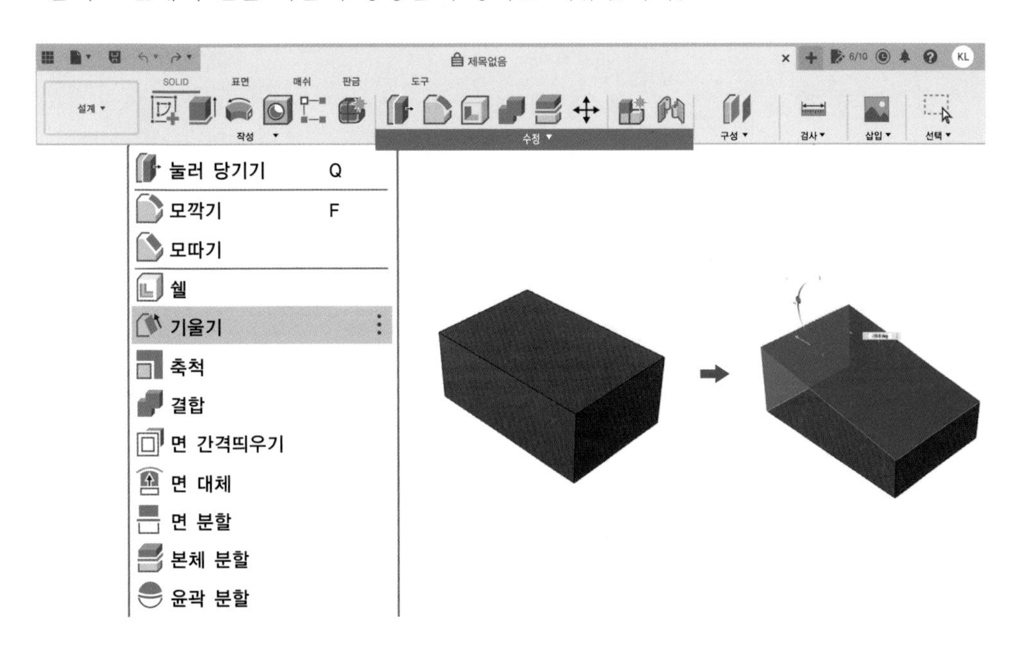


그림과 같은 상자(Box)를 하나 만들고 기울기(Draft)를 실행합니다.

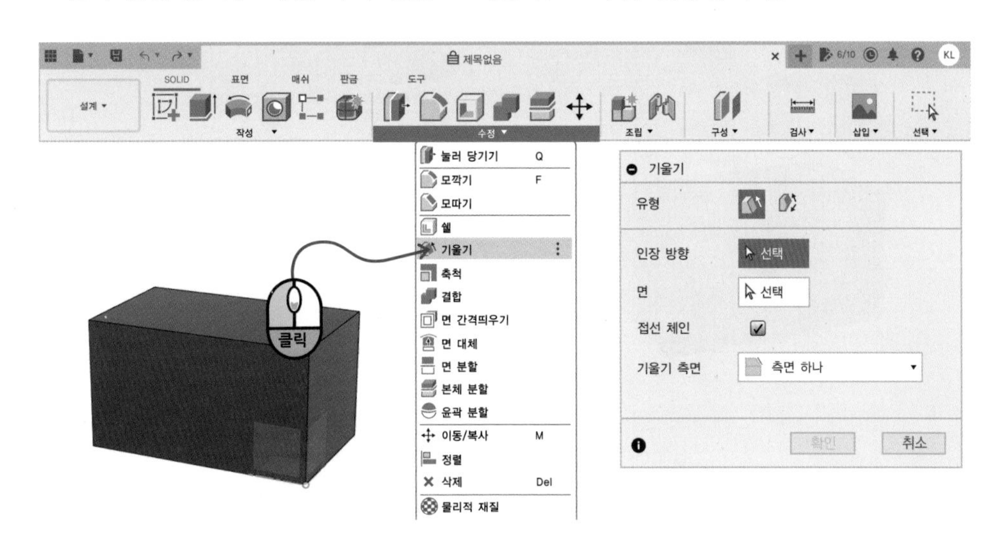

인장 방향(Pull Direction)은 잡아당기는 방향을 지정하는 면을 선택하는 것입니다.

윗면을 선택합니다. 유형(Type)이 고정된 평면(Fixed Plane)이기 때문에 지금 지정한 면은 움직이지 않고 고정됩니다.

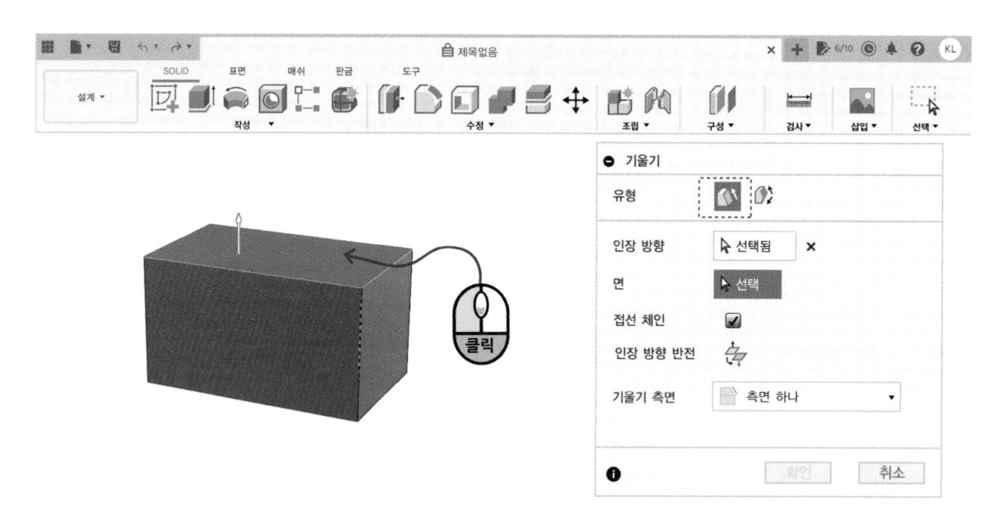


면(Face)은 기울기를 줄 면을 선택하는 것입니다. 그림과 같이 한 면을 선택합니다.

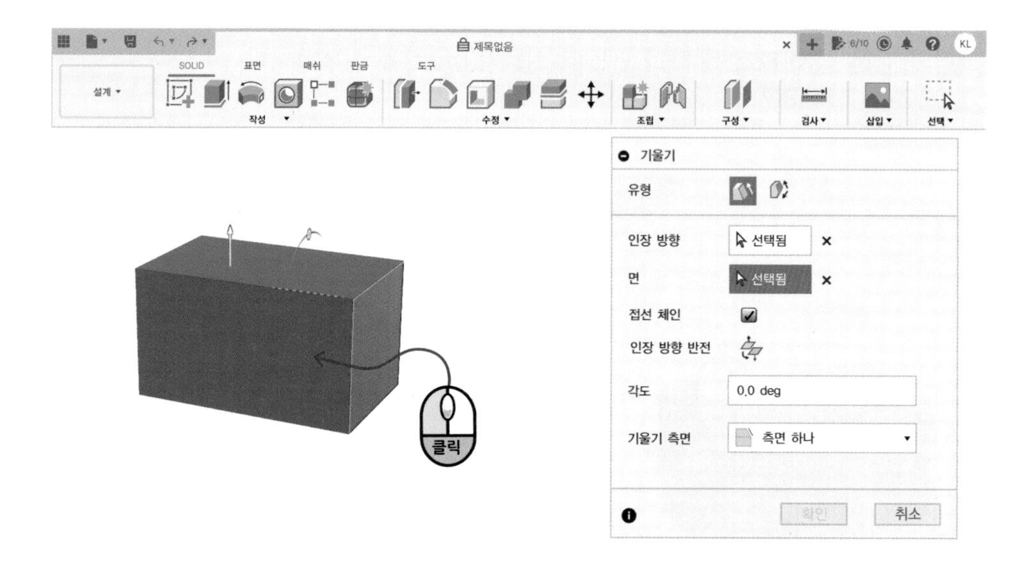

생겨난 핸들을 움직여 보면 기울기가 변화되는 것을 확인할 수 있습니다.

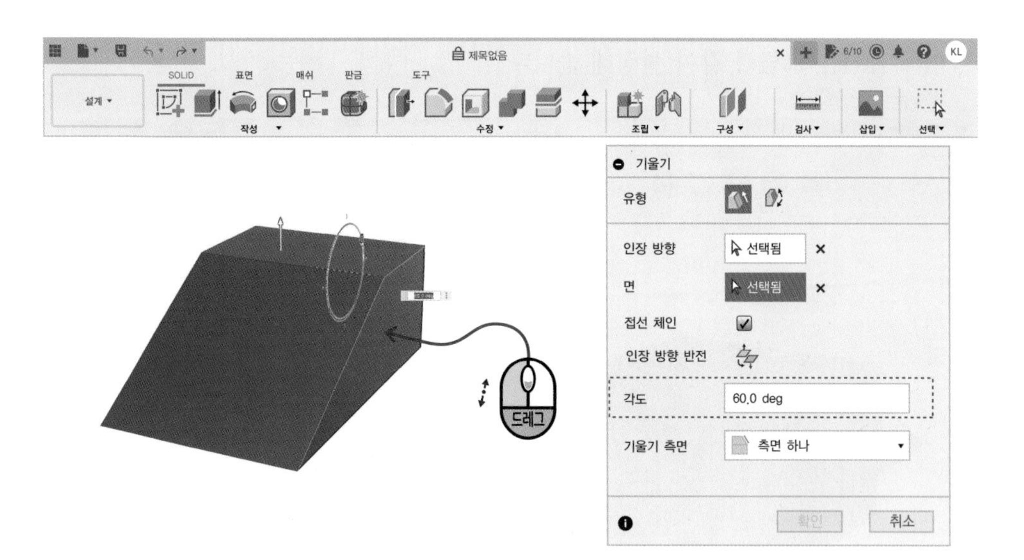


상자를 하나 만들고 맞춤점 스플라인(Fit Point Spline)을 이용하여 상자의 한 면에 그림과 같이 곡선을 그려 줍니다.

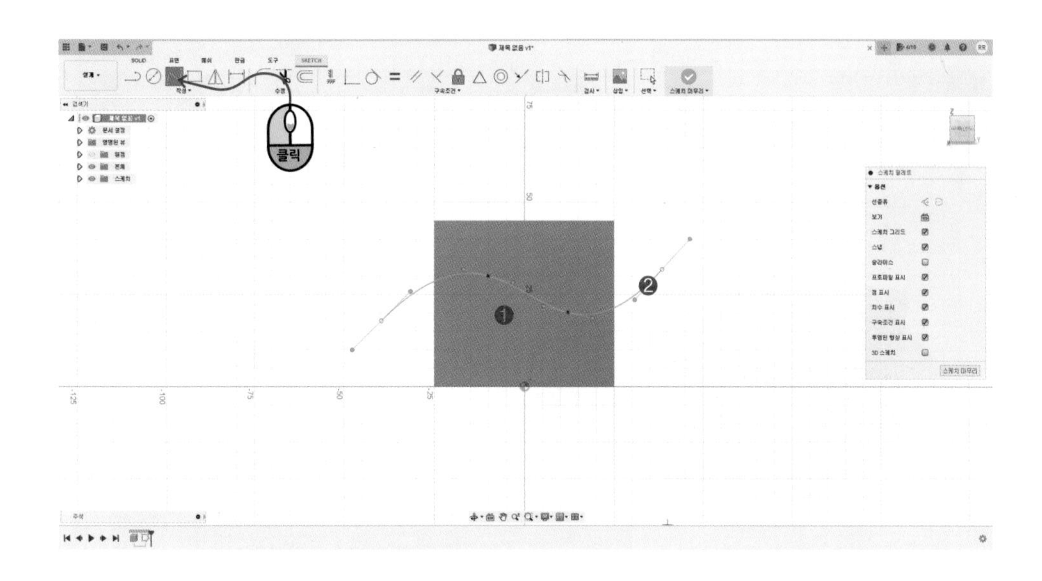

기울기(Draft)를 실행하고, 유형(Type)을 분할선(Parting Line)으로 선택합니다. 인장 방향(Pull Direction) 은 윗면, 분할 도구(Parting Tool) 는 곡선, 면(Faces)은 정면의 면을 선택합니다. 나머지 옵션은 그림과 같이 설정해 줍니다.

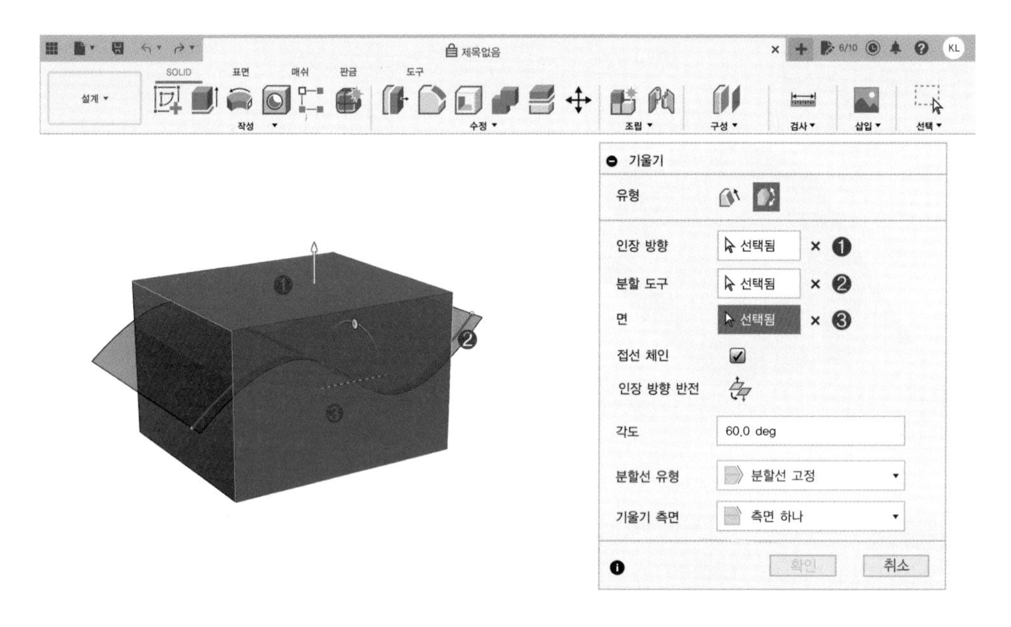


회전 핸들을 이용하여 기울기를 변경해 줍니다.

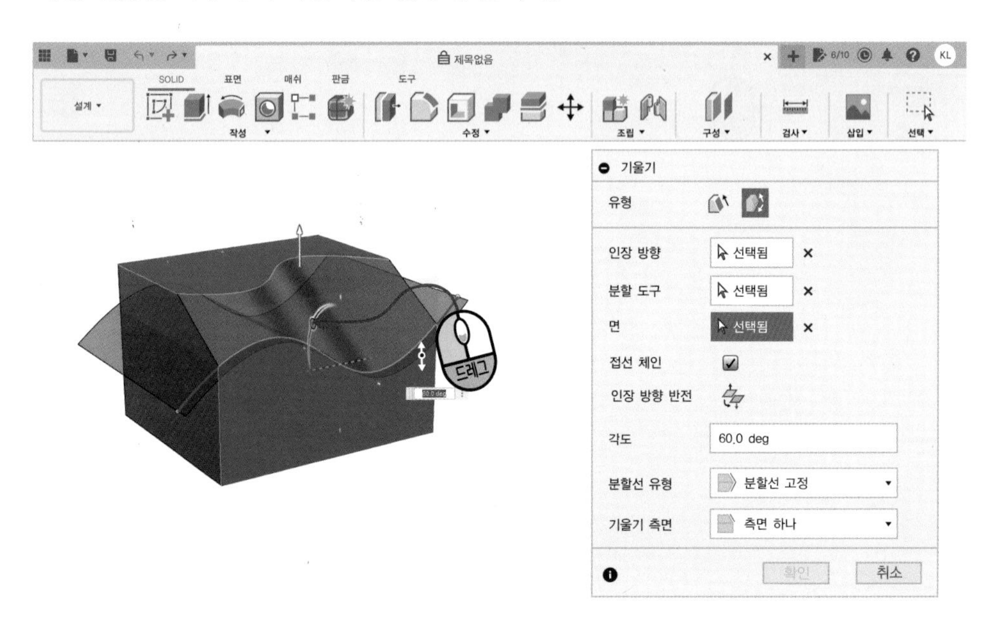

기울기 측면(Draft Sides)을 변경하면 대칭(Symmetric)으로 양쪽 기울기가 변경됩니다. 확인 버튼을 누르면 그림과 같은 형상이 만들어집니다.

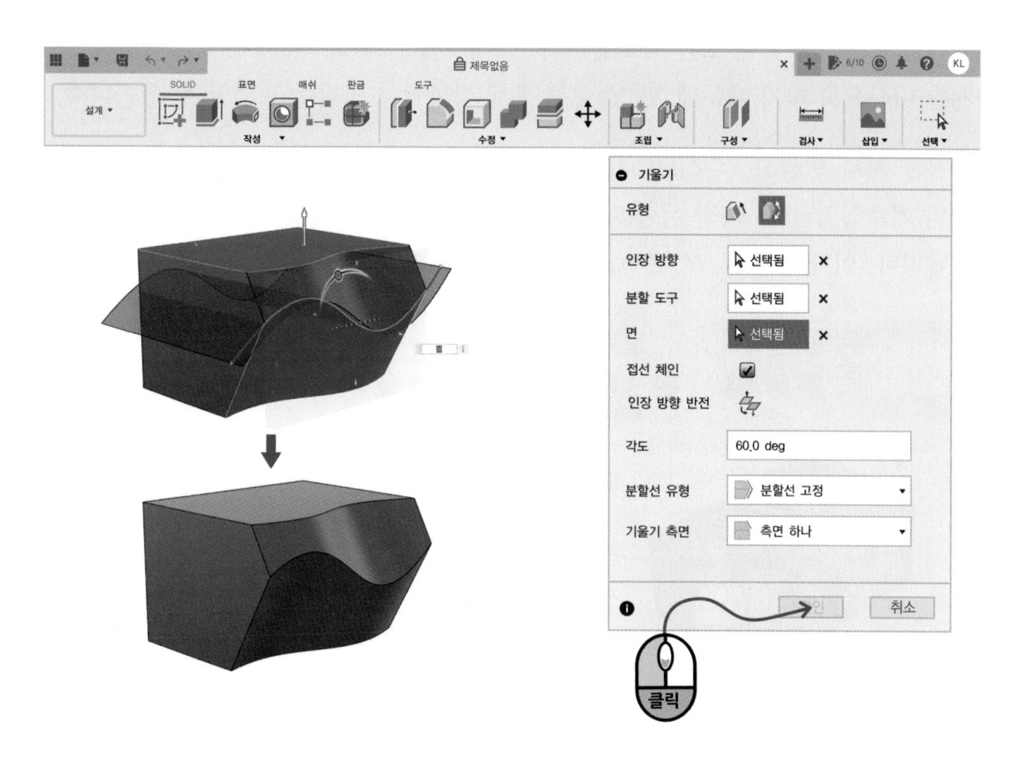

## 6. 축척(Scale)

솔리드의 크기를 확대 또는 축소합니다. 스케치 모드의 축척(Scale)과 유사하나 솔리드 본체를 대상으로 하기 때문에 X, Y, Z축의 세 방향에서 크기를 조절할 수 있습니다.

상자를 하나 만들고 〈수정(Modify)〉-〈축척(Scale)〉을 실행합니다. 점(Point)은 확대 · 축소의 기준점입니다. 축척 유형(Scale Type)을 균일(Uniform)로 하면 화살표가 하나만 나타납니다. 이 옵션은 X, Y, Z축으로 균일하게 크기를 조절합니다.

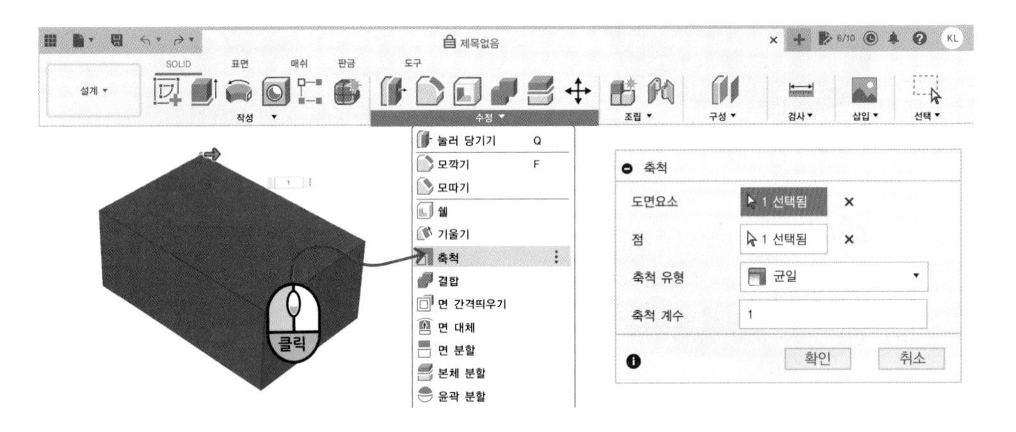


축척 유형(Scale Type)을 비균일(Non Uniform)으로 바꾸면 화살표가 세 개가 나타납니다. X, Y, Z축 각각의 확대 · 축소 비율을 다르게 설정할 수 있습니다.

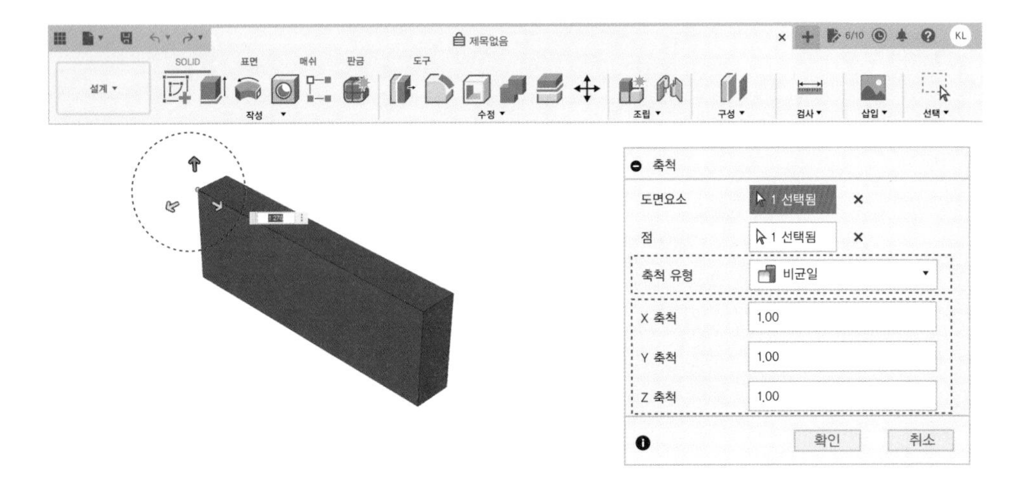

## 7. 결합(Combine)

솔리드 본체가 2개 이상 겹쳐 있을 때, 집합개념으로 형상을 만듭니다. 작업(Operation)에 접합(Join), 잘라내기(Cut), 교차(Interset)의 옵션이 있습니다.

### ❶ 접합(Join)

별개로 존재하는 대상 본체(Target Body)와 도구 본체(Tool Bodies)를 하나의 본체로 만들어 줍니다.

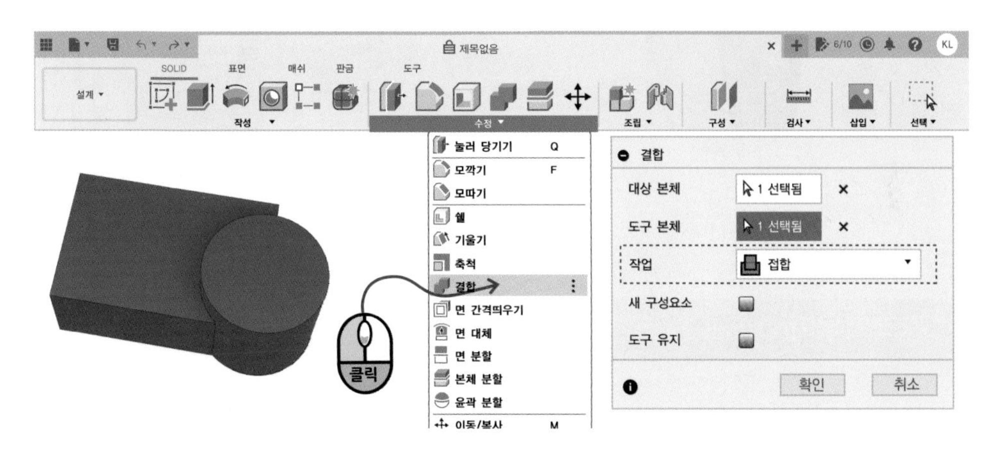


### ❷ 잘라내기(Cut)

대상 본체(Target Body)에서 도구 본체(Tool Bodies)를 제거하여 하나의 본체를 만듭니다.

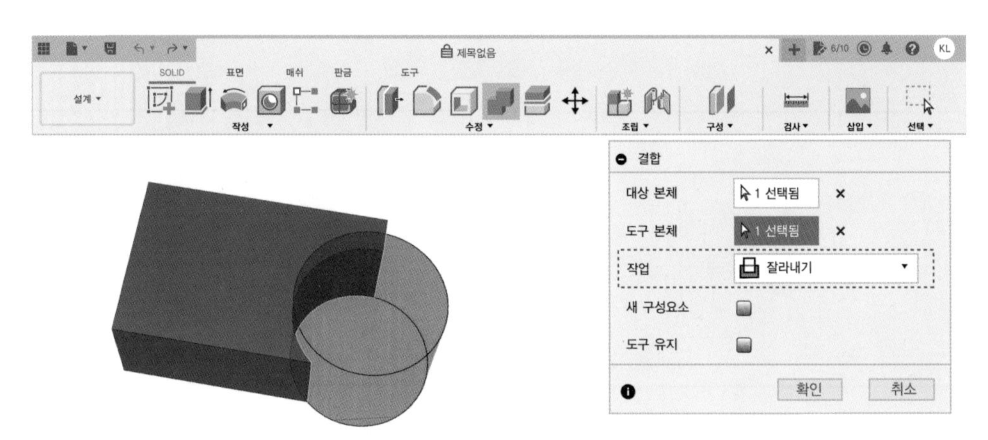

❸ 교차(Intersect)

대상 본체(Target Body)와 도구 본체(Tool Bodies)가 서로 포개지는 부분만 남겨 하나의 본체를 만듭니다.

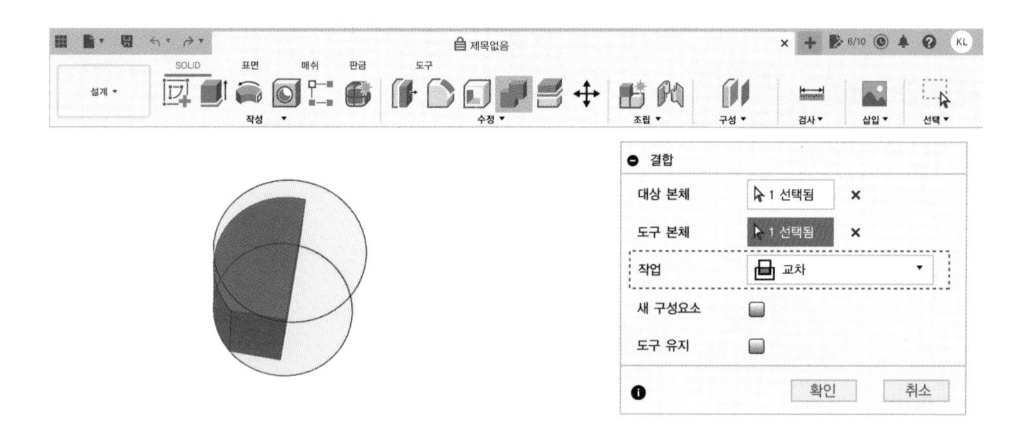


## 8. 면 간격띄우기(Offset Face)

선택한 프로파일을 이동하여 면의 위치를 바꿉니다. 선택한 면을 양 또는 음의 방향으로 이동합니다. 여러 면을 동시에 선택하고 이동시킬 수도 있습니다.

맞춤점 스플라인(Fit Point Spline)으로 선을 그려주고 돌출(Extrude)로 그림과 같이 돌출시킵니다.

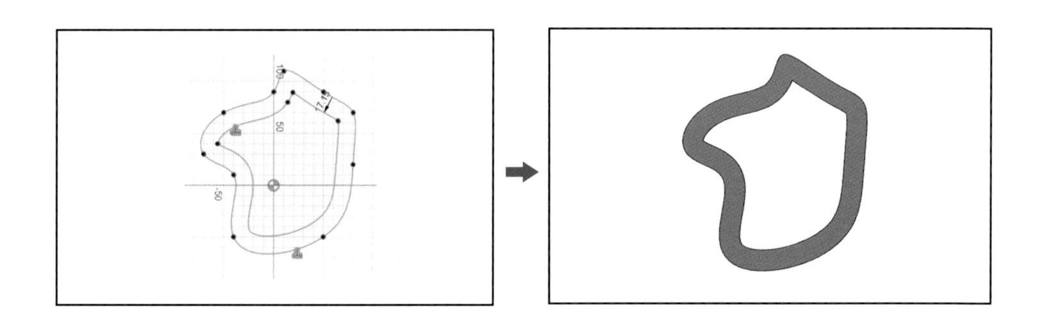

〈수정(MODIFY)〉-〈면 간격띄우기(Offset Face)〉를 실행합니다. 바깥쪽 면을 선택합니다.

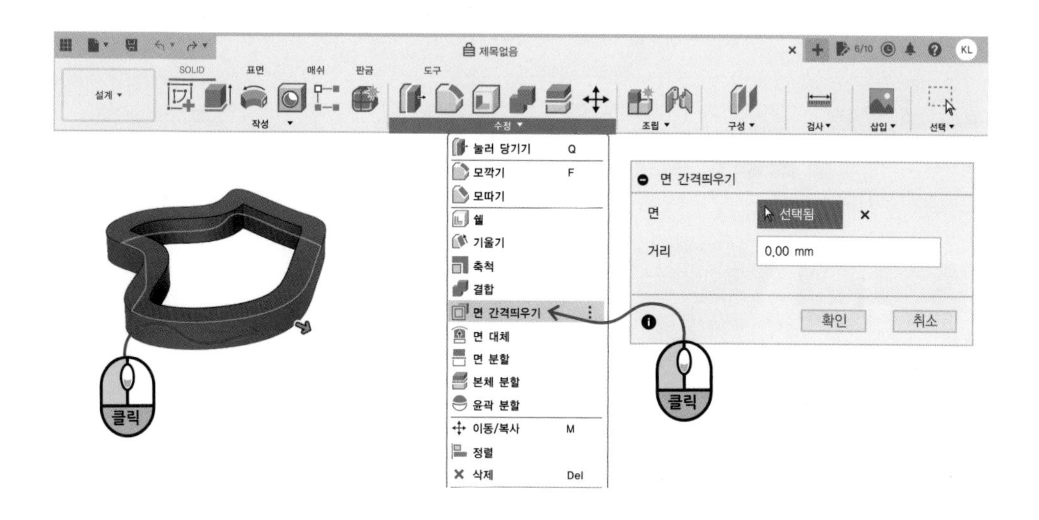


화살표를 드래그해서 선택된 면을 바깥쪽으로 이동시키고 확인 버튼을 눌러 형상을 마무리합니다.

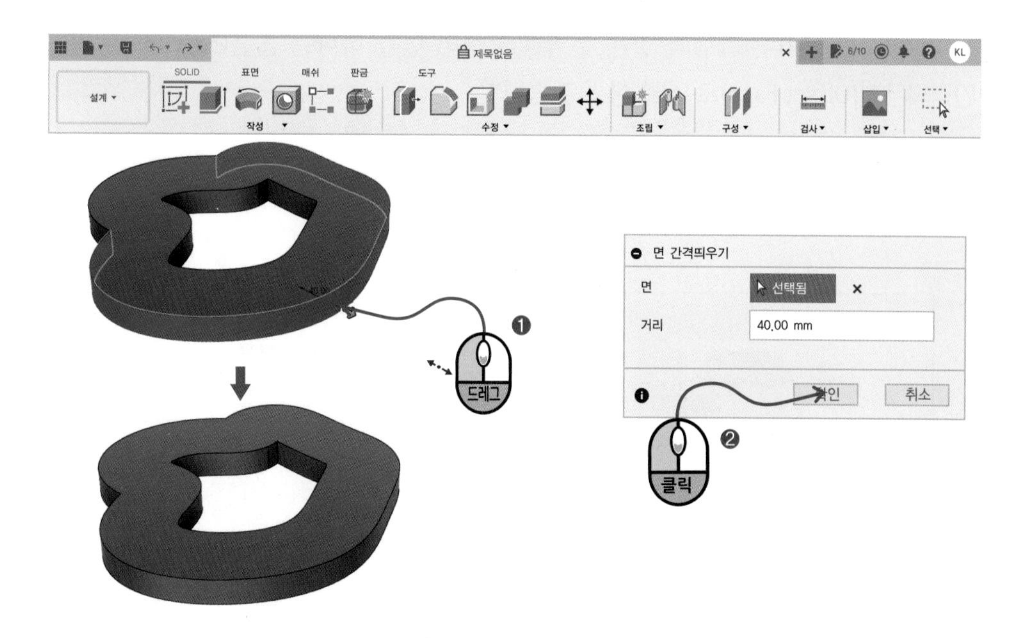

그림과 같이 4개 솔리드의 윗면을 선택하고 면 간격띄우기(Offset Face)를 실행합니다.

기울기가 있는 경우에는 그 기울기를 그대로 유지하면서 면이 이동됩니다.

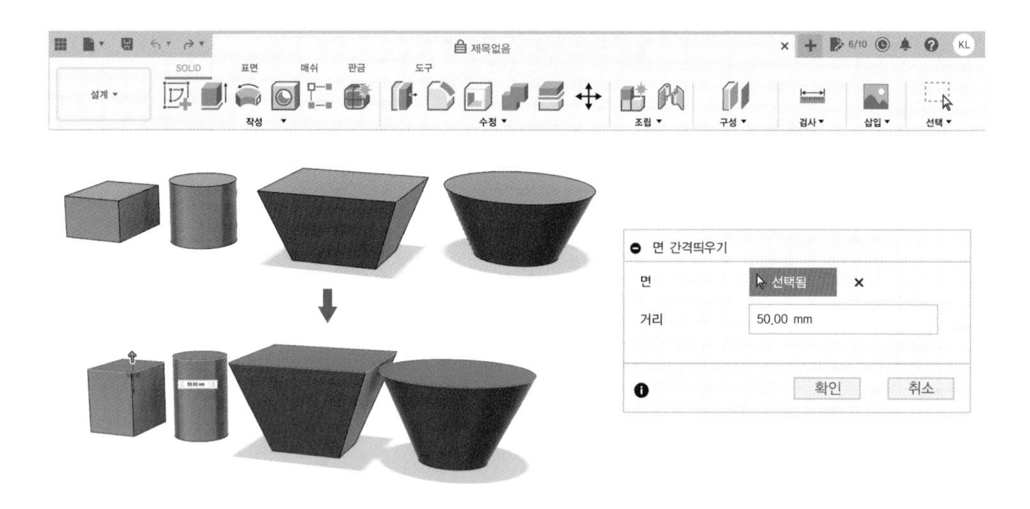


간격띄우기(Offset Face)는 돌출(Extrude)과 비슷하게 사용되는 경우가 있으나 차이가 있는 경우도 있습니다. 그림과 같은 두 입체도형의 면을 하나는 돌출(Extrude)로 또 하나는 간격띄우기(Offset Face)로 실행해 보겠습니다.

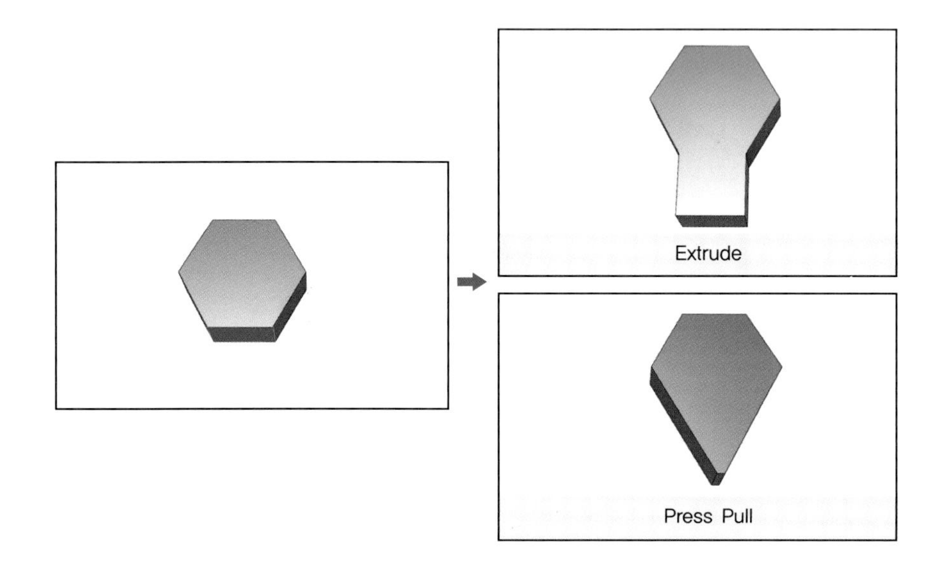

간격띄우기(Offset Face)는 일정한 곡률이 있으면 그 곡률을 그대로 유지하면서 면이 이동합니다.

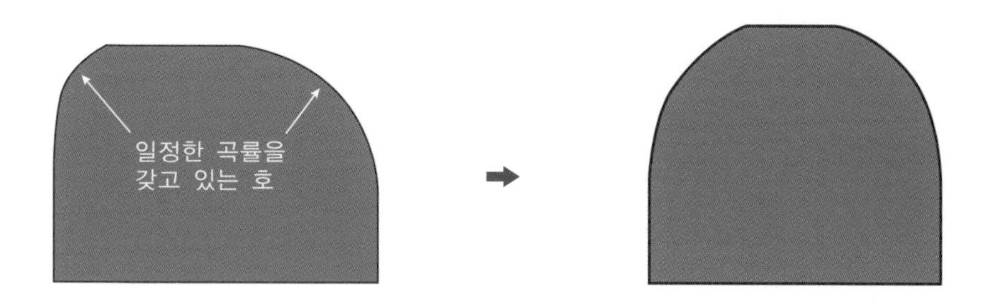


곡선(Spline)으로 그려져서 일정한 곡률이 없는 경우에는 탄젠트로 이어진 선으로 확장되면서 면이 이동합니다.

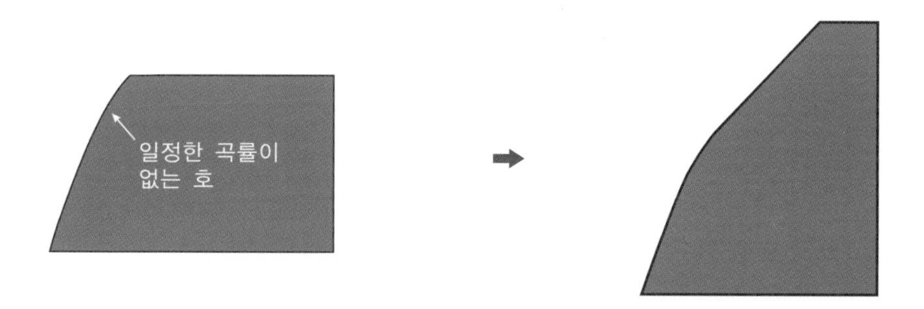

## 9. 면 대체(Replace Face)

솔리드의 일부 면을 다른 면으로 대체하는 기능입니다. 다음과 같은 솔리드 본체가 2개 있습니다.

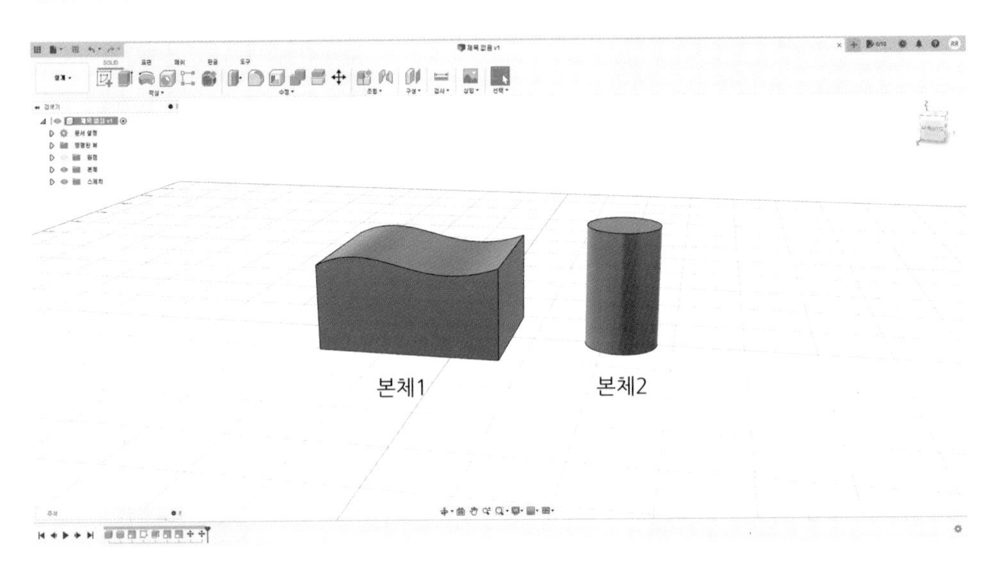


두 솔리드가 포개지도록 적당히 위치시켜 주고 면 대체(Replace Face)를 실행하고 원본 면(Source Faces)으로 원통의 윗면을 선택합니다.

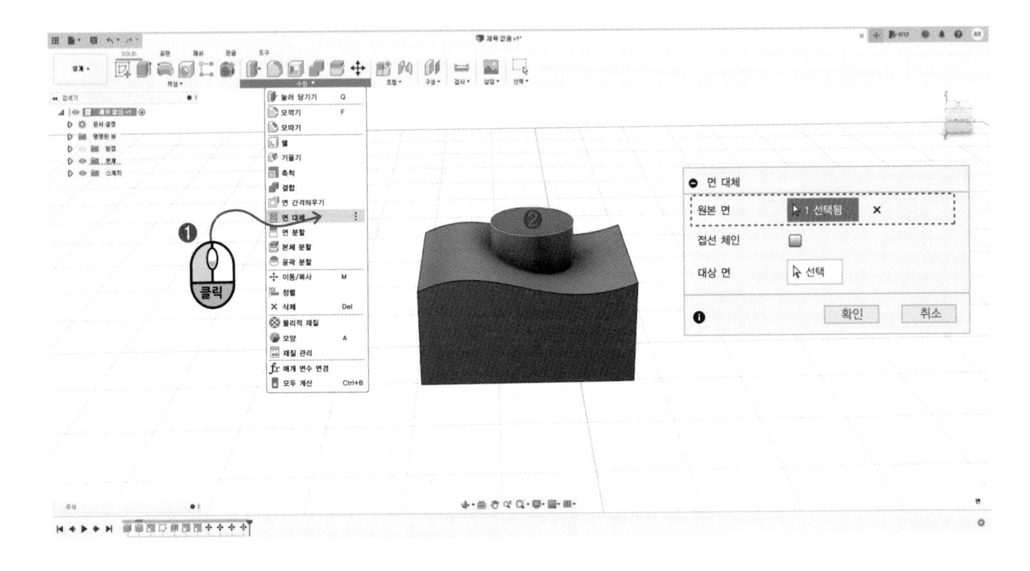

대상 면(Target Faces)으로 곡면을 선택합니다.

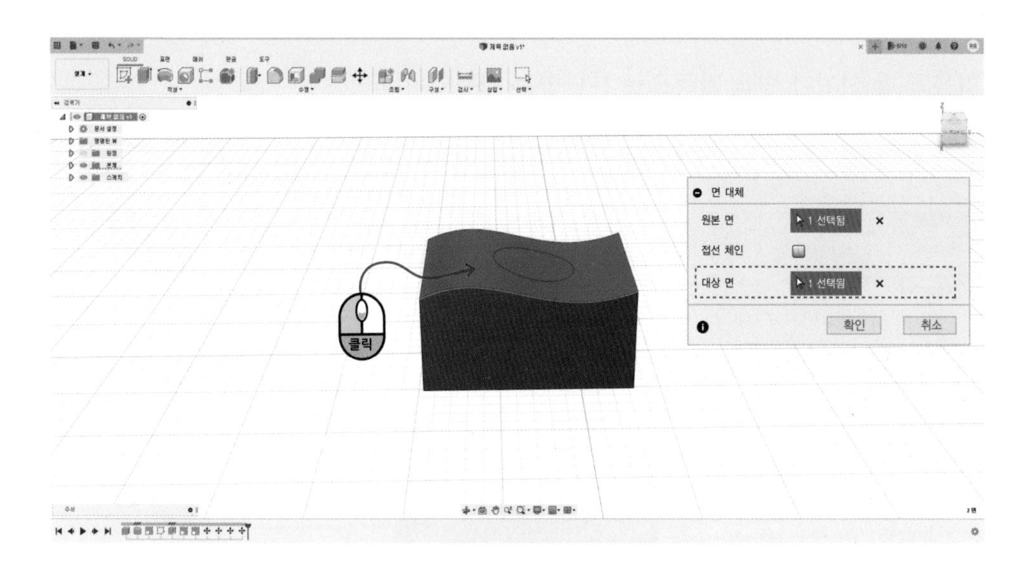


확인 버튼을 누르고 브라우저에서 본체1의 눈을 꺼주면 수정된 원통의 모습을 볼 수 있습니다.

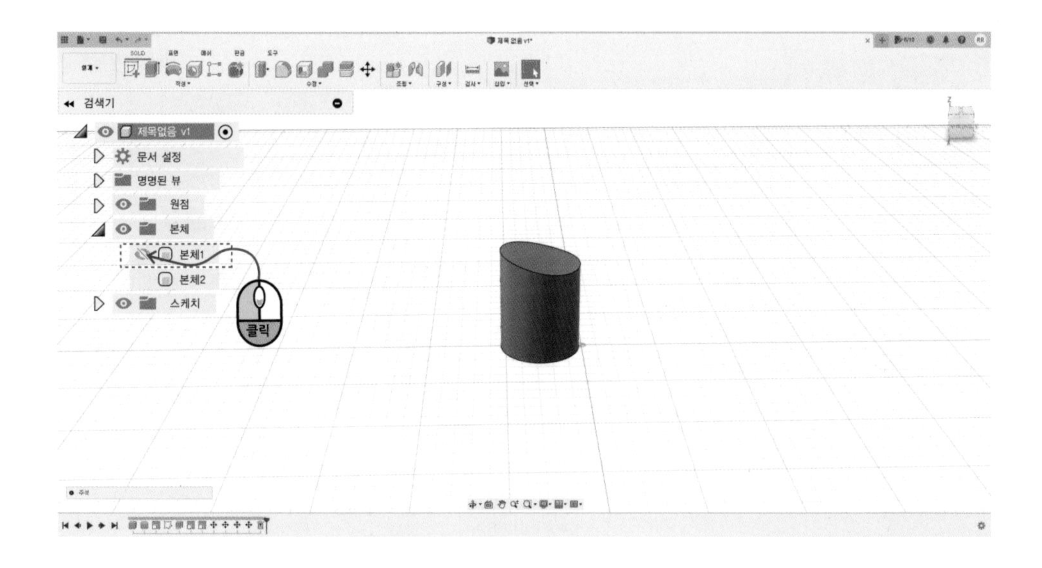

## 10. 면 분할(Split Face)

면을 특정 선이나 면을 기준으로 분할하는 메뉴입니다.

상자를 하나 그리고 한 면에 곡선을 그려줍니다.

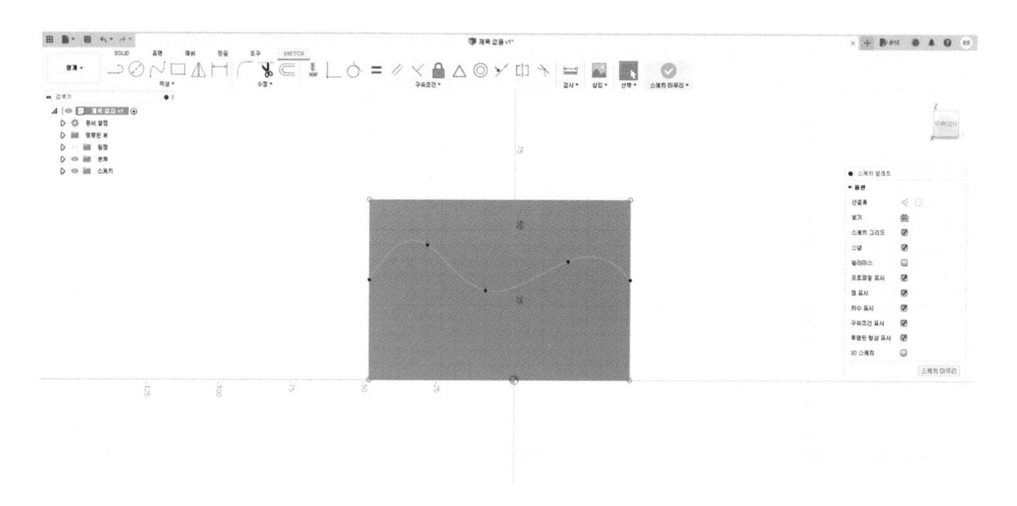

면 분할(Split Face)을 실행하고 분할할 면(Faces to Split)을 그림과 같이 선택합니다.

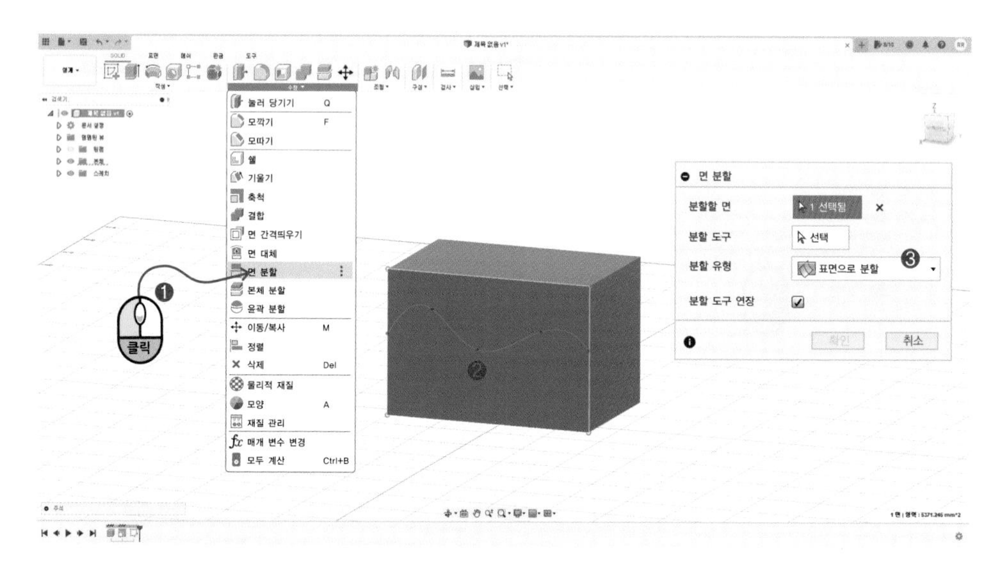

분할 도구(Spliting Tool)로 곡선을 선택합니다. 분할 도구(Spliting Tool)로 스케치(Sketch) 뿐만 아니라 면(Face), 가상선(Construction), 본체(Body) 등도 선택할 수 있습니다.

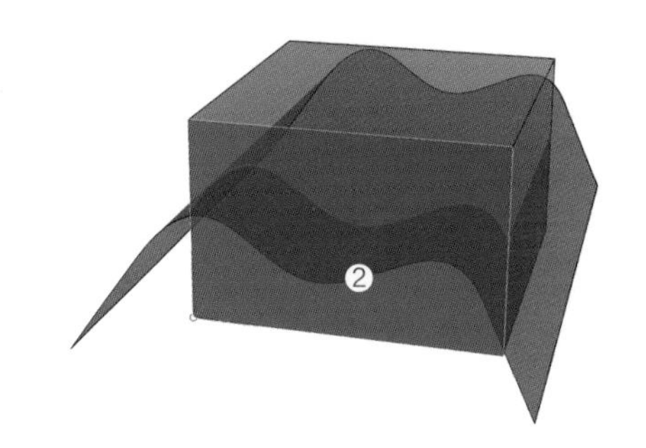

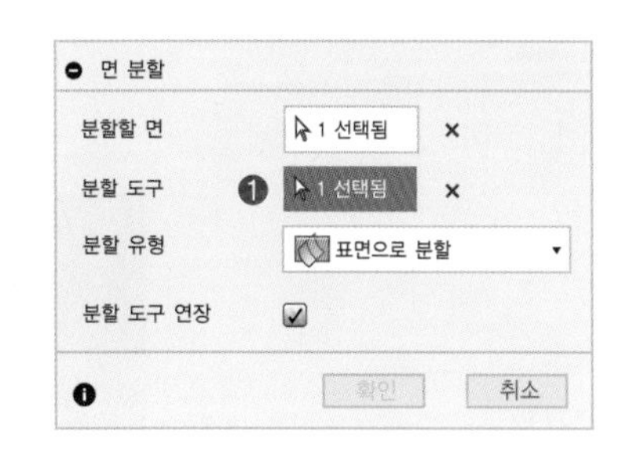


확인 버튼을 누르면 곡선을 기준으로 면이 분할된 것을 확인할 수 있습니다.

분할 면은 동시에 여러 개를 선택하는 것도 가능합니다.

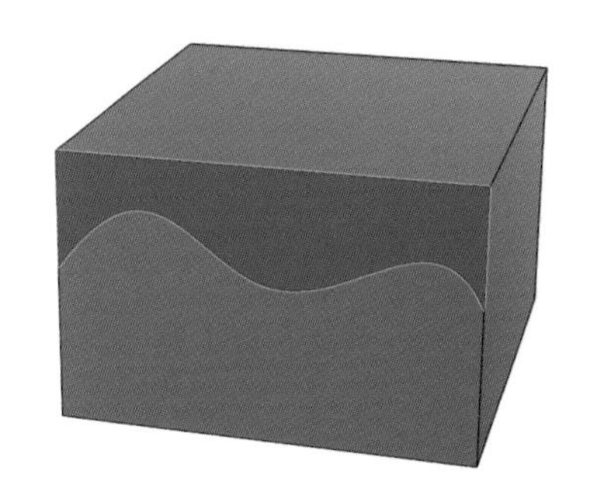

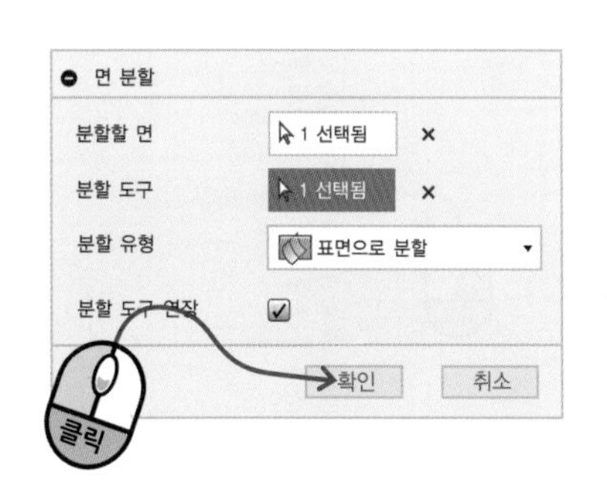

## 11. 본체 분할(Split Body)

본체를 분할하는 메뉴로 면 분할(Split Face)과 유사하나 면이 아닌 본체가 나눠집니다. 상자를 하나 그리고 한 면에 그림과 같이 곡선을 그립니다.

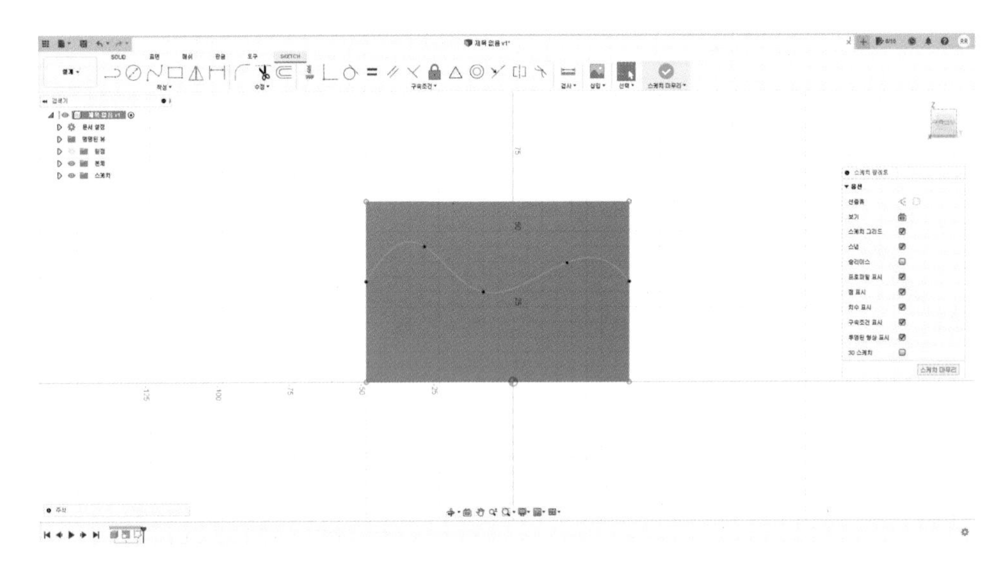

본체 분할(Split Body)을 실행하고 분할할 본체(Body to Split)로 상자를 선택합니다.

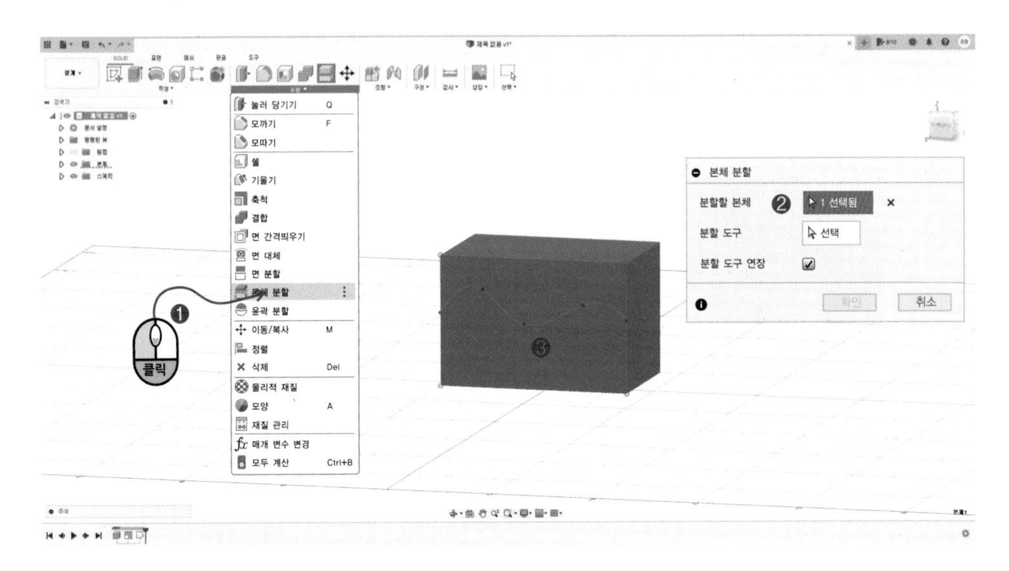

분할 도구(Spliting Tool)로 곡선을 선택합니다.

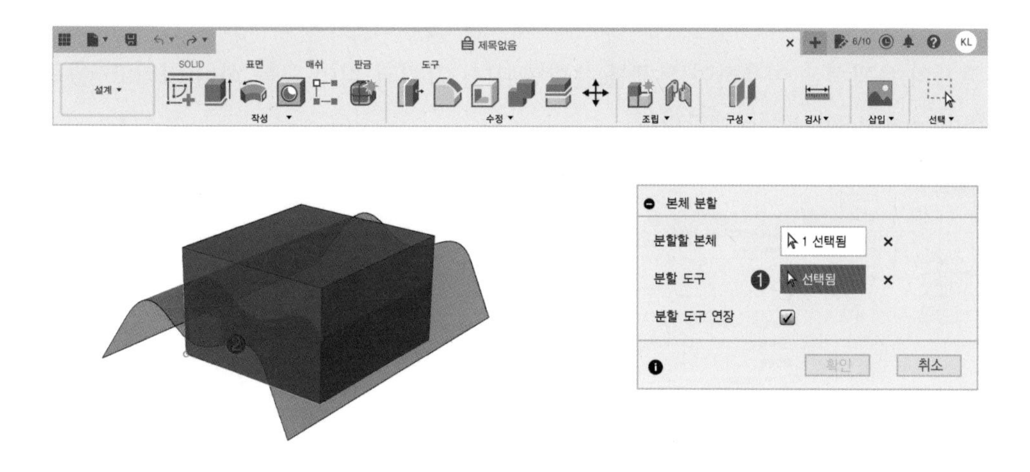


확인을 눌러 실행하면 하나의 본체가 2개로 나눠진 것을 알 수 있습니다. 위쪽 본체를 이동하면 나눠진 본체의 모습이 보입니다.

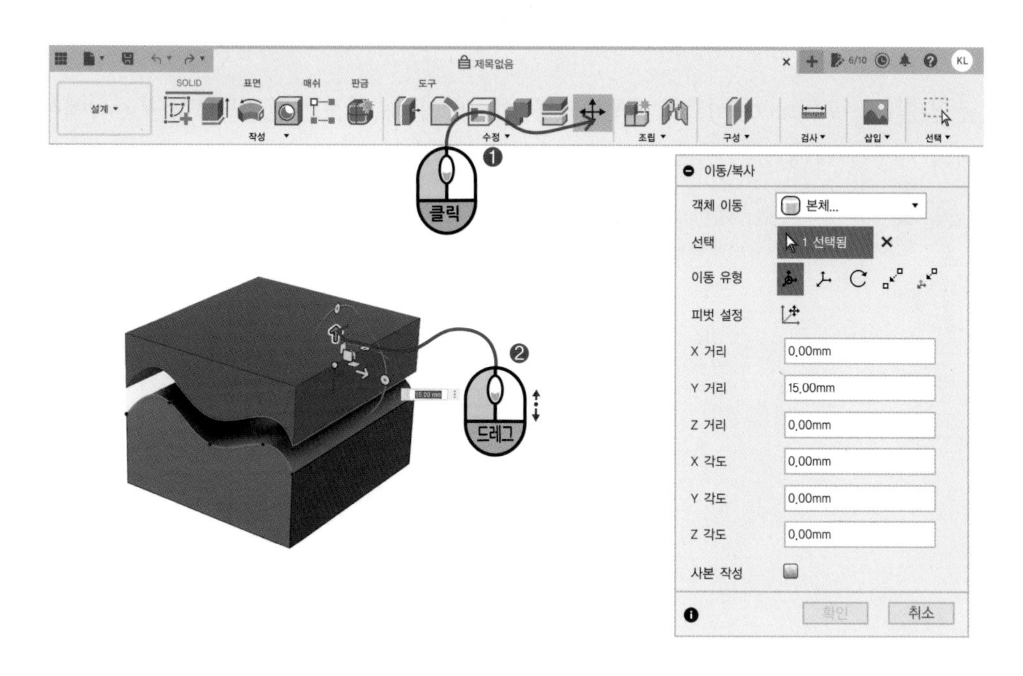

## 12. 윤곽 분할(Silhouette Split)

본체의 윤곽선을 이용하여 본체를 분할합니다. 그림과 같이 구를 하나 그리고 윤곽 분할(Silhouette Split)을 실행합니다.

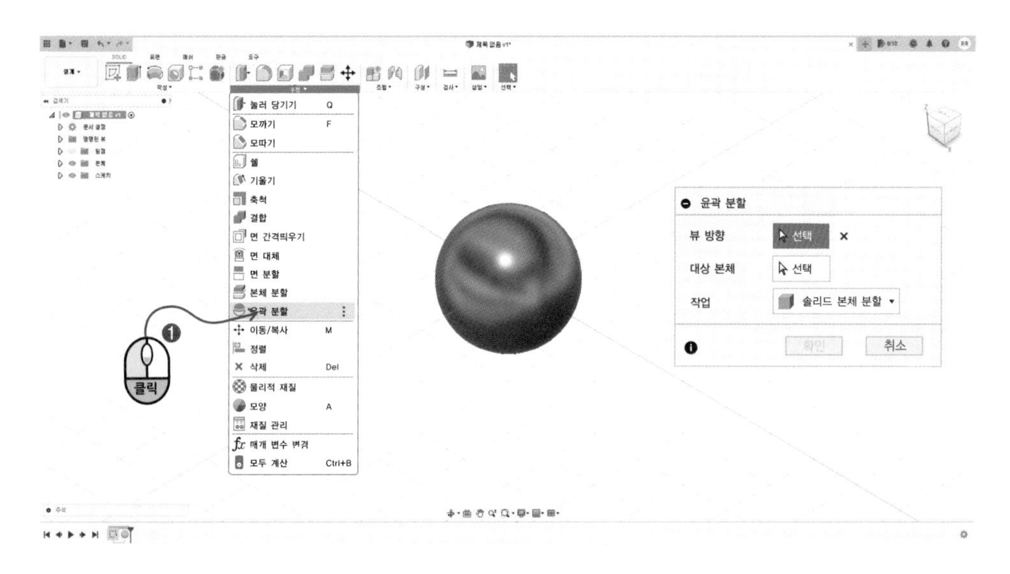


뷰 방향(View Direction)으로 XY평먼을 신댁합니다. 이것은 평면도(Top View)에서 봤을 때의 가장 외곽에 있는 선을 실루엣으로 정하는 것입니다.

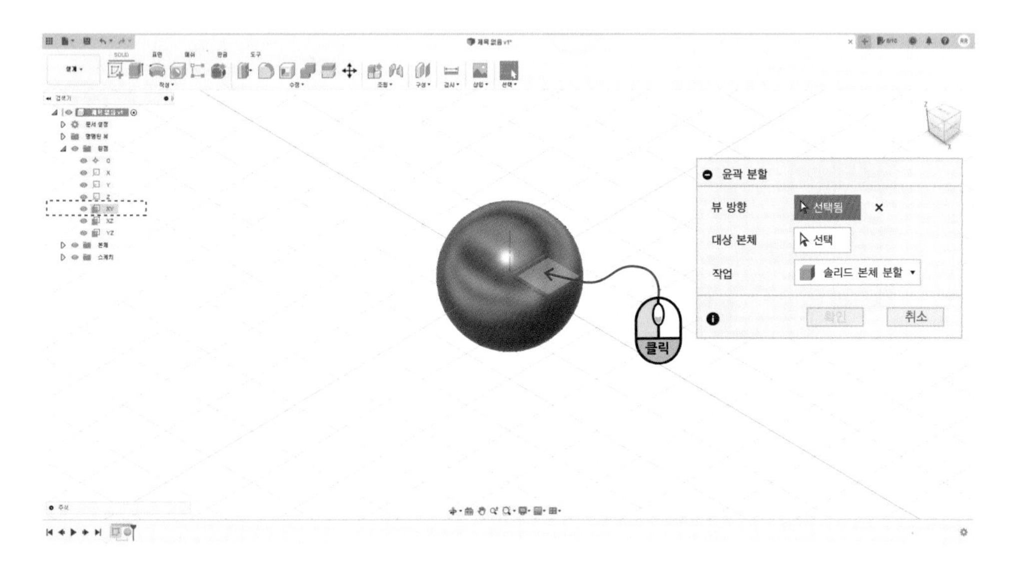

대상 본체(Target Body)로 구를 선택하고 작업(Operation)으로 솔리드 본체 분할(Split Solid Body)을 선택합니다.

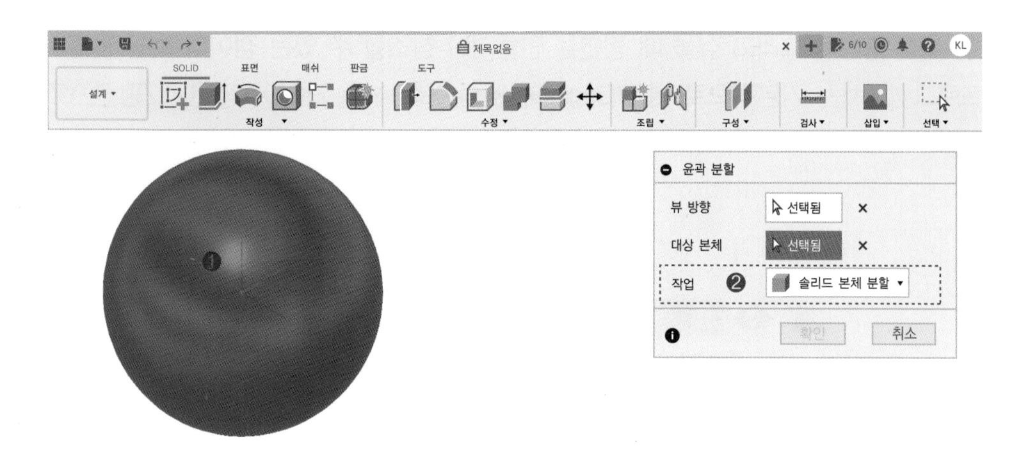


확인버튼을 누르고 확인해 보면 분할된 것을 확인할 수 있습니다.

뷰 방향(View Direction)을 XY평면이 아닌 XZ평면을 선택했다면 그림과 같이 본체가 분할될 것입니다.

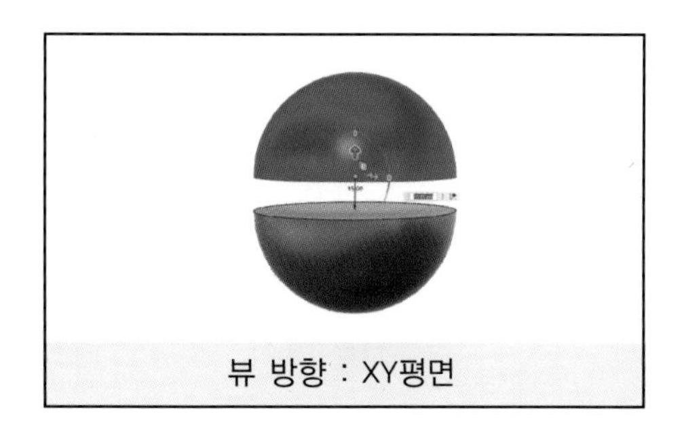
뷰 방향 : XY평면

뷰 방향 : XZ평면

# 12 참조 형상(CONSTRUCT)

스케치를 특정 평면에 그리고 싶을 때 평면을 만들거나 참조할 수 있는 점이나 축을 만들 수 있습니다. 프로그램에서는 기본적으로 원점(Origin)에 원점, X축, Y축, Z축, XY평면, XZ평면, YZ평면을 나타내 줍니다.

그러나 이런 기본적인 점, 축, 평면만으로 충분하지 않을 때 참조형상(CONSTRUCT)를 직접 만들어 사용해야 합니다. 크게 평면, 축, 점의 세 가지로 구분됩니다.

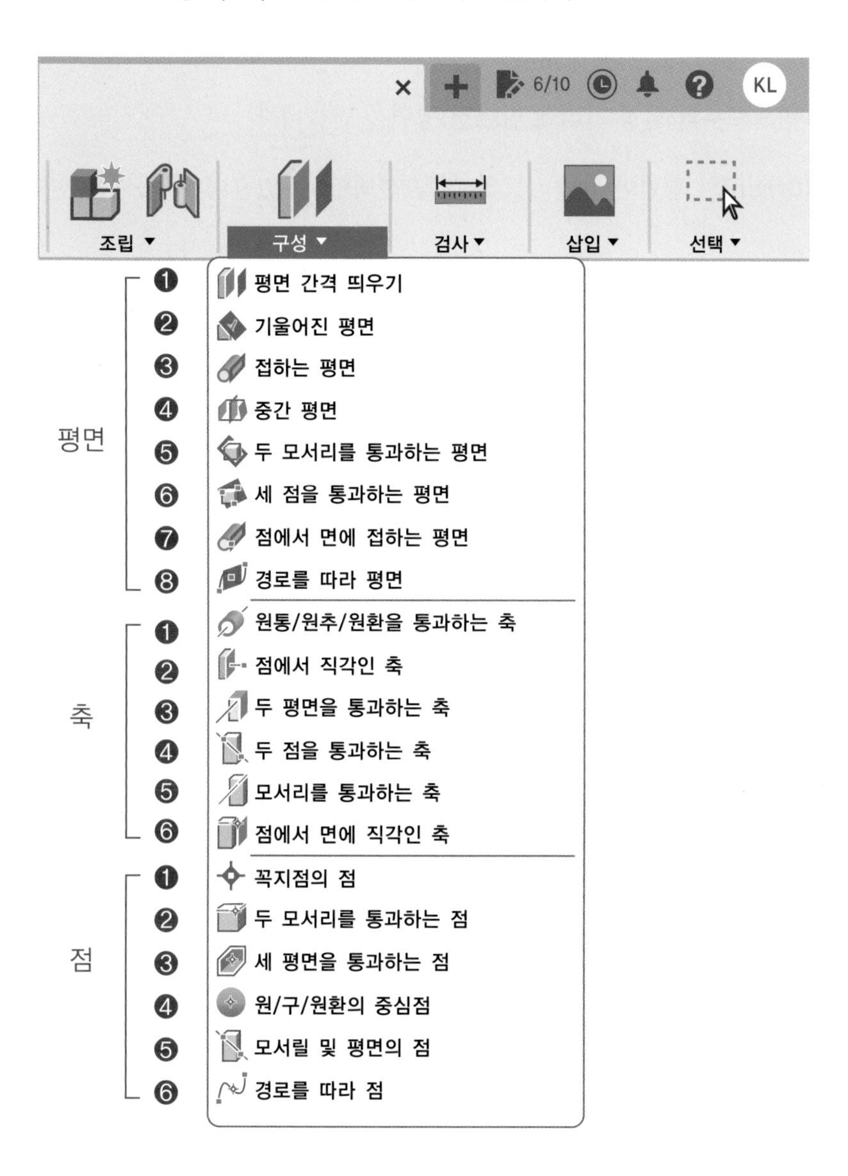

## 1. 참조 평면

❶ 평면 간격 띄우기(Offset Plane)

특정 면으로부터 일정 거리에 떨어진 평면을 만듭니다.

원점(Origin)의 평면이나 솔리드의 면을 선택할 수 있습니다. 곡면은 선택이 불가능합니다.

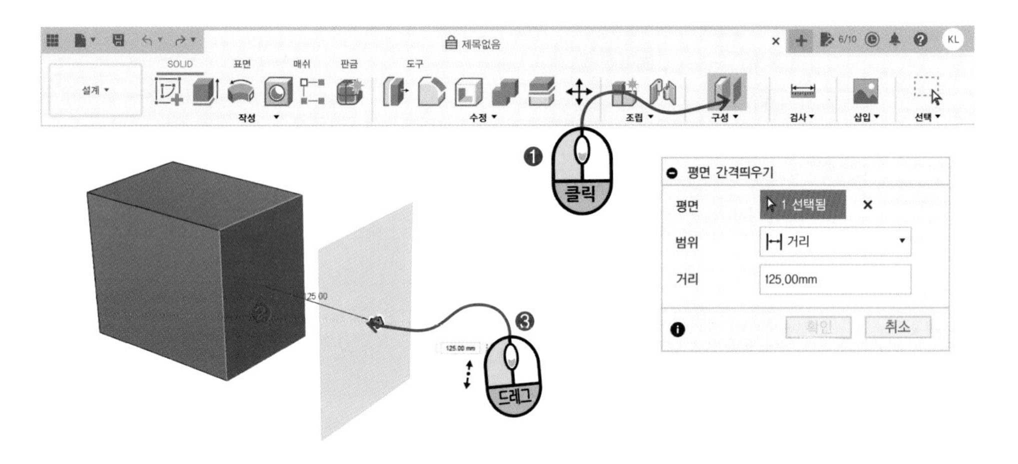


❷ 기울어진 평면(Plane at Angle)

모서리 하나를 중심으로 각도를 조절하여 면을 생성합니다.

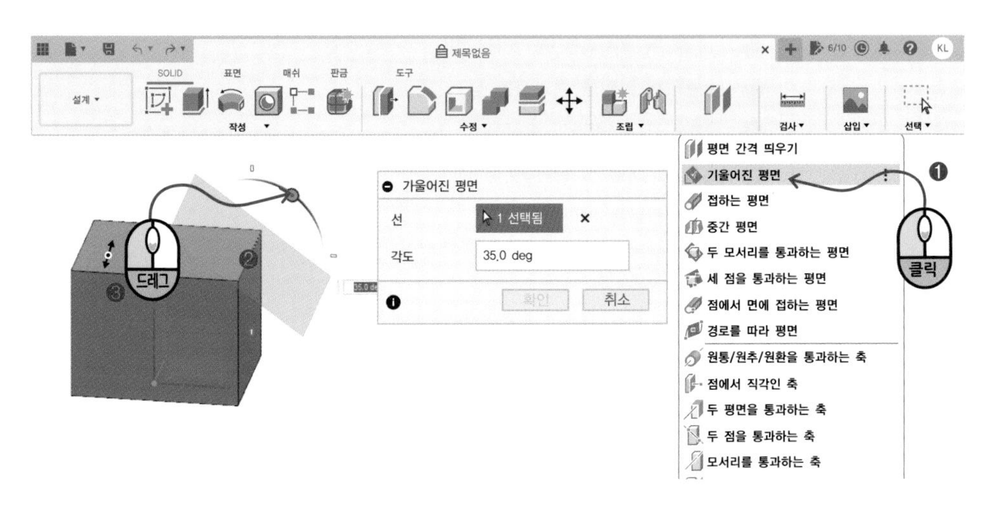

### ❸ 접하는 평면(Tangent Plane)

원통(Cylinder)의 옆면과 같은 곡면에 접하는 평면을 만듭니다. 원통의 어디를 클릭하느냐에 따라 평면이 생성되는 위치가 달라집니다. 물론 각도로 위치를 정해줄 수 있습니다.

참조 평면(Reference Plane) 옵션은 평면을 만들 때 참고할 수 있는 면을 지정하는 것으로 면을 지정하면 지정된 면과 평행한 평면을 생성합니다.

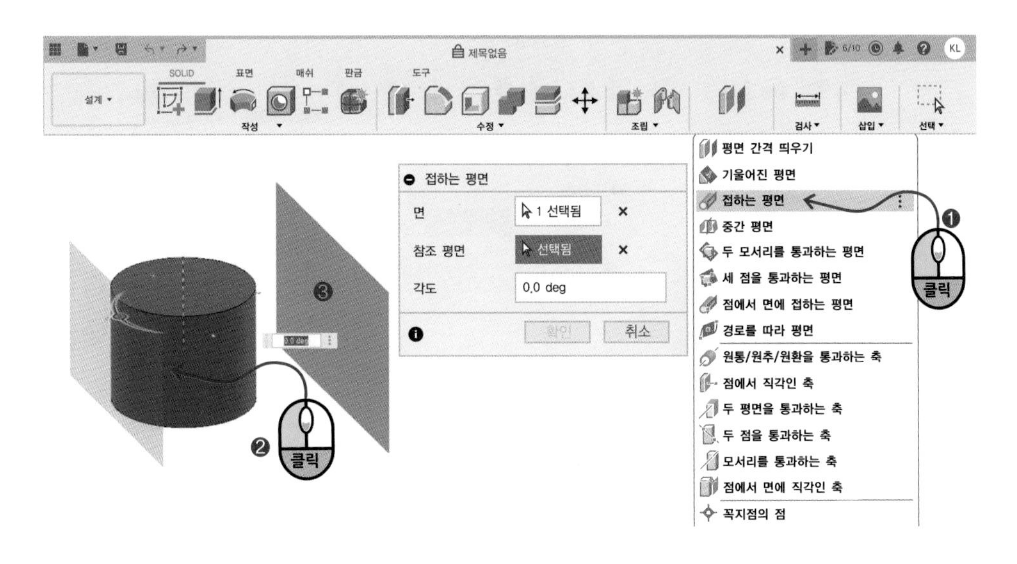

## ❹ 중간 평면(Midplane)

선택된 두 면의 가운데에 평면을 만듭니다.

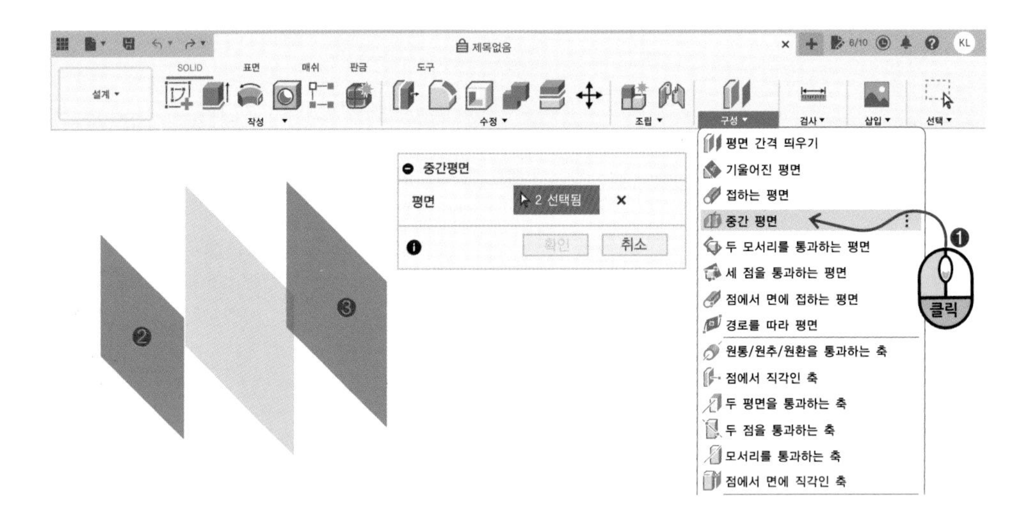


## ❺ 두 모서리를 통과하는 평면(Plane Through Two Edges)

2개의 선을 지나는 평면을 만듭니다.

2개의 선을 선택할 때 평면을 만들 수 없는 선은 선택이 되지 않습니다.

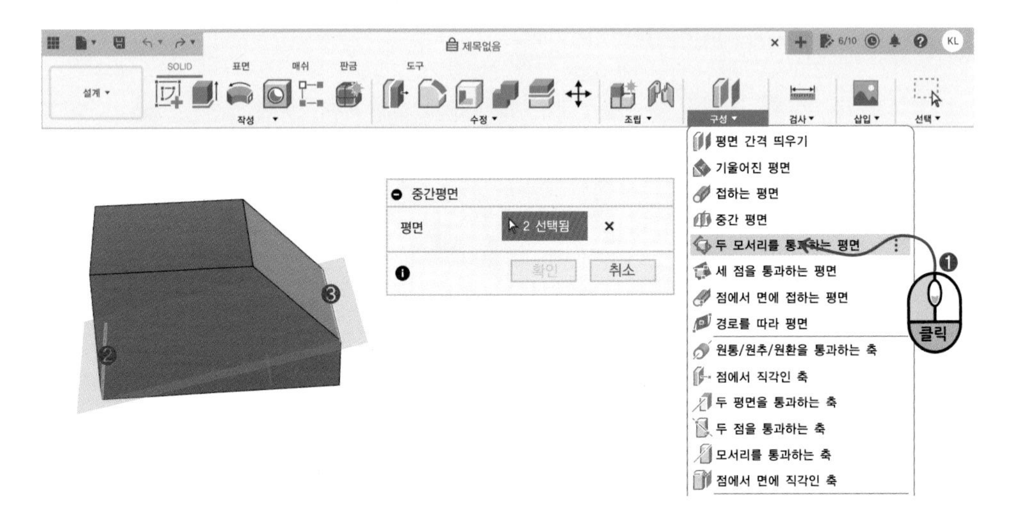

## ❻ 세 점을 통과하는 평면(Plane Through Three Point))

3개의 점을 포함하는 평면을 만듭니다.

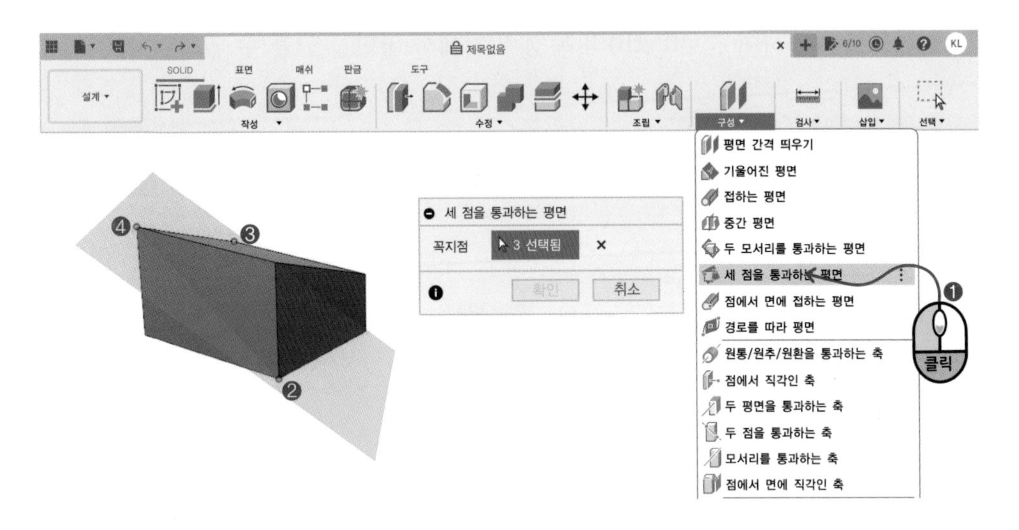

## ❼ 점에서 면에 접하는 평면(Plane Tangent to Face at Point)

곡면에 접하면서 점에 수직인 평면을 만듭니다.

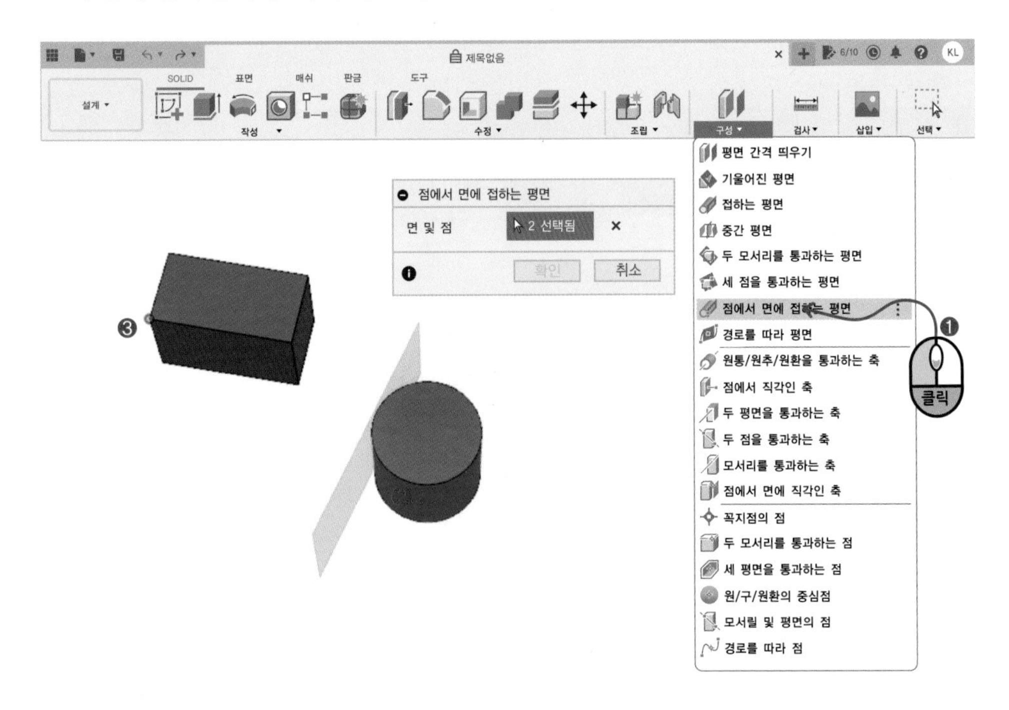

## ❽ 경로를 따라 평면(Plane Along Path)

경로(Path)와 수직인 평면을 만듭니다.

화살표를 이동하여 경로(Path)의 특정 위치에서 평면을 만들 수 있습니다.

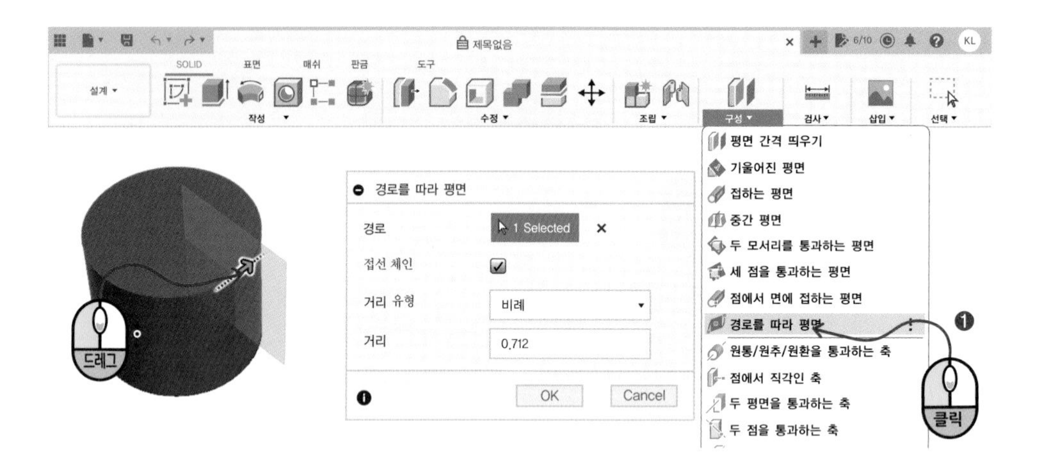


경로를 따라 평면(Plane Along Path)은 스윕(Sweep)명령과 함께 자주 사용됩니다. 스윕에 사용될 프로파일을 만들기가 편하기 때문입니다.

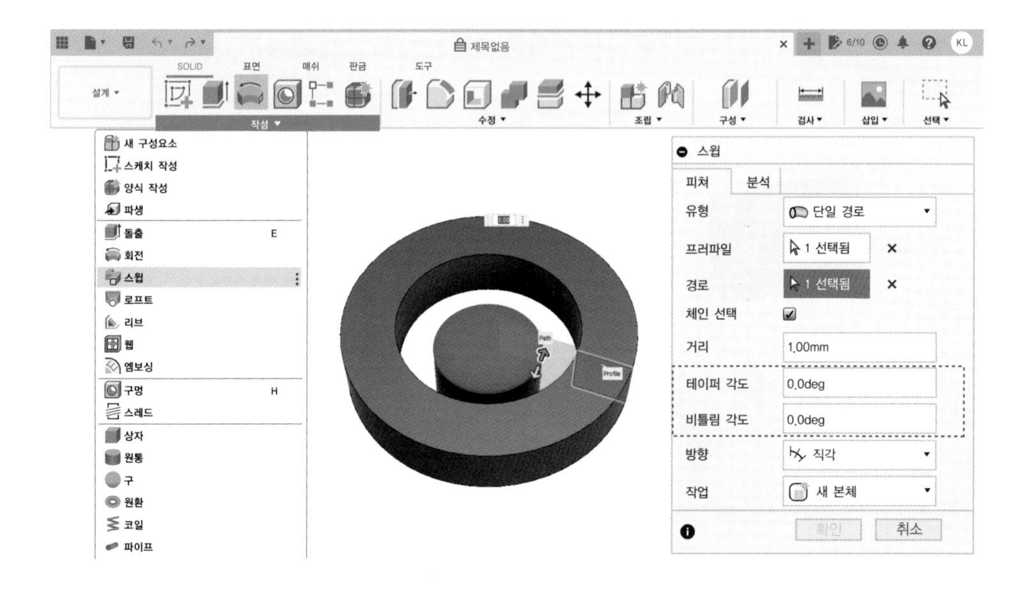

## 2. 참조 축 생성

❶ 원통/원추/원환을 통과하는 축(Axis Through Cylinder/Cone/Torus)

실린더, 콘, 도넛 등의 중앙을 관통하는 축을 만듭니다.

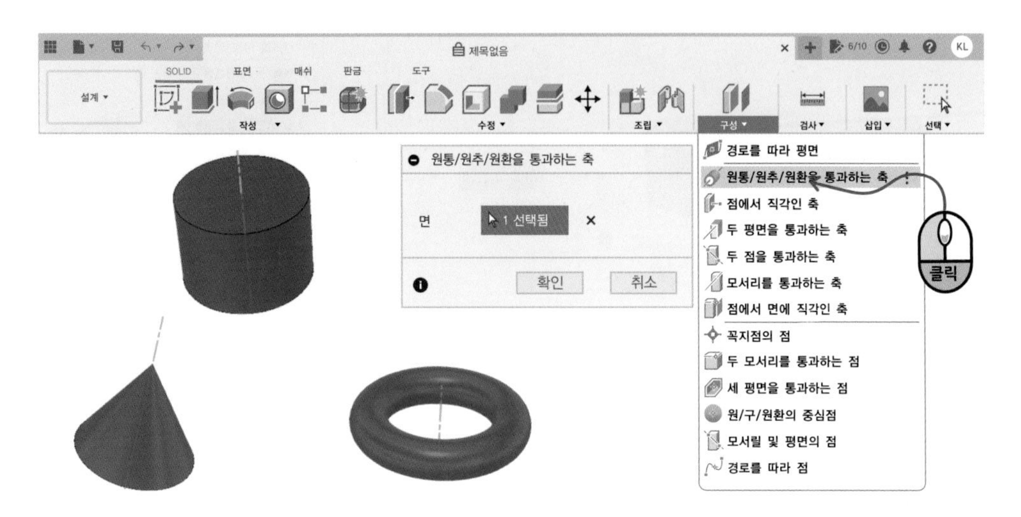


❷ 점에서 직각인(Axis Perpendicular at Point)

선택한 점에 수직인 축을 만듭니다.

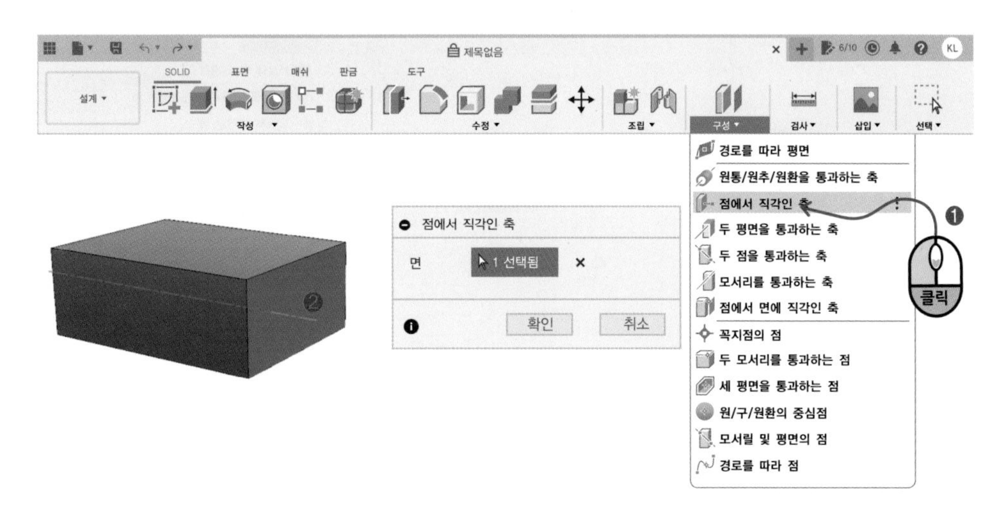

❸ 두 평면을 통과하는 축(Axis Through Two Planes)

2개의 면이 만나는 곳에 축을 만듭니다.

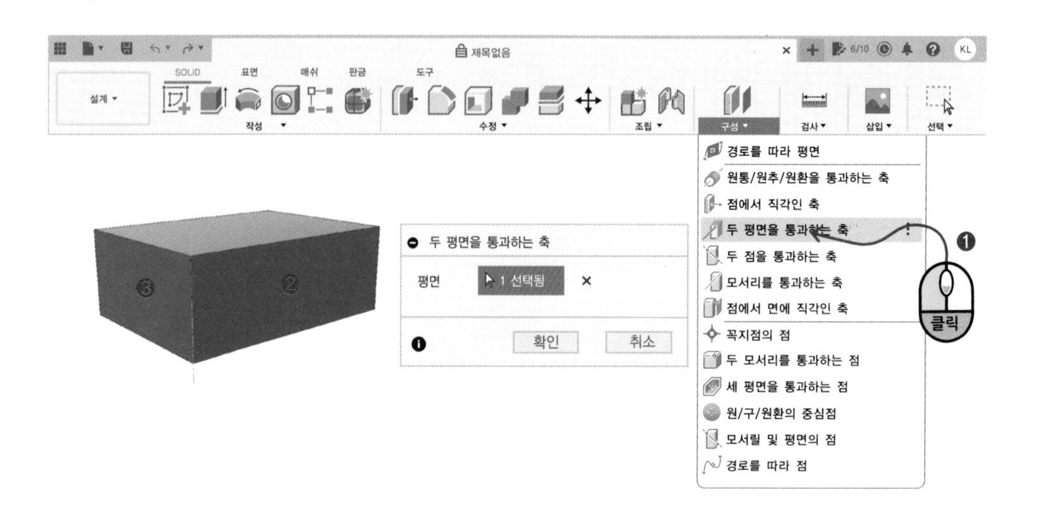


❹ 두 점을 통과하는 축(Axis Through Two Points)

2개의 점을 지나는 축을 만듭니다.

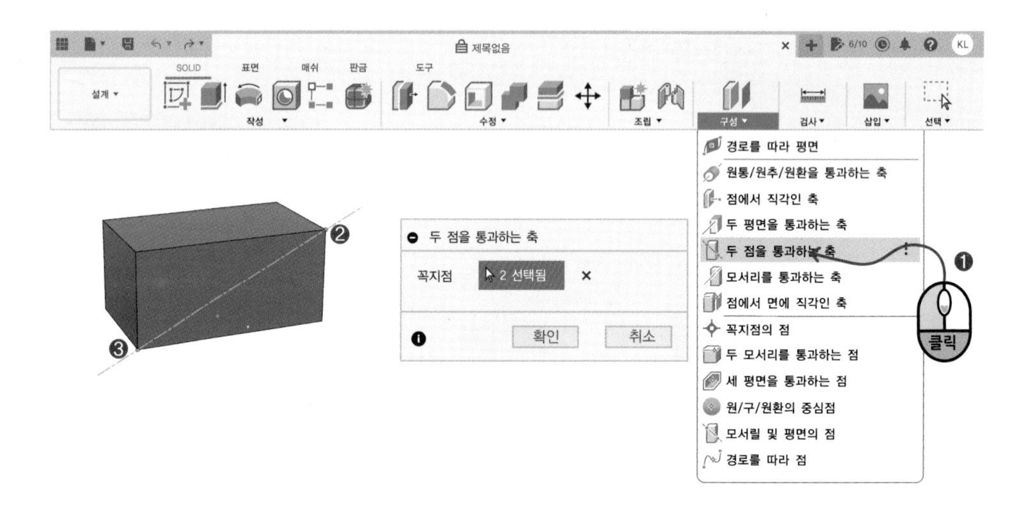

### ❺ 모서리를 통과하는 축(Axis Through Edge)

선택한 선을 축으로 만듭니다.

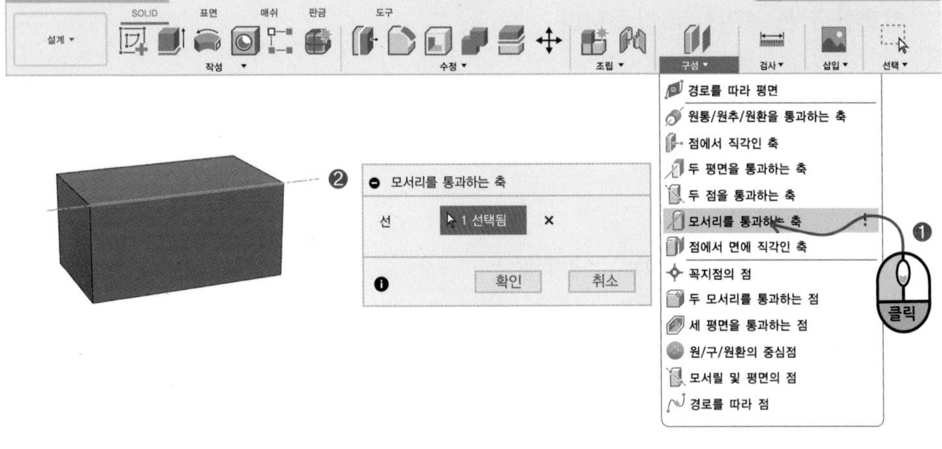


### ❻ 점에서 면에 직각인 축(Axis Perpendicular to Face at Point)

한 점에서 특정 평면에 수직인 축을 만듭니다.

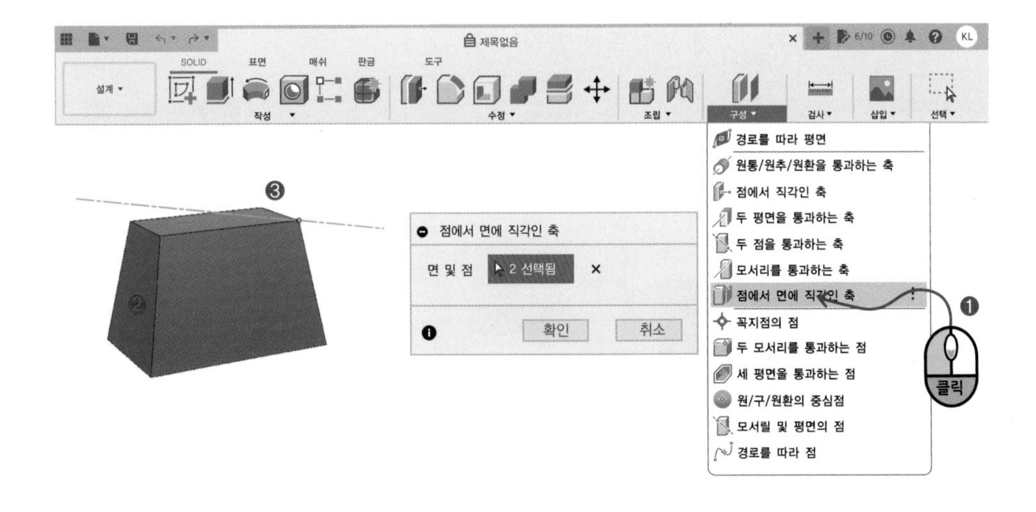

## 3. 점(Point) 생성

### ❶ 꼭지점 점(Point at Vertex)

선택한 점을 포인트로 만듭니다.

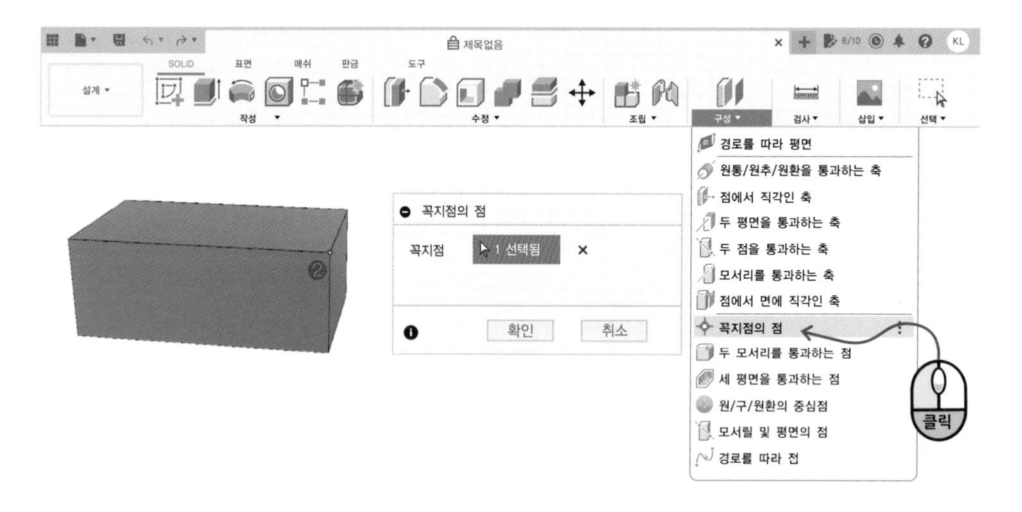


### ❷ 두 모서리를 통과 점(Point Through Two Edges)

2개의 선이 만나는 곳에 포인트를 만듭니다.

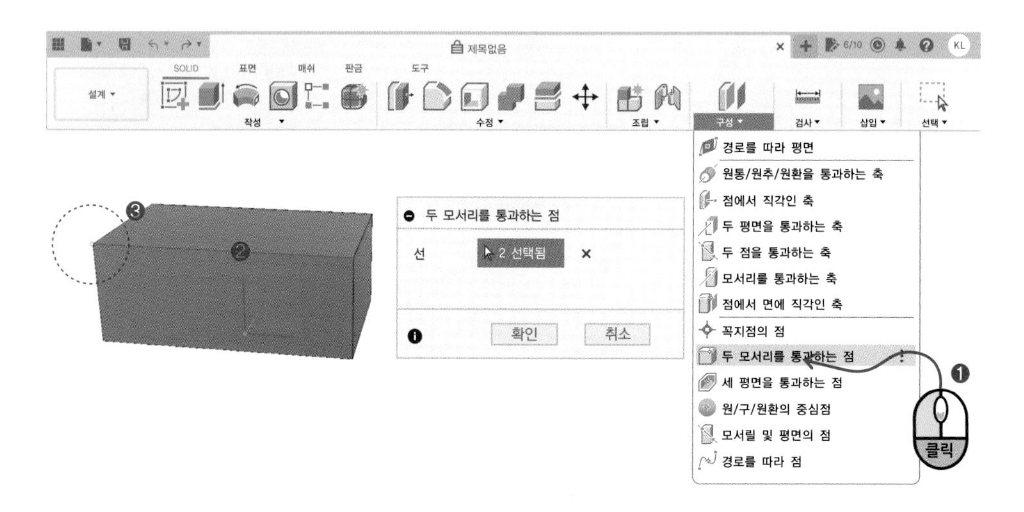

❸ 세 평면을 통과하는 점(Point Through Three Planes)

3개의 면이 만나는 지점에 포인트를 만듭니다.

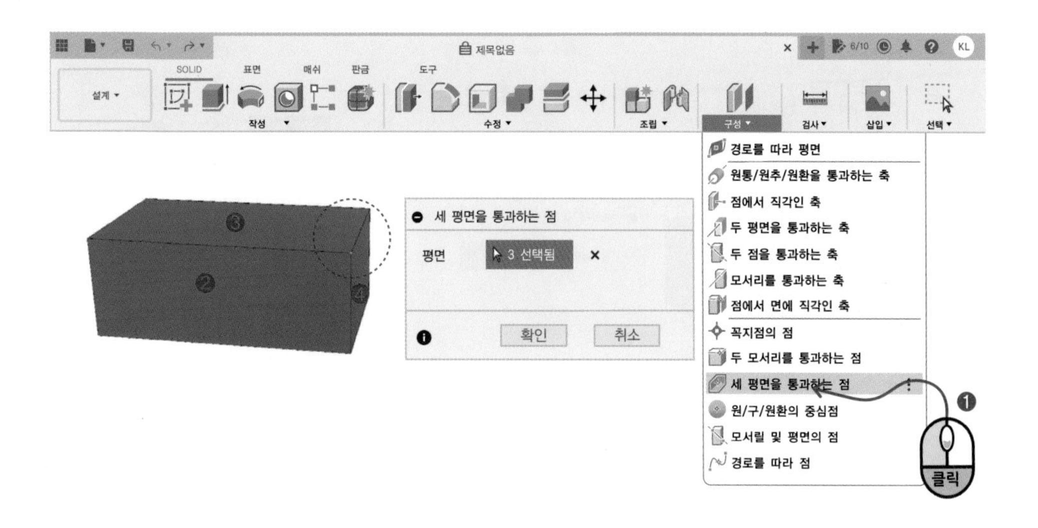


❹ 원/구/원환의 중심점(Point at Center of Circle/Sphere/Torus)

원과 구, 도넛의 중앙에 포인트를 만듭니다.

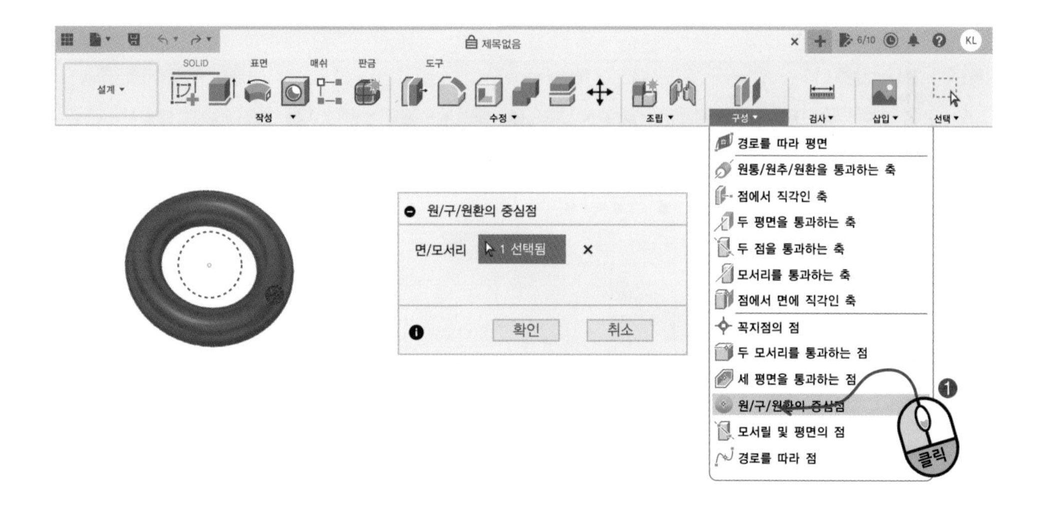

❺ 모서리 및 평면의 점(Point at Edge and Plane()

선과 면이 만나는 곳에 포인트를 만듭니다.

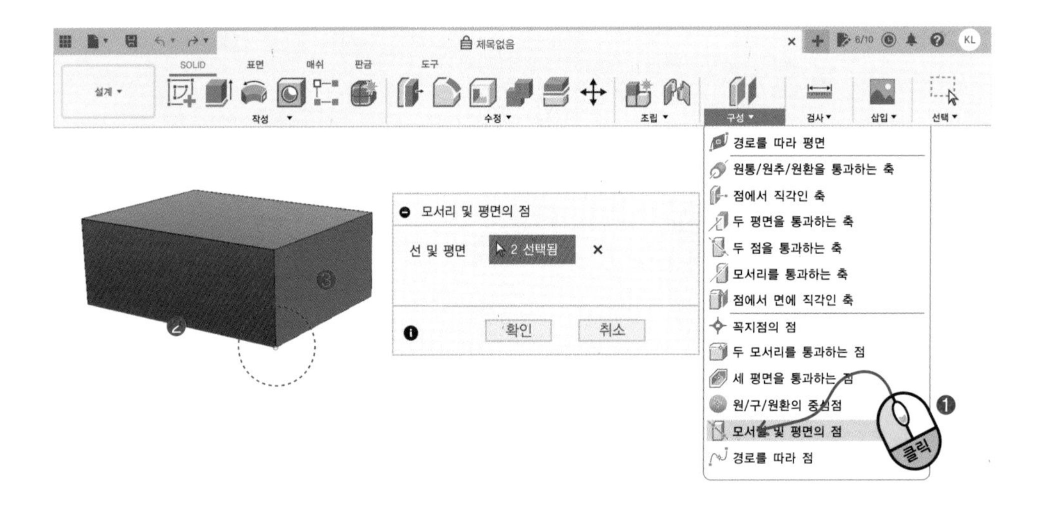


❻ 경로를 따라 점(Point Along Path)

경로(Path) 위의 한 점에 점(Point)를 만듭니다. 화살표를 드래그하여 위치를 바꿔줄 수 있습니다.

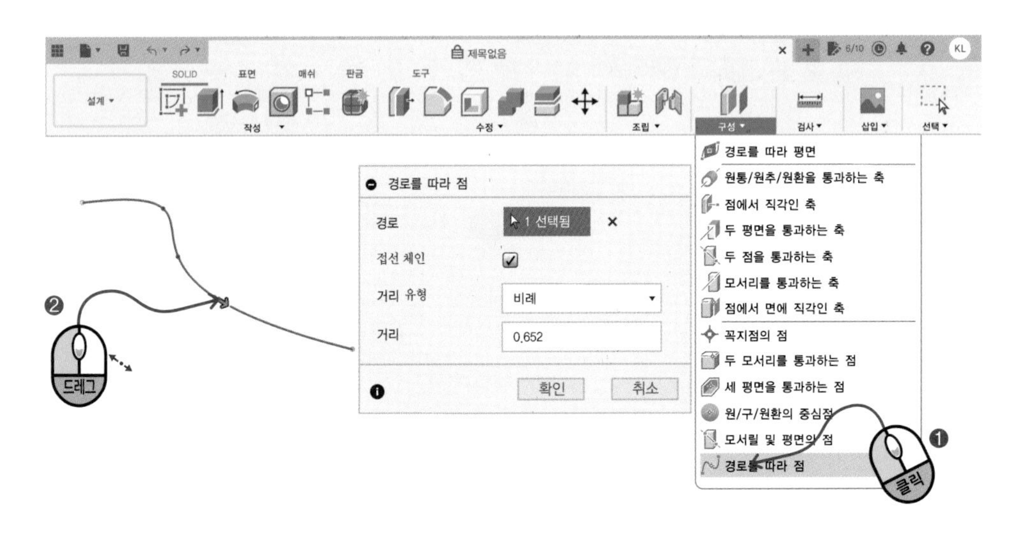

# 13 퓨전360 작업 시간을 단축하는 방법

3D모델링은 메뉴가 많고 작업 시간이 오래 걸리는 경우가 많기 때문에 메뉴를 좀 더 빨리 실행한다면 작업 시간을 단축할 수 있습니다. 퓨전360의 메뉴를 빨리 실행하는 방법은 다음과 같습니다.

1 단축키 2 툴바 3 툴박스 4 메뉴 직접 검색/ 실행
5 퀵메뉴 6 스케치 팔레트를 이용한 스케치 실행 (Circle, Rectangle......)

## 1. 기본 단축키

기본적으로 지정돼 있는 단축키는 다음과 같습니다.

| 모드 | 명령어 | 단축키 |
|---|---|---|
| 솔리드 (Solid) | 재질 편집(Appearance Material) | A |
| | 돌출(Extrude) | E |
| | 모깍기(Fillet) | F |
| | 구멍(Hole) | H |
| | 눌러 당기기(Press Pull) | Q |
| 스케치 (Sketch) | 중심 지름 원(Center Dimeter Circle) | C |
| | 스케치 치수(Sketch Demension) | D |
| | 선(Line) | L |
| | 간격 띄우기(Offset) | O |
| | 프로젝트(Project) | P |
| | 2점 직사각형(2-Point Rectangle) | R |
| | 자르기(Trim) | T |
| | 구성(Construction/Normal) | X |

| 공 용 | 측정(Measure) | I |
|---|---|---|
| | 이동/복사(Move/Copy) | M |
| | 툴박스(Tool Box) | S |
| | 표시/숨기기(Show/Hide) | V |
| | 맞춤(Zoom Fit) | F6 |
| | 저장(Save) | Ctrl + S |
| | 복사(Copy) | Crtl + C |
| | 붙이기(Paste) | Crtl + V |
| | 자르기(Cut) | Crtl + X |
| | 명령취소(Undo) | Crtl + Z |
| | 명령복구(Redo) | Crtl + Y |
| | 창 선택(Window Selection) | 1 |
| | 자유형 선택(Freeform Selection) | 2 |
| | 페인트 선택(Paint Selection) | 3 |
| | 초점이동(Pan) | 휠 버튼을 누른 채로 드래그 |
| | 줌(Zoom) | 마우스 휠을 굴리기<br>(앞으로 굴리면 축소 뒤로 굴리면 확대) |
| | 회진(Orbit) | Shift + 시프트와 휠 버튼을<br>누른 채로 드래그 |
| | 회전 중심점을 변경하고 회전<br>(Orbit around point) | Shift + → Shift +<br>회전의 중심점을 변경하고 싶은 지점에<br>마우스 커서를 두고 시프트키를 누른 채로<br>휠 버튼 클릭(회전 중심점 변경)<br>그 후에 시프트와 휠 버튼을 누른 채로 드래그 |

## 2. 단축키 설정 및 변경

세부메뉴를 내리면 명령어 옆에 단축키가 표시되어 있습니다.

마우스 커서를 명령어에 가져다 대면 점3개로 된 아이콘이 표시됩니다.

아이콘을 누르면 그 명령어의 단축키를 변경할 수 있는 메뉴가 나타납니다. 제일 하단의 키보드 바로가기 변경(Change Keyboard Shortcut)을 클릭합니다.

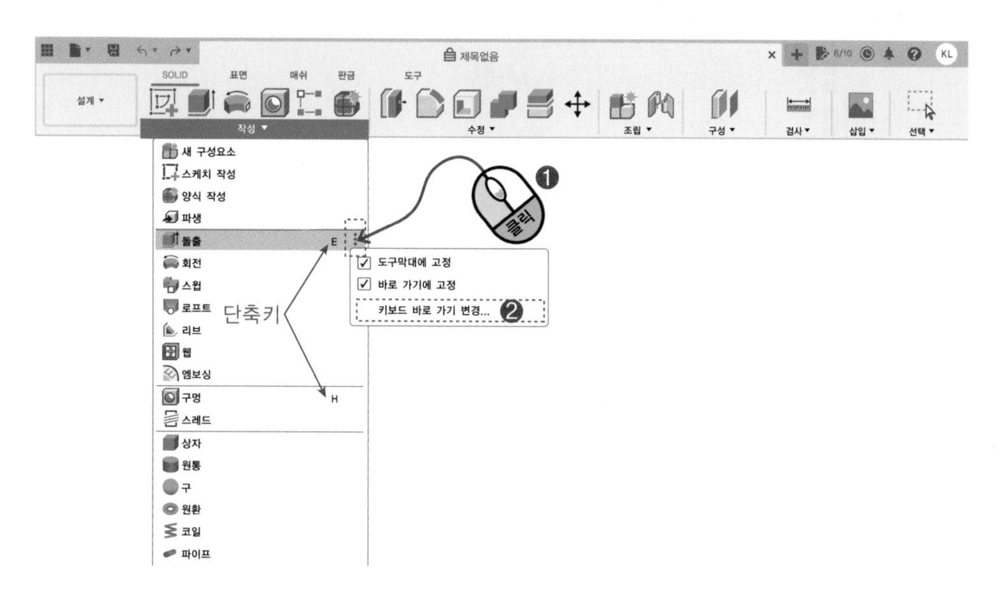


그러면 단축키를 변경할 수 있는 설정창이 나타납니다. 현재 돌출(Extrude)은 단축키가 e로 설정되어 있습니다. 이 키를 다른 키로 바꿀 수 있습니다.

키보드 바로 가기 변경

'에 대한 새 바로 가기 키 지정돌출':

없음

힌트:
Shift, Control, Alt/Option, Command와 같은 수정자를 영숫자 키와 결합할 수 있습니다.
바로 가기를 제거하려면 비워 둡니다.

기본값으로 다시 설정(R)　취소　확인

단축키가 설정되어 있지 않은 메뉴를 단축키로 설정할 수도 있습니다.

작성(CREATE) 버튼을 누르고 스케치 작성(Create Sketch) 메뉴의 키보드 바로가기 변경(Change Keyboard Shortcut)을 클릭합니다.

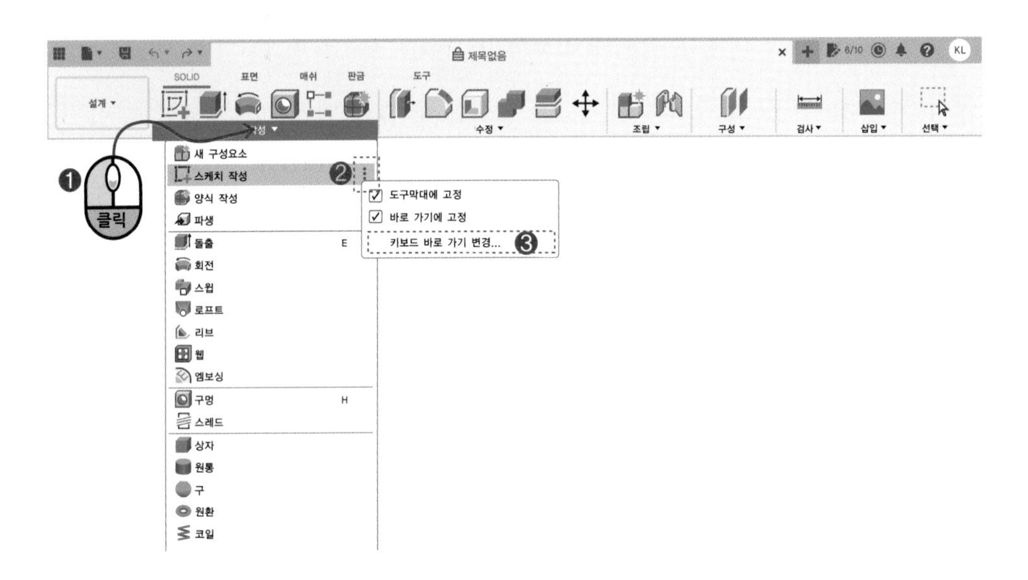

Ctrl+Alt+S를 누르고 확인 버튼을 누릅니다.

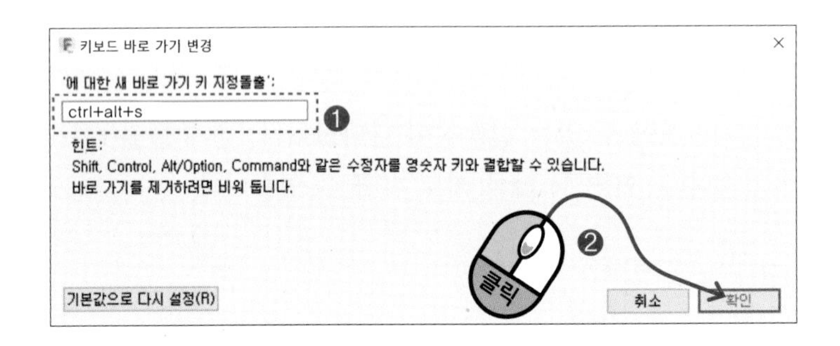

다른 명령어의 단축키로 이미 사용되는 것은 단축키로 설정할 수 없습니다.

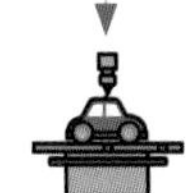

Ctrl+Alt+S를 누르면 스케치 작성(Create Sketch)이 실행됩니다.

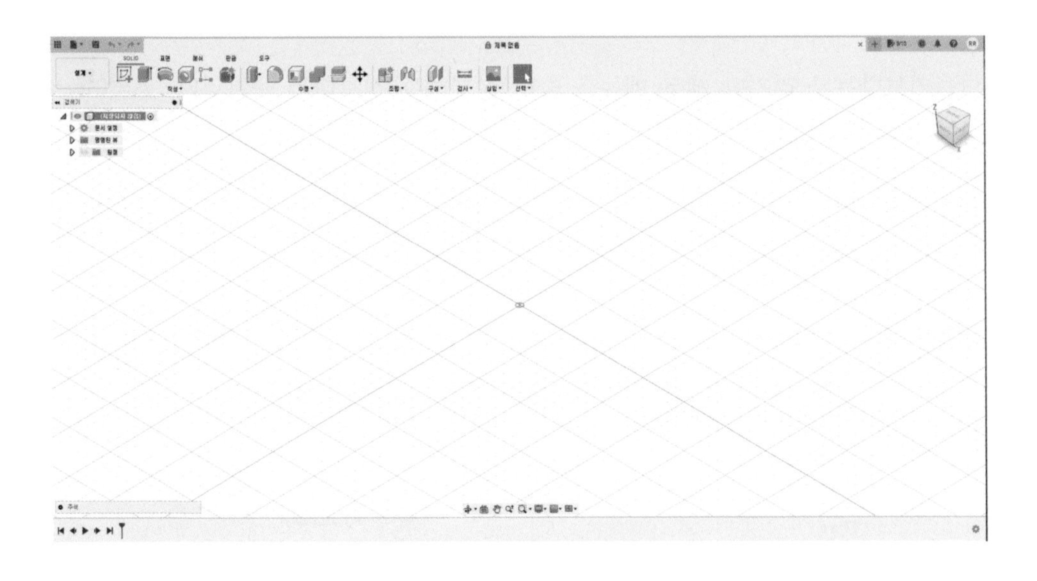

설정했던 단축키를 지우고 싶다면 스케치 작성(Create Sketch)에서 삭제(Delete) 키를 눌러 상자 안의 단축키를 삭제합니다. 기본으로 지정된 단축키로 되돌리고 싶을 땐, 기본으로 다시 설정(Reset to default) 버튼을 누릅니다.

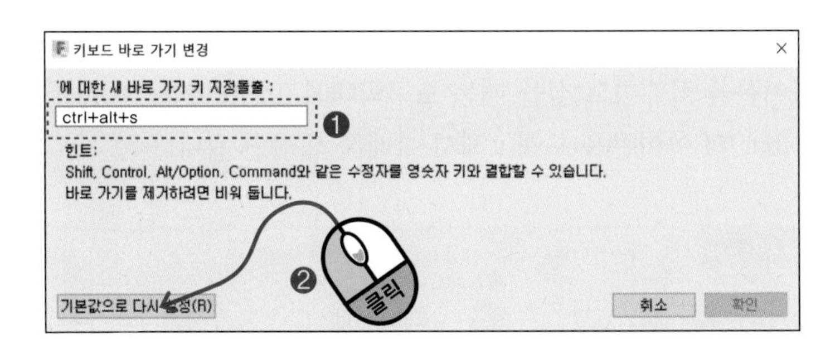


단축키를 이용하면 모드 전환을 동시에 할 수 있어 더 빠른 메뉴 실행이 가능합니다. 예를 들면 스케치 모드에서 스케치를 작성한 후, 돌출(Extrude)의 단축키인 E를 누르면 스케치 마무리(Finish Sketch)의 과정을 건너뛰고 바로 돌출(Extrude)을 실행할 수 있습니다.

## 3. 툴바(Toolbar)

단축키보다는 느리지만 세부 메뉴를 눌러 실행하는 것보다는 빠릅니다. 스윕(Sweep) 메뉴를 툴바에 등록해 보겠습니다.

세부 메뉴에서 해당 메뉴 옆의 점 3개로 된 아이콘을 클릭합니다. 그리고 도구막대에 고정(Pin to Toolbar)을 체크하면 툴바에 아이콘이 새로 생겨납니다.

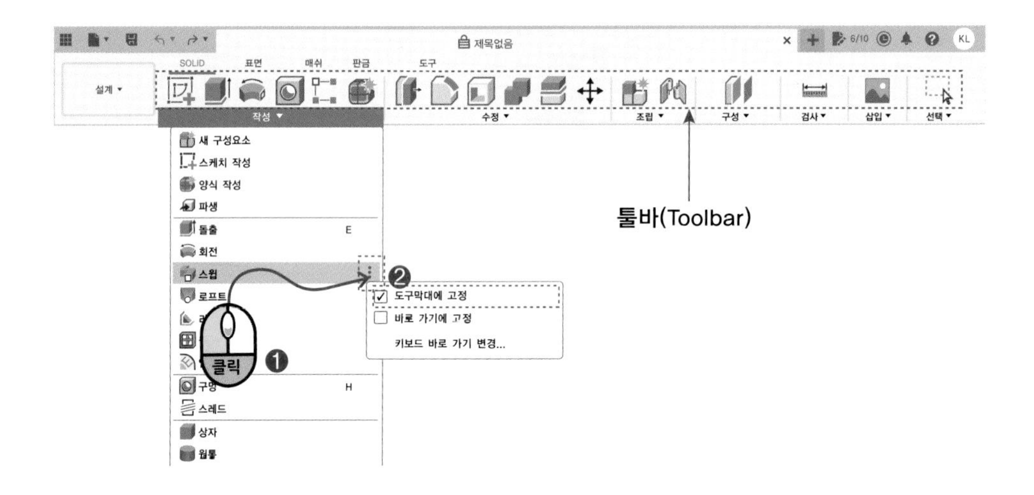


툴바에서 아이콘을 삭제하고 싶을 때는 도구막대에 고정(Pin to Toolbar)을 체크 해제하거나 툴바(Toolbar)의 아이콘을 드래그해서 아래쪽 내리면 됩니다.

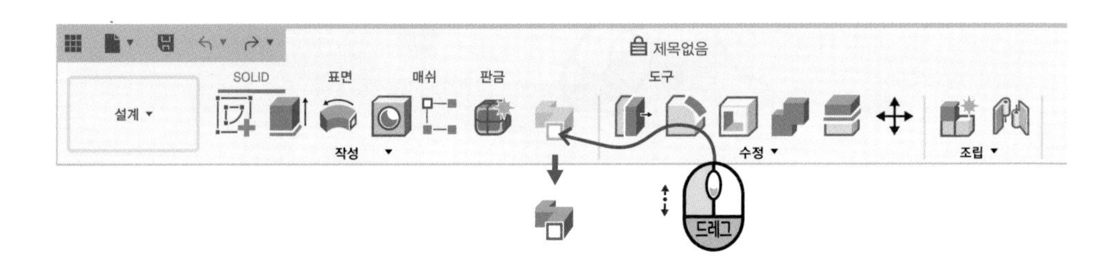


툴바(Toolbar)는 등록할 수 있는 아이콘의 수가 한정되어 있으므로 자주 쓰는 것만 등록하여 사용하는 것이 좋습니다.

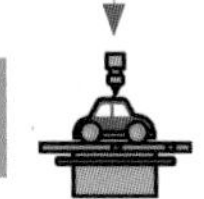

## 4. 툴박스(Tool Box)

키보드에서 S 키를 누르면 툴박스(Tool Box)가 나타납니다. 지정된 단축키들이 아이콘으로 표시됩니다.

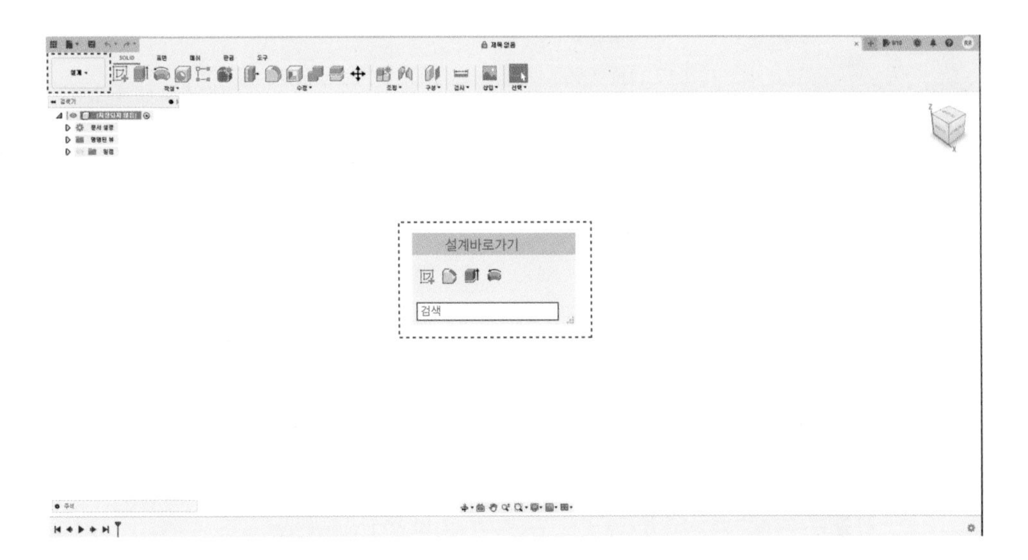


툴박스(Tool Box)는 현재의 모드에 따라 다르게 나타납니다.

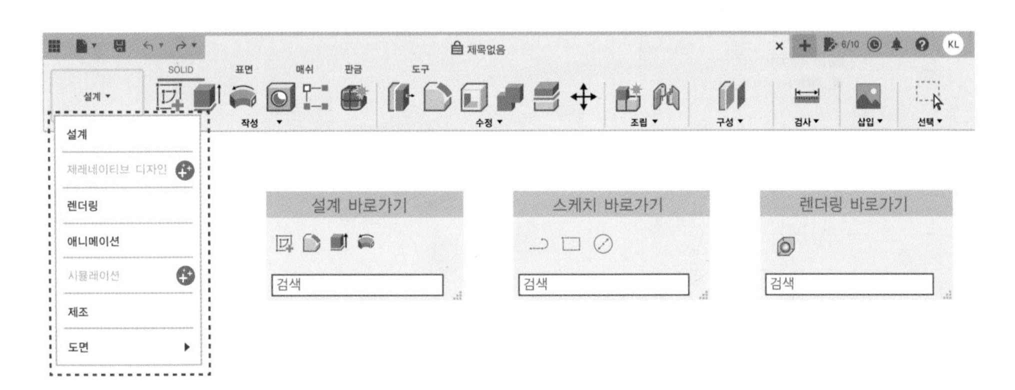

이곳에 아이콘으로 등록하려면 툴바에 아이콘을 등록하는 것처럼 세부 메뉴에서 해당 메뉴 옆의 점 3개로 된 아이콘을 클릭합니다. 그리고 **바로가기에 고정**(Pin to Shortcuts)에 체크하면 툴박스에 아이콘이 나타납니다.

**툴박스**(Tool Box)도 등록할 수 있는 아이콘의 수가 한정되어 있으므로 자주 쓰는 것만 등록하여 사용합니다.

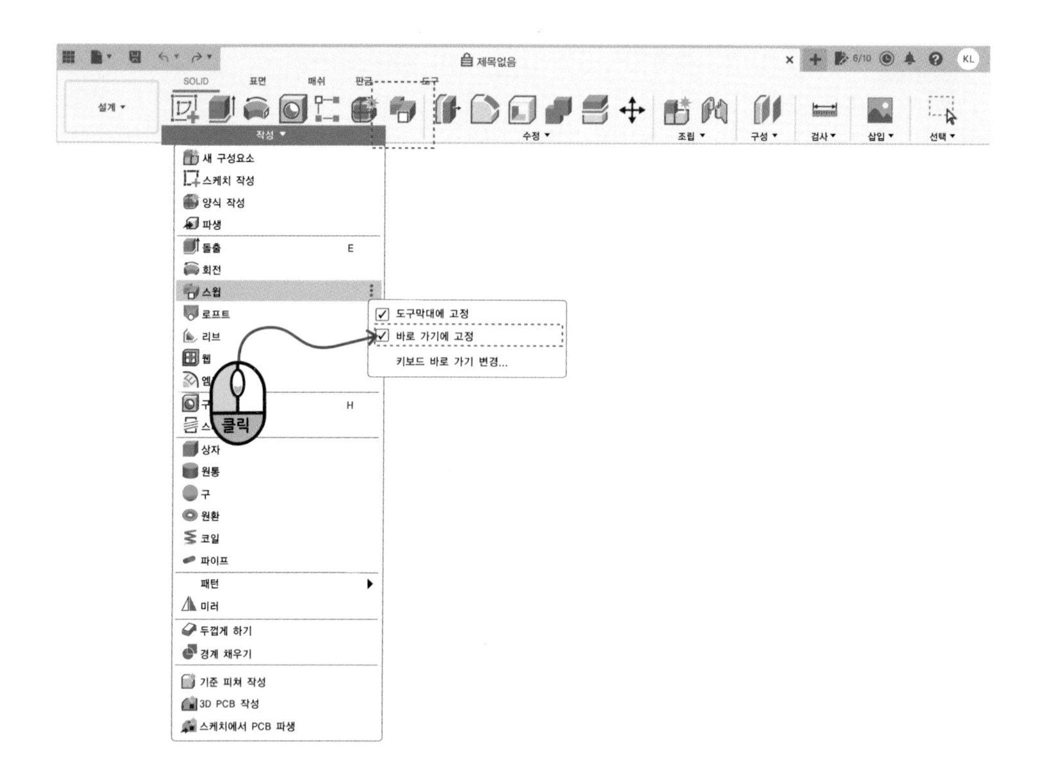

## 5.메뉴 직접 검색

툴박스의 하단에 명령어를 직접 검색할 수 있는 창이 있습니다. L을 입력하면 L이 포함된 명령어들이 하단에 나타납니다. 하단의 명령어 중 선택하여 메뉴를 실행할 수 있습니다.

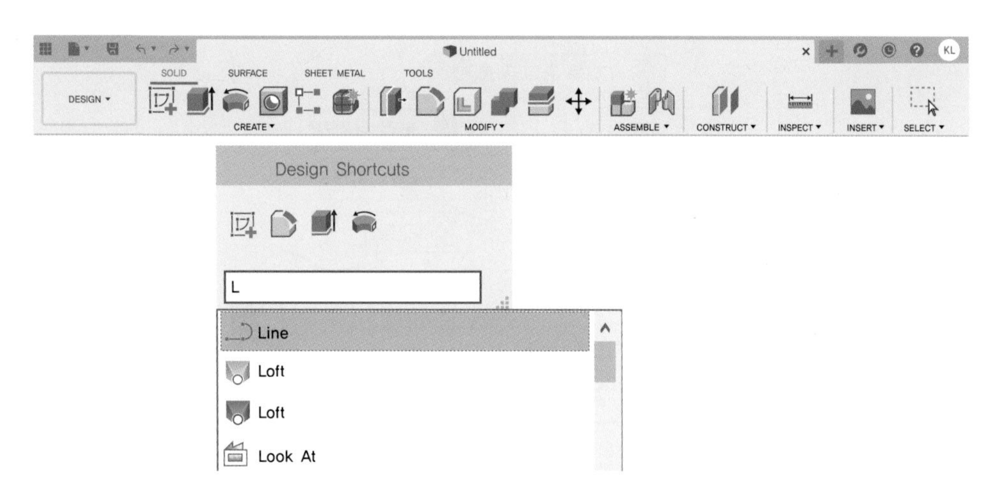


명령어 일부만 입력해도 하단에 메뉴가 나타나기 때문에 빨리 실행하는 것이 가능합니다. 주의할 점은 명령어 이름이 같아 다양한 모드의 메뉴가 존재하는 경우 모드를 잘 구분해야 된다는 것입니다.

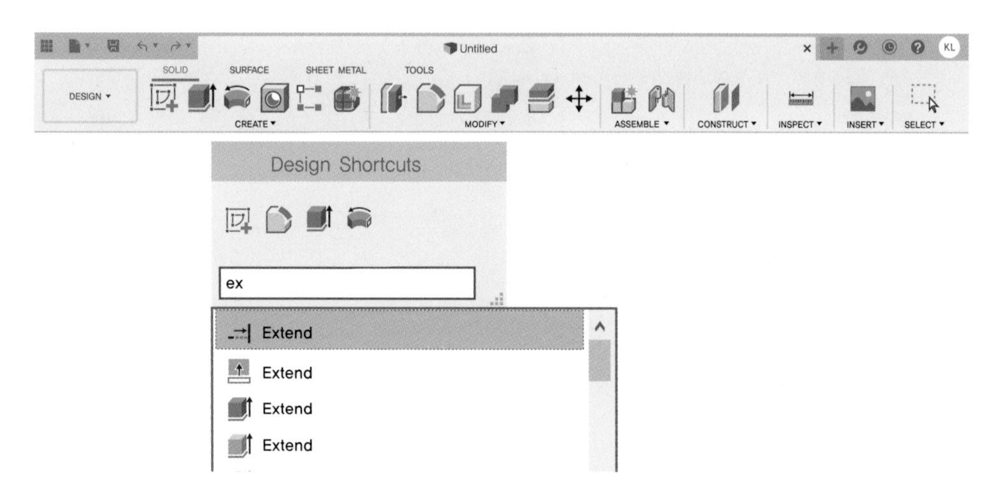


현재 한국어 모드에서는 실행이 잘 되지 않고 있습니다.

## 6. 퀵메뉴

작업 중 마우스 오른쪽 버튼을 누르면 퀵메뉴가 실행됩니다. 현재 작업 상황에 따라 다른 메뉴가 나타납니다.

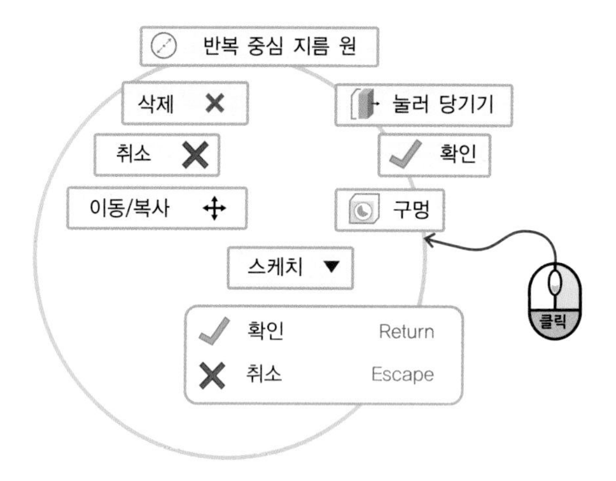


이전에 사용했던 메뉴를 반복해서 다시 사용할 때 이 퀵메뉴를 쓰면 유용합니다. 아래처럼 스케치 프로파일이 2개가 있는데, 서로 다른 높이로 돌을 하려면 돌출(Extrude)을 2번 사용해야 합니다.

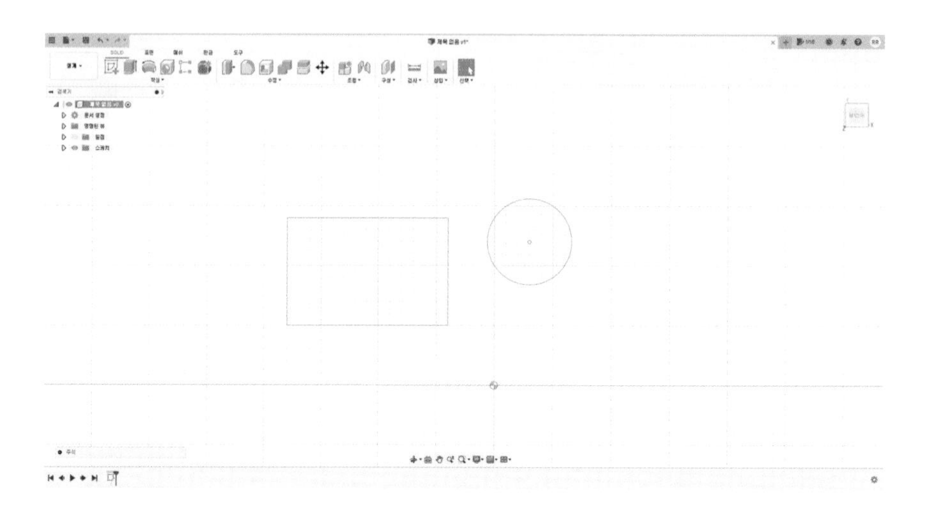

먼저 사각형을 돌출(Extrude)합니다.

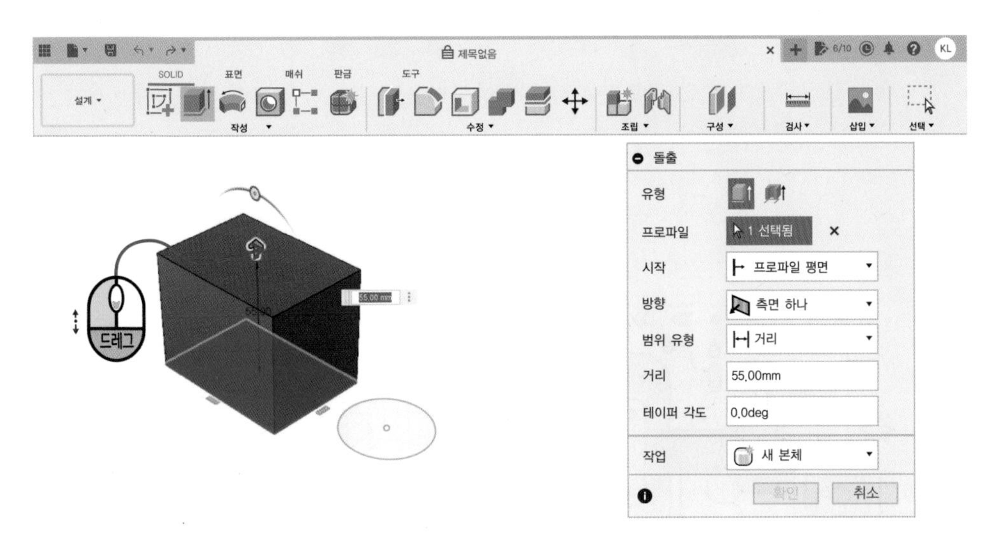


그리고 마우스 오른쪽 버튼을 누르면 반복 돌출(Repeat Extrude)이 있어 방금 썼던 메뉴를 손쉽게 실행할 수 있습니다.

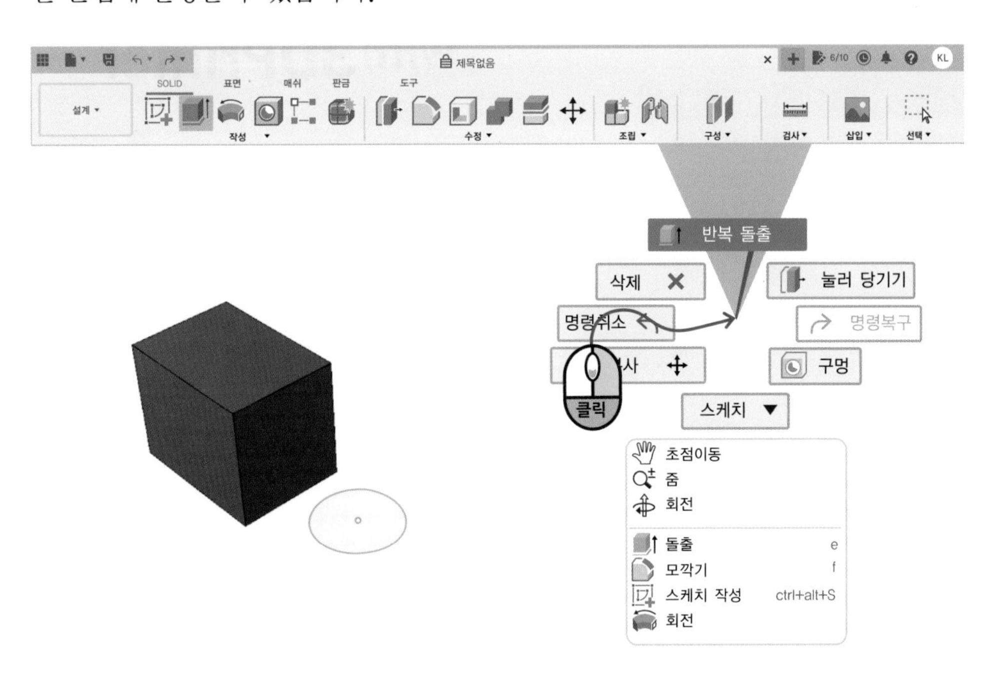

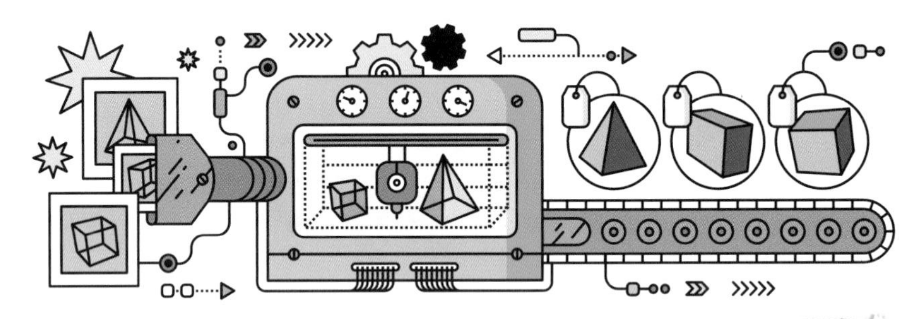

기본편

# Fusion 360 한글판 with 3DPrinter

# Chapter 4

# 퓨전360 프로그램으로 작품 만들기

**1.** 피젯스피너 만들기

**2.** LED 명패 만들기

**3.** 만능 연필꽂이 만들기

# 01 피젯스피너 만들기

〈퓨전360에서 렌더링한 피젯 스피너 이미지〉

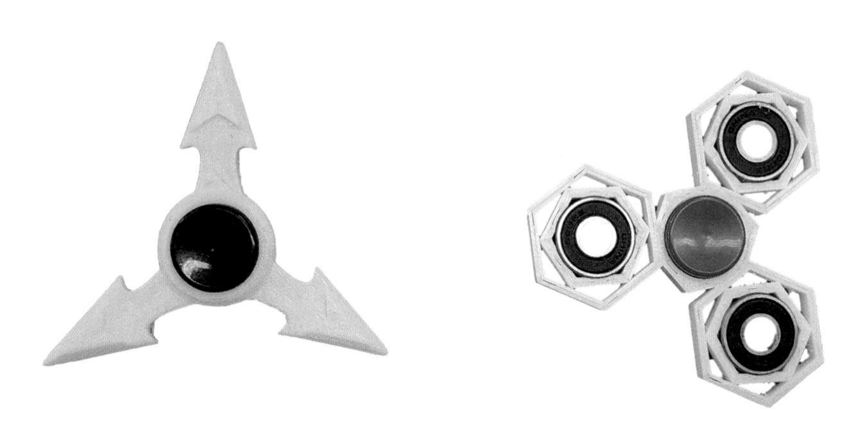

〈3D프린터로 출력해서 제작한 피젯스피너〉

3D프린터로 출력을 하다 보면 생각보다 시간이 오래 걸리는 것을 알 수 있습니다.

작은 형상도 몇 시간에 걸쳐서 출력해야 하는 경우가 많습니다. 저는 여러 명의 수강생을 자주 가르치다 보니 자연스럽게 빨리 출력할 수 있으면서도 각자의 창의성을 발휘할 수 있는 아이템을 찾게 되었는데, 그 중에 하나가 피젯 스피너였습니다.

피젯 스피너는 두께가 얇아 출력 시간이 비교적 짧은 편입니다.

스케치 패턴을 이용하면 어렵지 않게 모델링할 수 있습니다. 다만 베어링을 끼워야 하기 때문에 공차를 계산해서 구멍을 만들어야 합니다.

피젯스피너 중심에 들어가는 베어링이 22mm이기 때문에 구멍의 크기를 22.4~22.5mm 정도로 디자인합니다. 준비물은 베어링, 베어링 손잡이(암, 수), 무게 추(필요시)입니다.

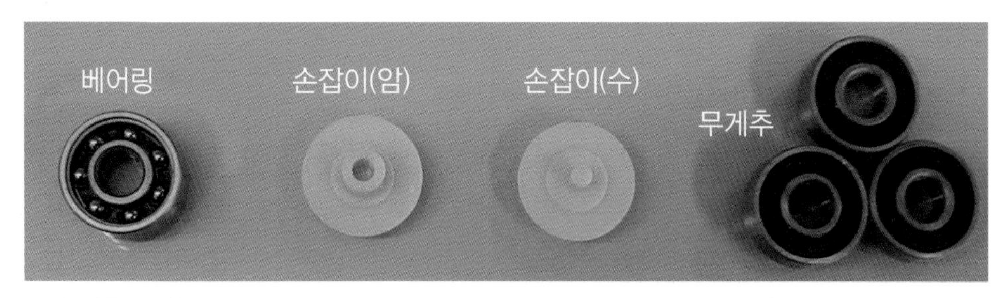


※ 준비물 구입처는 잇플 카페(https://cafe.naver.com/arduinofun)에 자세히 안내되어 있습니다.

예시 작품은 무게 추가 없는 형태인데, 무게 추를 넣어서 디자인해도 됩니다.

무게 추가 있는 경우, 원심력이 높아져 훨씬 오랫동안 회전합니다. 무게 추가 있는 피젯스피너에서 주의할 점은 크기가 너무 커지지 않도록 해야 한다는 것입니다. 크기가 너무 크면 손 안에서 회전시키기가 힘듭니다.

조립 시에 공차를 주는 것은 3D프린터 기종이나 상태에 따라 달라질 수 있습니다.
저자는 보통 0.4~0.5mm의 공차를 주는 편입니다.

## 1. 스케치 작성하기

스케치 작성(Create Sketch) 버튼을 누르고 XY평면을 선택합니다.

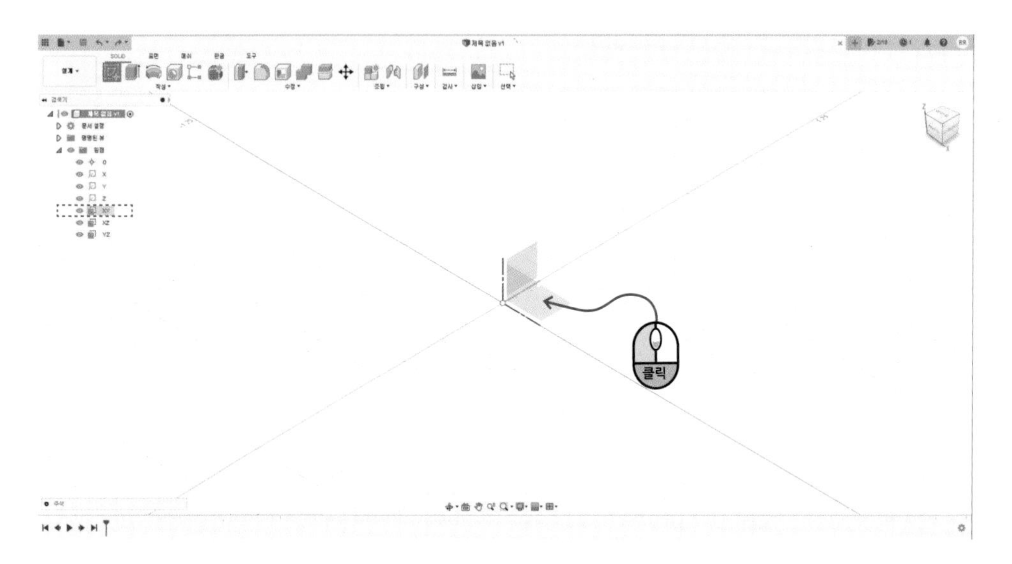


중심이 원점이 되도록 지름이 22.4mm인 원을 그려 줍니다.

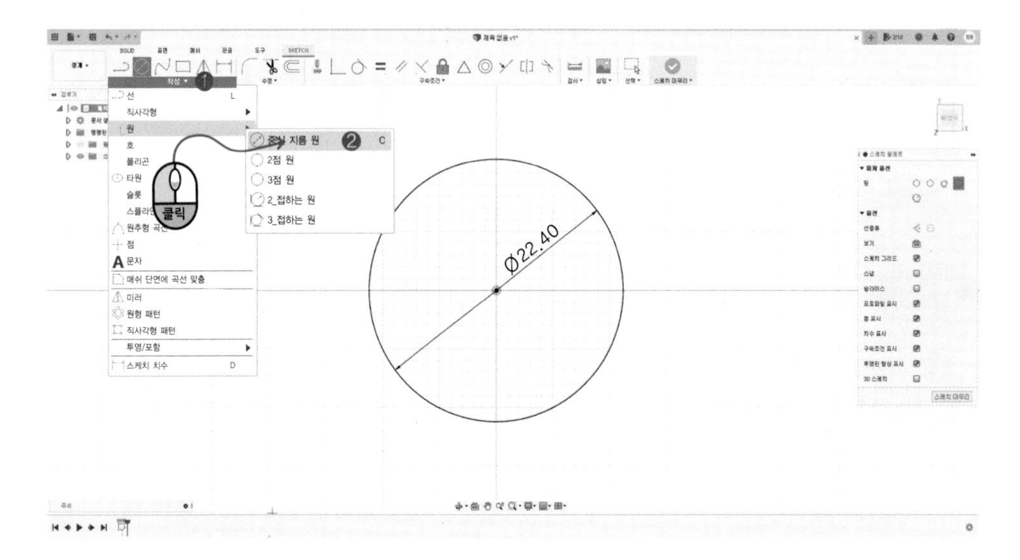

중심이 원점인 30mm의 원을 하나 더 그립니다.

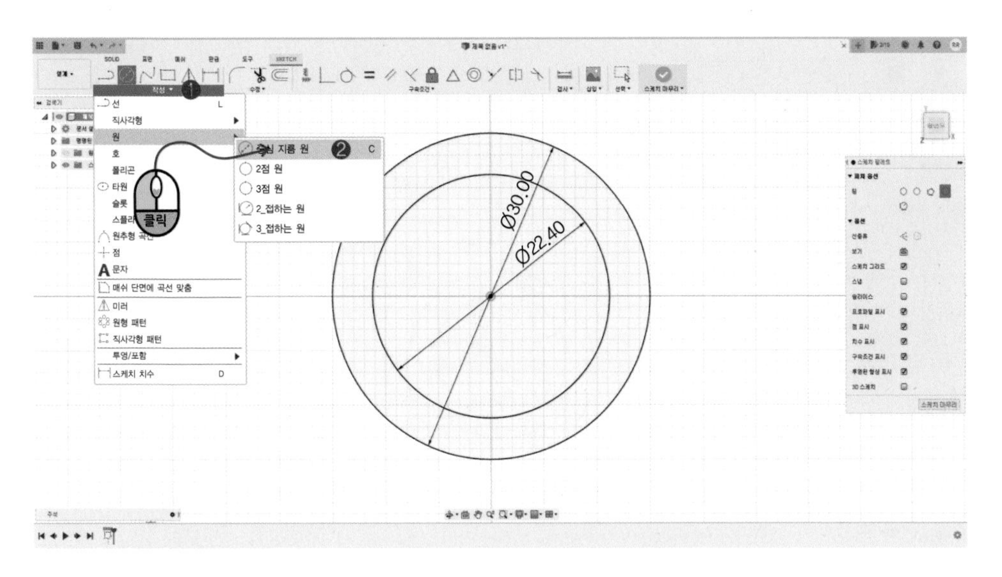


그림과 같이 원점을 지나는 선을 하나 그리고, 참조선인 중심선(Centerline)으로 만들어줍니다.

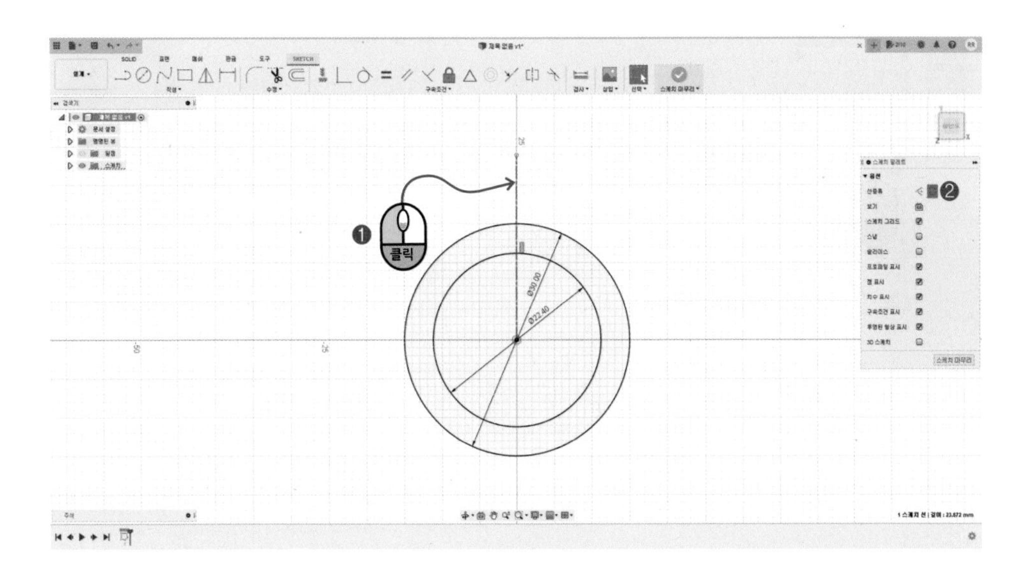

그림과 같이 파란색 선을 대략 스케치해 줍니다.

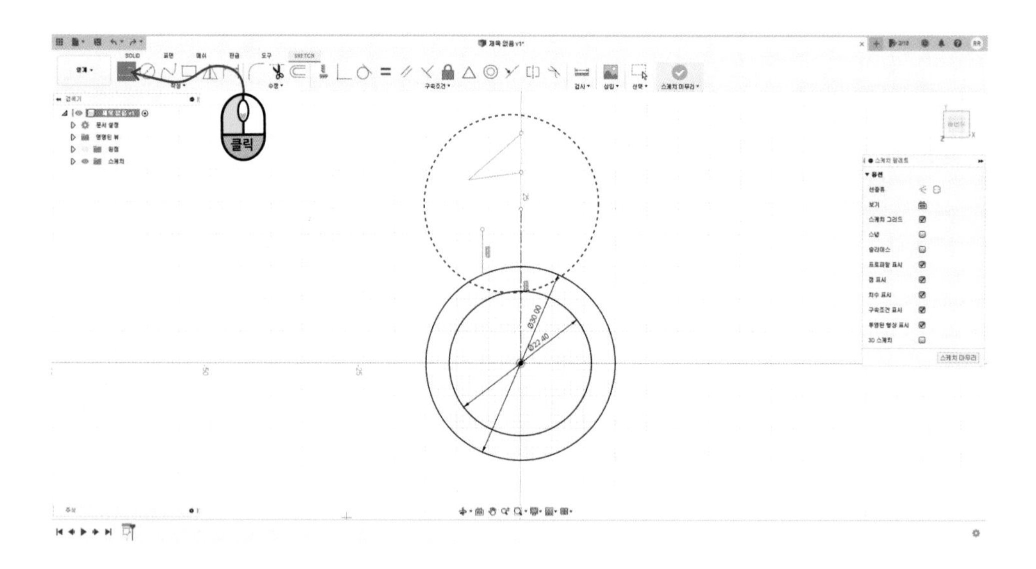


접하는 호(Tangent Arc)를 이용하여 그림과 같은 호(Arc)를 그려 줍니다.

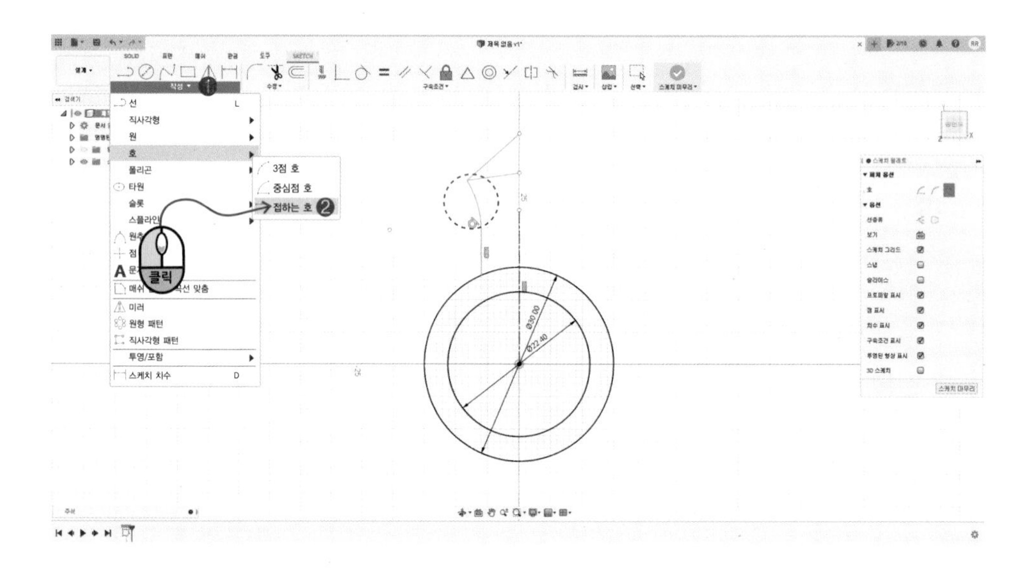

다음 두 점을 원점과 수직 구속해 줍니다.

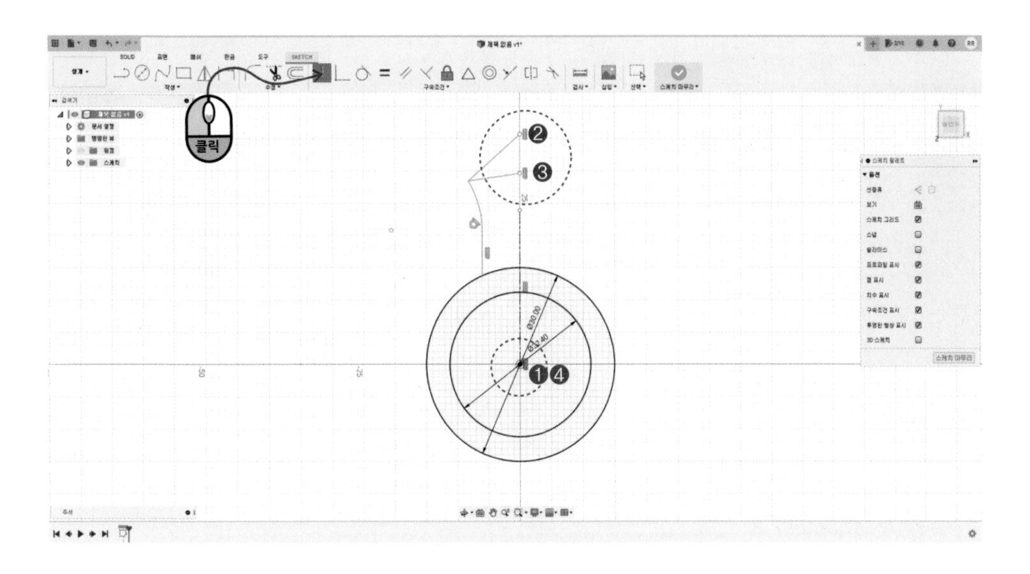


치수(Sketch Dimension)를 입력해 줍니다.

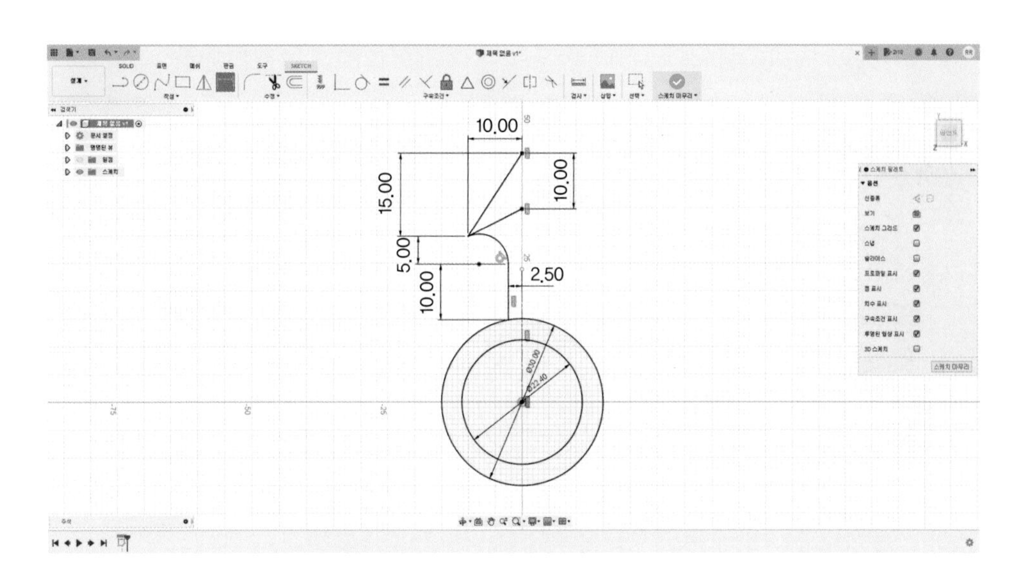

미러(Mirror)를 실행하여 날개의 나머지 반쪽을 만들어줍니다. 미러선(Mirror Line)은 중심선을 선택합니다.

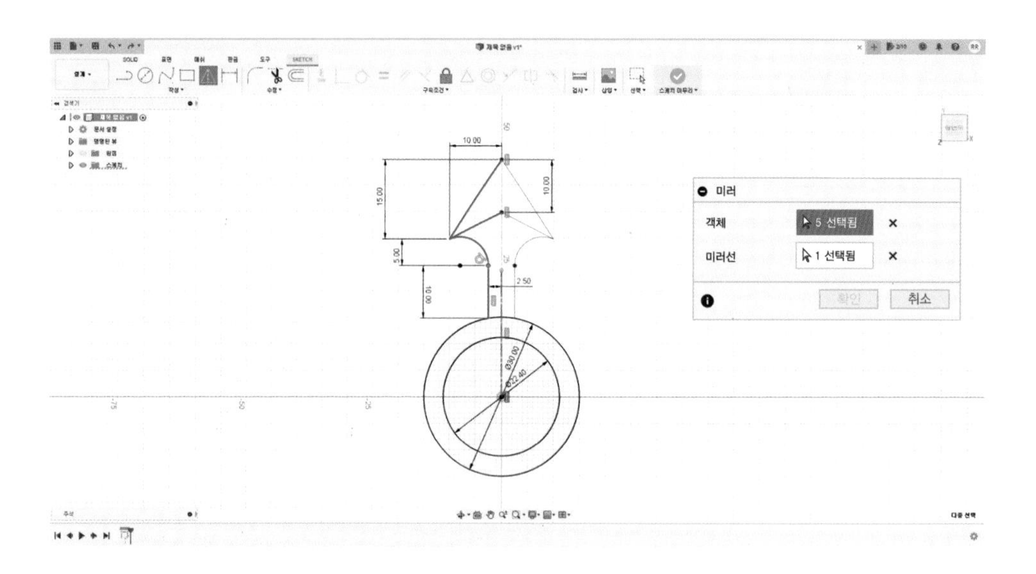


원형 패턴(Circular Pattern)을 실행해서 날개를 복제합니다.

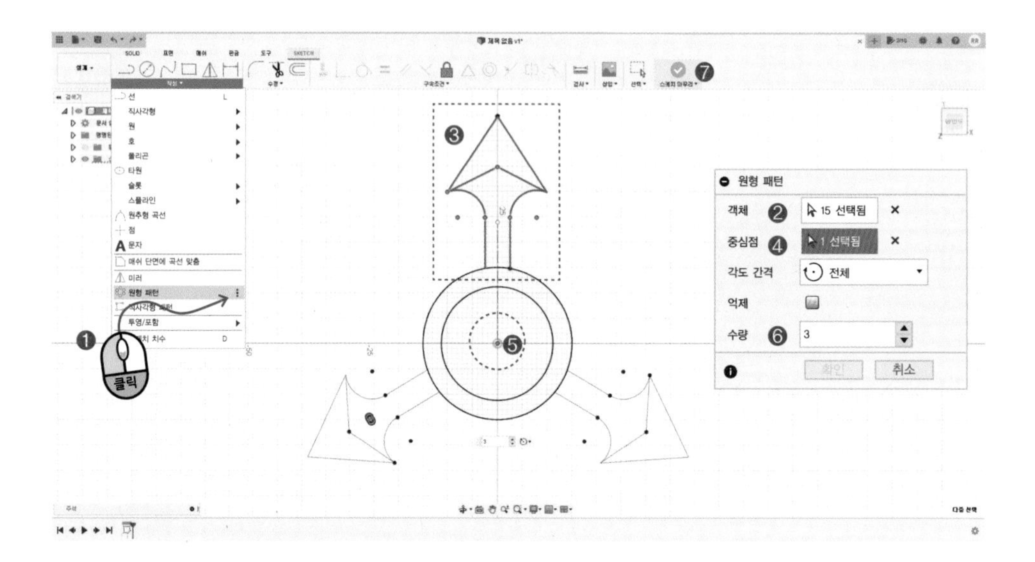

## 2. 돌출(Extrude)로 본체(Body)만들기

다음과 같이 프로파일을 선택하고 방향을 대칭(Symmetric)으로 하고 3.25mm 돌출합니다. 그러면 양쪽 방향으로 3.25mm씩 돌출이 돼서 전체 두께는 6.5mm가됩니다.

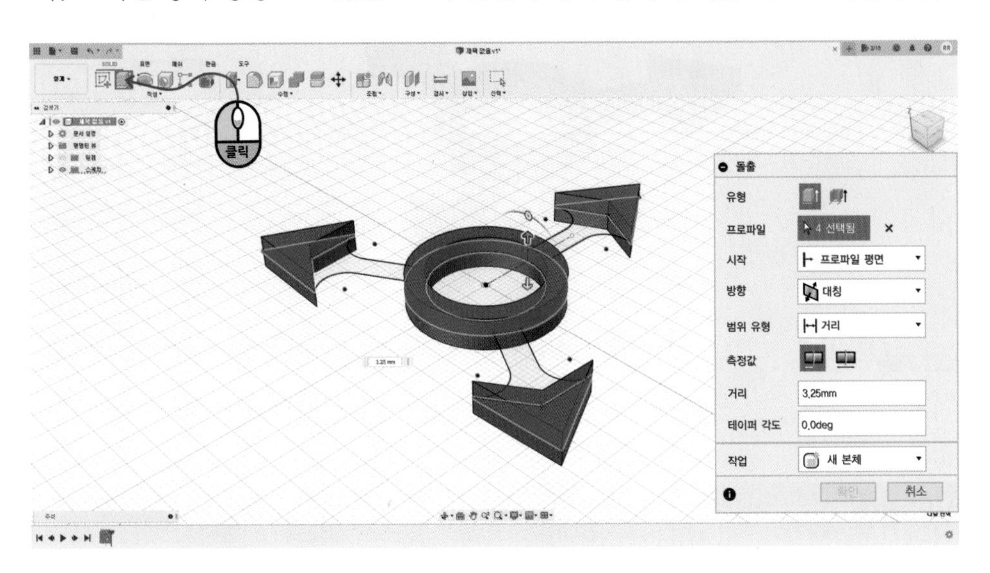


스케치(Sketches)의 눈을 켭니다.

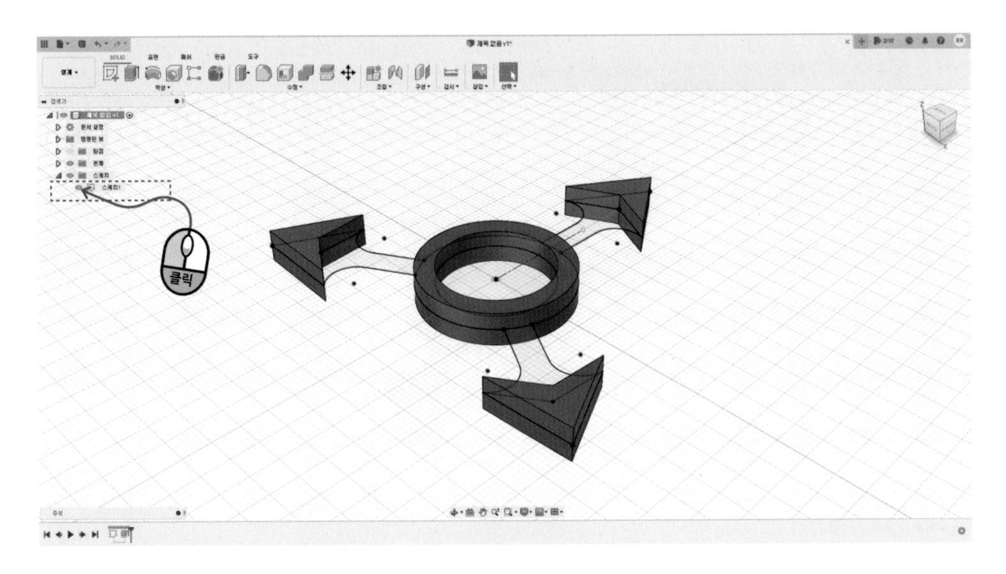

다음 프로파일을 선택하고 방향을 대칭(Symmetric)으로 하고 2mm 돌출합니다.

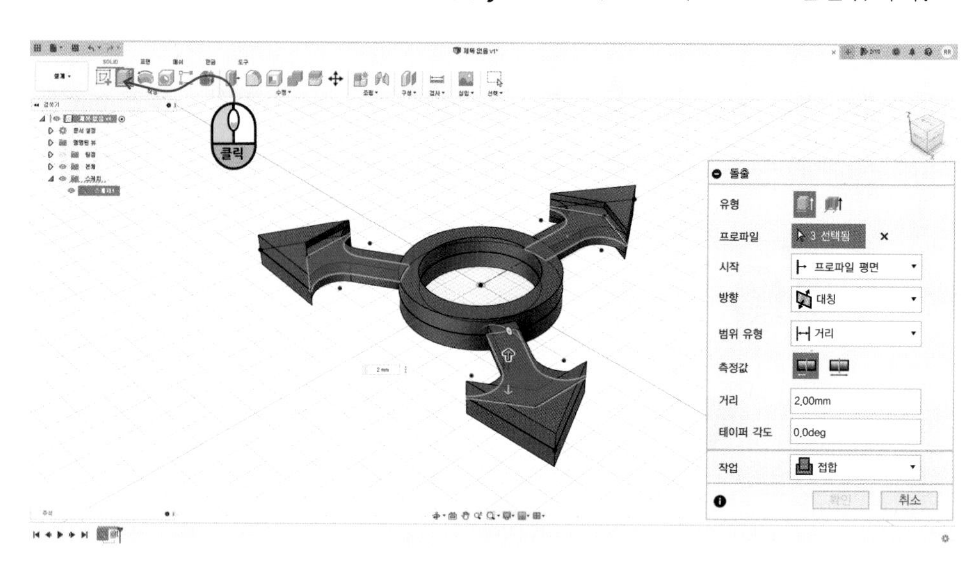


## 3. 모따기(Chamfer)와 모깎기(Fillet)으로 외형 다듬기

모따기(Chamfer)를 실행합니다.

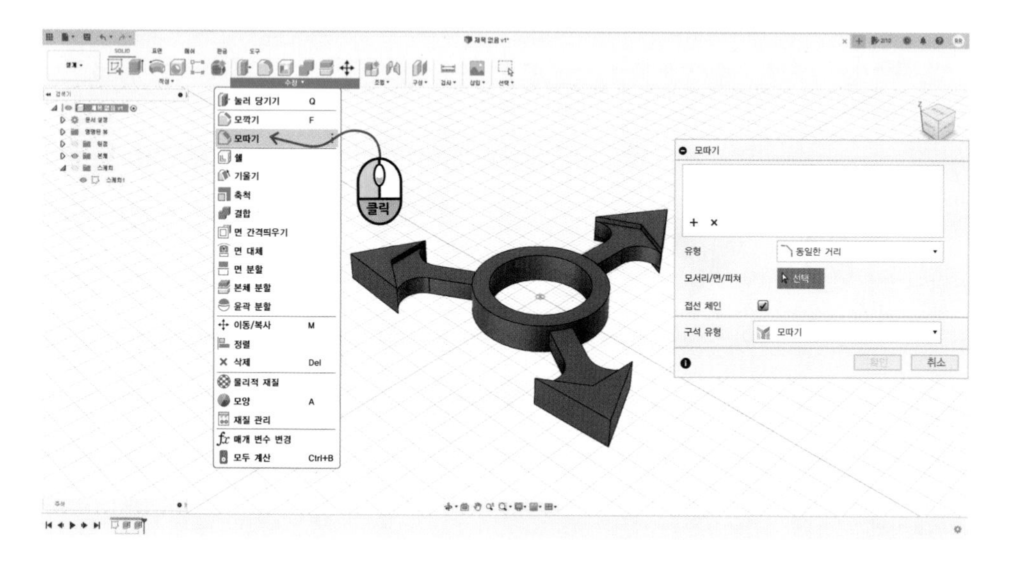

모서리만 선택하기 위해 선택에서 모서리 우선순위 선택(Select Edge Priority)을 클릭합니다.

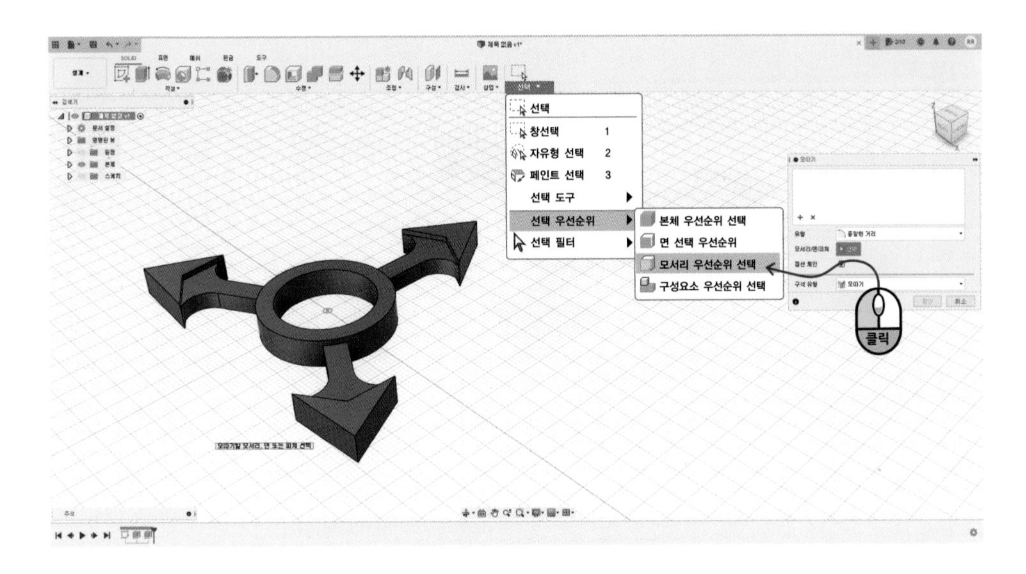


화면을 회전하며 드래그를 해서 다음과 같이 모서리를 선택합니다.

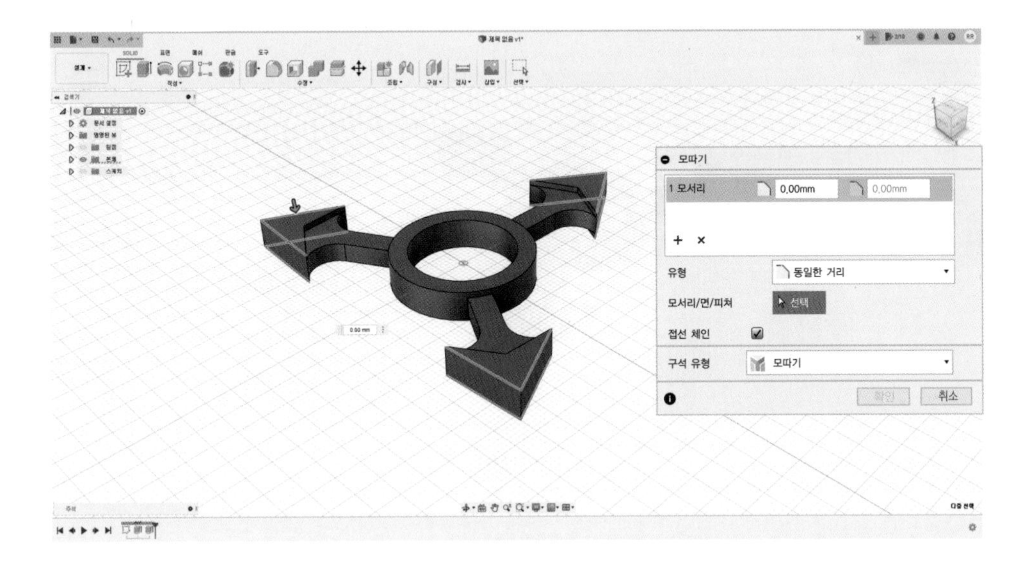

모따기 값으로 2mm를 줍니다.

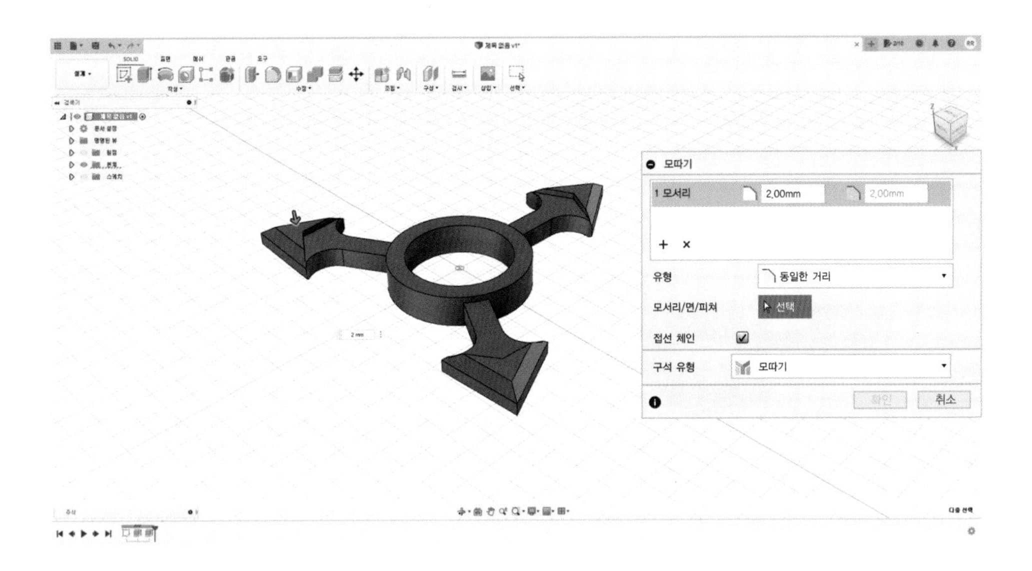


모깎기(Fillet)를 실행하고 다음 모서리 2개를 선택합니다.

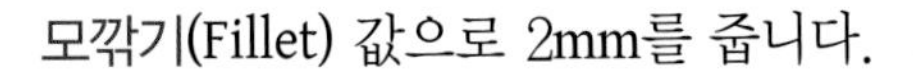

모깎기(Fillet) 값으로 2mm를 줍니다.

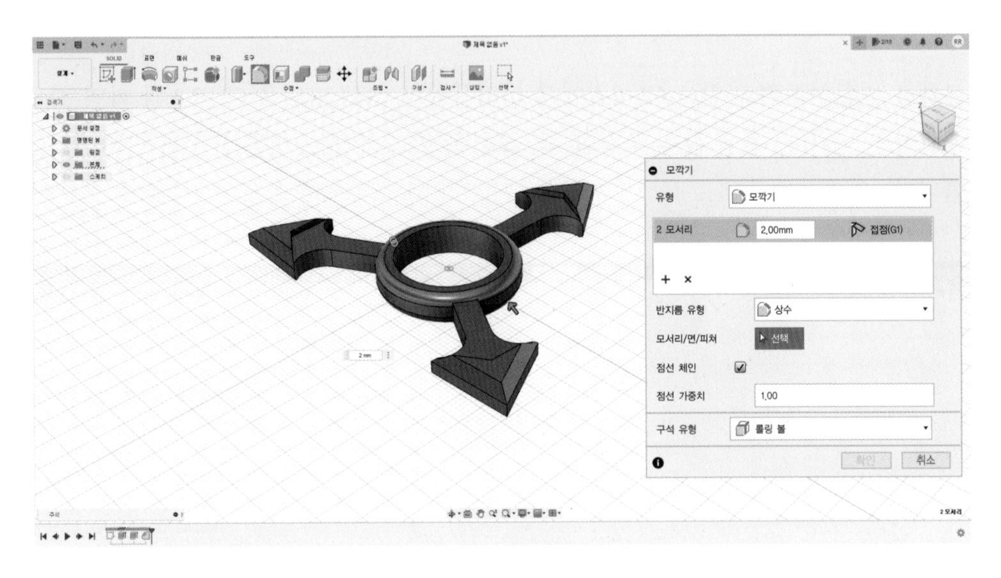


## 4. STL 파일로 변환하기

본체(Body)를 메쉬(STL파일)로 변환해 줍니다. 브라우저의 본체에서 마우스 오른쪽 버튼을 누르고 메쉬로 저장(Save As STL)을 눌러 줍니다. 변환 창이 뜨면 형식을 STL(이진)을 선택합니다.

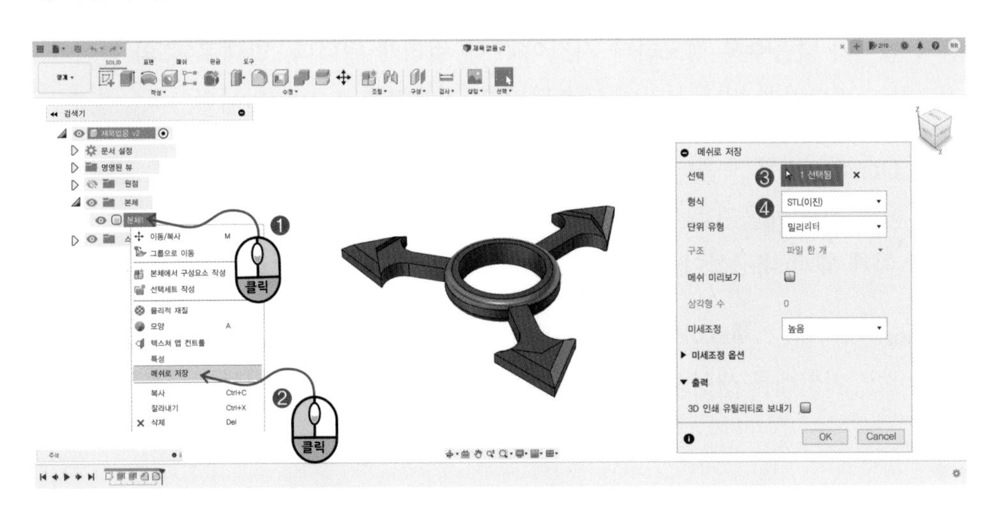

## 5. CURA 프로그램에서 슬라이싱하기

본체를 변환한 STL파일을 CURA에서 불러옵니다. STL파일을 CURA의 화면 창으로 드래그하면 됩니다. 옵션 값을 조정한 후, 오른쪽 아래의 Slice버튼을 눌러 슬라이싱을 진행합니다.

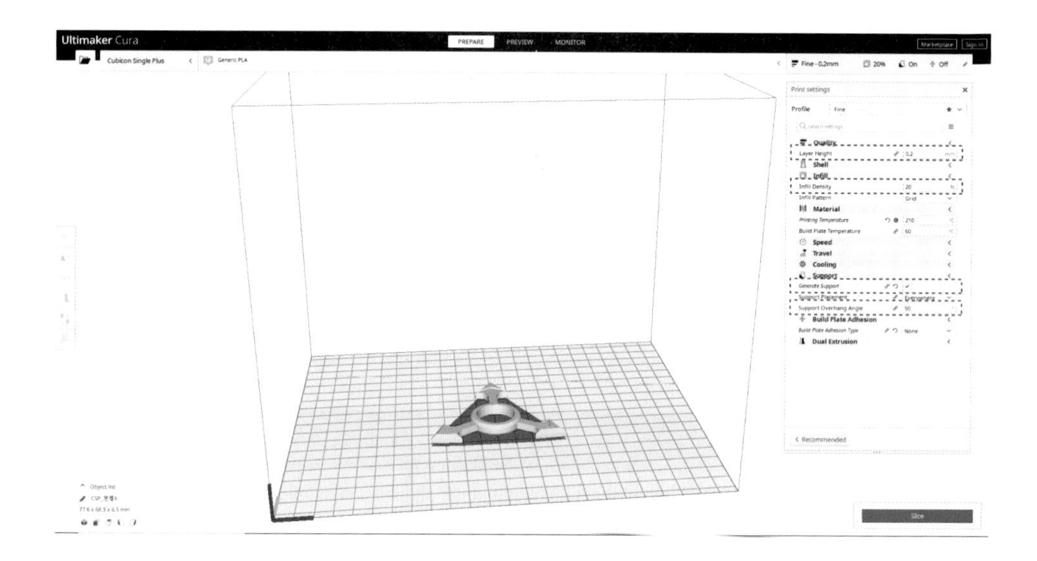


Layer Height(층 높이) : 3D프린터로 필라멘트를 쌓을 때, 한 층의 높이입니다.

층의 높이가 낮을수록 정교하나 시간이 오래 걸리게 됩니다. 반대로 층의 높이가 높으면 정교함이 떨어지게 되나 시간이 단축됩니다. 기본값은 0.2mm입니다.

Infill Density(내부 채움) : 외곽은 꽉 채워야 하나 안쪽의 밀도는 다 채울 필요가 없기 때문에 어느 정도 채울지를 정하는 옵션입니다. 기본값은 20%입니다. 100%로 설정하면 안이 꽉 차게 돼서 내구성이 좋아지나 무거워지고 출력시간이 오래 걸립니다.

Support(지지대) : 체크하면 바닥이 떨어져 있는 부분을 임시로 지지할 수 있는 지지대를 만듭니다. 지지대를 생성하기 시작하는 각도를 정해줄 수 있습니다.

## 6. 3D프린터로 출력하기

CURA에서 슬라이싱한 파일을 3D프린터에 넣고 출력합니다. 출력 후에는 지지대를 제거하고 표면을 다듬어 줍니다.

## 7. 베어링과 손잡이 조립하기

3D프린터 출력물의 중앙에 베어링을 넣어줍니다. 베어링이 헐겁게 들어가는 경우, 셀로판 테이프를 붙이고 끼웁니다. 이때 셀로판테이프가 베어링 위쪽으로 삐져나오지 않도록 잘라내야 합니다.

넣어준 베어링에 손잡이 암, 수를 끼워 줍니다.

이제 피젯스피너가 완성되었습니다. 얼마나 오래 도는지 확인해 봅시다.

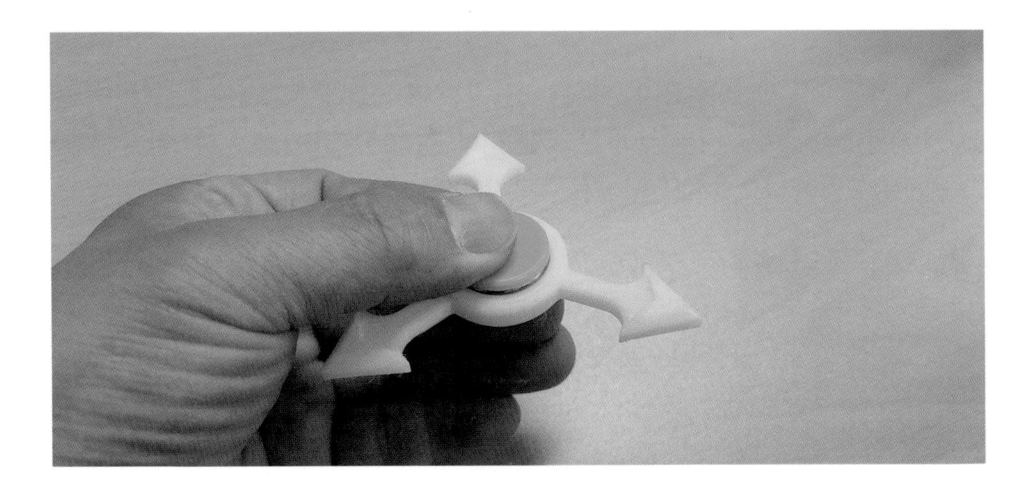

## 02 LED명패 만들기

3D프린터를 처음 접했을 때, 이름표나 명패를 만들어 보면 좋겠다는 생각을 했습니다. 그런데 한글은 글자의 자음과 모음이 분리된 것이 문제였습니다. 접착제를 이용하여 제작할 수는 있었지만 번거롭고 원하는 모양이 나오지 않았습니다.

그래서 퓨전360 프로그램의 회전(REVOLVE) 기능을 이용해 보았습니다. 이렇게 만들면 자음과 모음을 붙여 줄 필요가 없고, 3D프린터 출력 시 지지대를 만들지 않아도 출력이 가능합니다. 이 LED 명패는 출력 크기에 따라 다양한 용도로 활용할 수 있습니다

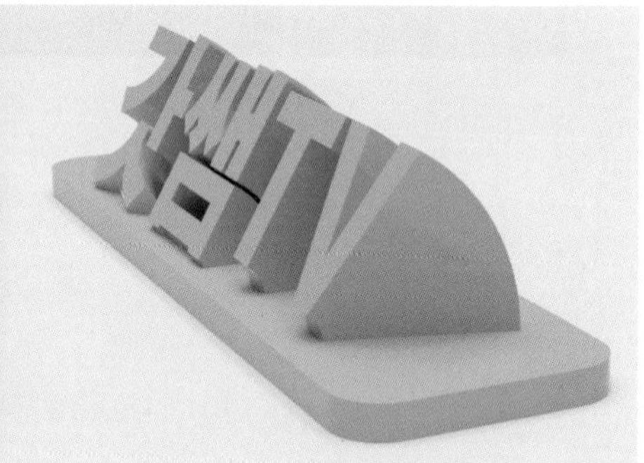

LED명패는 2개의 파트로 만들어 주면 됩니다. 위쪽 파트는 글자와 상판 부분이고 아래쪽 파트는 LED바가 들어가는 하판입니다.

이번 주제에서는 퓨전360의 히스토리 기능과 파라메트릭 모델링을 활용합니다. 매개 변수(Parameter) 값을 변경하거나 문자(Text)를 입력한 작업 기록(Feature)에서 글자와 텍스트 박스의 크기만 바꿔주면 나머지는 자동으로 변경되도록 모델링할 것입니다. 이렇게 모델링을 해 놓으면 나중에 텍스트를 손쉽게 바꿀 수 있습니다.

준비물은 5V LED바, 마이크로 5핀 USB선, 납, 인두기, 전선 탈피기, 스마트폰 충전기(USB형), 스위치(필요 시)입니다. 직접 납땜하기가 힘든 경우에는 LED바를 절단하여 납땜까지 해주는 업체를 이용할 수 있습니다.

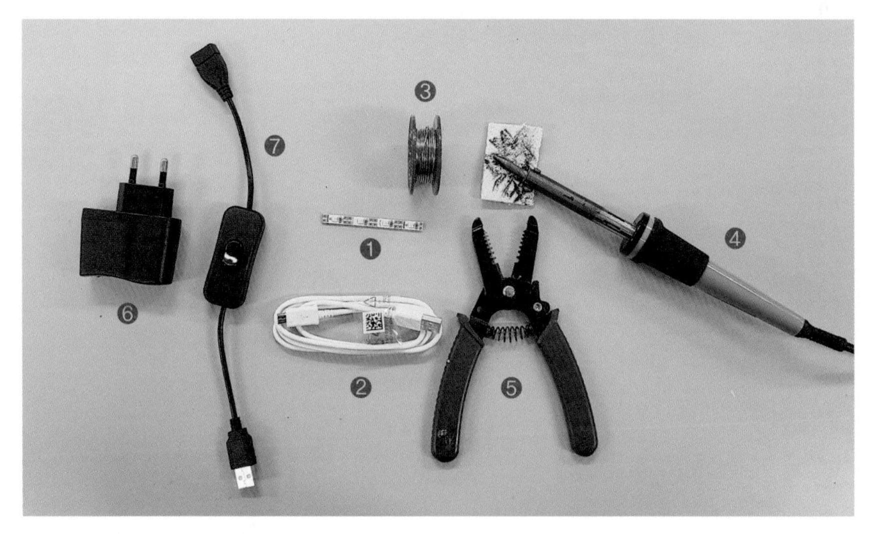


※ 준비물 구입처는 잇플 카페(https://cafe.naver.com/arduinofun)에 자세히 안내되어 있습니다.

## 1. 스케치 작성하기

스케치 작성(Create Sketch) 버튼을 누르고 XY평면을 선택합니다.

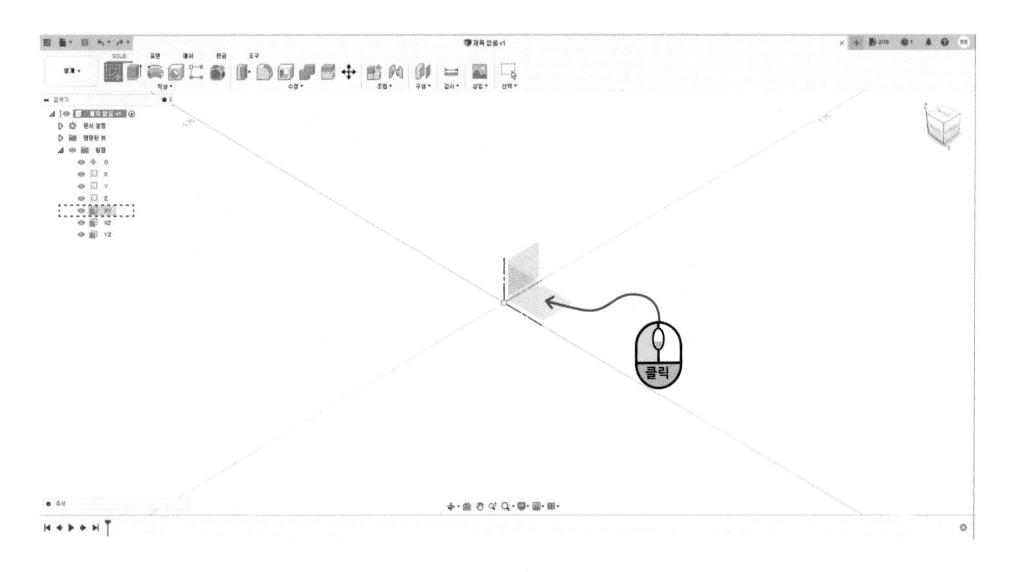


〈작성(Create)〉-〈중심 사각형(Center Rectangle)〉을 실행하고 원점이 중심인 사각형을 임의의 치수로 그립니다.

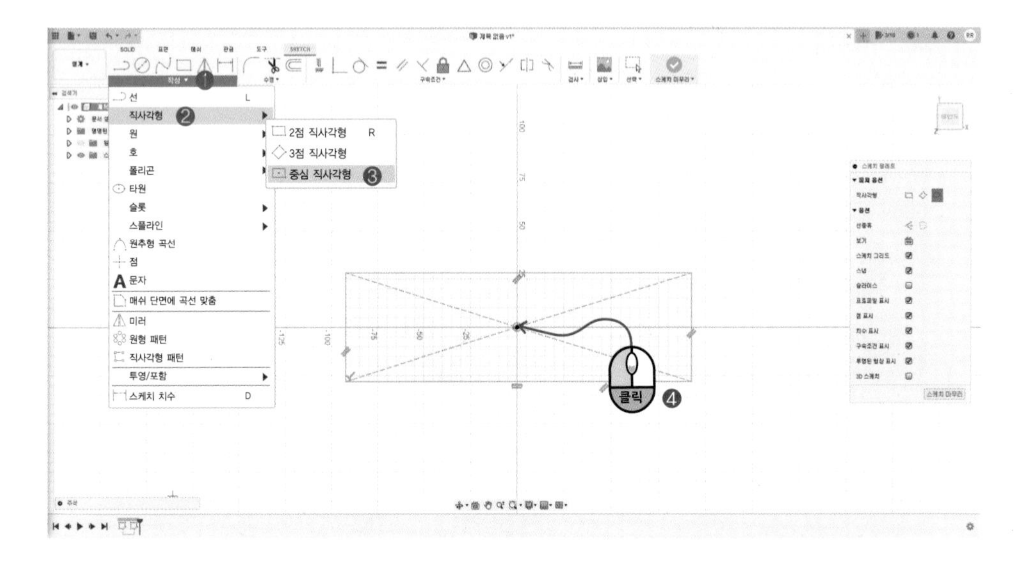

〈작성(CREATE)〉-〈문자(Text)〉를 실행하고 문자(Text)박스를 그립니다. 두 점을 클릭하면 사각형의 문자(Text)박스가 만들어 집니다.

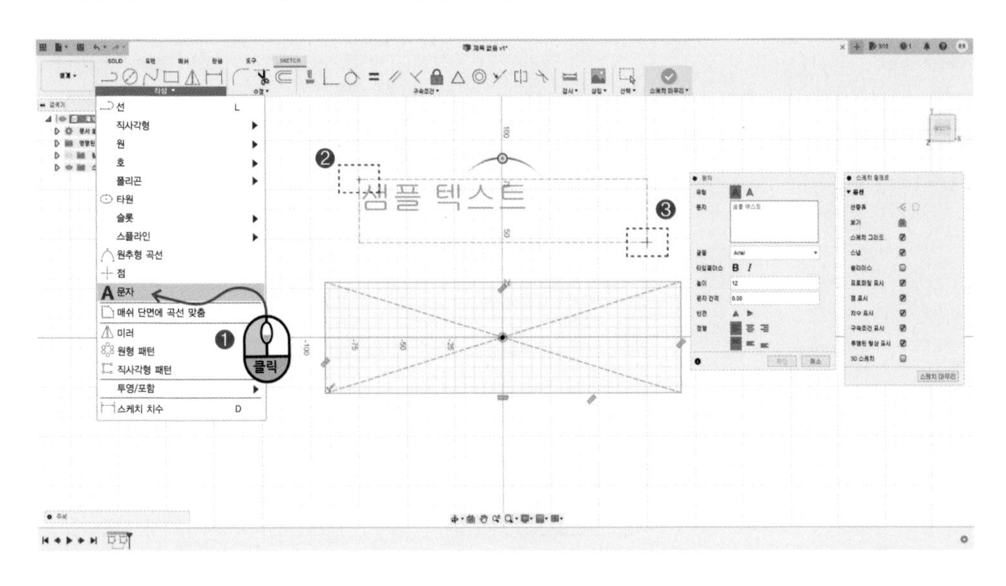


문자(TEXT)창에서 글자를 입력하고 높이(Height)에 25를 입력합니다. 정렬(Alignment)은 가로, 세로 모두 가운데 정렬을 선택합니다.

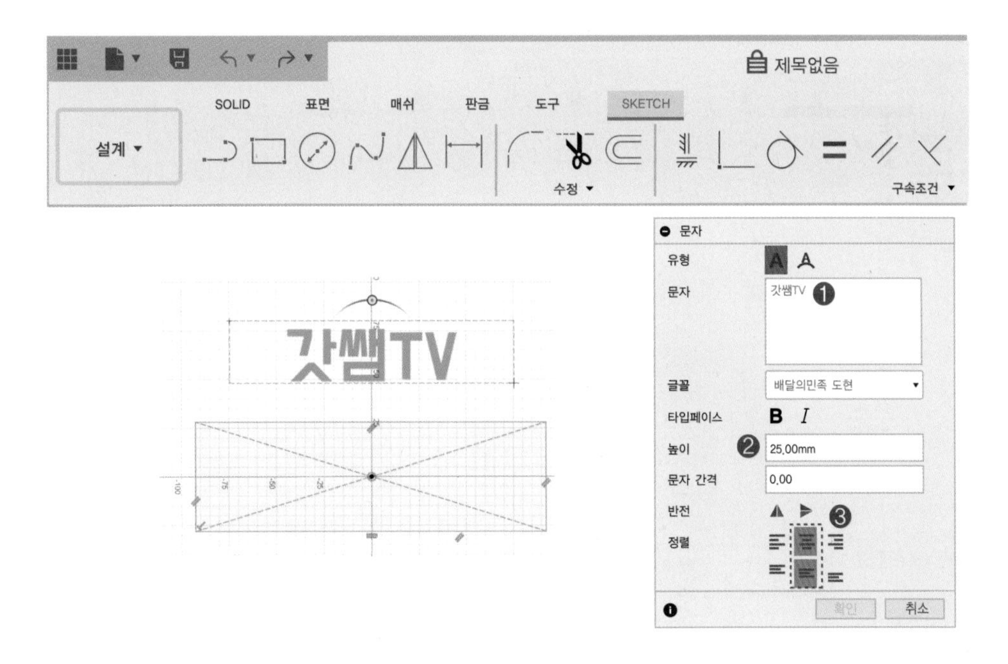

텍스트 박스에 대각선 2개를 그리고 대각선을 선택한 후 X키를 눌러 구성(Construction) 선으로 변경합니다.

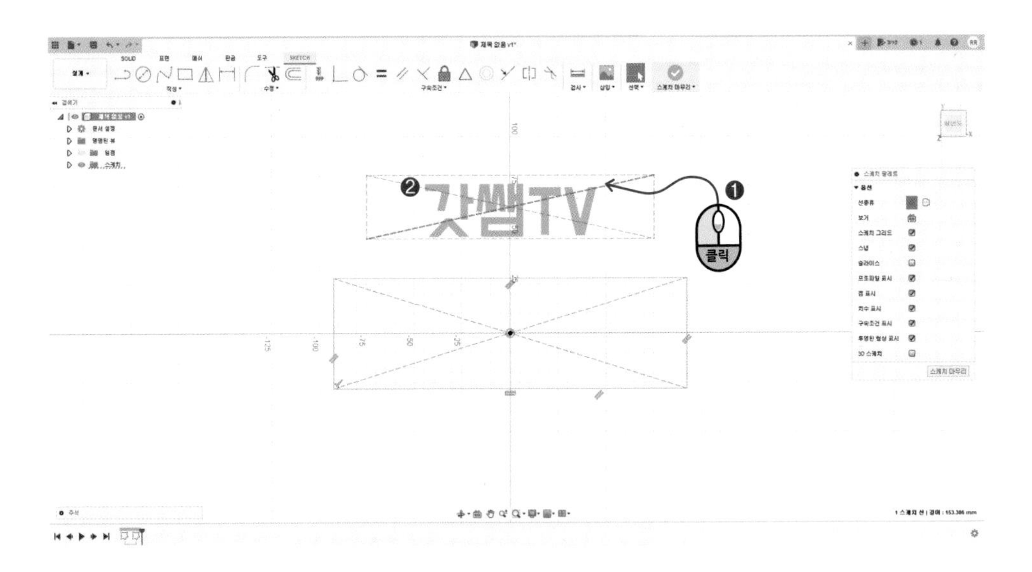


〈작성(CREATE)〉-〈점(Point)〉으로 대각선의 교차점에 점을 표시합니다.

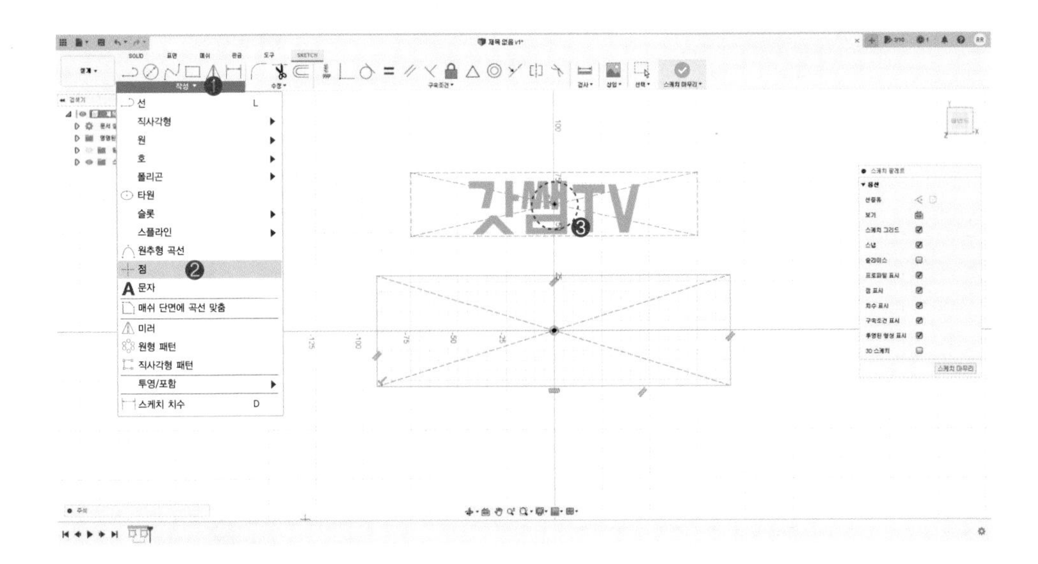

텍스트 박스의 한 선에 수평 구속을 걸어줍니다.

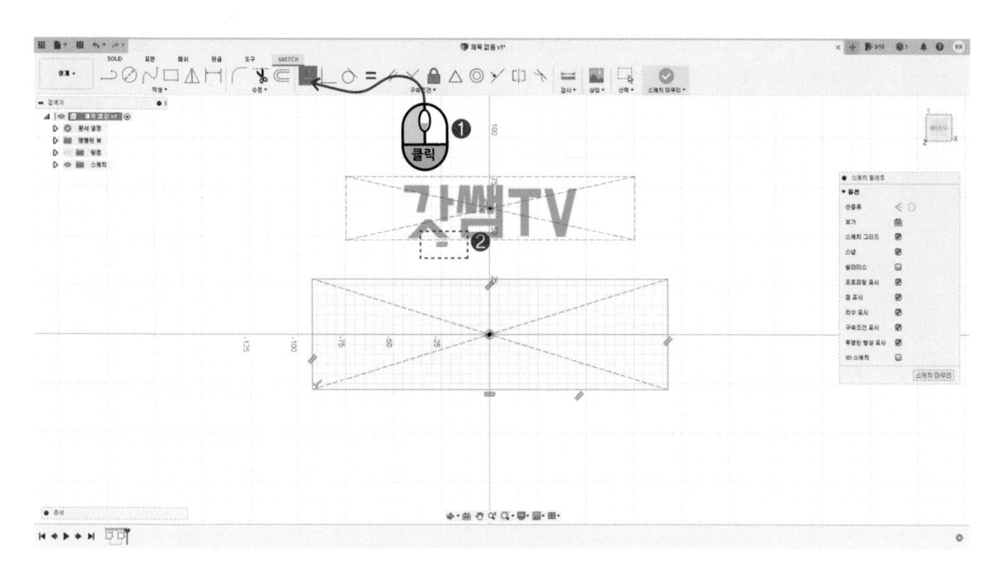


텍스트 박스의 가로, 세로 치수를 입력합니다.

텍스트가 선 밖으로 삐져나오지 않도록 약간 더 크게 만들어줍니다. 이 텍스트 박스의 크기는 추후 전체 작품의 크기와 연동되기 때문에 원하는 출력물의 크기를 고려하여 입력해야 합니다.

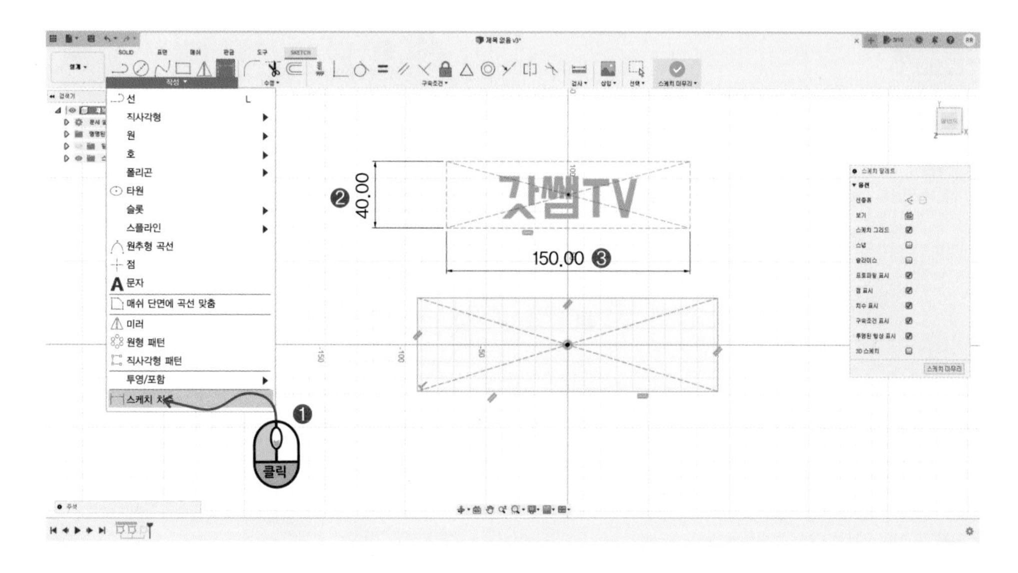

텍스트 박스의 대각선 교차점과 원점을 일치(Coincident) 구속을 걸어줍니다.

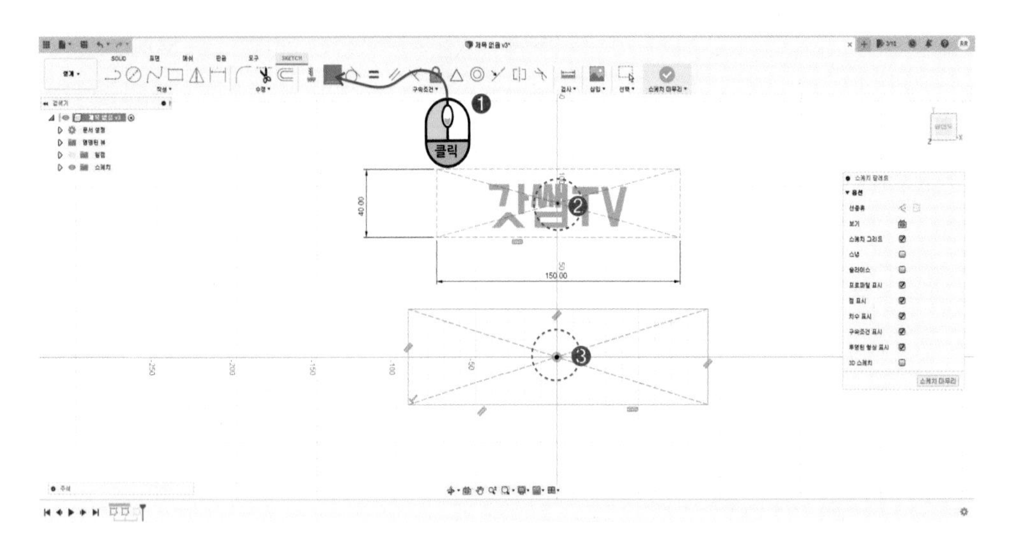


처음에 그렸던 중심 사각형(Center Rectangle)의 가로 길이를 입력해 주는데, 길이를 직접 입력하지 않고 d2+20이라고 입력합니다. 치수를 입력할 때, 텍스트 박스의 가로 치수를 클릭하면 d2가 자동으로 입력됩니다. 중심 사각형의 가로 길이가 텍스트 박스의 가로 길이에 따라 자동으로 변하도록 만들어 주는 것입니다.

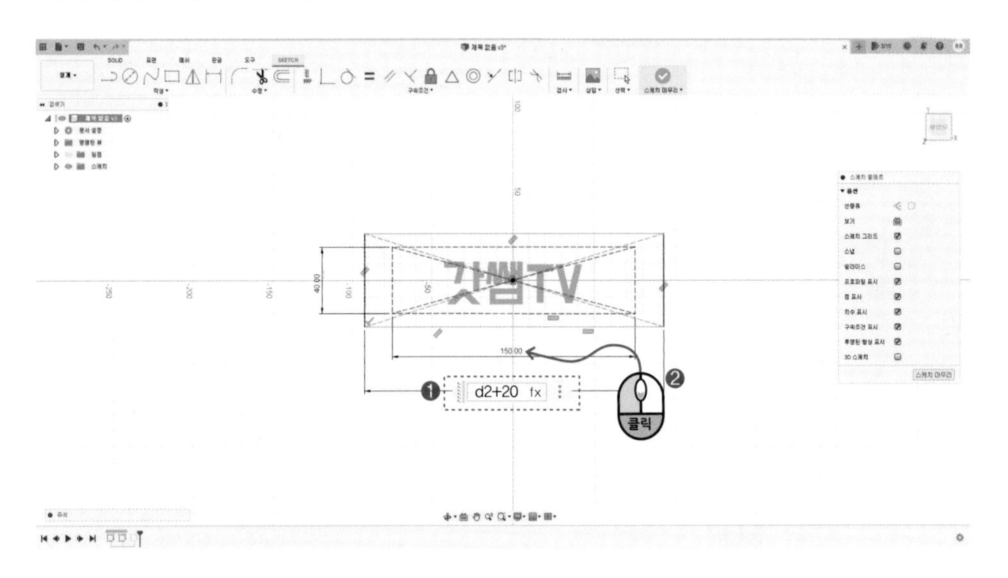


d2는 치수를 기입한 순서에 따라 달라 질 수 있습니다.

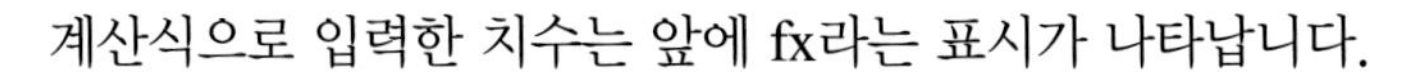
계산식으로 입력한 치수는 앞에 fx라는 표시가 나타납니다.

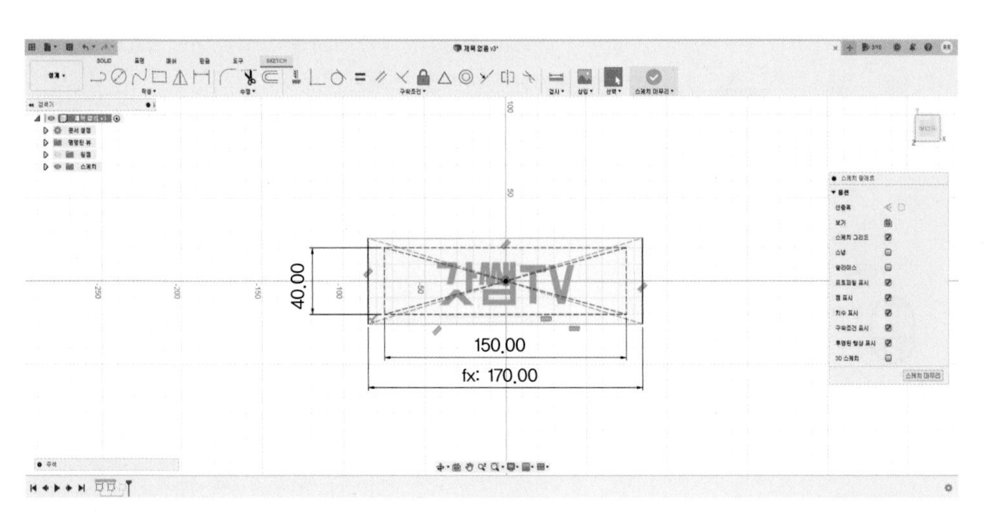


> d1, d2, d3…은 치수를 기입한 순서에 따라 자동으로 부여되므로 치수 번호를 미리 확인한 후에 사각형의 가로 길이를 입력하시기 바랍니다. 치수 번호는 마우스 커서를 치수에 가져다 대면 나타납니다.

중심 사각형의 세로 길이는 d1+5라고 입력합니다.

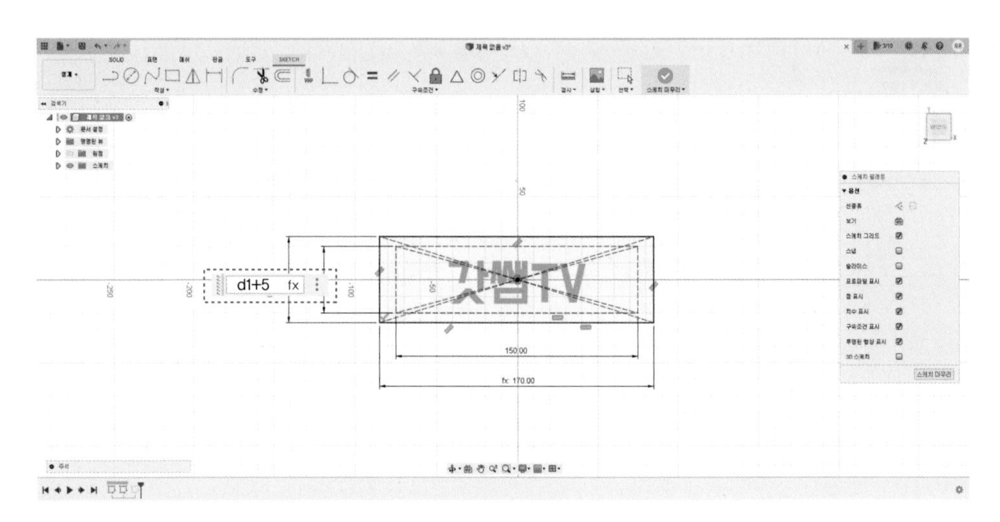

〈수정(MODIFY)〉-〈매개변수 관리(Change Parameters)〉를 실행합니다.

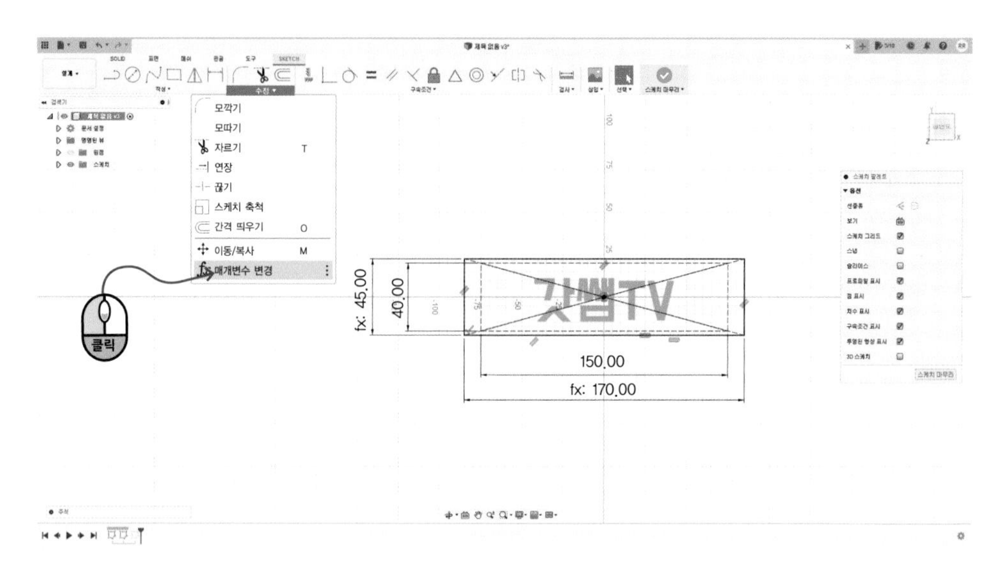


매개변수(Parameters) 창이 열리면 제목 없음 옆의 화살표를 눌러 스케치1(Sketch1)의 치수 값이 나타나도록 합니다.

나중에 이곳에서 치수를 변경하여 LED명패의 크기를 조절할 수 있습니다.

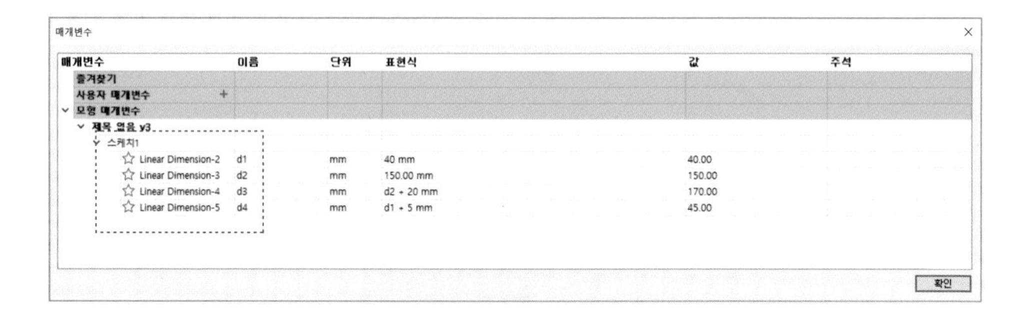

d3의 이름(Name)을 Width로 바꾸고, d4를 Length를 변경합니다.

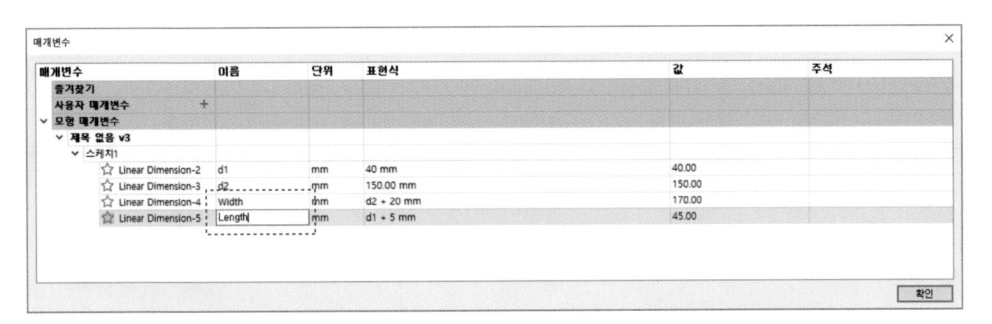


기본적인 스케치가 완성되었습니다.

스케치한 방식은 텍스트 박스를 기준으로 한 것입니다. 텍스트 박스의 크기에 따라 밑판(중심 사각형)의 크기가 자동으로 바뀌게 한 것입니다. 즉 밑판의 가로길이는 텍스트 박스의 가로 길이보다 20mm 길고, 밑판의 세로길이는 텍스트 박스의 세로 길이보다 5mm가 깁니다. 텍스트를 바꿀 때, 글자의 수에 따라 텍스트 박스의 크기를 조절하면 밑판의 크기가 연동되어 바뀔 것입니다.

스케치 마무리(FINISH SKETCH)버튼을 눌러 스케치 모드에서 나갑니다.

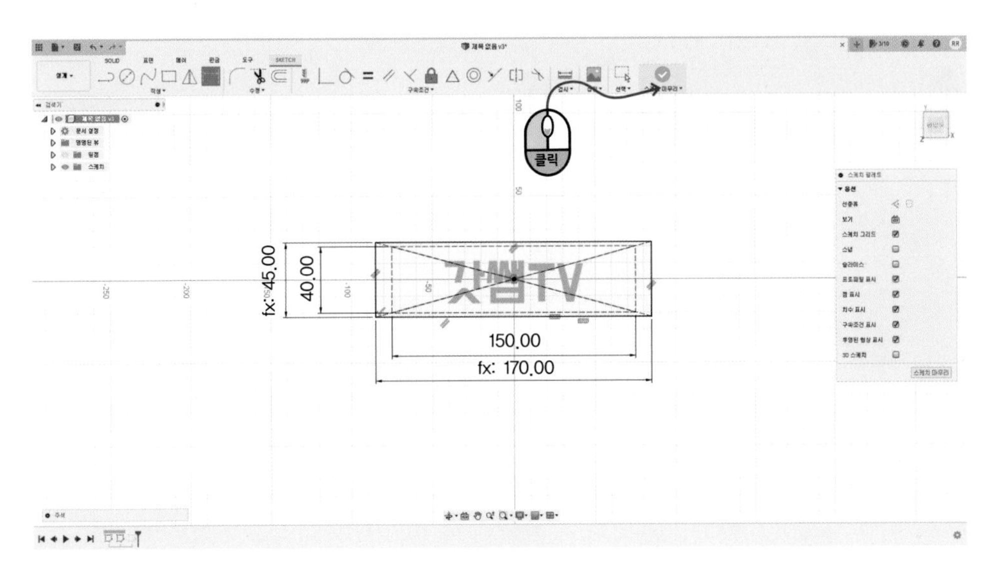

## 2. 돌출(Extrude)로 상부 본체(Body)생성

중심 사각형을 돌출시켜 밑판을 만들어 줄 것입니다.

솔리드 모드에서 〈작성(CREATE)〉-〈돌출(Extrude)〉를 실행하고 프로파일로 사각형의 윗면을 선택합니다. 아래쪽 방향으로 5mm 돌출시킵니다.

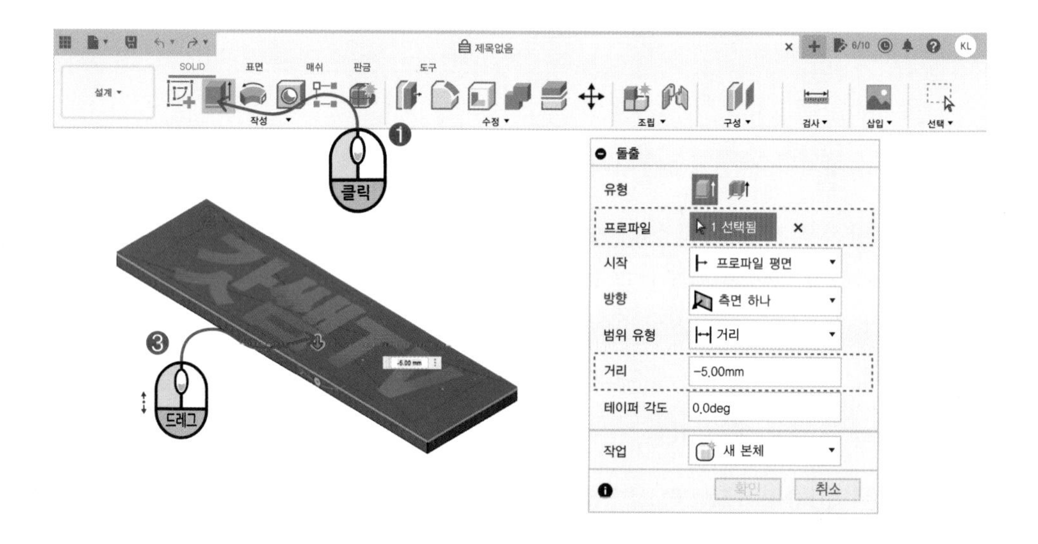

## 3. 모깍기(Fillet)으로 모서리 라운딩하기

모서리 4개를 선택하고 모서리(Edge)값으로 7.5mm를 줍니다.

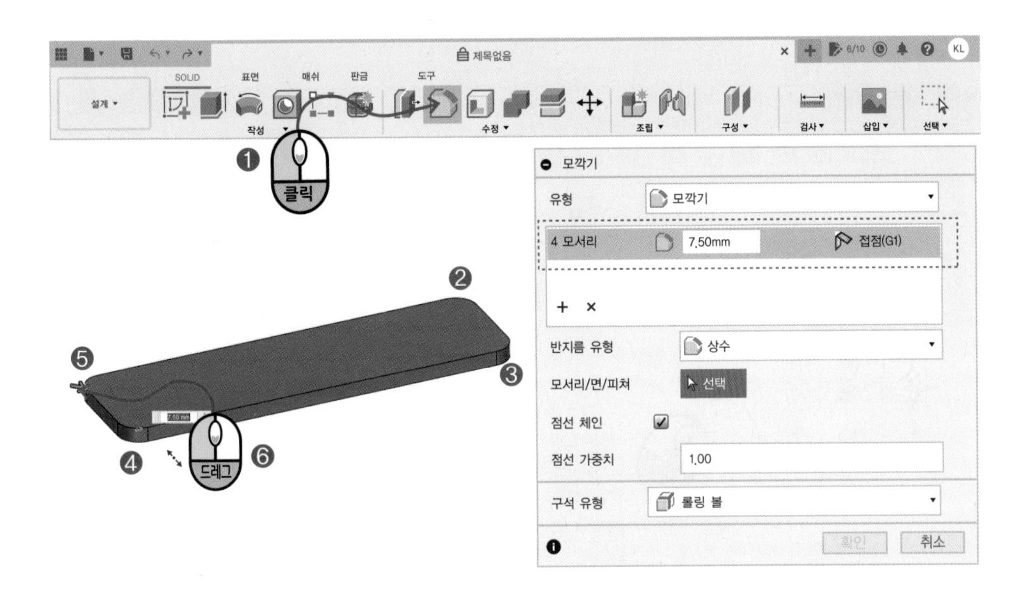

## 4. 회전(Revolve)로 상부 본체(Body) 완성

검색기(BROWSER)에서 스케치1(Sketch1)의 눈을 켜면 스케치에서 작성했던 텍스트가 다시 보입니다.

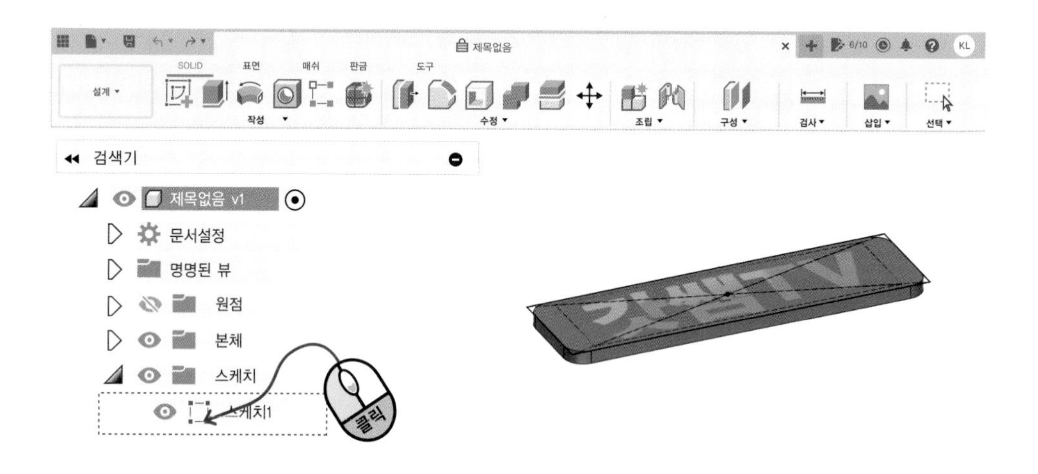


〈작성(CREATE)〉-〈회전( Revolve)〉를 실행합니다.

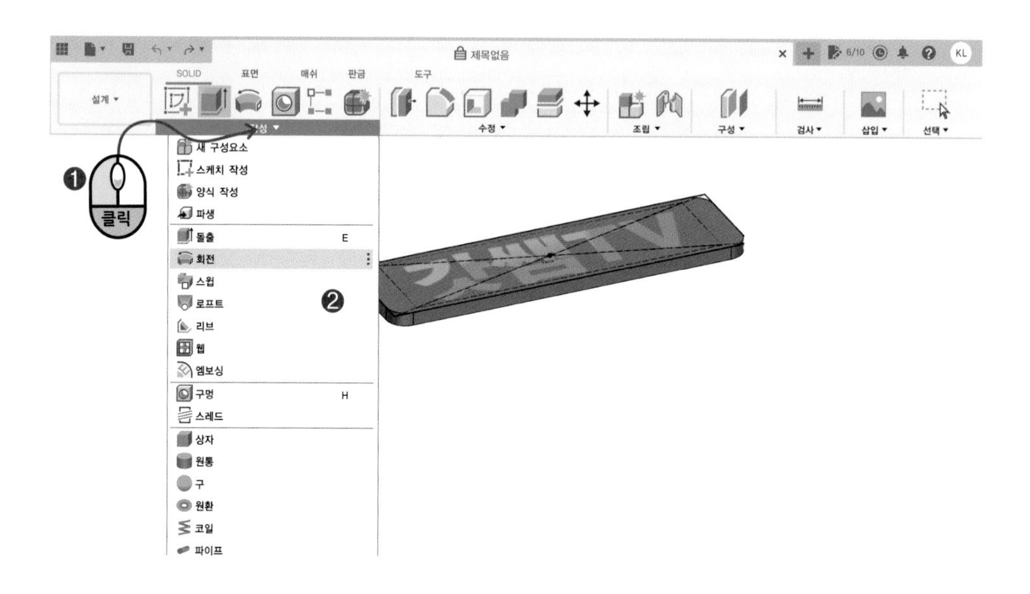

프로파일(Profile)은 텍스트를 선택하고 축(Axis)은 텍스트 박스의 아래쪽 선을 선택합니다.

각도(Angle)는 60도, 작업(Operation)은 접합(Join)을 선택합니다.

각도(Angle)는 지지대를 만들지 않기 위해 60도를 입력합니다.

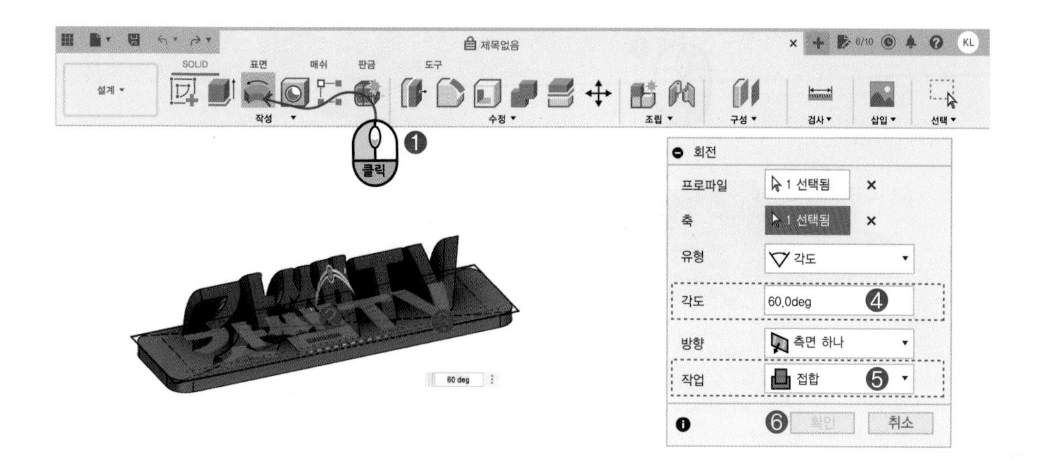

## 5. LED바가 들어갈 하부 본체(Body)생성

돌출(Extrude)을 실행하고 밑판의 아랫면을 프로파일(Profile)로 선택합니다.

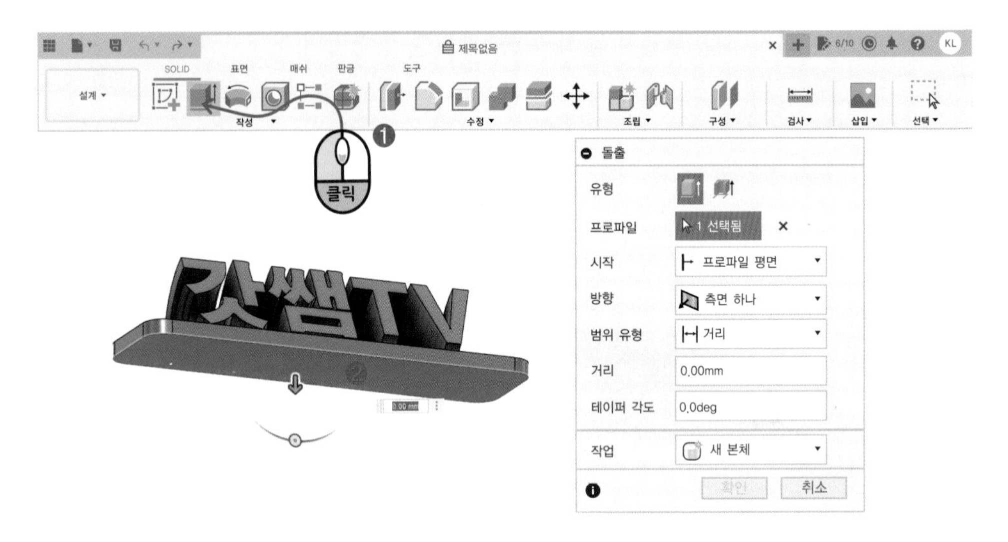


아래쪽으로 8mm가 돌출되도록 하고 작업(Operation)은 새 본체(New Body)를 선택합니다.

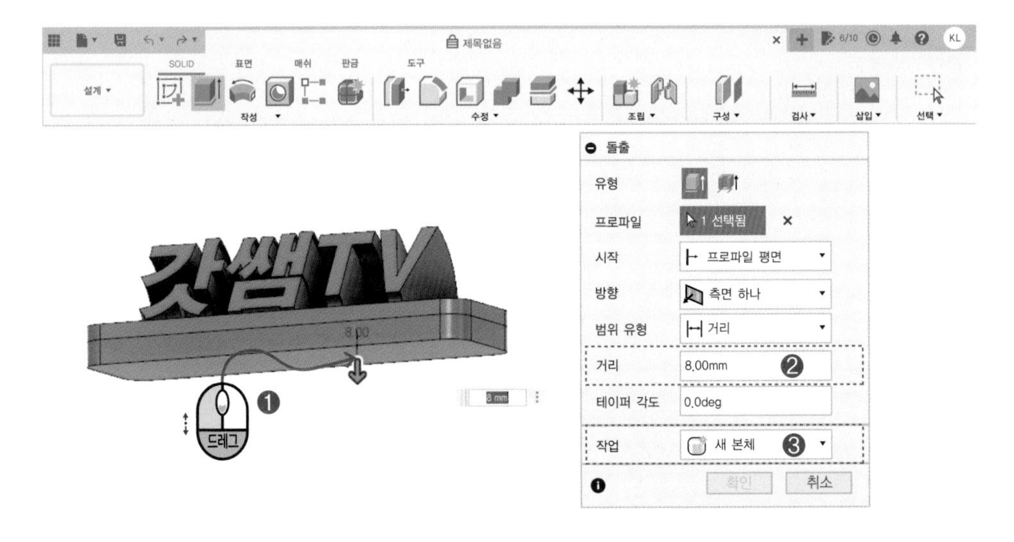

검색기(BROWSER)에서 방금 제작한 본체1(Body1)의 눈을 꺼줍니다.

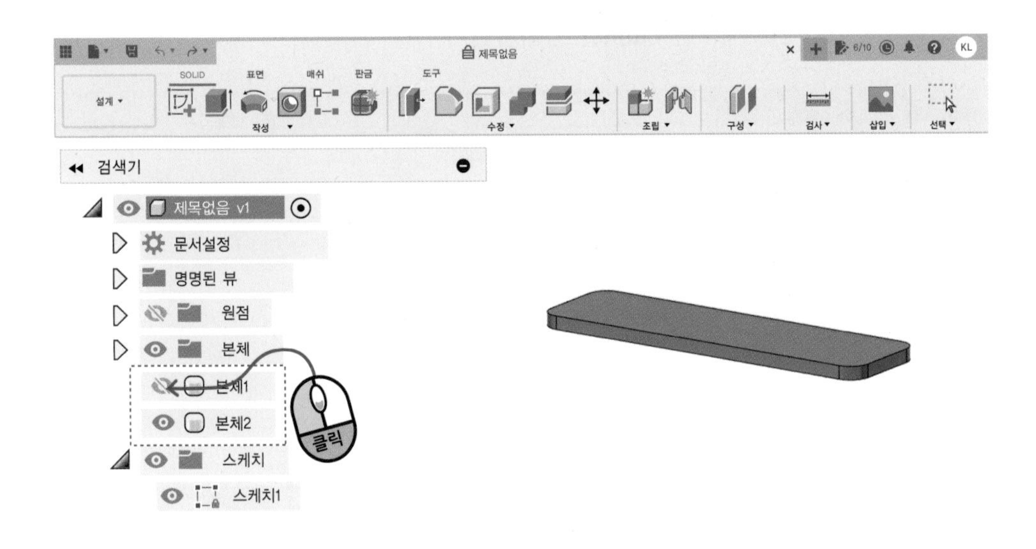


스케치 작성(Sketch Create)를 누르고 본체2(Body2)의 윗면을 선택합니다.

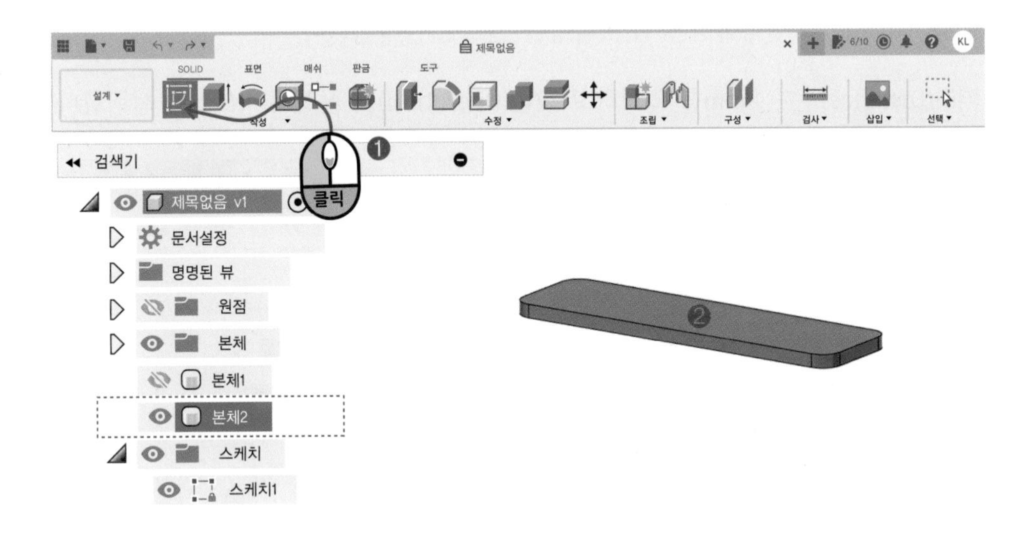

중심 사각형(Center Rectangle)을 실행하여 원점이 중심이 되는 사각형을 그립니다.

가로 치수는 d2+20, 세로는 6mm를 입력합니다.

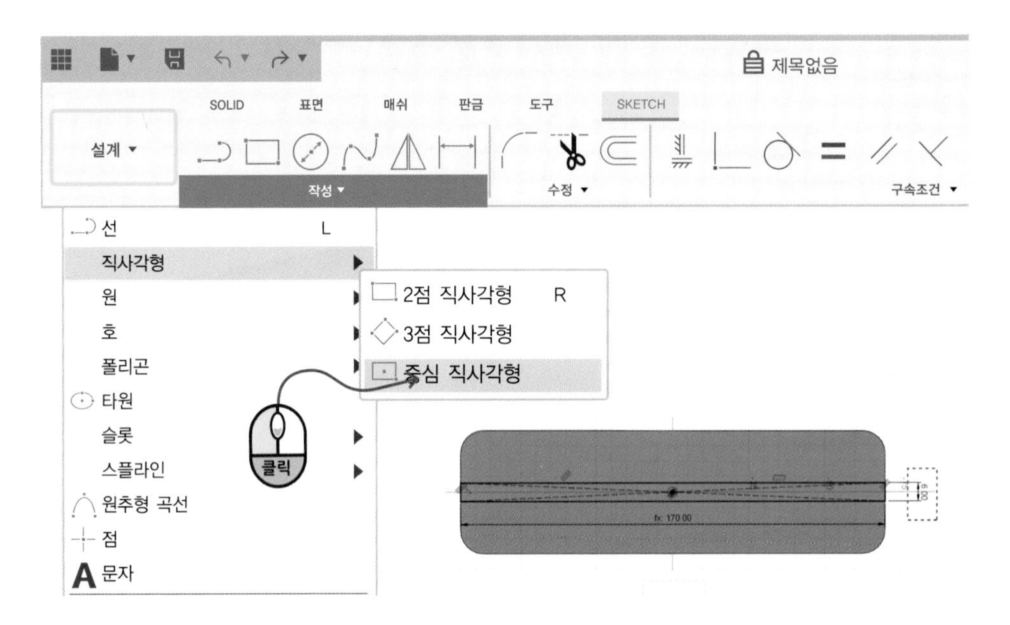


돌출(Extrude)을 실행하여 중심 사각형을 안으로 잘라냅니다.

거리(Distance)는 –5mm를 입력하고 작업(Operation)은 잘라내기(Cut)을 선택합니다.

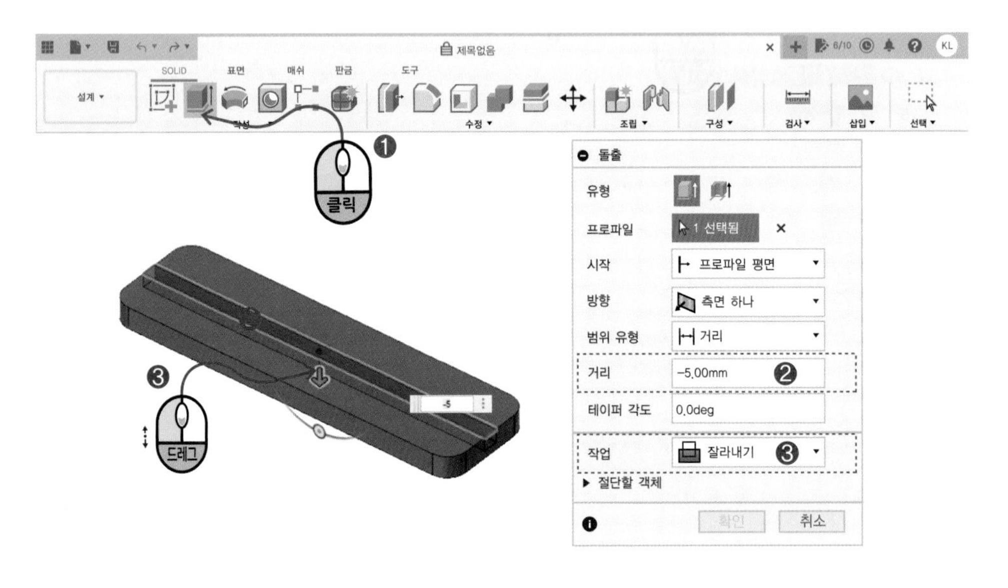

## 6. 구성요소(Component) 생성하기

〈조립객체(ASSEMBLE)〉-〈새 구성요소(New Component)〉를 실행하여 2개의 구성요소(Component)를 생성합니다.

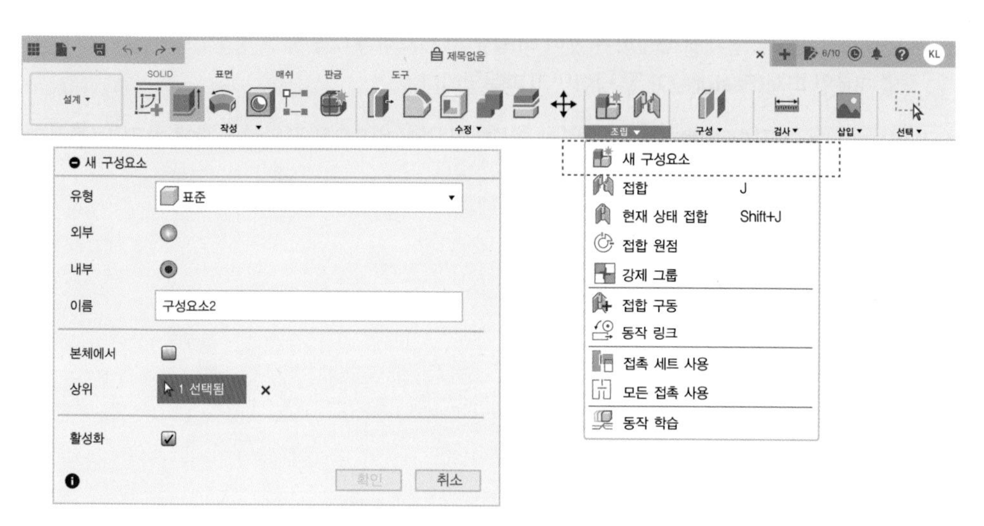


브라우저에서 본체1(Body1)을 드래그 하여 구성요소1(Component1)에 본체2(Body2)를 드래그 하여 구성요소2(Component2)에 넣어줍니다.

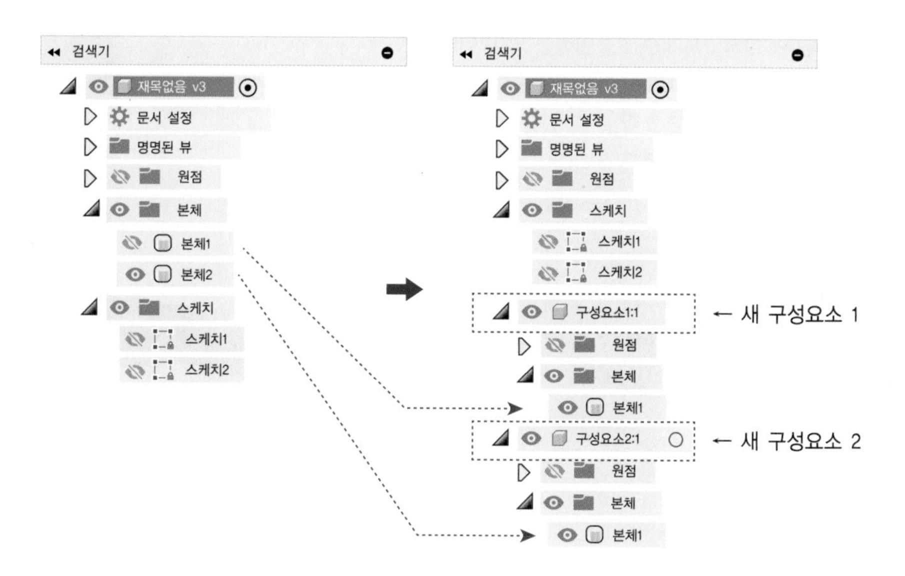

**궁금해요? 컴포넌트 안에 본체 생성에 대한 피쳐가 남아 있지 않아요?**

컴포넌트의 기능을 잘 활용하기 위해서는 추후에 컴포넌트를 만들고 본체를 이동시키는 것 보다, 컴포넌트를 먼저 만들고 그 안에서 본체를 생성하는 것이 더 좋습니다. 그래야 나중에 그 컴포넌트만 별도로 내보내는 경우, 작업 기록인 피쳐(Feature)가 잘 남아있기 때문입니다.

LED 명패에서는 컴포넌트별로 별도의 작업이 이루어질 것이 없으므로 편의상 추후에 컴포넌트를 만든 것입니다.

**궁금해요? 컴포넌트는 무엇인가요?**

CAD(Computer Aided Design)에서는 어셈블리(Assembly)와 파트(Part)라는 용어를 많이 사용합니다. 파트는 단품을 의미하고 어셈블리는 파트들이 조립되어 만들어진 조립품을 의미합니다.

퓨전360프로그램에서는 파트 대신에 컴포넌트라는 용어를 사용하고 있습니다. 컴포넌트에는 단품이라는 의미 이외에 추가적인 특징이 포함되어 있습니다. 컴포넌트는 여러 개의 바디와 스케치, 하위 컴포넌트를 포함할 수 있습니다. 또, 자체적인 별도의 원점(Origin)을 갖고 있습니다. 그리고 타임라인의 피쳐(Feature)도 별도로 가지고 있습니다.

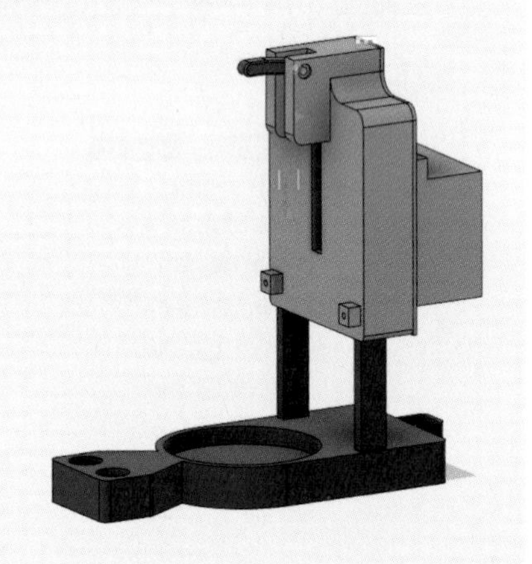

그럼, 퓨전360에서 본체가 있는데, 왜 이 컴포넌트를 만들어야 할까요? 앞서 언급했듯이 조립을 통해 어셈블리를 만들기 위해서입니다. 조립뿐만 아니라 각 컴포넌트가 어떻게 작동되는지 움직임까지 표현할 수 있습니다.

## 7. STL 파일로 변환하기

구성요소1(Component1)과 구성요소2(Component2)를 STL파일로 변환해 줍니다. 브라우저의 본체에서 마우스 오른쪽 버튼을 누르고 메쉬로 저장(Save As STL)을 눌러 줍니다. 변환 창이 뜨면 형식을 STL(이진)을 선택합니다.

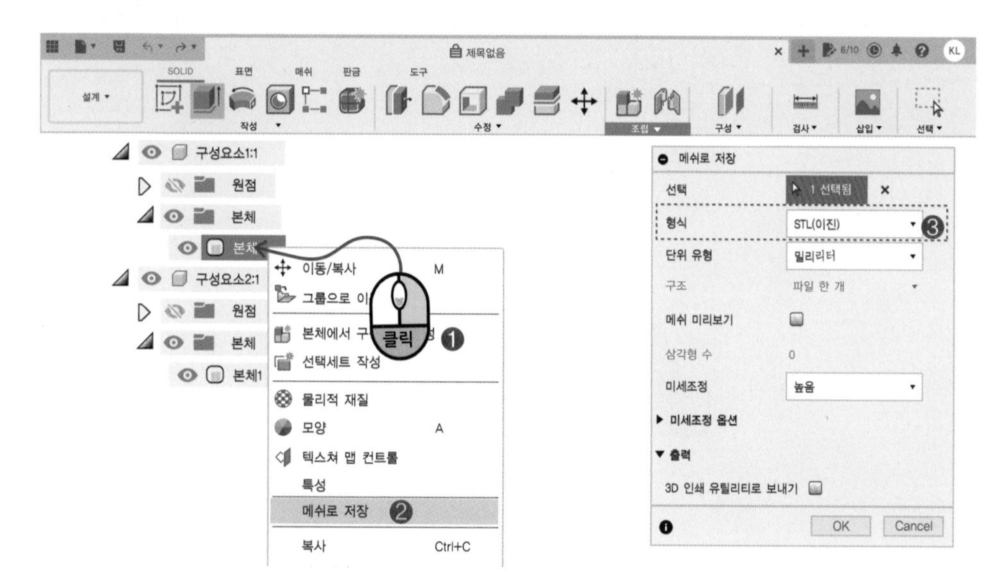


STL(이진) 창이 뜨면 확인 버튼을 누르고 파일을 저장합니다. 구성요소2(Component2)도 마찬가지로 STL(이진)파일로 변환합니다.

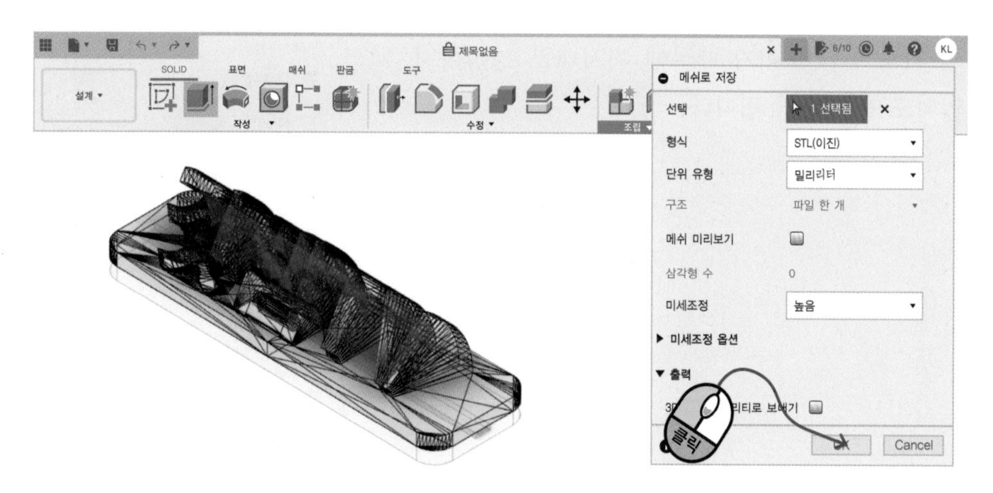

## 8. CURA 프로그램에서 슬라이싱하기

구성요소1(Component1)을 변환한 STL(이진)파일을 CURA에서 불러옵니다. STL(이진) 파일을 CURA의 화면 창으로 드래그하면 됩니다.

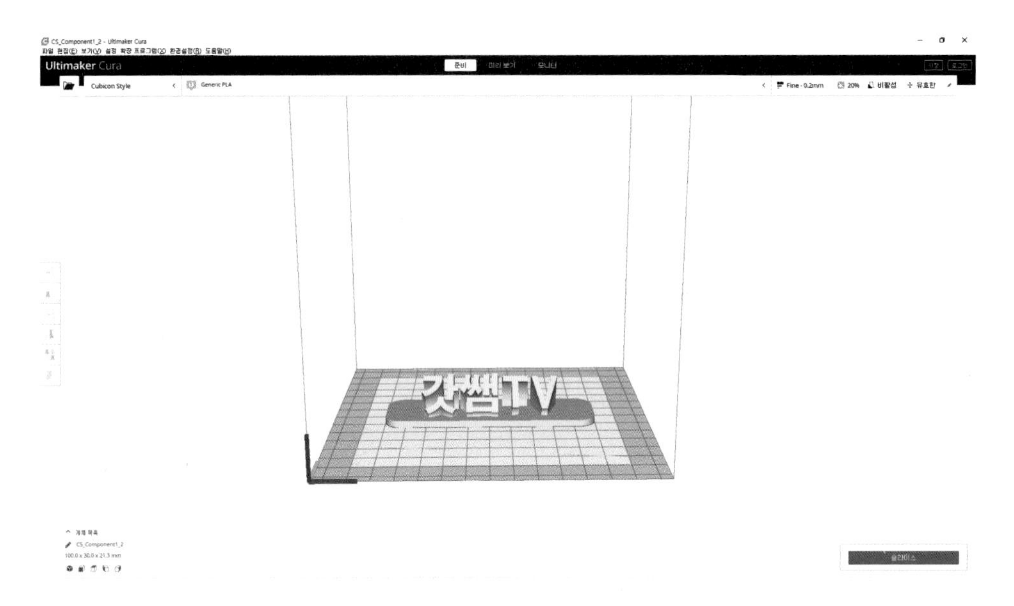


원하는 출력물의 특성을 고려하여 프린터 설정값을 변경해 줍니다. 상판의 경우 회전(Revolve)의 각도가 60도이기 때문에 지지대를 생성하지 않아도 출력이 잘 됩니다.

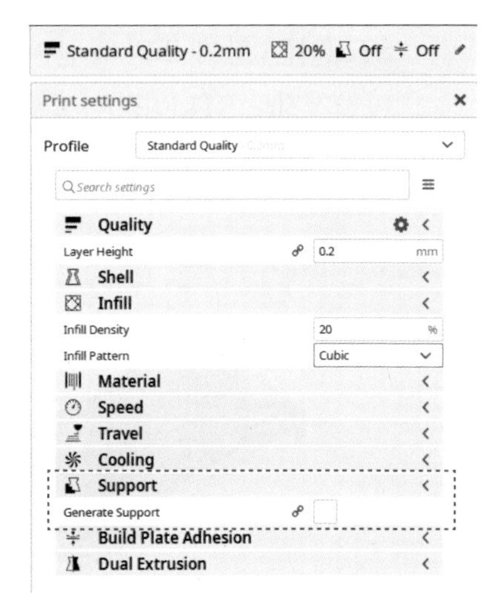

우측 하단의 Slice버튼을 눌러 슬라이싱을 진행합니다.

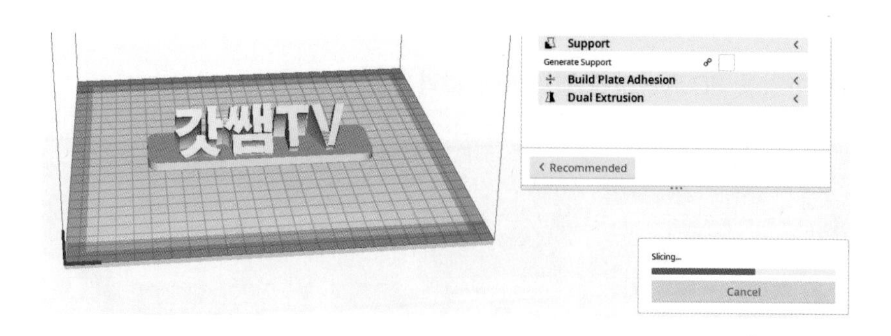


구성요소2(Component2)의 STL(이진)파일도 구성요소1(Component1)과 마찬가지로 슬라이싱합니다.

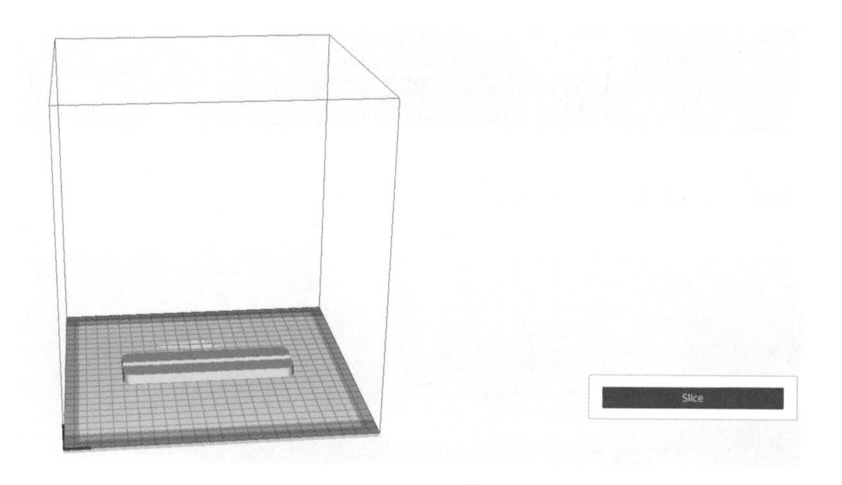


슬라이싱을 통해 2개의 G-CODE 파일을 얻을 수 있습니다.

## 9. LED바를 3D프린터로 출력하기

G-CODE파일을 3D프린터에 입력하여 출력을 실행합니다.

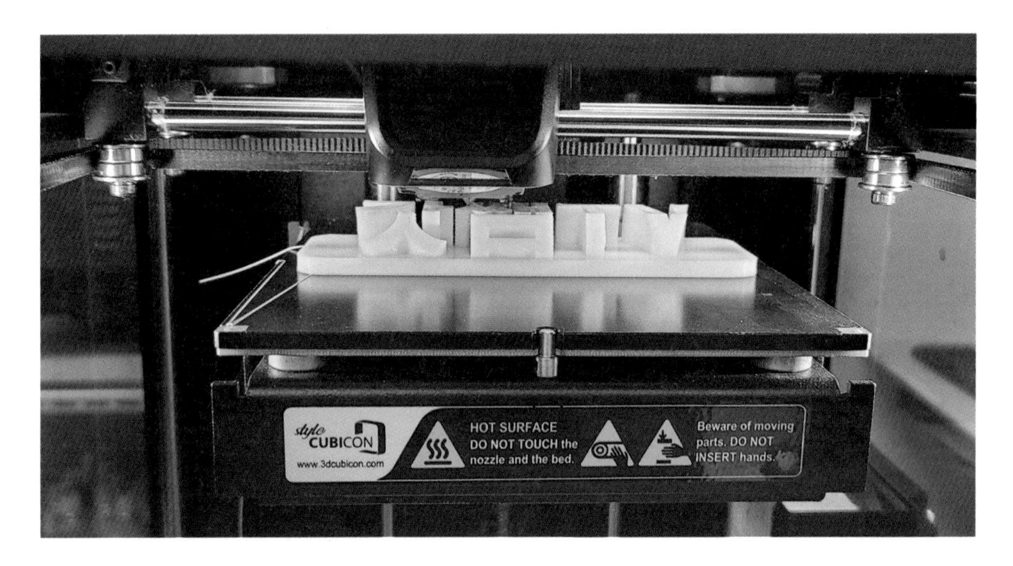


출력물을 회수하여 표면을 정리합니다.

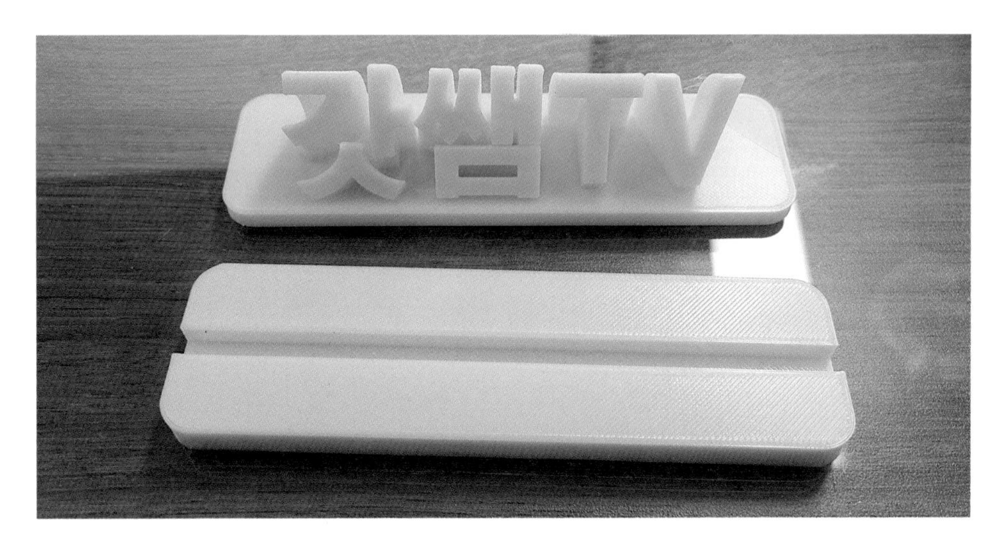

## 10. LED바 부착하기

3D프린터 출력물만으로도 사용할 수 있지만 바닥에 LED를 넣어주면 더 예쁜 작품으로 업그레이드할 수 있습니다. 3D프린터는 안을 모두 채우지 않기 때문에 빛이 잘 투과됩니다. 명패의 밑에 쪽에서 빛이 올라오도록 LED바를 넣어줄 것입니다.

LED바는 3D프린터 출력물과 함께 다양하게 활용할 수 있습니다. 값이 저렴하면서도 밝은 빛을 내서 출력물 안에 내장하여 사용하기 좋습니다.

### ❶ LED바 자르기

아래 그림의 LED바는 원하는 빛의 양만큼 잘라서 쓰는 형태입니다. 원하는 밝기에 따라 LED바의 개수를 정해 잘라 줍니다. 전원선은 예전에 주로 사용했던 스마트폰 충전 케이블(마이크로 5핀)을 사용합니다.

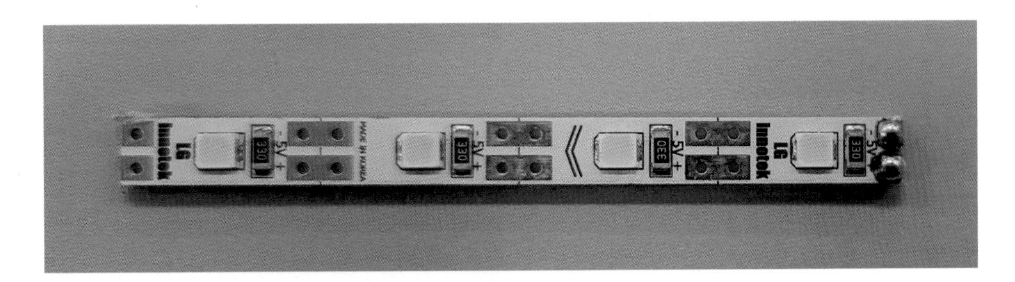

〈5V LED바〉

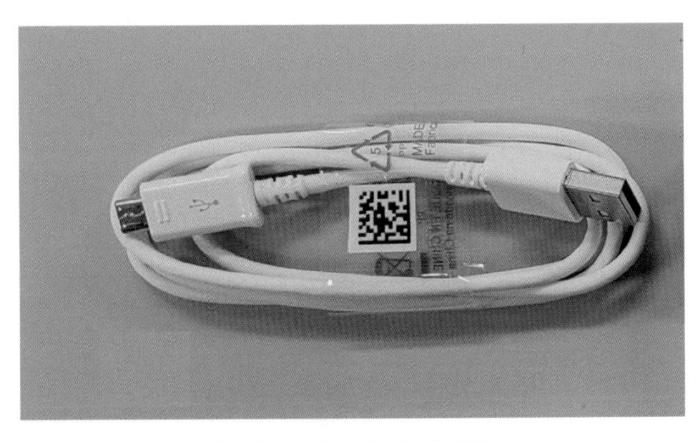

〈마이크로5핀 스마트폰 케이블〉

### ❷ LED바 전원선 만들기

스마트폰 케이블 선의 한 쪽은 스마트폰에 연결(마이크로 5핀)되는 곳이고 반대쪽은 USB연결 단자입니다. 스마트폰 연결 부위를 잘라주고 탈피기를 이용해 피복을 벗기면 선이 4가닥 나오는데 빨강선과 검정선을 사용합니다.

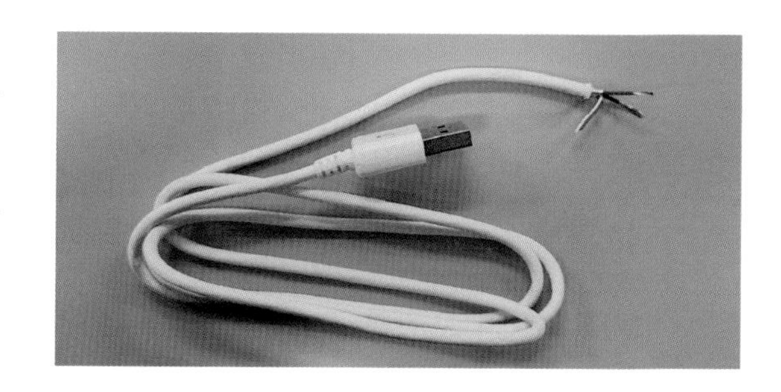

### ❸ LED만들기

빨강선(+)은 LED바의 플러스에 검정선(-)은 LED바의 마이너스에 납땜해서 연결합니다. LED바에 +, - 표시가 있습니다.

### ❹ LED바 연결하기

LED바를 그림과 같이 스위치에 연결한 후 스마트폰 충전기에 꽂습니다.

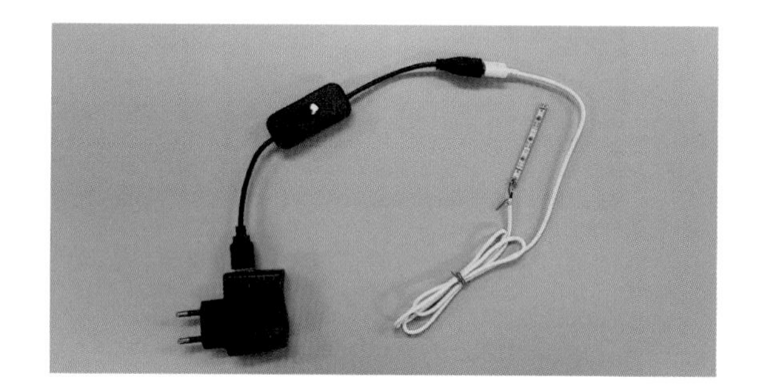

### ❺ LED바 부착하기

전원선이 연결된 LED바를 명패의 중앙에 부착합니다. LED바 밑에 양면테이프가 있어 쉽게 붙일 수 있습니다.

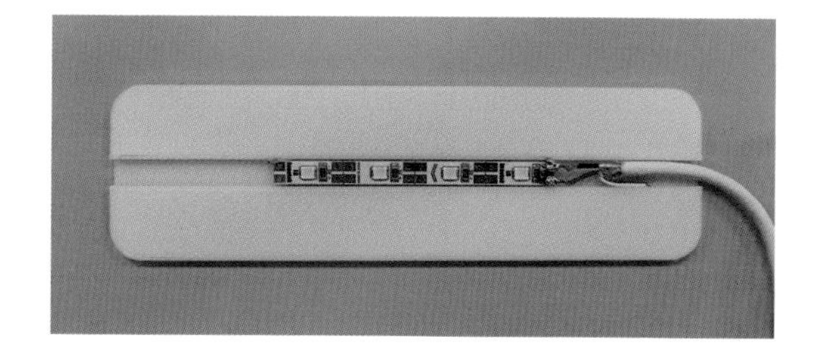

❺ 완성하기

LED명패의 위판과 아래판을 글루건이나 순간접착제로 붙입니다.

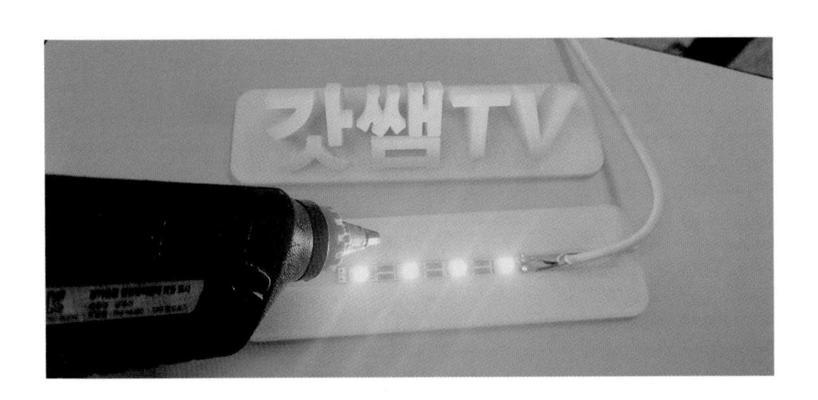


LED명패가 그림과 같이 완성되었습니다.

## 11. 3D모델링 파일 수정하기

LED명패를 다른 문자(TEXT)로 수정하여 출력하고 싶을 때는 텍스트 내용과 텍스트 박스의 크기만 조절하여 손쉽게 수정할 수 있습니다.

하단의 타임라인에서 첫 번째 피쳐(Feature)를 더블 클릭합니다.

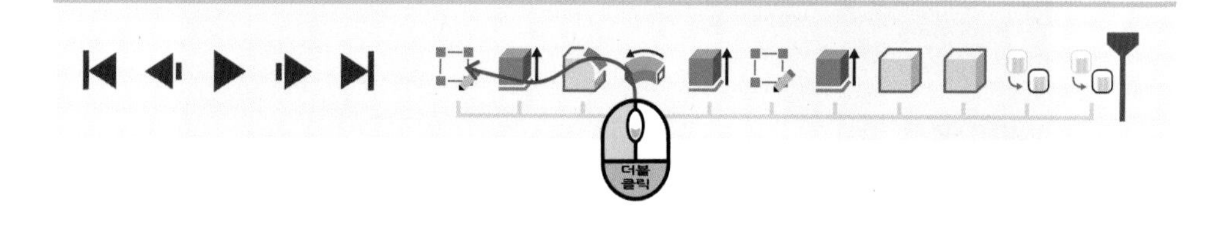


입력했던 텍스트를 더블클릭하여 텍스트 편집 창을 불러옵니다.

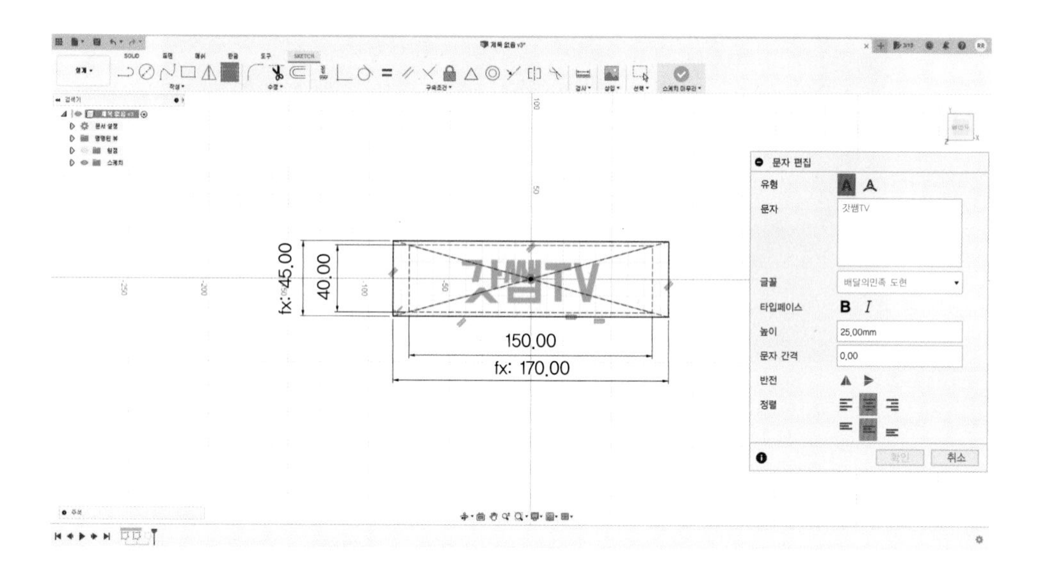

문자(TEXT)를 변경하고 확인버튼을 누릅니다.

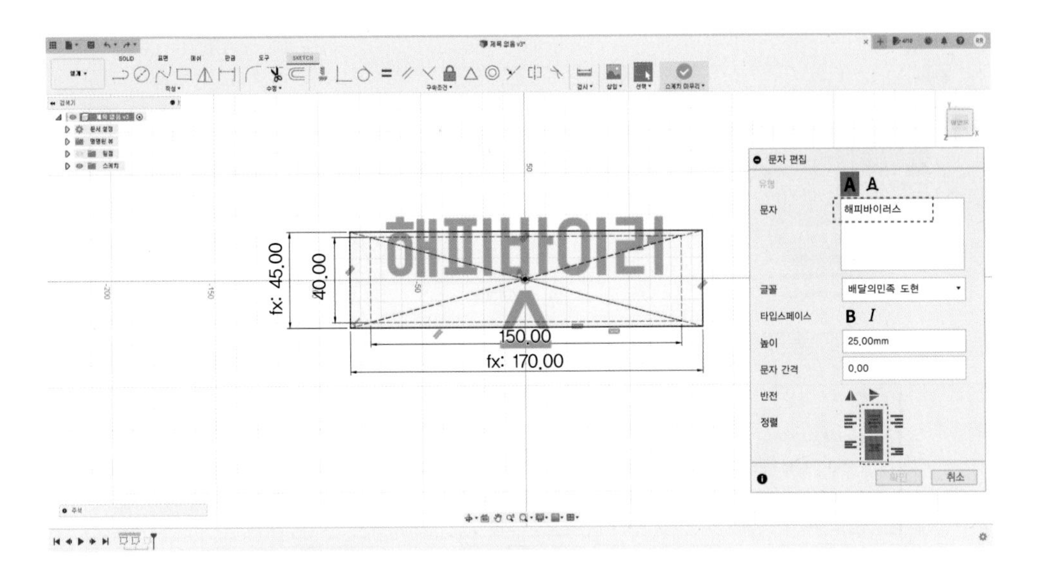


문자(TEXT) 박스의 가로 길이를 적당히 수정합니다.

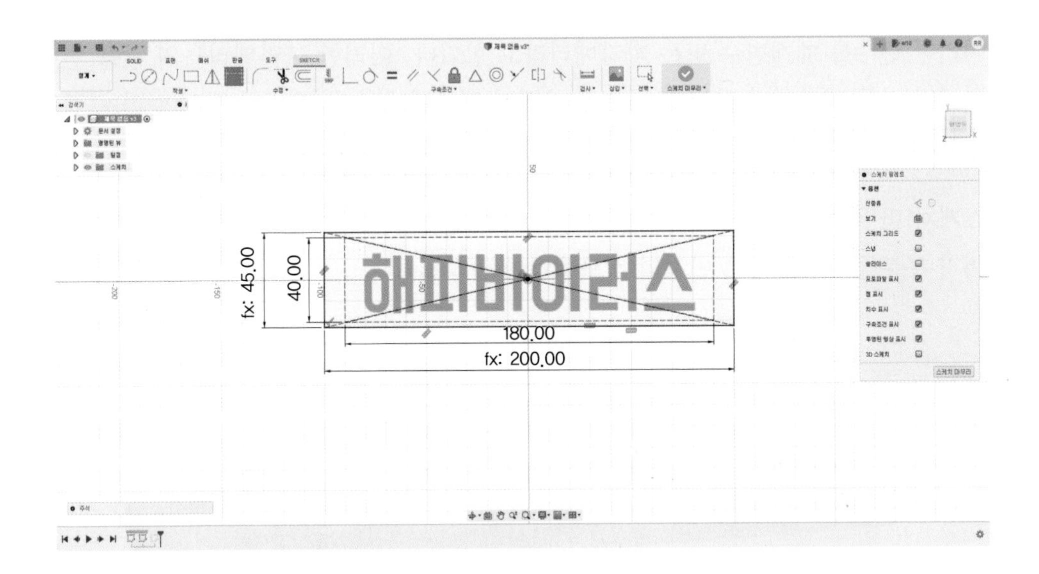

또는 매개변수 변경 메뉴를 이용하여 d2의 값을 변경해 줘도 됩니다. 다른 값들이 이에 맞게 변경됩니다.

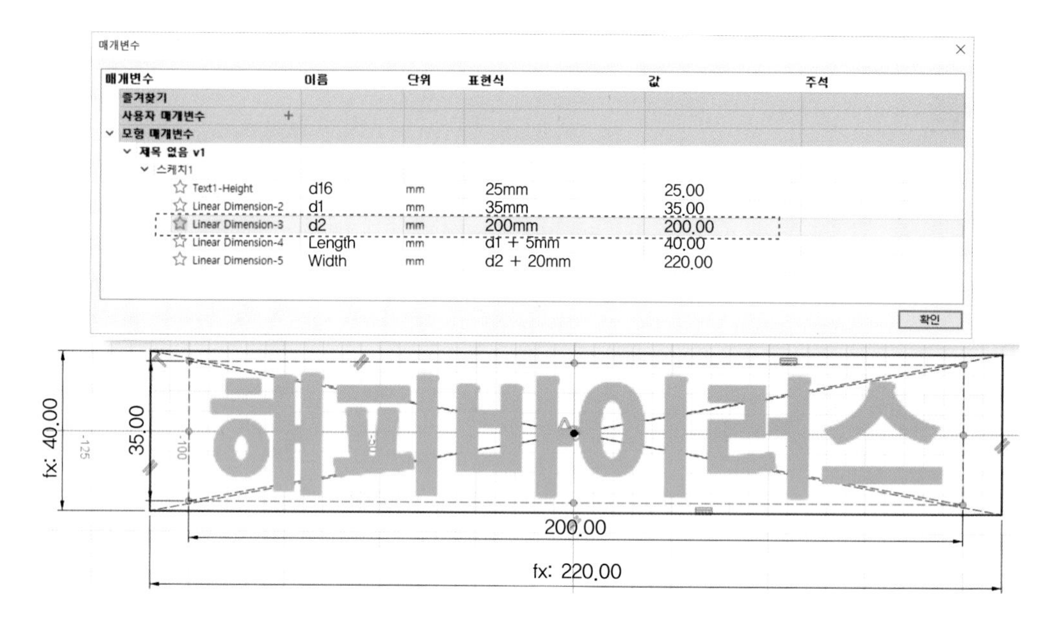


퓨전360은 거의 모든 치수와 입력값을 자동으로 이름 붙인 후 변수화하여 저장합니다. 이러한 변수를 매개변수 또는 파라메터라고 합니다. 이러한 파라메터들의 값을 변경하면 연계된 다른 파라메터 값이 자동으로 바뀌기 때문에 치수를 자주 수정해야 하는 경우에는 정말 편리한 방법이라고 할 수 있습니다.

스케치 마무리(FINISH SKETCH)버튼을 눌러 형상(Featrue) 수정을 종료합니다. 그러면 나머지 부분들도 자동으로 변경되어 모델링이 완성됩니다.

# 03 만능 연필꽂이 만들기

3D프린터로 할 수 있는 간단한 것 중 하나가 연필꽂이를 만드는 것입니다. 책상 위에 있는 잡동사니를 어떻게 한 번에 정리할까 고민하다가 이 연필꽂이를 고안했습니다. USB 저장 장치와 SD카드, 마이크로SD카드 , 필기구, 마스크까지 모두 정리할 수 있고 스마트폰도 거치할 수 있습니다.

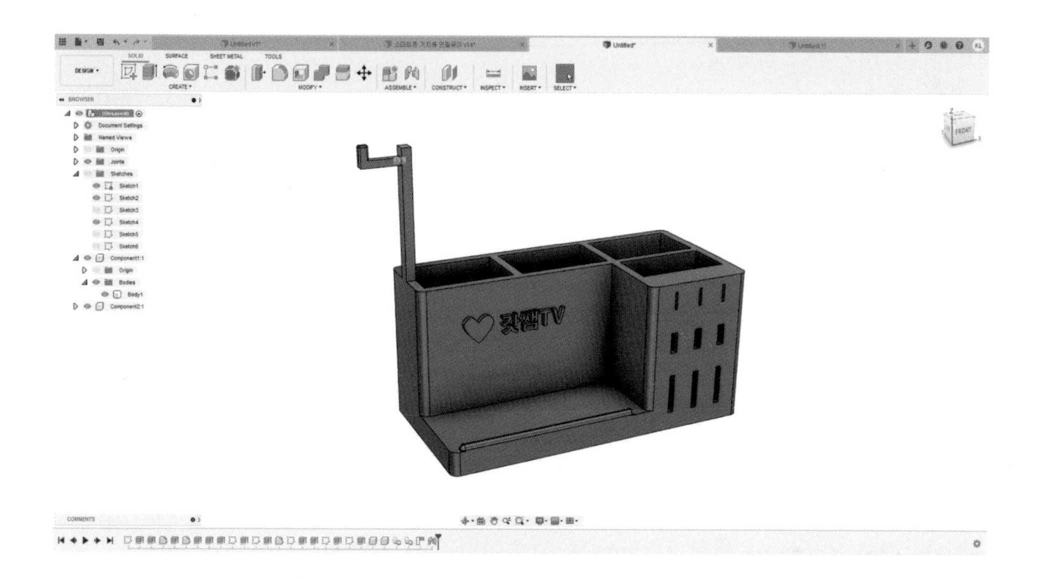


이 작품을 접한 많은 분이 스마트폰 거치를 하면서 무선 충전이 됐으면 좋겠다는 의견을 주셨습니다. 아직 반영하지는 못했지만 이렇게 온 오프라인에서 다른 사람과 소통하다 보면 더 좋은 아이디어를 얻을 수 있습니다.

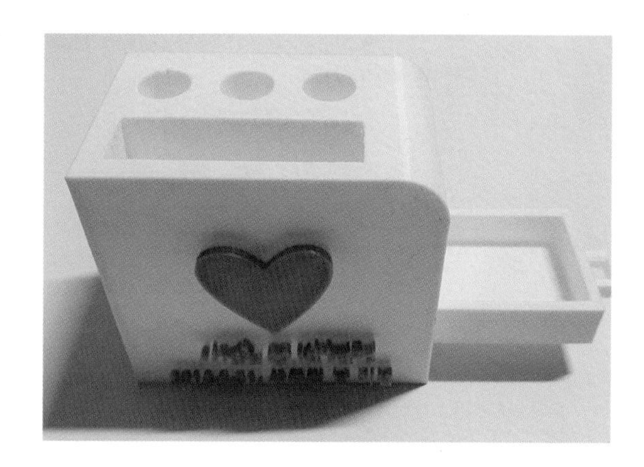

단순한 연필꽂이의 형상도 정해져 있지 않습니다. 필요한 용도로 사용할 수 있는 여러분만의 연필꽂이를 디자인해 보시기 바랍니다.

## 1. 기본 스케치 작성하기

스케치 작성(Create Sketch) 버튼을 누르고 XY 평면을 선택합니다.

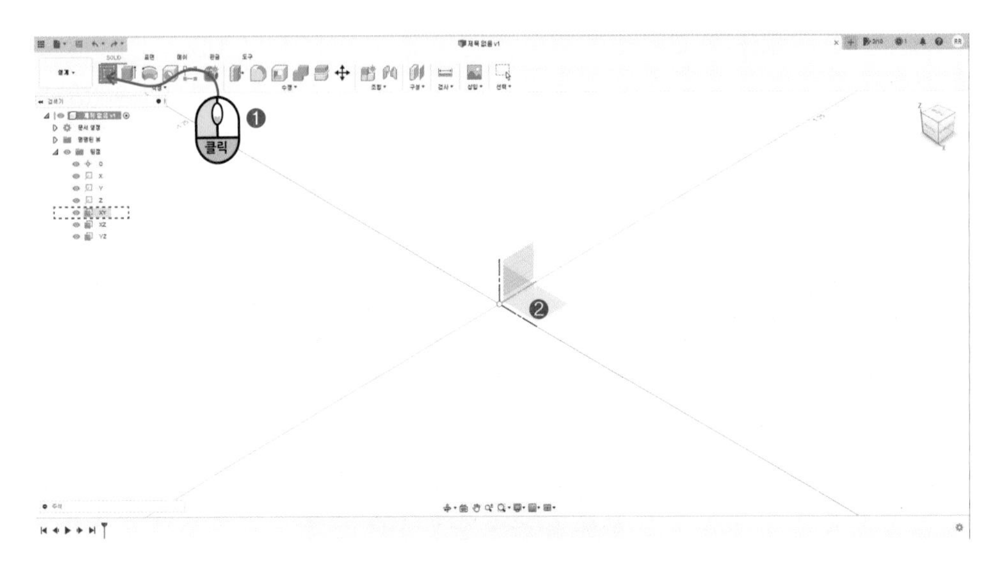


중심 사각형(Center Rectangle)을 선택하고 원점이 중심인 사각형 그립니다.

치수는 가로 235mm, 세로 100mm로 해줍니다.

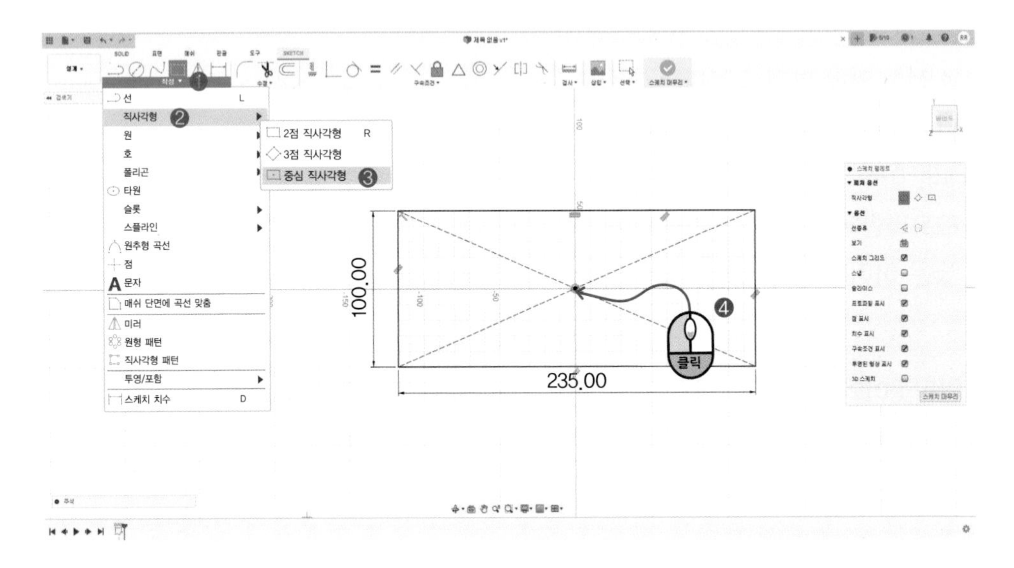

〈수정(MODIFY)〉-〈옵셋(Offset)〉을 실행하고 안쪽으로 6mm 이동하여 사각형을 만듭니다.

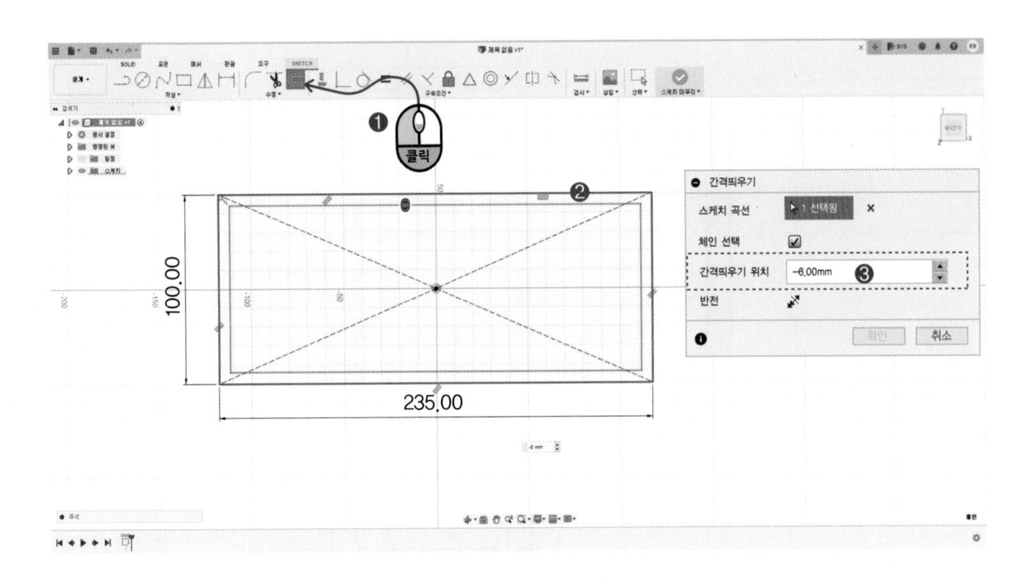


선(LINE)으로 10개의 실선을 그림과 같이 그려 줍니다.

선과 선은 모두 기존에 그려진 선과 한 점에서 접하도록 그려 줍니다.

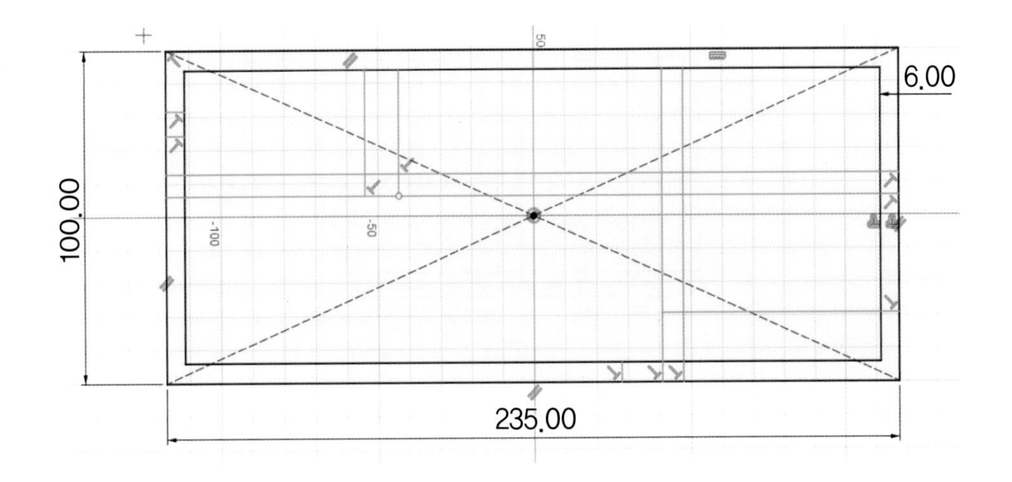

그림과 같이 치수를 입력합니다.

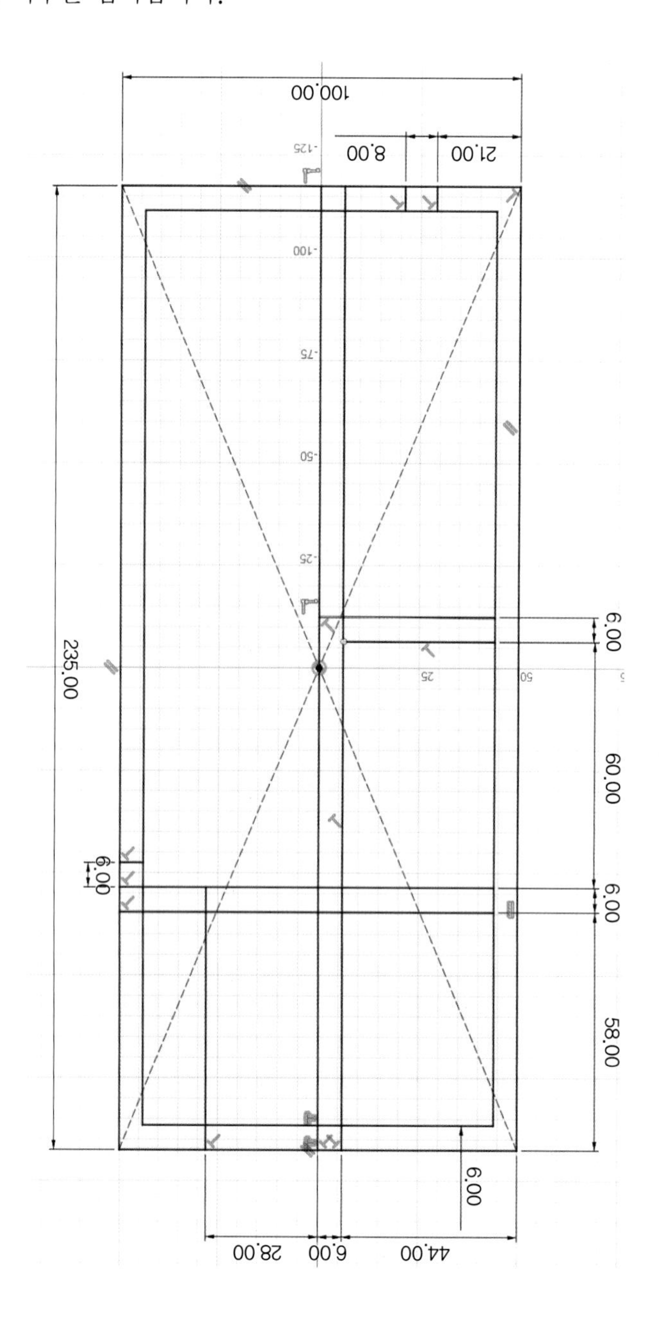

## 2. 돌출(Extrude)하여 기본 프레임 만들기

파랑색으로 표시된 다음 프로파일을 선택하고 돌출(Extrude)로 95mm 돌출시킵니다.

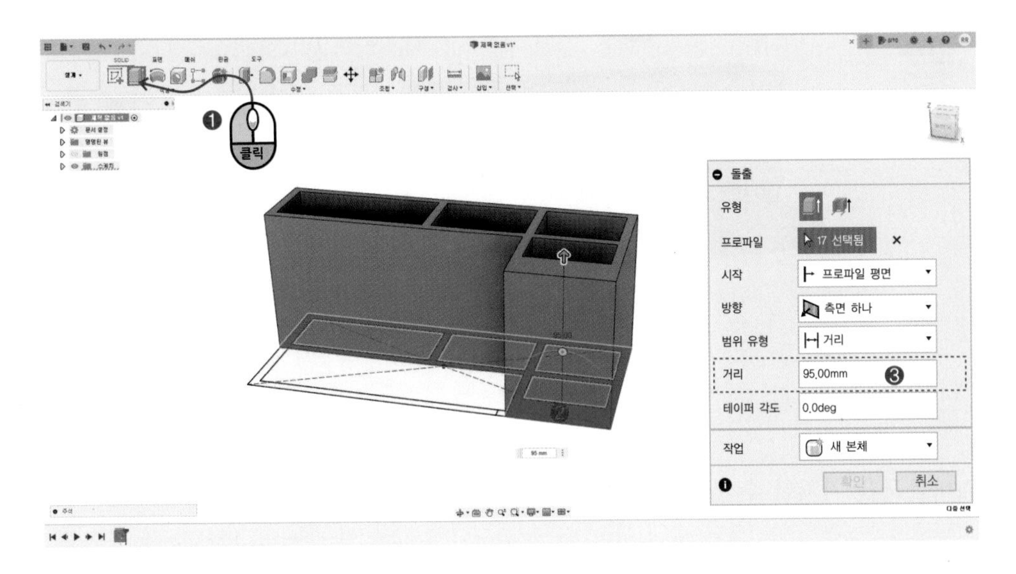


브라우저에서 스케치1(Sketch1)의 눈을 키고 본체1(Body1)의 눈은 잠시 꺼둡니다. 본체1(Body1)의 눈을 꺼야 바닥 면만 쉽게 선택할 수 있습니다. 바닥 전체 프로파일을 선택 후 Body1의 눈을 다시 켜줍니다. 그래야 접합(Join)으로 기존의 솔리드와 결합이 됩니다. 작업(Operation)을 접합(Join)으로 해주고 15mm만큼 돌출시킵니다.

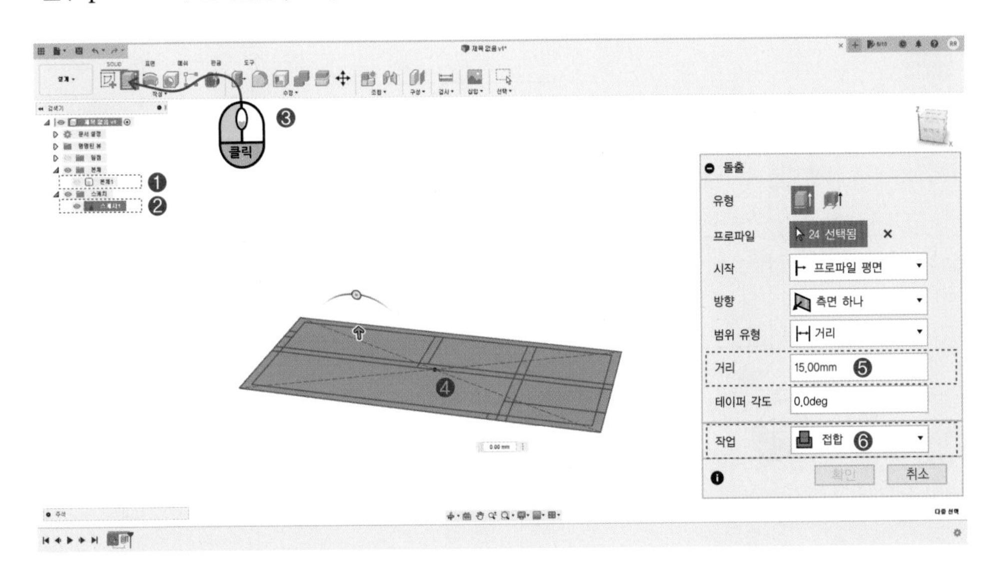

모깍기(Fillet)를 실행하고 모서리 6개에 모서리 값에 5mm를 줍니다.

스마트폰을 거치할 수 있는 곳을 만들겠습니다.

타임라인에서 첫 번째 피쳐(Feature)를 더블클릭합니다.

선(LINE(LINE)으로 그림과 같은 선을 하나 그려 주고 스케치 마무리(Finish Sketch)를 눌러줍니다.

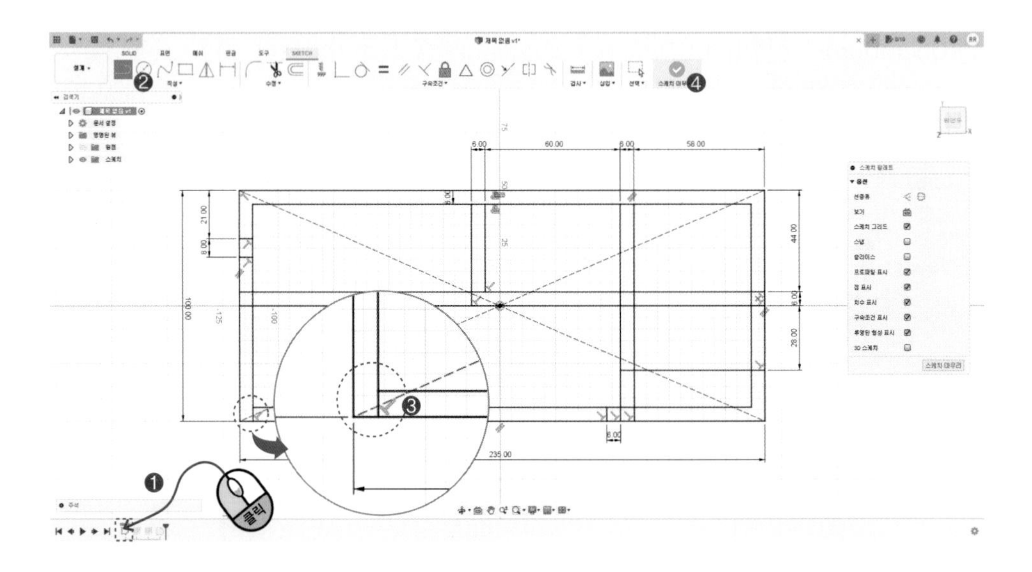

프로파일 하나를 선택하고 3mm 돌출시킵니다.

시작(Start)은 간격띄우기(Offset Plane)를 선택하고 간격띄우기(Offset)값은 15mm를 입력합니다. 작업(Operation)은 접합(Join)을 선택합니다.

모까기(Fillet)을 실행하고 방금 돌출시킨 부분에서 모서리 8개에 모서리 값에 2.5mm를 줍니다.

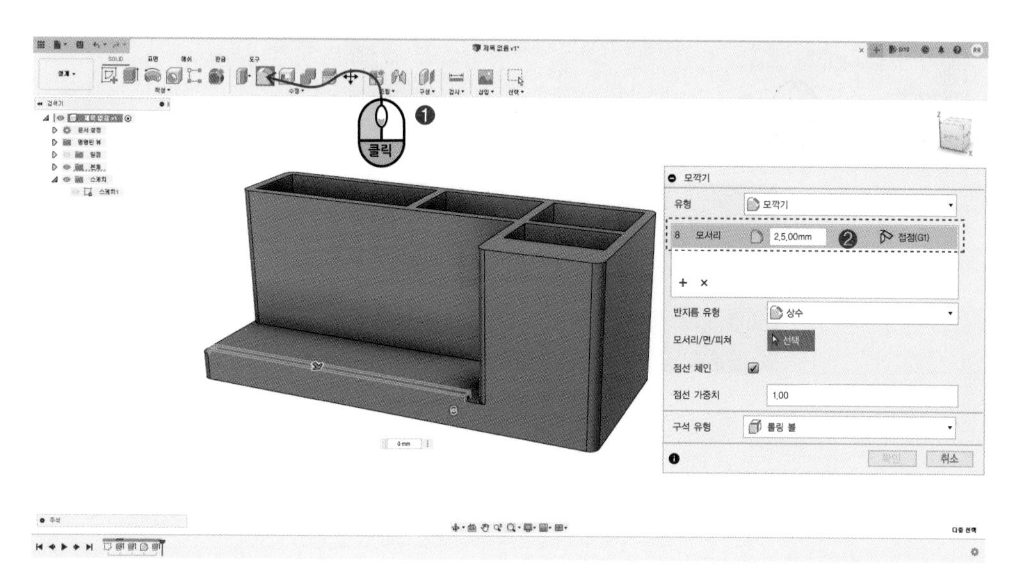

## 3. USB 저장 메모리를 넣을 수 있는 공간 만들기

연필꽂이의 한 면을 선택하고 스케치 작성(Create Sketch) 버튼을 누릅니다.

선(LINE)으로 선을 하나 그립니다.

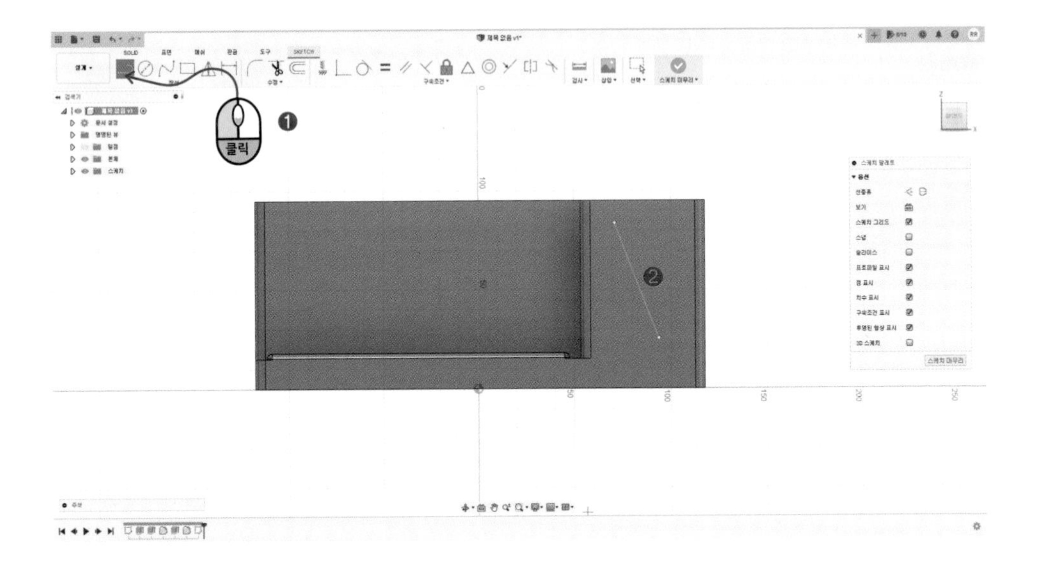

방금 그린 선을 수직 구속합니다.

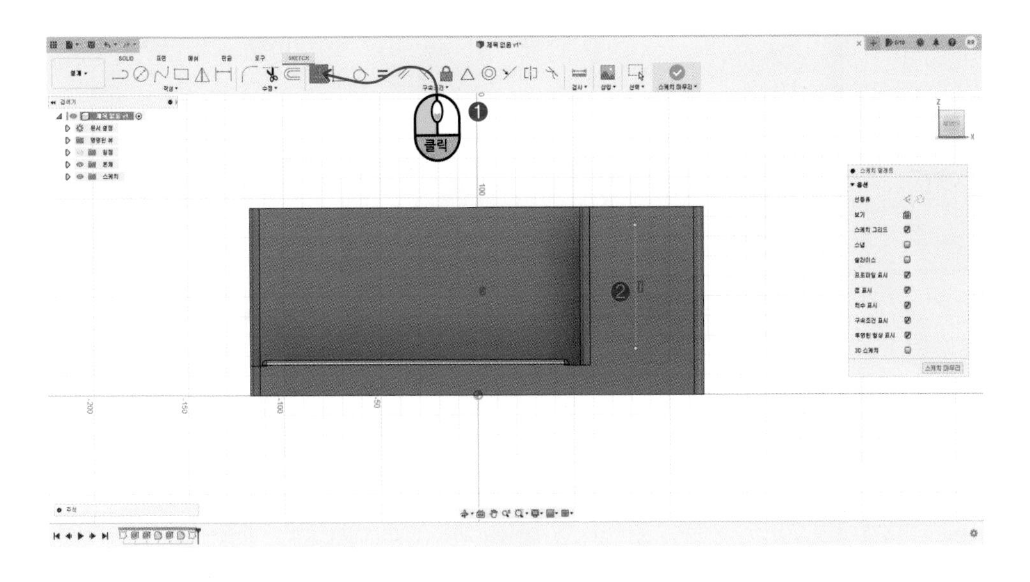


선의 위쪽 점을 위쪽 선에 중간점(MidPoint) 구속합니다.

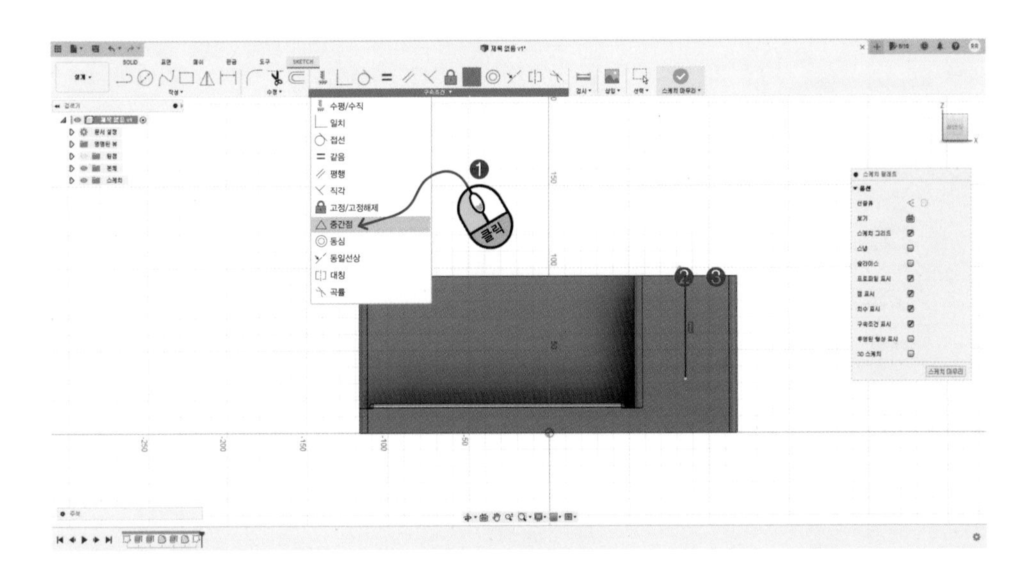

이 선을 구성(Construction)선으로 바꿉니다.

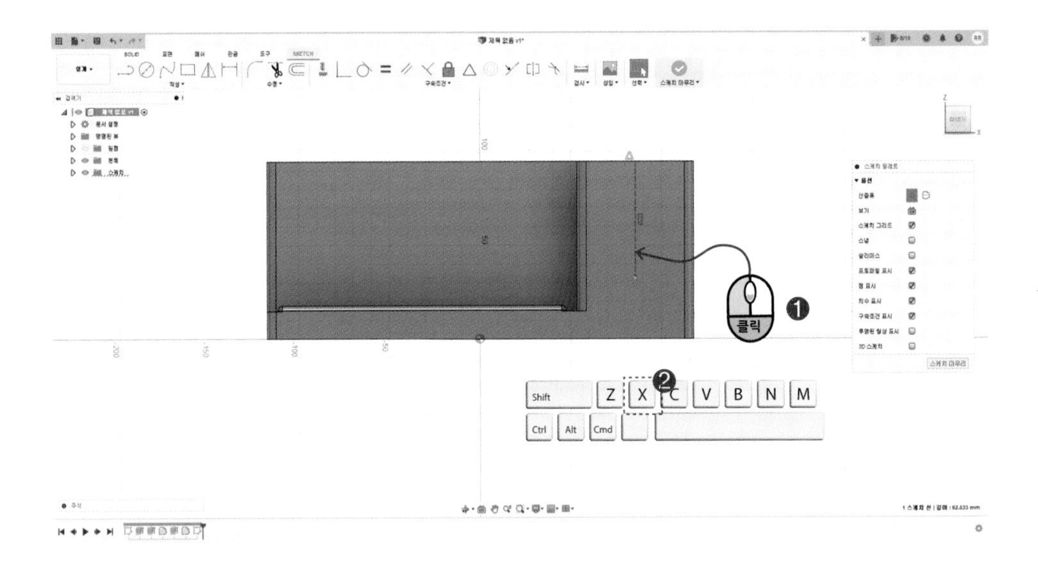


구성(Construction)선에 중심이 오도록 중심 사각형(Center Rectangle)을 3개 그립니다.

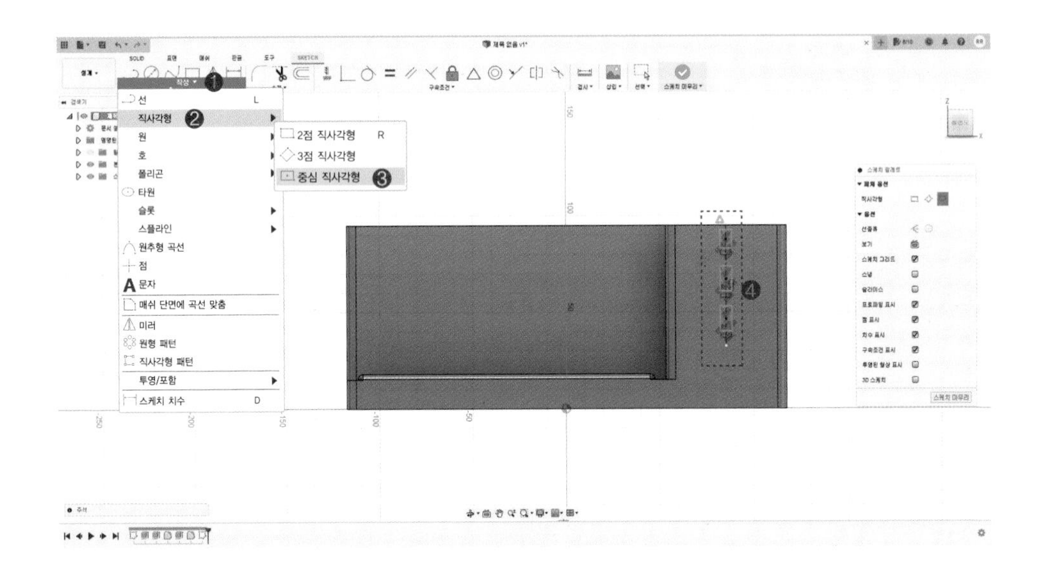

그림과 같이 치수를 넣어줍니다.

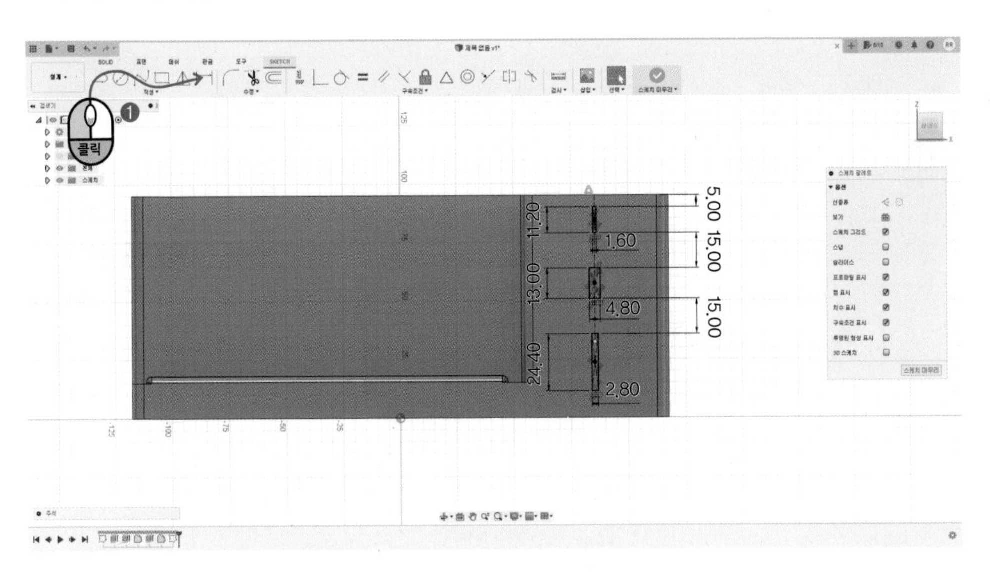


〈작성(Create)〉-〈사각 패턴(Rectangular Pattern)〉을 실행하고 객체(Objects)에서 3개 사각형을 모두 선택합니다. 사각형의 선 하나를 더블클릭하면 4개의 선을 한 번에 선택할 수 있습니다.

수량(Quantity)은 3, 거리(Distance)는 17mm, 방향 유형(Direction Type)을 대칭(Symetric)으로 선택합니다.

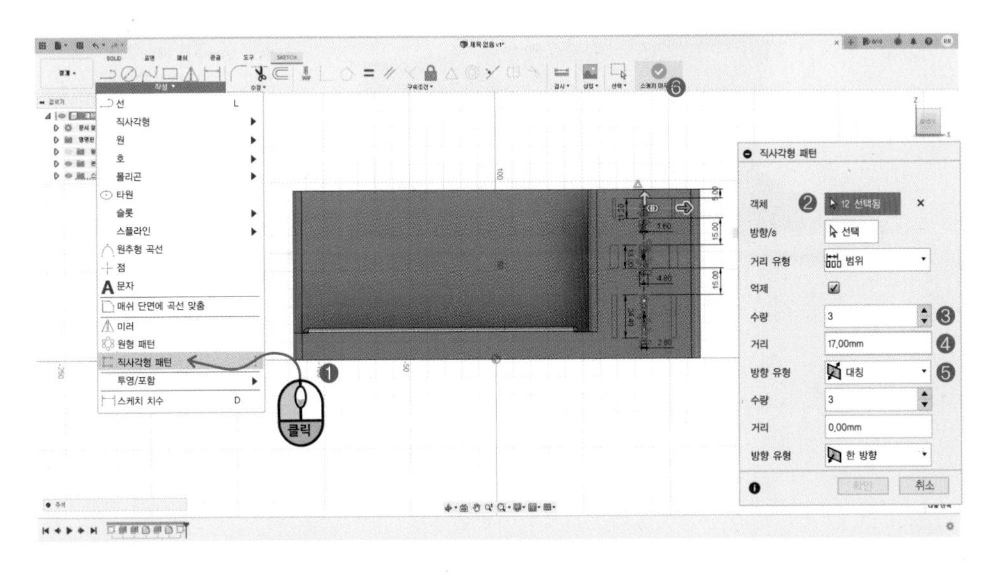

돌출(Extrude)을 실행하고 6개의 프로파일(Profile)을 15mm 안으로 넣어줍니다.

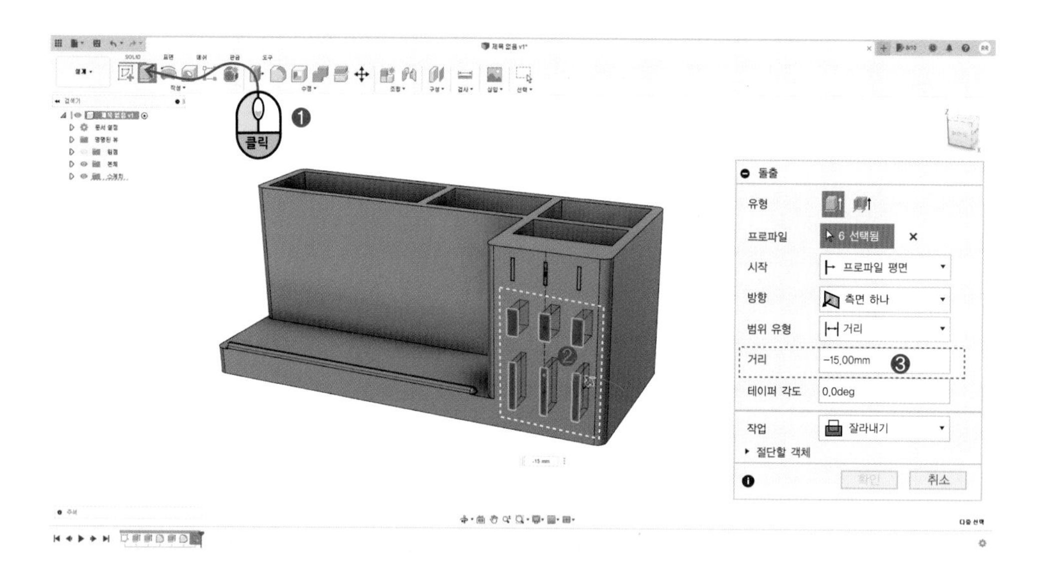


돌출(Extrude)로 3개의 프로파일(Profile)을 10mm 안으로 넣어줍니다.

## 4. 마스크 걸이 만들기

스케치1(Sketch1)의 눈을 켭니다.

프로파일을 선택하고 돌출(Extrude)을 실행합니다.

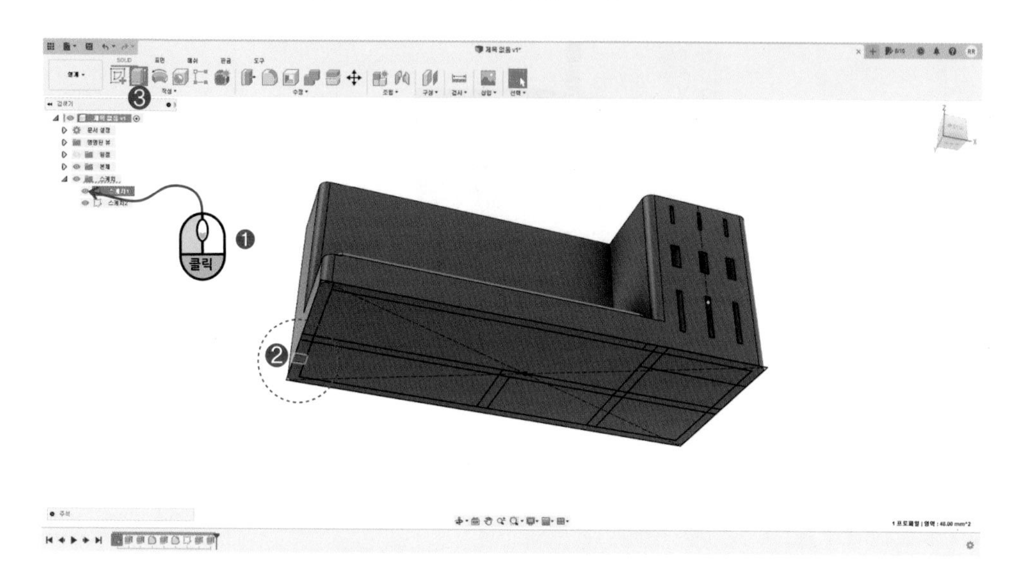


시작(Start)은 간격띄우기(Offset Plane), 간격띄우기(Offset)은 95mm, 거리(Distance)는 80mm, 작업(Operation)은 접합(Join)을 선택합니다.

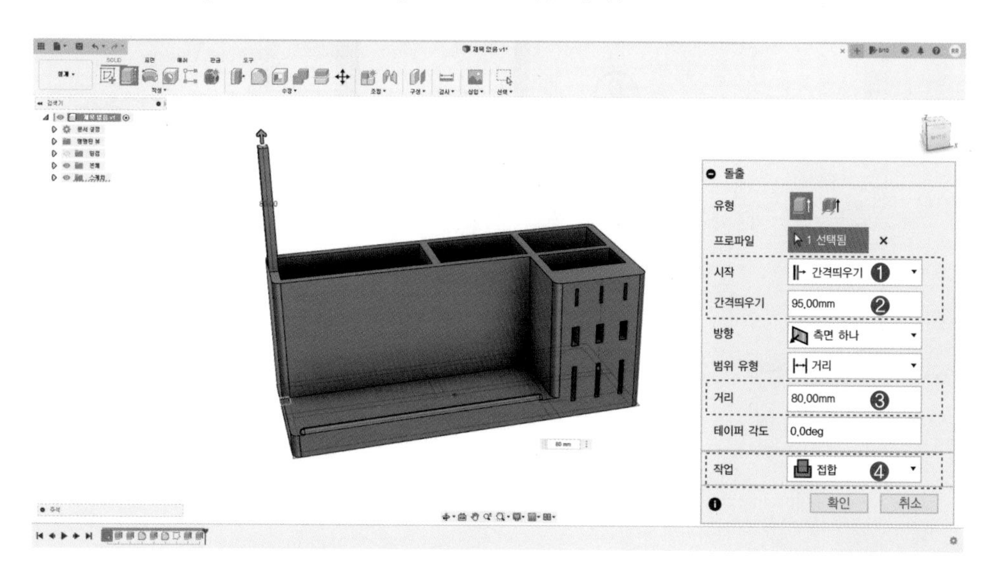

연필꽂이의 프로파일 중 다음 면을 선택하고 스케치 작성 버튼을 누릅니다.

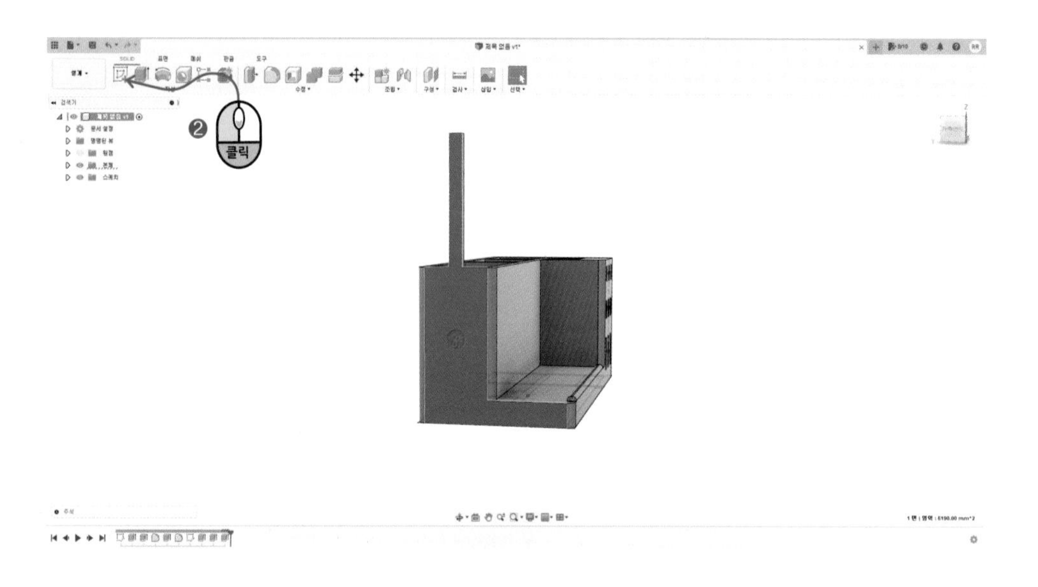


중심 사각형을 그림과 같이 그립니다.

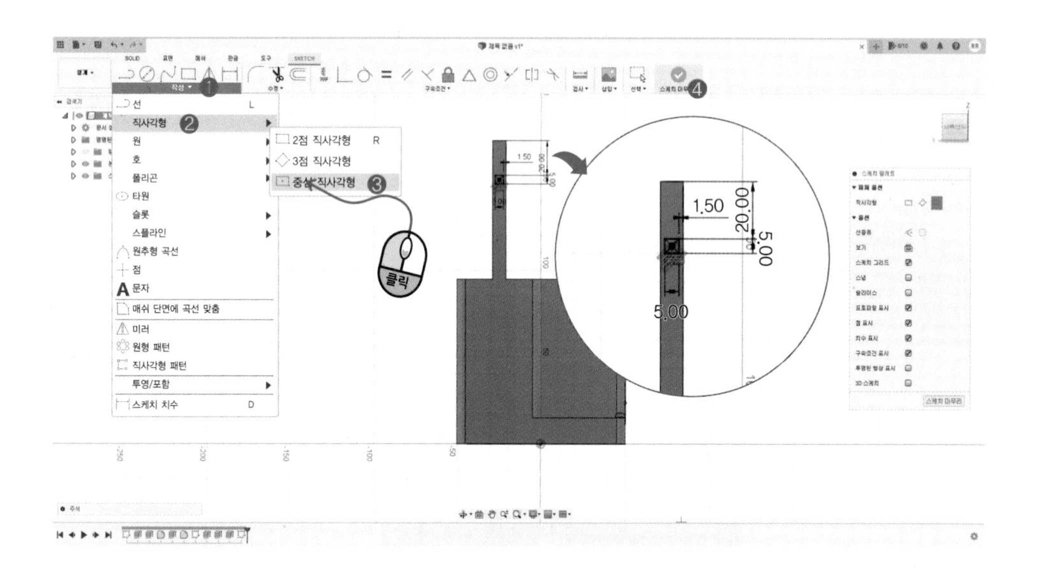

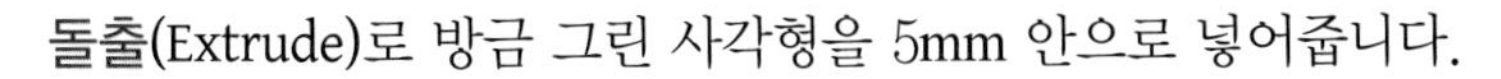

돌출(Extrude)로 방금 그린 사각형을 5mm 안으로 넣어줍니다.

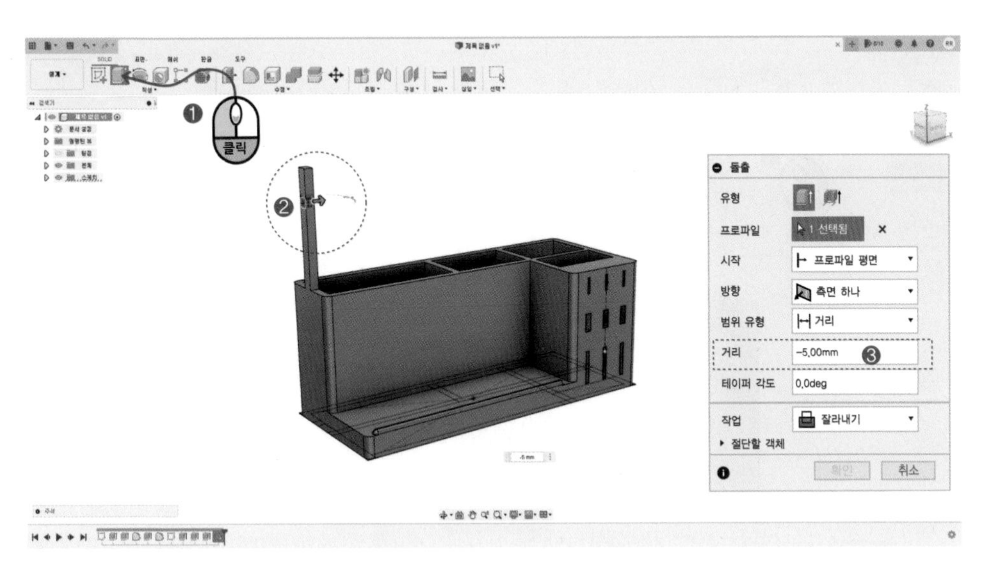


이제 이 구멍에 끼워 줄 마스크 걸이를 만들 것입니다.

스케치 작성을 누르고 XY 평면을 선택합니다. 만들어 놓은 형상 때문에 선택이 힘든 경우에는 브라우저의 원점(Origin)에서 XY 평면을 선택하면 됩니다.

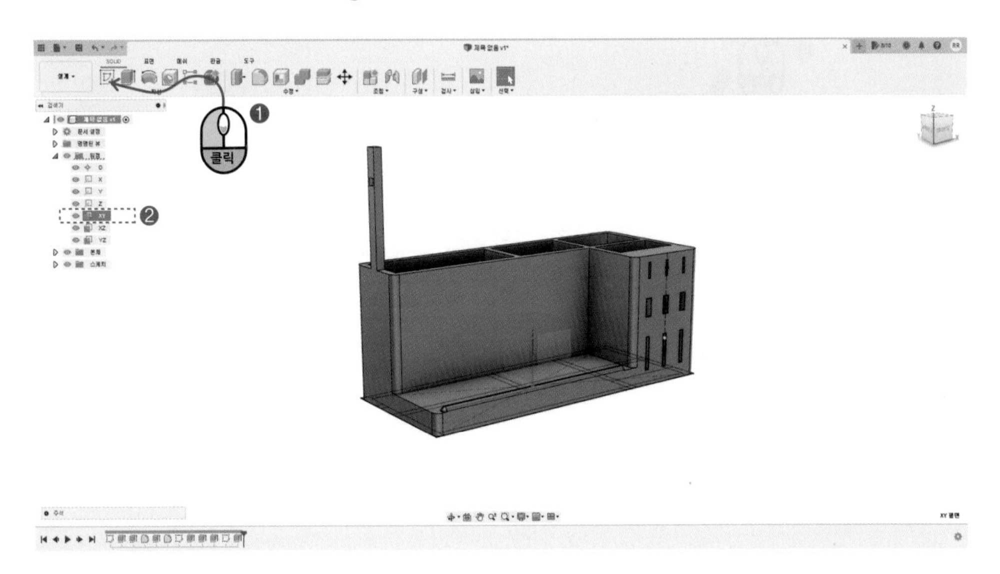

빈 공간에 선(LINE)으로 그림과 같이 그리고 치수를 입력합니다.

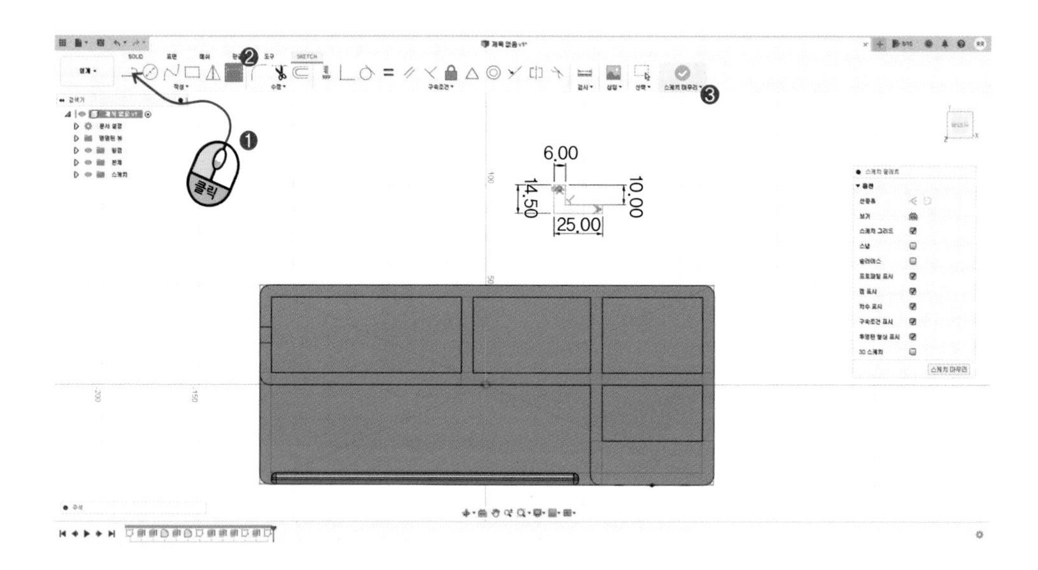


돌출(Extrude)로 4.5mm만큼 돌출시킵니다.

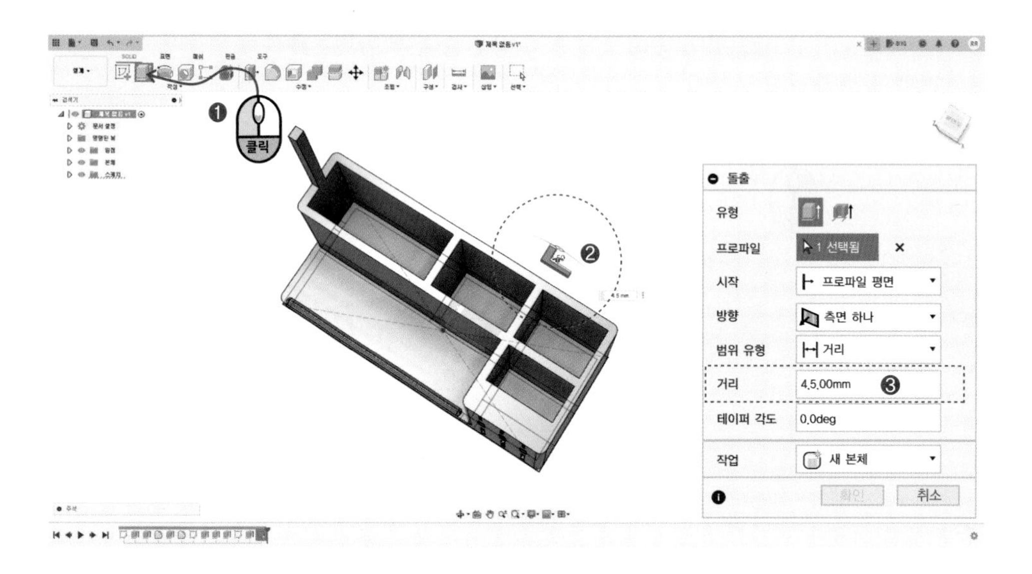

## 5. 하트 문양 및 문자 만들기

정면에 하트와 글자를 넣어주겠습니다. 스케치 작성을 누르고 연필꽂이의 한 면을 선택합니다.

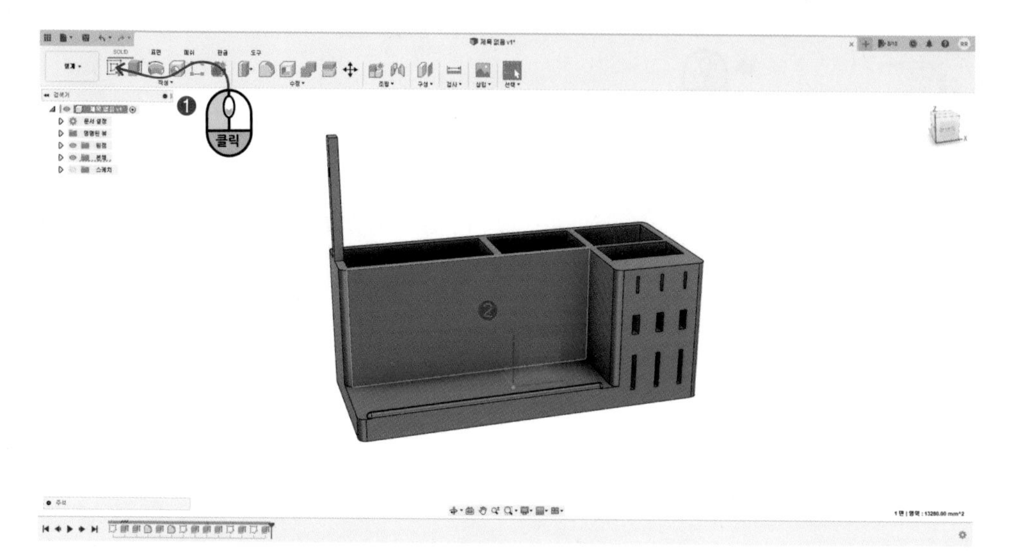


선(Line)과 맞춤점 스플라인(Fit Point Spline)을 이용하여 하트의 반쪽을 그립니다.

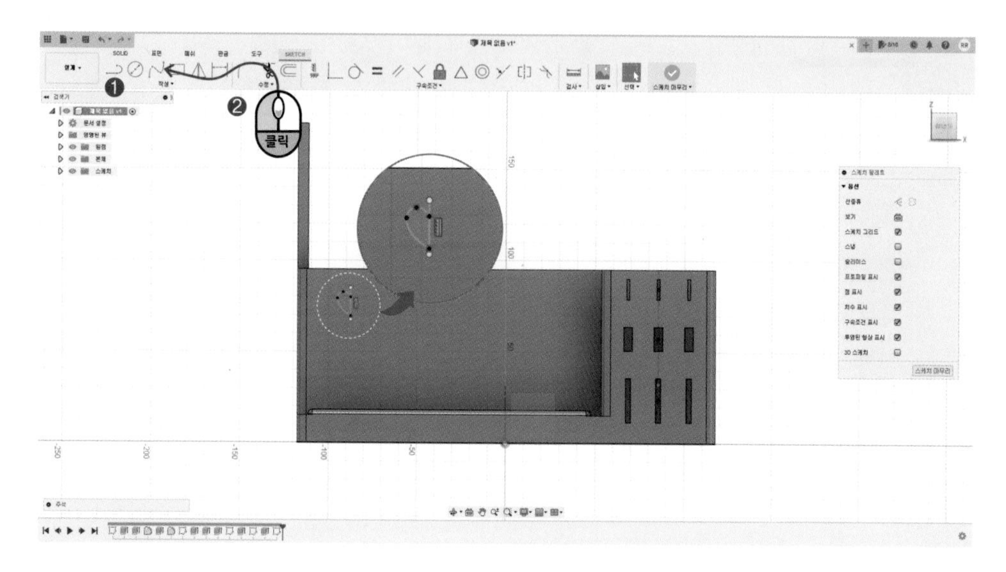

〈작성(CREATE)〉-〈대칭(Mirror)〉를 실행합니다.

객체(Objects)는 하트 모양을 선택하고 미러 선(Mirror Line)은 가운데 선을 선택합니다. 하트의 반쪽이 그려집니다.

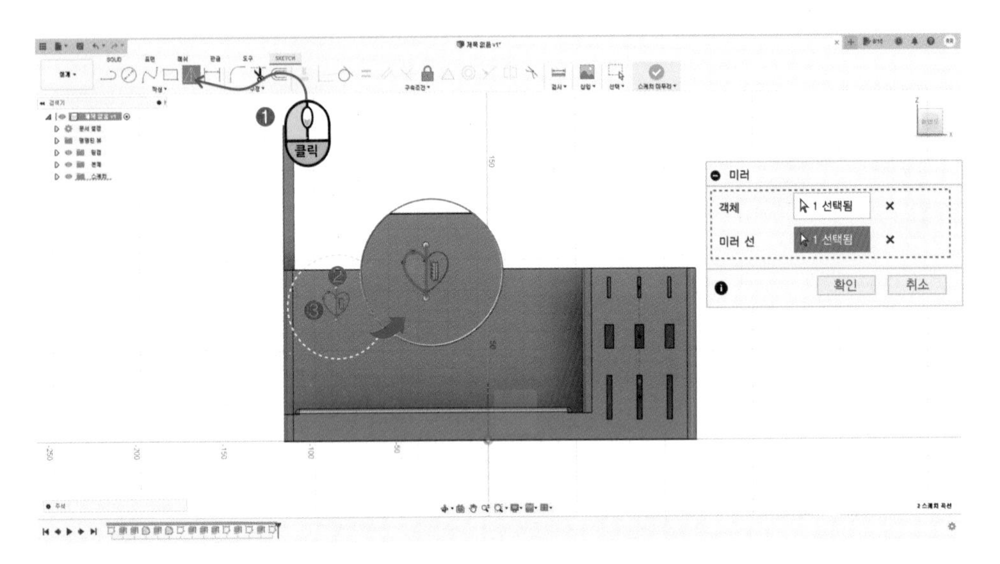


〈작성(CREATE)〉-〈문자(Text)〉를 이용하여 하트 옆에 갓쌤TV라는 문구를 넣어줍니다.

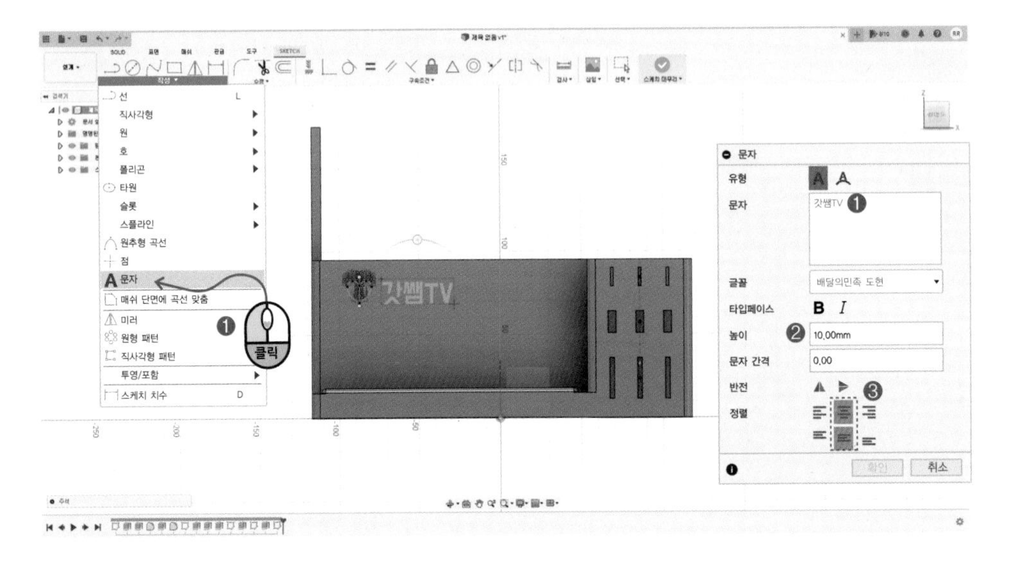

돌출(Extrude)로 하트와 문구를 3mm 돌출시킵니다.

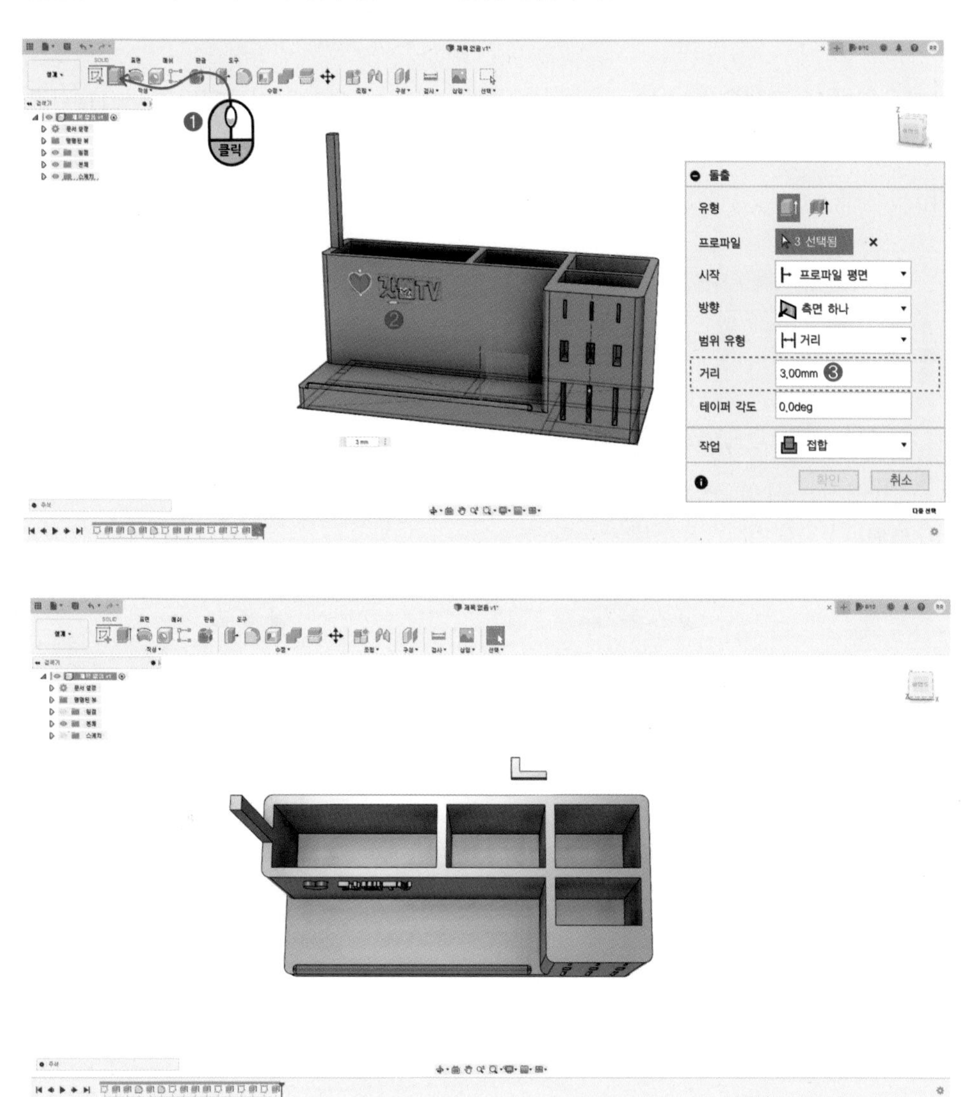

## 6. 구성요소(Component) 생성하기

브라우저에서 구성요소1,2(Component1,2)를 만들어 연필꽂이 본체1(Body1)는 구성요소 1(Component1)로 마스크 걸이 본체2(Body2)는 구성요소2(Component2)로 만들어 줍니다.

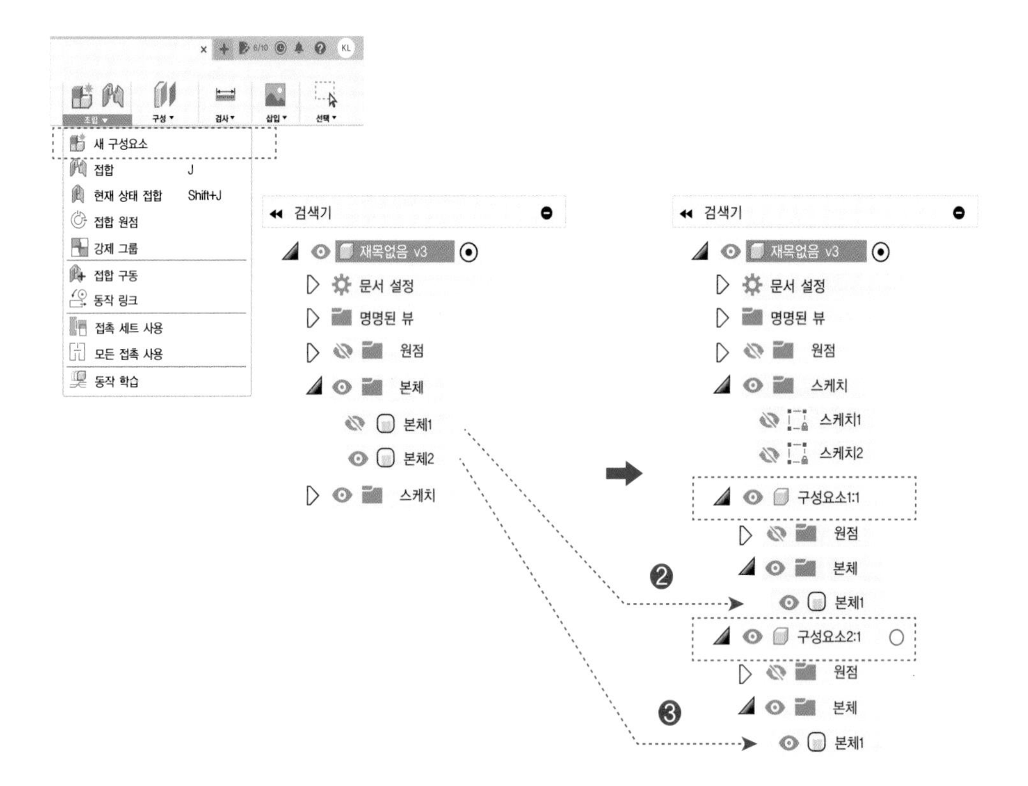

## 7. STL 파일로 변환하기

구성요소1(Component1)과 구성요소2(Component2)를 STL파일로 변환해 줍니다. 브라우저의 구성요소(Component)에서 마우스 오른쪽 버튼을 누르고 메쉬로 저장(Save As STL)을 눌러 줍니다. 변환 창이 뜨면 형식을 STL(이진)을 선택합니다.

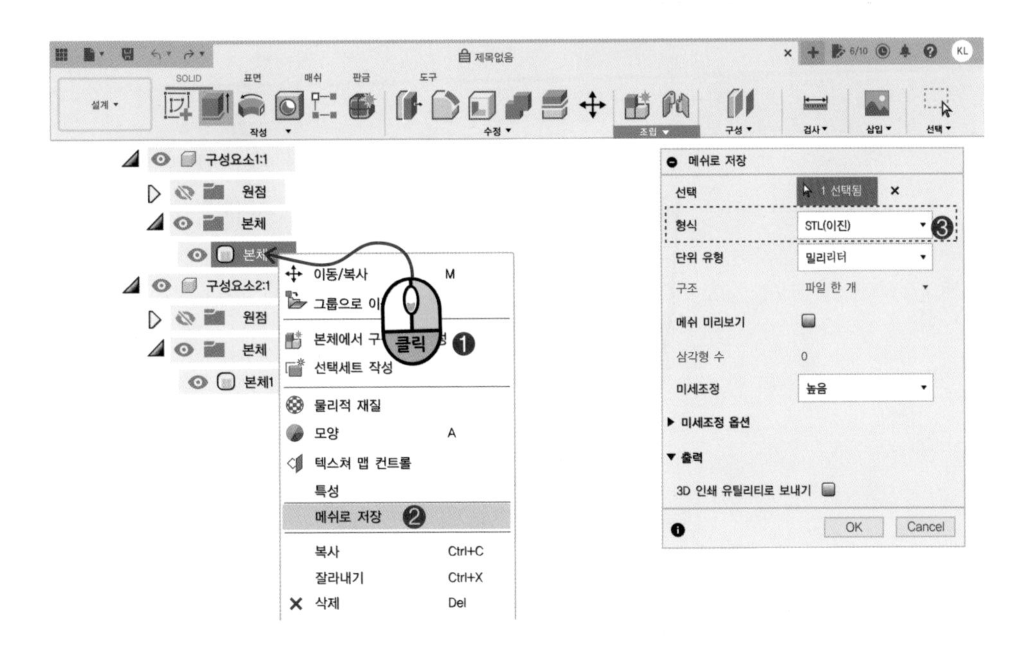

## 8. CURA 프로그램에서 슬라이싱하기

변환한 STL(이진)파일을 CURA에서 불러옵니다. STL(이진)STL 파일을 CURA의 화면 창으로 드래그하면 됩니다.

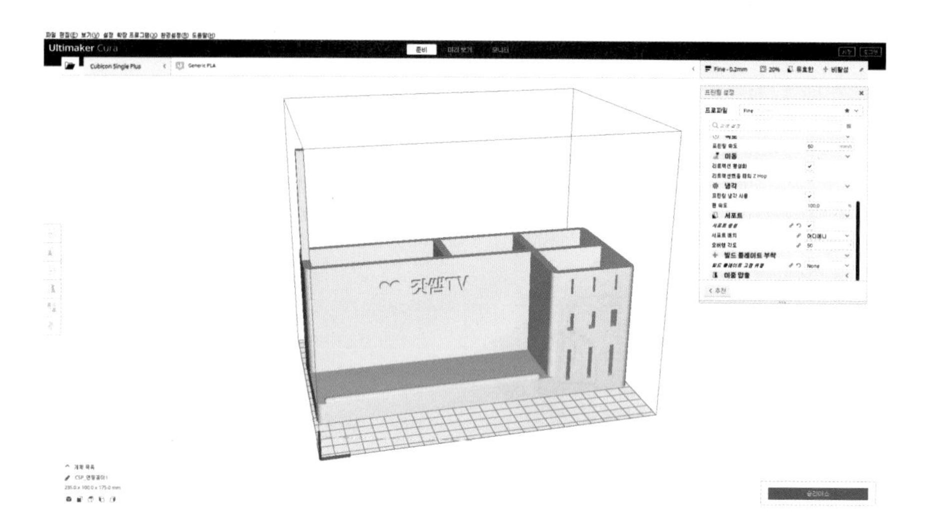


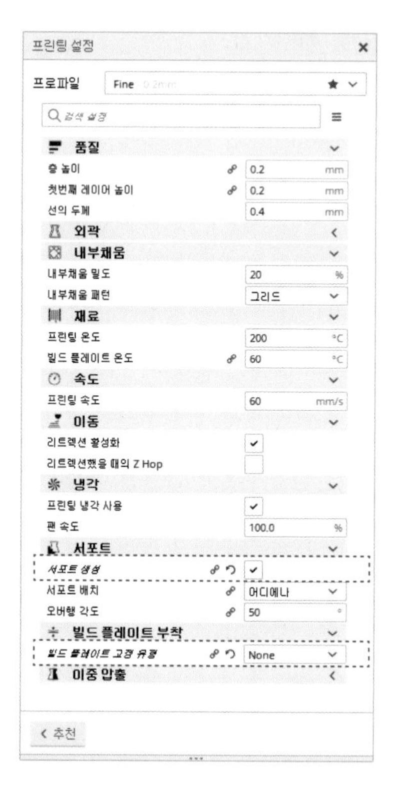

## 9. 3D프린터로 출력하기

G-CODE파일을 3D프린터에 입력하여 출력을 실행합니다.

출력물을 회수하여 지지대를 제거하고 표면을 정리해 줍니다.

## 10. 조립 및 완성

마스크 걸이로 출력한 파트를 연필꽂이 본체에 끼웁니다.

**3D프린터의 공차**

파트들을 서로 끼워야 하거나 출력물에 무언가를 넣어야 하는 경우, 치수가 같다면 조립이 되지 않습니다. 그래서 공차를 줘야 합니다. 저자는 보통 0.4~0.5mm의 공차를 주지만 이는 3D프린터의 기종이나, 출력환경, 필라멘트의 종류에 따라 달라지는 경우가 많습니다.
따라서 본 도서에서 공차를 주는 치수 부분은 독자분들의 출력환경에 따라 치수 변경이 필요할 수 있습니다.

만능 연필꽂이가 완성되었습니다.

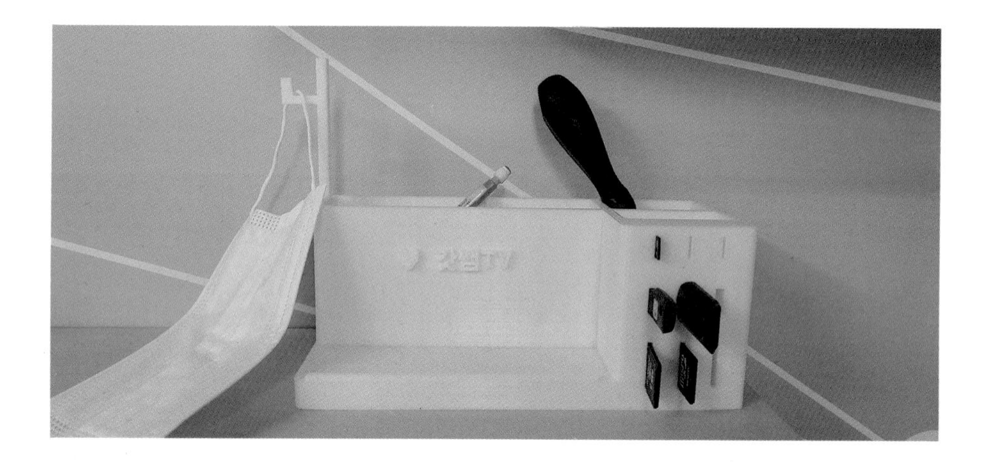